BIM. Desarrollo de proyectos reales

N

Manual Imprescindible

BIM. Desarrollo de proyectos reales

Salvador Moret Colomer

Primera edición: septiembre de 2025.

Diseño de cubierta: Celia Antón Santos
Imagen de cubierta.: © Salvador Moret Colomer

Valentín Beato, 21
28037 Madrid.
www.anayamultimedia.es

PAPEL DE FIBRA CERTIFICADA

Depósito legal: M-6668-2025
ISBN: 978-84-415-5107-7
Impreso en España - Printed in Spain

A Majo,
por ser mi apoyo constante e incondicional
en todos los aspectos de mi vida,
y porque gracias a sus ánimos y su empuje
empecé mi primer libro de Revit,
siendo este el cuarto que publico.

Salvador Moret Colomer

SOBRE EL AUTOR

Salvador Moret Colomer es arquitecto, consultor BIM y un apasionado de la formación. En los últimos 17 años ha impartido más de 15 000 horas de formación en Autodesk Revit, Revit MEP, Rhinoceros, Lumion, Arquímedes, Presto, SketchUp y AutoCAD, entre otros programas. Junto con su equipo, lleva a cabo BIM en empresas y administraciones públicas dentro del ámbito nacional. También desarrolla y modela proyectos y familias BIM para grandes multinacionales. Como arquitecto, con 20 años de experiencia en la profesión, ha diseñado y construido más de 15 000 m² de edificación pública y privada (http://www.salvamoret.com).

Es un reconocido autor de varios libros, dos para Anaya Multimedia y director del centro de formación Ensenyem en Valencia (www.ensenyem.es), un Training Center de Autodesk. Además, es socio fundador de la BuildingSMART Spanish Chapter. Desde 2018, se desempeña como instructor en LinkedIn Learning para España y Latinoamérica, con más de 40 cursos publicados en las disciplinas CAD y BIM. Puedes acceder a sus cursos en: www.linkedin.com/learning/instructors/salva-moret.

Imparte formación especializada para empresas e instituciones y es ponente habitual en eventos y congresos del sector. También es instructor de Lumion en Domestika, donde imparte el curso de introducción (https://www.domestika.org/es/courses/1438-introduccion-a-lumion/salvamoret).

gracias

Gracias a Anaya Multimedia, en especial a Eugenio Tuya y su equipo, por volver a darme esta oportunidad, por su ayuda en cada paso y por dar forma a este libro.

Gracias a María Bao Cabezos, por haber gestionado absolutamente todo de principio a fin, por hacer mucho más fácil el trabajo, y porque gracias a su dedicación fue posible llegar a tiempo.

Y gracias a ti, querido lector, por confiar en mí para ayudarte un poco en este camino de aprender Revit.

Índice de contenidos

Cómo usar este libro 14
Introducción 18

PARTE 1. Preparación y planificación del proyecto 20

1. Importación del entorno en CAD, localización y norte de proyecto 21
Introducción . . . 22
Presentación del proyecto . . . 23
Propuesta para la nomenclatura de archivos . . . 24
Rutas relativas vs rutas absolutas . . . 25
Importación del entorno en CAD . . . 26
Obtención de coordenadas del archivo CAD . . . 27
Definición del norte de proyecto . . . 32

2. Definición de la envolvente general del proyecto 35
Visibilidad de las capas de la importación CAD . . . 36
Líneas de propiedad . . . 37
Normas urbanísticas . . . 39
Planos de referencia . . . 40
Estimación de edificabilidad . . . 41

3. Generación de los niveles de un proyecto 42
Introducción y renombrado de niveles . . . 43
Creación de niveles nuevos . . . 44
Creación de vistas de planta . . . 47
Organización del Navegador de proyectos . . . 48
Aproximación de edificabilidad mediante masas . . . 50

4. Generación de retícula base y los muros envolventes 53
Creación de retícula estructural . . . 54
Claves de las rejillas en Revit . . . 55
Matriz de rejillas verticales . . . 56
Regularidad estructural . . . 58
Envolvente general . . . 60
Retícula horizontal . . . 61

5. Modelado inicial de pilares y cimentaciones estructurales 63
Colocación de pilares ... 64
Copiar entre niveles ... 66
Planos estructurales ... 69
Cimentación estructural ... 70
Desfase de rejilla sobre fachada ... 75
6. Coordinación de rejillas y plazas de aparcamiento 77
Componentes de aparcamiento ... 78
Propiedades de vista temporal ... 78
Creación de familia de plaza de aparcamiento ... 80
Colocación de plazas de aparcamiento ... 84
Planificar los carriles ... 87
Creación de trasteros ... 89
7. Núcleos de circulación vertical y número de viviendas 91
Duplicar vista ... 92
Diseño del núcleo de comunicaciones ... 94
Creación de la escalera ... 94
Cierre del núcleo de comunicaciones ... 97
Separación de las viviendas ... 98
Zaguanes de acceso en planta baja ... 99
Encaje de viviendas en la planta ático ... 100
Ajuste y recálculo de plazas de aparcamiento ... 101
PARTE 2. Encaje y modelado básico del proyecto 103
8. Estudio inicial de las viviendas tipo 104
Dimensiones mínimas ... 105
Personalización de líneas base ... 105
Creación de grupos de detalle ... 109
Encaje inicial ... 110
9. Encaje final de núcleos verticales, aparcamiento y distribución. Restricciones y parámetros globales 116
Creación de la caja de ascensor y copia entre niveles ... 117
Caminos de escalera ... 120
Escalera de planta baja ... 122
Planta de sótano: radios de giro y escalera de evacuación ... 125
Ajuste estructura ... 126
Estrategias generales para retranqueos y distribución ... 127
Restricciones de distancia y parámetros globales ... 130

10. Mobiliario, familias cargables y grupos 132
Bibliotecas de familias de Autodesk 133
Qué encontrar en cada categoría 135
Portales generales de descarga de familia: algunas consideraciones 137
Crear tus propias bibliotecas y acceder a ellas 137
La importancia del parámetro «Función» 139
El nivel de detalle en las familias 139
Transparencia y superposición no deseada en las familias 140
Limpiar elementos no utilizados 145
Trabajo básico con grupos 146
Edición de grupos 147
Grupos de detalle enlazados: luces y sombras 148

11. Colocación de forjados y desfase de muros 150
Consideraciones previas 151
Creación de forjados 151
Enlazar vs Unir 153
No volver a mostrar mensajes de advertencia 154
Modelado del resto de forjados 155
Desfase de muros y parámetros globales 158

12. Creación de pavimentos 162
Estrategia de creación de pavimentos en el proyecto 163
Proceso de creación de los pavimentos y materiales 164
Personalización del material 165
Colocación de pavimentos 169
Replanteo y alineación de pavimentos 172
Errores comunes en la creación de pavimentos 174
El progreso hasta ahora 177

13. Definición de habitaciones: trabajo con superficies útiles 178
Colocar habitaciones en tu proyecto 179
Etiquetas vs habitaciones 180
Colocar habitaciones automáticamente 181
Delimitación de habitación 182
El uso de espacios 184
Tablas de planificación para controlar habitaciones 184
Nombrar habitaciones: el método lento, el estándar y el rápido 187
Departamentos 191
Campos adicionales 193

14. Creación de áreas: trabajo con superficies construidas 194
Áreas vs Habitaciones 195
Crear planos de área 195
Contornos de área 196

Reglas de área . . . 198
Información de las áreas . . . 199
Otros tipos de área para tus proyectos . . . 202
15. **Colocación de topografía y vaciados del terreno** **204**
La importancia de la topografía no es una constante . . . 205
Topografías vs sólidos topográficos . . . 205
Generar un sólido topográfico desde una importación . . . 206
Generar un sólido topográfico desde un boceto . . . 207
¿Qué espesor de sólido topográfico necesito? . . . 208
Excavaciones en sólidos topográficos . . . 209
Grafismo y materialidad . . . 210
Fases de proyecto y terreno . . . 211
PARTE 3. Planos de un proyecto básico 213
16. **Reflexiones: grupos para plantas tipo** **214**
La gran pregunta: ¿qué o cuánto modelar mientras se proyecta? . . . 215
La opción fácil: un modelo único utilizando copias y simetrías . . . 216
El primer nivel: hacer grupos para cada vivienda tipo . . . 218
Segundo nivel de automatización: grupos en las plantas tipo . . . 223
Trabajo coordinado: usar vínculos para viviendas o plantas tipo . . . 229
Combinar lo mejor de ambos mundos . . . 232
Exclusión de ejemplar en un grupo . . . 235
Gestión de avisos y errores . . . 237
17. **Tablas de superficies útiles y construidas** **238**
Crear una tabla de superficies útiles desde cero . . . 239
Reutilizar tablas de otros proyectos . . . 242
Coeficiente de computabilidad . . . 243
Editar valores en elementos agrupados . . . 246
Valor calculado . . . 246
Tablas de superficies construidas . . . 247
Ordenar por nombre o número . . . 248
Redondear valores . . . 249
Apariencia de la tabla . . . 249
18. **Organización del navegador y duplicado de vistas** **253**
Documentación de un proyecto: principios básicos . . . 254
Duplicar o crear nuevas vistas, los caminos principales . . . 256
Crear nuevos tipos de plano . . . 257
Nomenclaturas de vista . . . 259
Organización avanzada del navegador de proyectos . . . 260
Organización y pasos finales . . . 268

19. Generación de vistas de distribución y de cotas y superficies 269
Ajustar las propiedades de una vista 270
Ajustar los estilos de objeto 272
Crear un esquema de color básico 273
Crear plantilla de vista 277
Elementos de anotación en un plano de distribución 278
Vistas de cotas y superficies 288

20. Creación de alzados y secciones de proyecto 294
Personalizar datum: extremos de nivel, sección y alzado 295
Apariencia de las secciones de proyecto 300
Alzados: número, posición y nomenclatura 303
Grafismo de alzados 305

21. Vistas de justificación de protección contraincendios 311
Cómo enfocar un plano de protección contraincendios 312
Planos de sectorización de incendios 313
Plano general de exigencia de resistencia a incendios 319
Tablas de planificación para incendios 329

22. Creación de los planos de un proyecto básico 333
Organización de planos 334
Información de proyecto 335
Personalizar el cajetín o bloque de título 336
Lista de planos 339
Añadir vistas a un plano 341
Títulos de plano 342
Alineación de vistas 344
Leyendas 346
Composición de los planos 347

PARTE 4. Modelado para un proyecto de ejecución 352

23. Definición completa de muros en Revit 353
Creación de materiales específicos 354
Creación de muros con definición de capas 356

24. Envolvente de muro avanzada en ventanas 364
Uniones de muro 365
Edición de cierre de muro en familias de ventanas 366

25. Revestimientos verticales y horizontales 370
Diferencias de enfoque para trabajar con revestimientos 371
Duplicar tipos de muro para diferenciar revestimientos 375
Proceso de trabajo para dividir muros 377
Crear falsos techos 379
Forrado de pilares 383

26. Uso de suelos para modelar rampas de garaje 385
Limitaciones de las rampas 386
Utilización de suelos 386

PARTE 5. Claves para la documentación de un proyecto de ejecución 392

27. Vistas de replanteo estructural 393
Preparación común a todas las vistas 394
Filtrado de suelos no estructurales 395
Rango de vista y líneas ocultas 395
Documentación asociada a la vista 397

28. Vistas de revestimientos 400
Introducción 401
Acabados de habitaciones 401
Revestimientos verticales con muros independientes 408

29. Criterios para planos de carpintería + leyendas 411
Introducción a los planos de carpintería 412
Configuración de vistas de planta 413
Tablas de carpintería 415
Leyendas de carpintería 417
Carpinterías especiales 419
Montaje final de plano de carpintería 422
Otros criterios para hacer planos de carpinterías 423

30. Detalles constructivos 424
Vistas de detalle 425
Herramientas para documentar un detalle constructivo 427
Componentes de detalle 427
Componente de detalle repetido 428
Etiquetas y anotaciones 429
Recorte de anotación 433
Vistas de diseño 434
Conclusiones de detalles constructivos 435

31. Tablas de mediciones de proyecto 436
Tipos de tablas en Revit 437
Tablas para mediciones 438
La clave para hacer tablas de medición 439
Tablas de cómputos de materiales 442
Tablas de excavación 443
Conclusión y cierre 444

Índice alfabético 445

Cómo usar este libro

A quién va dirigido y qué es necesario para empezar

Este libro va dirigido a usuarios de Revit que tengan ya unos mínimos conocimientos del programa y quieran aprender, paso a paso, cómo modelar y documentar un edificio completo con él de principio a fin.

El manual está enfocado en la creación de un edificio de viviendas, aunque es directamente extrapolable a cualquier otro sector, como edificación industrial o terciario. Las imágenes que se incluyen a lo largo del libro hacen referencia al proyecto que se está desarrollando, para tener una correlación exacta entre contenido textual y visual.

Estructura del libro

Se ha distribuido toda la información en cinco bloques bien diferenciados:

- **Parte 1:** Preparación y planificación del proyecto.
- **Parte 2:** Encaje y modelado básico del proyecto.
- **Parte 3:** Planos de un proyecto básico.
- **Parte 4:** Modelado para un proyecto de ejecución.
- **Parte 5:** Claves para la documentación del proyecto de ejecución.

Dentro de cada una de las partes hallarás una serie de capítulos que agrupan los contenidos de forma más ordenada, para que sea mucho más fácil localizar un concepto o un comando concreto. Además, en las últimas páginas se puede consultar un índice de palabras y, cuando quieras repasar una orden o procedimiento específico, podrás buscar directamente la palabra deseada sin tener que recordar en qué parte o capítulo del libro se encontraba.

Convenios utilizados en este libro

Para facilitar la comprensión de este manual se han empleado varios formatos especiales:

- Los nombres de comandos, menús, opciones, cuadros de diálogo, enlaces y otros elementos que deben diferenciarse aparecen en un tipo de letra distinta para destacarlos del resto del texto, por ejemplo, el cuadro de diálogo Opciones.
- Las combinaciones de teclas están separadas por un guion; por ejemplo, Ctrl-C.

- Al indicar la secuencia que debe seguirse para ejecutar un comando determinado, se ha decidido abreviarla presentando pestañas, grupos y comandos en el orden en que deben seleccionarse, separados por el signo «mayor que» (>). Por ejemplo, en lugar de indicar el comando Muro del grupo Construir, de la pestaña Arquitectura, en muchas ocasiones se indica directamente que se ejecutará el comando Arquitectura>Construir>Muro o simplemente Arquitectura>Muro.
- En el libro aparecen con frecuencia elementos destacados sobre el texto normal, cuyos títulos definen su contenido. Son los siguientes:

TRUCO:

Consejos y claves para facilitar el trabajo o conseguir mejores resultados.

NOTA:

Para facilitar o concretar información relacionada con el tema abordado. Incluye recomendaciones que conviene tener en cuenta.

ADVERTENCIA:

Para evitar posibles errores como consecuencia de una operación mal realizada.

Información de soporte

El ejemplo desarrollado en este libro puede descargarse de la página web de Anaya Multimedia en la dirección www.anayamultimedia.es. Para descargarte los archivos necesarios, accede a la ficha del libro mediante el buscador del sitio «Buscar libro» y haz clic en el enlace Complementos.

Los archivos de Revit no son compatibles entre versiones; los ejemplos del libro están guardados en la versión Revit 2025 y, por tanto, no se podrán abrir con versiones anteriores del programa.

Suscripción

Revit es un programa que se utiliza como un servicio de suscripción (tanto anual como mensual). Cuando tienes una licencia, puedes descargar tanto la versión más actualizada como un par de versiones anteriores, en función de cuál se esté utilizando en tu equipo de trabajo o en un proyecto particular. Este libro recoge las funciones publicadas en Revit 2025. Aunque estés utilizando cualquier otra versión de Revit, podrás seguir el libro sin ningún problema; como mucho, alguna función no aparecerá exactamente igual en tu ordenador.

Finalmente...

Los procesos y utilidades concretas que desarrollo en este libro no son únicos, ya que en Revit hay varios caminos para llegar a un mismo resultado. He intentado incorporar los itinerarios que, bajo mi criterio, funcionan mejor o más rápido; pero con la práctica es posible que encuentres tus propias rutas para cada procedimiento.

Introducción

Revit no es solo una herramienta de dibujo: es una forma diferente de pensar los proyectos. Quien viene de AutoCAD tiende a trabajar de forma lineal, pero en Revit hablamos de elementos constructivos y parámetros internos. Cambiar de mentalidad lleva un tiempo, pero es la clave para que el modelo trabaje por ti.

Este libro nace con una idea clara: ayudarte a dominar Revit, paso a paso, mientras desarrollas un proyecto completo, desde su planteamiento inicial hasta la documentación de ejecución. Aquí no encontrarás teoría abstracta ni ejemplos aislados, sino acciones concretas sobre el proyecto, que hace de hilo conductor del libro, con decisiones que deberás tomar también en tu día a día como técnico.

Revit puede parecer complejo al principio, pero una vez entiendes su lógica y su potencia, es difícil volver atrás. Este libro te acompañará en ese proceso.

Parte 1

Preparación y planificación del proyecto

1

Importación del entorno en CAD, localización y norte de proyecto

En este capítulo aprenderás a:

- Empezar un proyecto en Revit.
- Vincular información desde CAD.
- Adquirir coordenadas y georreferenciación.
- Colocar norte de proyecto y norte real.

Introducción

Dentro de las herramientas de modelado o autoría BIM, Autodesk Revit es una de las más utilizadas a nivel mundial. Sin embargo, la dificultad de aplicación no radica en conocer la herramienta en sí misma, sino en cómo aplicar esos conocimientos para desarrollar proyectos reales, adaptándose a normativas reales, y a cómo integrar BIM dentro del flujo proyectual tradicional.

Este libro pretende, desde un punto de vista totalmente práctico, dar respuesta a esas cuestiones y, además, hacerlo siguiendo un orden cronológico proyectualmente hablando. En el primer bloque plantearemos un edificio de viviendas desde cero, en una ubicación concreta y unos parámetros urbanísticos específicos; desde ahí, el lector verá cómo planificamos el proyecto paso a paso y sin utilizar AutoCAD ni siquiera en los encajes iniciales.

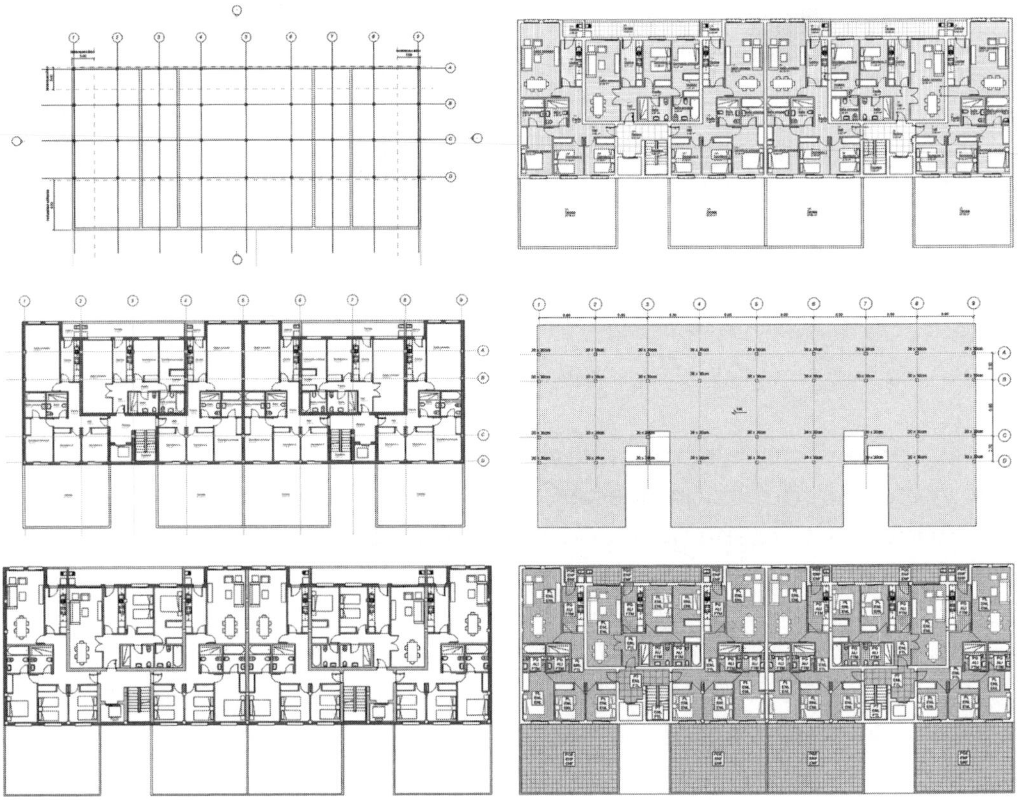

Figura 1.1. Evolución modelado y documentación.

El segundo bloque cubre el desarrollo del modelado básico del edificio, y corresponde de forma general al contenido desarrollado en cualquiera de los cursos tradicionales de modelado en Revit. No obstante, en este bloque no se explican desde cero todos los conceptos y comandos, de manera que se recomienda al menos un manejo básico del programa.

Cuando se tiene un modelado de un proyecto básico, ¿cuál es el siguiente paso? Una opción razonable es desarrollar y documentar los planos necesarios para obtener licencia de construcción; esto requiere habilidades diferentes a las de modelado, y son el fondo del bloque 3, antes de pasar al modelado avanzado que supone el bloque 4, para empezar a generar el proyecto de ejecución.

Como en un proyecto se suelen utilizar modelos diferentes para la estructura y las instalaciones, desde el bloque 5 aprenderemos los procesos generales de modelado y vinculación de estas, antes de dar paso a la documentación completa de un proyecto de ejecución en el bloque 6.

Presentación del proyecto

El proyecto que vamos a ir generando paso a paso en el presente libro es un edificio de viviendas sencillo, con una planta bajo rasante dedicada a garaje y trasteros, una planta baja con dos zaguanes o portales de acceso y tres locales comerciales, y tres plantas de viviendas, con seis viviendas en cada planta (tres para cada zaguán de acceso). El edificio se remata con una cuarta planta de ático, que tendrá solamente cuatro viviendas (dos por zaguán) y terrazas. La promoción tiene un total de 22 viviendas, 22 trasteros, 3 locales comerciales y 37 plazas de aparcamiento.

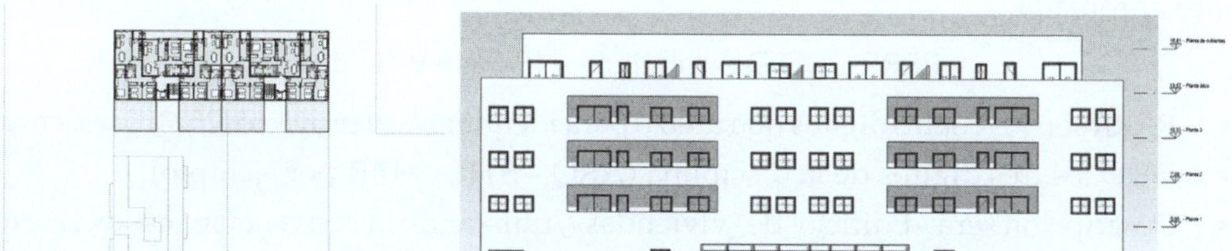

Figura 1.2. Ubicación y alzado del proyecto.

Para facilitar las labores de encaje y modelado, la parcela del edificio tiene planta rectangular, de dimensiones aproximadas 46x26 m. El edificio será simétrico en su lado largo, generando los dos zaguanes de entrada que dan acceso a las plantas superiores. Cada planta de viviendas tiene seis viviendas, tres por cada núcleo de comunicaciones, dos de las cuales serán simétricas y pasantes (con ventilación a ambos lados), mientras que la tercera tendrá solamente ventilación a un lado, a cambio de tener terraza.

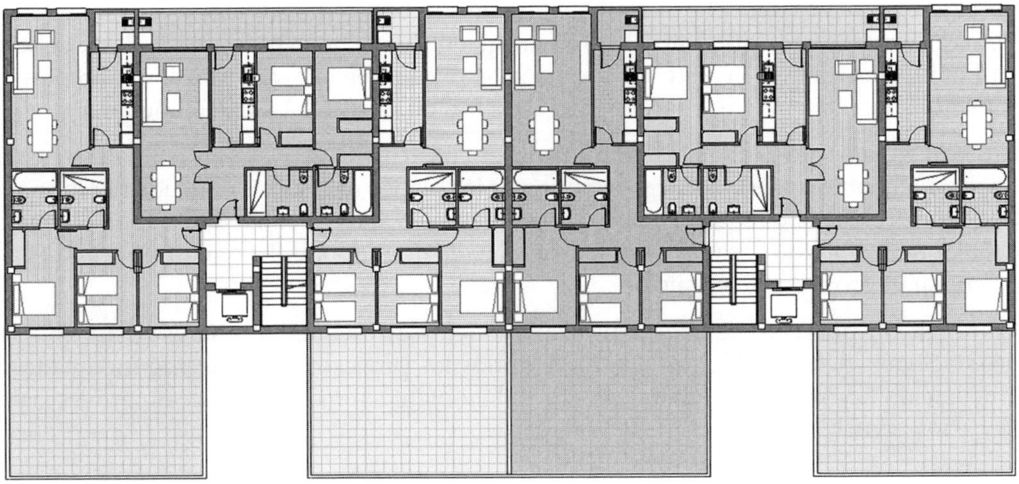

Figura 1.3. Viviendas planta tipo.

Propuesta para la nomenclatura de archivos

Comenzamos nuestro proyecto en Revit desde un proyecto totalmente en blanco, aprovechando la «Plantilla arquitectónica» que viene incluida con el programa. Una vez tengamos el proyecto en blanco, conviene guardarlo en una carpeta reconocible de nuestro ordenador y utilizar una nomenclatura aceptada por nuestro despacho. En mi caso, voy a utilizar una codificación sencilla, pero tú puedes optar por cualquiera que consideres más apropiada:

RRRR DDD Descripción – NF Fase VVV; donde:

- RRRR son los cuatro dígitos que utilizo para identificar un proyecto (2524, por ejemplo).
- DDD los tres dígitos de la disciplina (ARQ – STR – MEP, por ejemplo).
- Descripción será «Edificio_de_viviendas», utilizando la convención SnakeCase (que consiste en sustituir cada espacio por una barra baja).
- NF es el número de la fase (00 para Anteproyecto, 01 para Básico, 02 para Ejecución, y así sucesivamente).
- VVV es la versión del programa Revit que se esté utilizando (R24, por ejemplo).

Con ello, debería quedar algo similar a esto:

2425 ARQ Edificio_de_viviendas – 00 R24

Tabla 1.1. Ejemplos con la propuesta para la nomenclatura de archivos.

Código del proyecto	Disciplina	Descripción	Fase	Versión
RRRR	DDD	Descripcion_Proyecto	NF	VVV
2524	ARQ	Edificio_de_viviendas	00	R24
2536	STR	Vivienda_unifamiliar	01	R25
2548	MEP	Reforma_vivienda	02	R26

NOTA:

La asociación BuildingSmart tiene su propia propuesta de nomenclatura, disponible desde su página web. Si no tienes una nomenclatura clara, te propongo que consideres revisarla e incluso adoptarla en tus proyectos.

Rutas relativas vs rutas absolutas

Una de las ventajas de guardar el proyecto desde el principio es que, a la hora de insertar vínculos, será capaz de tomar rutas relativas y no absolutas. Recuerda que un vínculo es un archivo externo cuya información se muestra en nuestro modelo, como archivos CAD con el emplazamiento, PDF con imágenes o incluso, más adelante, otros modelos de Revit con las disciplinas de estructura o instalaciones.

Las rutas relativas son aquellas que indican la posición entre dos archivos tomando como punto de partida la carpeta donde el archivo anfitrión está ubicado, en lugar de indicar toda la ruta completa desde la unidad de disco duro; son mucho más cómodas de comprender y, además, permiten que la referencia siga siendo válida si se mueve la carpeta completa del proyecto a otro ordenador o una unidad externa. Veámoslo con un ejemplo:

En la ruta C:\usuarios\Salva\proyectos\2025\2524_Edificio\Anteproyecto tenemos nuestro modelo, y queremos insertar un archivo CAD de topografía que se encuentra en la ruta C:\usuarios\Salva\proyectos\2025\2524_Edificio\REFS. Podrás observar que se encuentra en otra carpeta dentro del mismo proyecto. Con una ruta absoluta, no podrías mover la carpeta 2524 Edificio a otro ordenador sin perder todas las vinculaciones. Sin embargo, una ruta relativa empezaría a contar desde «Anteproyecto», ofreciendo la siguiente información: ..\REFS\NombreArchivo.

Una vez que tenemos el archivo guardado, vamos a insertar nuestra primera base de información: un archivo CAD georreferenciado.

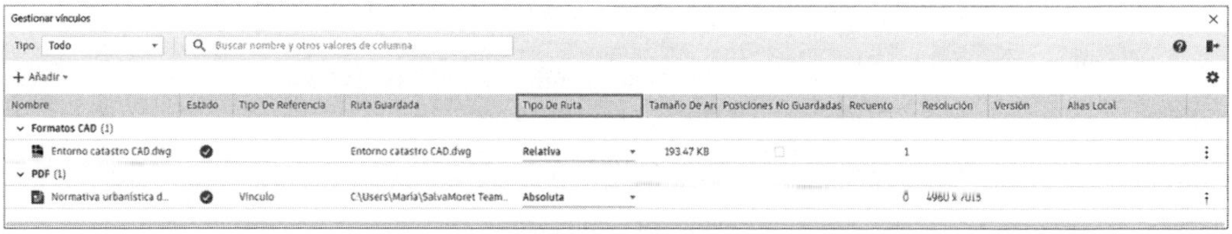

Figura 1.4. Ventana de gestionar vínculos.

Importación del entorno en CAD

Para importar a Revit el entorno en CAD tenemos que haber conseguido la información en ese formato; lo más habitual es usar la página web del catastro de cada país y descargar el ámbito que se desea. La ventaja de usar datos desde el catastro es que tienen correctamente posicionadas las unidades, algo que resultará fundamental para posicionar nuestro proyecto.

En Revit tenemos la posibilidad de enriquecer nuestro modelo BIM con información externa de otros modelos de Revit, varios formatos CAD, topografías, nubes de puntos, IFC, modelos de coordinación e incluso PDF o imágenes ráster. Algunos de estos formatos admiten importación y vinculación, mientras que otros (como el formato Revit o las nubes de puntos) solamente estarán disponibles con una vinculación. Para quien esté acostumbrado a trabajar con referencias externas en CAD, la vinculación no es nada nuevo; pero, por si no fuera tu caso, las ventajas principales de la vinculación son:

- La actualización del contenido si varía el archivo original.
- Un menor peso del archivo contenedor, pues no «guarda» los datos dentro del mismo, sino que es un enlace (o vínculo) a un archivo externo.

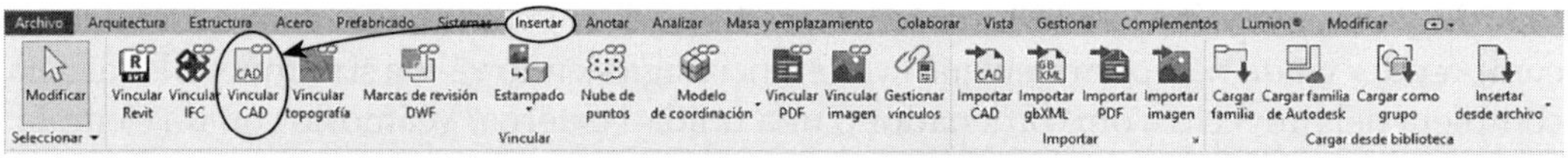

Figura 1.5. Vincular CAD.

Desde la vista de planta «Planimetría general» podemos insertar nuestra información CAD. Para ello, ve a la pestaña Insertar>Vincular CAD, donde deberás navegar por tu ordenador hasta localizar el archivo que tenemos preparado. Antes de aceptar debemos tener en cuenta una serie de puntos fundamentales:

- Las Unidades de importación del archivo de origen deben especificarse: habitualmente serán metros.
- Corregir líneas ligeramente fuera de eje no debería marcarse en archivos catastrales, donde encontraremos muchas líneas que serán casi verticales u horizontales, pero deben permanecer así.

- Hay que marcar Solo vista actual, para asegurarnos de que nuestra información de catastro solamente aparece en la vista deseada.
- La posición permite elegir entre varias opciones. Aunque la ideal sería Automático – por coordenadas compartidas, Revit comprobará que no siguen el mismo sistema de coordenadas y nos indicará que, en esta ocasión, va a utilizar Automático – Centro a centro. Es una buena opción, así que seguiremos adelante. La opción Centro a centro es un buen método para tratar de minimizar los errores que puede dar una importación CAD donde «bailen» las líneas conforme vayamos haciendo zoom.

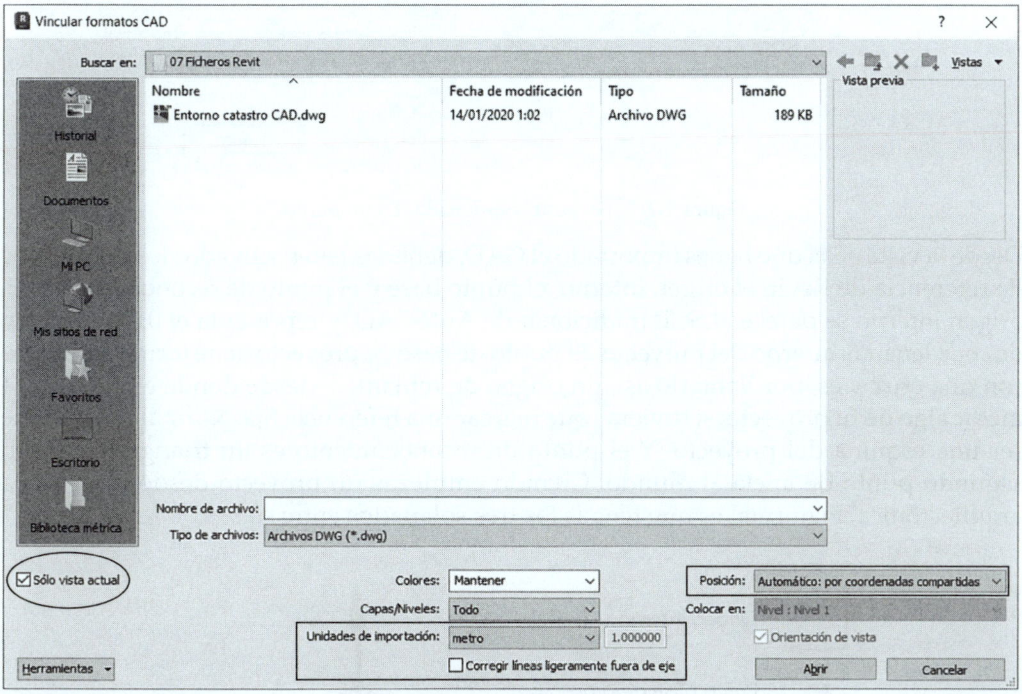

Figura 1.6. Cómo vincular CAD.

Obtención de coordenadas del archivo CAD

Una vez insertado nuestro plano CAD, no hay ningún problema en moverlo y centrarlo entre nuestros alzados. Nuestro siguiente paso será georreferenciar el modelo BIM. Hay muchas formas de hacerlo. Una de ellas sería, por ejemplo, ir a la pestaña Gestionar>Coordenadas>Especificar coordenadas en punto. Con la tecla Tab podríamos tocar un punto de nuestra importación CAD y escribir las ubicaciones Norte/Sur, Este/Oeste, Elevación y Ángulo. Sin embargo, eso requiere tener abierto nuestro programa CAD e ir copiando los valores a mano; así que, aunque no debes olvidar este procedimiento, vamos a utilizar uno que, personalmente, encuentro mucho más cómodo.

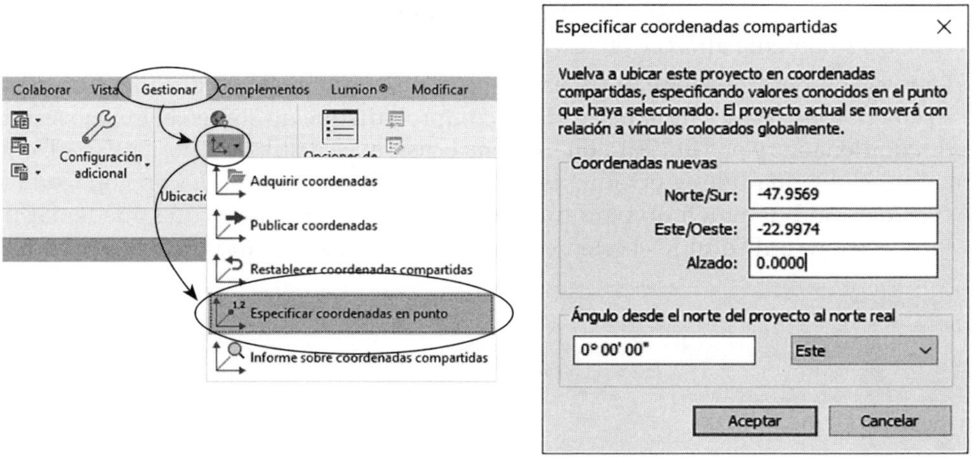

Figura 1.7. Especificar coordenadas en un punto.

Desde la vista en la que tienes importado el CAD, deberías tener activados los tres puntos de referencia de Revit; el origen interno, el punto base y el punto de reconocimiento. El origen interno se parece al SCP tradicional de AutoCAD, y representa el 0,0,0 u origen de coordenadas interno del proyecto. El punto de base de proyecto tiene forma de círculo con una cruz y es, por llamarlo así, un origen de replanteo: desde dónde empezarías a medir algo de tu proyecto, si tuvieras que marcar una referencia fija. Normalmente suele ser una esquina del proyecto. Y el punto de reconocimiento es un triángulo y es un segundo punto de ancla al mundo. Cuando empiezas un proyecto desde la plantilla arquitectónica, lo normal es que tengas los tres solapados entre sí.

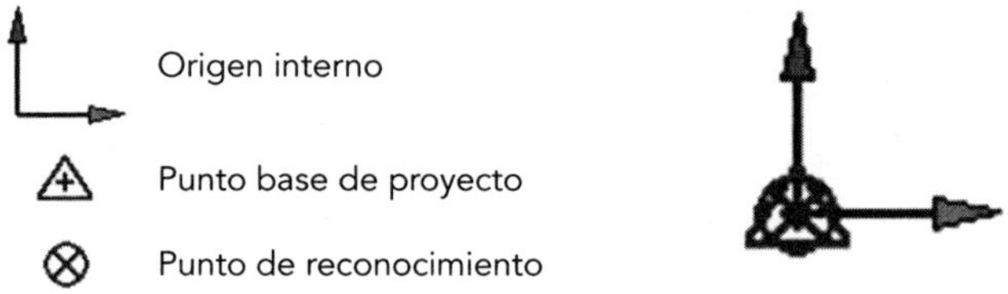

Figura 1.8. Puntos de referencia.

En la plantilla arquitectónica, dentro de la vista Planimetría general suelen estar activos el punto base y el punto de reconocimiento, pero no el origen interno. No obstante, quizá no sea tu caso o no estés en esa vista, así que recuerda que, para mostrar categorías ocultas tienes dos caminos principales:

- Desde Vista>Visibilidad/Gráficos (o usando la abreviatura estándar VV) puedes navegar hasta la categoría de Emplazamiento, desplegarla y activar aquellas que estén desmarcadas.

- Entrando en el modo de Alternar elementos ocultos (el icono de la bombilla en la parte inferior de la ventana de dibujo, en el área de controles de vista), seleccionando las categorías que estén ocultas (y que se reconocen por estar en color magenta) y marcando botón secundario>mostrar en vista>Categoría, antes de volver a salir del modo Alternar elementos ocultos. Este método no funciona con la categoría Origen interno.

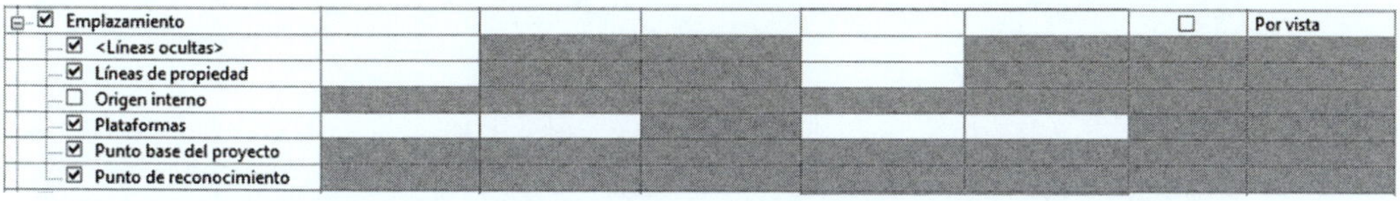

Figura 1.9. Categoría emplazamiento en modificaciones de visibilidad/gráficos.

Te propongo que arrastremos, o movamos, el punto base a una esquina de la parcela del proyecto. Verás que, al seleccionarlo, son visibles las coordenadas N/S y E/O, y que habrán cambiado sus valores. Esos valores no cambian con respecto al origen interno, sino que están referidos al punto de reconocimiento. Haz la prueba moviendo el punto de reconocimiento a otra posición y verás que, mientras que los valores visibles en el triángulo siguen estando a cero, los del punto base se van modificando.

Este comportamiento se puede cambiar. Fíjate que el punto de reconocimiento, cuando lo seleccionas, tiene un clip en la parte superior izquierda. Si haces clic en él y lo tachas o desactivas, los valores pasan de ser grises a azules y se actualizarán cuando tú muevas su posición, mientras que el punto de base se mantiene fijo.

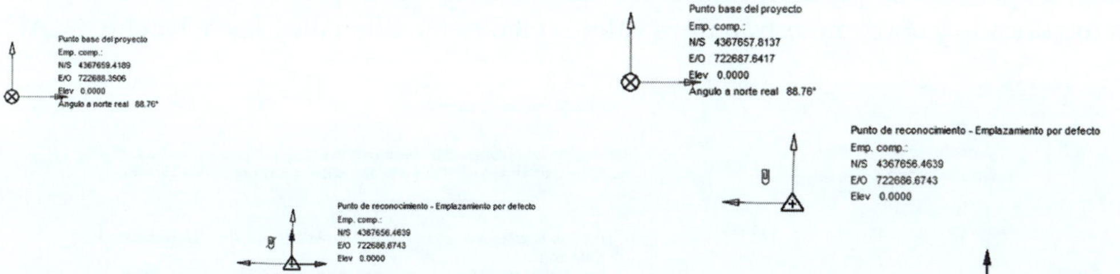

Figura 1.10. Cambio o no de coordenadas por mover el punto base y el punto de reconocimiento.

Tras hacer las pruebas que necesites, coloca en una esquina de la parcela el punto base, y en otra esquina el punto de reconocimiento, con el clip tachado. No es importante la posición del origen interno; simplemente necesitamos que nuestro proyecto esté cerca del origen, nada más. Es importante que, cuando vayamos a adquirir las coordenadas de un archivo CAD vinculado, el punto de reconocimiento esté «desclipado» o tachado, pues si no, se moverá al origen de coordenadas del fichero CAD (y seguro que es muy, muy lejano).

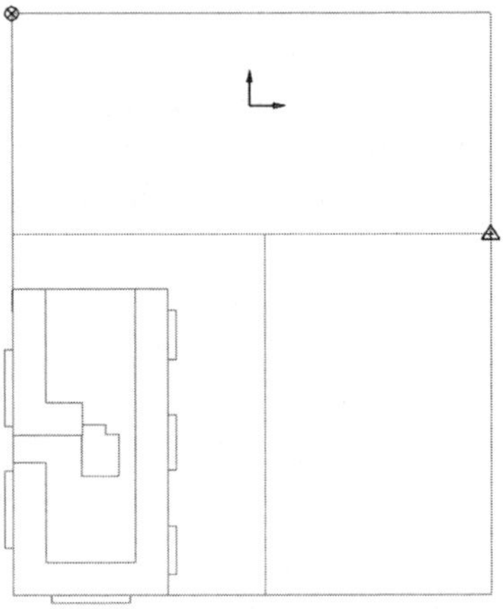

Figura 1.11. Posición punto base y punto de reconocimiento en la parcela.

Selecciona el archivo CAD. Asegúrate de que, en los iconos de ayuda a la selección de la parte inferior derecha de la pantalla, tienes activada la posibilidad de seleccionar vínculos (primer icono) y de seleccionar objetos bloqueados (icono de un cursor con un pin o chincheta); si no, no podrás seleccionarlo.

En la paleta Propiedades, hay un campo o parámetro que se llama Emp. Comp. (que es la abreviatura de emplazamiento compartido). Lo más habitual es que en el botón de ese campo ponga <No compartido>. Haz clic ahí y, en la ventana que aparece, selecciona la opción Adquirir sistema de coordenadas compartidas y acepta pulsando en Reconciliar. En este momento, podrás ver que las coordenadas del punto base y del punto de reconocimiento se han modificado y ahora muestran unos valores totalmente diferentes: los del archivo CAD.

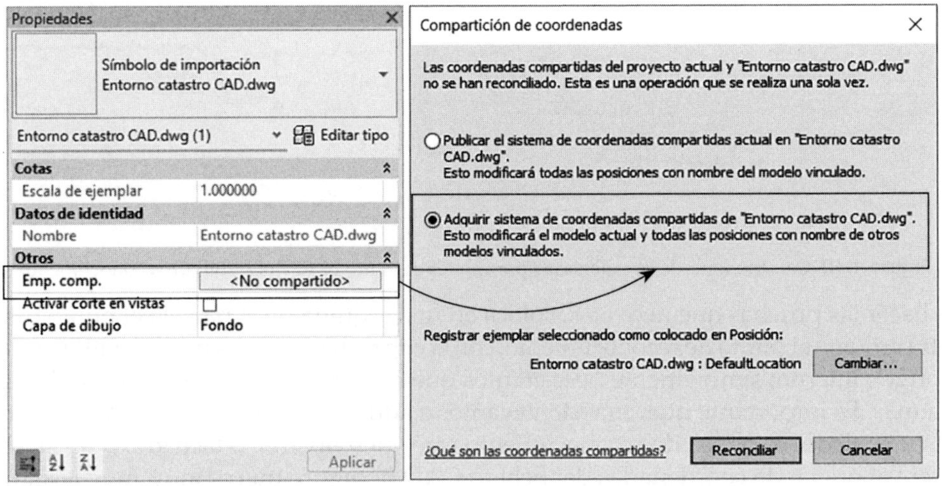

Figura 1.12. Adquirir sistema de coordenadas compartidas.

Este no es el único método de hacerlo; desde Gestionar>Coordenadas>Adquirir coordenadas, puedes seleccionar el archivo CAD y te avisará de que se han adquirido correctamente.

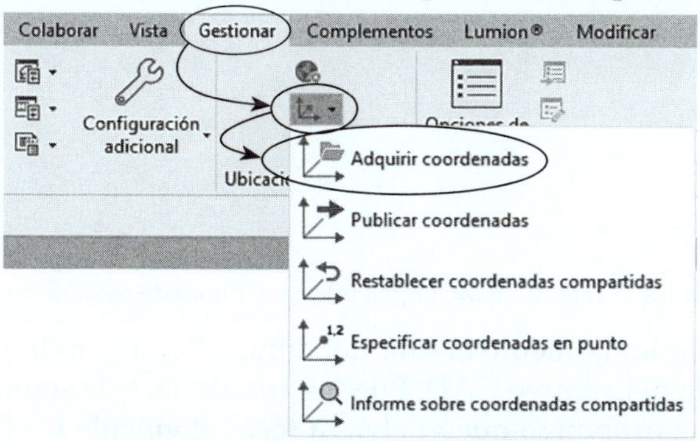

Figura 1.13. Adquirir de coordenadas.

Sin embargo, con cualquiera de los dos métodos, normalmente habrá una cosa que falte: la elevación. Te propongo que no cambies la elevación escribiéndola directamente en el punto base, porque se movería hacia arriba en un alzado y tendrías que hacer más pasos para dejarlo todo bien; sino que entres en la pestaña Gestionar>Coordenadas>Especificar coordenadas en punto y, con cuidado, marques el centro del punto base. Sabrás que lo estás haciendo bien porque, si esperas unos segundos o miras en la parte inferior izquierda de la pantalla, verás que indica Emplazamiento – Punto base del proyecto: referencia. Haz clic y, ahora sí, escribe la elevación deseada. En este proyecto, podemos establecer 30 metros de altura.

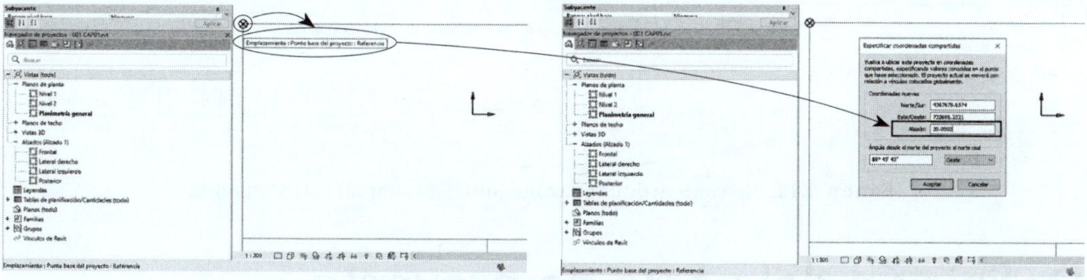

Figura 1.14. Editar la elevación.

Con estos pasos tendrás el proyecto orientado y colocado. En una vista de alzado, viendo las categorías ocultas, verás que tienes perfectamente alineados el punto base, el origen interno y el punto de reconocimiento. Es un muy buen modo de empezar. Además, si seleccionas un nivel y, en la paleta Propiedades, seleccionas Editar tipo, verás que puedes tomar como origen de elevación el punto base de proyecto o el punto de reconocimiento, que equivaldría al nivel del mar. Te invito a que tengas ambos tipos de niveles configurados en tu plantilla de trabajo.

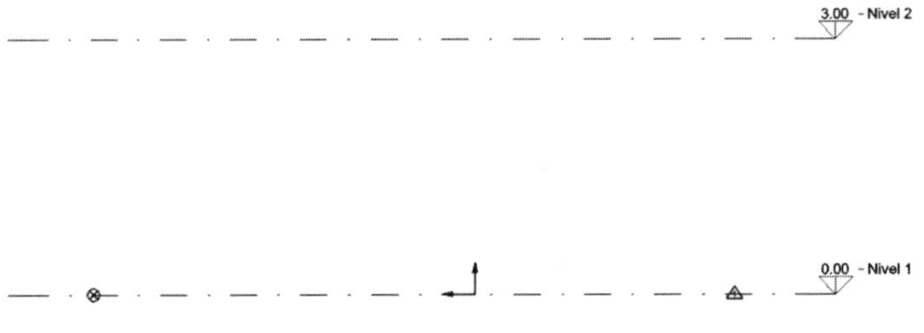

Figura 1.15. Alzado con punto base, origen interno y punto de reconocimiento alineados.

Es posible que, en algún momento al salir del dibujo, Revit te indique que ha cambiado la posición guardada del archivo CAD. Puedes guardarla; si te siguiese apareciendo, no te preocupes, pues te propongo que vuelvas a tocar el vínculo CAD y, desde el mismo campo Emp. Comp., marca No compartir emplazamiento del ejemplar seleccionado; ya hemos conseguido lo que buscábamos (las coordenadas), y no necesitamos generar esa dependencia del archivo CAD.

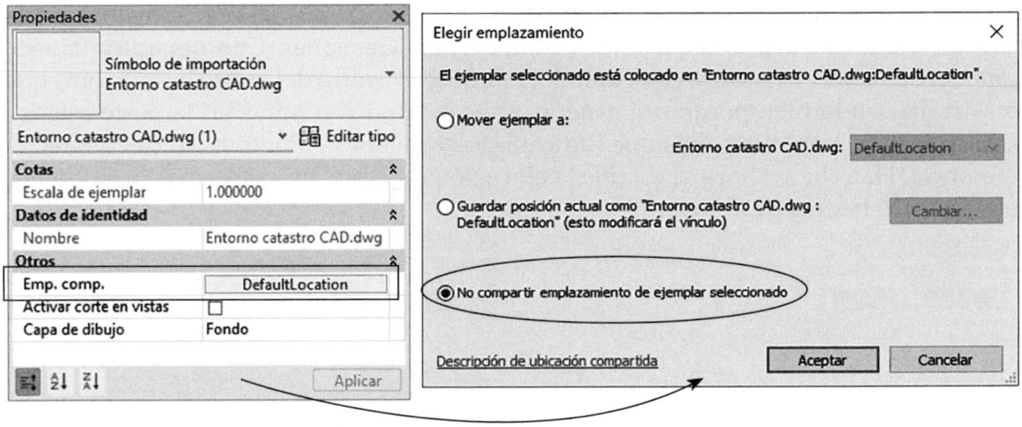

Figura 1.16. No compartir emplazamiento del ejemplar seleccionado.

Definición del norte de proyecto

Vamos a definir ahora el norte real y el norte de proyecto. Por norte real entendemos el norte geográfico; la orientación real de nuestra parcela. Normalmente, cuando importamos un plano catastral, el norte real está hacia arriba, de manera que ya lo tenemos configurado. Sin embargo, el norte de proyecto representa cómo queremos orientar nuestra planta para trabajar de forma más cómoda; así que en nuestro proyecto haremos que la parte recayente a la calle principal de la derecha sea nuestra parte superior del proyecto.

Hay varias formas de definir el norte de proyecto, pero una de las más cómodas es ir hasta Gestionar>Posición>Rotar norte de proyecto. Normalmente, las opciones de 90°

o 180º no serán las que nos interesen, así que te recomiendo elegir Alinear línea o plano seleccionado. Ten en cuenta, no obstante, que Revit girará tu proyecto hacia el plano que quede más cerca (horizontal o vertical), así que es posible que en algunas ocasiones tengas que usar la orden una vez más para, esta vez sí, elegir 90º en un sentido u otro.

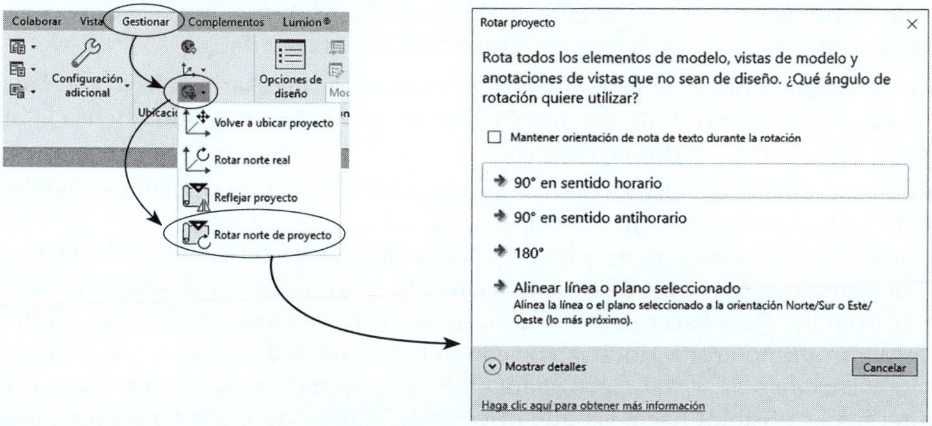

Figura 1.17. Editar la elevación.

Es buena idea comprobar que todo se comporta como estamos esperando; así que, desde la paleta Propiedades, puedes alternar la orientación de vista entre Norte real y Norte de proyecto y, tras aplicar, compruebas que la planta CAD se gira adecuadamente.

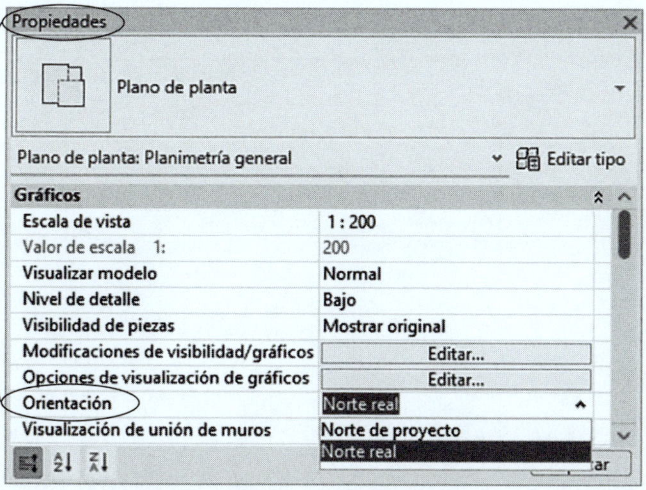

Figura 1.18. Orientación de la vista.

El último paso sería adaptar los alzados que vienen por defecto en la plantilla arquitectónica (o la que hayas usado) para, por una parte, eliminar aquellos que no interesen, y por otra, girar el resto y que estén alineados con nuestro proyecto. Para esto tienes varias posibilidades:

- **Alinear.** Aunque la abreviatura oficial es AL, yo suelo configurarla como AA (puedes hacerlo desde Vista>Interfaz de usuario>Teclas de acceso rápido, o con la abreviatura KS). Tendrás que seleccionar en primer lugar una línea del proyecto y, en segundo lugar, una línea del símbolo de alzado. Si estás utilizando la plantilla arquitectónica de España, asegúrate de que la línea del símbolo de alzado que seleccionas es una que cubre toda la anchura (alterna fácilmente con la tecla Tab).
- **Rotar manualmente.** Si conoces el ángulo de rotación necesario, selecciona el alzado (la parte circular o rectangular, no el triángulo que indica el sentido) y usa la orden Rotar para escribir el ángulo correcto.
- **Rotar con una referencia.** Es posible que te sea de ayuda tener una línea auxiliar que indique la distancia a rotar. Puedes generarla desde Arquitectura>Línea de modelo o desde Anotar>Línea de detalle. Dibuja una línea sobre la alineación CAD deseada (por ejemplo, sobre el borde de la parcela) y luego, otra línea que sea perpendicular a la primera. Para hacer esta segunda línea, una vez hayas empezado a dibujarla desde un punto arbitrario, haz clic con el botón secundario del ratón y despliega Modificaciones de forzar cursor para elegir Perpendicular. Ahora ya tienes las dos direcciones posibles hacia las que orientar tu alzado, ya sea rotando o alineando. Recuerda que la orden Rotar permite siempre elegir cuál es tu centro de rotación (bien usando el botón Colocar, pulsando en el pinzamiento para cambiarlo de sitio, o también moviéndolo con la barra espaciadora del teclado).

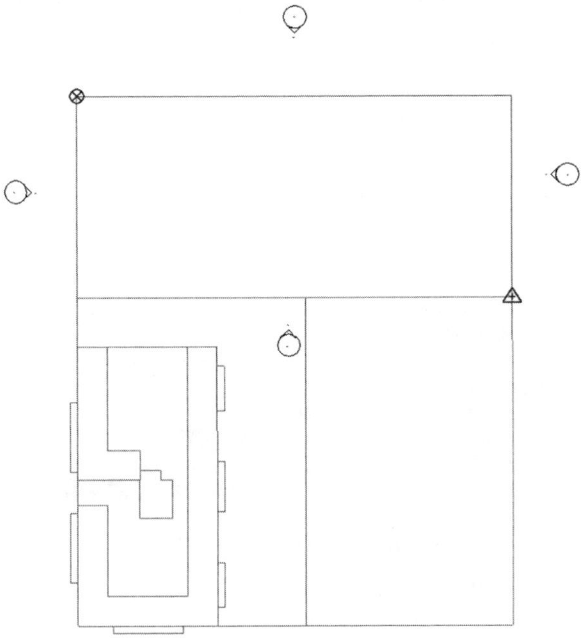

Figura 1.19. Resultado del capítulo 1.

2

Definición de la envolvente general del proyecto

En este capítulo aprenderás a:

- Cambiar la visualización de capas CAD.
- Crear líneas de propiedad.
- Crear planos de referencia.
- Aproximar edificabilidad mediante regiones rellenadas.

Visibilidad de las capas de la importación CAD

Un archivo CAD normalmente se importa o vincula en un modelo con todas sus capas visibles, lo que puede dificultar su comprensión; en Revit podemos identificar el nombre de la capa a la que pertenece cada elemento, y también desactivar aquellas que no aporten nada a nuestro modelo.

El primer paso es seleccionar el vínculo CAD (o importación, en su caso). Para ello debes asegurarte de que, en la esquina inferior derecha de la pantalla, donde están las ayudas de selección, tienes la capacidad de seleccionar vínculos y, en caso de que hubieras bloqueado el CAD para evitar que se moviese, también esté activada la selección de objetos bloqueados.

Figura 2.1. Ayudas de selección.

Con el CAD seleccionado, localiza en la cinta de opciones la orden Consulta y haz clic en la línea cuya capa quieras conocer; Revit te mostrará las propiedades principales del elemento (entre otras, el nombre de la capa a la que pertenece) y tendrás dos posibilidades, además de Aceptar o cerrar el cuadro de diálogo:

1. Suprimir la capa (esta operación es irreversible).
2. Ocultar la capa en la vista (podrás reactivar la capa más adelante).

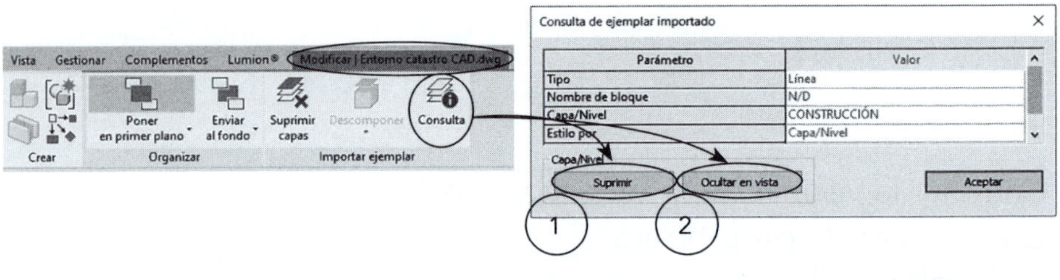

Figura 2.2. Consulta.

Con este método podrás ir ocultando las capas de subparcelas que no te interesen, los textos de las referencias catastrales, o quizá las alturas de cada edificación; y cuando desees reactivar una capa, solamente tienes que acudir a la orden VV que encontrarás en Vista>Visibilidad/Gráficos e ir a la cuarta pestaña, Categorías importadas, donde hallarás el nombre de tu importación CAD y podrás desplegarla, reactivar las capas desactivadas (marcando la casilla de verificación) o incluso modificar color, patrón y grosor de línea a voluntad.

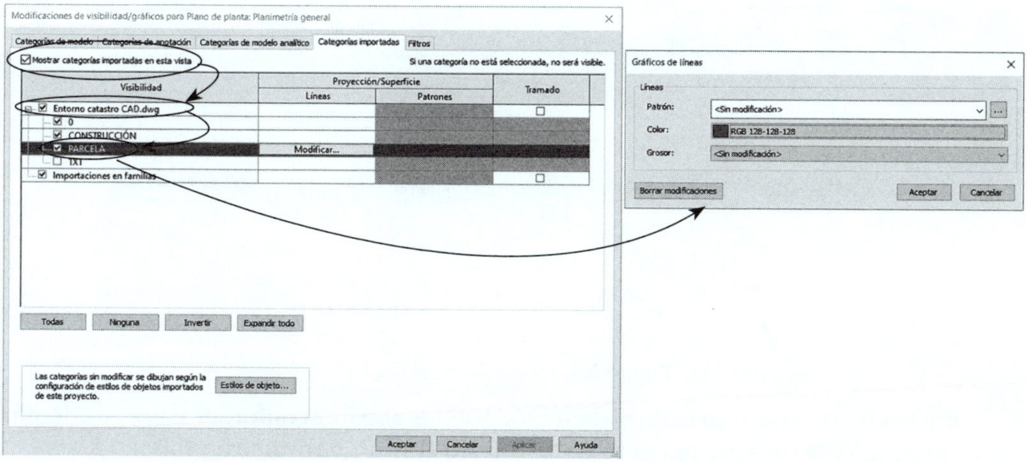

Figura 2.3. Modificar gráficos en vista por capa de CAD.

Líneas de propiedad

Antes de empezar a evaluar la justificación urbanística que tenemos que cumplir para este proyecto —o para cualquier otro—, te recomiendo colocar lo que en Revit se llama Líneas de propiedad, y que normalmente equivalen a las parcelas catastrales. Podrás encontrar la orden en la pestaña Masa y emplazamiento>Línea de propiedad. Hay dos opciones de creación:

- Crear mediante definición de distancias y orientaciones.
- Crear mediante boceto.

La primera opción no nos interesa, al menos en este caso; al no conocer ángulos y distancias exactas, será mucho más fácil si vamos seleccionando cada una de las líneas de la parcela catastral hasta completar el contorno. Al ser una orden de tipo boceto, cuando termines de seleccionar las líneas tendrás que finalizarla con la casilla de verificación verde. Si hubieras dejado algún segmento sin cerrar, Revit te avisará de que las líneas de propiedad no forman un bucle cerrado y que, por tanto, no calculará su área. Como en todos los elementos de tipo boceto, puedes editarlo cuando necesites corregir algo (figura 2.4).

Algo muy interesante que tienen las líneas de propiedad son, precisamente, sus propiedades; si seleccionas la línea de propiedad que has creado y miras en la paleta Propiedades, verás que tiene los siguientes parámetros:

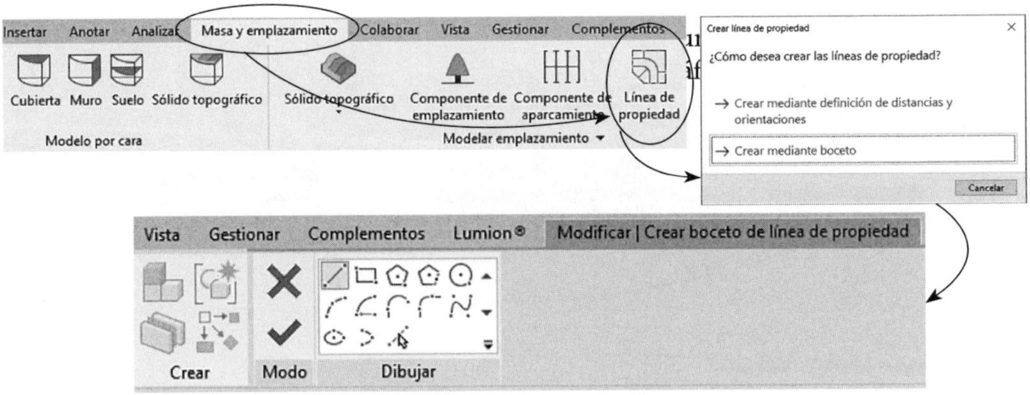

Figura 2.4. Líneas de propiedad.

- **Comentarios.** Al ser un campo de texto, puedes escribir cualquier valor, y además es el único campo que permite relacionarlo con un parámetro global.
- **Nombre.** Aquí podrás identificar todas las parcelas que compongan tu proyecto si, por ejemplo, estás generando una urbanización de varias viviendas unifamiliares y quieres tener «parcela 1», «parcela 2» o «parcela 3», por ejemplo.
- **Marca.** La marca siempre se ha relacionado con una identificación única de un elemento; quizá en este campo sería buena idea escribir la referencia catastral de tu proyecto.

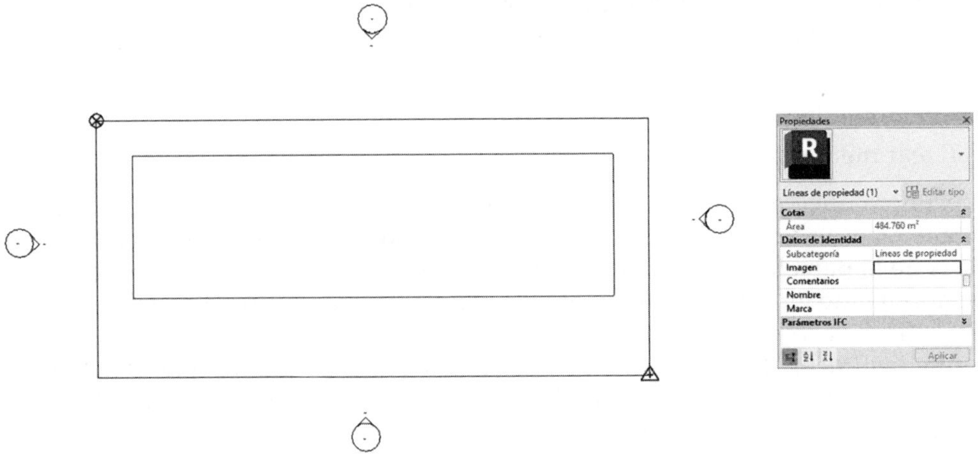

Figura 2.5. Líneas de propiedad ubicada en una parcela.

Normas urbanísticas

Cada proyecto y cada parcela deben responder a unas normas urbanísticas concretas y, al menos de momento, ningún software de autoría BIM puede buscarlas por nosotros. Voy a indicar aquí una serie de condicionantes que van a ser claves en nuestro proceso proyectual, junto con los valores que voy a utilizar en el ejemplo que estamos desarrollando.

- **Edificabilidad.** 3,50 m^2t/m^2s (cuántos metros cuadrados de techo construido puede haber en la parcela por cada metro cuadrado de suelo de esta)
- **Superficie edificable.** Combinando la superficie de parcela (en este proyecto 1006,63 m^2) con la edificabilidad, obtenemos 3523,205 m^2.
- **Número de plantas sobre rasante.** 5 plantas. Un sótano bajo rasante.
- **Profundidad edificable.** 15 metros (hasta qué profundidad de la parcela, desde la alineación de calle, podemos edificar).
- **Altura de cornisa.** 16,50 m (distancia desde la rasante de la calle hasta la cara inferior del último forjado)
- **Altura de planta baja.** 3,50 m
- **Ático permitido.** Con retranqueo de 3 m.
- **Plazas de aparcamiento.** Una por vivienda y una por local comercial mayor de 200 m^2.

Tabla 2.1. Ejemplos de parámetros urbanísticos.

Parámetros urbanísticos	Normativa	Proyecto
Superficie mínima de parcela	500 m^2	1006,63 m^2
Edificabilidad máxima	3,50 m^2t/m^2s	3,50 m^2t/m^2s (1006,63 m^2)
Número de plantas sobre rasante	5 (PB+4)	5 (PB+4)
Número de plantas bajo rasante	1	1
Profundidad edificable	15 m	15 m
Altura de cornisa	16,50 m	16,50 m
Altura de planta baja	3,50 m	3,50 m
Ático permitido	Con retranqueo de 3 m	Con retranqueo de 3 m
Plazas de aparcamiento	Una por vivienda y una por local comercial mayor de 200 m^2	24 plazas

Planos de referencia

Para marcar en nuestro proyecto las limitaciones establecidas por la normativa podemos utilizar planos de referencia, que encontraremos en Arquitectura>Plano de referencia. Sin embargo, para personalizar el aspecto de esos planos y diferenciarlo de los planos normales, te propongo que generemos una subcategoría específica desde la propia cinta de opciones, desplegando en la cinta de opciones Subcategoría>Ninguno y eligiendo <Crear nueva subcategoría>.

Podemos llamarla, por ejemplo, «Normativa» y modificar sus propiedades. A modo de ejemplo:

- **Grosor de proyección.** 1.
- **Color de línea.** Cian.
- **Patrón de línea.** Trazo pequeño.

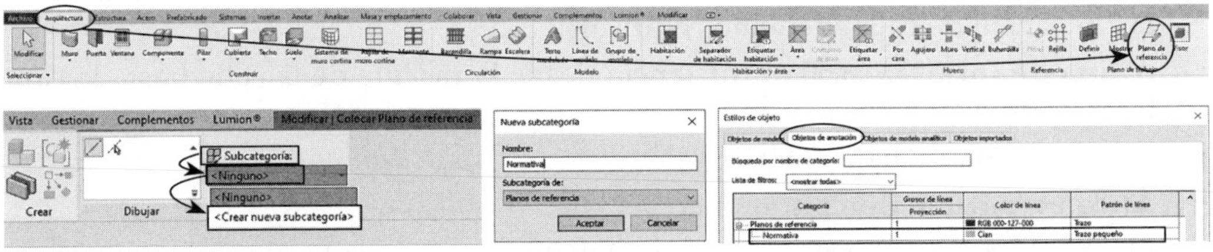

Figura 2.6. Crear planos de referencia para cumplimiento de normativa.

En cualquier momento estas propiedades se pueden modificar desde Gestionar>Estilos de objeto>Anotación>Planos de referencia.

Para este proyecto, siguiendo las normas urbanísticas, dibujaremos la línea que define el plano a 15 metros de profundidad de la línea de fachada, utilizando la subcategoría que acabamos de crear y marcando un desfase de 15 metros. Puedes dibujar manualmente la línea o, si lo prefieres, marcar la opción de dibujo Seleccionar línea. Una vez creado, haz clic en Nombre de plano y prueba a llamarle, por ejemplo, «Profundidad edificable».

Siguiendo estos mismos casos, en cada proyecto necesitarás una serie de planos diferentes: desde desfase de lindes hasta altura de cornisa, pasando por retranqueos de áticos. En este ejemplo te recomiendo que dejes creados los siguientes:

- Altura planta baja (3,50 m)
- Retranqueos áticos (3 m)
- Altura de cornisa (16,50 m)

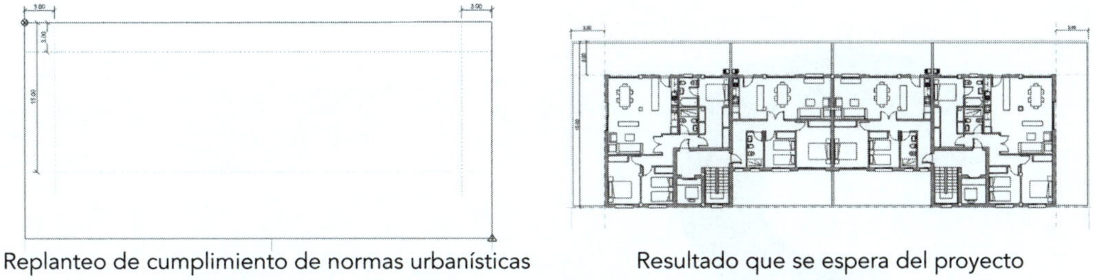

Figura 2.7. Justificación de cumplimiento de normas urbanísticas.

Estimación de edificabilidad

Una forma muy rápida de estudiar la edificabilidad es mediante regiones rellenadas, accesibles desde Anotar>Región rellenada. Te propongo que practiques este método generando algunas regiones rellenadas muy rápidas: una en la planta tipo, utilizando el contorno que deja nuestra parcela con el plano de referencia de la profundidad edificable, y otra en la planta ático. Con estas operaciones, sumando la planta baja y multiplicando los metros cuadrados de la planta tipo por el número de plantas totales, podrás ver en cualquier proyecto si estás por encima de la edificabilidad máxima o si, por el contrario, estás dentro de los parámetros.

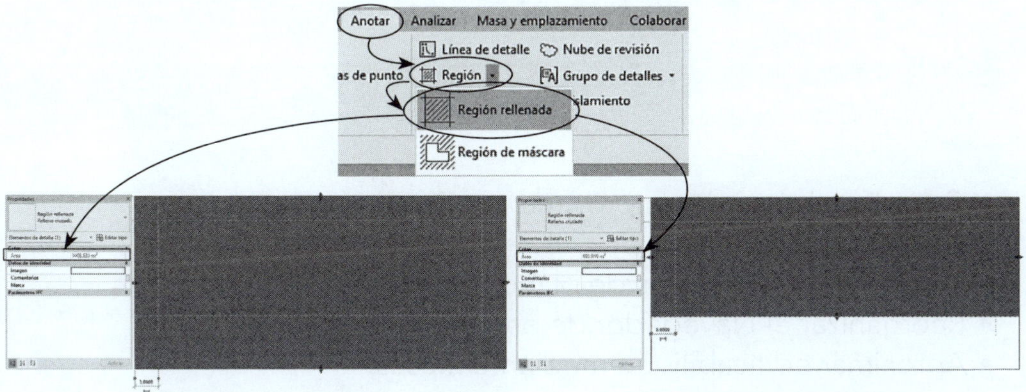

Figura 2.8. Estimación de edificabilidad.

3

Generación de los niveles de un proyecto

En este capítulo aprenderás a:

- Crear los niveles de un proyecto de Revit.
- Usar matrices.
- Crear vistas adicionales de plano.
- Reorganizar el Navegador de proyectos.
- Aproximar edificabilidad mediante masas.

Introducción y renombrado de niveles

En Revit podemos crear niveles a partir de vistas verticales (como alzados o secciones) o incluso copiarlos desde una vista 3D. El método más habitual es utilizar un alzado, así que te invito a situarte en el Alzado Este desde el Navegador de proyectos.

Además de los niveles 1 y 2, deberíamos estar viendo el plano de referencia de la altura libre de planta baja. Supongamos un forjado estándar de 30 cm y un espesor de pavimento también genérico de 5 cm. Esto nos daría la cota de pavimento de planta 1, que es la que representaremos con el nivel, a 35 cm por encima de la planta baja; es decir, a 3,85 m. Vamos, por tanto, a hacer clic-clic (no doble clic; un clic, respiras y de nuevo un clic) sobre el valor de cota del Nivel 2 y, cuando se muestre el modo de edición, escribimos esa medida.

Figura 3.1. Edición de alturas niveles.

En esta misma operación podemos aprovechar para cambiar los nombres de los niveles para que representen las plantas tal y como nos interesa llamarlas. Hay dos métodos principales para hacerlo, y tenemos dos niveles creados; así que utilizaremos ambos.

Para el Nivel 1, haremos clic-clic sobre el texto del nombre del nivel y, al entrar en el modo de edición, escribimos «Planta baja». Al pulsar Enter para aceptar, nos preguntará si queremos que los nombres de las vistas relacionadas se cambien. La respuesta es sí (fíjate que la opción por defecto es «No», así que no podrás atajar pulsando Enter); y tampoco te recomiendo marcar la casilla de no volver a preguntar, pues no siempre será la opción que te interese.

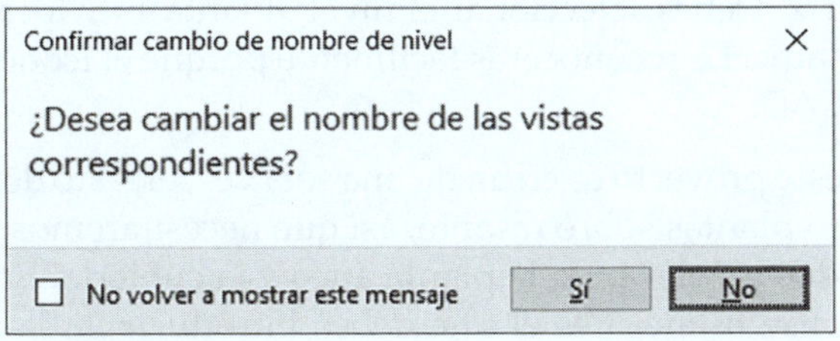

Figura 3.2. Cambiar el nombre de las vistas correspondientes.

Para el Nivel 2, lo haremos desde el Navegador de proyectos. Tienes tres posibilidades para entrar en el modo de edición de nombres, y son las mismas que funcionan en todo Windows.

- Clic-clic sobre el nombre.
- Botón derecho y, sobre el menú contextual que aparece, eliges Cambiar nombre.
- Pulsas la tecla F2 del teclado.

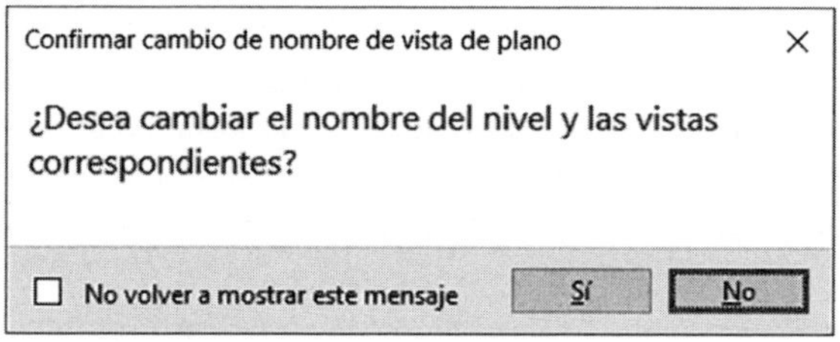

Figura 3.3. Cambiar el nombre del nivel y las vistas correspondientes.

Creación de niveles nuevos

Puedes crear niveles en Revit utilizando varios métodos (desde una vista de alzado o sección):

- Desde Arquitectura>Referencia>Nivel. Es la orden más directa y puedes crear niveles de uno en uno.
- Copiando un nivel existente.
- Usando Crear similar sobre un nivel existente.
- Utilizando una matriz.
- Mediante alguna automatización de Dynamo u otro complemento.

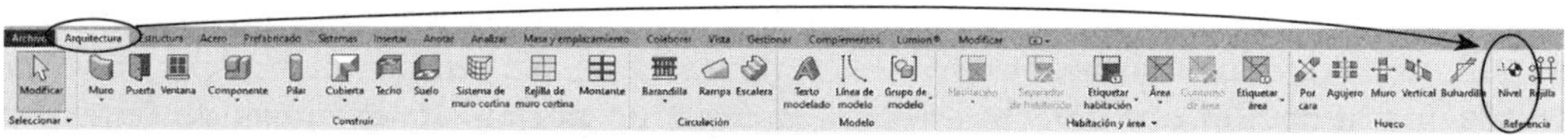

Figura 3.4. Comando nivel.

Como el sistema de creación de niveles manual seguro que ya lo conoces, vamos a probar el método de la matriz. Debes seleccionar el nivel «Planta 1» y localizar, en la Cinta de opciones, la orden Matriz. La reconocerás fácilmente porque el icono es muy similar a su homónimo en AutoCAD.

Nuestro objetivo en este proyecto es crear, de una sola vez, el resto de las plantas. Nuestro proyecto tendrá cinco plantas sobre rasante, así que necesitaremos dos niveles para las plantas tipo y otros dos niveles para la planta ático y la cubierta. En total es una matriz de cinco elementos. Ese número es el que debes introducir en la casilla Número que aparece en la barra de opciones. Pero, para sacarle todo el partido a la matriz, te propongo que actives la casilla de verificación Agrupar y asociar, puesto que de esta manera controlarás todos los niveles, al menos de momento, de forma conjunta. Además, el último paso que debes cumplir antes de finalizar la matriz es indicar a Revit si la distancia que vas a introducir es la distancia entre el primer y el segundo elemento, o la distancia entre el primero y el último. Te recomiendo que esta vez marques distancia hasta el segundo elemento y le des un valor de, por ejemplo, 3 m.

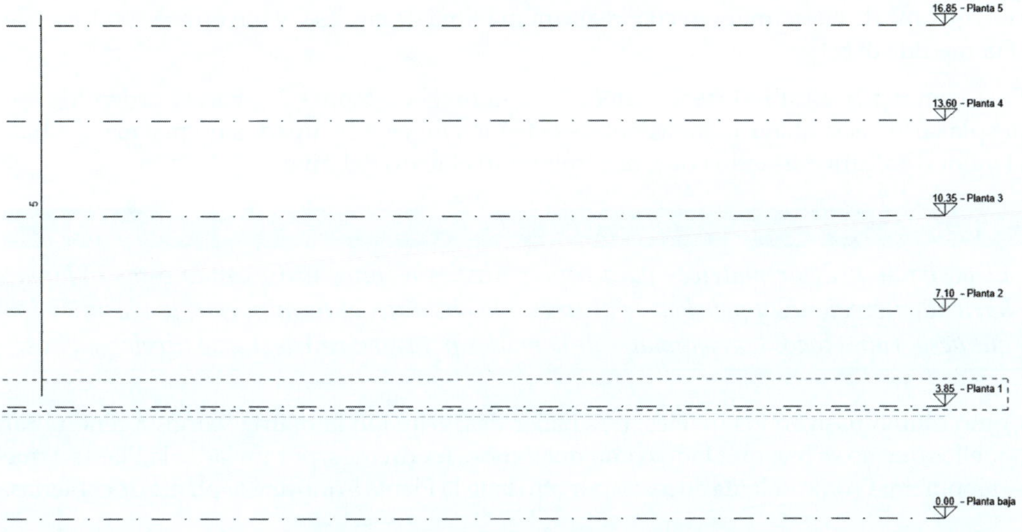

Figura 3.5. Niveles creados con la orden Matriz.

El resultado de esta operación es la creación de varios niveles agrupados y equidistantes entre ellos: moviendo uno, el resto se adaptarán para que la distancia entre dos niveles consecutivos siga siendo la misma. Recuerda que, en las normas urbanísticas, la altura de cornisa es la cara inferior del forjado superior. Por tanto, tendremos que hacer dos operaciones:

- La primera es la orden Alinear. Marcamos el plano de referencia y, en segundo lugar, el nivel más alto.
- Igual que hicimos moviendo el nivel de la planta primera 35 cm hacia arriba, moveremos el nivel superior, que probablemente se llame «Planta 5», para que marque la cara superior de un pavimento de 5 cm sobre el forjado.

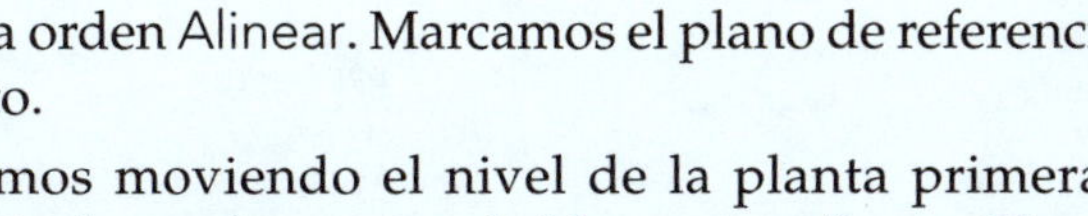

Figura 3.6. Plano de referencia para altura de cornisa.

Si mides o acotas la distancia entre dos niveles verás que tenemos 3,25 metros, que es una muy buena medida; pero déjame darte un pequeño consejo: ¿esa medida se puede dividir bien entre peldaños de escalera? Si tomas 18 peldaños, verás que la división arroja una contrahuella de 18,05 cm. ¿Qué te parece si en su lugar tomamos 18 peldaños de 18 cm y hacemos que esa medida marque el nivel? La multiplicación es muy sencilla puesto que son 3,24 m; y perder un centímetro de altura libre no solo no va a ser un problema, sino que me da cierto margen con la altura máxima de cornisa, y me ofrece escalones de una medida exacta.

Para cambiar la altura, deberás seleccionar el nivel de Planta 2 y, con la orden Mover, desplazarlo hacia abajo 1 cm. Mientras estén los niveles agrupados no podrás cambiar el valor de altura editando cotas ni cambiando el texto del nivel.

TRUCO:

El hecho de utilizar matrices para copiar niveles es muy útil cuando estás todavía haciendo iteraciones y pruebas de alturas. No obstante, al terminarlas, te recomiendo que desagrupes todos los ejemplares de la matriz para que sean de nuevo niveles sueltos.

Como último paso en los niveles, tras haber desagrupado la matriz vamos a renombrar aquellos que no se han quedado como queremos. Tendremos, por un lado, la Planta 4 que se renombrará como «Planta ático»; y por otro lado la Planta 5 que será la planta de cubiertas.

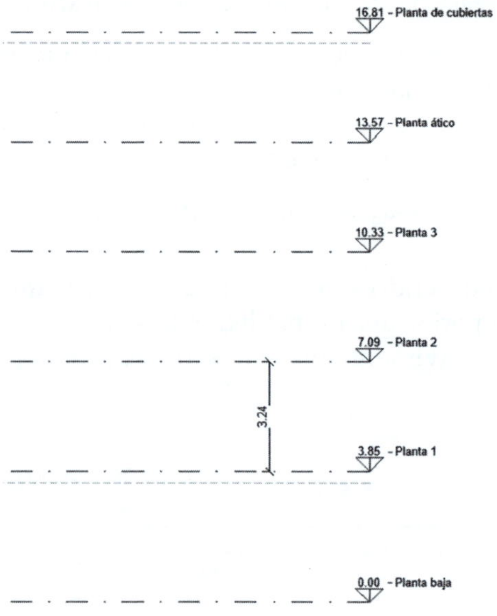

Figura 3.7. Niveles renombrados.

Creación de vistas de planta

Los niveles que se crean mediante copia o matriz no tienen ninguna vista de planta creada. A cambio de la rapidez con que creamos todo el paquete de niveles, solamente nos quedará hacerlo nosotros. Para ello iremos a Vista>Crear>Vista de plano>Plano de planta y crearemos los niveles necesarios. Fíjate que aquellos que ya tienen una vista de planta (como las plantas baja o primera) no aparecerán en la lista salvo que desmarques la casilla que dice «No duplicar vistas existentes». De forma análoga a este método podrás crear planos de techo o planos estructurales, si así lo deseas.

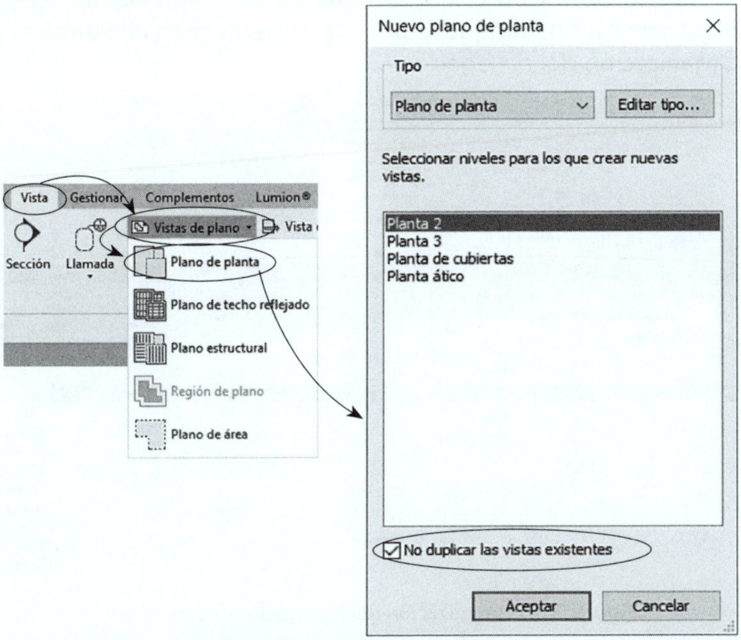

Figura 3.8. Creación de vistas de planta.

TRUCO:

En Revit 2025, al crear desde Arquitectura>Nivel, recuerda activar la casilla «Crear vista de plano».

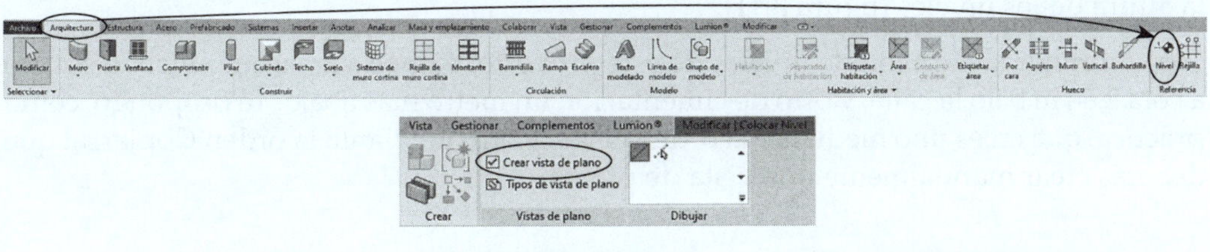

Figura 3.9. Creación de vistas de planta con orden Nivel en Revit 2025.

Organización del Navegador de proyectos

En las plantillas por defecto de Revit, el Navegador de proyectos agrupa las vistas por familia y tipo, y las ordena por orden alfabético. Esa clasificación se llama «Todo». Esta clasificación no es óptima, puesto que los nombres de los distintos niveles no reflejan cuál debe ser su orden; y aunque podemos aplicar unos prefijos a la vista (por ejemplo, 00, 01, 02 y así sucesivamente), creo que es mejor crear nuevas clasificaciones a nuestro gusto.

En la raíz del navegador de proyectos verás el apartado «Vistas» y, entre paréntesis, el nombre de la clasificación. Con el botón derecho del ratón puedes elegir la opción Organización del navegador; aunque también puedes llegar a ella desde Vista>Interfaz de usuario>Organización del navegador.

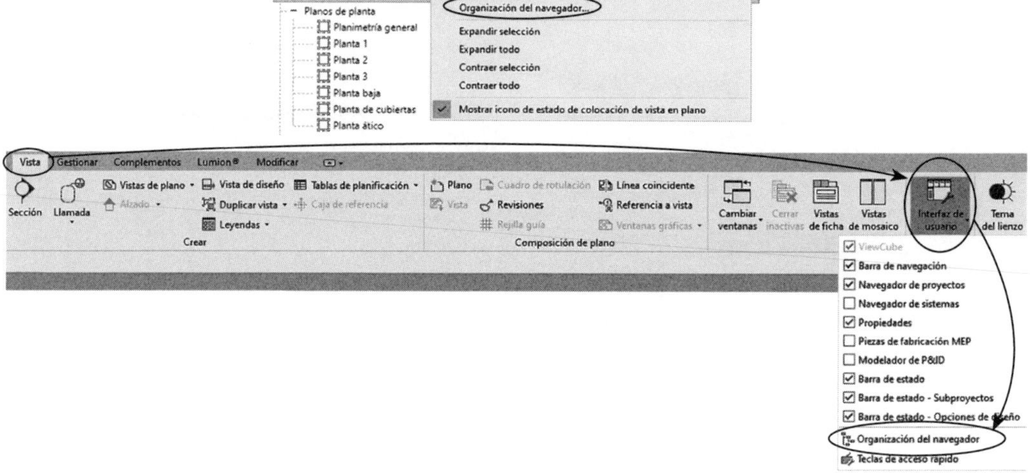

Figura 3.10. Organización del Navegador de proyectos.

Una vez dentro, desde el botón Nuevo vamos a crear una que se llame «Estándar». En la ventana emergente que te aparece, cambia a la pestaña Agrupación y clasificación y, simplemente, despliega para agrupar por familia y tipo. En la parte inferior de la ventana te propongo que, en la clasificación, despliegues la lista para elegir la clasificación por «Nivel asociado». Cuando aceptes, deberás marcar la casilla para que la nueva clasificación del navegador sea esta. A partir de este momento, verás como las vistas se ordenan según la altura de los niveles (figura 3.11).

Para terminar la creación de niveles de este proyecto, vamos a crear un nivel de sótano a cota 2,60 m bajo la calle, y otro de cimentación un metro más abajo. Te propongo, como práctica, que crees uno mediante la orden Nivel, y otro mediante la orden Copiar, al que deberás crear manualmente una vista de planta.

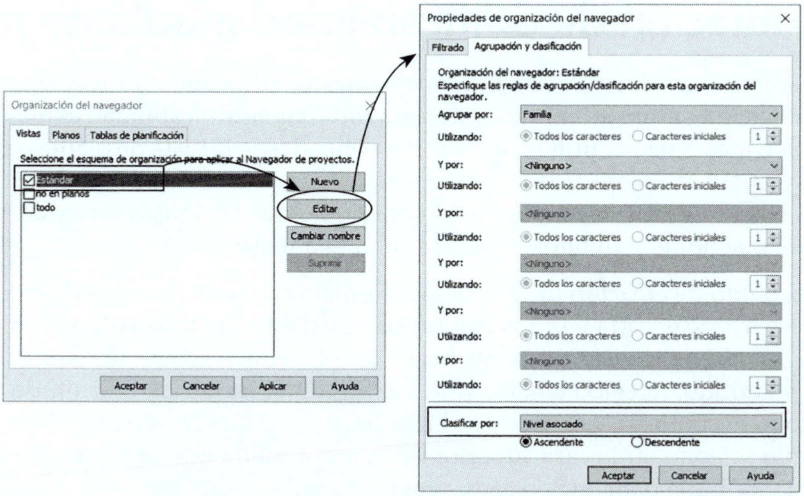

Figura 3.11. Organización del navegador para vistas.

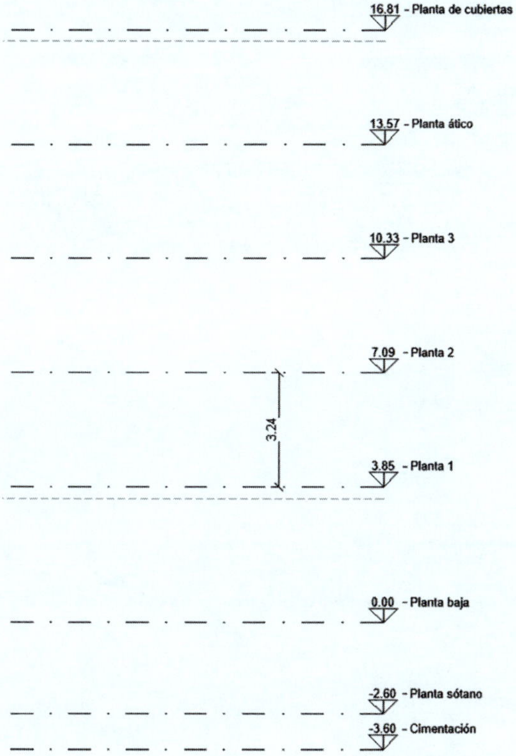

Figura 3.12. Niveles creados y renombrados.

Aproximación de edificabilidad mediante masas

Si en el capítulo anterior vimos cómo aproximar la edificabilidad mediante sencillas regiones rellenadas, este segundo método para estudiar la edificabilidad es más complejo, pero también más potente: utilizar masas. Para ello, desde la vista de planta baja, puedes ir a Masa y emplazamiento>Masa conceptual>Masa in situ. Desde aquí entrarás en el modo de creación de masas, con un aviso previo de que las masas serán visibles y una solicitud de qué nombre quieres ponerle a tu nueva masa.

Dentro del modo de creación de masas, simplemente deberás usar las diferentes líneas de modelo para crear, cada vez, los contornos que darán pie a las volumetrías de masa. Para empezar, desde la vista de planta baja, crea el contorno correcto. Si es un contorno continuo y cerrado, al seleccionarlo una vez desde el modo de edición de masas, se marcará todo el contorno y aparecerá el icono Crear forma. Desde una vista 3D te será muy sencillo seleccionar la cara superior de la masa sólida que se ha creado y ajustarla nivel de planta 1 que habíamos creado previamente.

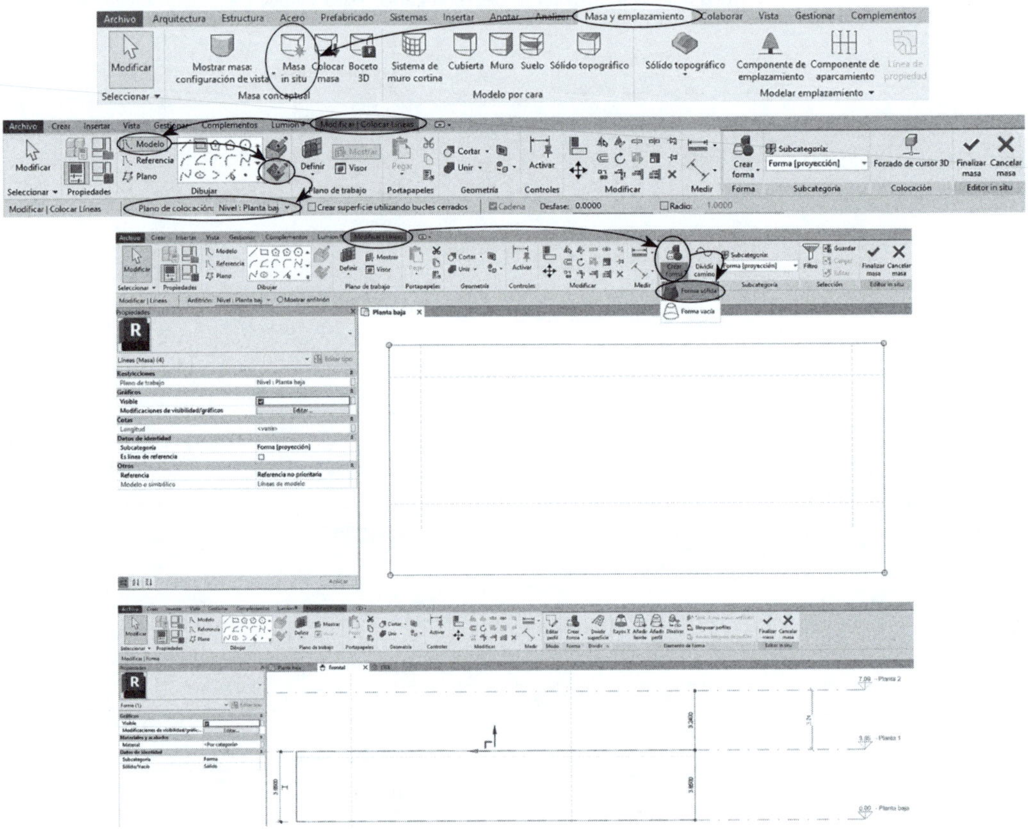

Figura 3.13. Crear masa.

TRUCO:

Para hacer estas operaciones bien, deberás tener en cuenta tres cosas. La primera, tener «Seleccionar elementos por cara» activado en las ayudas de selección en la parte inferior derecha de la pantalla. La segunda, tener las masas visibles en la vista 3D (desde «Masa y emplazamiento>Masa conceptual>Mostrar masa: forma y suelos»). La tercera, que una masa puede tener varios volúmenes, y hasta que no marques la casilla «Finalizar masa» podrás seguir añadiendo más formas. Si en algún momento finalizas sin querer, siempre puedes seleccionar la masa y volver al modo de edición.

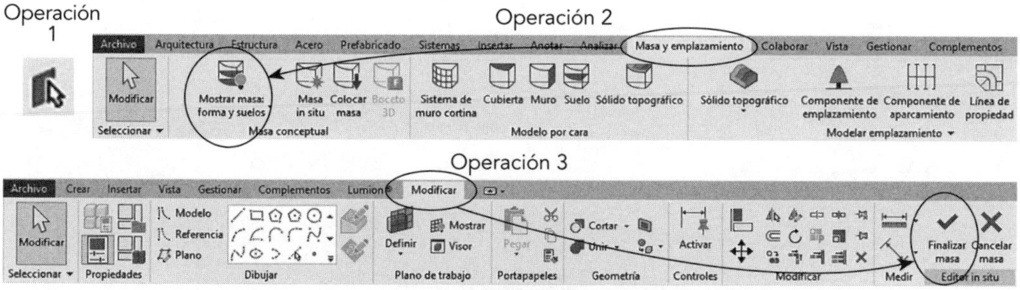

Figura 3.14. Funciones que se deben tener en cuenta para modelar masas.

Una vez tengas el primer volumen de masa, tendrás que hacer el resto; recuerda que cada planta tiene un perímetro diferente. Puedes ponerte en la vista de planta primera y volver a dibujar un contorno de masa, teniendo en cuenta que es posible dibujar masas desde planos de trabajo o desde caras; ambas opciones son válidas y seleccionables desde la Cinta de opciones. Harás un volumen de masa para las plantas tipo, llevando la altura hasta el nivel de los áticos; y otro desde la planta ático hasta la planta de cubiertas, teniendo en cuenta los planos de referencia que habíamos hecho. Este último puedes hacerlo no solo desde la vista de planta ático, sino que también podrías hacerlo fácilmente desde la vista «Planimetría general», pues verás la parte superior de la masa.

Una vez tengas la masa, selecciónala y verás que en la paleta Propiedades hay un parámetro, todavía en blanco, que se llama «Área de suelo bruta». Otros parámetros, como «Área de superficie bruta» ya tienen valores y reflejan la superficie de todas las caras que forman la masa.

Para que Revit calcule la superficie de las distintas plantas que cortan a la masa, selecciónala y, en la Cinta de opciones, activa la orden Suelos de masa. En el cuadro de diálogo que aparece, marca todos los niveles con los que vaya a intersecar (aunque marques la planta de cubiertas no la tendrá en cuenta, puesto que Revit entiende que la parte superior no cuenta como superficie construida) y verás que no solo crea unos planos, sino que, en las propiedades de la masa, el área del suelo tiene ya un valor: ya tienes una aproximación de la edificabilidad sin haber modelado todavía nada.

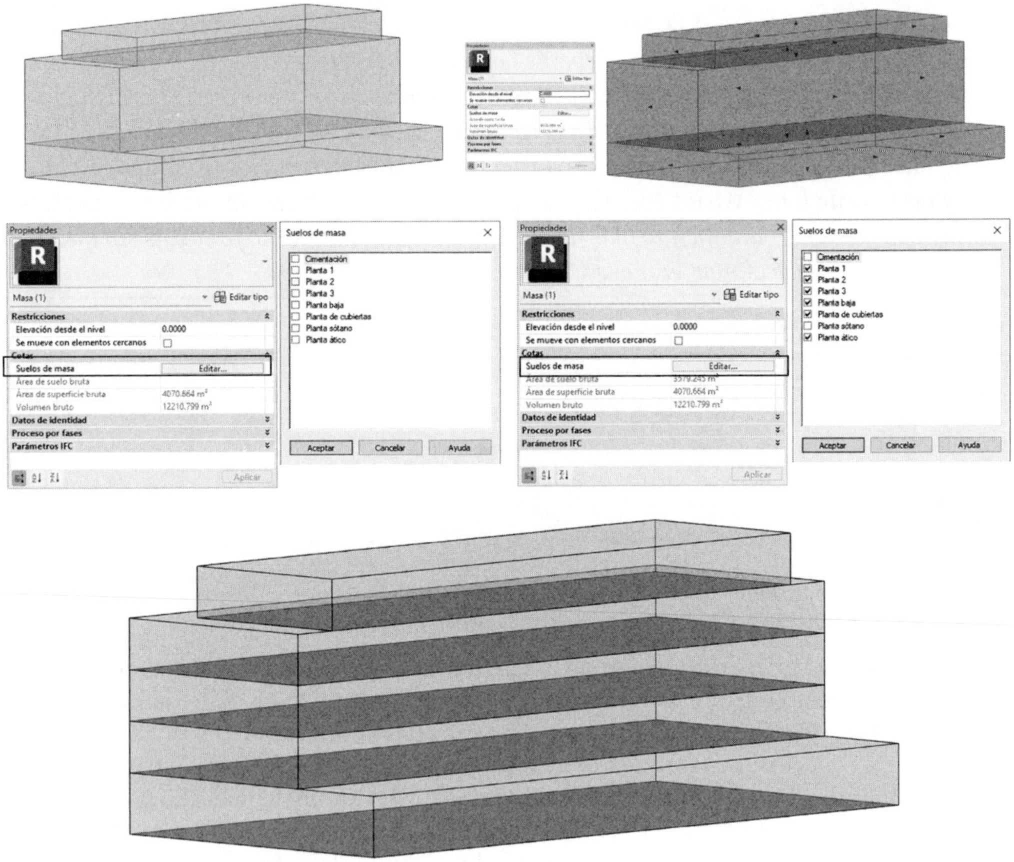

Figura 3.15. Masa del edificio junto con los suelos creados.

4

Generación de retícula base y los muros envolventes

En este capítulo aprenderás a:

- Colocar rejillas en Revit.
- Profundizar en el uso de matrices.
- Acotar con o sin restricción de igualdad.

Creación de retícula estructural

Una vez tenemos los niveles creados, es muy interesante generar una retícula estructural que sirva de base para articular todo el proyecto. Además, te propongo que la planteemos desde el sótano, puesto que una de las cosas que más va a condicionar la formalización de la estructura son las plazas de aparcamiento.

Desde la vista de «Planta sótano» vamos a realizar nuestro muro perimetral; para ello, seleccionamos la orden Muro y desde el Selector de tipo desplegamos hasta localizar el muro «Por defecto – 30 cm». Una vez elegido, desde la paleta Propiedades clicamos en Editar tipo>Duplicar. El objetivo es generar, poco a poco, nuestra propia biblioteca de muros. En este caso, por simplificar el proceso, renombramos el muro a «Básico - Sótano» pero no entramos en la configuración de las capas del muro. Ahora sí, estamos listos para dibujar el rectángulo que, con la línea de ubicación establecida en «Cara de acabado – exterior».

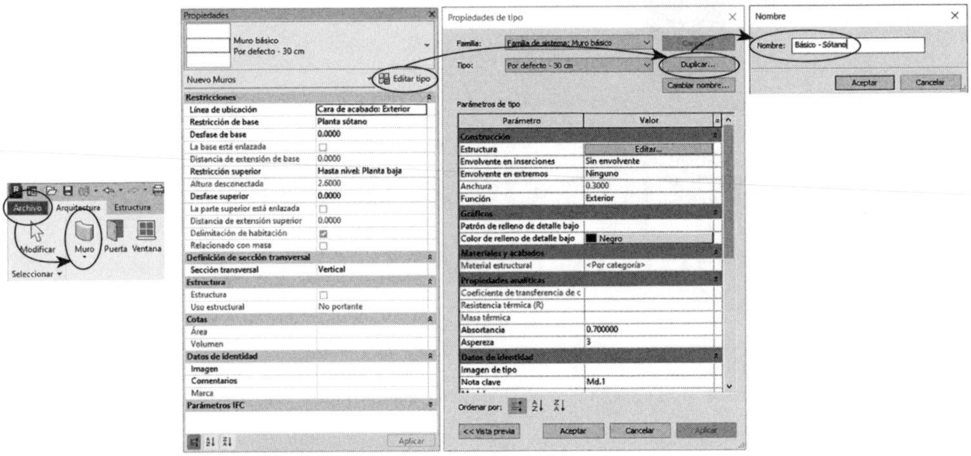

Figura 4.1. Creación tipo de muro para sótano.

TRUCO:

Recuerda que puedes dibujar el muro utilizando la línea de ubicación que prefieras; pero para cerramientos exteriores, usar la línea de acabado exterior es muy ventajoso, ya que, en caso de modificar su dimensión, el muro crece hacia el interior de la parcela, sin rebasar nunca hacia fuera. Además, la tecla «Tab» será de gran ayuda cuando quieras voltear el muro hacia uno u otro lado.

Para nuestra primera rejilla, acudimos a la orden desde Arquitectura>Referencia>Rejilla y la dibujamos a eje de muro, que es donde se ubicará el pilar. Las rejillas en Revit vienen configuradas, por defecto, para mostrar la burbuja en el segundo clic. Una vez te acostumbras no es gran cosa, pero las primeras que dibujes seguramente te confundirán un poco. Aprovecho para dar un repaso a diez claves de las rejillas en Revit.

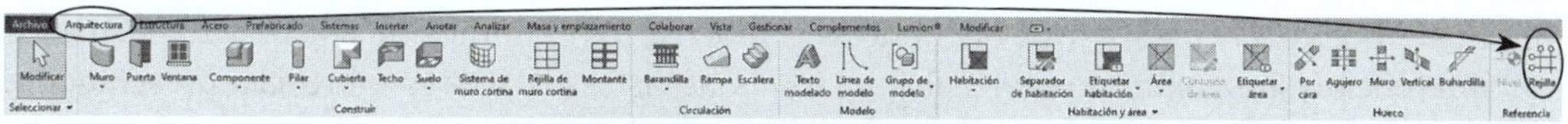

Figura 4.2. Comando rejilla.

Claves de las rejillas en Revit

Las rejillas se configuran íntegramente desde Editar tipo. Repasemos los conceptos clave.

1. Desde Editar tipo, podemos configurar si la burbuja se muestra, por defecto, en el «Extremo 1» de rejilla (el inicial) o el «Extremo 2» (el final). Aunque inicialmente está configurado como extremo 2, puedes modificar cada tipo de rejilla a tu conveniencia.
2. La rejilla, al ser un elemento de anotación, siempre se verá por delante de cualquier otro elemento de modelo, aunque sean más gruesos (como, por ejemplo, los muros). Este comportamiento no se puede cambiar, pero sí moldear: si en el parámetro de tipo Segmento central eliges, en lugar de Continuo, Vacío o Personalizado, podrás elegir la distancia de los extremos de rejilla que sí será visible, y el tipo de línea y color a utilizar en el segmento central (en Vacío estás eligiendo que no haya ninguna línea, por supuesto).
3. Las rejillas en Revit son capaces de continuar las secuencias ABC y 123, pero ninguna más. Además, no reconoce si son horizontales o verticales.
4. Revit recuerda cuál fue el valor de la última rejilla que creaste, no que eliminaste: si creas la 1, la 2 y la 3, pero luego borras la 3, Revit seguirá pensando que la siguiente es la 4. No te preocupes, créala y luego haces clic sobre la burbuja para renumerarla.
5. Es posible crear rejillas en arco o multisegmento, para dar respuesta a, por ejemplo, filas de un teatro o los pilares de un edificio con planta quebrada.
6. Siguiendo con la clave anterior, la plantilla arquitectónica de Revit ya tiene cargados tres tipos de rejilla: uno continuo, uno con el segmento central vacío y el tercero, con el segmento central personalizado.
7. El extremo de rejilla es una familia de símbolo de anotación llamada «Extremo de rejilla», que puedes editar o duplicar a tu gusto, cambiando tamaño, color y tipo de letra, o incluso el símbolo de burbuja si prefieres otra forma como el cuadrado.
8. En las vistas de alzado o sección, la burbuja o extremo de rejilla puede aparecer arriba, abajo, en ambas posiciones o en ninguna: se controla desde el parámetro «Símbolos de vista no de plano (por defecto)» y, aunque es modificable por ejemplar, está predeterminado en «Parte superior».
9. Las rejillas, al igual que los niveles, pueden tener codos para evitar que las burbujas de rejillas muy cercanas se solapen; encontrarás el símbolo de discontinuidad de la rejilla cerca de la burbuja, y clicando en él podrás separarla a tu gusto; recuerda que, volviendo a la alineación de la rejilla, desharás el codo.

10. El símbolo «2D» o «3D» que encuentras al lado de los extremos de rejillas y niveles hace referencia a si ese extremo es el real, para todas las vistas (3D) o si es solo una representación en esa vista (2D). Pulsando en él puedes alternar entre ambas opciones, y así podrás hacer que la modificación de los extremos de rejilla afecte de la manera que tú esperas.

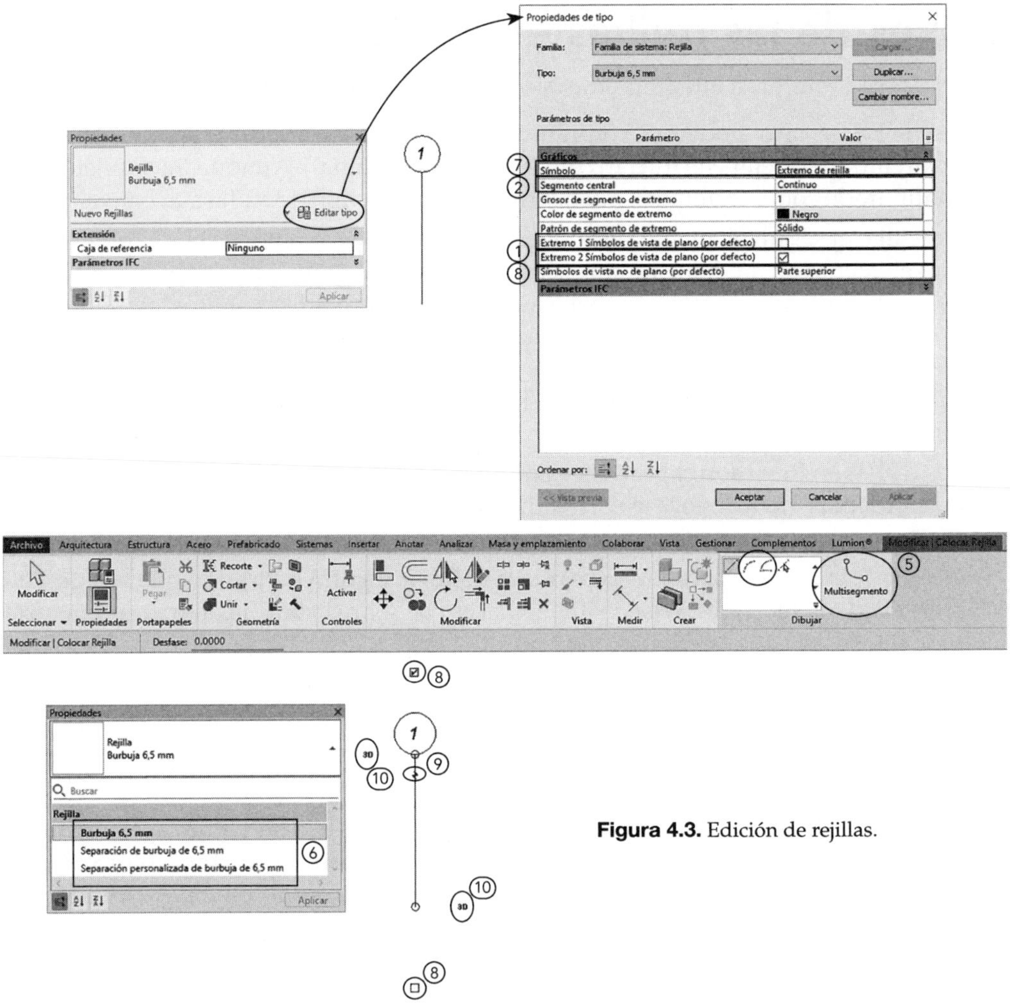

Figura 4.3. Edición de rejillas.

Matriz de rejillas verticales

Para este proyecto, seleccionamos la primera rejilla y hacemos una matriz de nueve o diez ejemplares con un módulo que funciona muy bien con las plazas de aparcamiento: cinco metros y medio. De esta manera, si las plazas miden entre 2,30 y 2,40 metros, caben dos plazas perfectamente y el espacio entre las dos siguientes plazas es el que ocupa el pilar.

Es muy difícil que la parcela de nuestro proyecto tenga una distancia múltiplo de una medida concreta; así que te recomendaré que, de momento, mantengas tu modulación, desagrupes todas las rejillas que has creado y alinees la última rejilla al eje del muro de la derecha: en estos momentos mantendrás tu regularidad, aunque en breve volveremos sobre esto.

TRUCO:

Con la orden «Alinear», primero debes marcar el destino y después el objeto a alinear; además, asegúrate de tener activada en la cinta de opciones (o en el cuadro de opciones un poco más abajo, en función de tu versión de Revit) la alineación preferida a «Caras de muro», y no a ejes. El motivo es fácil: si está a caras, te resultará muy fácil elegir el eje, tanto con la tecla «Tab» como acercándote; pero si tienes activada la opción a ejes, te costará más seleccionar una cara de muro.

Figura 4.4. Configuración para alinear fácilmente.

Ahora que ya tenemos nuestra rejilla, puede ser importante hacer una comprobación rápida acotando toda la fila de rejillas, haciendo clic en cada rejilla y después un clic final en un espacio en blanco. Puedes encontrar la orden de Cota alineada desde varios sitios:

- Anotar>Cota>Alineada
- Barra de herramientas de acceso rápido>Cota alineada
- Modificar>Medir>Cota alineada

TRUCO:

Es posible que no llegues a distinguir bien los valores de cota, si el edificio es muy grande. No es necesario que hagas zoom, ni que dupliques el estilo de cota: simplemente cambia la escala de la vista a 1:200 o similar para poder leer bien tus textos. Esto también te será muy útil en alzados de proyecto.

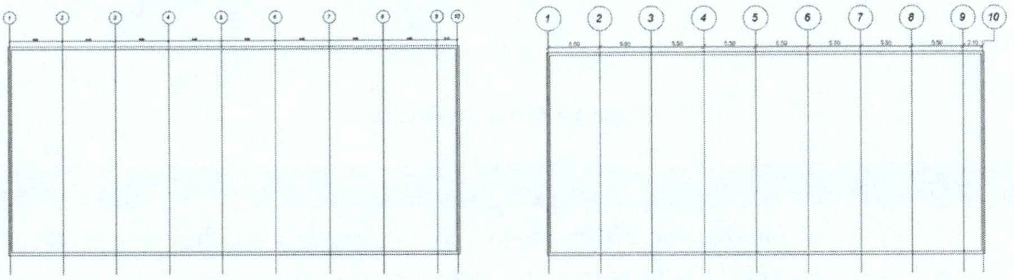

Vista a escala 1:100 Vista a escala 1:200

Figura 4.5. Tamaño valores de cota.

Regularidad estructural

Estar planteando la retícula estructural desde un principio puede parecer confuso al principio, pero tiene muchas ventajas, ya que más adelante podremos ajustar con mucha facilidad la distribución a nuestra rejilla, pero habremos aprovechado al máximo la planta sótano con las plazas de aparcamiento. Desde mi experiencia, puedo decirte que hacerlo al revés (primero distribución, estructura y luego plazas de aparcamiento) es mucho más complicado.

Como cada proyecto será diferente, no puedo darte una serie de pasos mágicos para adaptar tu rejilla; pero sí puedo compartir contigo una serie de consideraciones y, por supuesto, cuál fue el resultado que yo elegí para mi proyecto.

- Si hay una rampa de garaje, reserva alrededor de tres metros entre rejillas para que sea cómoda. Por supuesto, luego puedes ajustar la medida.
- Si tu edificio tiene una planta regular (como un rectángulo, por ejemplo) intenta mantener esa simetría en la estructura, pues te servirá para que las distribuciones también puedan ser en espejo.
- Personalmente prefiero mantener la modulación de 5,50 m y absorberla en algún punto, como la parte central, antes que hacer una modulación de 5,70 o 5,80 donde pierdo bastante espacio entre plazas de garaje.

En este proyecto mantuve los vanos extremos a seis metros y los dos siguientes se quedaron en 5,50 m. La diferencia de tamaño fue absorbida por los dos módulos centrales, que fueron de 6,05 m.

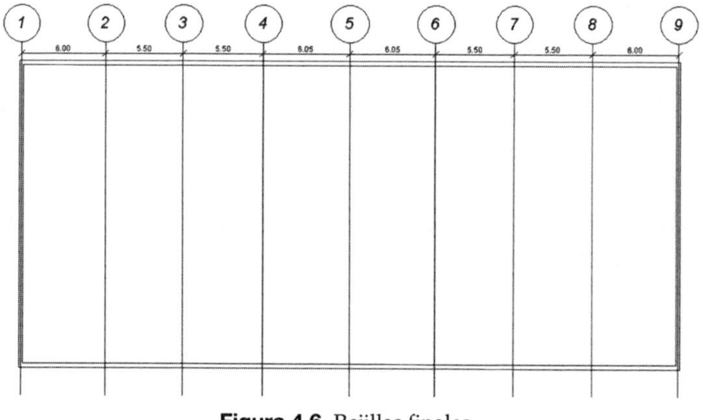

Figura 4.6. Rejillas finales.

TRUCO:

Para cambiar la posición de una rejilla, puedes seleccionarla y cambiar la cota temporal que aparece entre tu rejilla y la siguiente; pero ten presente que el elemento que se desplazará es el que tengas seleccionado.

Si, durante el proceso, quieres realizar una cadena de cotas equivalente, cuyos valores sean todos iguales entre sí, puedes crear una cadena de cotas y, tras seleccionarla, buscar y pulsar el icono EQ. Todas las cotas se igualarán y podrás modificarlas como desees; sin embargo, recuerda los siguientes principios básicos:

- Al seleccionar un elemento que pertenece a tu cadena de cotas de igualdad, aparecerá un símbolo de ancla en otra de las rejillas. Este símbolo marca desde dónde se está tomando la igualdad; y puedes seleccionarlo y arrastrarlo a otro punto.
- Si mueves una de las rejillas, las demás se irán adaptando para seguir cumpliendo la igualdad, partiendo del ancla.
- Si prefieres ver el valor de la cota en lugar de «EQ», ve a las propiedades de ejemplar y, en Visualización de igualdad, elige Valor; también puedes hacer una segunda cota entre dos referencias y tendrás el valor indicado.
- Desmarcar EQ quita la restricción de igualdad, pero no modifica los valores de las cotas que tengas en ese momento.

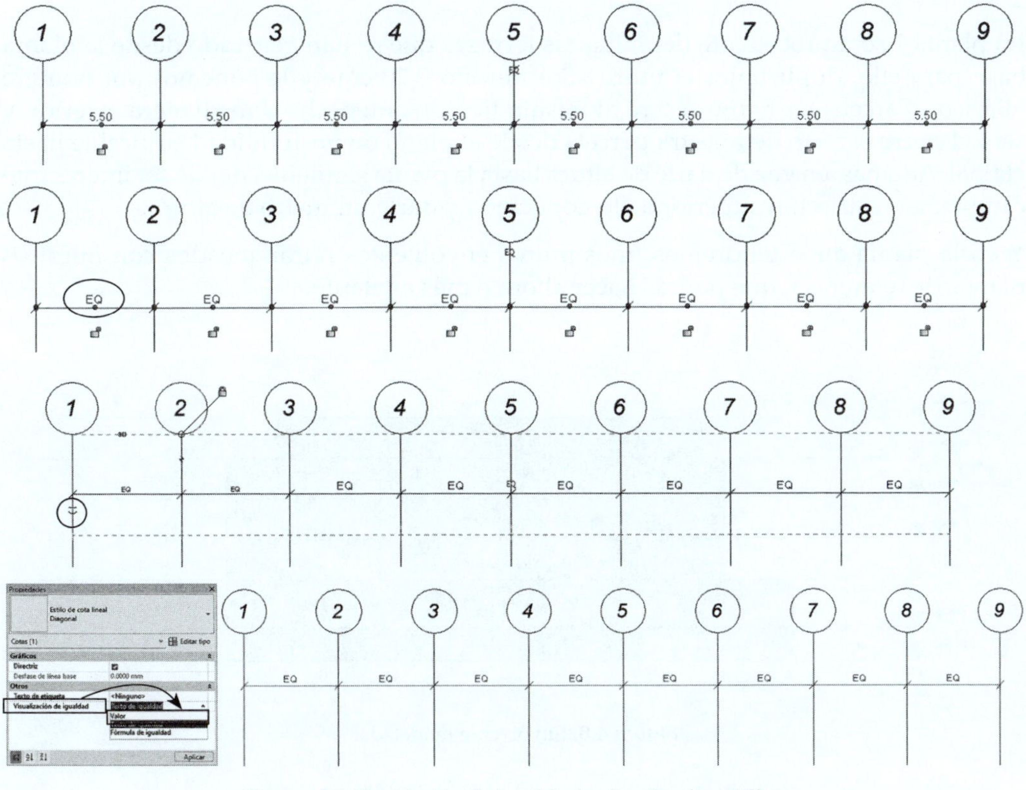

Figura 4.7. Restricción de igualdad aplicada a las rejillas.

Envolvente general

Tras tener nuestra primera modulación, la vertical, podemos ir a la planta baja y generar el nuevo muro. La profundidad edificable afectará desde la planta 1, así que en planta baja aprovechamos al máximo la parcela. El proceso va a ser similar al que empleamos en la planta sótano: duplicamos el muro por defecto de 30 cm para llamarlo «Básico - Fachada», y generamos un rectángulo a cara exterior entre las esquinas superior izquierda e inferior derecha de la parcela. En la planta 1 y siguientes, lo haremos desde la misma esquina superior izquierda, y la intersección inferior derecha del plano de profundidad edificable con nuestra parcela.

TRUCO:

Recuerda que, a la hora de dibujar un muro, debes tener siempre presentes tres aspectos: el tipo de muro, la línea de ubicación y las restricciones superior y de base. En este caso, nuestros muros deberán ir desde la planta baja hasta la planta 1.

En planta 1 será procedente delimitar las terrazas que se han generado desde la planta baja; para ello, duplicamos el muro «Por defecto – 20 cm» y le ponemos por nombre «Básico - Parcela»; este muro será al mismo tiempo antepecho y medianera exterior, y será el cierre el resto de nuestra parcela desde el plano de profundidad edificable hasta el final. Además, en vez de darle de altura hasta la planta siguiente, puede ser interesante cambiar su restricción superior a No conectada y darle un metro de altura.

Y en la planta ático tendremos unos muros envolventes retranqueados con nuestros planos de referencia, que podrás hacer ahora o más adelante.

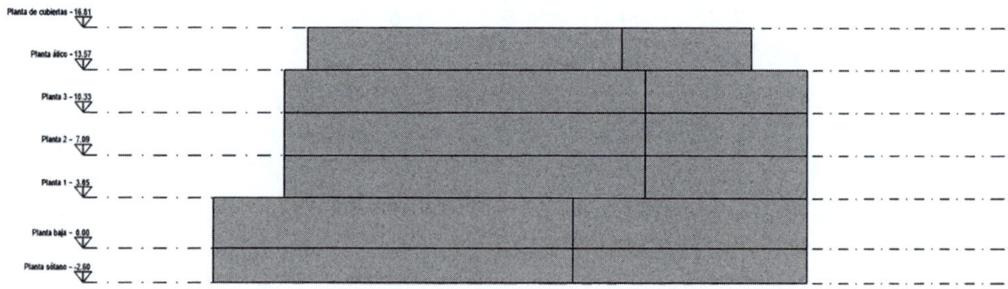

Figura 4.8. Envolvente modelada.

Retícula horizontal

Para la retícula horizontal de este proyecto utilizaremos la secuencia ABC. Cuando hagamos nuestra primera rejilla, debemos cambiar el nombre. Te invito a que, esta vez, crees la rejilla en un ángulo arbitrario y utilices la orden Alinear para llevarlo al eje de la fachada horizontal. Recuerda que, en Revit, es más rápido «dibujar mal» y arreglarlo, que tratar de dibujarlo bien desde un principio.

Tras tener nuestra primera rejilla, podemos volver a usar la Matriz; aunque resulta más interesante utilizarla de una forma diferente. Tras elegir cuatro unidades como número de elementos, esta vez marca, en Mover a, la opción «Último». No importa si no consigues llevar perfectamente la rejilla al eje del muro de la fachada posterior: ya sabes que lo puedes mover o alinear después y que, estando agrupados los elementos que componen la matriz, se reajustarán todos. De esta forma estamos practicando diferentes matices con la misma orden, para poder tener la destreza suficiente en todas las situaciones. No olvides desagrupar tu matriz cuando ya no necesites hacer cambios.

TRUCO:

Para desagrupar tu matriz de rejillas o de otros elementos, debes seleccionarlos todos; el método más rápido es seleccionar uno y, con el botón derecho del ratón, localizar la orden «Seleccionar todos los ejemplares>Visibles en la vista» (o «En todo el proyecto», aunque en los casos que estamos tratando parece poco habitual que la matriz abarque varios niveles). Entonces, con todos los elementos seleccionados, ya puedes pulsar la orden «Desagrupar».

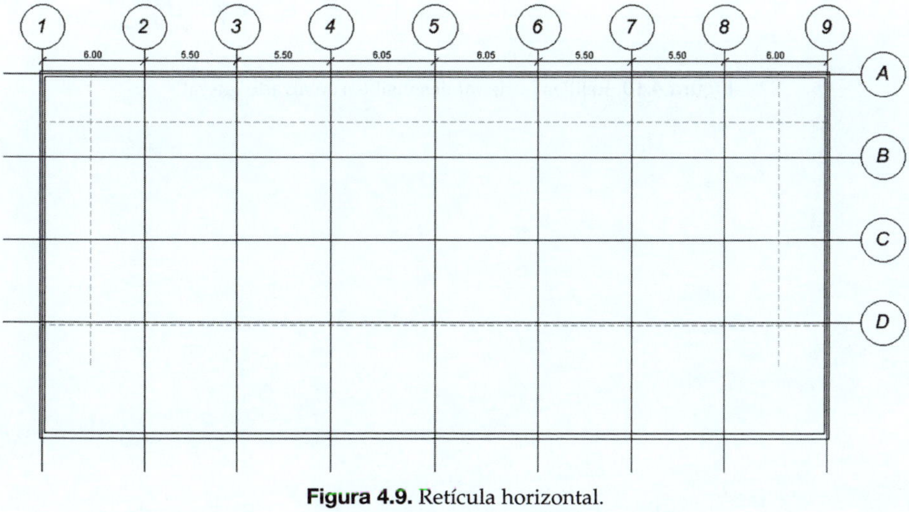

Figura 4.9. Retícula horizontal.

En las plantas baja y sótano, hay una mayor profundidad, así que se necesitará al menos una línea más de rejilla. Simplemente copia la última rejilla hasta el eje del muro del final de la parcela. Sin embargo, probablemente no quieras que esa rejilla se vea en las plantas superiores desde la planta 1; así que puedes ir a una vista de alzado lateral y seleccionar esa rejilla. Verás que, en la parte superior, todas las rejillas están alineadas y hay un símbolo de candado que las une; haz clic para abrir el candado y mueve tu nueva rejilla hasta que la parte superior no interseque con el nivel de Planta 1; con este sencillo método, conseguirás controlar con facilidad la visualización de las rejillas en planta. Además, este criterio es extensible a niveles y secciones: solamente se muestran en una vista perpendicular si ese plano de corte las secciona.

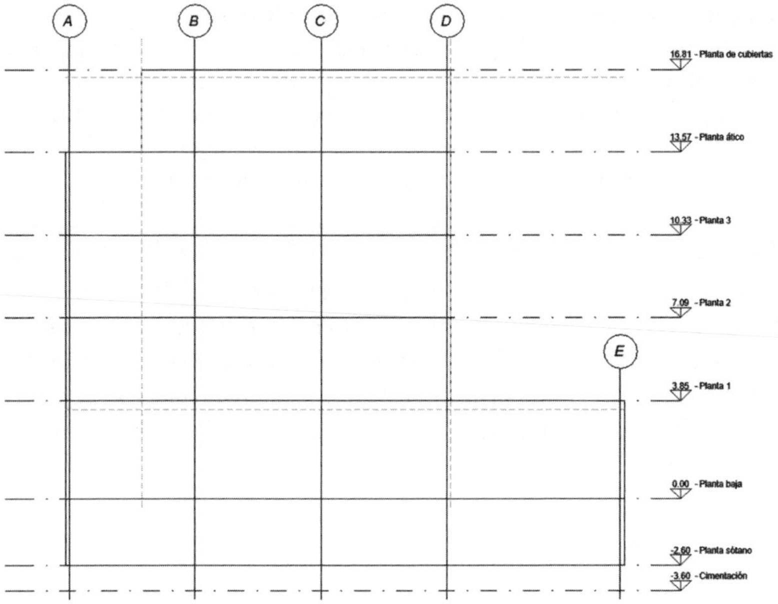

Figura 4.10. Rejillas horizontales visibles en alzado lateral.

5

Modelado inicial de pilares y cimentaciones estructurales

En este capítulo aprenderás a:

- Crear pilares estructurales.
- Copiar entre niveles.
- Crear planos estructurales.
- Colocar zapatas aisladas.

Colocación de pilares

En Revit, puedes colocar pilares de forma manual o automática. En ambas hay que, simplemente, localizar la orden Pilar estructural; bien desde Arquitectura>Pilar estructural o, bien, desde Estructura>Pilar estructural. En la pestaña Arquitectura podrías desplegar el icono y ver que también existe la orden de Pilar arquitectónico, pero no te recomiendo que la uses; al menos, de momento.

Normalmente, la primera vez que actives la orden de pilar tendrás la referencia como Profundidad y no como Altura; aunque eres libre de colocarlos como te interese, para mí es más habitual modelar los pilares desde su base, de manera que mi opción natural es elegir Altura y pulsar la restricción superior hasta la planta superior a la que esté. También verás que se pueden generar pilares verticales o inclinados; en este proyecto solamente utilizaremos pilares verticales.

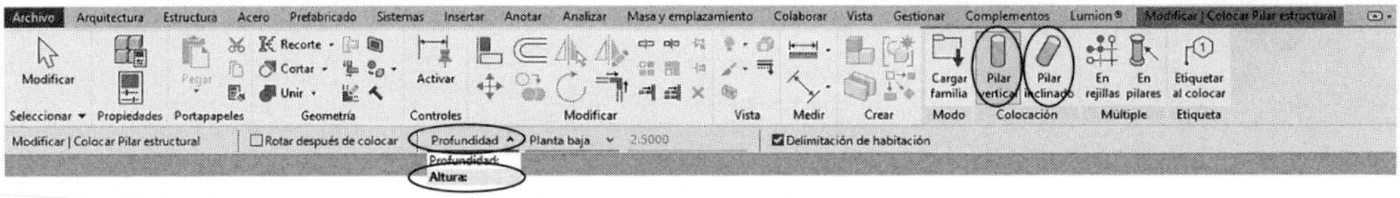

Figura 5.1. Colocar Pilar estructural.

Nuestros primeros pilares serán los que nacen desde el sótano; así que desde la planta sótano podremos practicar ambos métodos de colocación. El modo manual consiste en ir haciendo clic para posicionar, cada vez, un pilar donde deseemos. Este modo puede ser muy útil en ciertos casos, pero es algo lento. No obstante, veamos cómo se relaciona un pilar con la rejilla estructural que hemos creado.

- Un pilar cuyo punto de inserción (y ejes principales) estén alineados con la intersección de dos rejillas, estará automáticamente vinculado a ellas. De esta manera, si cualquiera de las dos rejillas se desplaza o gira, se desplazará con ella.
- Para que esta vinculación funcione no es necesario, en ningún momento, alinear y bloquear los ejes del pilar a la rejilla.
- Si solamente uno de los dos ejes principales del pilar está alineado con la rejilla, se quedará automáticamente vinculado.
- Si se desea mantener una excentricidad con respecto a una rejilla, es necesario crear una cota permanente y bloquearla.

El modo automático es más interesante, puesto que permite colocar varios pilares de una sola vez. Se activa cuando, una vez iniciada la orden Pilar estructural y elegidos el tipo, la altura y demás parámetros, se clica en la orden «En rejillas»; en este momento hay que seleccionar varias rejillas, y se verá una previsualización de los pilares en las intersecciones. Te recomiendo que hagas la selección con una ventana de captura (de derecha a izquierda), pues será la mejor manera de seleccionar varias de una sola vez. Puedes utilizar la tecla Espacio para girar tus pilares y que roten no solo 90°, sino que también alineen uno de sus ejes principales con cada rejilla, en caso de que no sean ortogonales.

TRUCO:

Si quieres —o necesitas— seleccionar más de una rejilla en varias iteraciones, solo funcionará si mantienes pulsada la tecla «Ctrl». En caso contrario, recuerda que Revit descarta la selección previa y se queda con tu nueva selección.

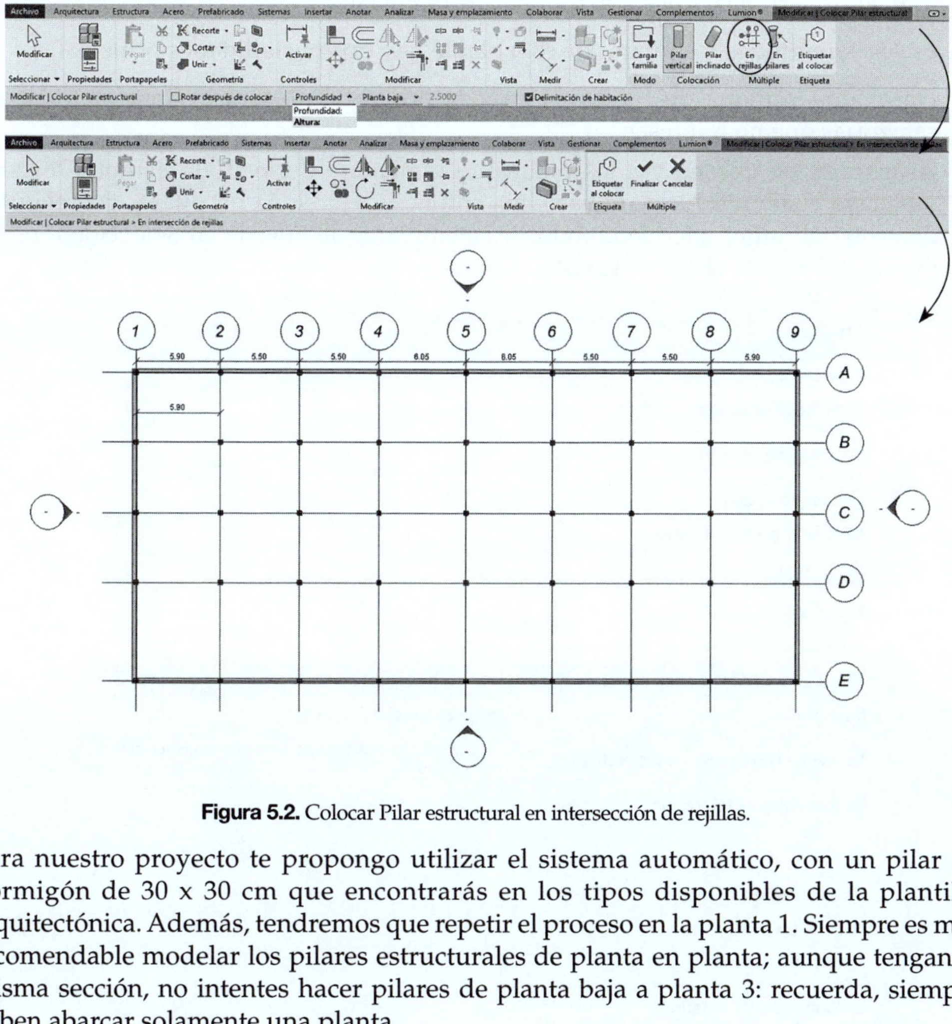

Figura 5.2. Colocar Pilar estructural en intersección de rejillas.

Para nuestro proyecto te propongo utilizar el sistema automático, con un pilar de hormigón de 30 x 30 cm que encontrarás en los tipos disponibles de la plantilla arquitectónica. Además, tendremos que repetir el proceso en la planta 1. Siempre es más recomendable modelar los pilares estructurales de planta en planta; aunque tengan la misma sección, no intentes hacer pilares de planta baja a planta 3: recuerda, siempre deben abarcar solamente una planta.

Copiar entre niveles

El método más rápido para copiar pilares (o cualquier otro tipo de elemento) entre plantas, es la copia entre niveles. Para hacerlo con éxito necesitamos estar seguros de que las plantas miden la misma altura. En el caso de las plantas de este proyecto a partir de la planta 1, se cumple. Si no fuera así, los elementos copiados (como muros o pilares) tendrían altura errónea, pues tomarían la altura inicial.

Para seleccionar todos los pilares de esta planta hay dos posibilidades principales:

- Hacer una ventana de captura y usar la orden Filtro para desmarcar todas las categorías que no interesen.
- Asegurarte de que no ves los pilares de la planta inferior (por ejemplo, revisa y desactiva cualquier vista subyacente), entonces selecciona un pilar y, con el botón derecho del ratón, selecciona todos los ejemplares de la vista en Seleccionar todos los ejemplares>Visibles en la vista.

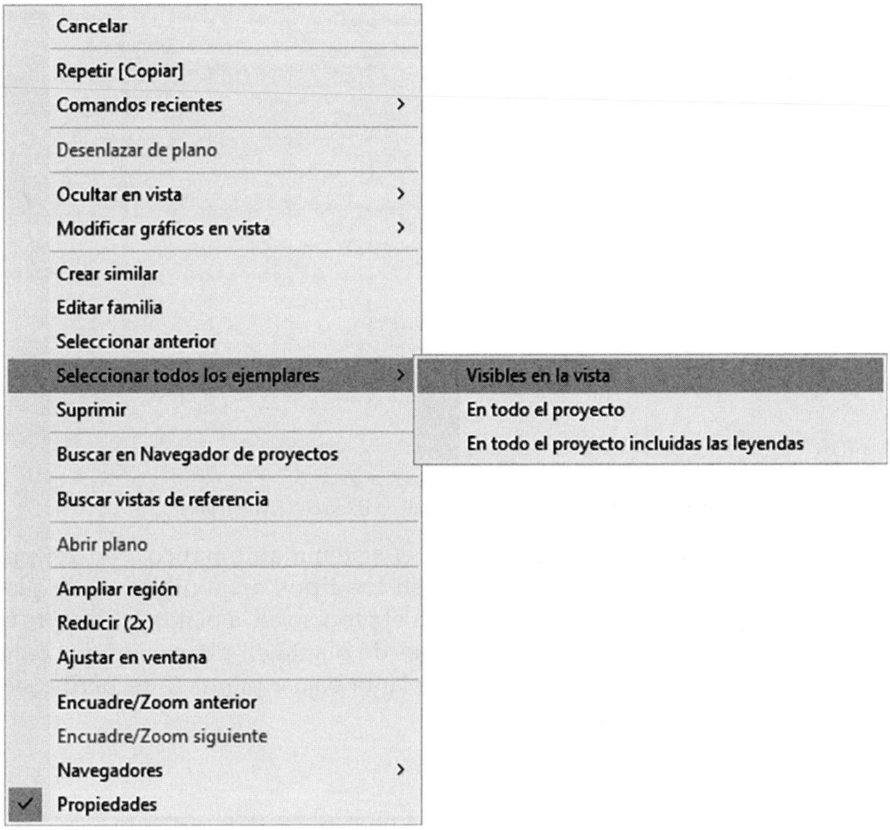

Figura 5.3. Seleccionar todos los ejemplares visibles en la vista.

TRUCO:

Los comandos de «Seleccionar todos los ejemplares» funcionan muy bien con atajos de teclado. El atajo por defecto para «Seleccionar todos los ejemplares>En todo el proyecto» es «SA», que viene del inglés «Select All»; y, aunque no existe ningún comando por defecto para «Seleccionar todos los ejemplares>Visibles en la vista», para mí siempre es «Select in View» y mi abreviatura usual es «SV». Si te interesa poner esa o cualquier otra, puedes hacerlo rápidamente escribiendo «KS» en cualquier momento y, en la barra de búsqueda de la ventana de diálogo, empezar a escribir el nombre de la orden, teclear en el recuadro inferior el atajo deseado y pulsar «Asignar». También puedes acceder a la personalización de atajos del teclado desde «Vista>Interfaz de usuario>Teclas de acceso rápido», o desde «Archivo>Opciones>Interfaz de usuario>Teclas de acceso rápido>Personalizar».

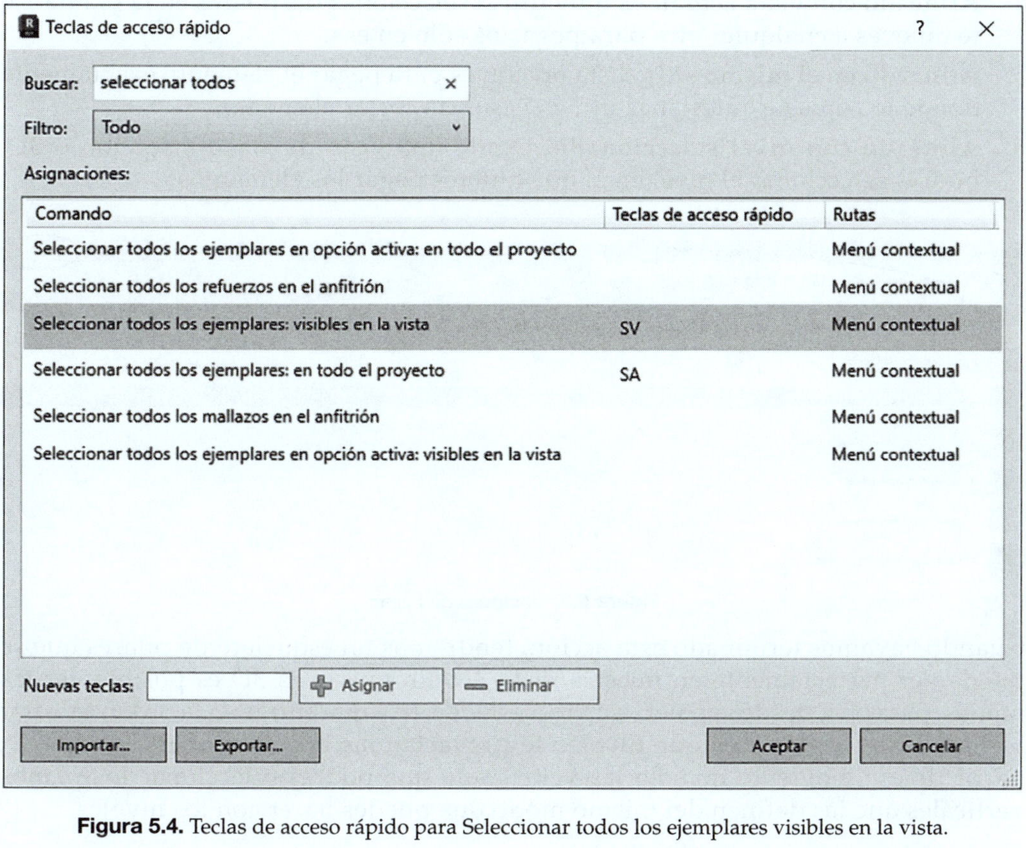

Figura 5.4. Teclas de acceso rápido para Seleccionar todos los ejemplares visibles en la vista.

Una vez tengas los pilares seleccionados, debes pulsar Ctrl+C o, en la cinta de opciones, Copiar al portapapeles. Ya tienes lista tu selección para pegarla donde quieras. Observarás que ya no está gris la orden de Pegar y que ahora tiene color. No la pulses, sino que debes desplegarla haciendo clic en la flecha negra hacia abajo, en la parte inferior de la orden, debajo del texto «Pegar». Esta acción despliega todas las posibilidades que brinda Revit:

1. **Pegar desde portapapeles.** La acción por defecto.
2. **Alineado con niveles seleccionados.** Aparecerá un cuadro de diálogo con los niveles de tu proyecto para que selecciones uno o varios niveles (bien con la tecla Ctrl si son correlativos, bien clicando sobre uno y arrastrando para añadir más), y Revit pegará tus pilares en esos niveles. Nos interesaría marcar, por tanto, las plantas 2, 3 y ático. Pero hay más opciones disponibles:
3. **Alineado con vistas seleccionadas.** Esta opción debería estar en gris, ya que no está pensada para este tipo de elementos.
4. **Alineado con vista actual.** Es muy útil si seleccionas tus pilares en la planta 1 y te mueves a cualquier otra para pegarlos solo en esa.
5. **Alineado en el mismo sitio.** Esta opción es para pegar el elemento exactamente donde lo copiaste antes; más útil en casos de cortar elementos.
6. **Alineado con nivel seleccionado.** Desde una vista de alzado, sección o 3D, podrás seleccionar el nivel en el que quieres pegar los elementos.

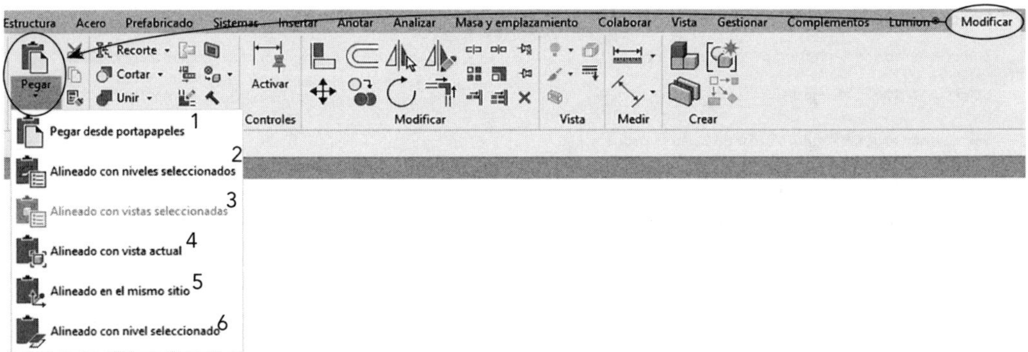

Figura 5.5. Opciones de Pegar.

Cuando hayamos terminado esta acción, tendremos un esqueleto de pilares que se puede ver perfectamente en nuestra vista 3D. En una vista 3D es posible ver las rejillas; para ello, desde la paleta de Propiedades, hay que entrar en la orden Mostrar rejillas>Editar y elegir en qué niveles se proyectan las intersecciones de rejilla. A partir de ese momento no solo las verás, sino que podrás seleccionar los planos verticales que las definen del mismo modo que puedes hacer con los niveles.

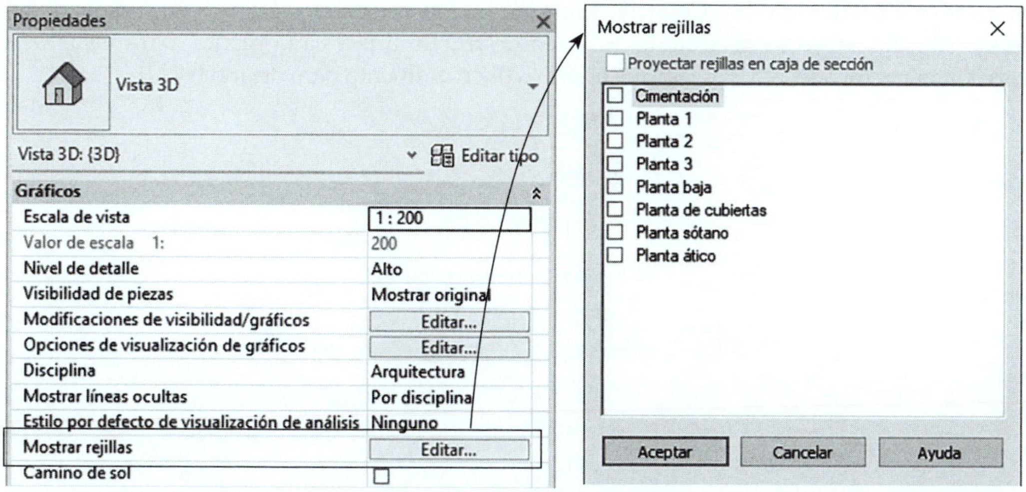

Figura 5.6. Mostrar rejillas.

TRUCO:

Mi atajo favorito de teclado para ir a la vista 3D es «3D», y como no se coloca por defecto, es de las primeras cosas que hago cuando instalo un nuevo Revit.

Planos estructurales

Los pilares faltantes son los que van desde la planta de cimentación hasta el sótano. Tenemos dos posibilidades: la primera sería hacer, simplemente, que los pilares del sótano naciesen en la planta de cimentación (desde las propiedades, cambiando la Restricción de base del pilar); y la segunda es hacer unos pequeños pilares, o enanos de cimentación, que cubran ese espacio. Te sugiero que, para este proyecto, utilices esta opción replicando los pasos que hemos hecho hasta ahora.

Con los pilares que arrancan de la cimentación ya colocados, es momento de colocar zapatas. Sin embargo, el rango de vista habitual de las vistas de planta termina en la cota de nivel, mientras que las zapatas están por debajo. Con esta premisa, no lograremos visualizar las zapatas que coloquemos, a no ser que hagamos una de estas opciones:

- Modificar el rango de vista para que la parte inferior y/o la profundidad de vista estén por debajo.
- Utilizar un plano estructural, cuyo rango de vista ya viene modificado.

Aquellos niveles que se hayan creado desde la orden Arquitectura>Nivel suelen llevar ya incluido ese tipo de planos; pero los que creamos con la opción de Copiar o Matriz no los incluyen, así que deberás crearlos desde Vista>Crear>Vista de plano>Plano estructural. En algún momento del desarrollo del proyecto necesitarás un plano estructural por cada planta, para visualizar correctamente forjados y vigas, así que ahora es buen momento para dejarlo hecho.

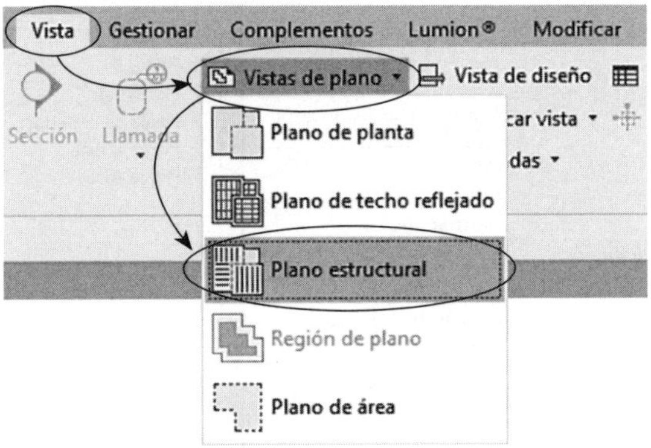

Figura 5.7. Plano estructural.

Cimentación estructural

En Revit podemos colocar tres tipos de cimentación estructural:

- **Cimentación aislada.** Zapatas, como familias cargables.
- **Cimentación bajo muro.** Zapatas corridas, son familias de sistema.
- **Losa de cimentación.** Se comportan como los suelos, también familias de sistema.

TRUCO:

Recuerda que las familias cargables son archivos independientes con extensión .RFA que se pueden insertar en tu modelo de Revit como si fueran bloques de AutoCAD; mientras que las familias de sistema no se pueden cargar, sino que se van duplicando tipos para generar las necesarias, aunque también se pueden transferir entre proyectos con «Ctrl+C» y «Ctrl+V» o con la orden de «Gestionar>Transferir normas de proyecto».

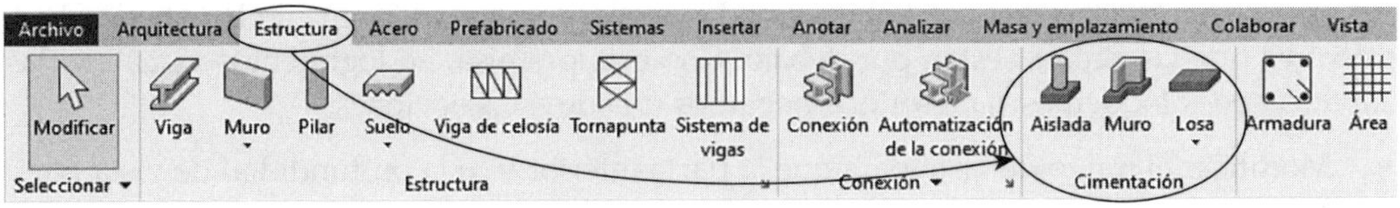

Figura 5.8. Cimentación.

Para colocar una zapata, lo primero que nos encontraremos con la plantilla arquitectónica es el aviso de que no hay ninguna familia de la categoría «Cimentación estructural» cargada en proyecto. En este punto tenemos dos opciones posibles:

- Utilizar las familias que nos otorga Autodesk, accesibles desde Insertar>Cargar contenido de Autodesk. Las tendrás en la carpeta de «Cimentación/Zapatas». Esta opción es muy interesante puesto que no requiere descargar material de antemano, pero sí necesita conexión a Internet. Las familias en la nube de Autodesk tienen la ventaja de que permiten seleccionar el idioma, de manera que podrías descargar aproximadamente el mismo paquete de familias pero, por ejemplo, en inglés. Además, ciertas bibliotecas cuentan con familias únicas, como la biblioteca de idioma alemán, que te recomiendo revisar.
- Utilizar las familias que estén en nuestro ordenador, accesibles desde Insertar>Cargar familia; también desde Arquitectura>Componente>Cargar familia. Recuerda que, desde tu navegador de Internet, puedes hacer una búsqueda similar a «Obtener contenido de Autodesk» y seguir los pasos de las páginas de soporte de Autodesk —o desde la intranet de usuario, según la versión— para descargar todas las familias que puedes encontrar en el catálogo online; de esta manera puedes acceder a todo ese contenido sin tener que descargarlo.

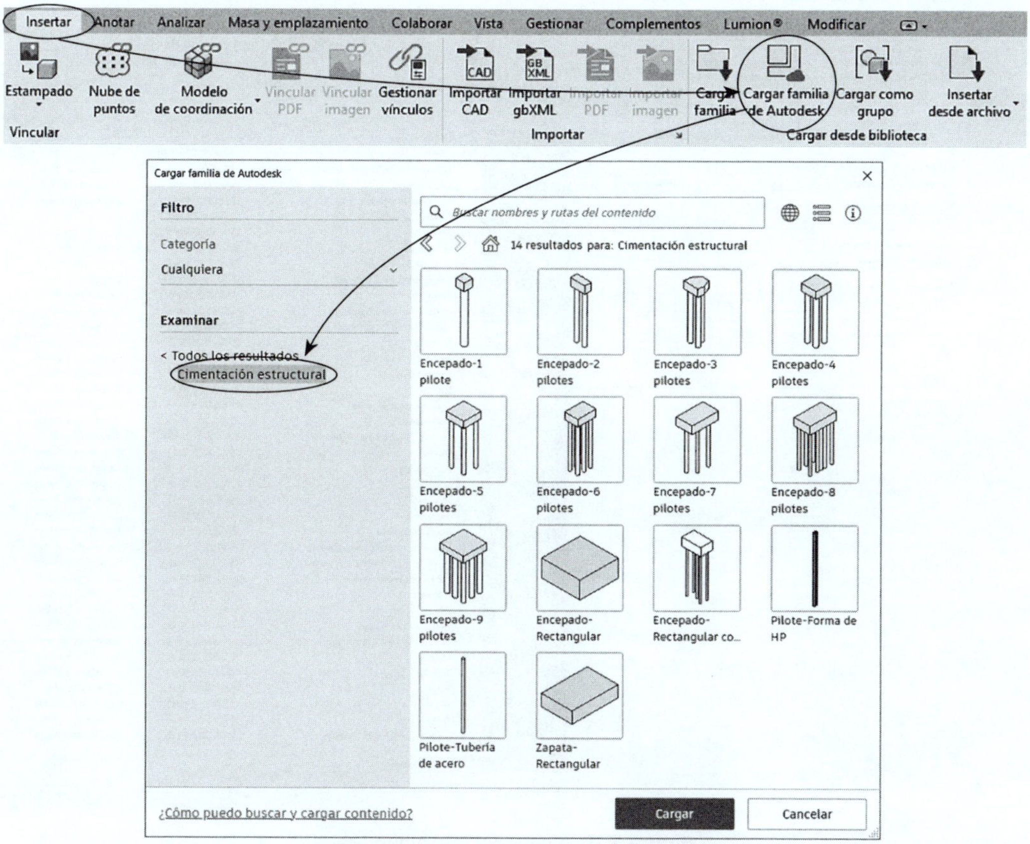

Figura 5.9. Cargar familia de Autodesk.

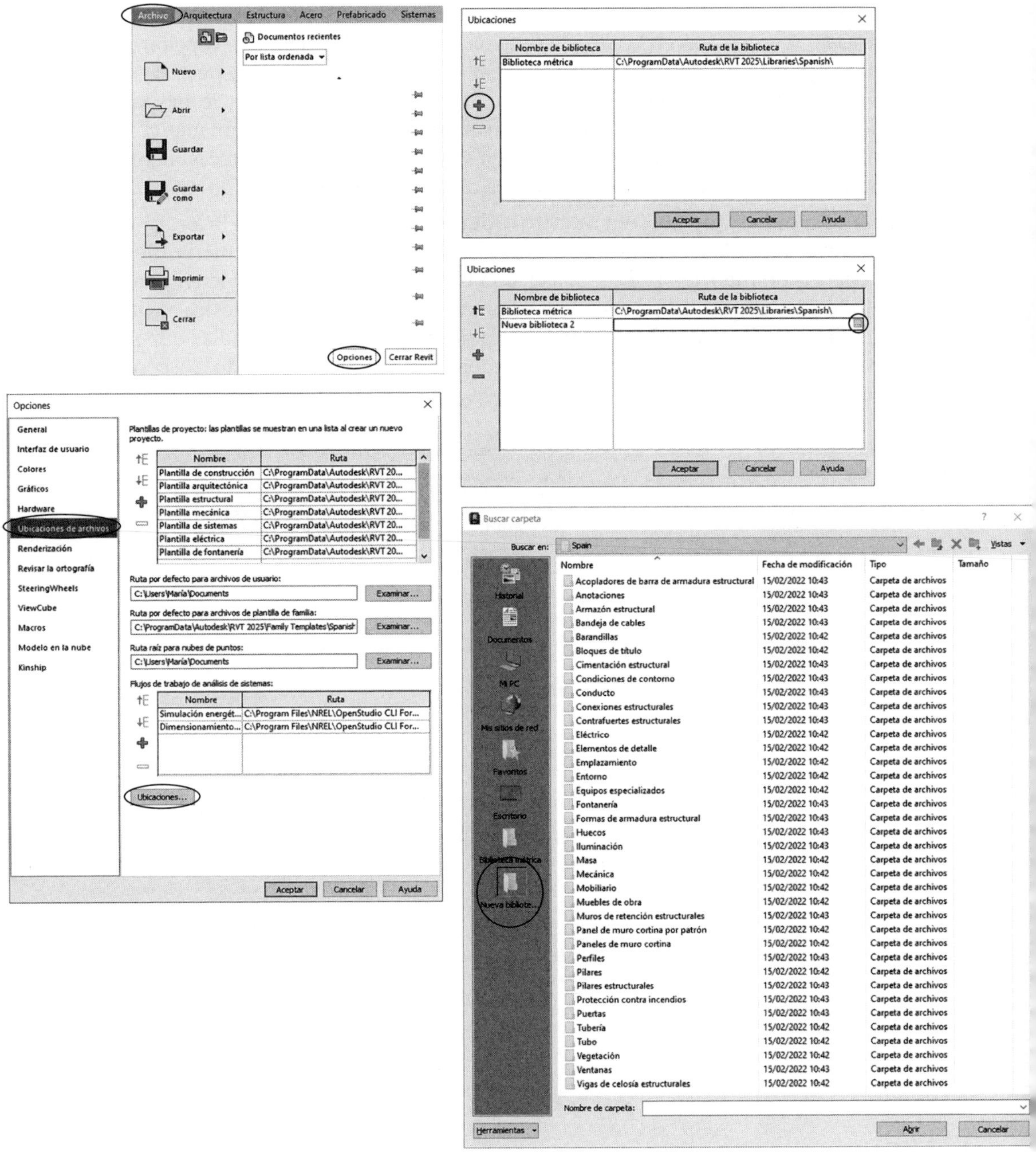

Figura 5.10. Nueva ruta de biblioteca.

TRUCO:

Si tienes tu propia biblioteca de familias (o trabajas en una red compartida con un servidor común, por ejemplo) puedes añadirla a las ubicaciones que Revit leerá por defecto, para agilizar el proceso de selección cada vez. Puedes hacerlo fácilmente desde «Archivo>Opciones>Ubicaciones de archivos>Ubicaciones>Añadir ruta de biblioteca». Puedes tener varias ubicaciones; Revit abrirá la que esté primera en la lista, pero en la parte izquierda tendrás un acceso directo a cada carpeta que hayas añadido, haciendo mucho más fácil la tarea.

En este proyecto queremos colocar zapatas de 140 x 140 x 60 cm, así que tendremos que editar tipo y duplicarla. La colocación de zapatas sigue unos criterios similares a los de los pilares estructurales:

1. Se pueden colocar manualmente, una a una, y si alguno de sus ejes principales corresponde con los de rejillas o pilares, se moverán.
2. Se pueden colocar con la orden «Colocar en rejillas» y, de forma análoga a como hicimos con los pilares, se seleccionan varias rejillas, en cuya intersección aparecerán las zapatas.
3. Se pueden colocar con la orden «Colocar en pilares», de manera que no dependerán de la rejilla base sino de los pilares que tengamos colocados. Ésta es la opción que te recomiendo utilizar en este caso.

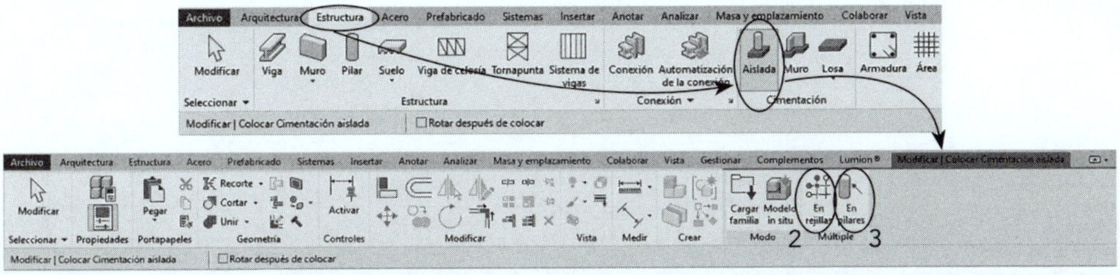

Figura 5.11. Colocar Cimentación aislada.

Las zapatas se colocan, habitualmente desde el centro de su cara superior; por tanto, si el Rango de vista no contempla la visualización de elementos por debajo del plano de nivel, no serán visibles (incluso es posible que recibamos el aviso que nos indica que los elementos que acabamos de colocar no son visibles en la vista). Sin embargo, podemos modificar el Rango de vista para que, tanto la Profundidad de vista como, en su caso, la Parte inferior, estén por debajo del nivel y muestren nuestras zapatas. Esto viene ya preparado en los planos estructurales, pero no así en los planos de planta.

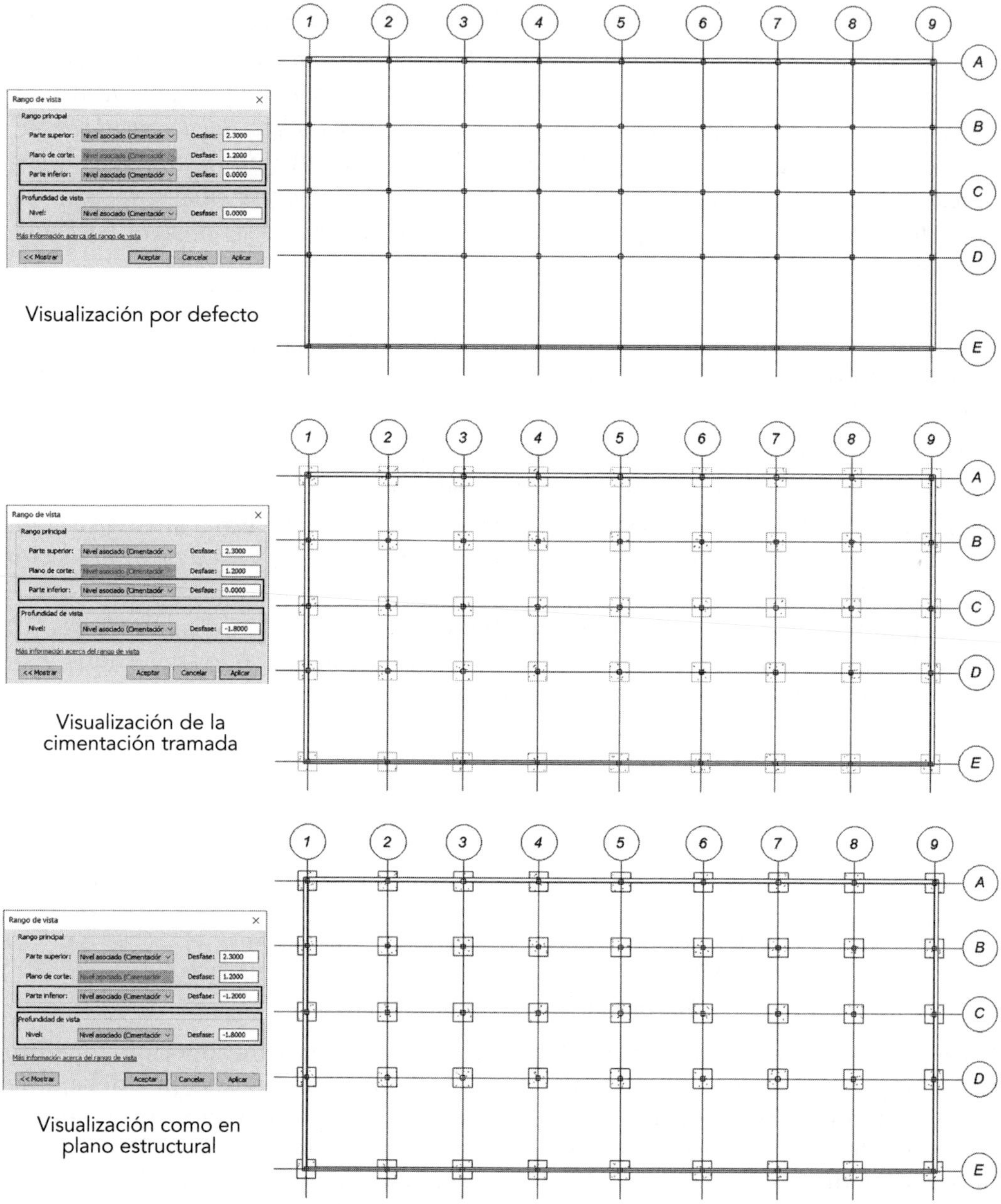

Figura 5.12. Visibilidad de la cimentación aislada en un plano de planta.

TRUCO:

Recuerda que la orden «Rango de vista» es propia de cada vista, y puede incluso vincularse a la plantilla. Los puntos principales del rango de vista en un plano de planta o estructural son:

- *«Parte superior» (solamente utilizado en las disciplinas «Coordinación» o en las de instalaciones). Hasta qué altura se proyectan en el plano los elementos que quedan por encima del plano de corte.*
- *«Plano de corte». A qué altura sobre el nivel se produce el corte.*
- *«Parte inferior». Hasta qué distancia por debajo se proyectan los elementos con líneas generales de proyección.*
- *«Profundidad de vista». Una vez rebasada la parte inferior, qué elementos se muestran tramados o más claros, como una indicación de que existen, pero quedan más lejos.*

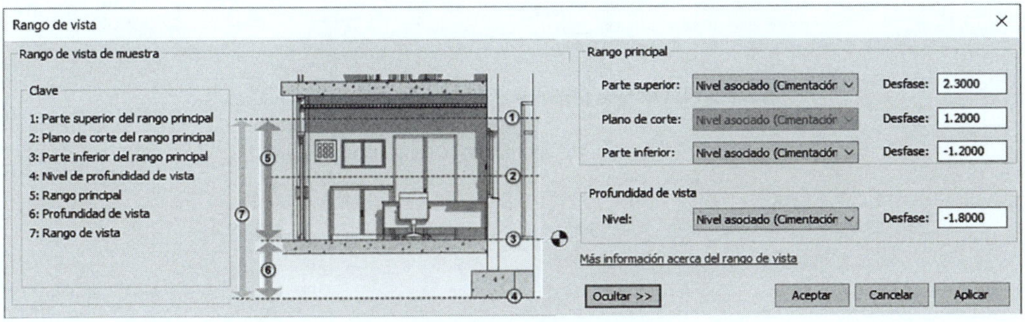

Figura 5.13. Rango de vista.

Desfase de rejilla sobre fachada

En estos momentos tenemos los pilares enrasados con la fachada. Según el sistema constructivo que se utilice, como en el caso de fachadas ventiladas, puede ser correcto; pero en este caso, con una fachada tradicional, te voy a proponer que hagas la siguiente separación:

- La línea de forjado se queda 5 cm por dentro de la línea de fachada.
- La línea de pilares se queda 5 cm por dentro de la línea de forjado.

Por tanto, debemos desfasar las rejillas que dan a fachada, tanto en los laterales como en frontal y/o posterior, 10 cm hacia el interior del edificio. La ventaja que tiene este procedimiento es que, al mover la rejilla por esta o cualquier otra circunstancia, tanto pilares como zapatas se moverán con nosotros.

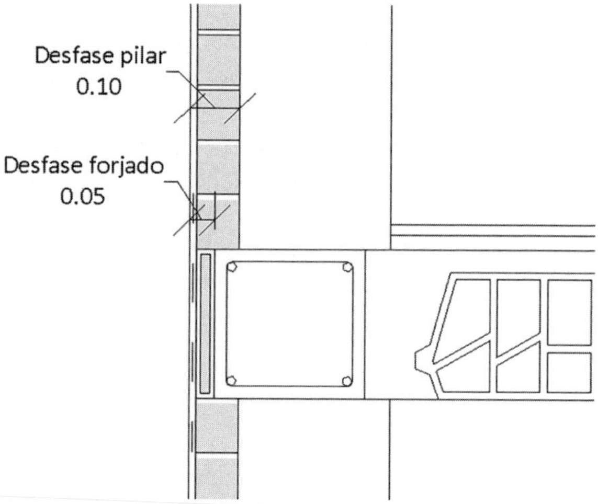

Figura 5.14. Desfase forjados y pilares de línea de fachada.

6

Coordinación de rejillas y plazas de aparcamiento

En este capítulo aprenderás a:

- Insertar plazas de aparcamiento.
- Utilizar vistas temporales.
- Modificar subcategorías.
- Crear familias de forma básica.
- Bloquear elementos y ayudas a la selección.

Componentes de aparcamiento

Podemos cargar una familia de aparcamiento directamente de la biblioteca online de Autodesk, desde Insertar>Cargar familia de Autodesk. La encontrarás dentro de la carpeta «Emplazamiento» bajo el nombre «Plaza de aparcamiento 2D». Sin embargo, antes de cargarla, quiero que des un repaso a las subcategorías de Aparcamiento dentro de Vista>Visibilidad/Gráficos (o con la abreviatura VV o VG). Verás que solamente existe la subcategoría estándar «Líneas ocultas». No obstante, si ahora cargas la familia y, desde Arquitectura>Componente o Masa y emplazamiento>Componente de aparcamiento, colocas un ejemplar en cualquier posición, se habrán generado diferentes subcategorías que dependen de la familia, como «Distribución de plazas», «Línea de plaza» o «Línea de referencia».

Esto es una situación habitual al descargar contenido de otros proveedores. Antes de mostrarte cómo resolver esto, vamos a probar a identificar qué es cada línea de una forma interesante.

Propiedades de vista temporal

En la barra inferior de controles de vista, encontrarás el icono de Propiedades de vista temporal. Si lo pulsas y eliges de la ventana contextual la opción «Activar propiedades de vista temporal», aparece un contorno azul en tu vista que te recuerda que, a partir de este momento, puedes hacer cualquier modificación en la configuración de la vista, pero que desaparecerá si vuelves al icono anterior y eliges, del mismo desplegable, la opción «Restaurar propiedades de vista».

En esta situación, puedes entrar en VV, desplegar la categoría Aparcamiento y, en las propiedades de Líneas de proyección de cada una de las subcategorías, elegir un color que te sirva para diferenciarlas (por ejemplo, rojo, verde y azul). Al aceptar, podrás identificar fácilmente qué parte de la familia de aparcamiento se ha hecho con cada subcategoría.

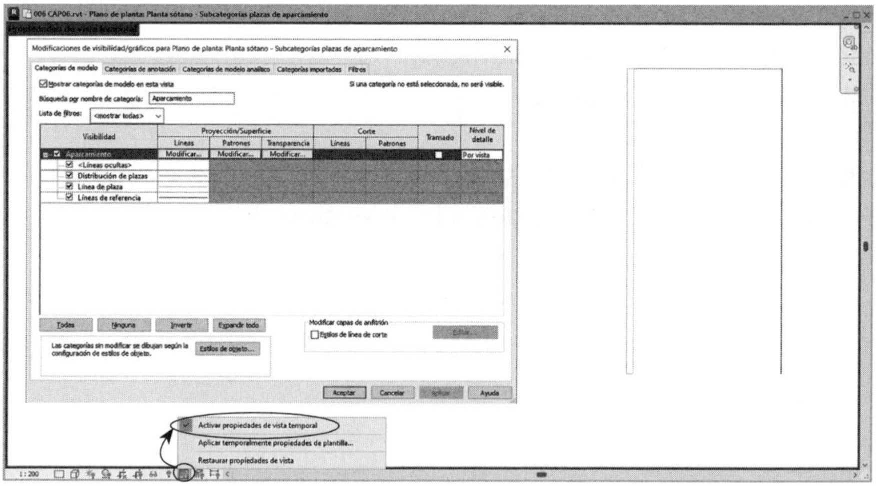

Figura 6.1. Ejemplo de uso de Propiedades de vista temporal.

TRUCO:

Las vistas temporales funcionan incluso cuando hay una plantilla de vista aplicada que no deja modificar elementos como la escala o el modo de sombreado. ¡Es muy útil para revisar cualquier ajuste, o incluso activar/desactivar categorías libremente!

Si, como yo, crees que esas subcategorías son innecesarias, puedes hacer dos cosas:

- *Desde «Gestionar>Estilos de objeto», tocar la subcategoría que deseas y pulsar el botón de Suprimir. Todas las líneas de esa subcategoría no se borran, sino que pasan a la categoría principal.*
- *Editar la familia, tocar los elementos, y cambiarlos de subcategoría con la paleta «Propiedades».*

TRUCO:

Estas subcategorías no desaparecen si eliminas la familia desde el Navegador de proyectos; tampoco si utilizas la orden de «Gestionar>Limpiar elementos no utilizados». De forma nativa en Revit, solamente podrás eliminarlas directamente desde «Gestionar>Estilos de Objeto». Por eso es muy importante controlar la limpieza de las familias que se crean en nuestros proyectos.

En esta ocasión, aunque elimines las subcategorías de forma rápida usando, por ejemplo, el primer método, vamos a ir más allá. Para cubrir una situación aún más interesante, vamos a crear, juntos, una familia de aparcamiento muy sencilla desde cero.

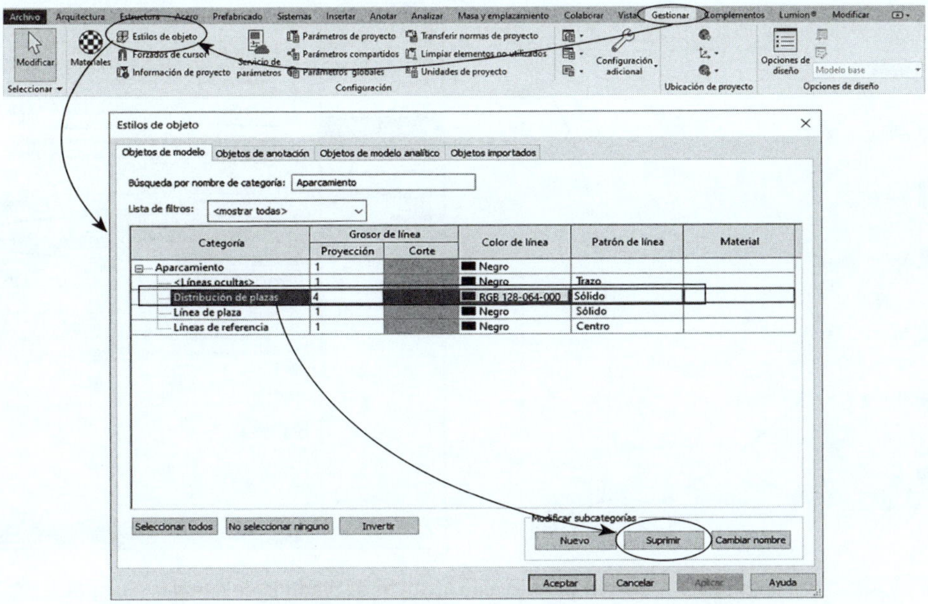

Figura 6.2. Eliminar una subcategoría.

Creación de familia de plaza de aparcamiento

Desde Archivo>Nuevo>Familia, comprobamos que estamos dentro de Family templates>Spanish y, dentro de ella, encontraremos el archivo de plantilla de familia «Aparcamiento métrico.rft»

TRUCO:

Si en tu ordenador no tienes esa plantilla de familia, o no tienes esa ruta, puedes hacer dos operaciones:

- *Desde «Archivo>Opciones>Ubicaciones de archivo>Ruta por defecto para archivos de plantilla de familia», comprueba que la ruta es «C:\ProgramData\Autodesk\RVT 202X\Family Templates\Spanish»; de no ser así, entra en «Examinar» y busca esa ruta.*
- *Utilizando tu navegador de Internet, inicia sesión en la página web www.Autodesk.es y accede, desde tu menú de usuario, a «Productos y servicios». Localiza Revit y pulsa en «Ver detalles». En la página que se abre podrás seleccionar tu versión y, en el apartado «Descargas disponibles», elige «Biblioteca» y baja hasta «Spanish content for Revit 202X», donde podrás descargar tanto la biblioteca de familias de Autodesk en español, como las plantillas de familia.*

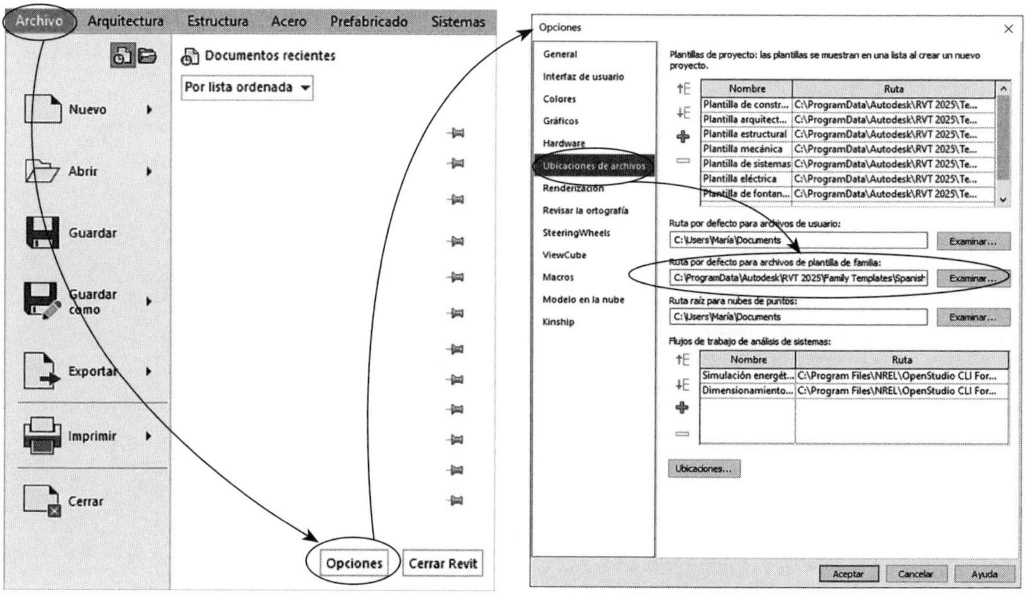

Figura 6.3. Ruta por defecto para archivos de plantilla de familia.

Una vez dentro de la familia, verás que solamente aparecen dos planos de referencia que están bloqueados y tienen marcada en la paleta de Propiedades la casilla Definir origen. Nuestra primera misión será crear dos planos más; uno vertical hacia la derecha (por ejemplo, a 2500 mm) y uno horizontal hacia abajo (por ejemplo, a 5000 mm), bien mediante Copiar o bien desde Crear>Plano de referencia. Si lo deseas, puedes nombrarlos; no te preocupes si los planos no intersecan entre sí, aunque si desbloqueas momentáneamente los planos originales podrás estirarlos sin problemas.

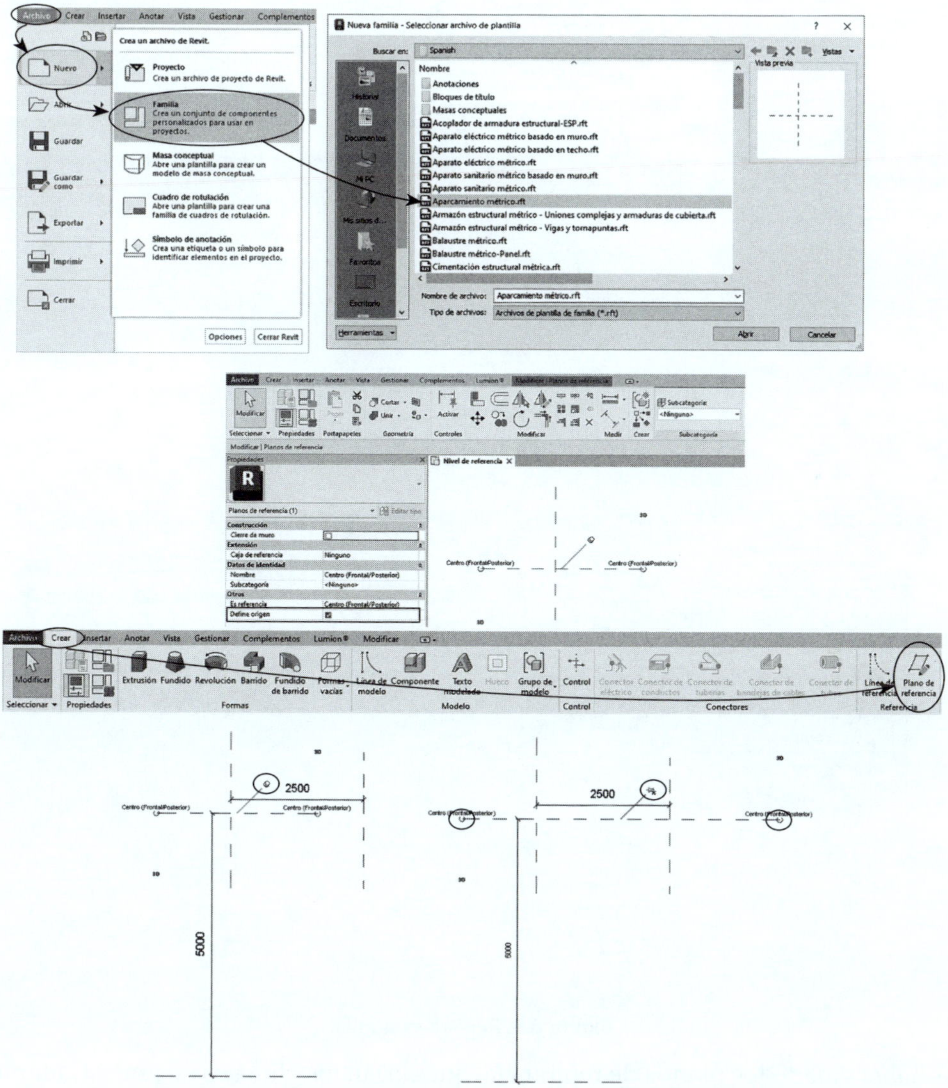

Figura 6.4. Proceso de inicio familia, crear y modificar planos de referencia.

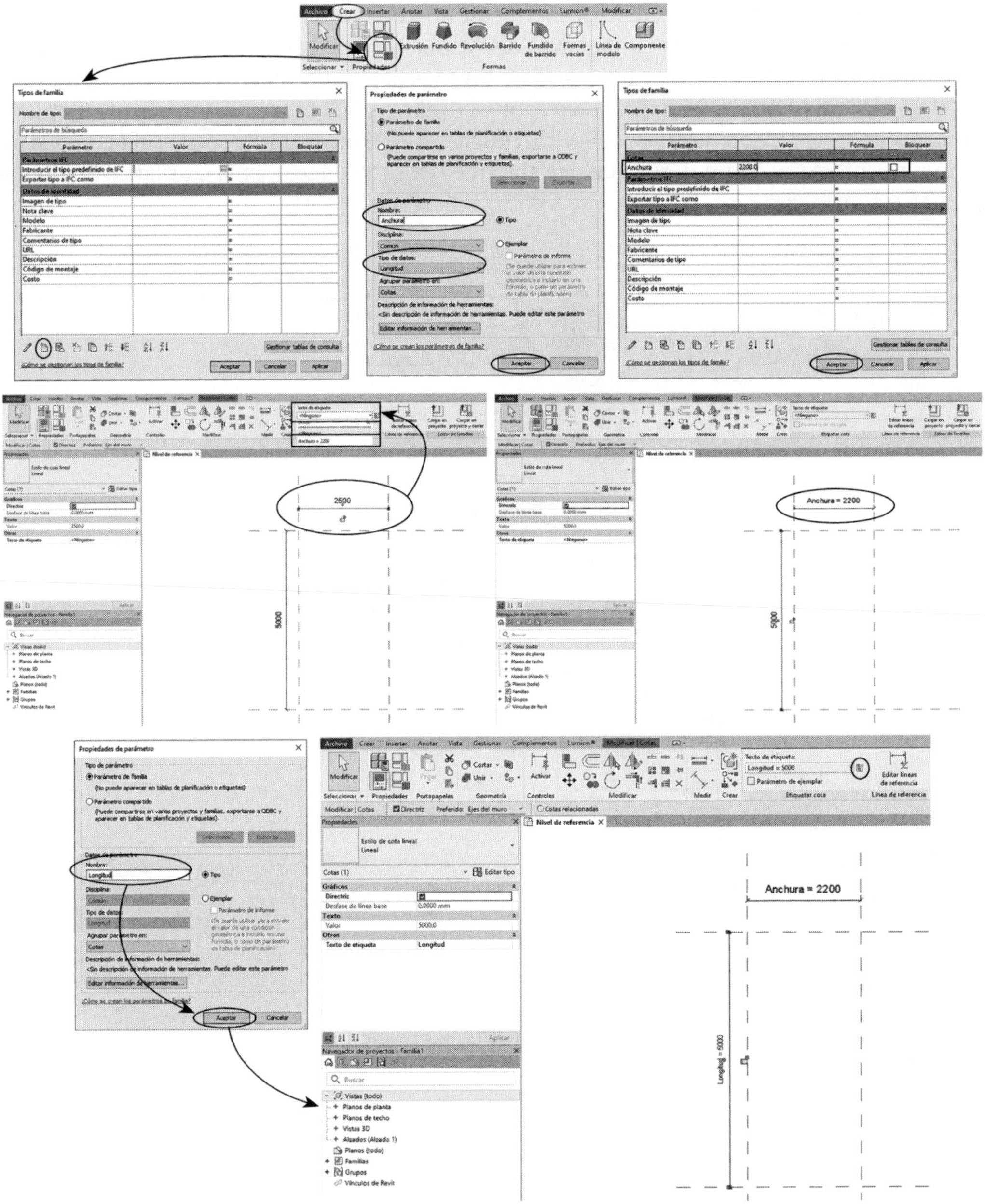

Figura 6.5. Replanteo familia.

Tras haber creado los planos de referencia, que serían los «huesos» de nuestra familia, debemos permitir el movimiento creando nuestros «músculos» a partir de cotas;

desde Anotar>Alineada crearemos dos cotas que conecten los planos verticales y otras dos que conecten los dos planos horizontales. Para controlar las dimensiones cuando hayamos cargado la familia en el modelo, hay que generar parámetros. El proceso puede hacerse, principalmente, de dos maneras. Al tener dos parámetros que crear, emplearé ambos métodos:

- Desde Crear>Tipos de familia>Nuevo parámetro. Indicamos que es un parámetro de tipo, le damos nombre «Anchura» y confirmamos que es de tipo «Longitud» en el desplegable. Aceptamos la primera ventana y, antes de cerrar la siguiente, indicamos un valor diferente de cero; por ejemplo, 2200 mm. Al Aceptar la ventana de Tipos de familia, seleccionamos la cota horizontal y, desde la Cinta de opciones>Texto de etiqueta, desplegamos para elegir el parámetro «Anchura» que acabamos de crear. Si lo hemos hecho bien, se cambiará la dimensión y el nombre de parámetro podrá leerse encima de la línea de cota.
- Seleccionando la cota vertical, en la Cinta de opciones>icono Nuevo parámetro, llegamos directamente a la ventana de definición, donde podemos llamarlo «Longitud» y Aceptar (figura 6.5 de la página anterior).

Para dar geometría, o «piel», a nuestra plaza, bastará con generar cuatro líneas de modelo y usar el comando Alinear para alinear, y Bloquear, cada una de ellas con un plano. En versiones muy recientes de Revit podrás marcar Bloquear directamente desde la cinta de opciones.

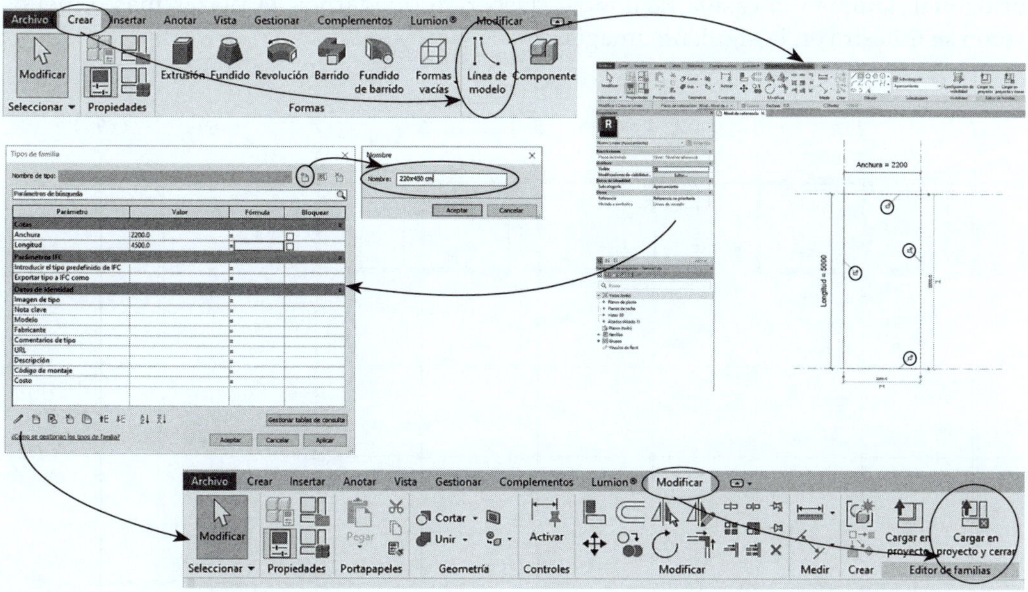

Figura 6.6. Guardar familia plaza de aparcamiento y cargarla en el proyecto.

Finalizaremos la familia desde Crear>Tipos de familia para crear uno o varios tipos que cargaremos siempre con la familia. Te propongo una plaza de 220 x 450 cm y otra de 240 x 450 cm, aunque luego siempre podrás crear más. El último paso, antes de cargar esta «Familia1», es Archivo>Guardar como>Familia, elegir una carpeta y darle un nombre, como por ejemplo «Plaza 2D». Ahora estamos listos para Cargar en proyecto y cerrar (figura 6.6).

Colocación de plazas de aparcamiento

La familia plaza 2D que acabamos de insertar podemos colocarla en la posición que deseemos; ya llegará el momento de alinearla. Pero, eso sí, recuerda que en la parte de la derecha habíamos reservado un espacio para la rampa. Seleccionando uno de los muros perimetrales y usando la orden de Modificar | Muro>Crear similar (también por su atajo, más rápido, CS) te invito a crear un muro que tenga un desfase de 3 m hacia la izquierda desde la rejilla 9-A hasta la rejilla 9-D. Aunque no sea la distancia definitiva, nos permite empezar a proyectar utilizando Revit. Ahora sí, vamos a colocar nuestra primera plaza de aparcamiento en vertical, pegada a la rampa, su lado largo alineado con la rejilla 1 y su lado corto con las rejillas A o B. En nuestro siguiente módulo de rejilla podemos poner, gracias a nuestra modulación, dos plazas pegadas entre sí, para cubrir correctamente el espacio entre rejillas (o entre pilares). Una vez tengamos nuestro conjunto de dos plazas, será muy rápido copiarlo al resto de rejillas con la orden Copiar, simplemente teniendo en cuenta que la opción Múltiple esté activada (y, para facilitar el desplazamiento ortogonal, también la casilla Restringir). Deberían quedarnos 14 plazas más o menos como se muestra en la siguiente imagen.

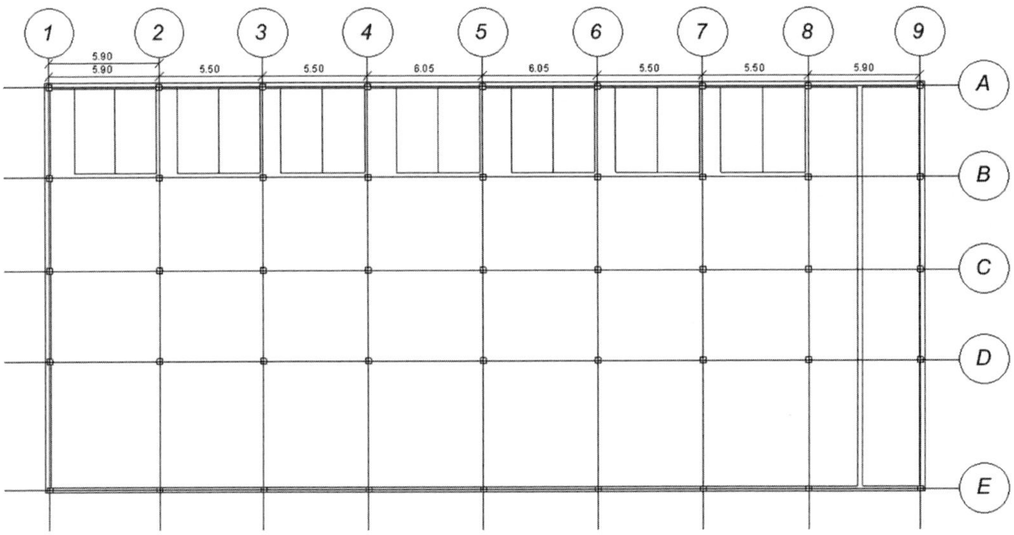

Figura 6.7. Plazas de aparcamiento.

TRUCO:

Si prefieres usar la orden «Matriz» para hacer grupos, también puedes hacerlo; al haber diferencia de distancia entre las rejillas, te recomendaría que utilizases la opción «Último» y no «Segundo». Es posible que, aun así, necesites «Desagrupar» al final de la operación y «Mover» individualmente algunas para reajustar la posición de cada conjunto, y para añadir la plaza que queda suelta en el módulo de rejillas 8 a 9.

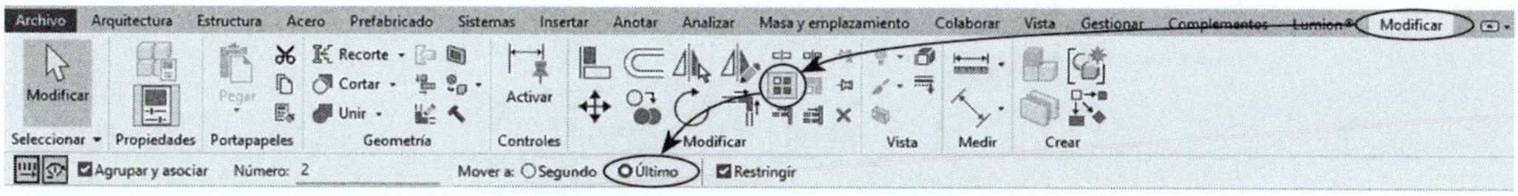

Figura 6.8. Configuración Matriz.

Con 15 plazas no tenemos suficiente para todo el proyecto, puesto que esperamos tener más de 15 viviendas y la normativa que afecta al proyecto indica que necesitamos una plaza por vivienda y por local comercial mayor de 200 m^2; así que necesitaremos una segunda línea de plazas de aparcamiento. Si haces una ventana de captura (desde la parte derecha hacia la parte izquierda), seleccionarás fácilmente todas las plazas de aparcamiento, pero, desafortunadamente, también las rejillas. Esto se puede solventar de varias maneras, y te voy a proponer tres (figura 6.9):

1. Seleccionar una plaza de aparcamiento y hacer clic con el botón derecho>Seleccionar todos los ejemplares>En todo el proyecto. Esto funcionará solamente mientras tengamos una línea, así que no parece la mejor opción.
2. Seleccionar sin prestar más atención lo que necesitas y, desde Modificar>Filtro, desmarcar las categorías que no te interesan.
3. Bloquear las rejillas para evitar que se muevan de forma accidental y, en la parte derecha de la barra inferior de la pantalla, donde están las Ayudas de selección, asegurarnos de que Seleccionar objetos bloqueados está tachada (se alterna entre los dos estados con un clic de ratón), de manera que Revit no seleccionará objetos que estén bloqueados y se comportan como un calco subyacente o una referencia visual no seleccionable.

Para este proyecto voy a utilizar el método de bloquear las rejillas. Así podré copiar la fila completa de plazas de aparcamiento desde la rejilla A a la rejilla C, dejando un espacio intermedio. Si miras el resultado, verás que probablemente las plazas de esta segunda línea situadas entre las rejillas 1 y 2, deberán desaparecer para permitir el paso de los vehículos.

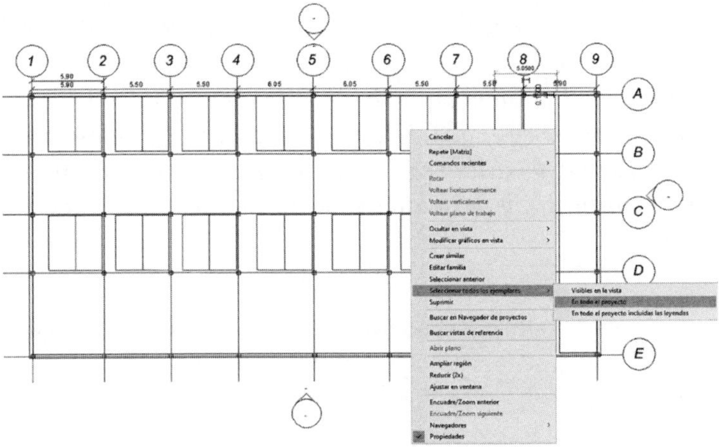

Primera opción

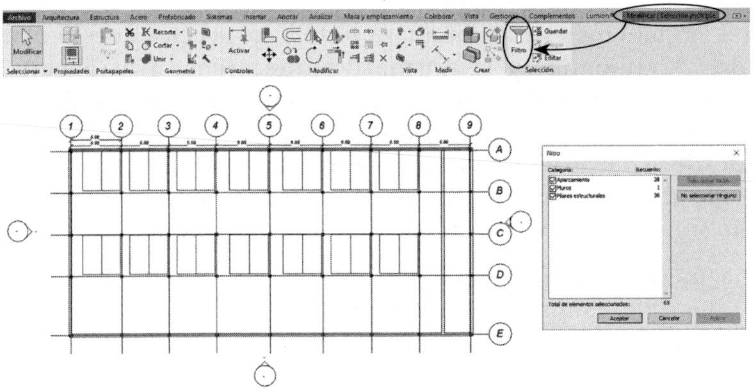

Segunda opción

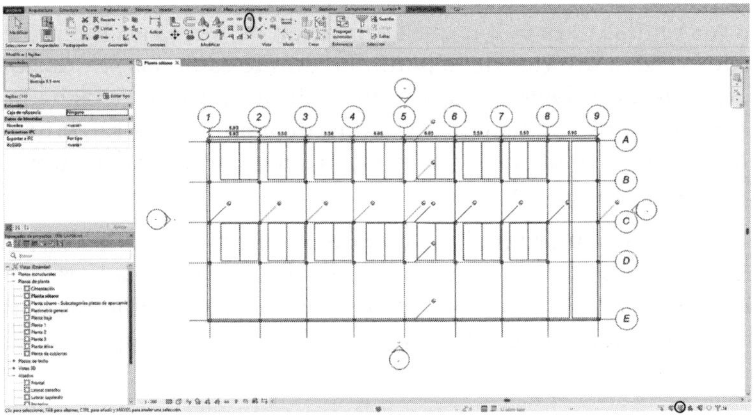

Tercera opción

Figura 6.9. Métodos de selección.

TRUCO:

¿Recuerdas todos los métodos para suprimir elementos? Hagamos un pequeño listado resumen.

- *En tu teclado, la tecla «Suprimir».*
- *En tu teclado, la tecla «Borrar» o «Retroceso».*
- *En la cinta de opciones, el icono de «Modificar>Suprimir».*
- *Atajo de teclado «DE» (por defecto, aunque sabes que lo puedes configurar libremente desde «KS»).*

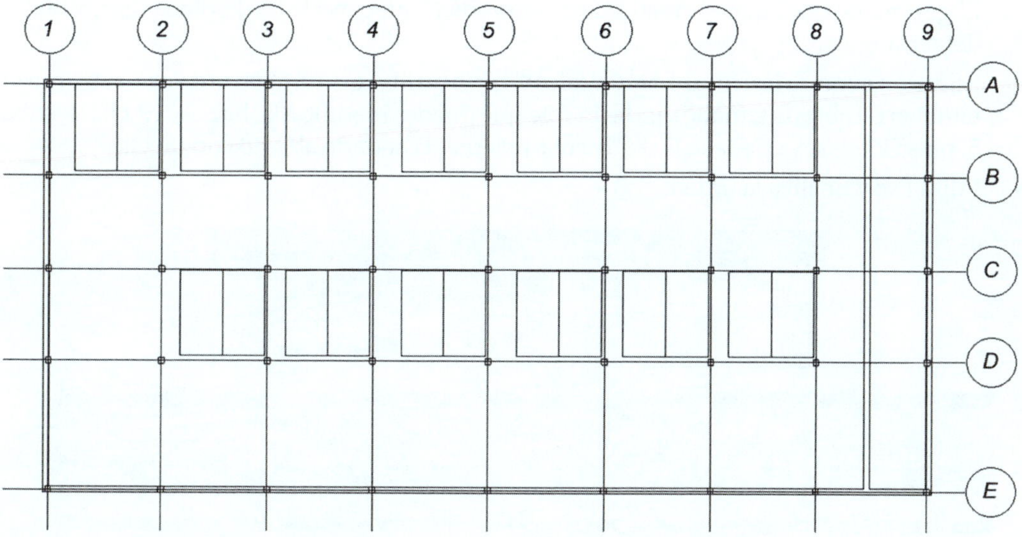

Figura 6.10. Plazas de aparcamiento resultantes.

Planificar los carriles

Si quieres garantizar que tu aparcamiento cumple bien con las distancias entre plazas, no solo para desplazarse por el carril sino también para poder sacar y meter el vehículo, revisa tu normativa local para ajustar lo que se suele llamar «Espacio libre en plaza», que es el espacio delante de tu propia plaza para asegurar la maniobrabilidad, y que muchas veces será la propia longitud de la plaza.

No existe ningún comando de Revit específico para esto, pero puedes ayudarte con algunos comandos que te serán muy útiles. Vamos a generar una región rellenada desde Anotar>Región>Región rellenada que cubra aproximadamente todo el carril. Queremos que tenga una anchura de carril de 5 m, así que te voy a contar mi proceso para poder trabajar y hacer iteraciones con más facilidad (pues, al fin y al cabo, estamos proyectando con Revit).

- Dentro de la orden genera un rectángulo que, horizontalmente, abarque aproximadamente todas las plazas; no necesitas que sea preciso.
- No te preocupes de cuál es la distancia vertical, la que definirá el ancho del carril. Si todavía tienes el ratón con el cursor preparado para dibujar líneas o rectángulos, recuerda pulsar la tecla Esc dos veces, escribir MD o clicar en el icono Modificar en la Cinta de opciones.
- Sin salir de la orden, crea una cota. Para dibujar una cota podrías ir hasta Anotar>Cota>Alineada, pero desde la pestaña que tienes abierta, que es la última de la Cinta de opciones, se ve de un color verde más oscuro, y se llama Modificar | Crear contorno de región rellenada, verás que tienes los comandos de Medir y Cota alineada. Elige el modo que quieras y realiza una cota vertical que conecte las dos líneas horizontales del rectángulo.
- Selecciona una de las líneas horizontales y verás que la cota cambia de color a azul (quizá también cambie de tamaño), indicándote que puedes modificarla; haz clic en ella, escribe 5, pulsa Intro, selecciona la línea de cota y cierra el candado abierto con un clic.
- Pulsa Esc y finaliza la orden.

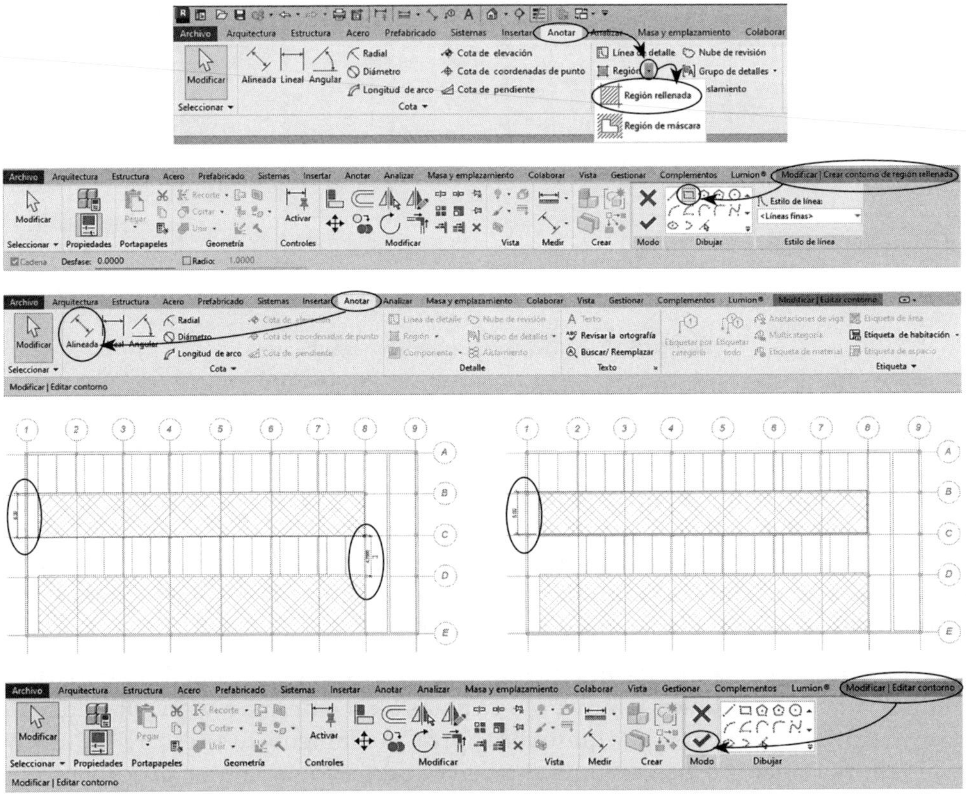

Figura 6.11. Planificación de carriles.

En este momento, tienes una región rellenada muy cómoda de manejar, puesto que si la quieres desplazar verticalmente no debes asegurarte de seleccionarla desde el centro y arrastrar, o de pulsar el comando Mover, para evitar modificar su anchura; ahora, incluso cuando la estires desde los pinzamientos, podrás moverla en vertical manteniendo la dimensión; y, te lo digo por experiencia, poder arrastrar directamente con los pinzamientos te será muy útil, al poder detectar planos paralelos a los que alinearte automáticamente.

TRUCO:

No puedes conseguir esto si haces la cota desde fuera de la región rellenada; pues, aunque sigas el proceso y bloquees la cota, no funcionará correctamente al estirar los pinzamientos.

Creación de trasteros

En la fila de plazas de aparcamiento que está contra el muro perimetral, vamos a crear una serie de trasteros que, aunque no sean demasiado profundos, seguro que sirven para desahogar la vivienda o como espacio para guardar bicicletas. Con nuestro muro «Básico - Sótano», con alineación a la cara de acabado exterior y un desfase de 1,8 m desde la cara interior del muro perimetral, dibujamos un muro de sótano que cubra toda la parte superior hasta llegar al muro de la rampa.

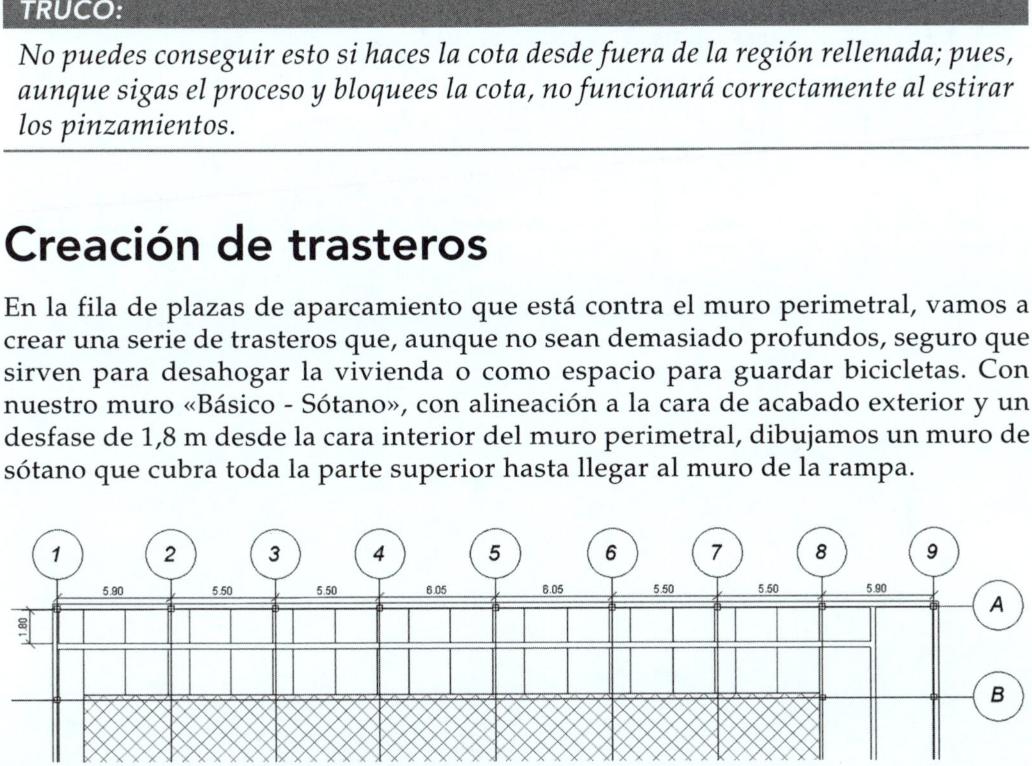

Figura 6.12. Muro perimetral para creación de trasteros.

Ahora es el momento de recolocar todas nuestras plazas. Como las rejillas están bloqueadas, resulta muy sencillo seleccionar todas las plazas de la primera fila y desplazarlas en vertical hasta el borde del muro. Haciendo lo mismo con la región rellenada, podré colocar con rapidez mis dos filas de aparcamiento, incluso copiando la región rellenada una vez más debajo de la segunda fila, para comprobar que tengo suficiente espacio en ambos carriles.

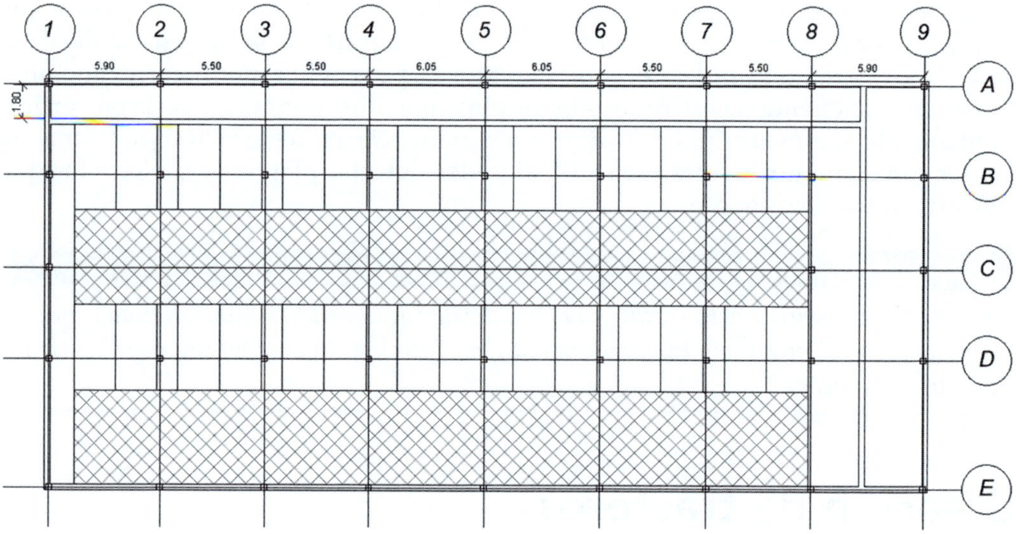

Figura 6.13. Resultado final de plazas de aparcamiento.

7

Núcleos de circulación vertical y número de viviendas

En este capítulo aprenderás a:

- Duplicar vistas como dependientes.
- Creación de escaleras.
- Reflejar elementos.
- Utilizar vistas subyacentes.

Duplicar vista

Para empezar con el encaje del número de viviendas en el proyecto, estudiemos el número de rejillas: tener 9 nos da un eje de simetría muy claro. Te propongo trabajar desde la planta 1, prestando atención solamente a la mitad de la planta, de las rejillas 1 a 5. Para eso, el procedimiento más habitual es generar un duplicado de la vista. Se hace con botón derecho>Duplicar vista sobre el nombre de la vista en el Navegador de proyectos, y Revit nos da tres opciones en general:

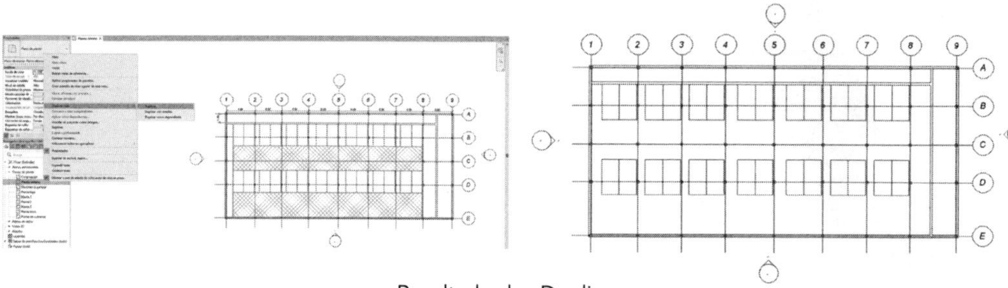

Resultado de «Duplicar»

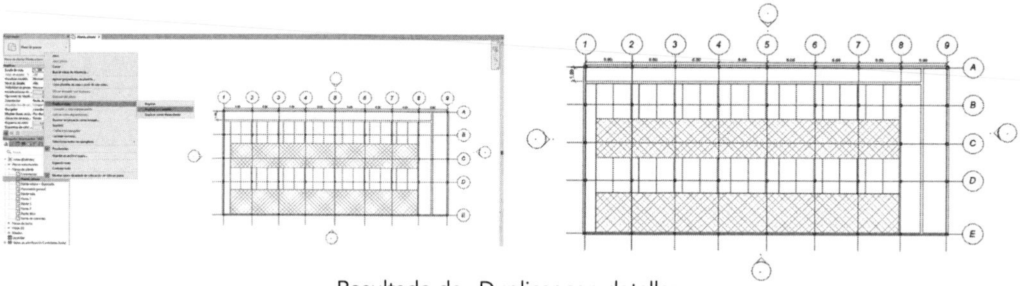

Resultado de «Duplicar con detalles

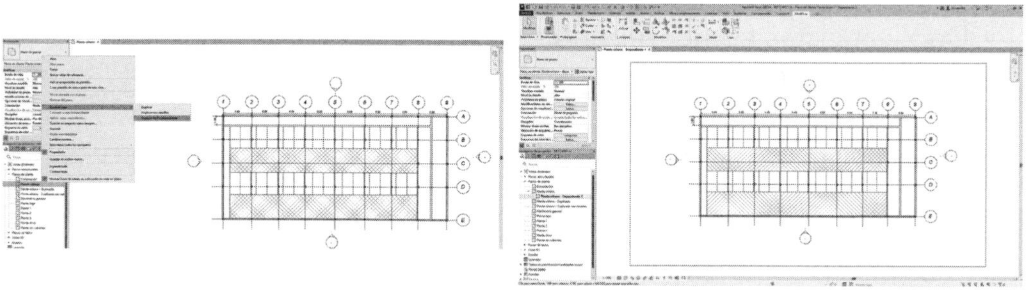

Resultado de «Duplicar como dependiente»

Figura 7.1. Duplicar vista.

- Duplicar. Genera una copia de la vista actual, sin tener en cuenta elementos de detalle, anotaciones o cotas, entre otros. Si duplicásemos de este modo la vista de «Planta sótano», en la copia no se verían las regiones rellenadas o las cotas que hubiéramos creado.

- Duplicar con detalles. Con este método, la copia también incluye todas las anotaciones, detalles y textos.
- Duplicar como dependiente. Una variante del modo de Duplicar vista, que conserva, además de los elementos de detalle, la escala y el modo de sombreado de la vista original y además coloca la nueva vista en un nivel inferior del árbol del Navegador de proyectos, debajo (o directamente dependiente, de ahí su nombre) de la vista original. Se utiliza mucho para plantas grandes donde puede interesar ver solamente una parte de la vista a escala más cercana.

En este caso, utilizaremos Duplicar como dependiente. El nombre de la nueva vista puede editarse, para llamarse, por ejemplo, «Planta 1 – zona A» o cualquier otra denominación que desees.

TRUCO:

En cada vista dependiente, puedes recortar la parte de la planta que desees y, si activas la visualización de la «Región de recorte» en la barra de controles de vista, verás con líneas discontinuas todas las regiones de recorte de cada una de las vistas dependientes.

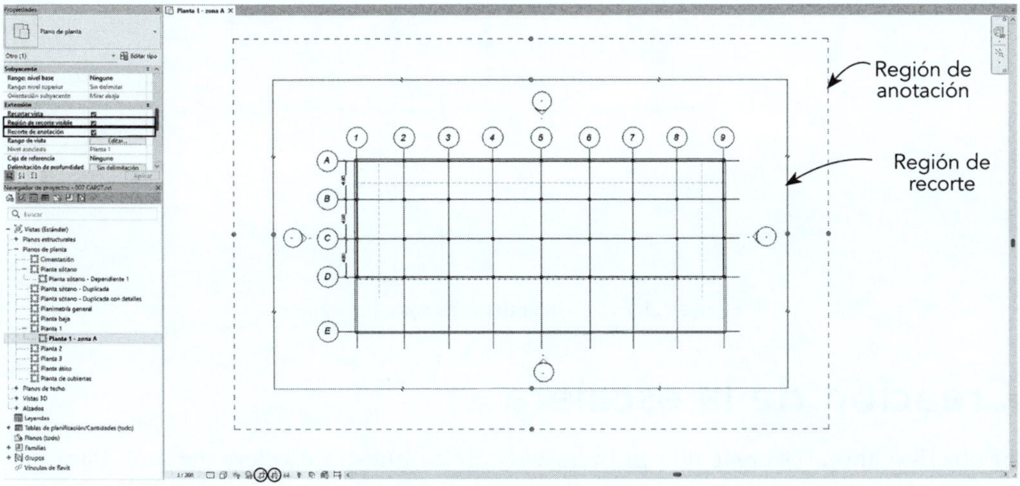

Figura 7.2. Región de recorte.

Diseño del núcleo de comunicaciones

Duplicando el muro de fachada podemos generar un muro que podemos llamar «Básico - Medianera» y lo colocamos dividiendo nuestra planta por la rejilla 5. A partir de ahora, y dado que la rejilla 7 define el centro de nuestra mitad, podemos hacer que el núcleo de comunicaciones (escalera, ascensor y rellano) esté conformado su alrededor, copiando la rejilla 7 a izquierda y derecha 2,50 m a cada lado. Esta medida es muy cómoda para copiar, a un lado, los dos tramos de ida y vuelta de la futura escalera general; al otro lado nos dará margen suficiente para colocar ascensor y rellano. No importan los números de rejilla que aparezcan, pues en esta ocasión van a ser solamente referencias temporales. No obstante, si quieres podemos renombrarlas como E1 y E2; estas rejillas serán la base del eje de dos muros medianeros más, que delimitan el núcleo de comunicaciones con las viviendas laterales. Estos muros medianeros no necesitan llegar hasta la parte superior de la planta (rejilla A), sino que los delimitaremos cuando hayamos colocado nuestra escalera general.

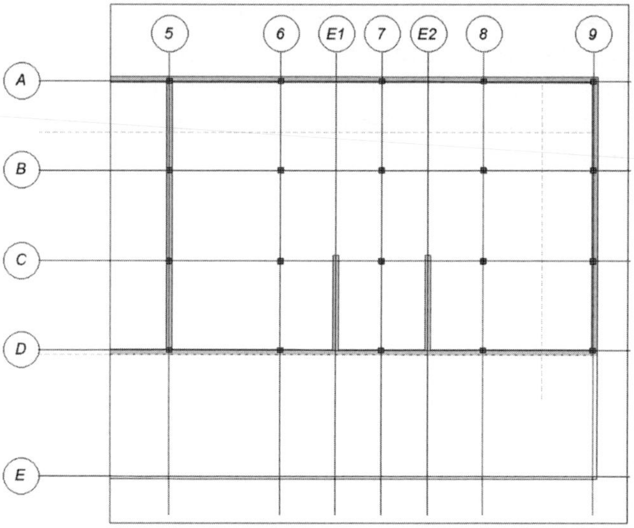

Figura 7.3. Diseño del núcleo de comunicaciones.

Creación de la escalera

El objetivo ahora es crear una primera versión de nuestra escalera general. Para ello vamos a Arquitectura>Escalera. Antes de comenzar a realizarla, recuerda que una escalera en Revit tiene tres reglas principales; como están dentro de Editar tipo, es posible que consideres apropiado Editar tipo>Duplicar y llamarla «Escalera general» o algo similar antes de modificar esos parámetros principales:

- Altura de contrahuella máxima. Queremos que sean 18,5 cm.
- Profundidad de huella mínima. Vamos a colocarla en 28,5 cm.
- Anchura mín. de tramo. La podemos mantener en 1 m.

Con esta nueva escalera, podemos plantear fácilmente una escalera de ida y vuelta, de 1 m de anchura de tramo, que tenga 9 contrahuellas por tramo. Una de las formas más cómodas de crearlas es cambiando la Línea de ubicación (que puedes encontrar en la Barra de opciones) a Tramo: derecha (o izquierda, según te interese) para poder dibujar la escalera de dos tramos apoyada en el muro de la izquierda y, después, en la parte derecha. Si quieres, intenta que la alineación de la parte exterior del segundo tramo coincida con el borde de los pilares de la rejilla 7. Recuerda siempre, finalizar los bocetos de escalera, y lleva el extremo inferior del descansillo hacia la esquina de ambos muros.

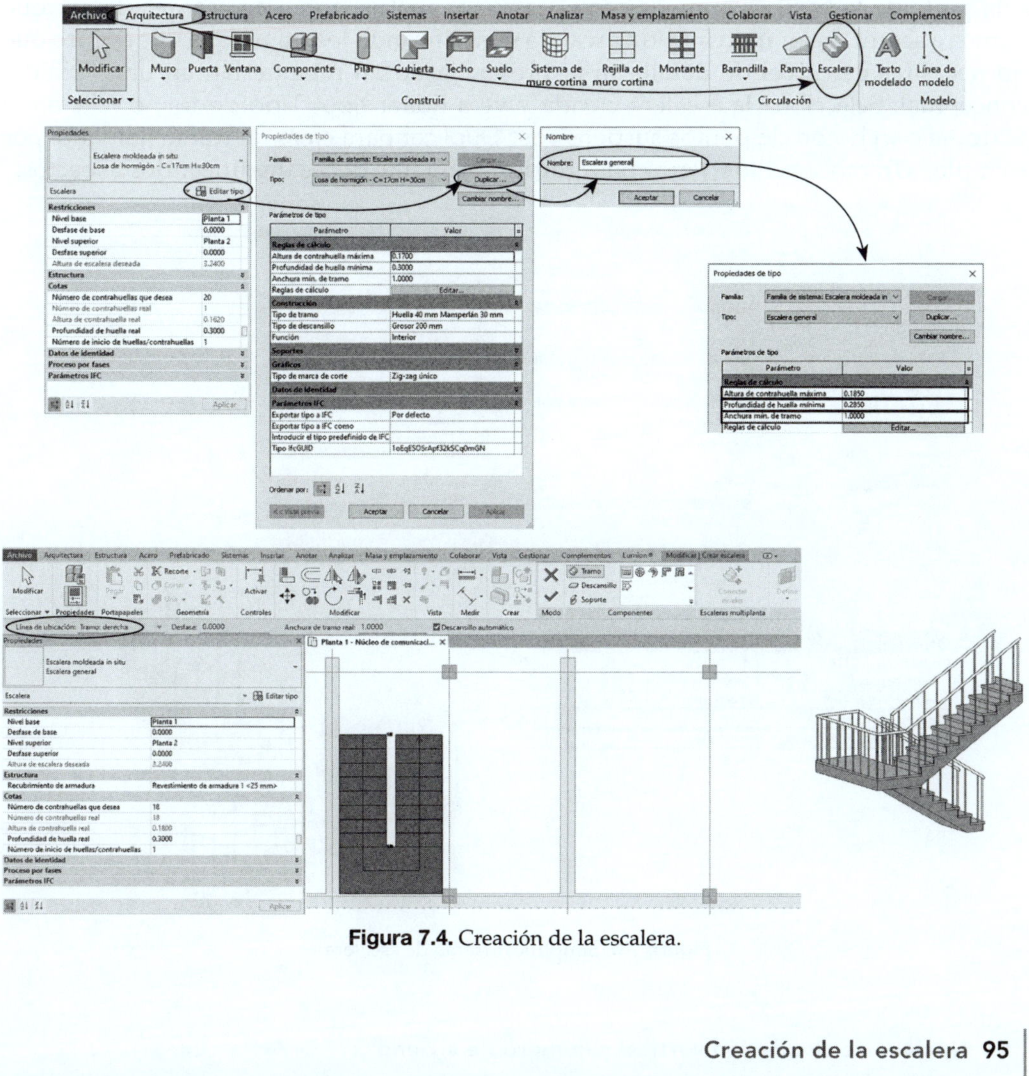

Figura 7.4. Creación de la escalera.

TRUCO:

Si hubieras mantenido el tipo de escalera original, cuya altura de contrahuella máxima estaba prevista en 17 cm, hubieran salido 20 peldaños. Por supuesto que, desde la paleta «Propiedades», podías cambiar el «Número de contrahuella que desea» a tu elección, así como la «Profundidad de huella real» o la «Anchura de tramo real» (ésta última accesible desde la barra de opciones). Sin embargo, de haber cambiado alguno de estos parámetros por debajo del umbral, Revit te hubiera dado varios avisos: uno por cada regla que no se satisface. No te preocupes, porque son solo eso: avisos.

Es normal que, en este momento, Revit avise sobre la falta de continuidad de la barandilla, tal como la hemos dibujado. Ve a una vista 3D y podrás observar que, efectivamente, una parte de la barandilla no es continua, no te centres ahora en ese detalle, porque vamos a seguir mejorando nuestra escalera simplificando los tramos, ya que seguro que no necesitas ese nivel de detalle ni la presencia de un mamperlán en una escalera conceptual. Selecciona la escalera creada y ve a Editar tipo>Tipo de tramo>clic en el texto>clic en botón de puntos suspensivos>Duplicar para crear un tramo llamado, por ejemplo, «Tramo sencillo». Para conseguirlo, solamente debes modificar dos aspectos:

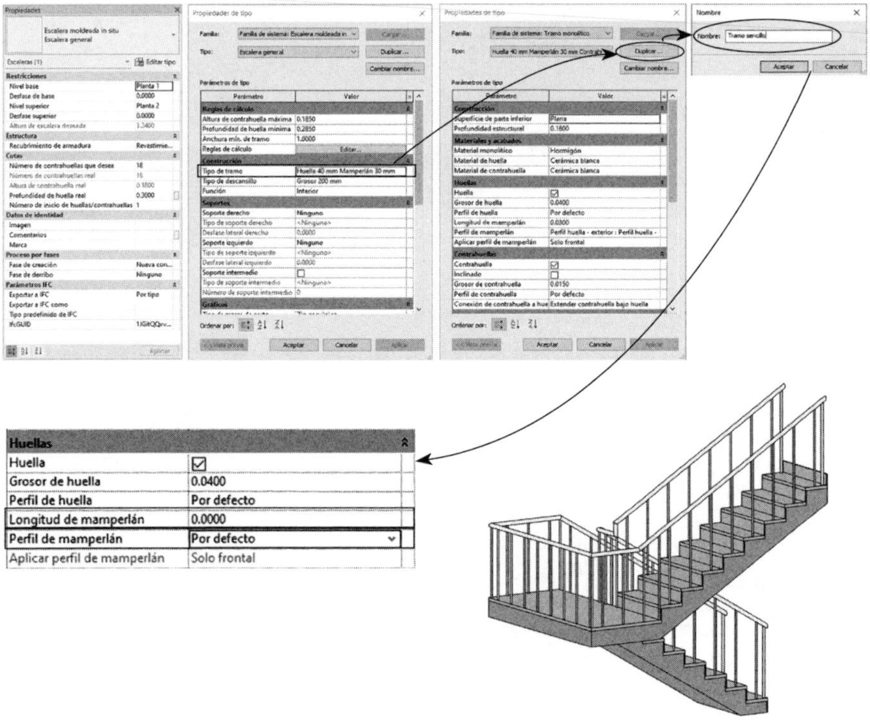

Figura 7.5. Simplificar tramo de escalera.

- Longitud de mamperlán. Se refiere a cuánto rebasa el peldaño horizontal la contrahuella inferior; vamos a ponerlo en 0.
- Perfil de mamperlán. Permite cambiar la geometría del final del peldaño; despliega la lista y elige la opción «Por defecto», para que no exista ninguna forma específica.

El resultado al aceptar, será una escalera mucho más sencilla y conceptual.

Cierre del núcleo de comunicaciones

Para cerrar el núcleo de comunicaciones, debemos asegurarnos de dejar 1,50 m desde el rellano de la escalera, así que con la orden de Arquitectura>Muro o seleccionando otro de los medianeros y usando Crear similar, vamos a hacer uno horizontal, con la Línea de ubicación en «Cara de acabado: exterior» y con un Desfase en la barra de propiedades de 1,50 m hacia arriba. Para recortar los muros es muy fácil y directo utilizar la orden Modificar> Recortar/Extender a esquina y usarla entre cada uno de los muros verticales y el horizontal que acabamos de crear.

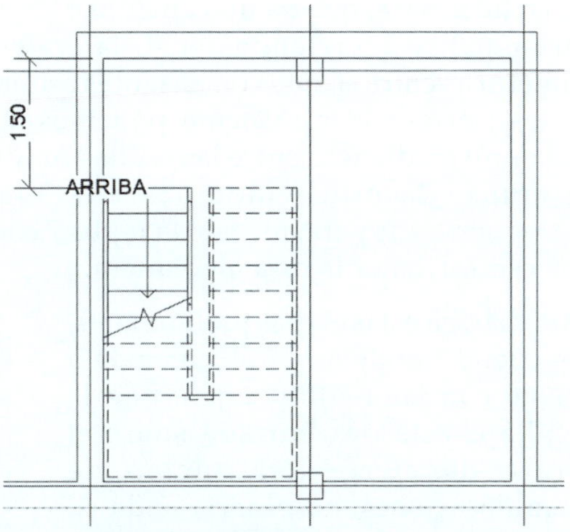

Figura 7.6. Núcleo de comunicaciones.

TRUCO:

La orden «Modificar>Recortar/Extender a esquina» es muy similar al «Empalme» o «Chaflán» que conocemos de AutoCAD; si utilizabas alguna abreviatura para invocar la orden, como quizá puedan ser «MP» o «CH», te recomiendo que las crees dentro de KS. Es posible, no obstante, que alguno de estos atajos de teclado ya esté en uso, como puede ser el caso de «MP». Si la orden actual no te suena, o no te interesa (personalmente, te puedo confirmar que «Mover a proyecto» apenas la usarás), simplemente acepta la ventana que te avisa que ya está asignada y, acto seguido, busca esa orden para eliminar el atajo de teclado.

En este momento, falta la colocación del ascensor. Tal como lo tenemos dibujado, parece una muy buena opción cerrar el espacio simétrico de la escalera para tener ya una primera previsión o encaje global.

Separación de las viviendas

Dado que la parte superior de la planta es la que recae en la calle principal, parece razonable intentar que todas las salas de estar recaigan sobre ese lado y las habitaciones sí puedan dar a la parte interior de la parcela. Creo que, para conseguir tres viviendas más o menos equivalentes, podemos hacer una vivienda central un poco más pequeña entre las rejillas 6 y 8, que da únicamente a la calle principal, y 2 viviendas en L laterales y simétricas entre sí, que son pasantes a ambos lados. Con esta idea en mente, podemos crear un muro medianero entre las rejillas A6 y C6 y aplicar la orden Modificar>Reflejar> Seleccionar eje para, usando la rejilla 7 como eje central, tener la otra medianera.

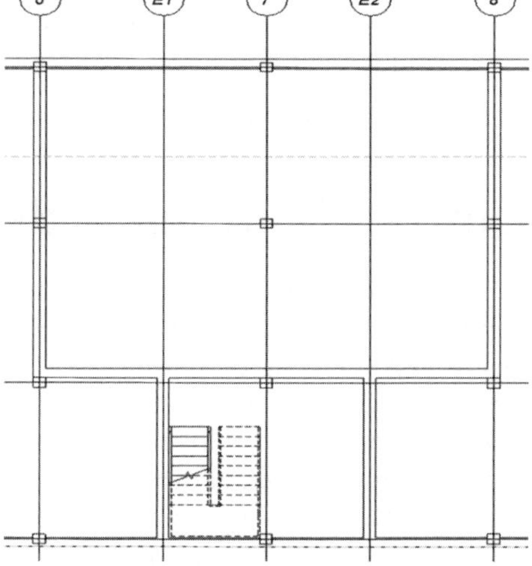

Figura 7.7. Separación viviendas.

Además, en estas etapas preliminares, es cuando podemos trabajar más a gusto con las rejillas. Fíjate que la rejilla C está descentrada sobre el muro de cierre del núcleo de comunicaciones; no pasaría nada si, usando la orden Alinear, llevamos hasta el eje del muro el eje de las rejillas. Por suerte, todos nuestros pilares y todas las zapatas se desplazarán con la rejilla, así que estaremos haciendo modificaciones rápidas sabiendo que no hay que retrabajar en el resto de proyecto.

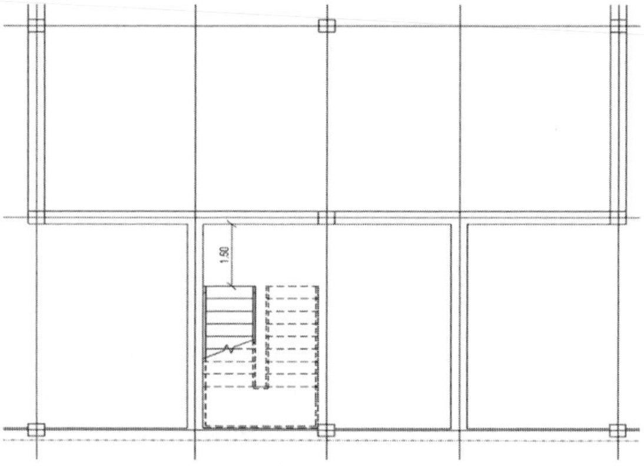

Figura 7.8. Rejilla alineada.

TRUCO:

¿Quieres saber rápidamente cuál es la superficie de cada una de estas viviendas? Puedes hacerlo no solo desde «Anotar>Región>Región rellenada»; en algunos casos como éste, utilizar el comando «Arquitectura>Habitación» te ayudará, y luego solamente tienes que deshacer.

En estos momentos, recuerda que tenemos 3 viviendas por zaguán y, por tanto, 6 viviendas por planta. Al tener 3 plantas tipo, estamos en un total de 18 viviendas.

Zaguanes de acceso en planta baja

Ahora que ya tenemos nuestro núcleo de comunicaciones verticales establecido, podemos ir a la vista de plano de planta de «Planta baja» para ver cómo queda. Obviamente, no estaremos viendo nada, pero todo cambia si utilizamos un calco subyacente de la «Planta 1». Te propongo que, cuando estés viendo tu subyacente, decidas cómo enfocar el zaguán. Yo lo voy a resolver de una forma muy sencilla, dibujando unos muros medianeros verticales en las rejillas E1 y E2.

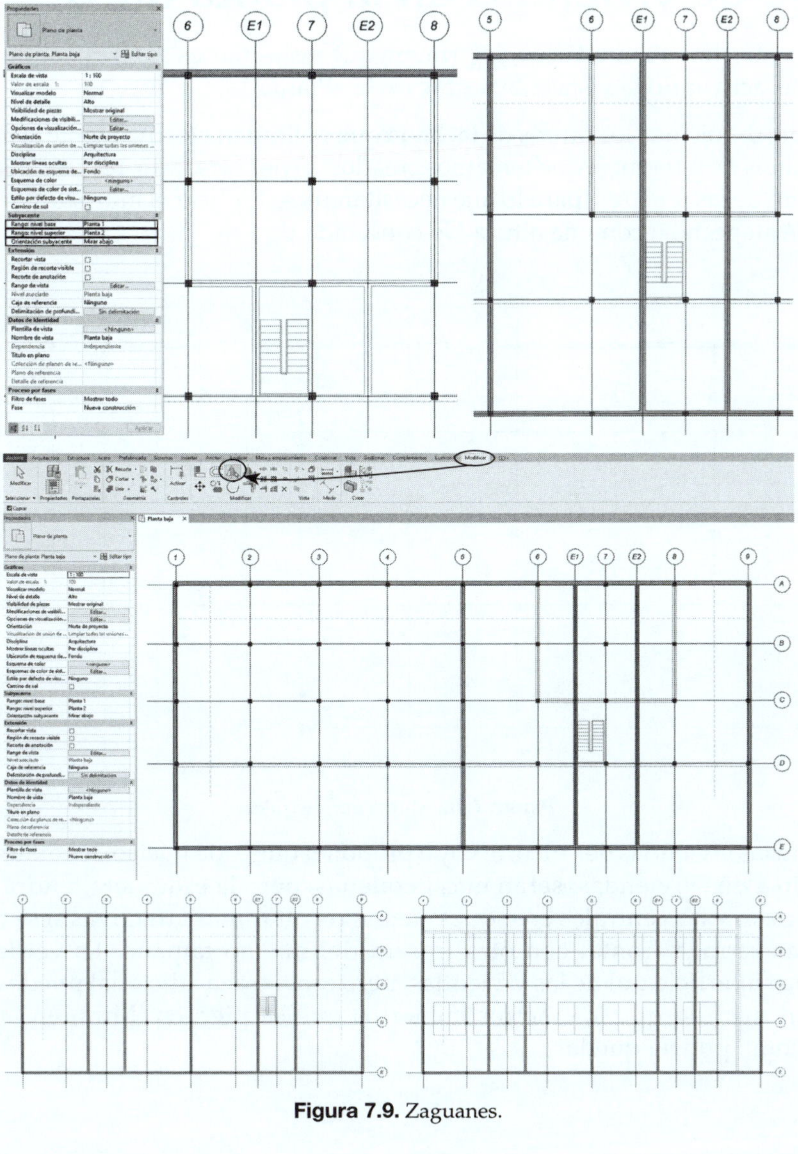

Figura 7.9. Zaguanes.

Por último, dado que la planta baja es simétrica, haz una simetría desde la rejilla 5. Esto nos dejaría repartida la planta baja en dos zaguanes de acceso, un local comercial a cada lado y un local comercial central mucho más grande. Para terminar de configurar esta planta baja, ¿recuerdas que tenemos una rampa de acceso a garaje en la parte derecha? Puedes activar el subyacente de la planta sótano y, de momento, dibujar un muro medianero sobre su proyección.

Encaje de viviendas en la planta ático

Si vamos a nuestra «Planta ático», lo primero que necesitamos es terminar de dibujar la envolvente, activando la vista subyacente de la «Planta 1».

Por un lado, dibujemos los muros de fachada que delimitan efectivamente la envolvente con los planos de referencia que teníamos creados. Y, por otro lado, resulta fácil localizar el perímetro de las terrazas, para lo que necesitaremos duplicar el muro de parcela como «Básico - Antepecho», con una altura No conectada de 1 m.

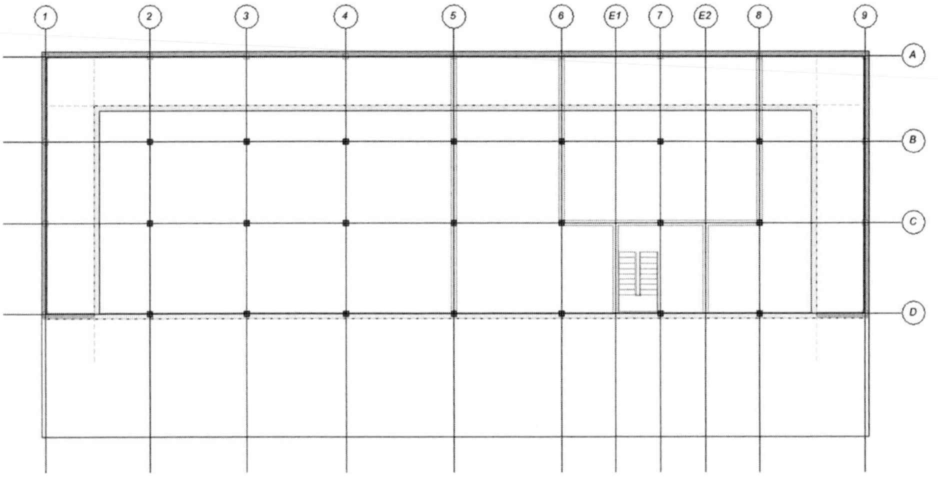

Figura 7.10. Muros perimetrales.

En cuanto a las viviendas del ático, te voy a proponer que cada núcleo de comunicaciones dé servicio a dos viviendas: serán más pequeñas, pero la esquinera tendrá una muy buena terraza, y las centrales creo que pueden resultar más atractivas si se compensa la pequeña terraza frontal con otra trasera del mismo tamaño. Es verdad que se reducirá la superficie útil de las viviendas, pero esa terraza adicional puede conferirle más valor añadido que los metros cubiertos que se pierden. Mira, en la próxima imagen, cómo podría quedar.

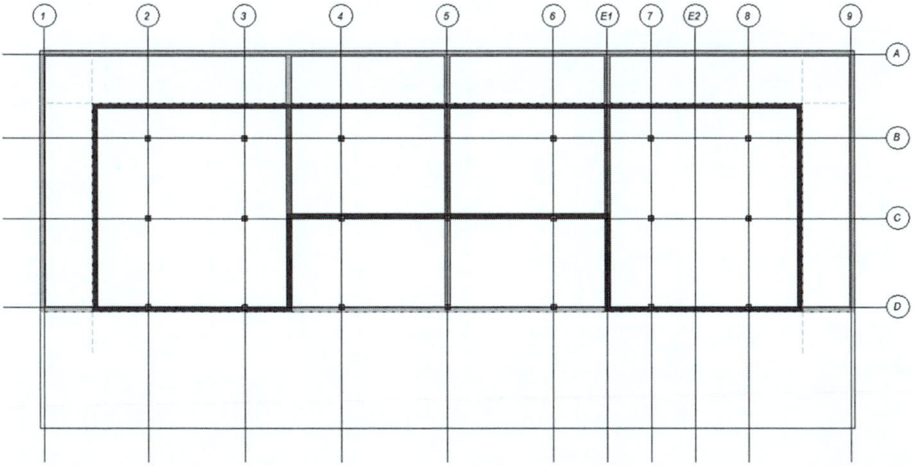

Figura 7.11. Medianeras planta ático.

TRUCO:

Es posible que en alguna planta muy elevada no se vean los planos de referencia que, por otro lado, sí aparecen en la planta baja o la 1. Si esto te ocurre, no es más que una consecuencia de que la línea del plano es demasiado corta: ve a un alzado o sección que corte ese plano, y si el borde de la línea del plano no ha rebasado un nivel, no se verá nunca en las plantas asociadas a ese nivel; estíralo y ya podrás verlos.

Sumando 4 áticos a las viviendas del resto del edificio, estamos en 22 viviendas y 3 locales comerciales.

Ajuste y recálculo de plazas de aparcamiento

Según las condiciones de normativa, necesitamos una plaza de aparcamiento por vivienda y una por cada local de más de 200 m^2. Unas habitaciones rápidas en la planta baja nos confirmarán que solo el local comercial central supera esa medida, con lo que necesitamos plantear, al menos, 23 plazas de aparcamiento.

En la vista de planta sótano necesitamos, cuando antes, proyectar nuestros núcleos de comunicaciones, para saber cómo se comportan en relación con las plazas de aparcamiento. Con el calco subyacente desde la planta 1 veremos cómo se invalidan algunas de las plazas; pero parece insalvable mantener la posición de la escalera.

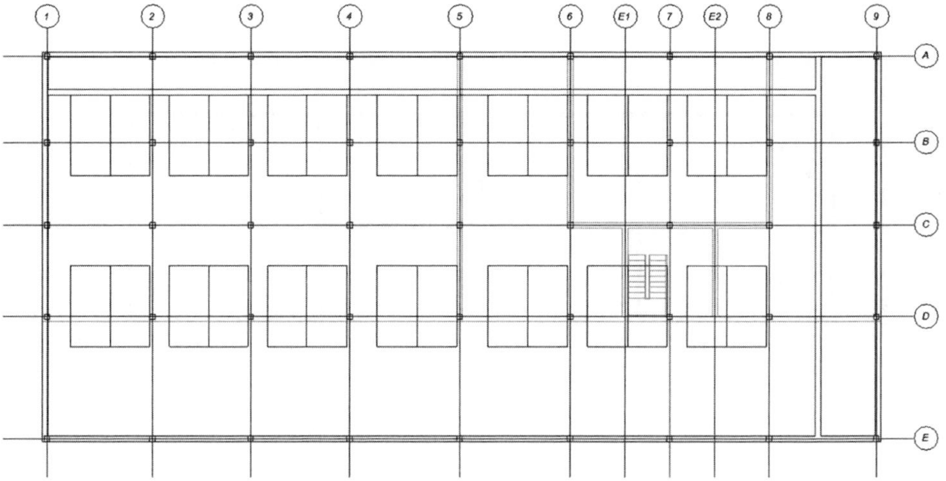

Figura 7.12. Plazas de aparcamiento afectadas por la escalera.

Por suerte, solamente necesitamos una escalera de evacuación ascendente del sótano, que plantearemos independiente de los ascensores. Mi propuesta será mantener el núcleo en sótano que combina dos plazas y así dar respuesta al probablemente necesario vestíbulo de independencia para separar sectores de incendios. Esto seguro que necesita tener un ascensor con dos embarques, pero es una solución factible. Con esta nueva disposición, veremos que se pierden 4 plazas de las 28 que teníamos dibujadas (30 menos las dos que ya habíamos borrado para poder permitir el paso de vehículos), quedándonos con 24. Más adelante estudiaremos cómo resolver la escalera de evacuación ascendente, sabiendo que aún podemos sacrificar una plaza más.

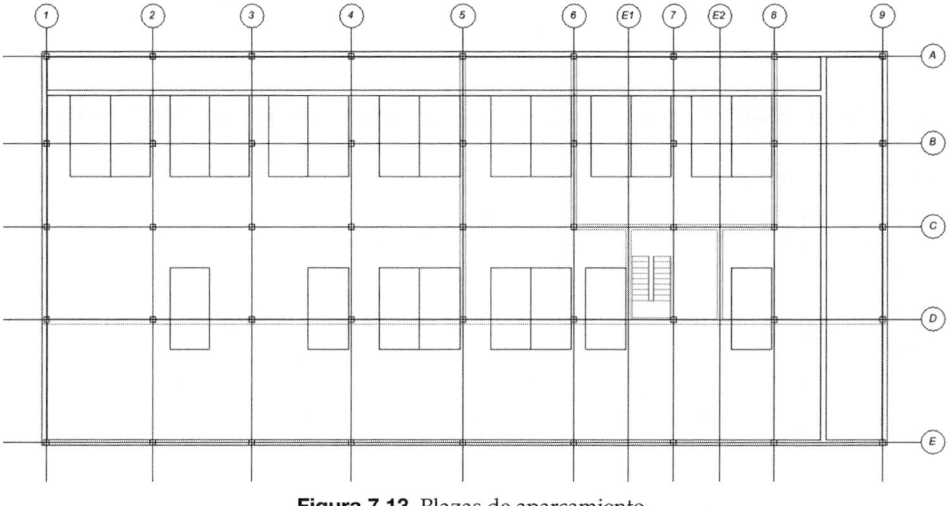

Figura 7.13. Plazas de aparcamiento.

Parte 2

Encaje y modelado básico del proyecto

8

Estudio inicial de las viviendas tipo

En este capítulo aprenderás a:

- Crear patrones y estilos de línea.
- Crear grupos de detalle.
- Encajar viviendas de forma básica.
- Utilizar los forzados de cursor.

Dimensiones mínimas

A la hora de encajar las viviendas tipo, siempre es recomendable tener cerca un documento que hable de las dimensiones mínimas de las piezas habitables. Es posible que en tu región no tengas una normativa que lo especifique; pero podrás sin duda recurrir a otros referentes, aunque sean antiguos, como *El arte de proyectar en arquitectura* de Ernst Neufert.

RECINTOS	NORMATIVA
FIGURAS LIBRES DE OBSTÁCULOS	
SALÓN	Ø1,20m
COMEDOR	Ø1,20m
COCINA	Ø1,20m
BAÑO	Ø1,20m
FIGURAS MÍNIMAS INSCRIBIBLES	
SALÓN	3x2,50m
COMEDOR	Ø2,50m
HABITACIÓN PRINCIPAL	2,60x2,60m
HABITACIÓN DOBLE	2x2,60m
HABITACIÓN INDIVIDUAL	1,80x1,80m
	FIGURAS Y DIMENSIONES MÍNIMAS INSCRIBIBLES

Figura 8.1. Cuadro resumen dimensiones mínimas, Comunidad Valenciana.

Para este proyecto voy a utilizar una serie de referencias de dimensiones mínimas que, si bien se refieren a edificios residenciales en la Comunidad Valenciana, seguro que pueden serte útiles, a modo de referencia, en cualquier otra región. Son figuras que deben ser inscribibles dentro de cada estancia, sin importar el barrido de la puerta.

- **Dormitorio principal.** Rectángulo de 2,60 x 2,60 m.
- **Dormitorio doble.** Rectángulo de 2,00 x 2,60 m.
- **Comedor.** Círculo de 2,50 m.
- **Salón.** Rectángulo de 2,50 x 3,00 m.
- **Vestíbulo de acceso.** Círculo de 1,20 m.
- **Cocina.** Círculo de 1,20 m.

Personalización de líneas base

Para encajar una distribución de viviendas, hay más alternativas aparte de ir arrastrando bloques o familias de camas, sofás y mesas; al existir estas figuras mínimas podemos hacer una primera aproximación muy buena, sabiendo que cumplimos normativa y que ayuda mucho en la distribución.

¿Cómo realizar en Revit estos elementos? No sería práctico utilizar líneas sueltas, sino que es más cómodo tenerlas agrupadas. Las tres premisas que voy a utilizar, y que van a marcar el proceso general, son las siguientes:

- Prefiero emplear líneas de detalle antes que líneas de modelo. Solamente se verán en la vista que utilice, y así no estaré ensuciando el modelo 3D.
- Para evitar tener problemas con la selección de todas las líneas de un rectángulo y eliminar la posibilidad de deformar alguna de estas figuras mínimas, usaremos grupos; en este caso, grupos de detalle.

- Para diferenciar las líneas de las dimensiones mínimas del resto de los elementos, utilizaremos un estilo de línea específico, con un color y grosor concretos, y un patrón de línea realizado por nosotros.

En primer lugar, creamos un patrón de línea, desde Gestionar>Configuración adicional>Patrones de línea. Un patrón no es más que una secuencia de líneas, espacios y puntos que podemos combinar al gusto. En Revit es posible editar los patrones existentes o crearlos desde cero. En esta ocasión vamos a crearlo desde Nuevo, con el nombre «Trazo general», y estará compuesto, en la primera fila, por un trazo de 2 mm y, en la segunda fila, por un espacio de 1 mm. A partir de este momento, podré aplicar este patrón a los estilos de línea que genere.

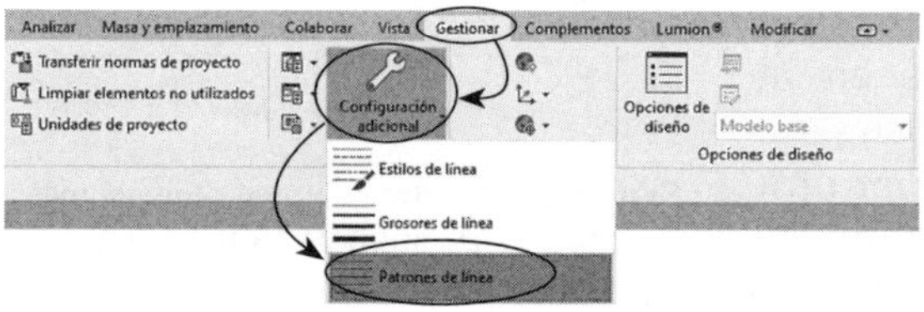

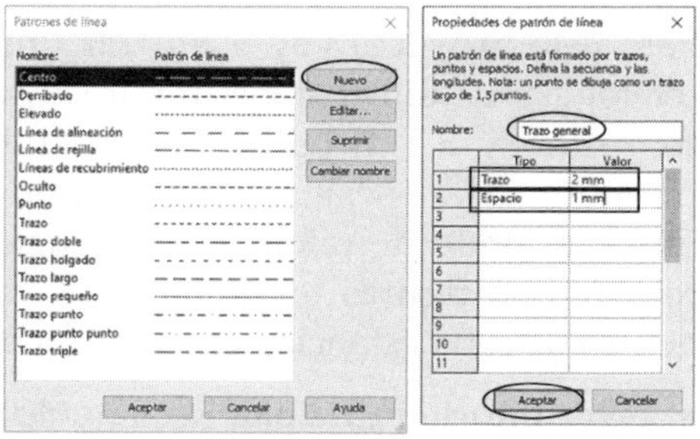

Figura 8.2. Crear un patrón de línea.

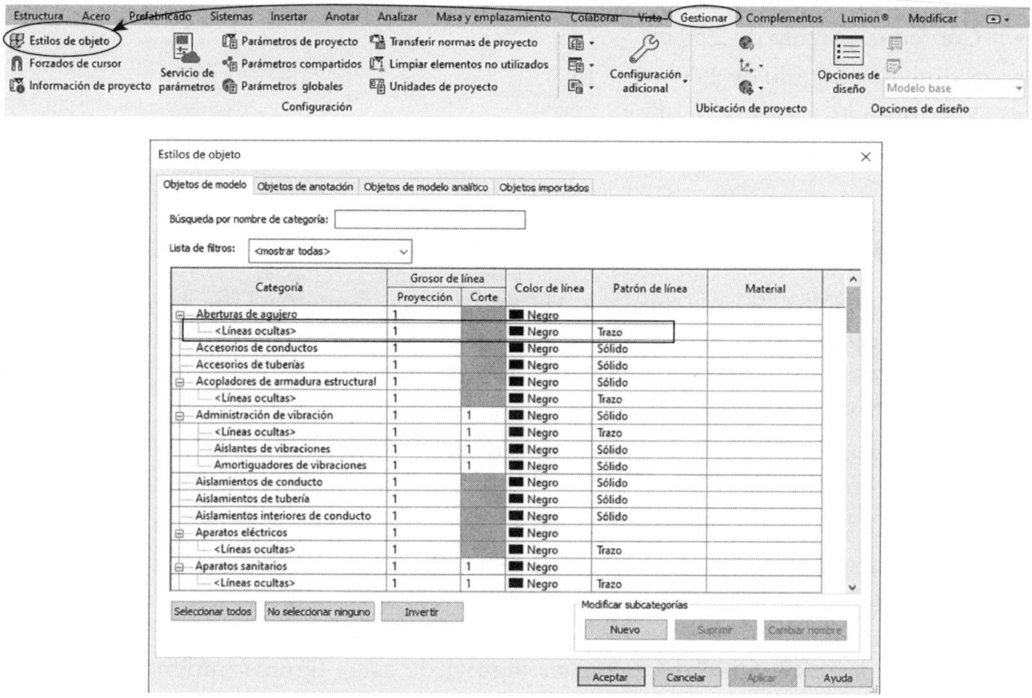

Figura 8.3. Estilos de objeto.

TRUCO:

Los patrones tienen mucha importancia en los Estilos de objeto. Si entras al comando, verás que el patrón de línea habitual para las subcategorías de «Líneas ocultas» suele ser «Trazo»; así que también es una buena práctica editar alguno existente, incluso renombrarlo, y dejarlo a nuestro gusto.

En segundo lugar, crearemos nuestro nuevo estilo de línea, desde Gestionar>Configuración adicional>Estilos de línea. Un estilo de línea es la combinación de nombre, color, grosor y patrón. Vamos a crear uno nuevo que tenga los siguientes datos:

- **Nombre.** Normativa.
- **Color.** Naranja.
- **Grosor.** 5.
- **Patrón.** Trazo general.

TRUCO:

Los estilos de línea cuyo nombre aparece entre comillas angulares («») son estilos de línea predefinidos de Revit. Se pueden editar, para así controlar los colores de la interfaz, pero no se podrán eliminar.

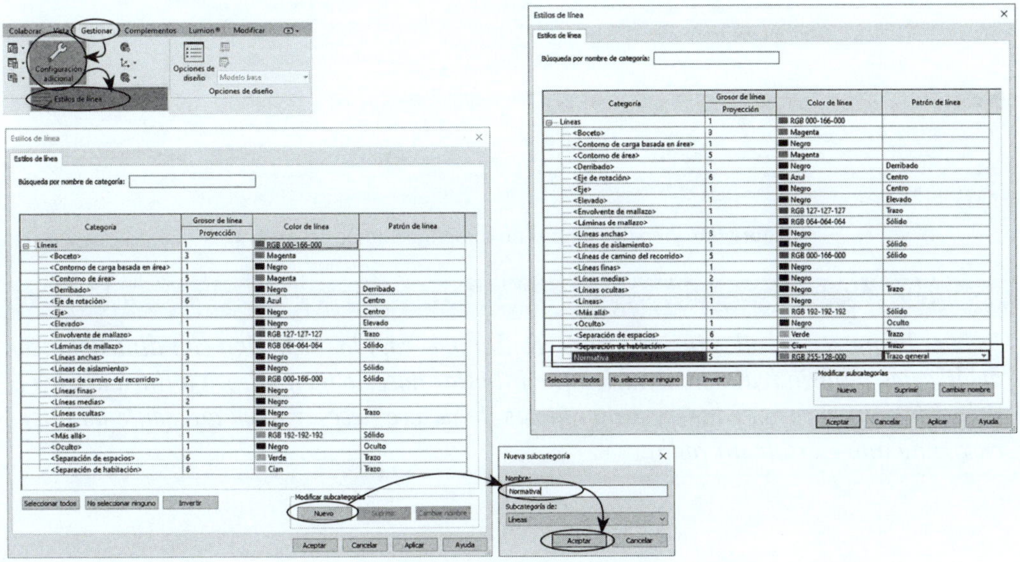

Figura 8.4. Estilos de línea.

El grosor de línea en Revit se controla desde Gestionar>Configuración adicional>Grosores de línea. De momento basta saber que, conforme aumentamos el número, aumenta el grosor. Es posible que te sea más agradable un grosor mayor o menos, así que, de momento, siéntete libre de ponerlo a tu gusto.

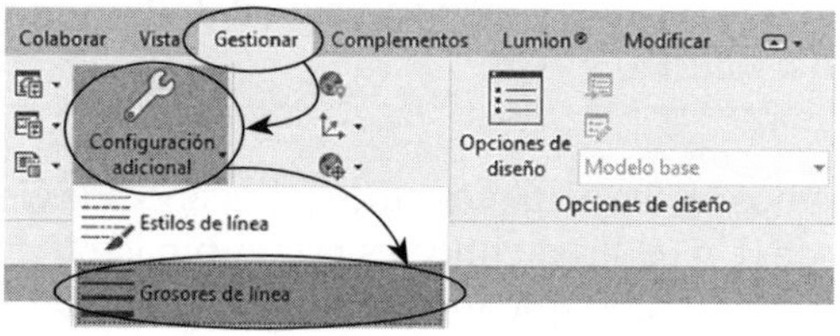

Figura 8.5. Grosores de línea.

Con todos los preparativos realizados, podemos generar nuestra primera figura normativa; por ejemplo, el rectángulo de la habitación doble de 2,00 x 2,60 m. Así que, desde Anotar>Línea de detalle, asegurándonos de seleccionar el Estilo de línea que acabamos de crear, podemos hacer un rectángulo de dimensiones arbitrarias, para luego seleccionar una línea vertical y ajustar, en la cota temporal, la medida, haciendo lo mismo con una de las líneas horizontales. Será necesario repetir esta operación con el resto de las figuras de la tabla anterior. No pasa nada si decides cambiar de estilo de línea una vez creado algún elemento; solamente debes tocar la línea y cambiar el estilo desde la Cinta de opciones.

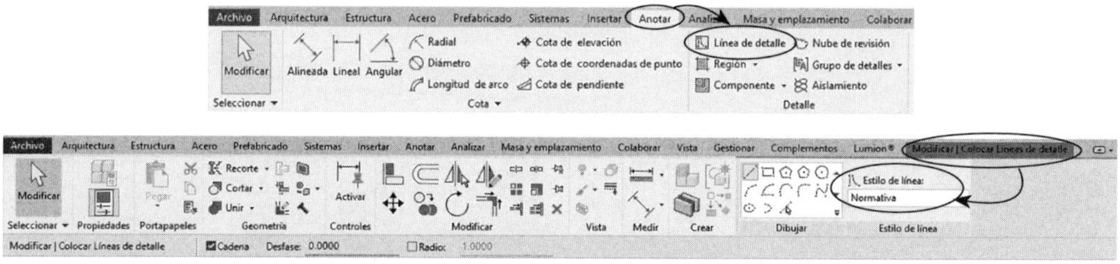

Figura 8.6. Preparar figuras de cumplimiento de normativa.

TRUCO:

Recuerda que, en Revit, muchas veces resulta más rápido crear algo con dimensiones arbitrarias y luego redimensionarlo, que intentar hacerlo bien y línea a línea desde el principio. En el caso de las circunferencias no parece necesario, ya que, en cualquier caso, hay que escribir un radio.

Creación de grupos de detalle

Para agrupar los elementos, simplemente hay que seleccionar cada figura y, desde Modificar | Líneas>Crear>Crear grupo, podremos dar un nombre a cada uno de los conjuntos. Como consejo, utiliza una codificación sencilla pero firme, para tenerlos todos localizados en el Navegador de proyectos. Por ejemplo, el prefijo «Normativa» puede hacer que estén todas juntas y resulte más fácil localizarlos, igual que hicimos antes con los diferentes nombres de los muros, que todos llevan el prefijo «Básico». Con esto en mente, los nombres que obtendremos serían «Normativa - Salón», «Normativa - Cocina» y así sucesivamente.

Cuando creamos un grupo de detalles, aparece un sistema de coordenadas local del grupo, que definirá el punto de inserción futuro. Por defecto, se coloca en el centro geométrico de los elementos seleccionados; pero puedes seleccionar el grupo y arrastrar el origen de coordenadas hasta una nueva posición que te interese; incluso rotar los ejes principales. En los círculos puede ser interesante mantenerlo centrado, pero en los que tienen que ver con habitaciones prefiero colocar el origen en el punto medio de la línea que define la cabecera, para que sea fácil tomar referencias al insertarlo después (por ejemplo, usando el punto medio de la cama de matrimonio, o el centro de una mesita de noche).

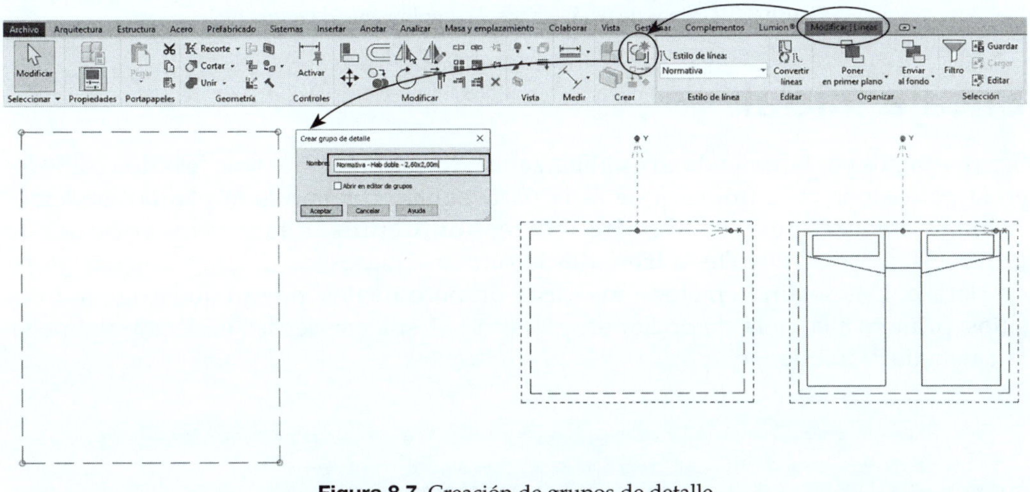

Figura 8.7. Creación de grupos de detalle.

TRUCO:

La generación de estas figuras también podría hacerse, de una manera más profesional, con familias de elementos de detalle. Sin embargo, como apenas aporta beneficio y esta forma es más rápida, hemos decidido explicarla aquí.

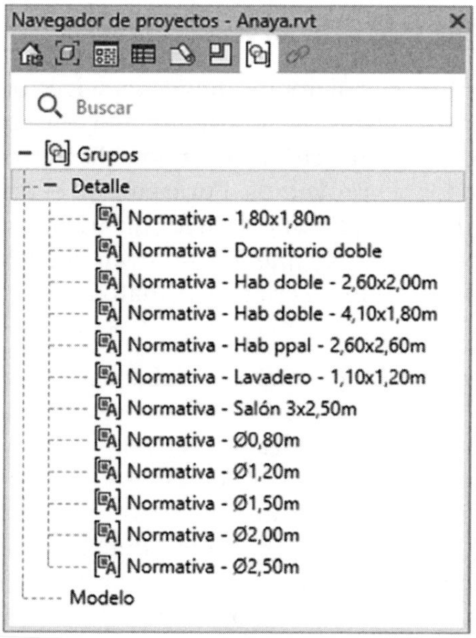

Figura 8.8. Grupos de detalle para el cumplimiento de normativa.

Encaje inicial

Si empezamos por la vivienda en esquina, sabiendo que buscamos tener el salón comedor en la parte de la calle frontal (que es la parte superior, mirando la planta), podemos colocar los grupos de detalle correspondientes desde Navegador de proyectos>Grupos>Detalle, o bien, desde Anotar>Grupos de detalle>Colocar grupo de detalle. Este segundo método me gusta un poco menos, puesto que exige ir a dos sitios: primero a la Cinta de opciones, y después desplegar desde el selector de tipo en la paleta de Propiedades.

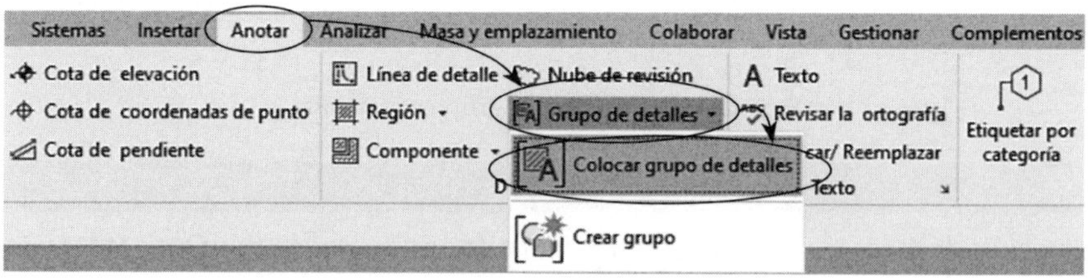

Figura 8.9. Colocar grupo de detalle desde la pestaña Anotar.

Si colocamos en la esquina superior derecha el grupo de detalles de salón, con el lado largo hacia la calle, y seguidamente ubicamos el círculo del comedor, ya tenemos unas dimensiones establecidas; esto nos permite dibujar el muro de partición que separa salón comedor y cocina. Para ello hay que, por supuesto, duplicar un tipo de muro y llamarlo «Básico - Partición» con un espesor de 10 cm.

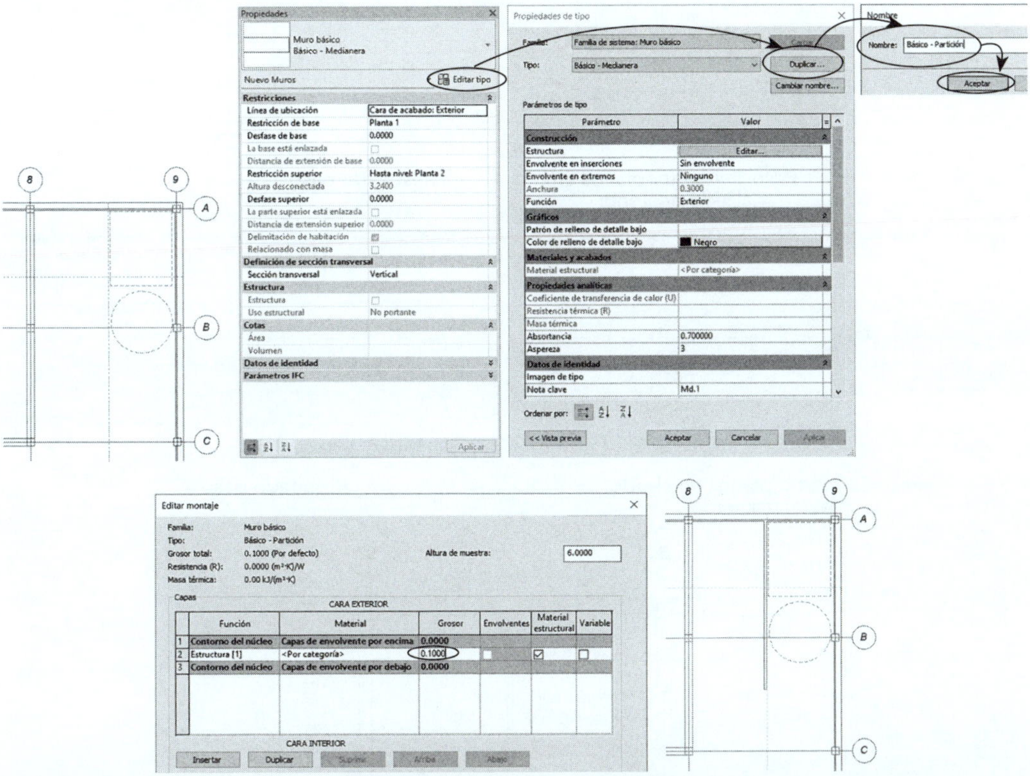

Figura 8.10. Grupos de detalle colocados.

TRUCO:

Si los planos de referencia del retranqueo del ático nos molestan, tenemos la opción de ir a una vista de alzado o sección y estirarlos en vertical para que empiecen directamente en la planta ático; también es posible desactivar la categoría de planos de referencia desde VV.

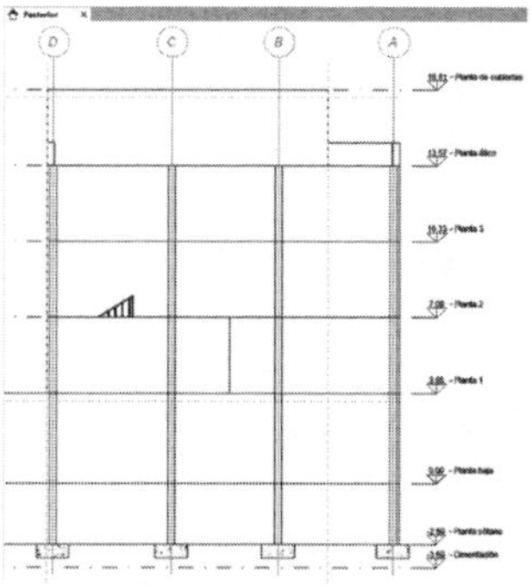

Paso 1: Acortar planos en alzado posterior

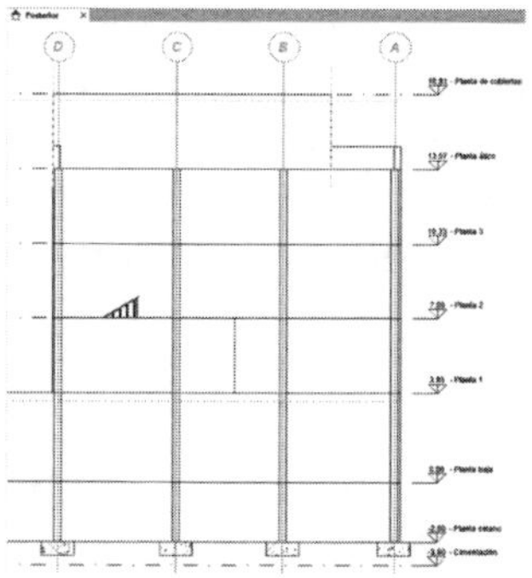

Resultado paso 1

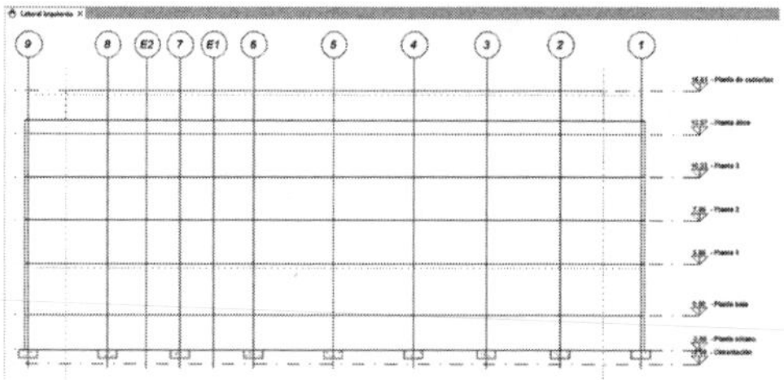

Paso 2: Acortar planos en alzado lateral izquierdo

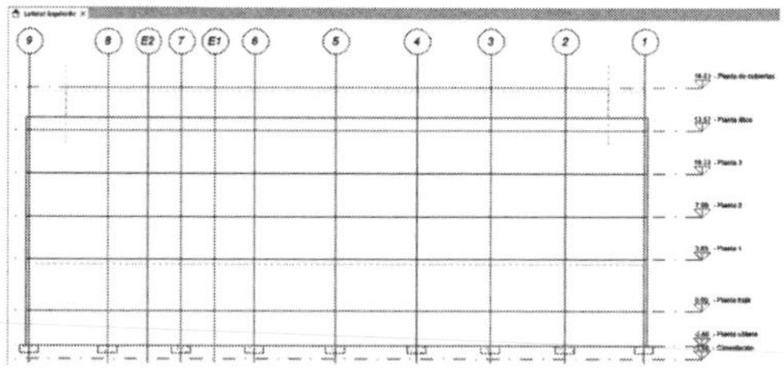

Resultado paso 2

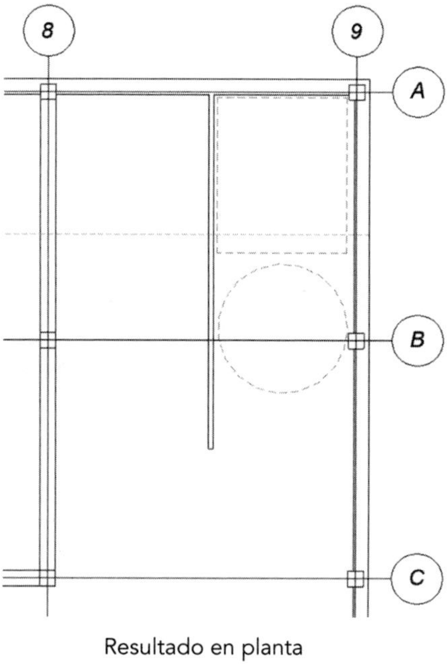

Resultado en planta

Figura 8.11. Planos de referencia de retranqueo del ático.

Tras el encaje del muro de cocina, debemos tener dos elementos principales: el grupo de detalle de cocina, que es un círculo de 1,20 m de diámetro, y una familia de encimera recta. El círculo se puede colocar rápidamente siguiendo el mismo proceso que antes; y la familia de encimera la cargaremos desde Insertar>Cargar familia de Autodesk>Muebles de obra>Encimeras, eligiendo cualquiera al gusto. Las diferencias entre las distintas encimeras que puedes encontrar en esa carpeta son muy básicas:

- Rectas o en L.
- Con o sin hueco.
- Hueco con o sin fregadero.
- Longitud de tipo o de ejemplar.

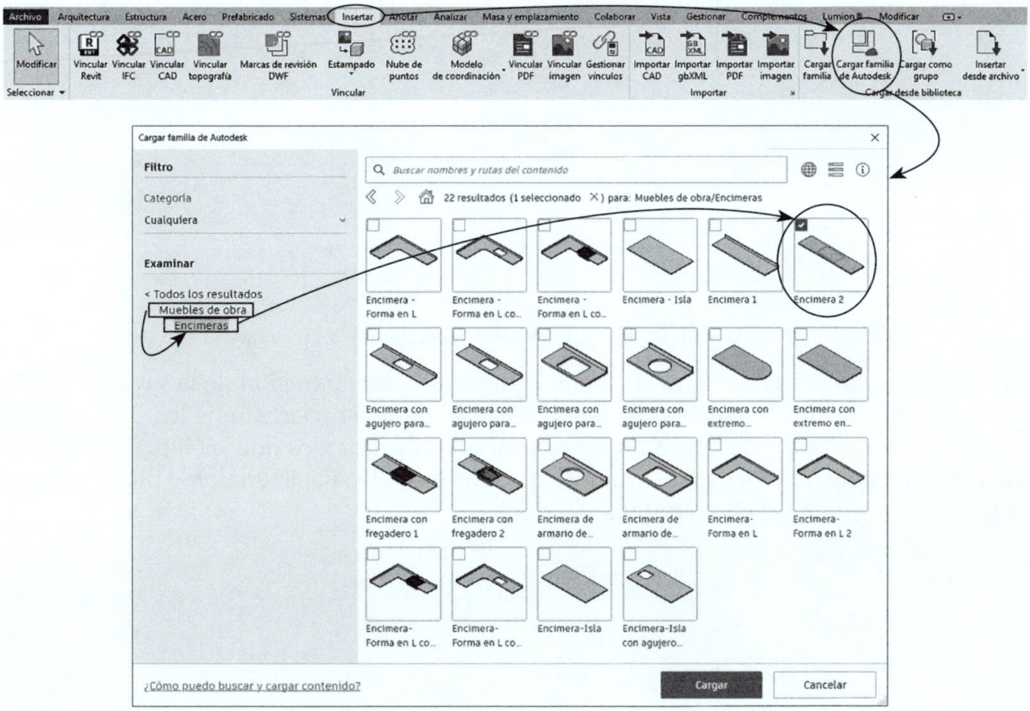

Figura 8.12. Planos de referencia de retranqueo del ático.

Con estos elementos insertados, podemos ver que esta vivienda tiene espacio suficiente para no utilizar las medidas mínimas; así que propongo que el salón comedor tenga una anchura de 3,60 m y el resto, 2 m, lo dejamos para la cocina, utilizando esa medida como base para el resto de las viviendas de la promoción.

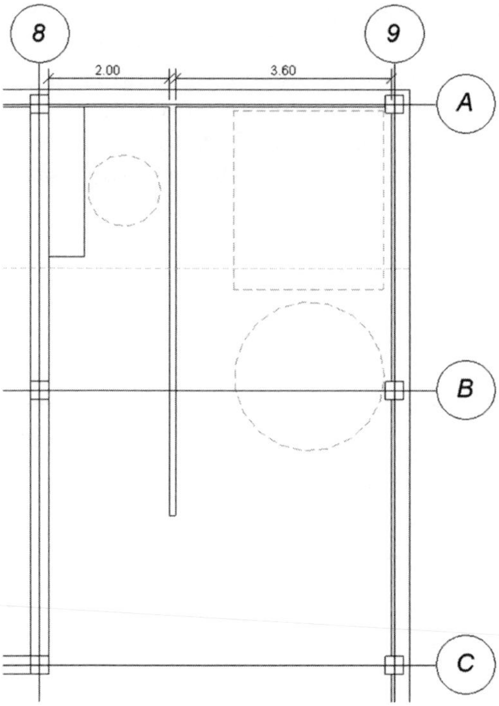

Figura 8.13. Encaje cocina y salón comedor de la vivienda.

En la parte de la vivienda central vamos a plantear una separación de la vivienda justo por la rejilla central, la número 7; de ahí hacia la derecha reservamos los 2 m. para la cocina y el resto para el salón comedor, mientras comprobamos que las figuras mínimas caben perfectamente. Hacia la izquierda dividiremos el espacio en dos y plantearemos la habitación principal y una habitación doble.

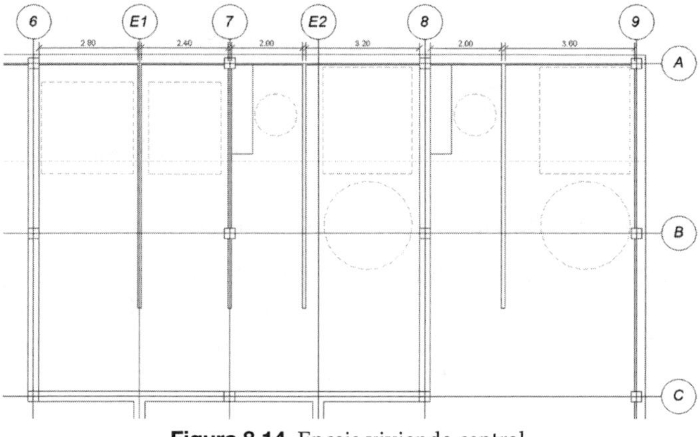

Figura 8.14. Encaje vivienda central.

TRUCO:

Una de las referencias a objeto más interesantes de Revit es el forzado de cursor al punto medio entre dos puntos. El muro que separa ambas habitaciones es un muy buen ejemplo para aprender a utilizarla. Selecciona el muro de la cocina y, con «CS», vamos a crear uno nuevo. Después de comprobar la altura deseada del muro (hasta Planta 2) y la línea de ubicación (en este caso, recomiendo dibujarlo a «Eje de muro»), podemos «pulsar botón derecho>Modificaciones de forzar cursor>Forzar medio entre 2 puntos, y seleccionar las dos esquinas de la vivienda; Revit empezará a dibujar un muro justo en el medio entre las dos referencias». La herramienta mostrada en la figura 8.14 es muy sencilla pero muy potente; te aconsejo que revises su uso y que practiques el resto de las opciones posibles, para que veas el potencial que tiene indicarle a Revit que, en la próxima referencia, solamente tenga en cuenta un tipo de forzados.

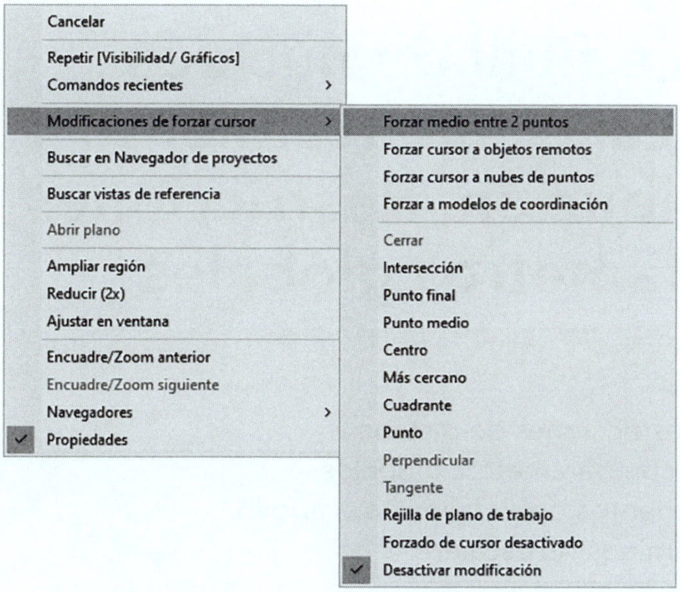

Figura 8.15. Forzar medio entre 2 puntos.

9

Encaje final de núcleos verticales, aparcamiento y distribución. Restricciones y parámetros globales

En este capítulo aprenderás a:

- Utilizar restricciones de distancia.
- Trabajar con parámetros globales.
- Usar elementos de detalle como apoyo.
- Editar caminos de escalera.

Creación de la caja de ascensor y copia entre niveles

Nuestro núcleo de comunicaciones no estaría completo sin la reserva de espacio para el ascensor; un muro de partición será suficiente de momento en las plantas ático, planta 1, planta baja y planta sótano. También es necesario cargar una familia de ascensores desde Insertar>Cargar familia de Autodesk>Equipos especializados>Elevadores y ascensores>Ascensor residencial, 2 embarques.

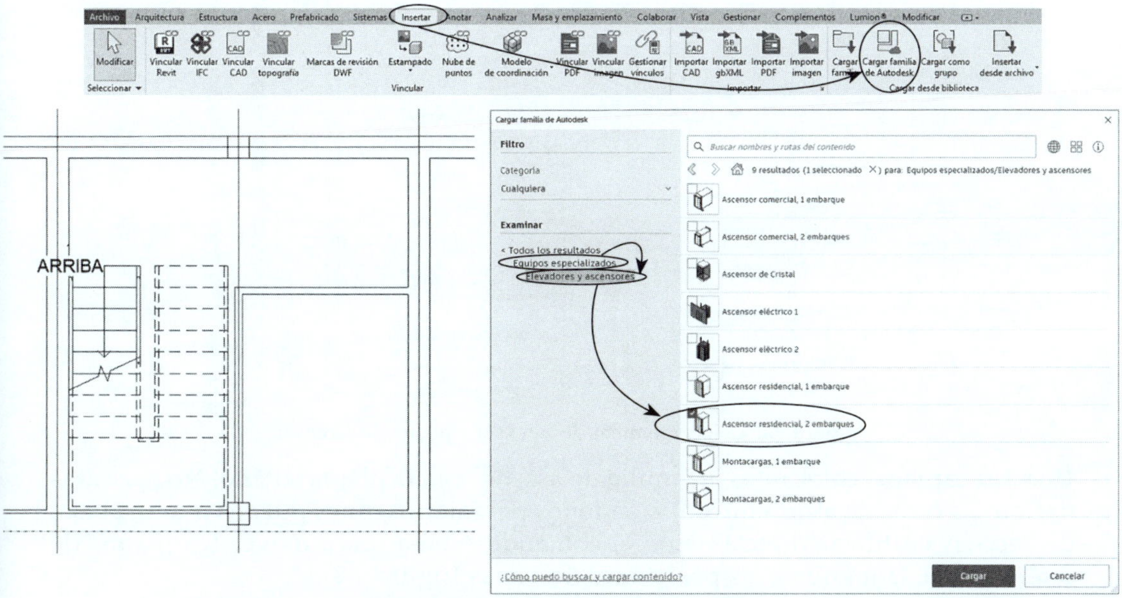

Figura 9.1. Cargar familia de ascensor.

Los ascensores que podemos descargar desde Autodesk tienen una serie de peculiaridades que conviene conocer:

- Se cargan al mismo tiempo la familia de ascensor y la familia de puerta de ascensor.
- Conviene insertar la familia de ascensor en la planta más baja (en nuestro caso será el sótano) y, después, en cada planta, se inserta la puerta donde corresponda.
- El parámetro «Elevación desde el nivel» no establece a qué cota empieza el ascensor, sino a qué profundidad está el foso, en su caso.
- «Altura de última parada» es el parámetro que indica hasta qué altura da servicio el ascensor.
- «Holgura superior» mide, desde la última parada, la cota a la que colocaremos la polea.

- Para que el ascensor aparezca representado en una vista en planta, la altura final del ascensor debe ser mayor a la cota de corte de la planta.
- Si lo deseamos, podemos cambiar la cota a la que está representado el ascensor en una vista de sección.
- La familia de ascensor responde correctamente a los diferentes niveles de detalle.

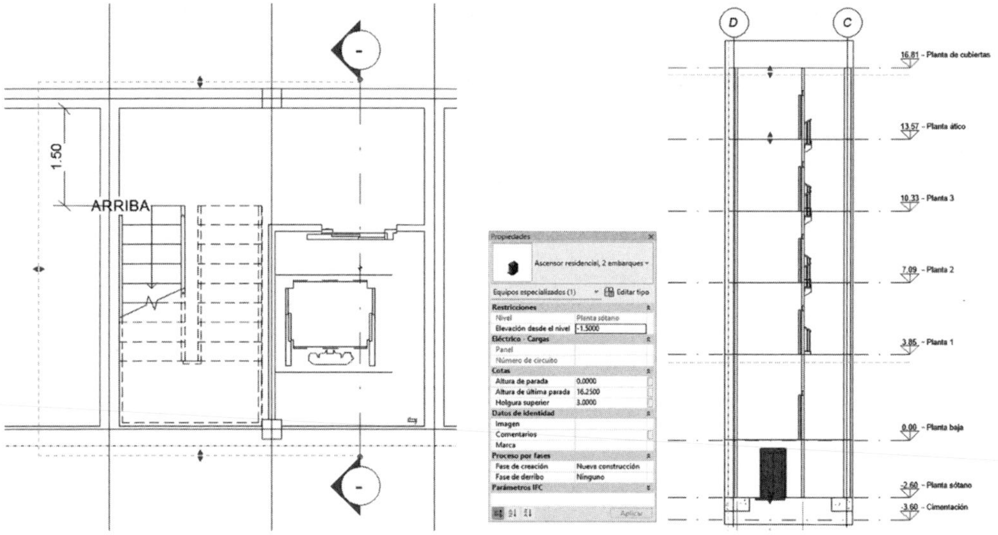

Figura 9.2. Colocar familias de ascensor y puerta de ascensor.

Una vez cargada, colocamos la familia de ascensor en la planta sótano. No necesitas definir las cotas de altura introduciendo los parámetros, pues puedes ir a una vista de sección y utilizar directamente el comando Alinear para mover los planos de referencia de la familia a las posiciones deseadas (figura 9.3).

En este momento, estamos preparados para hacer dos operaciones, muy sencillas pero importantes: por un lado, hacer una simetría de los núcleos de comunicación que tenemos ya hechos, para que nuestro edificio tenga toda la información y, por otro, copiar entre niveles. Piensa que la copia entre niveles solo tiene sentido entre plantas con la misma altura; si no, obtendremos un resultado incorrecto. Por tanto, desde la Planta 1 podemos seleccionar el conjunto del núcleo de comunicaciones (la escalera, las medianeras con las viviendas laterales, el ascensor y su puerta, así como las particiones relacionadas) y copiar al portapapeles, bien con Ctrl+C o bien desde Modificar | Selección múltiple>Portapapeles>Copiar a portapapeles.

Sin embargo, es más que posible que, si intentas desplegar la orden Pegar, no esté disponible la opción de Pegar alineado con niveles seleccionados. Si alguna vez te ocurre esto, recuerda que habrás seleccionado algo que no se puede copiar directamente. En este caso, es más que probable que haya sido el camino de escalera. Así que sigue estos pasos para conseguir desbloquear el pegado:

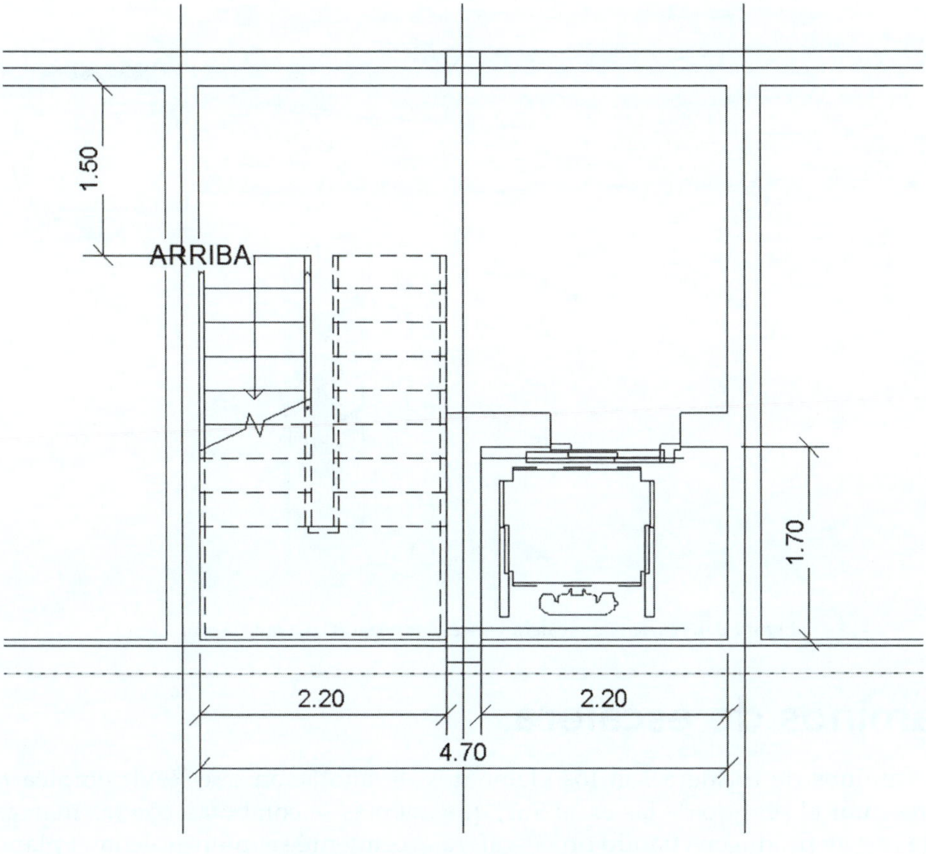

Figura 9.3. Núcleo de escalera y ascensor.

- Con tu selección múltiple hecha, acude a la orden Filtro>Cinta de opciones.
- Desmarca la categoría «Caminos de escalera».
- No intentes seleccionar Pegar alineado con niveles seleccionados todavía, pues no funcionará.
- Vuelve a pulsar Copiar al portapapeles, ahora que ya no tienes seleccionado el camino de escalera.
- En este momento, ya puedes Pegar alineado con los niveles seleccionados. En nuestro caso, serán las Plantas 2 y 3.

TRUCO:

Revisa, desde una vista 3D o una sección, el resultado de las operaciones de copiar entre niveles, ya que a veces pueden darnos alguna sorpresa o comportamiento inesperado.

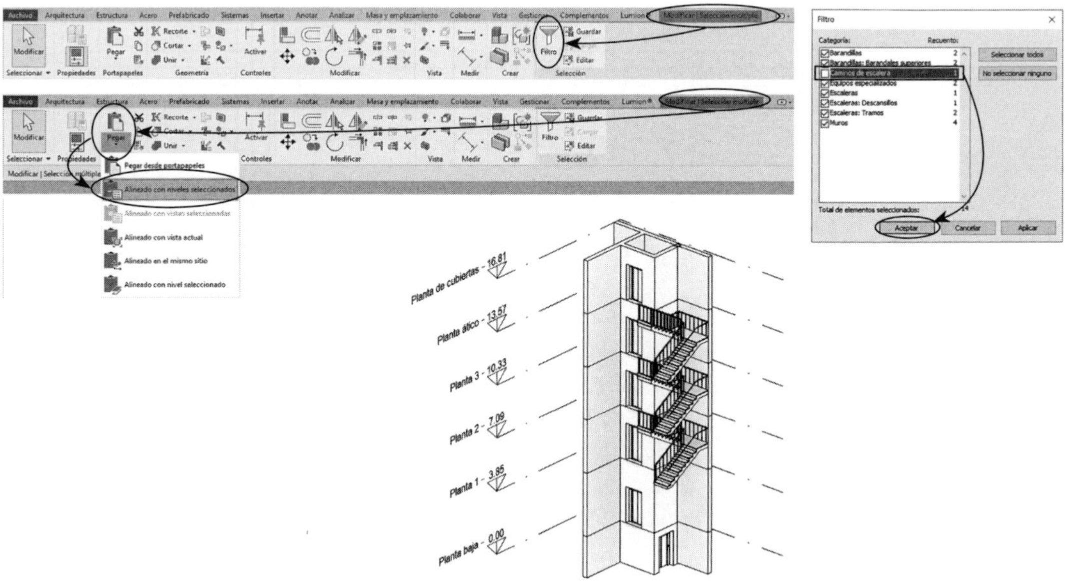

Figura 9.4. Núcleo de escalera y ascensor pegado, alineado con niveles.

Caminos de escalera

Los caminos de escalera son los elementos de anotación que Revit emplea para representar el sentido de las escaleras, que además se combinan con las marcas de corte que se producen cuando una escalera ascendente se interseca con el plano de corte de la vista de planta; sin embargo, la configuración predefinida no está adaptada al criterio que yo utilizaría, así que te propongo invertir unos minutos en configurar perfectamente ambos elementos.

El primer paso, desde cualquier vista de planta, es cambiar la marca de corte, que viene inicialmente representada con un zigzag. Seleccionamos una escalera, desde Editar tipo, buscamos el apartado Tipo de marca de corte y, pulsando sobre el que hay seleccionado, aparecerán los puntos suspensivos que darán paso a, esta vez sí, la ventana de configuración de las marcas de corte de escalera. La configuración que voy a modificar es la siguiente:

1. Duplicar la marca de corte y renombrar la nueva como «Sencilla».
2. Establecer el Símbolo de marca de corte como Ninguno.
3. Reducir el ángulo de la línea de corte a 10 o 15°.
4. Desmarcar la opción Dibujar para cada tramo.
5. La distancia hasta la marca de corte se queda en 0.

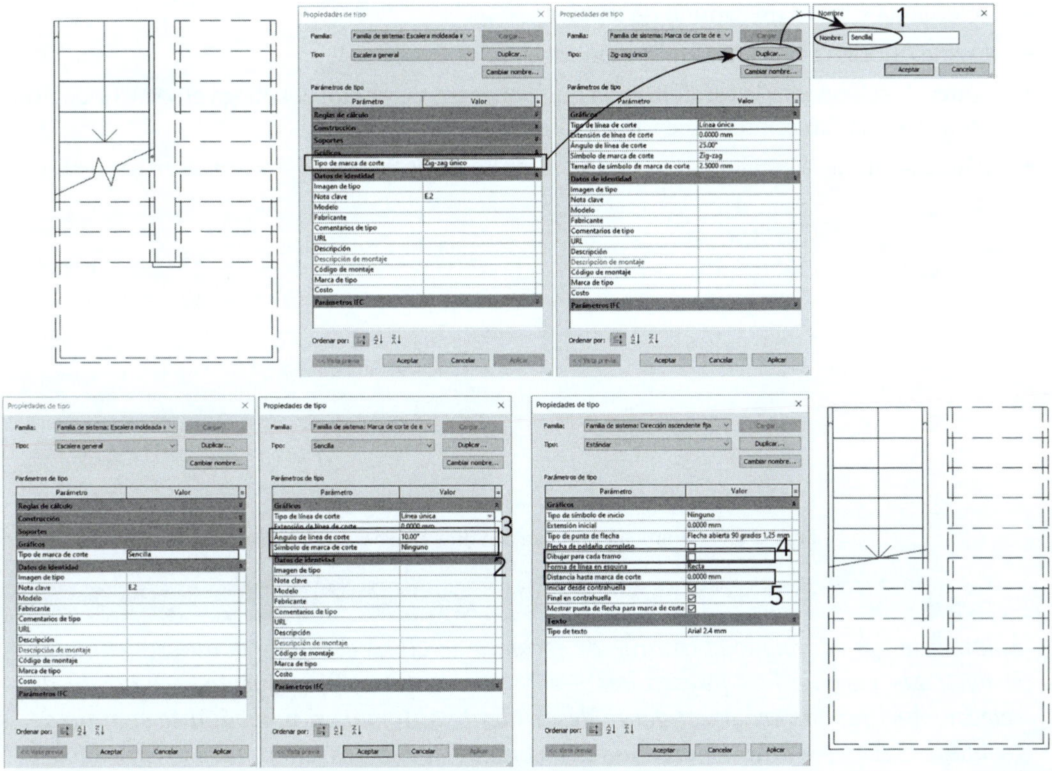

Figura 9.5. Camino de escalera editado.

El segundo paso será personalizar la línea del camino de escalera. Para ello, desde una vista en planta, seleccionamos la flecha del camino de escalera. Veremos que el nombre de familia de este camino es «Dirección ascendente/descendente automática». Esta convención, usada en Estados Unidos, no es la que usamos en muchos otros países, donde la representación de la flecha siempre indica el sentido de subida.

TRUCO:

La dirección automática de los caminos de escalera es muy interesante: la flecha nace, siempre, desde el punto en el que se accede a una escalera desde la planta que se esté representando. Y no solo eso, sino que siempre lleva un pequeño texto asociado que indica si, tomando esa escalera, vas hacia arriba o hacia abajo.

Cambiar la familia de camino de escalera en esta vista, o en esta escalera, no servirá de gran cosa, puesto que la próxima escalera que se cree, vendrá por defecto con la dirección ascendente / descendente automática, ya que Revit la tiene así definida por defecto. Sin embargo, tenemos una forma muy sencilla de modificar ese comportamiento:

- Selecciona y borra un camino de escalera.
- Desde Anotar>Símbolo>Camino de escalera, activa la orden.
- Antes de seleccionar la escalera en la que poner este símbolo, despliega el selector de tipo para elegir la dirección «Ascendente fija».
- Ahora sí, anota la escalera; Revit ya ha reconfigurado nuestra preferencia en ese archivo.

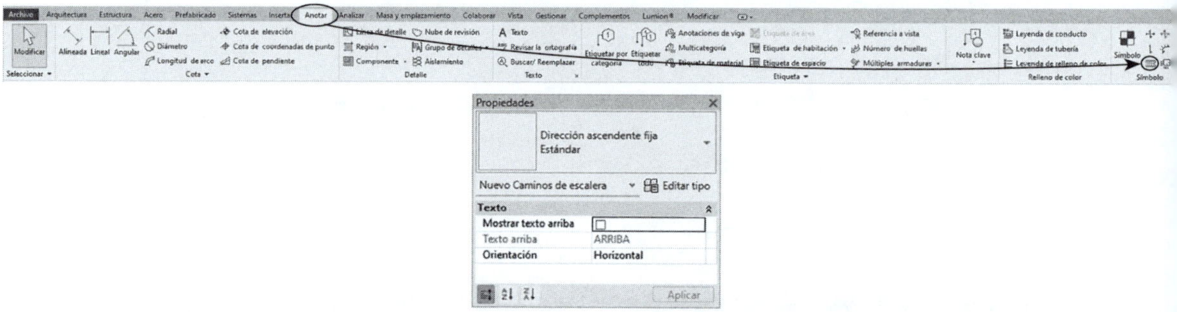

Figura 9.6. Camino de escalera con dirección ascendente fija.

TRUCO:

Solamente has cambiado el camino de escalera de UNA escalera; si quieres cambiar el de todas las que has puesto hasta este momento en el proyecto, asegúrate de seleccionar una que sea ascendente/descendente automática y, mediante el atajo de teclado «SA» (o «botón derecho>Seleccionar todos los ejemplares>En todo el proyecto»), cambia todas de una sola vez.

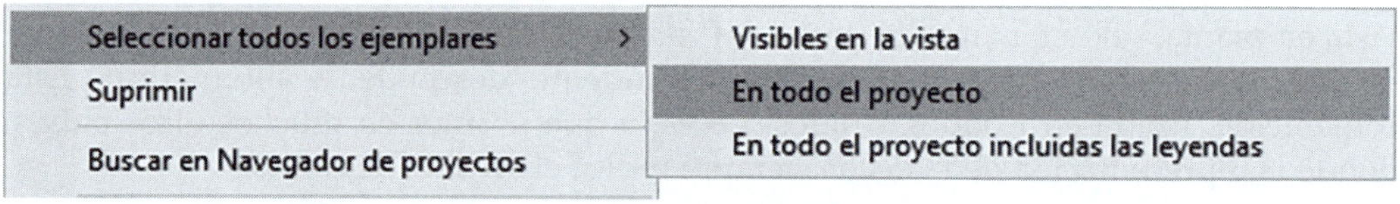

Figura 9.7. Seleccionar todos los ejemplares en todo el proyecto.

Escalera de planta baja

La planta baja de este proyecto tiene una altura diferente a la del resto de plantas tipo; por tanto, si queremos copiar los muros del ascensor desde otra plana y utilizamos la orden de Copiar y después Pegar>Alineado con la vista actual, o Pegar>Alineado con los niveles seleccionados, no funcionará correctamente; los muros se quedarán por debajo del nivel. Debes tener esto en cuenta para valorar cuál es el camino que quieres seguir:

- Activar, desde planta baja, el subyacente de la planta 1 y, con esa referencia, dibujar manualmente los muros que necesites.

- Utilizar la orden de copiar y pegar, pero sabiendo que después deberás seleccionar esos muros y cambiar, manualmente, la altura de desfase superior.

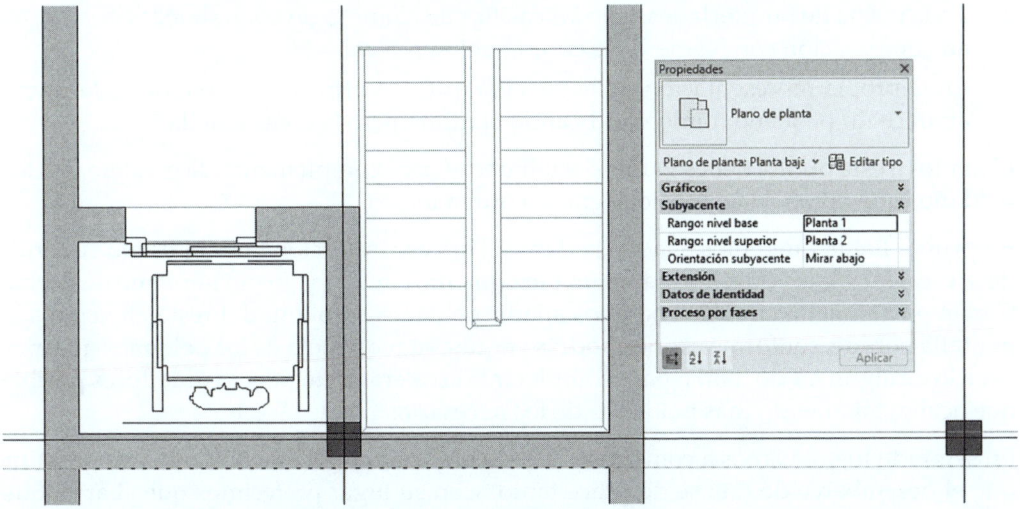

Figura 9.8. Subyacente activada en Planta baja.

La escalera de planta baja tiene que salvar 3,85 m, que es más que el resto de plantas, por eso el número de peldaños variará. No obstante, Revit calcula automáticamente el número mínimo de peldaños que cumplen la normativa que introdujimos en su momento. Te propongo que la dibujes desde Tramo: Derecha para poder apoyarla en los muros perimetrales, usando como base la escalera de planta 1 que verás como subyacente. El problema que tendrás es que, al terminar de calcar la escalera de planta 1, te siguen faltando varios peldaños; Revit lo indica de varias maneras:

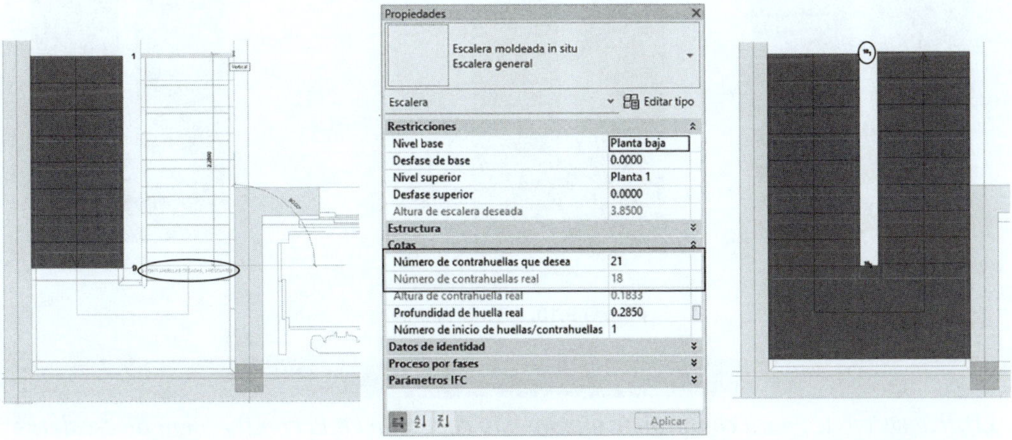

Forma 1 Forma 2 Forma 3

Figura 9.9. Formas de indicar que faltan peldaños.

1. En un texto que aparece en la propia planta cuando empiezas a dibujar un tramo, indicando que llevas, por ejemplo, 18 peldaños de 21.
2. En la paleta de Propiedades, bajo las casillas de Número de contrahuellas que desea en comparación con Número de contrahuellas reales.
3. En la propia representación de la escalera, pues al principio y final de cada tramo aparece un pequeño número indicando el número de la contrahuella.

Llegados a este punto, tienes varias posibilidades para complementar la escalera con los peldaños que faltan. Hagámoslo según un orden lógico.

En primer lugar, queremos añadir peldaños. Para eso, seleccionamos el tramo superior de la escalera y, en el extremo, habrá un pinzamiento circular y un pinzamiento de flecha. Con el pinzamiento circular podemos añadir peldaños a voluntad. Presta atención a la pantalla porque, conforme estiras, podrás ver una suave silueta de los peldaños que, por decirlo de algún modo, faltan para completar la escalera. Si no tienes cuidado, es posible que acabes añadiendo más peldaños de los necesarios.

En segundo lugar, vamos a compensar la escalera. Es posible que no podamos permitir que el desembarco de esta se desplace tanto, y en su lugar preferimos que el arranque de la escalera en planta baja ocurra antes. Simplemente, sería una escalera con dos tramos de diferente longitud. Ahí es donde entra en juego el pinzamiento con forma de flecha; cada peldaño que añadas o elimines del tramo final, se compensa con un peldaño menos o uno más, respectivamente, en el primer tramo.

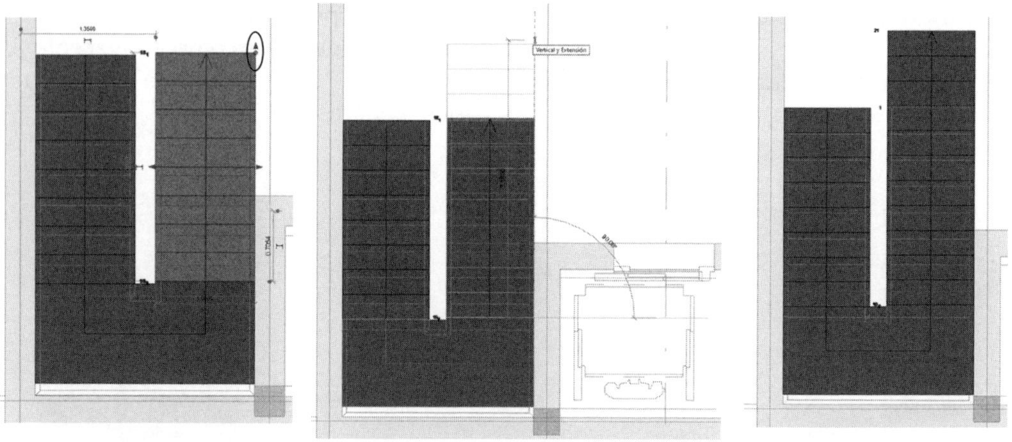

Figura 9.10. Añadir peldaños.

TRUCO:

Utiliza secciones para comprobar que no hay cabezada en la composición de escaleras que estás creando.

Planta de sótano: radios de giro y escalera de evacuación

En la planta sótano ya habíamos visto que iba a ser difícil encajar la escalera en la posición que hemos previsto en el resto del proyecto, así que vamos a optar por una escalera de evacuación separada. Para saber cuál es el espacio que van a necesitar los coches a la hora de girar por el carril, podríamos usar algunos elementos de detalle genéricos o paramétricos que simulasen los radios de giro. Si no los tenemos, en esta ocasión podemos repetir el flujo de trabajo de utilizar regiones rellenadas: serán de un cuarto de circunferencia con un radio interior de 3 m. Sin embargo, no necesitamos que tengan un ancho de 5 m; es suficiente un carril de giro de 3 m, recuerda que los 5 m eran para tener el espacio libre en plaza. Esta operación de desfase la puedes hacer fácilmente con el comando Modificar>Desfase. Seguro que necesitas alguna otra orden para recortar zonas sueltas, como Modificar>Recortar / Extender a esquina u otros comandos básicos de edición, antes de finalizar la región. Además, puedes editar el tipo de la región rellanada para desactivar Máscara, de manera que no tape lo que hay por debajo. En este momento verás que tenemos una fila de pilares que está en mala posición y que tendremos que ajustar: sé consciente de la importancia que tiene en un proyecto la distribución del aparcamiento, y lo complicado que puede ser ajustarla al final. Por suerte, con nuestro procedimiento estamos abordando todo el proyecto de una forma metódica, así que colocamos tres ejemplares de nuestra región rellenada para cubrir los radios de giro entre carriles y hacia la rampa.

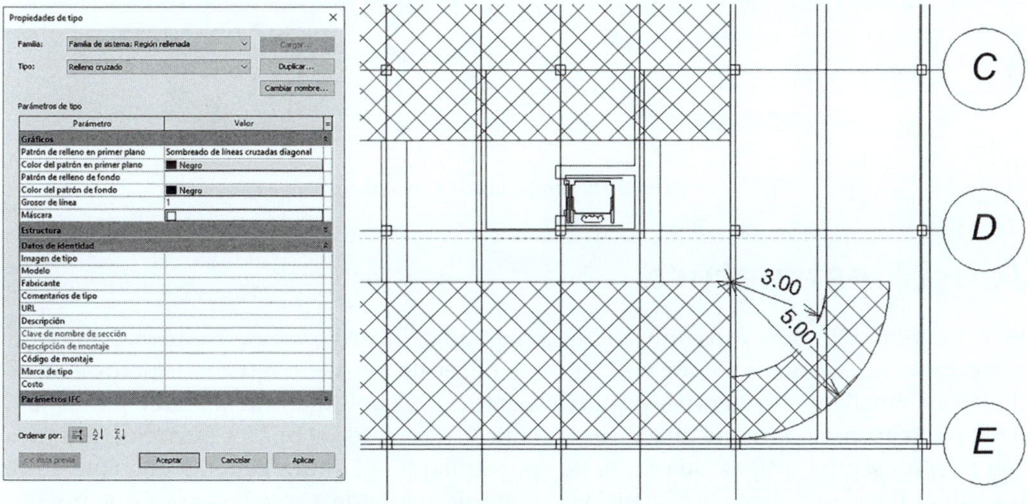

Figura 9.11. Radio de giro en Planta sótano.

Generamos recta la escalera que deba ir de planta sótano a planta baja, de un solo tramo, con una anchura de 1,25 m y en una posición arbitraria. De todas las opciones de posición definitiva que hay para este proyecto, a mí me gusta salir hacia la esquina inferior derecha de la parcela. Hay espacio suficiente con los radios de giro y puedo colocar un rellano al principio y al final de la escalera.

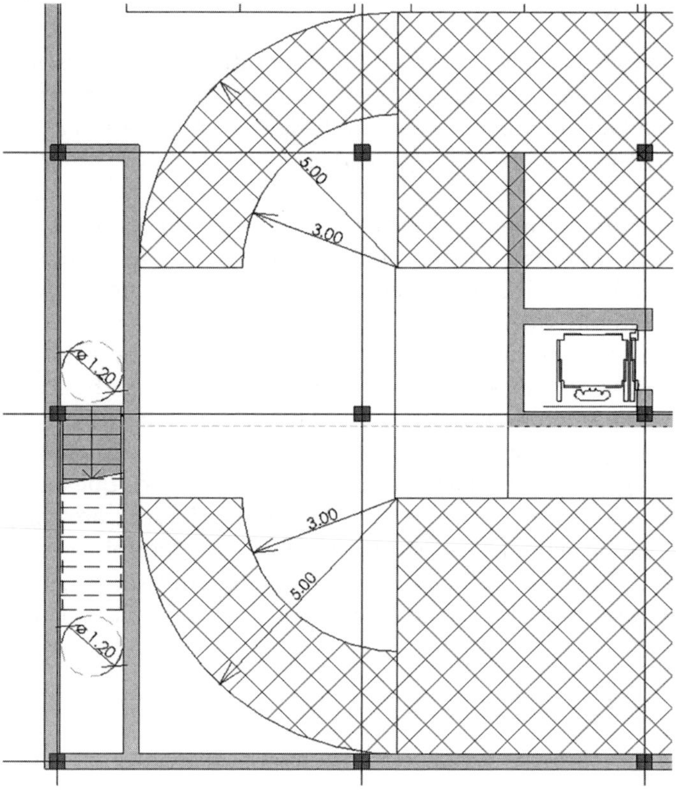

Figura 9.12. Escalera de Planta sótano.

Ajuste estructura

En estos momentos tenemos unos pilares en mitad del carril que nos impiden maniobrar correctamente; así que va a ser momento de hacer un pequeño ajuste estructural antes de seguir detallando viviendas y aparcamiento. Con cualquiera de las órdenes Alinear o Mover, te recomiendo que desplaces la rejilla C para que los pilares queden enrasados con nuestra segunda línea de plazas de aparcamiento. Si ahora generas una cota entre las rejillas B y C verás que la distancia es desproporcionadamente larga, así que puedes desplazar la rejilla B también al borde de las plazas y así obtenemos unas distancias más compensadas. Estos pequeños ajustes deberás realizarlos de forma diferente en cada proyecto, en función de las necesidades concretas de tu edificio y tu parcela. En este caso, moveremos la rejilla A en planta ático para que quede integrada con la fachada, y algún que otro ajuste menor.

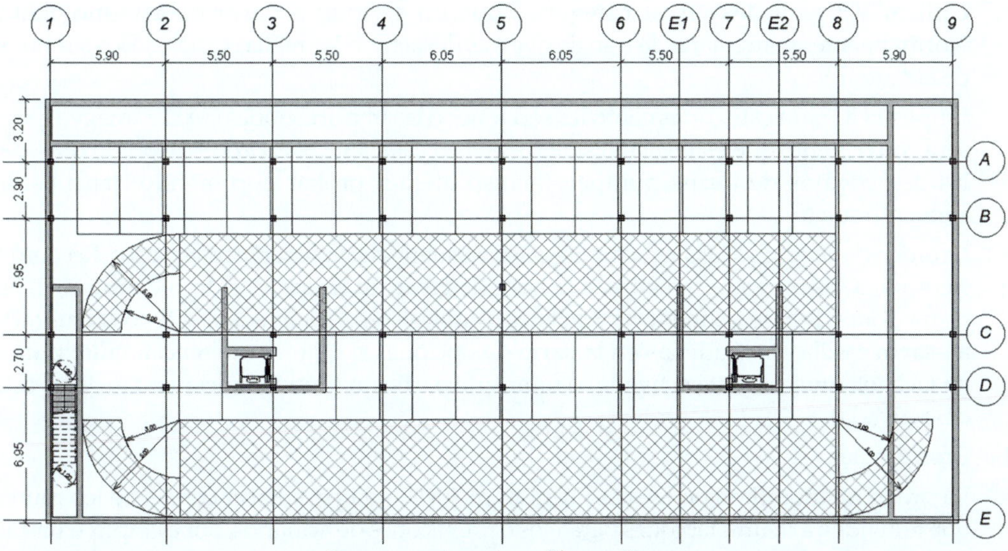

Estructura ajustada en Planta sótano

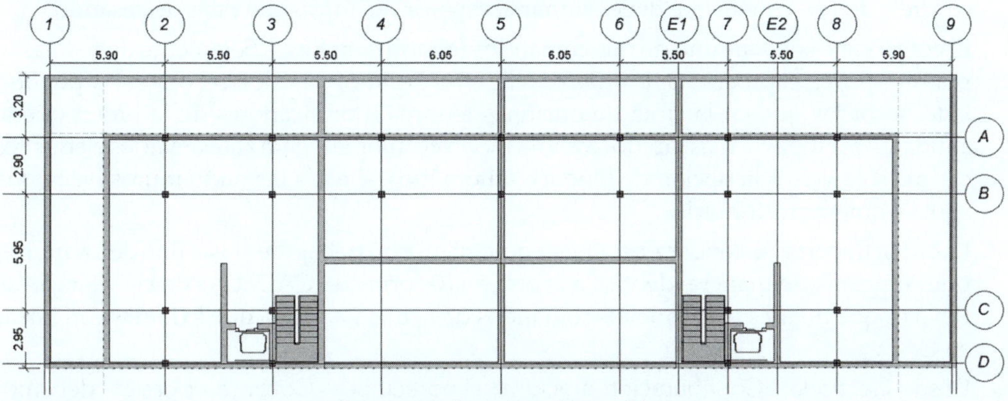

Estructura ajustada en Planta ático

Figura 9.13. Estructura ajustada.

Estrategias generales para retranqueos y distribución

En este proyecto queremos plantear una serie de balcones y terrazas en diferentes plantas. El ajuste de cada uno de ellos no es lo realmente importante, sino las estrategias usadas en Revit para garantizar que el flujo de trabajo sea lo más eficiente posible. Aquí detallamos las más relevantes:

1. Utilizar VH para desactivar categorías que no aportan a partir de este momento. Normalmente, en un plano de trabajo querrás desactivar las rejillas o incluso los símbolos de alzado.
2. Emplear HC para categorías como las secciones o las importaciones CAD / imagen, pues será conveniente que estén activas (al menos en esta etapa del proceso), por lo que solo las desactivarás de forma puntual. Incluso puedes probar el comando HH si es un elemento suelto.
3. La orden de creación Muro, es la protagonista absoluta de separación de espacios. Recuerda, siempre, revisar tres parámetros a la hora de crear un muro (1, el tipo de muro; 2, las restricciones de base y superior; y 3, la línea de ubicación). Además, deberás acostumbrarte a usar la casilla de «Cadena» en la barra de opciones si quieres diferenciar entre muros de fachada (mejor si está activada) o muros de partición (donde funcionará mejor si está desactivada).
4. Crear similar.
5. La orden de modificación Desfase será tu mejor aliada para hacer copias de los muros que te ayuden a definir tabiques paralelos o previsiones de armarios, por ejemplo. Cuando utilices el Desfase, si quieres una distancia interior entre dos muros de una medida concreta, ten en cuenta que debes sumar el espesor del muro que estás desfasando.
6. El comando Alinear es uno de mis comandos favoritos en Revit. Solamente debo insistir, por un lado, en el proceso (1, la orden; 2, clic en el destino; y 3, clic en el origen); y por otro lado, recordar que en la cinta de opciones tendrás modificadores de la orden que te ayudarán a ir todavía más rápido (como el modo «Múltiple», para alinear varios elementos de una sola vez, o la opción de bloqueo automático, si estás llevando muros hasta una rejilla y quieres restringirlos.
7. La orden Recortar/extender a esquina te quitará mucho trabajo de ajuste fino de los muros, pues funciona de manera idéntica a la orden «Recorta» de CAD. Una de las ventajas de Revit es que puedes usar muchos comandos de la misma forma que lo harías con líneas en CAD.
8. Desde Gestionar>Configuración adicional>Anotaciones>Cotas temporales, debemos asegurarnos de que las cotas entre muros estén a cara, y no a eje; no es necesario cambiar las de hueco, pues así mostrarán dos grupos de cotas: las de eje de hueco y las de extremos de hueco.
9. La colocación de grupos de detalle sigue siendo esencial para marcar distancias globales. Si te interesa crear otros grupos de detalle, hazlo sin reparos; quizá para otros proyectos sea necesario plantear un espacio para salas de billar o para sillones de dentista. No tengas ningún problema en, desde el principio, usar elementos de detalle 2D agrupados; incluso puedes dibujar algunas líneas que te ayuden a identificar el grupo o el elemento que vas a dibujar, aunque sean grupos 2D que más tarde sustituirás por la definición final.
10. Los parámetros globales son una ayuda increíble para medidas estándar. Prueba, por ejemplo, a generar un parámetro global (desde Gestionar) y llámalo «Profundidad de

armario», con la distancia tradicional de 0,60 m. Ahora, si has llegado a plantear algún armario, crea una cota desde Anotar>Cota alineada y, una vez creada, selecciona tu cota y, en la cinta de opciones, despliega el texto de etiqueta para seleccionar la «Profundidad de armario». No solamente habrás bloqueado esa distancia, sino que, cuando por el motivo que sea, decidieses cambiar esa profundidad, afectaría y actualizaría todo el proyecto.

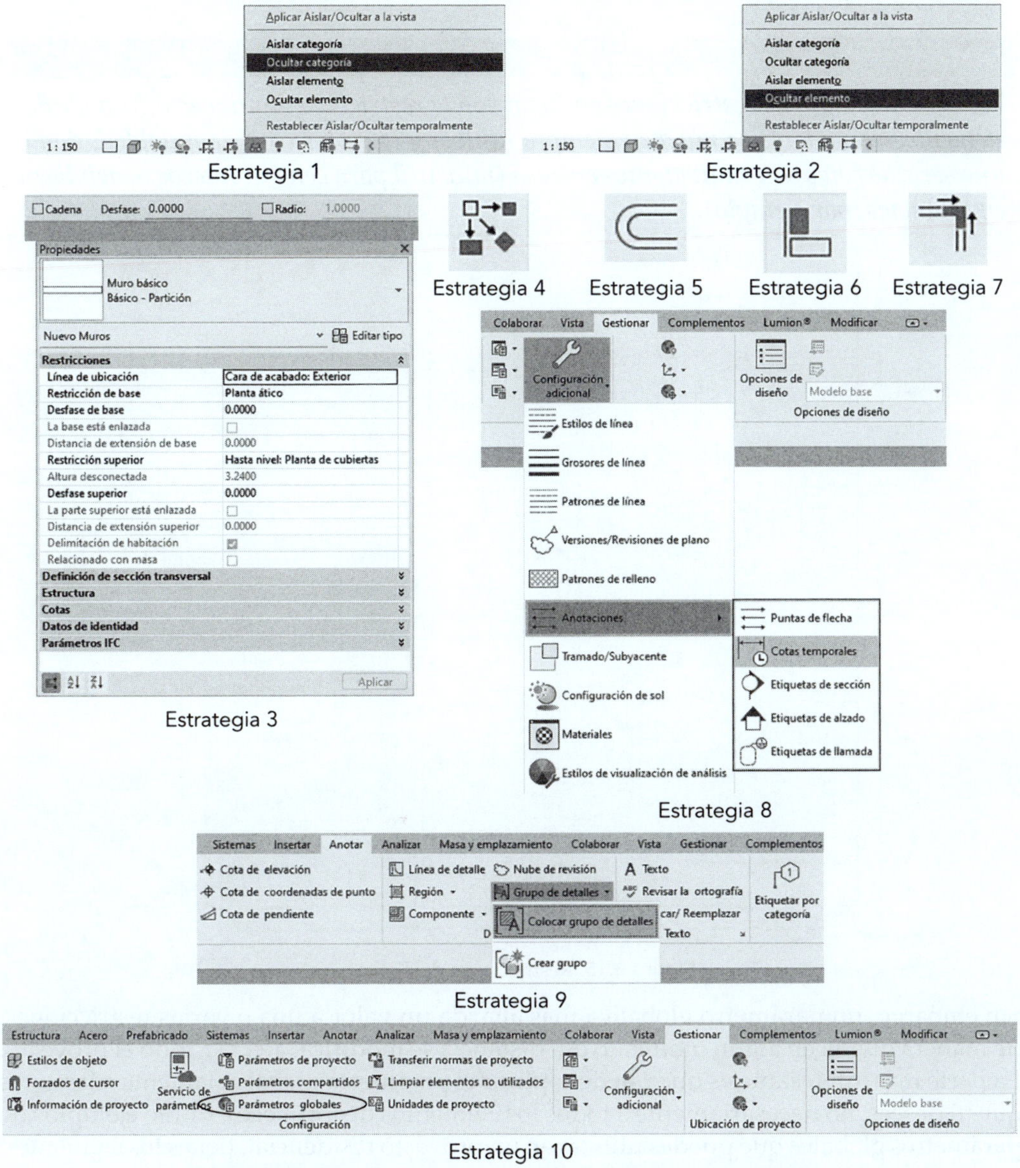

Figura 9.14. Estrategias generales para retranqueos y distribución.

Restricciones de distancia y parámetros globales

Una restricción de distancia se produce cuando seleccionas una línea de cota y cierras el candado que aparece; con esto, estamos creando una restricción básica.

NOTA:

Los otros dos tipos de restricciones en Revit son la restricción de alineación, donde dos elementos coplanares se mueven siempre juntos; y la restricción de igualdad, donde una serie de cotas son equivalentes entre sí (muy útil para centrar huecos o mobiliario en estancias, por ejemplo).

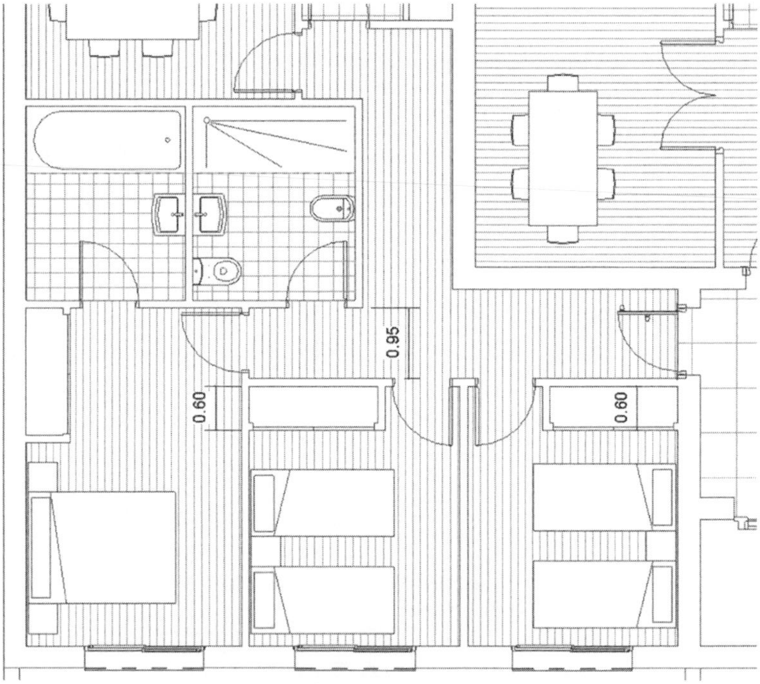

Figura 9.15. Restricciones de distancia.

Sin embargo, un parámetro global va más allá; da un valor a una o varias restricciones, de manera que, si en algún momento esa distancia se modifica, afecta a todo el proyecto. La parte más interesante es que puedes aplicar el parámetro global solamente a las cotas que tú desees, no necesariamente a todos los elementos del proyecto. Como ejemplos de parámetros globales que puedes utilizar en un proyecto residencial, tienes los siguientes:

- **Separación de puertas.** Sirve para hacer que todas las puertas tengan una separación fija desde la pared contra la que abren, lo que puede resultar muy conveniente para ciertos proyectos.
- **Anchura pasillos.** Hará que todos los pasillos interiores de vivienda tengan 1 m o la distancia establecida. Este ejemplo toma en consideración el párrafo anterior: no todos los pasillos deben tener 1 m, pero los que tú selecciones, sí lo tendrán y estarán vinculados. Así, podrías tener los pasillos de los rellanos de 1,5 m sin ningún problema.
- **Anchura de cocina.** Útil si quieres unificar criterios en una promoción inmobiliaria.
- **Altura de falsos techos generales / zonas húmedas.** Estos son dos de los más utilizados en general.
- **Desfase superior / inferior de muros.**

No necesitas tener decenas de parámetros globales en un proyecto; solamente concéntrate en aquellas medidas que introduces varias veces y que, una vez se modifican, resulta tedioso hacer la actualización elemento a elemento.

Para saber si un elemento admite vincular su medida con un parámetro global, simplemente fíjate en la medida dentro de la paleta Propiedades; si hay un pequeño botón en la parte derecha, podrás pulsarlo y acceder a la ventana de los parámetros globales (como en los desfases de muro); pero si no aparece, lamentablemente no estará disponible esa vinculación (como ocurre con el desfase de nivel en suelos).

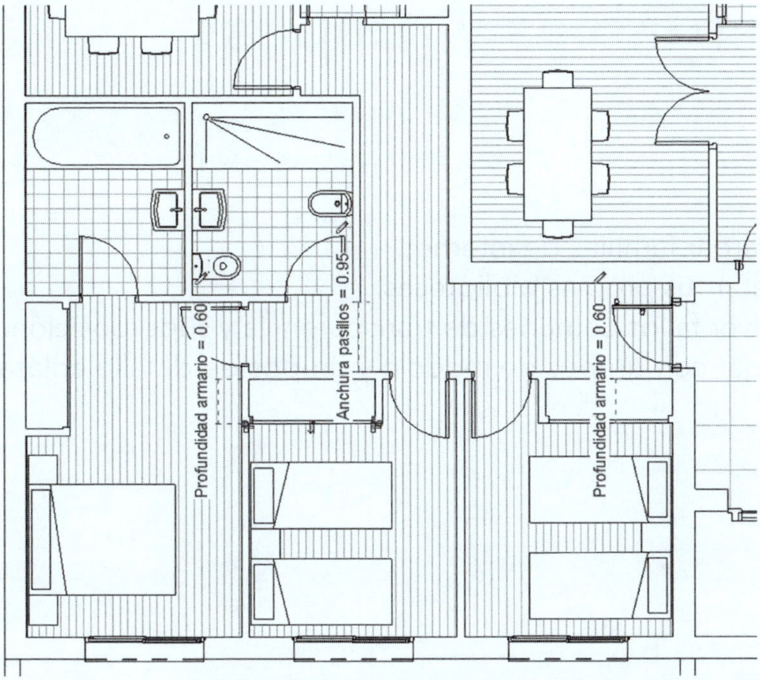

Figura 9.16. Parámetros globales.

10

Mobiliario, familias cargables y grupos

En este capítulo aprenderás a:

- Descargar familias de internet.
- Generar tus propias bibliotecas.
- Resolver fallos comunes de transparencia y superposición.
- Trabajar con grupos de modelo y grupos de detalle enlazados.

Bibliotecas de familias de Autodesk

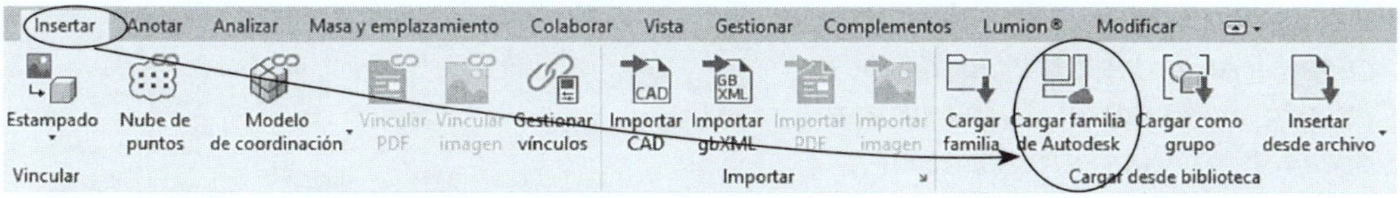

Las familias que ofrece Autodesk por defecto desde Insertar>Obtener contenido de Autodesk están en la nube, de manera que no tendrás que ocupar espacio en tu disco duro para utilizarlas. Además, puedes descargarlas en diferentes idiomas o, en el caso del inglés, en distintos sistemas de unidades, como métrico o imperial.

En la ventana emergente puedes escribir la palabra que estás buscando y Autodesk te devolverá la lista de resultados (que puedes ver tanto en texto como en mosaico de imágenes), diferenciando entre las categorías a las que pertenecen (desde el menú de navegación de la izquierda). Cuando hayas seleccionado todas las familias que deseas descargar, pulsas en Cargar y las tendrás en tu archivo.

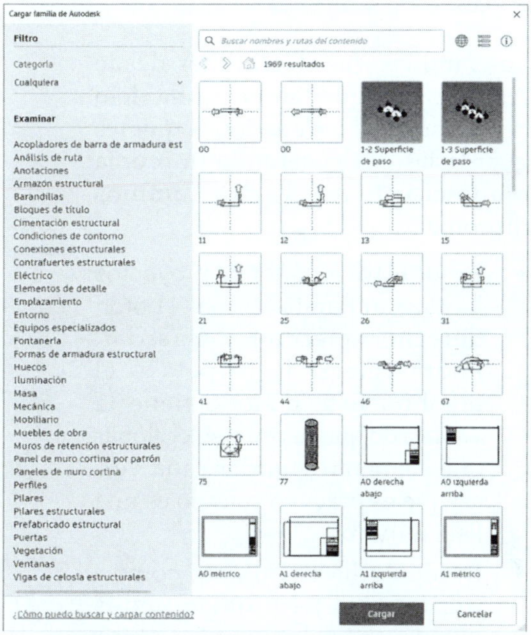

Figura 10.1. Cargar familias de Autodesk.

Una vez hayas elegido el idioma, puedes incluso seleccionar o configurar la región. Muchas de las familias son, simplemente, traducciones de un idioma a otro. Sin embargo, te encontrarás muchas específicas de cada región:

- Las bibliotecas en idioma español, italiano y francés comparten parte de la biblioteca, pero en general, son diferentes: desde ventanas rústicas con contraventanas, hasta puertas de palacetes.
- La biblioteca en idioma alemán tiene una colección específica que no está traducida a otros idiomas, con un nivel de detalle y una cantidad de elementos fuera de lo común.
- La biblioteca de idioma español tiene dos regiones disponibles: España e internacional. Aunque muchos de los elementos no son más que copias con el prefijo «M_» en alusión al sistema métrico, es en esta región donde podrás cargar componentes MEP en español.

TRUCO:

Recuerda que puedes descargar cualquiera de las librerías desde tu cuenta de usuario Autodesk para acceder a ellas sin conexión a internet.

Las familias que descargues desde Autodesk se quedan en tu modelo actual, no en el ordenador. Si quieres guardarlas e ir generando tu propia biblioteca, tienes varios caminos disponibles:

- Desde el Navegador de proyectos localiza tu familia, y con el botón derecho selecciona Guardar. Podrás elegir la carpeta y el nombre. Este método tiene la ventaja de que permite seleccionar qué elemento guardar cada vez, así que es práctico cuando es una lista muy corta.
- Desde Archivo>Guardar como> Biblioteca>Familia, puedes guardar todas las familias o bien una a tu elección, desde el desplegable que aparece. Aunque este método es bueno para guardar todo tu proyecto, recuerda que guardará una a una todas las familias de tu modelo ya sean de anotación o de modelo, sin diferenciarlas por carpetas según su categoría, y que tras unos minutos de trabajo de tu ordenador te encontrarás con un listado de más de 80 familias (si has abierto la plantilla arquitectónica) sin ningún tipo de clasificación.

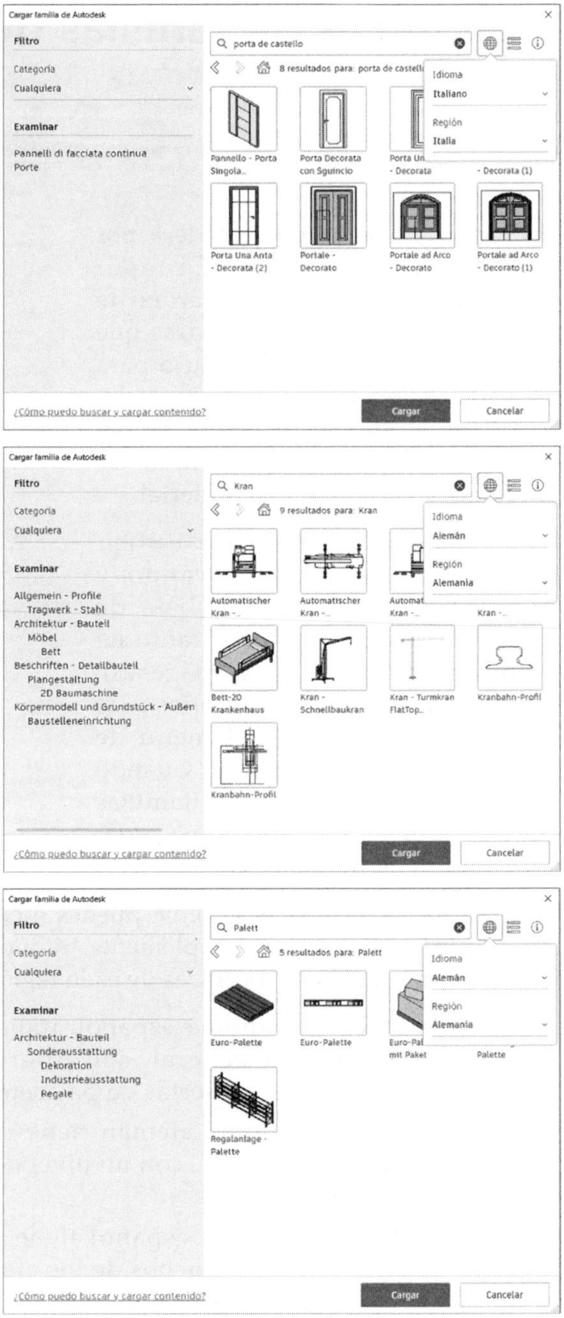

Figura 10.2. Ejemplo familias de Autodesk en diversos idiomas.

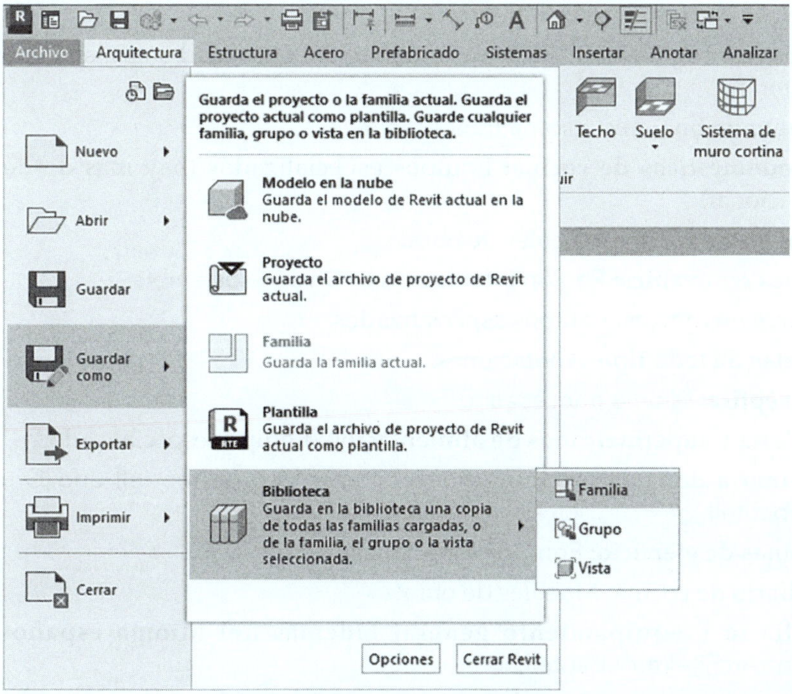

Figura 10.3. Guardar como biblioteca.

Qué encontrar en cada categoría

Una de las dudas más habituales es en qué categoría encontrar ciertas cosas. Aunque el buscador de Autodesk ha resuelto en parte este problema, si tienes tu propia biblioteca y has decidido usar la categorización de Revit seguirás encontrándote en esta situación. Obviando las categorías generales, como puertas, ventanas o mobiliario, aquí tienes un repaso que espero te pueda servir. No es exhaustivo, porque habría que revisar todas las bibliotecas de todos los idiomas, pero seguro que te servirá de guía.

- **Andamios y demás equipamiento de obra:** Emplazamiento.
- **Aparatos sanitarios:** Fontanería.
- **Ascensores:** Equipos especializados.
- **Bloques 2D de personas:** Entorno.
- **Bóvedas o columnas clásicas:** Equipos especializados.
- **Cajetines tipo:** Bloques de título.
- **Calentadores y radiador de cocina:** Idioma francés>equipement mécanique

- **Cancelas y verjas:** Emplazamiento.
- **Claraboyas:** Región internacional>Ventanas; **también en** Idioma alemán>Architektur - Fenster
- **Conjunto de buzones:** idioma francés>site
- **Electrodomésticos de cocina:** Equipos especializados (hay más desde la región internacional)
- **Encimeras de cocina:** Muebles de obra.
- **Energías renovables:** Región internacional>Diseño sostenible
- **Escaleras mecánicas:** Equipos especializados.
- **Etiquetas de todo tipo:** Anotaciones.
- **Fosas séptica:** Idioma francés>site
- **Hostelería y supermercados de alimentación:** Equipos especializados.
- **Maquinaria de construcción:** Idioma alemán>Körpermodell und Grundstück - Ausenbauteil.
- **Máquinas de ejercicio:** Equipos especializados.
- **Mobiliario de cocina:** Muebles de obra.
- **Mobiliario y equipamiento general (además del idioma español):** Idioma alemán>Architektur - Bauteil.
- **Paneles para muro cortina:** Idioma italiano>Panelli di facciata continua; también en Idioma alemán> Architektur - Fassadenelemente.
- **Puertas giratorias de control:** además de una dentro de región internacional>Puertas>Comercial, encontrarás más en Idioma francés>site.
- **Punto de carga para coches eléctricos:** Idioma alemán>Körpermodell und Gründstuck - Parkplatz.
- **Semáforos:** idioma alemán>Ingenieurbau – Bauteil.
- **Señales verticales de tráfico:** idioma francés>site; y también en Idioma alemán>Körpermodell und Gründstuck - Parkplatz.
- **Señalización de aparcamiento:** Emplazamiento.
- **Señalización de carriles y símbolos de paso de cebra:** Idioma alemán>Körpermodell und Gründstuck – Parkplatz; también en Idioma francés>site.
- **Separadores de oficina:** Región internacional>Sistemas de mobiliario.
- **Simbología 2D para alzados, secciones o niveles:** Anotaciones.
- **Tableros para mesas y escritorios:** Región internacional>Sistemas de mobiliario.
- **Ventanas con contraventanas:** Idioma italiano>Finestre.
- **Vigas:** Armazón estructural. No olvides revisar las prefabricadas. Y recuerda que los perfiles normalizados de España están dentro de Acero>Específico de español.

Portales generales de descarga de familia: algunas consideraciones

Además de las familias que Autodesk pone a tu disposición, vas a encontrar multitud de páginas web que ofrecen la descarga de sus productos (de su propia marca comercial, por ejemplo) o portales multimarca que agrupan contenido descargable. Todas ellas son opciones interesantes si careces de ese contenido necesario para tu proyecto, aunque debes tener en cuenta varios factores clave:

- **Los parámetros que incorpore cada familia, tanto de proyecto como compartidos, no serán estándar:** pueden enturbiar tu proyecto, puesto que cada fabricante elegirá qué parámetros añadir y qué nombre darle.
- **Los parámetros que no son internos del programa aparecerán en el idioma de la familia:** una luminaria italiana tendrá parámetros en italiano, mientras que un aparato de aire acondicionado francés los tendrá en francés.
- **Los materiales y estilos o patrones de línea también se incorporarán a tu proyecto.**

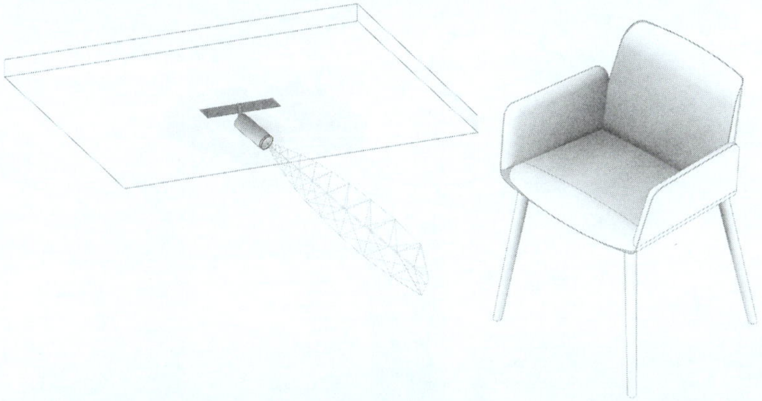

Luminaria Black Foster Fit 35 de Arkoslight   Silla Hug de Punt

Figura 10.4. Ejemplo familia luminaria de Arkoslight y familia de mueble de Punt.

Crear tus propias bibliotecas y acceder a ellas

Por muchas familias que puedas encontrar en la web, es posible que quieras retener tu propia batería de elementos reutilizables; tanto por la comodidad de no tener que buscarlos cada vez, como porque has personalizado, traducido o limpiado algunas partes. Para esto, puedes hacerte una biblioteca en tu ordenador o servidor.

Simplemente guarda las familias (te recomiendo utilizar una estructura de carpetas sencilla y reconocible, no demasiado extensa ni con muchos niveles) en un directorio completamente independiente de Revit. Así, cuando cambies de versión, no perderás tu biblioteca. Además, recuerda que la imposibilidad de guardar como versiones anteriores inclina la balanza hacia trabajar en versiones más antiguas de Revit en lo que a familias se refiere: actualizarlas al cargarlas serán unos pocos segundos.

Para añadir la ruta de tus familias a Revit, simplemente ve a Archivo>Opciones>Ubicaciones de archivo>Ubicaciones y añade una nueva línea de biblioteca con una ruta. De esta manera, la próxima vez que vayas a Insertar>Cargar familia, Revit buscará la ubicación que aparezca primera en la línea de bibliotecas que tengas; pero el resto estarán, en forma de carpeta, accesibles desde el panel izquierdo.

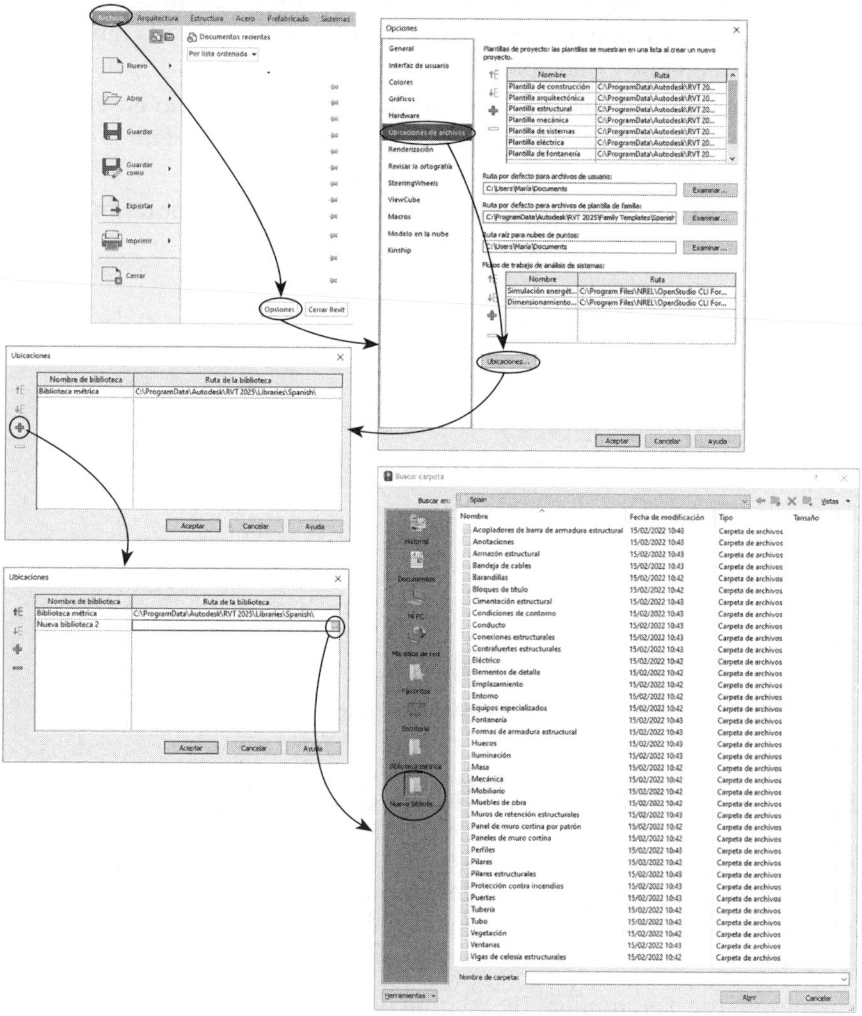

Figura 10.5. Nueva ruta de biblioteca.

La importancia del parámetro «Función»

Ciertas categorías, como puertas o muros, tienen el parámetro Función entre sus propiedades de tipo. Más allá de la obviedad, es un sistema de clasificación básico pero excelente para separar tanto fachadas de particiones o núcleos de ascensor, como puertas interiores de exteriores.

En el caso de la categoría de Puertas, solamente admite los valores Interior y Exterior. Será muy útil más adelante cuando queramos separar carpintería exterior de interior (imagina, por ejemplo, un filtro que deja activas solamente las ventanas —que siempre serán exteriores— y las puertas con función exterior). Esto también se aplica a la categoría Suelos.

En la categoría de muros, la casuística es mayor. No es escalable (no podrás introducir valores diferentes a los predeterminados) pero, si la usas con conocimiento, podrás separar tus muros en grandes grupos. Las opciones disponibles son:

- Exterior.
- Interior.
- Cimentación.
- Retención.
- Cielo raso.
- Núcleo de ascensores.

Estoy convencido de que varias de ellas no requieren de mayor explicación; pero quizás el cielo raso sea la clasificación que estabas esperando para usarla en las tabicas verticales que, seguro, utilizabas con muros hasta ahora. Como curiosidad, habrá ciertos tipos de función que condicionen otros parámetros: el uso de la función Cimentación, no te permitirá que los muros tengan Altura, sino solamente Profundidad.

Un parámetro similar, que permite subclasificar un elemento en función de su uso, es el parámetro de ejemplar Uso estructural, que puedes encontrar en vigas (armazones estructurales) o muros (siempre que tengan habilitada la casilla de Estructura).

El nivel de detalle en las familias

Si quieres que tu proyecto tenga coherencia gráfica, deberás optar por familias que tengan un nivel de detalle homogéneo; diferentes modeladores y diferentes fabricantes tienen aproximaciones diametralmente opuestas al trabajar en Revit, y tú deberás ser quien seleccione (y, en su caso, modifique) las diferentes familias para lograr una armonía visual razonable. Si quieres ver por ti mismo un ejemplo que, personalmente, considero inaceptable en un mismo proyecto, crea un muro grueso y prueba a cargar, una al lado de otra, las siguientes familias de la categoría Ventanas, todas descargables desde la biblioteca en español de Autodesk:

- Ventana simple (está incorporada en la propia «plantilla arquitectónica»).
- Ventana doble con contraventanas (también en esa misma plantilla).
- Ventana batiente de dos hojas 1.
- Ventana batiente de dos hojas 2.

Puedes hacer una segunda prueba cargando, esta vez, inodoros:

- Asiento de WC con cisterna, basado en muro (1).
- Asiento de WC_2 con cisterna, basado en muro.
- Retrete-doméstico-3D.
- Inodoro con mochila-3D.

Como verás en estos dos ejemplos, no existe un criterio uniforme a la hora de representar estas familias, y probablemente no quieras esa heterogeneidad en un mismo proyecto. Por eso cobra especial relevancia hacer una pequeña selección de familias afines a tu sistema de representación (que puede, perfectamente, ser diferente del mío o del de otros compañeros) y conservarla para reutilizarla más adelante.

Figura 10.6. Ejemplos ventanas descargables desde la biblioteca en español de Autodesk.

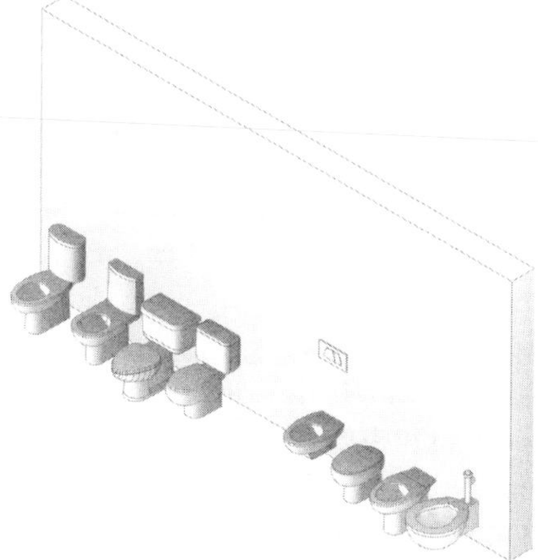

Figura 10.7. Ejemplos inodoros descargables desde la biblioteca en español de Autodesk.

Transparencia y superposición no deseada en las familias

Si trabajas con el modo de visualización Sombreado o Colores coherentes, podrás ver si tus familias transparentan el color e incluso el patrón de suelo que hay debajo; también te será fácil identificar cuáles son de color blanco o por el contrario representan el material de la familia. Ambas situaciones conviene resolverlas y hacen referencia a las máscaras.

- Si un mobiliario se ve con color, es porque la geometría 3D que lo define está configurada, dentro de la familia, para verse en planta, y además no tiene una región de máscara que la oculte. Esto no es grave, pero probablemente querrás una homogeneidad en todas tus familias: es probable que no te interese una mesa marrón junto a una silla de color blanco o un sofá crema al lado de una cómoda que vuelve a ser blanca.
- Si un mobiliario (o cualquier otra categoría de familia cargable) se ve transparente, mostrando el color y/o patrón del suelo que la aloja, es porque la geometría 3D está desactivada para la vista en cuestión (habitualmente la vista en planta), y de nuevo carece de la región de máscara.

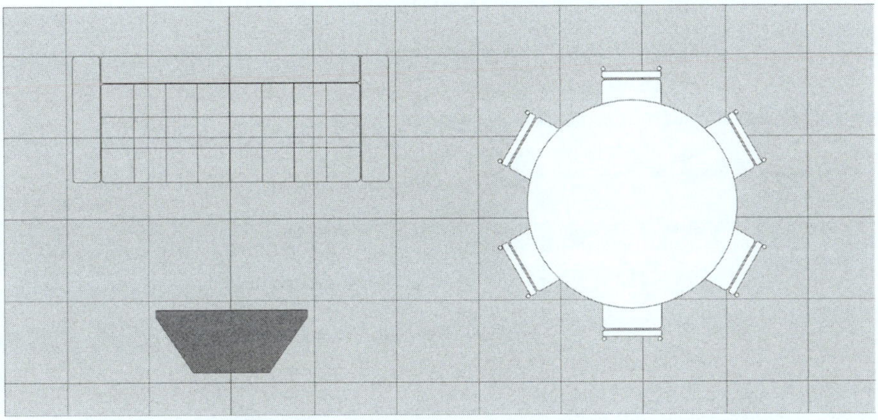

Figura 10.8. Ejemplo de dos familias sin máscaras y una con máscara.

Para arreglar esta situación, debemos editar la familia y, desde un plano de planta (normalmente la vista se llamará «Nivel de referencia») vamos a Anotar>Región de máscara y creamos el contorno necesario. Por supuesto, deberás prestar atención a los planos de referencia que controlen parámetros como las dimensiones, para que tu nueva máscara se adapte siempre a las variaciones dimensionales que haya previstas (figura 10.9).

También es una situación habitual que, por ejemplo, alguna silla se vea por encima de la mesa, en vez de verse por debajo. Te pasará, si quieres probarlo, con algunas de estas familias, que puedes descargar desde la biblioteca de Autodesk en español:

- Silla – Madera (2)
- Silla – Oficina
- Silla – Sencilla

Sin embargo, es posible que no te ocurra con «Silla de estudiante – media», «Silla-apilable», «Silla-apilable-moderna» o «Silla-Breuer». Pero lo importante es cómo arreglarlo, no ceñirnos a las que no dan problemas de inicio.

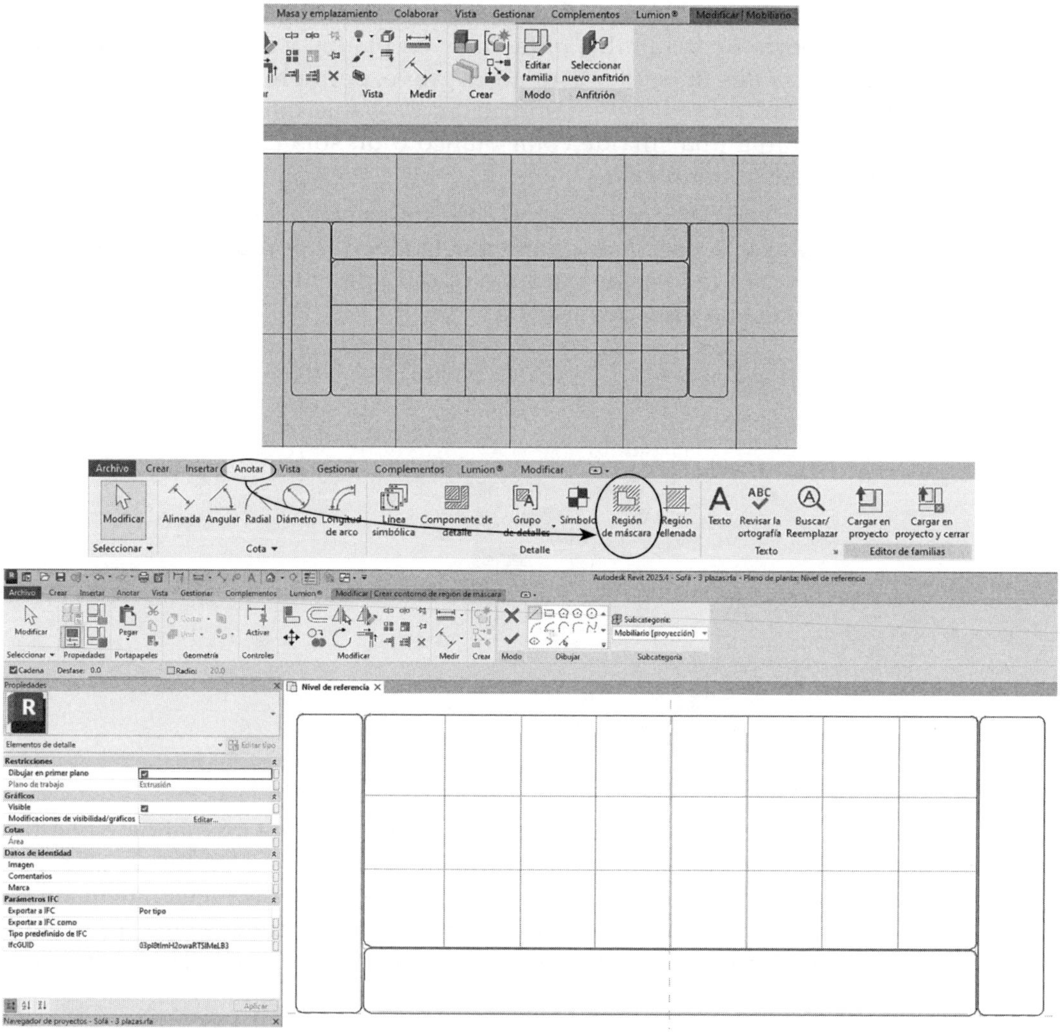

Figura 10.9. Crear una región de máscara en una familia.

Veamos, pues, cómo resolverlo. Es posible que hayas probado tocando la silla y desmarcado el parámetro Máscara, con poco o nulo éxito. Sin embargo, aquí tienes una forma que hará que nunca te vuelva a pasar.

En primer lugar, es interesante empezar no solo por la silla, sino por la familia de mesa; una vez en el plano de planta, selecciona la máscara y verás, en la paleta de Propiedades, que está en el Nivel de referencia. No es incorrecto, pero si quieres asegurarte de que todo sale bien siempre, te propongo que, desde un alzado, selecciones (o crees) un nivel en la parte superior del tablero, le asignes un nombre (por ejemplo, «Top»), y que cambies la máscara de plano de trabajo para enviarla hasta ese plano.

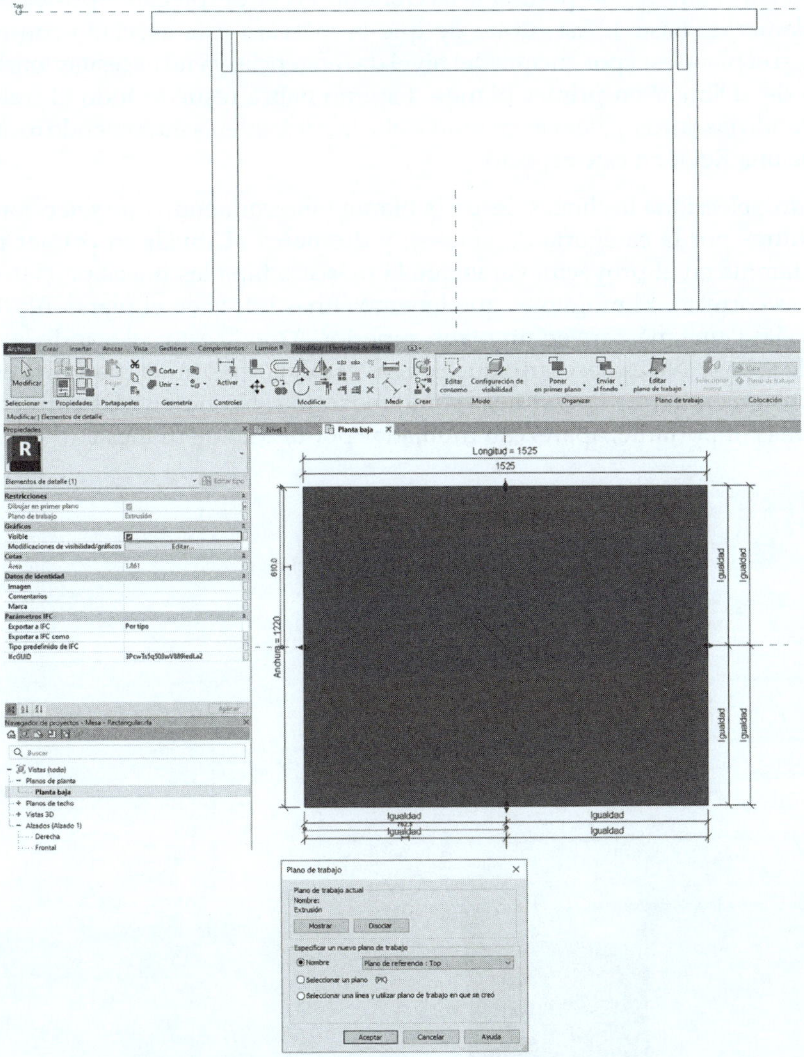

Figura 10.10. Crear una región de máscara en una familia.

Ahora ya puedes entrar en la familia de la silla; vayamos con la «Silla – Madera (2)» que es la que más trabajo conlleva. Dentro del plano de planta del Nivel de referencia, podrás observar con la tecla Tab que, probablemente, tengas dos elementos. Por un lado, una cadena de líneas simbólicas y, por otro, una región de máscara, que al editarla te indicará que su contorno está hecho con líneas invisibles, en lugar de con líneas normales de la categoría Mobiliario. No obstante, dejando esto de lado, te propongo recrear el proceso practicado con la mesa: desde una vista de alzado selecciona el plano horizontal «Silla-2» o, si lo prefieres, crea uno nuevo, por ejemplo, a la altura del asiento, con un nombre designado (sin nombre, no podrás seleccionarlo en el desplegable posterior, así que podrías llamarlo «Base»). Asegúrate de que la máscara está asociada con ese plano. Recuerda, si el plano está por encima del nivel de referencia, ya no necesitas tener marcada la opción de «Dibujar en primer plano». Esto no habrá resuelto todo el trabajo, pues siguen estando las líneas. Ahora es cuando viene la parte interesante: cuando toca entender cómo funciona Revit en este aspecto.

Por un lado, selecciona las líneas desde la planta (te recomiendo que selecciones todo y después filtres por la categoría de Líneas), y desmarca «Dibujar en primer plano». Si cargas la familia en el proyecto, verás que la máscara tapa las líneas parcialmente y el efecto no es correcto. El motivo es que tenemos unas líneas en el plano inferior (Nivel de referencia) y una máscara en un plano superior. Arregla esto colocando las líneas en el plano de la base. No es necesario que actives el dibujo en primer plano; de este modo, estarás consiguiendo que tanto líneas como máscara estén ordenadas correctamente y, lo que es más importante, aparezcan dibujadas por debajo de tu mesa.

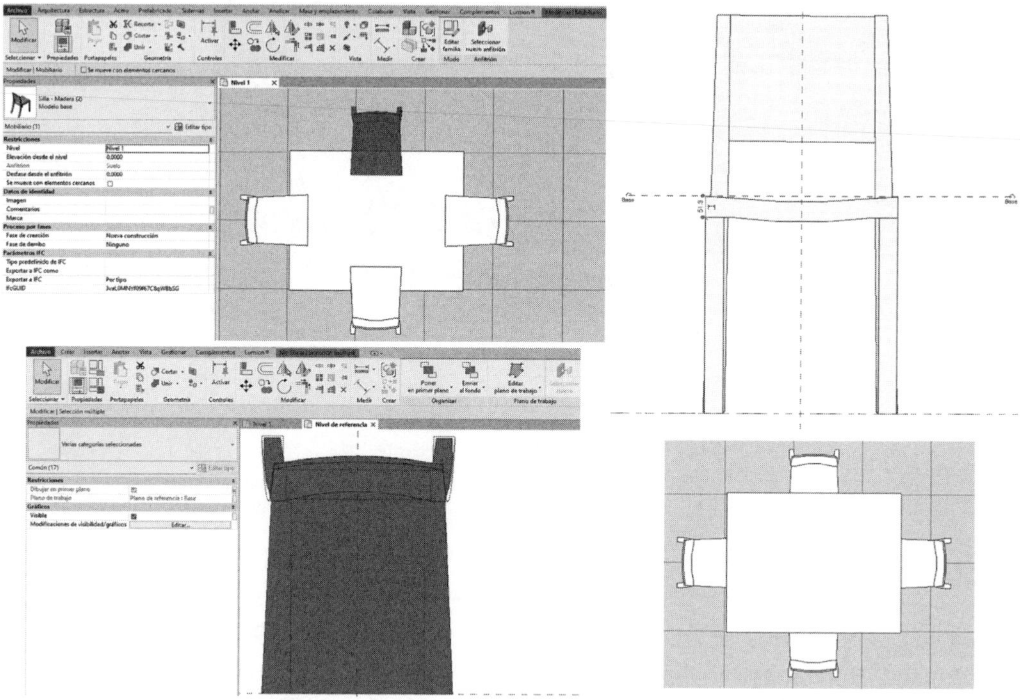

Figura 10.11. Crear una región de máscara en una familia.

Este trabajo puedes hacerlo en familias más complejas, como muebles altos y bajos de cocina, encimeras y otros elementos; al final, eres tú quien debe marcar cómo quieres representar tus proyectos.

Limpiar elementos no utilizados

Todavía no es el momento, pero recuerda que estás incorporando pruebas y familias a tu proyecto; y que cada una de ellas incorpora materiales, subcategorías, patrones de línea y demás elementos innecesarios a tu archivo. De vez en cuando, será recomendable utilizar

Gestionar>Limpiar elementos no utilizados. Esta orden mostrará todos los elementos que están sin uso. Comprende que, en este nivel de creación del proyecto, todavía necesitamos muchos tipos de suelos, muros, techos o barandillas, así que no deberías utilizarla de forma no supervisada. No obstante, si eliges la opción No seleccionar ninguno, sí que tendrás el control de ir marcando qué elementos (familias o materiales, por ejemplo) quieres ir limpiando del modelo.

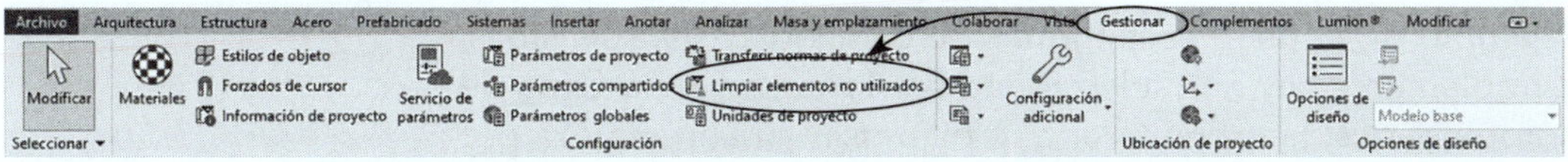

Un proceso alternativo, manual, al que acabamos de describir, es localizar la familia en el propio navegador de proyectos. Tanto si utilizas una versión reciente de Revit, con el panel de Buscar integrado en el navegador de proyectos, como si estás usando una versión más antigua (donde necesitarás pulsar con el botón secundario para elegir la orden Buscar de entre las opciones disponibles en la ventana emergente) puedes escribir todo o parte del nombre de la familia —o familias— a eliminar y asegurarte de suprimir la familia completa (o los tipos que no desees usar). Este método tiene ciertas ventajas y desventajas con respecto al anterior. En el lado positivo, si eliminas algo que sí está incluido en el modelo, te avisa indicando que se eliminarán X ejemplares; tanto si los tienes localizados como si prefieres seleccionarlos y cambiarlos por otros antes de eliminarlos, es una opción que no tienes desde el comando Limpiar elementos no utilizados. Sin embargo, como desventajas, esto no limpiará materiales y tendrás que hacerlo manualmente.

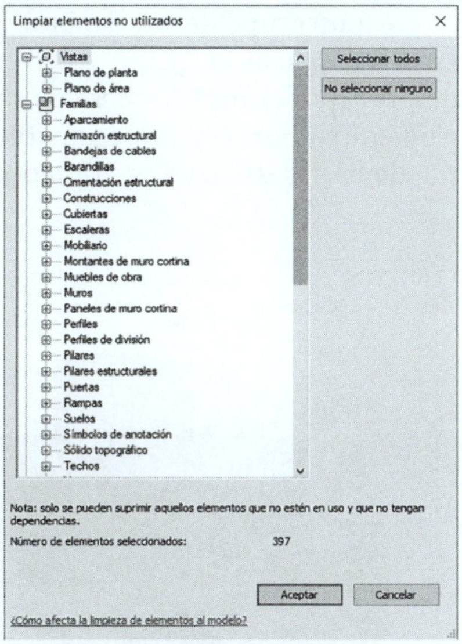

Figura 10.12. Limpiar elementos no utilizados.

Trabajo básico con grupos

Los grupos de modelo son, valga la redundancia, agrupaciones de elementos de modelo que puedes reutilizar de manera recurrente. Por ejemplo, en este proyecto de viviendas, puede ser muy útil un grupo de mesa de comedor junto con seis sillas; también la combinación de dos camas individuales con una mesita de noche entre ambas o una cama de matrimonio con mesitas a cada lado. Trabajar con grupos de forma prudente es una manera muy sensata de agilizar trabajo, sobre todo en etapas tempranas de proyecto, como ahora, y en elementos que van a ser repetitivos (habitaciones estándar, comedores o salones, por ejemplo). Veamos cómo hacerlo; siguiendo con el ejemplo de la mesa rectangular de comedor y las seis sillas, simplemente hay que seleccionarlas y localizar, en la Cinta de propiedades, la orden Grupo, o bien usar su abreviatura por defecto GP. No existe, al menos hasta el momento, la posibilidad de crear un grupo desde el menú contextual del botón derecho. Para formalizar el grupo solamente se necesita asignarle un nombre (por ejemplo, «Mesa de comedor», y veremos cómo los elementos ahora son seleccionables como uno solo y, por tanto, pueden ser desplazados, copiados y rotados de forma global.

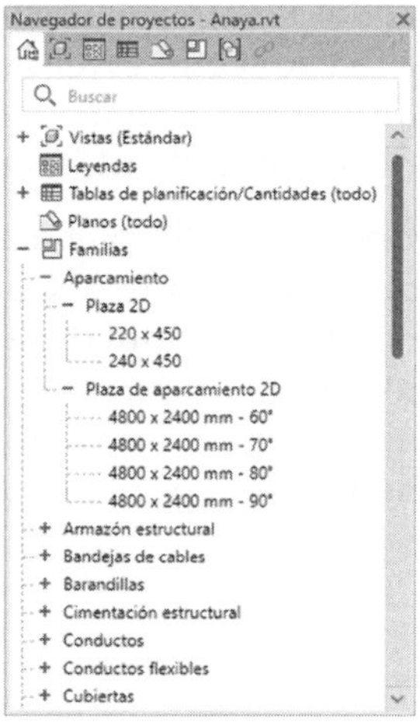

Figura 10.13. Limpiar familia y tipos en el navegador de proyectos

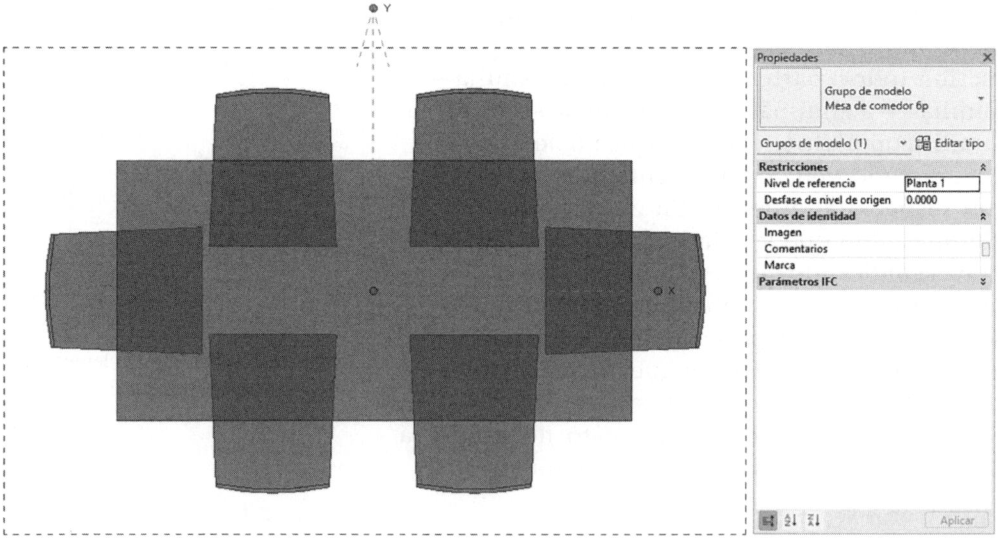

Figura 10.14. Grupo de mesa rectangular de comedor y las seis sillas.

Lo mejor de esta operación es la posibilidad de insertar nuevos ejemplares en este grupo en cualquier momento. Existen dos caminos diferentes, aunque ambos llegan al mismo resultado:

- Arquitectura>Modelo>Grupo de modelo>Colocar grupo de modelo; seleccionar el grupo en el selector de tipo y elegir el punto de base.
- Desde el Navegador de proyectos, desplazarse hacia abajo hasta el apartado Grupos (o hacia la derecha a la pestaña Grupos, según la versión de Revit), desplegar Grupos de modelo elegir el grupo y arrastrarlo hasta el dibujo.

TRUCO:

La tecla «Espacio» para girar componentes no funcionará con grupos; deberás usar expresamente la orden «Rotar».

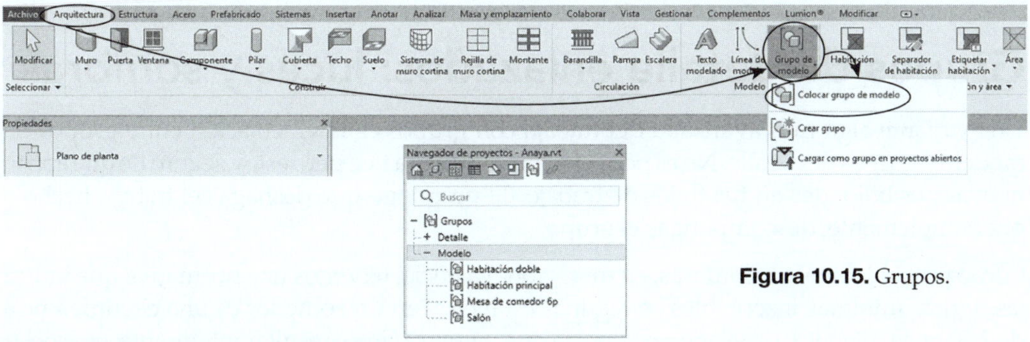

Figura 10.15. Grupos.

Edición de grupos

De forma similar a los bloques de AutoCAD, en Revit puedes editar un grupo, ya sea mediante doble clic del ratón sobre el grupo o con la orden correspondiente en la Cinta de opciones. En ambos casos, llegarás al entorno de edición de grupos, donde podrás:

- Modificar la posición y rotación de elementos dentro del grupo.
- Añadir nuevos elementos de fuera del grupo para que formen parte de él.
- Eliminar elementos que no quieres que estén ya dentro del grupo.

Por supuesto, cualquier cambio que hagas se propagará entre los ejemplares que ya estén insertados y afectará a los nuevos que vayas a colocar a partir de este momento.

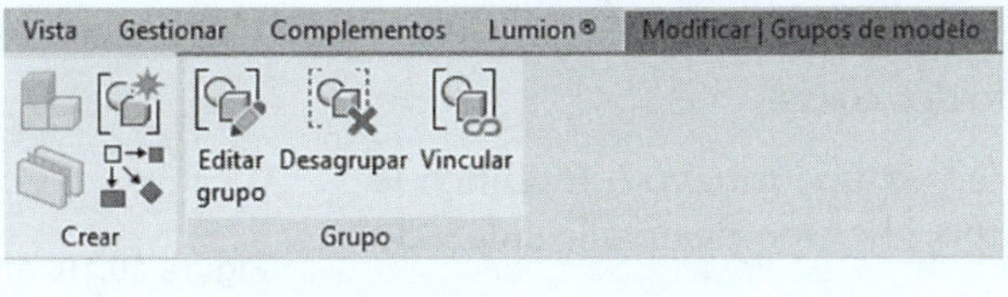

Figura 10.16. Edición de grupos.

De forma similar, aunque sin que sea necesario entrar en la edición de grupo, notarás que, al seleccionar un grupo aparece un símbolo de origen de coordenadas o SCP, que indica cuál es el punto de inserción del grupo. Puedes cambiarlo en cualquier momento de forma muy intuitiva: simplemente haz clic y arrastra en el origen o en cualquiera de los ejes X e Y. Este cambio solamente afectará a nuevas instancias de grupo que insertes.

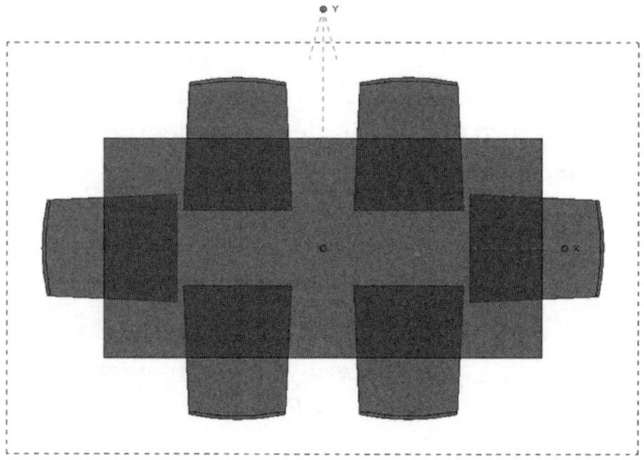

Figura 10.17. Origen de coordenadas del grupo.

Grupos de detalle enlazados: luces y sombras

Una variante algo más avanzada del trabajo con grupos es la vinculación entre grupos de modelo y grupos de detalle. No es perfecta, como vamos a ver, pero estoy seguro de que abrirá nuevas posibilidades en tus flujos de trabajo. Te propongo que deshagas el trabajo hecho o que, simplemente, descompongas el grupo.

Como probablemente recordarás, en mi región, Valencia, tenemos una normativa que indica las figuras mínimas inscribibles en algunas estancias (en un comedor es una circunferencia de 2,50 m de diámetro). Así que una opción que, *a priori*, parece resultar interesante, es asociar a nuestro grupo esa línea de detalle de normativa, para que siempre que creemos el grupo, la línea venga incluida.

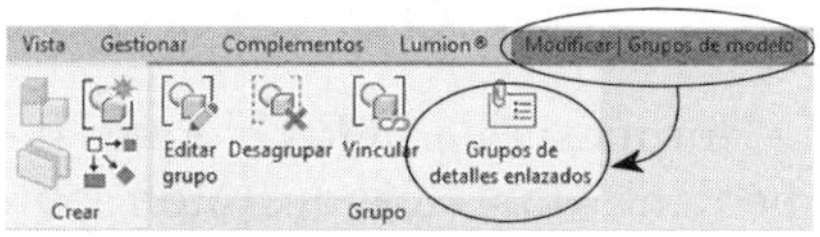

Puedes crear esta circunferencia con líneas de detalle, utilizando la Subcategoría que más te interese; desde «Líneas ocultas» hasta la nueva subcategoría «Normativa», si ya la creaste. No es necesario que insertes el grupo de detalle que ya hicimos en su momento. Cuando lo tengas, selecciona todos los elementos (mesa, sillas y circunferencia) y repite el proceso de creación de grupo. Verás que, en esta ocasión, aparece una línea adicional preguntando por el nombre del Grupo de detalle enlazado, que llamaré «Normativa comedor».

Figura 10.19. Activar/desactivar un grupo de detalle enlazado.

Con esto he obtenido dos cosas.

- La primera, cada vez que muevo o modifico la posición del grupo, el grupo de detalle enlazado me acompaña.

- La segunda, si inserto nuevos ejemplares de mi grupo de mesa con sillas, puedo seleccionarlo y, en la cinta de opciones, buscar el comando Grupos de detalle enlazados. En el cuadro emergente que aparece, marco el grupo de detalle y se colocará automáticamente.

Esta operación puede ahorrarte mucho tiempo. Sin embargo, no resulta perfecta; en ciertas distribuciones, querrás que tu mesa rectangular esté apoyada contra una pared, de manera que tu grupo de detalle vinculado no sea válido; y en algunos casos de habitaciones en esquina, es posible que el saliente de un pilar también invalide tu grupo de detalle.

Personalmente, utilizo los grupos de detalle de forma independiente a los grupos de modelo, puesto que muchas veces la variación de distribución ha de tener mayor flexibilidad que la que este método me otorga; pero estoy seguro de que podrás descubrir nuevas y mejores utilidades que te ayudarán en tu día a día.

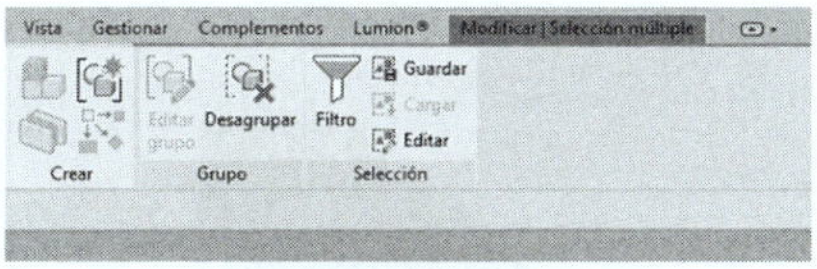

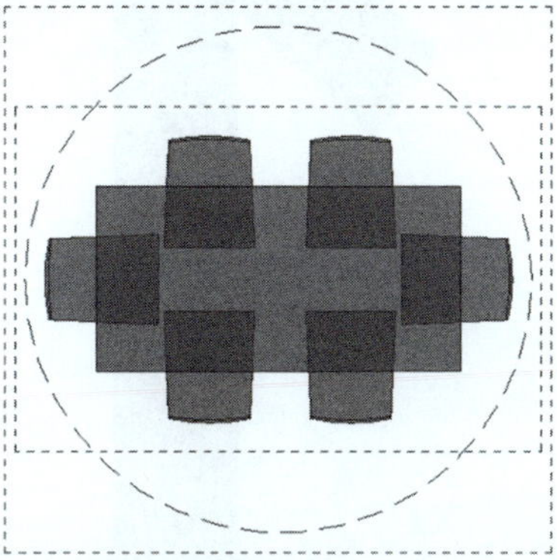

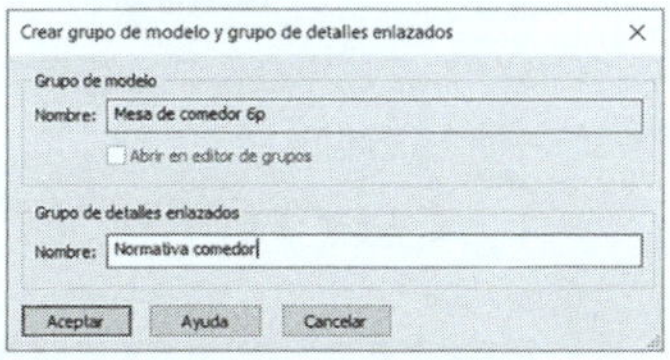

Figura 10.18. Crear grupo de detalle enlazado.

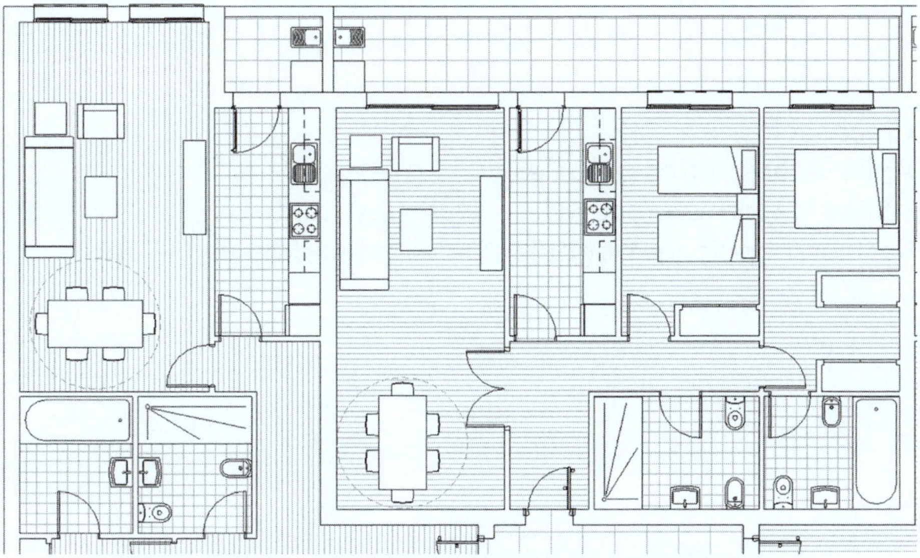

Figura 10.20. Grupos colocados en la distribución de la planta tipo.

11

Colocación de forjados y desfase de muros

En este capítulo aprenderás a:

- Crear suelos.
- Aplicar parámetros globales.
- Utilizar de forma práctica las vistas subyacentes.
- Restaurar opciones por defecto de los cuadros de diálogo.

Consideraciones previas

Para poder colocar correctamente los suelos y resto de forjados en este proyecto, sería conveniente que tuvieras el encaje de las viviendas ya avanzado; con los muros, los mobiliarios y las carpinterías. De este modo, acometes la creación de los elementos estructurales horizontales cuando ya has dividido correctamente los espacios. Además, si lo prefieres, siempre puedes utilizar los archivos de proyecto que tendrás disponibles junto con la compra de este libro.

Creación de forjados

Para un proyecto básico sería suficiente con utilizar un suelo genérico, como el suelo «Por defecto – 30 cm» que viene incluido en la plantilla arquitectónica; pero vamos a ir un poco más allá, haciendo un avance constructivo para que nos acostumbremos a modelar bien, y de forma constructiva, desde el principio.

Empezamos desde una vista de la planta sótano con la orden Arquitectura>Suelo hasta colocar las líneas de contorno del suelo mientras nos cercioramos de dos parámetros:

- El tipo de dibujo es el que viene activado por defecto, Seleccionar muros.
- El parámetro Extender en muro (al núcleo) —que llevaría la línea de contorno hasta el borde del núcleo y no hasta el final— está desactivado. Lo encontrarás en la barra de opciones.

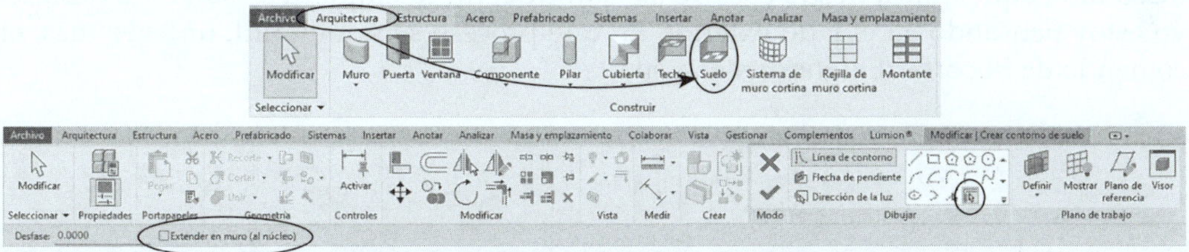

Figura 11.1. Creación de forjado planta sótano.

Seleccionando los muros necesarios, nos aseguramos de que el contorno esté completamente delimitado. Recuerda que no es posible dejar segmentos abiertos ni tampoco duplicar o intersecar líneas de contorno. Ambas cuestiones puedes solventarlas fácilmente con las órdenes de modificación (una de mis favoritas es Recortar/Extender a esquina). Cuando lo tengas terminado, acepta y deberías tener tu suelo terminado.

TRUCO:

Cuando realizas suelos, puede ser interesante tener activado el modo de visualización de «Sombreado» o «Colores coherentes», para ver con claridad el ámbito de nuestro suelo.

Tras tener el forjado de sótano, iremos hacia una vista de planta baja y, desde ahí, modelaremos el contorno del suelo de la planta baja. En esta ocasión, y atendiendo siempre al sistema constructivo, vamos a hacer una modificación: manteniendo desactivada la opción Extender en muro (al núcleo), colocaremos un Desfase negativo de 5 cm. Esto servirá para indicarle a Revit que el contorno del suelo no llega hasta el borde de la fachada, sino que se retranqueará una distancia concreta. En el sistema constructivo que estoy valorando, esta distancia puede estar entre 5 y 6 cm.

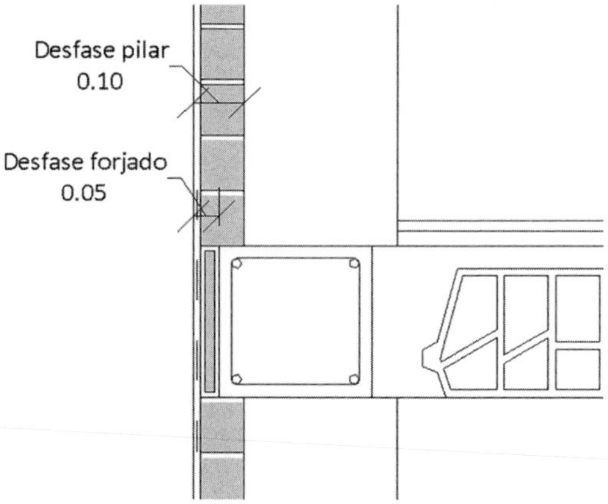

Figura 11.2. Sistema constructivo valorado.

Mientras mueves el ratón por encima de un muro, observarás que hay una línea discontinua que indica desde cuál de los lados del muro empieza a tomar ese desfase: yo estoy pensando en el lado exterior. En este proceso será muy útil, una vez más, el comando de Recortar/Extender a esquina.

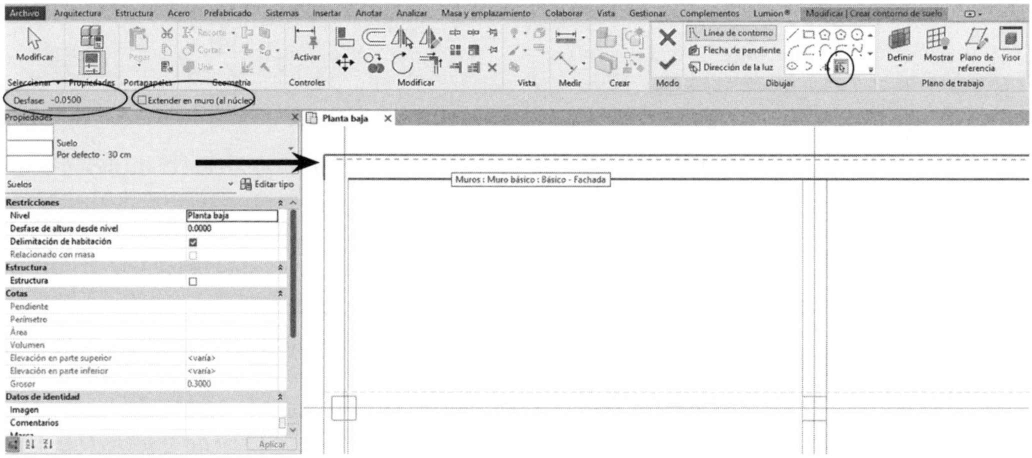

Figura 11.3. Creación de forjado planta baja.

Enlazar vs Unir

Es probable, que, en este momento, Revit te lance una o varias de estas preguntas. Piensa que, hasta este momento, los muros del sótano subían hasta el nivel de la planta baja, pero ahora estamos colocando un forjado a mitad camino; así que la primera pregunta que nos hará es si queremos que los muros sigan llegando hasta ese nivel o si, por el contrario, esos muros se enlacen a la parte inferior del suelo (o del sólido topográfico, si estamos en un Revit 2024 o posterior).

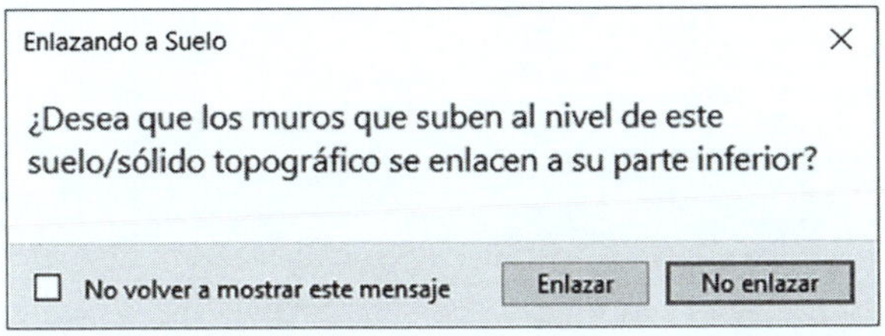

Figura 11.4. ¿Desea que los muros que suben al nivel de este suelo/sólido topográfico se enlacen a su parte inferior?

Indicar que sí hará que los muros se interrumpan en la cara inferior del forjado recién creado. Esto resulta muy conveniente en tabiquería interior, pero poco deseable en sistemas de fachada tradicional donde, como en la imagen anterior, se reviste el canto de forjado. Así que, normalmente, mi respuesta en este caso suele ser que no. Pero vamos a desgranarlo un poco más.

- Hasta Revit 2024, un muro enlazado al suelo se interrumpía en la cara inferior del forjado, dejando esta opción inservible en muros de fachada.
- Sin embargo, desde Revit 2025 la opción de enlazar se asocia con la de Unir, de manera que la porción de muro que no se ve interrumpida por el forjado continúa su camino hasta el nivel, lo cual es mucho más deseable.
- En ambos casos, no obstante, el parámetro de ejemplar de muro de Altura desconectada sigue reflejando la altura total que tendría si no estuviese enlazado, lo que puede llegar a falsear ciertas mediciones.

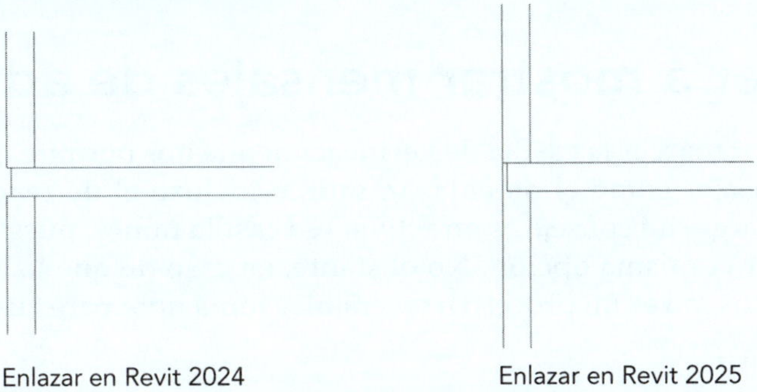

Figura 11.5. Comando enlazar.

Está claro que la decisión será tuya; personalmente, suelo indicar que los muros no se enlacen. Eso lleva a Revit a la segunda pregunta: me indica que «El suelo/cubierta/sólido topográfico se solapa con los muros resaltados. ¿Desea unir la geometría y cortar el volumen solapado de los muros?». Esta opción siempre me parecerá interesante, pues el resultado será unificar los elementos, haciendo que resalten unos sobre otros (normalmente, el suelo es quien corta a los muros).

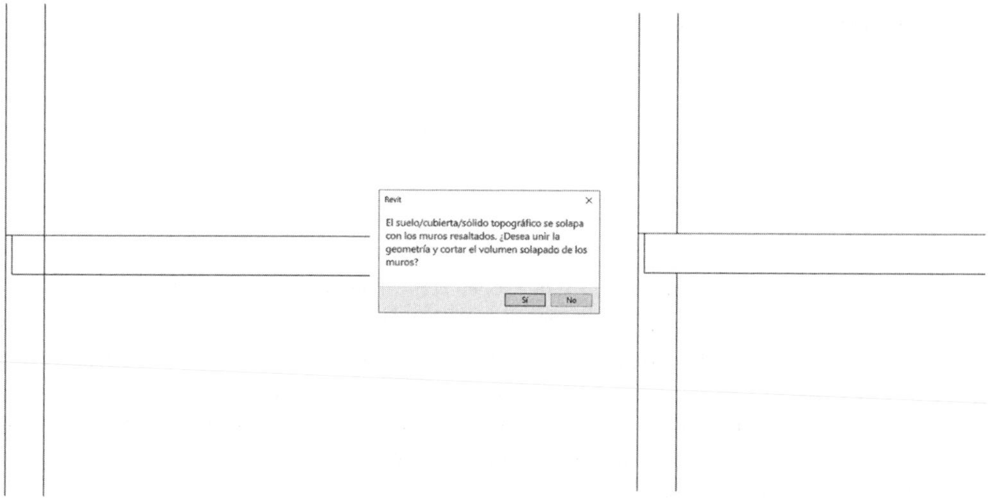

Figura 11.6. Fachada unida al forjado.

TRUCO:

La unión automática solamente se hará con los muros que coincidan con el perímetro del forjado (o, más adelante, del pavimento) recién creado, así que habrá elementos que no se unan. Para ello, tenemos la orden de «Modificar>Unir» que nos permite hacerlo manualmente cuando sea necesario.

No volver a mostrar mensajes de advertencia

Es muy tentador marcar la casilla de verificación que nos permite que no se vuelvan a mostrar mensajes como el de enlazar, unir, o incluso el de renombrar niveles o vistas. Sin embargo, mi consejo es no activar esa casilla nunca, puesto que no siempre vamos a desear la misma opción. No obstante, en caso de que lo hayamos hecho y nos arrepintamos, no es un proceso irreversible. Toma nota para cuando lo necesites:

- Cierra Revit.

- Con la combinación de teclas Windows+E, abre una nueva ventana del explorador de Windows.
- En la barra de direcciones de esa ventana, escribe %appdata%. Eso te llevará a la carpeta c:\tunombredeusuario\appdata\roaming.
- Entra en la carpeta Autodesk>Revit>Autodesk Revit 20XX (donde XX es el número de tu versión).
- Localiza el archivo «Revit.ini».

Si borras este archivo y vuelves a abrir Revit, se creará desde cero. ¿Qué perderás? Algunas personalizaciones, como los archivos recientes, si dejaste activadas las líneas finas o si marcaste seleccionar elementos por cara. Si te atreves, vamos a editarlo y así eliminas exactamente lo que has modificado:

- Abre Revit.ini con Bloc de notas; si no estás seguro de cómo hacerlo, desde el botón secundario del ratón busca la opción Abrir con>Bloc de notas.
- Para la parte de los enlaces de muros, localiza una sección que se llama «[DNSM]» (son las iniciales de «Do not show more», en castellano, no mostrar más). Debería haber una línea dedicada a los muros enlazados, con un texto similar a «TaskDialog_Wall_Attach_To_HostObj». Puedes dejar el valor de esa línea en 0 o simplemente borrarla.
- Para la parte del renombrado de niveles y vistas, deberás navegar hasta la sección «[Messages]», donde la línea de texto sería «SupressConfirmLevelRename» y la forma de revertirla vuelve a ser la misma: poner el valor en 0 o borrar la línea completa.

TRUCO:

El archivo Revit.ini tiene mucho más que ofrecerte, pero de momento quédate con estos pequeños trucos para restaurar acciones por defecto que quizá no quisiste cambiar en su momento.

Modelado del resto de forjados

Realiza el forjado de la planta 1 siguiendo el mismo proceso de la planta baja. Si, por velocidad, necesitas hacer simetría en el proyecto, no dudes en utilizar el comando dedicado a Reflejar>Seleccionar eje y, después, a empalmar.

TRUCO:

Recuerda que, en cada suelo nuevo que modeles, Revit activará por defecto la casilla de «Extender en muro (al núcleo)». En esta fase del proyecto la estamos desactivando cada vez, del mismo modo que iremos indicando que no queremos enlazar y, en su caso, sí queremos unir.

Los forjados de las plantas 2, 3 y ático son los mismos, así que es buen momento para hacer uso de la orden de copia entre niveles. Tras realizar el forjado de la planta 2, lo seleccionamos y, en la cinta de opciones, localizamos Modificar|Suelos>Copiar a portapapeles. También es válida la combinación de teclas Ctrl+C, pero no ahorrarás mucho tiempo porque tendrás que acudir igualmente a la Cinta de opciones para desplegar el comando Pegar>alinear con niveles seleccionados, donde ya marcarás los niveles de planta 3 y planta ático.

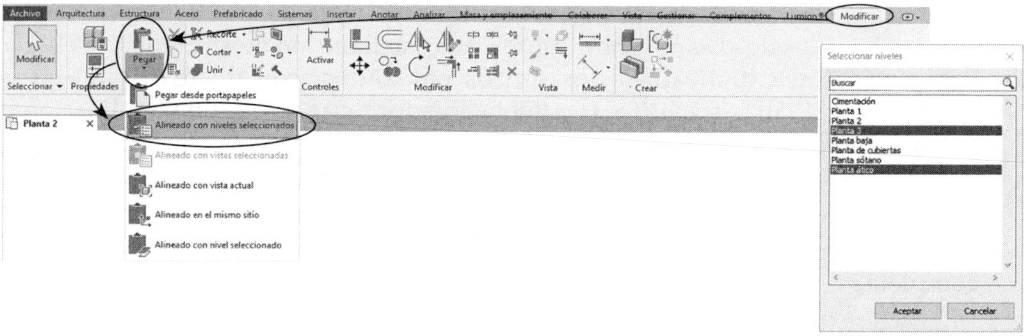

Figura 11.7. Forjados planta 3 y planta ático.

En la planta de cubiertas tendrás que hacer uso de la vista subyacente, como ya vimos anteriormente, para poder localizar los muros de fachada que suben hasta arriba.

TRUCO:

Un método que ayuda a modelar más rápido el contorno de un suelo o cubierta y que funciona solamente cuando todos los muros que delimitan ese contorno están completamente conectados, es el siguiente: acerca el ratón a uno de esos muros y, sin hacer clic en nada, cuando veas la previsualización de la línea de contorno que se genera, pulses TAB *una sola vez y no lo mantengas presionado. Debería iluminarse o resaltarse una cadena de muros que, probablemente, coincida con el contorno deseado de tu cubierta. En ese momento, para validarlo, solo debes hacer un clic con el botón izquierdo del ratón. Ahora ya solo faltaría terminar el suelo.*

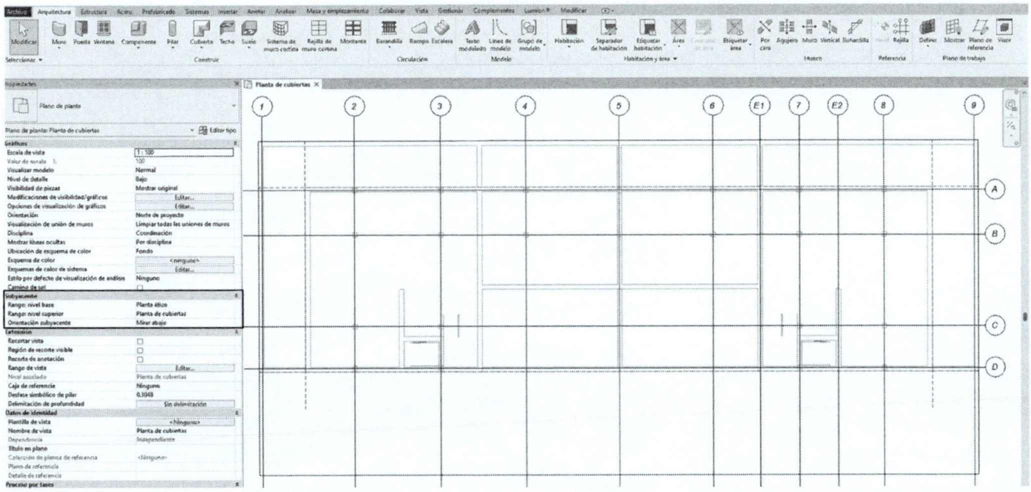

Figura 11.8. Vista subyacente en planta de cubierta.

Con este proceso habremos generado todos los forjados de nuestro proyecto y la vista 3D debería tener un aspecto similar al de la figura 11.9.

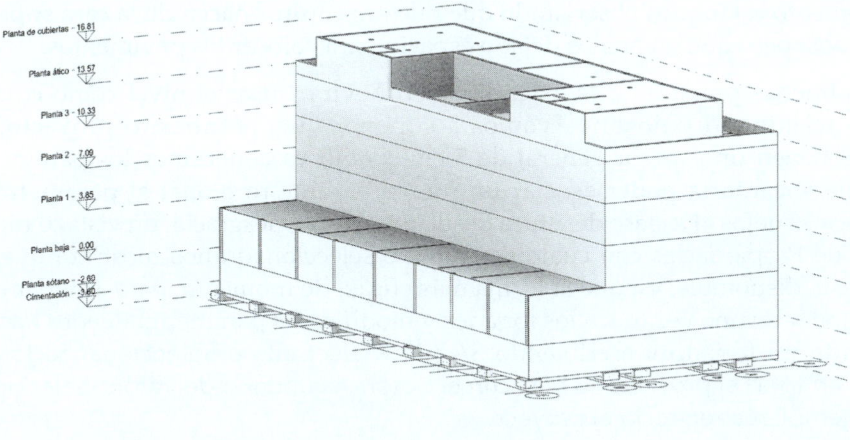

Figura 11.9. Vista 3D del proyecto.

Además, si tocas un suelo y, desde la barra de controles de vista, pulsas el icono de las gafas y eliges Aislar categoría (o escribes IC), tendrás una visión tridimensional de los forjados de tu proyecto.

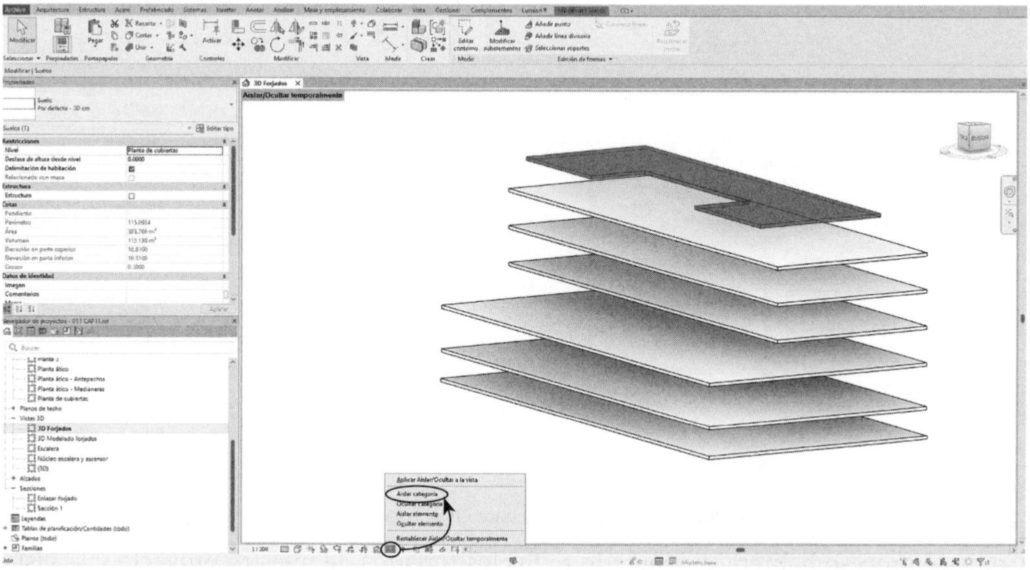

Figura 11.10. Vista 3D del proyecto con los forjados aislados.

Desfase de muros y parámetros globales

En este momento estaremos observando que nuestros muros nacen de la cara superior de los forjados, pero que no hemos dejado espacio para colocar los pavimentos.

Una de las buenas prácticas más extendidas en Revit es usar el nivel como cota de pavimento terminado y nosotros vamos a suponer que, en nuestro proyecto, los pavimentos tienen un espesor general de 5 cm. Como ya conocemos los parámetros globales, me encantaría poder asociar un nuevo parámetro global al parámetro de ejemplar de los suelos «Desfase de altura desde nivel». Por desgracia, un vistazo rápido a la paleta de Propiedades con cualquier forjado seleccionado nos mostrará que esa opción no está disponible; así que la forma más eficaz, de momento, para arreglar esto, sería seleccionar de una vez todos los forjados y modificar el parámetro. Puedes hacerlo seleccionando un forjado y escribiendo SA (de «Select all» o Seleccionar todos los ejemplares en todo el proyecto) o bien con el botón secundario del ratón>Seleccionar todos los ejemplares>en todo el proyecto.

En este momento, nuestros muros y pilares flotan por encima de los forjados (puesto que aún no tenemos pavimentos), además, atraviesan los forjados y sobresalen por arriba. Todo esto lo arreglaremos de una forma rápida, controlada y muy eficiente. Esta vez sí, haciendo un buen uso de los parámetros globales. Recuerda que accedemos a ellos desde Gestionar>Parámetros globales, ya que vamos a crear una serie de parámetros que nos van a resultar bastante útiles:

- **Espesor pavimento:** 5 cm.
- **Espesor forjado:** 30 cm.
- **Desfase de base (para los muros y pilares):** En la parte de fórmula, pondremos: «-1*Espesor pavimento», de manera que consigamos que se apoyen en el forjado.
- **Desfase superior tabiques:** En la fórmula escribiremos: «-1*(Espesor pavimento + Espesor forjado)».
- **Desfase superior (para cerramientos y pilares):** En la fórmula, dejaremos: «-1*Espesor pavimento».

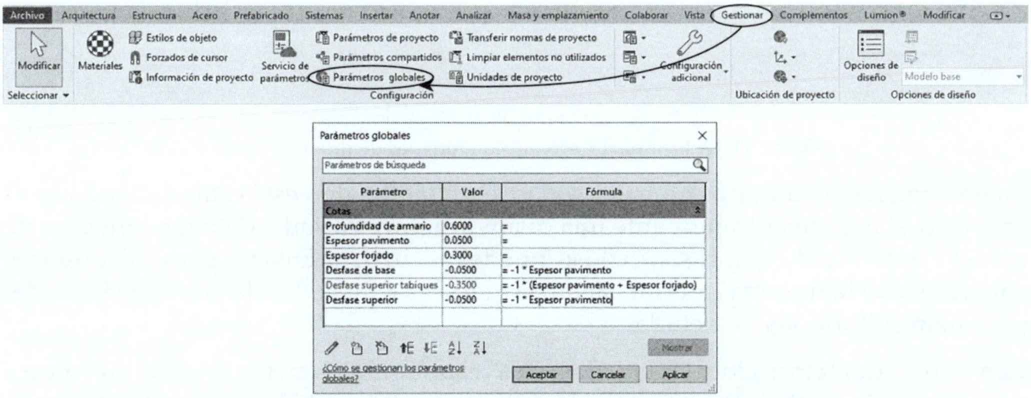

Figura 11.11. Parámetros globales para desfases de muros.

Pero ¿Qué pasa con el forjado de cubierta o si hay un forjado con un canto diferente? El criterio que yo sigo para el forjado de cubierta es el mismo que para el resto de los forjados de las plantas: es un elemento estructural general, que está desligado de su acabado. Por tanto, lo modelaré siguiendo los mismos criterios. Además, cuando llegamos a la cuestión acerca de los cantos de forjado y los espesores de pavimentos, aquí se puede abrir un debate, porque este tipo de situaciones tienen una casuística muy variada.

Vamos a analizar varios casos, aunque sea de manera superficial:

- Si tienes un único forjado con un canto diferente (por ejemplo, el de la planta baja) puedes optar por crear un parámetro global específico para ese caso o, simplemente, no asociar la restricción superior de los muros interiores del sótano a este parámetro.
- Si en ciertas plantas, como la planta baja o aquellas en contacto con el terreno, el espesor de los pavimentos es diferente, de nuevo podrías generar un parámetro global adicional o controlar los desfases de manera manual.
- Si hay pavimentos interiores y exteriores que están enrasados y, en consecuencia, los forjados tienen un descuelgue para albergar aislamiento o pendientes, tendrás que realizar dos forjados y, en principio, prescindir de la automatización que suponen los parámetros globales.

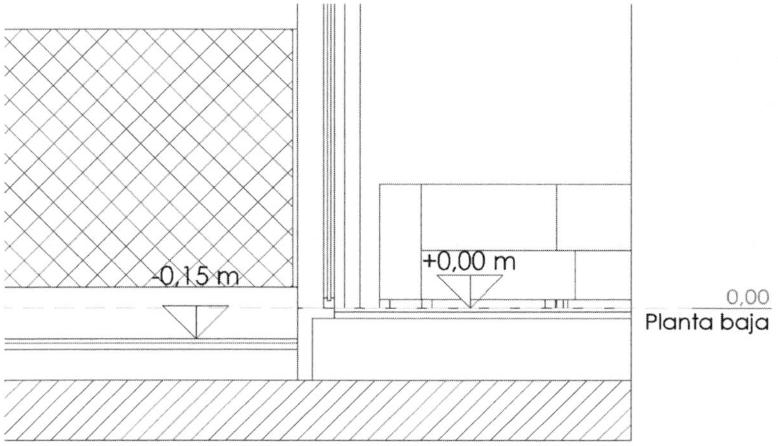

Figura 11.12. Ejemplo de sección con forjados de diferente canto.

En general, los parámetros globales son útiles cuando algo está estandarizado en el proyecto; si nos encontramos ante una casuística muy variada, deberás controlar de manera individual cada caso. Incluso puedes recurrir a Enlazar para los desfases superiores de tabiquería interior, siempre que seas conocedor de la imprecisión del parámetro Altura desconectada.

Con estos parámetros globales creados, va a resultar muy sencillo asignar los valores a nuestros elementos. En cuanto a los pilares, primero habrá que seleccionarlos todos. De todos los métodos que hemos estado empleando hasta ahora ¿Cuál te ha interesado más? Los listo a continuación:

- Seleccionar uno y, con SA, seleccionarlos todos. Muy rápido, pero limitado a un solo tipo de pilar estructural.
- Desde una vista 3D, seleccionar todo y, desde la orden de Filtro, desmarcar todo menos los pilares estructurales.
- Desde una vista 3D, seleccionar un pilar y, con IC, aislar la categoría, para seleccionarlos todos; después será necesario restablecer la vista, por supuesto, con HR.

Con los pilares seleccionados, tendrás que enlazar tanto el desfase de base como el desfase superior con los parámetros correspondientes. Y esta misma operación la repetiremos para los muros de fachada, los de sótano, las medianeras y después las particiones. En total, créeme que no supone más que unos minutos de trabajo y la satisfacción de saber que tienes toda tu información vinculada. Está claro que, en proyectos donde cada forjado tenga un espesor diferente, será necesaria una aproximación más específica, pero estoy seguro de que este método te resultará muy útil y práctico en general.

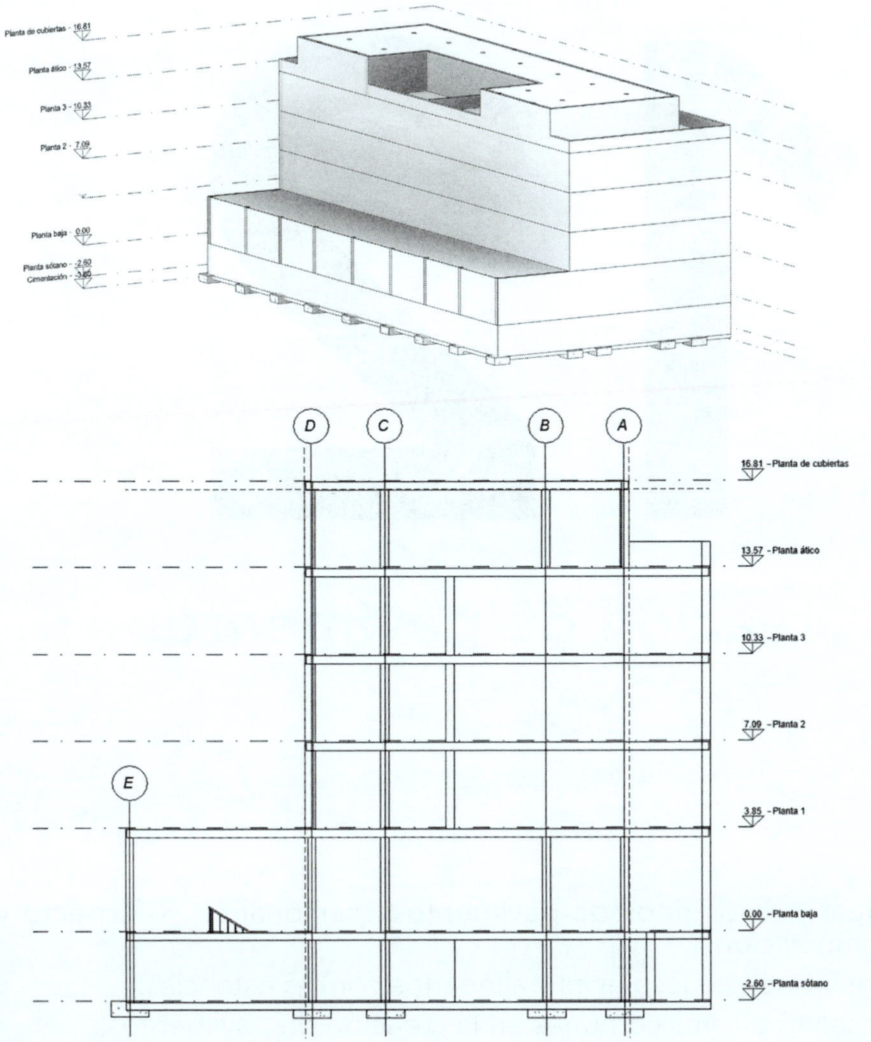

Figura 11.13. Vista 3D con los muros y pilares enlazados con el desfase de los parámetros globales.

12

Creación de pavimentos

En este capítulo aprenderás a:

- Crear nuevos tipos de pavimento y personalizar su aspecto y composición.
- Crear nuevos despieces y alinearlos con las estancias.
- Resolver errores comunes en la creación de pavimentos.

Estrategia de creación de pavimentos en el proyecto

Cuando trabajamos diferenciando entre forjados y pavimentos, debemos hacer tantos suelos como sea necesario. Hay que pensar en ello desde el punto de vista constructivo: un suelo es el forjado estructural, otro suelo será el pavimento o acabado de las zonas comunes, otro el que se utilizará en algunas zonas húmedas... y así sucesivamente. Sin embargo, desde la plantilla arquitectónica de Revit no existe una separación clara y todos los suelos de ejemplo unifican forjado estructural y pavimento final; así que es tarea nuestra realizar este proceso.

Mi método para realizar varios pavimentos de una sola vez es muy simple y, por así decirlo, a prueba de errores: desde Arquitectura>Suelo, sin importar el tipo de suelo seleccionado ni las dimensiones del contorno, dibujo un suelo arbitrario y lo acepto. Este suelo será mi muestra o mi ancla, para asegurarme de que, aunque en algún momento pulse ESC o salga de la orden, todos los materiales y tipos que haya ido generando no se pierden. Desde ahí, usaré sistemáticamente Editar tipo>Duplicar para ir creando los necesarios.

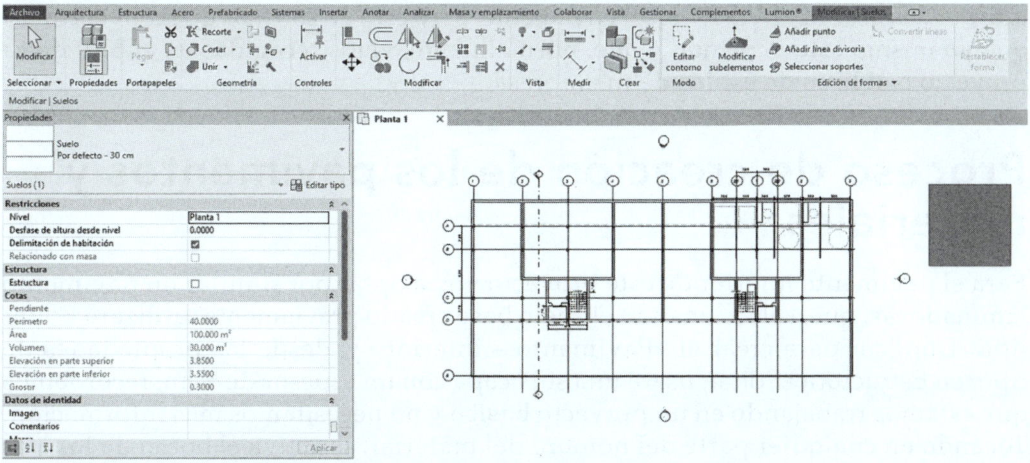

Figura 12.1. Modelado suelo para crear tipos de pavimento.

Para mantener este proyecto lo más genérico posible y que puedas extrapolarlo fácilmente a cualquier situación o proyecto real, voy a establecer los siguientes tipos de pavimento, que deberemos ir duplicando y trabajando:

- Pavimento – interior
- Pavimento – zonas comunes
- Pavimento – cocinas
- Pavimento – baños
- Pavimento – exterior

En un proyecto real, estoy convencido de que habrá una casuística mayor y que, probablemente, desees una especificación mayor. De hecho, en una plantilla de trabajo optimizada, es posible que diferencies los pavimentos no tanto por uso sino por materialidad (pavimento laminado, terrazo, gres interior o mármol); pero de esta manera vamos a cubrir muy bien el desarrollo de nuestro edificio.

Como habrás podido observar, la codificación en este caso sigue las directrices sencillas que hemos venido aplicando hasta ahora: un prefijo (en este caso, funcional) y después una descripción. El motivo de usarlo así es aprovechar las bondades del buscador integrado en el selector de tipos: resultará más fácil seleccionar entre una lista de suelos que contengan, o comiencen, por la palabra «Pavimento» que navegar entre las distintas denominaciones que se pueden aplicar a un suelo de madera (laminado, tarima, flotante, parquet) o cerámico (gres, porcelánico).

Este mismo principio de codificación lo voy a aplicar a dos niveles; por un lado, en el tipo de suelo, y por otro, en el material. Puedes elegir si quieres que el material mantenga el prefijo «Pavimento» o si, por el contrario, te inclinas más hacia un código más reducido. Te propongo, para revestimientos de suelos, verticales o techos, que puedas usar RS, RV o RT respectivamente; pero esto no son más que convenciones que yo mismo estoy creando y que, normalmente, verás recogidas en el BEP de tu proyecto o el libro de estilos de tu empresa.

Proceso de creación de los pavimentos y materiales

Para el pavimento interior de este proyecto voy a optar por simular un pavimento laminado; así que, seleccionando el suelo base creado previamente, utilizaré Editar tipo>Duplicar para crear el «Pavimento – interior» y, desde las propiedades de tipo, en Estructura>Editar, usaré una sola capa con un espesor de 5 cm: recordemos que estamos trabajando en un proyecto básico y no necesitamos más información. Tocando en cualquier parte del nombre del material, se activa el botón de los tres puntos suspensivos que nos dará acceso a la ventana de gestión de materiales; en ella, te propongo utilizar el buscador para localizar un parquet y, con el botón secundario, elegir la opción Duplicar material y elementos, y llamarlo «RS Laminado».

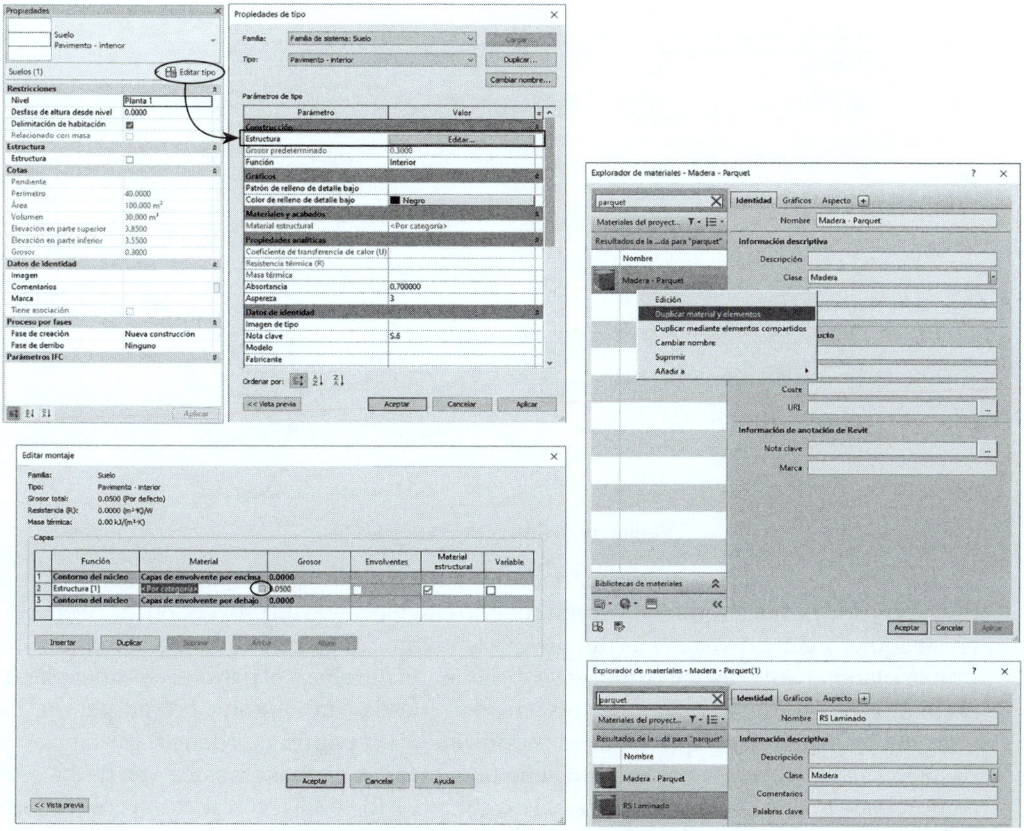

Figura 12.2. Edición pavimento laminado.

Personalización del material

Aunque el trabajo principal está hecho, vamos a afinar tanto el grafismo como la identidad de este material, para dar a nuestro proyecto un aspecto más interesante. Asegúrate de que la ventana de Materiales está expandida y de que tienes, en la parte izquierda, el listado de materiales y, en la parte derecha, información ampliada. De no ser así, localiza en la parte inferior de la ventana de materiales la doble flecha >> (figura 12.3) que te permitirá desplegar el resto de la información, que contiene varias pestañas (al menos Identidad, Gráficos y Apariencia).

- Desde la pestaña Gráficos, el primer apartado es «Sombreado». En él puedes cambiar el color del material en modo de visualización Sombreado o Colores coherentes. En este caso, prefiero un color discreto o blanco, así que haré clic en el recuadro con la combinación de color para elegir un blanco puro.

Figura 12.3. Editor de materiales.

- En la misma pestaña, el segundo apartado es «Patrón de superficie», que se refiere al tipo de sombreado de líneas que se mostrará cuando el suelo se vea en proyección; por ejemplo, en cualquier planta o vista 3D. Aunque existen tanto un patrón de fondo como uno de primer plano, en este caso creo que será suficiente con modificar el patrón de primer plano, haciendo clic en el que haya puesto y creando, desde cero, nuestro propio patrón. Es importante asegurarnos que estamos modificando un patrón de Modelo (distancias y despieces reales) y no un patrón de diseño (sombreados simbólicos); una vez hecha esta comprobación, utiliza el botón universal de «Nuevo» (una hoja en blanco, a veces con un brillo en una esquina) para crear uno nuevo. Yo lo voy a llamar «Lamas 10cm», va a ser de tipo Básico, con líneas paralelas en un ángulo de 0° y una separación de 0,10 m. Al aceptar, habrás añadido ese patrón a tu lista de posibilidades de ese proyecto. No puedes terminar esta parte sin cambiar el color de las líneas de sombreado a un gris más suave, ya que si las dejas en negro se verá demasiado resaltado. De hecho, si te tomas tu tiempo eligiendo la tonalidad de gris perfecta, harás bien en utilizar el RGB 192 192 192 (figura 12.4).
- En la primera pestaña Identidad (figura 12.5.), puedes añadir cualquier tipo de información que consideres relevante para que tanto tu yo del futuro, como otros compañeros de trabajo posteriores, puedan encontrar ese material en el buscador de forma rápida. Por ejemplo, cuando se define un pavimento laminado, podrías aprovechar en el campo Palabras clave para añadir algunas como «Pavimento», «Madera» o incluso algunas marcas comerciales muy conocidas que pienses que puedan ayudar. En esta línea también puedes, si lo deseas, establecer una Clase de material. Revit tiene una serie de clases predefinidas, donde la más adecuada en este caso sería «Pintura/Revestimiento», pero puedes teclear y añadir tantos nombres como desees. Estas clases, ni siquiera las predefinidas, no se traducen si abres tu proyecto en otro idioma. Más adelante, cuando el proyecto esté más avanzado, puedes incluso rellenar la descripción de tu material para apoyarte en leyendas o tablas.

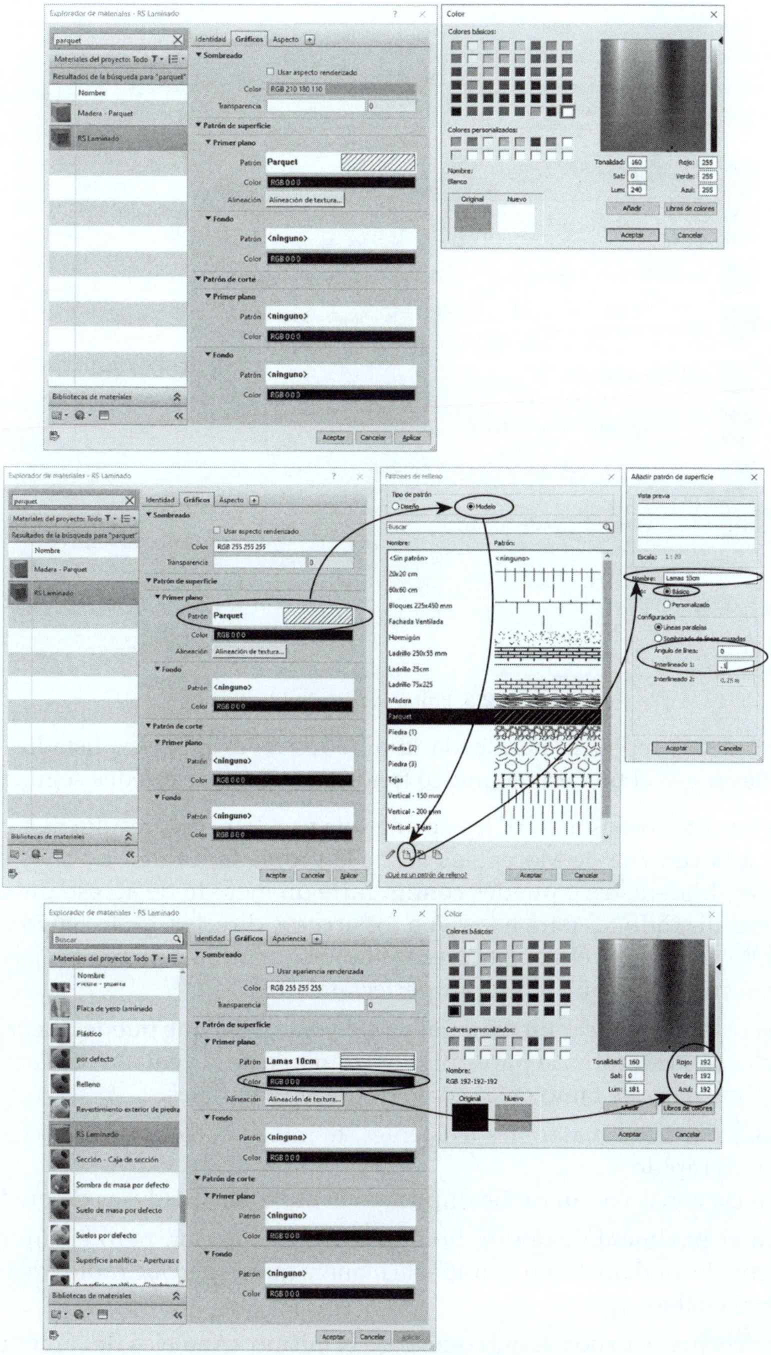

Figura 12.4. Editar la pestaña Gráficos.

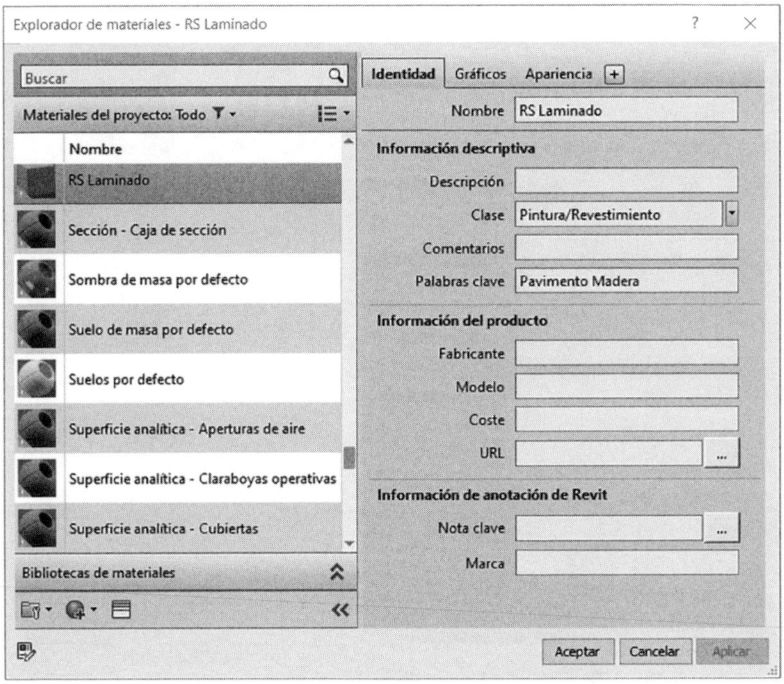

Figura 12.5. Editar la pestaña Identidad.

Este proceso debes repetirlo para cada uno de los revestimientos listados antes. Para hacer más llevadero el proceso, te indico tres estrategias que puedes seguir:

- Puedes crear todos los materiales de una sola vez. Para eso, resulta más conveniente acceder a la ventana de Materiales desde la propia Cinta de opciones de Revit, en Gestionar>Materiales; o puedes configurarte un método de acceso directo desde el teclado. Utilizando KS para acceder a los accesos directos, yo lo tengo configurado como MM (quitando el acceso preconfigurado para la orden Reflejar) pero otros similares, como MT, pueden servir perfectamente.
- No es necesario duplicar un material ya existente, sino que puedes crear tus propios materiales desde cero; en la parte inferior izquierda de la ventana de Materiales tienes el icono que permite tanto crear como duplicar materiales.
- Si decides partir de materiales existentes, te indico cuáles he usado yo como base para ir más rápido:
  - Para las zonas comunes, he duplicado el material «Baldosas de piedra».
  - Para el pavimento exterior, he duplicado el anterior, pero creando un nuevo patrón de modelo de 40x40 a 45°, de manera que se percibe rápidamente de forma visual cuál es cuál.
  - Para cocinas y baños, tomé como base el mismo «Azulejos de cerámica», aunque cambiando el color a blanco en ambas ocasiones.

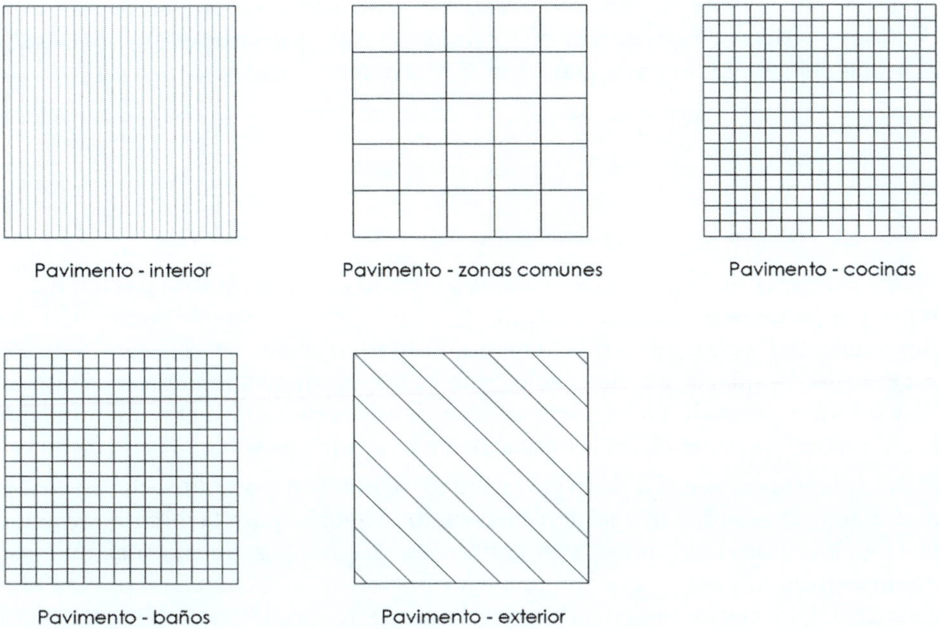

Figura 12.6. Tipos de pavimentos creados.

Colocación de pavimentos

Para colocar nuestros pavimentos en el proyecto debemos seguir una serie de reglas. Todas son muy sencillas, pero debes tenerlas claras en esta fase del trabajo.

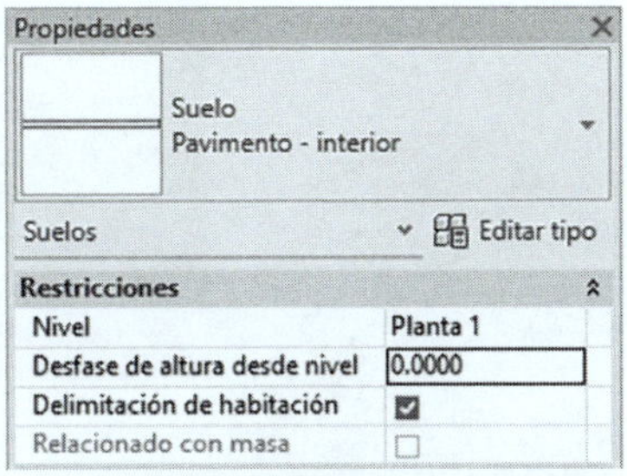

Figura 12.7. Desfase del pavimento respecto al nivel.

- El desfase sobre el nivel siempre estará a cero; nuestros pavimentos están enrasados con el nivel de la planta.
- El método de dibujo más usado para el contorno de los suelos será el que hemos venido utilizando hasta ahora: selección de muros; de esta manera, cualquier desplazamiento en el muro afectará al pavimento.
- Normalmente, los pavimentos llegarán hasta el núcleo de muro (a diferencia de los forjados, donde habíamos desactivado esta opción). El motivo es que, constructivamente, es más probable que el pavimento se coloque antes que el revestimiento vertical de los muros y, por tanto, que llegue hasta la capa de ladrillo, por ejemplo.

- El desfase de la línea de contorno del suelo estará a cero; no queremos que haya un desfase negativo, como sí ocurría en los forjados. Aquí, nuestro pavimento llega hasta el borde del tabique (o hasta el núcleo, si lo tenemos activado).

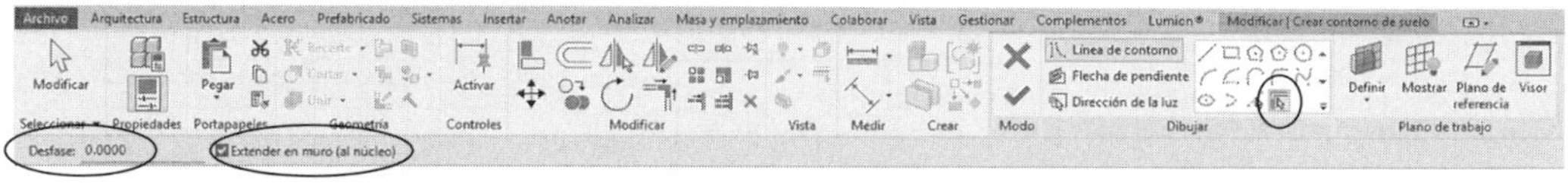

Figura 12.8. Configuración del modelado de suelo para pavimento.

- Si dos estancias de la planta de nuestro proyecto tienen el mismo pavimento, pero no se puede transitar directamente de una a otra sin cambiar de acabado, se hacen dos suelos independientes, no el mismo. El motivo constructivo y lógico detrás de esta norma, es que, si son dos suelos diferentes, podremos replantear fácilmente y de manera independiente el sombreado o despiece de cada suelo, mientras que, si fuera un único elemento, sería muy difícil conseguir una solución satisfactoria.
- Si dos estancias tienen el mismo pavimento y se puede transitar directamente de una a otra, entonces se hacen con un único suelo. Además, para facilitar enormemente la labor de modelado, no se van contorneando tabiques ni puertas: se hace un pavimento envolvente. Piensa en una distribución de suelo donde se pavimenta con un mármol, que es un material duro y costoso de manipular: normalmente se coloca primero todo el mármol, y después se colocarán los tabiques sobre ese suelo. Te propongo que apliques este razonamiento a cualquier tipo de pavimento que generes. Y, además, no te preocupes por las uniones, que conseguiremos dejarlas perfectas para que cualquier sección sea coherente.

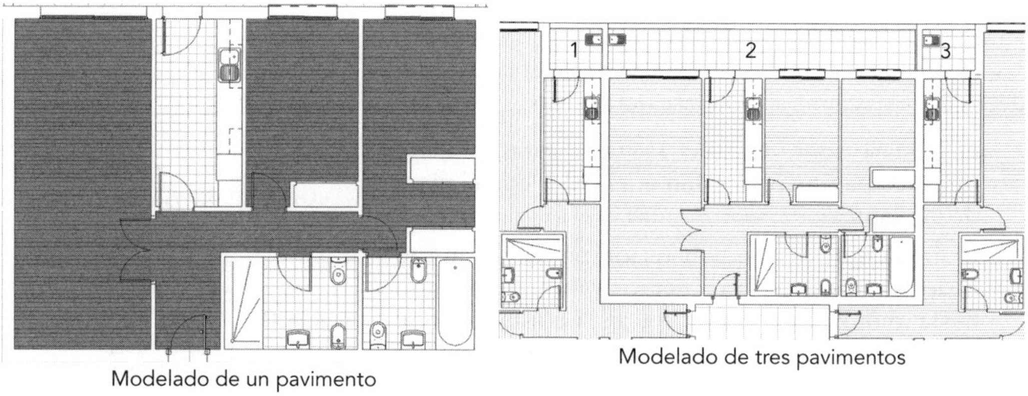

Figura 12.9. Modelado de pavimentos continuos y por separado.

Además de las consideraciones específicas de los pavimentos, recuerda que siempre que generes un suelo en una planta que debajo tiene muros (por ejemplo, cualquier planta por encima de un sótano), Revit te preguntará si deseas enlazarlos, como ya vimos en los forjados. La respuesta debe ser, siempre, que no. En esta misma línea, cuando generas un suelo mediante nuestro método favorito con el comando de dibujo de Seleccionar muros, es posible que Revit nos pregunte si deseamos unir los muros y suelos que están solapados. En este caso, la respuesta debería ser que sí, para que Revit haga esa unión y limpieza de líneas por nosotros.

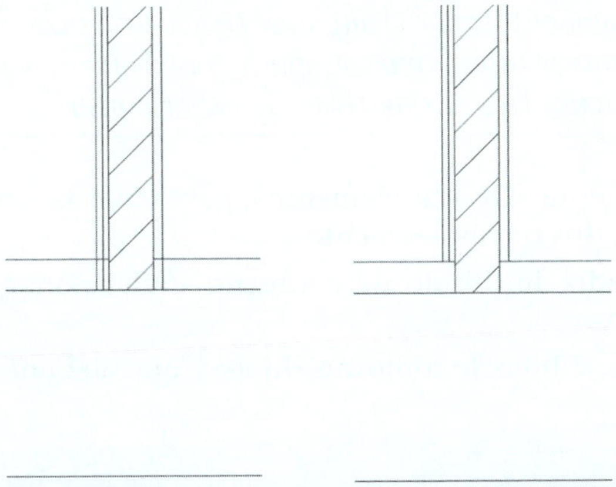

Pavimentos sin unir   Pavimentos unidos al tabique

Figura 12.10. Pavimentos unidos y sin unir a los muros.

Incluso en una fase temprana de proyecto, coincidirás conmigo en que no tiene sentido pavimentar debajo de una bañera o, según el proyecto, dentro de un armario empotrado. Siéntete libre de aplicar estas reglas para modelar tus pavimentos: utiliza contornos interiores para eliminar zonas y utiliza de forma habitual los comandos de modificación como Recortar/extender a esquina. Si durante este proceso llega a molestarte la pregunta constante de Revit acerca de enlazar, considera marcar la opción de No volver a mostrar este mensaje, ahora que ya sabes cómo resetear tu archivo de Revit.ini.

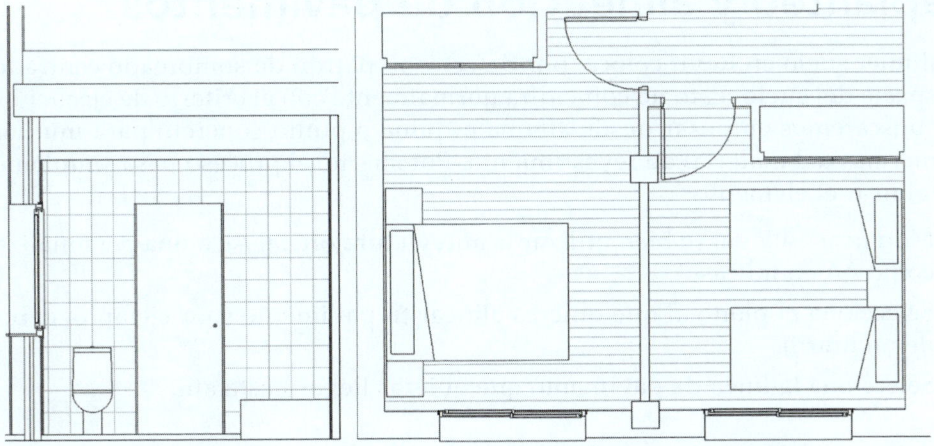

Bañera sin pavimentar   Armario empotrado sin pavimentar

Figura 12.11. Espacio bañera y armarios empotrados sin pavimentar.

TRUCO:

Cuando seleccionas un muro como contorno de pavimento con el comando de dibujo de «Seleccionar muro», ya no podrás seleccionar ese muro otra vez. Esto resulta algo confuso en algunos momentos; por ejemplo, si tienes un muro continuo de fachada cuyo pavimento interior se interrumpe porque hay un baño o cocina, pero luego debe seguir. En este caso tienes tres alternativas, de mejor a peor:

1. Utilizar la herramienta «Dividir elemento», para tener la línea que depende del muro separada en dos o más segmentos.
2. Utilizar el comando de dibujo de contorno «Seleccionar líneas» en vez de «Seleccionar muros».
3. Utilizar la orden de dibujo de contorno «Línea», que no tiene vinculación alguna con el muro.

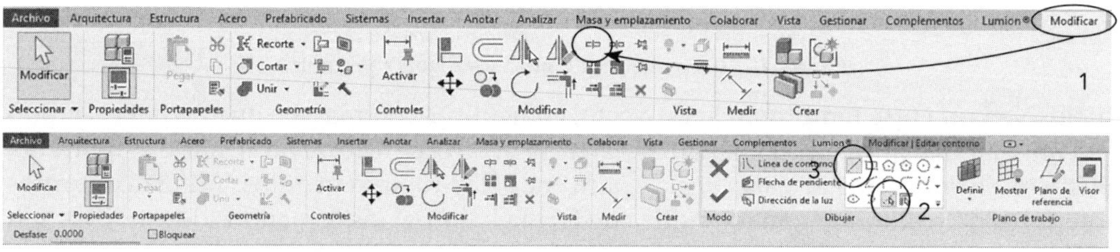

Figura 12.12. Opciones para seleccionar un muro de nuevo.

Replanteo y alineación de pavimentos

Cualquier suelo en Revit coloca, por defecto, su patrón de sombreado centrado en el espacio del suelo. Esto no coincidirá normalmente con el criterio de ejecución, ya que buscaremos empezar desde alguna esquina o punto concreto para minimizar las mermas del material de revestimiento. Por suerte, el proceso pasa simplemente por alinear el elemento:

1. Modificar>Alinear (o bien utilizar la abreviatura oficial AL o una personalizada, como AA en mi caso).
2. Selecciona el plano al que quieres alinear tu pavimento (por ejemplo, el borde de un muro).
3. Selecciona la línea de pavimento que quieras llevar hasta ahí.

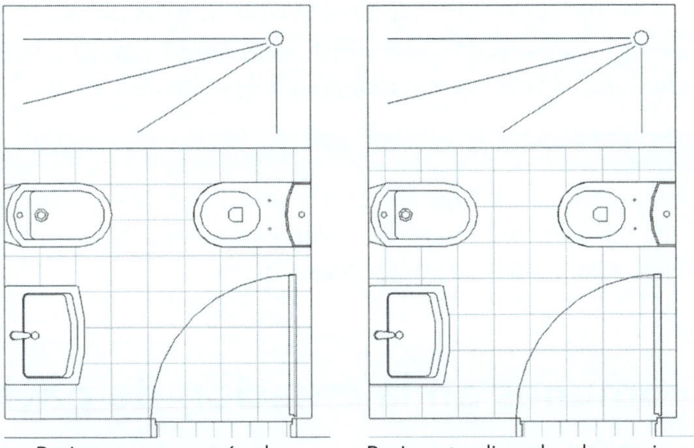

Figura 12.13. Alinear patrón de sombreado del pavimento del baño.

De forma análoga a este procedimiento, tal vez lo que desees sea girar un pavimento (porque es posible que, al colocar diferentes pavimentos interiores, alguno tenga las lamas en direcciones diferentes) o incluso en el caso de los pavimentos exteriores, hacer coincidir una intersección de tu patrón con una esquina de la terraza. Utilizaremos el mismo procedimiento, pero con una pequeña variación. Lo importante es que no intentes mover el suelo propiamente dicho, sino solamente su patrón de sombreado.

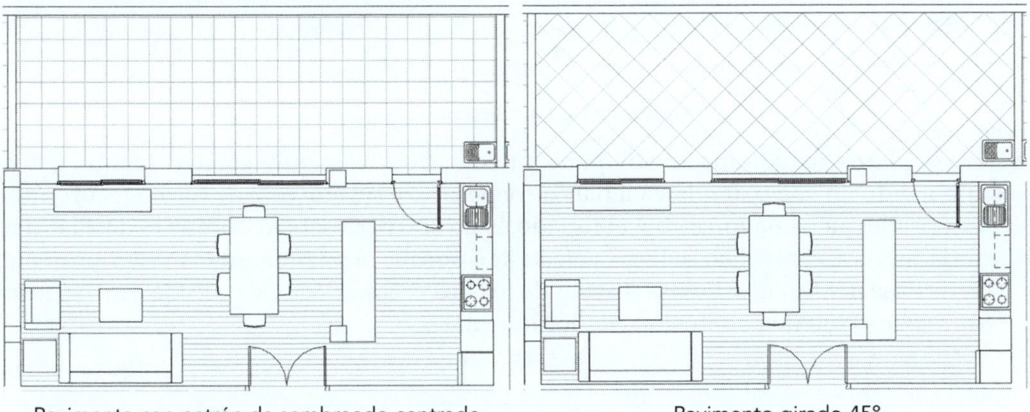

Figura 12.14. Rotar el patrón de sombreado del pavimento de la terraza.

- Para ello, mueve el ratón hasta que se sitúe encima de una línea del sombreado, pero sin hacer clic en ella.
- En ese momento, pulsa una o varias veces la tecla TAB (recuerda que no hay que mantenerla pulsada, solo pulsaciones sencillas) hasta que la línea sobre la que estaba tu ratón quede resaltada.

- Selecciona esa línea haciendo clic con el botón izquierdo del ratón.
- En este momento, puedes usar las órdenes de modificación Mover o Rotar de la Cinta de opciones para cambiar la posición o el ángulo del patrón de sombreado.

TRUCO:

El comando «Alinear» es una opción muy rápida, pero tiene dos limitaciones: la primera, no puede alinear líneas perpendiculares y la segunda, no tienes control sobre las intersecciones, solamente sobre los planos.

Errores comunes en la creación de pavimentos

El proceso de crear pavimentos o acabados siempre va a tener algún tipo de contratiempo. Por suerte, todos suelen tener una razón real y se solucionan con facilidad:

- La más obvia, es recordar que un suelo es una orden de modo boceto; por tanto, solamente podemos salir de ella pulsando el icono de cancelar o dibujando un contorno válido. Quizá no recuerdes haber entrado en la orden Suelo porque, simplemente, hayas hecho doble clic en un suelo existente; revisa en la Cinta de opciones las pestañas, localiza la que está más a la derecha con un color verde diferente y ahí encontrarás el icono de cancelar la edición de suelo.

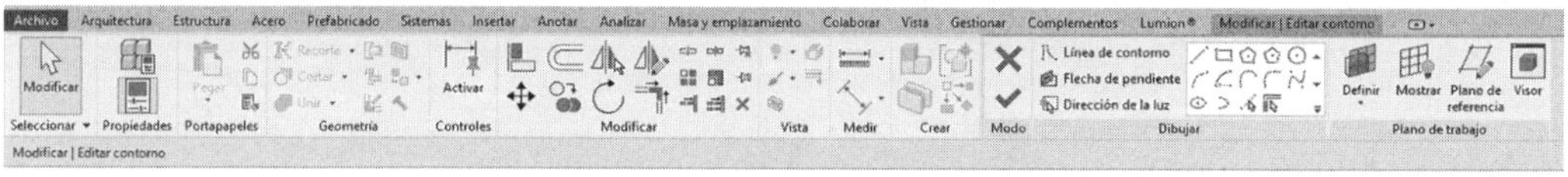

Figura 12.15. Salir de la orden Suelo.

- «Los suelos resaltados se solapan» puede deberse a que, efectivamente, estés dibujando un suelo donde ya tenías otro; pero si te sucede esto de forma recurrente, es posible que el pavimento y el forjado estén solapados; bien porque el desfase del forjado sobre el nivel no se llegó a efectuar o porque el pavimento es más grueso que el desfase del forjado. Revisa de cuál de los dos casos se trata y procede a arreglar lo que seguro fue una confusión con los decimales.

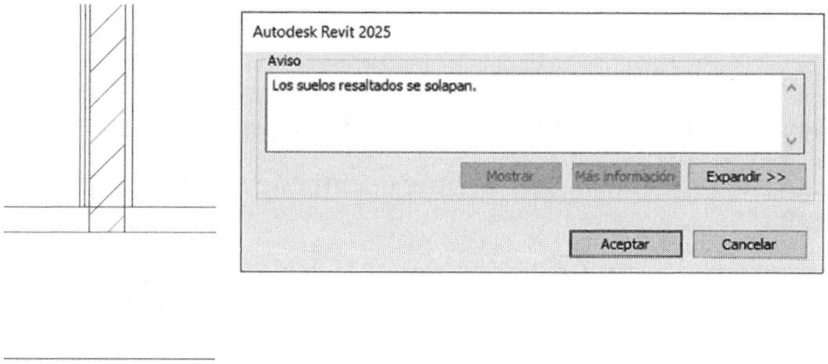

Figura 12.16. Forjado solapado con los pavimentos.

- «Las líneas deben estar en bucles cerrados. Las resaltadas están abiertas en un extremo». Aunque parezca que sí, nuestro pavimento no está cerrado. Esta advertencia tiene la ventaja de que, clicando en el botón de Mostrar, hará zoom sobre los dos extremos que no están unidos y que tendrán, además, dos círculos rellenos de color naranja. Con el botón Continuar podrás arreglar este pequeño fallo.

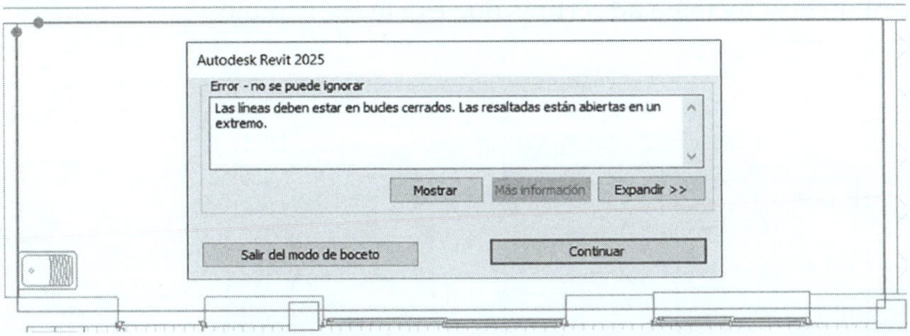

Figura 12.17. Contorno de suelo sin cerrar.

- «Las líneas no pueden intersecarse mutuamente. Las resaltadas se intersecan». Esto puede ser una situación engorrosa de resolver, puesto que no siempre es evidente qué líneas se han solapado; cuando ni el botón Mostrar, ni el hecho de que las líneas culpables aparezcan pintadas en color naranja te ayuda, deberás repasar el contorno. Ten en cuenta que, aunque en un suelo haya varios errores de este tipo, Revit te lo indicará una vez para cada error. Ten paciencia.

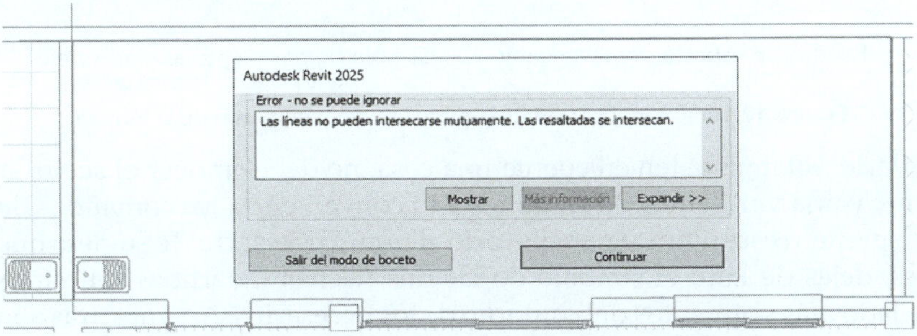

Figura 12.18. Contorno de suelo con líneas intersecantes.

- «La línea es demasiado corta». Esta sería, probablemente, la situación más difícil de identificar. Imagina que tienes dos muros adyacentes, pero no perfectamente alineados, y que has generado el contorno de suelo seleccionando ambos. Revit hará una pequeña línea auxiliar para unir esos dos contornos. En principio, funcionará bien; pero en algunos casos (quizá al mover un muro o al eliminar uno de los contornos de suelo) esa línea no se pierde, sigue ahí, y Revit la detecta como un error. Mi truco aquí es ir seleccionando, con ventanas, zonas completas del perímetro del suelo, y contar cuántos elementos hay; si en el recuento de elementos (visible tanto en las propiedades como en la parte inferior derecha de la pantalla) el número es diferente a lo que espero, es probable que ahí esté el problema.

Cuando hay un cambio de pavimento y una puerta da paso de una estancia a otra, habrá casos en los que ese espacio quede sin pavimentar. Obviamente, debemos corregir esas situaciones. Como regla general a nivel constructivo, te invito a que adoptes que el cambio de pavimento se produce debajo del eje de la hoja de la puerta cerrada; de esa manera, desde una u otra estancia no advertirás que existe ese cambio.

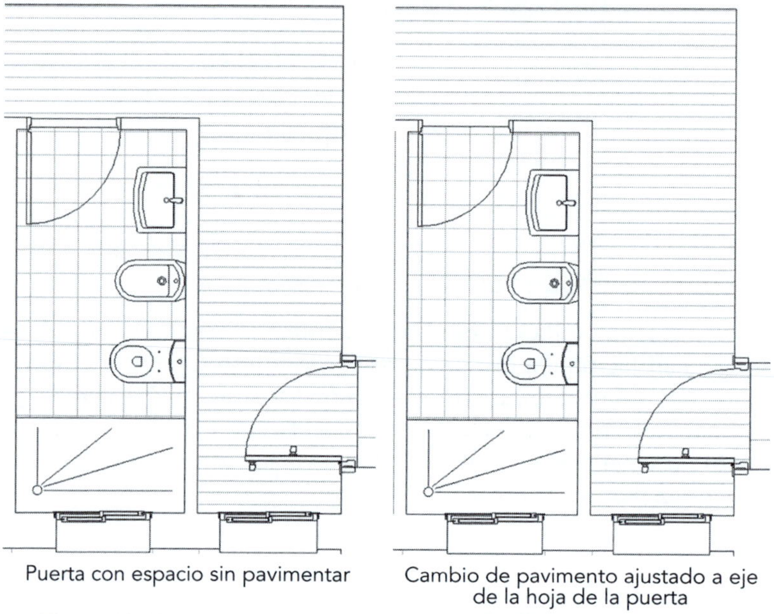

Figura 12.19. Rotar el patrón de sombreado del pavimento de la terraza.

Para arreglarlo, solamente ten en cuenta una cosa: no debes mover el suelo, sino editar su contorno; y una vez dentro de él, utiliza a tu conveniencia los comandos de Mover o Alinear (yo prefiero este último) para llevarlo al punto necesario. Te sugiero que, en estas situaciones, dejes de lado el símbolo de las dos flechas invertidas, puesto que quizá cambie de lado más segmentos del contorno de los necesarios. Además, tras alinear, sería perfecto cerrar el candado y unirlos.

TRUCO:

En las últimas versiones de Revit, puedes marcar la casilla de «Bloquear» desde la barra o la «Cinta de opciones», para que se produzca automáticamente el bloqueo tras la alineación, ahorrándote algún clic extra.

Figura 12.20. Comando Alinear con la casilla Bloquear activada.

En el caso de los umbrales de puerta, debes ser consciente de si hay un cambio de nivel o no. En el caso de que no lo haya (por ejemplo, en la puerta de salida de una vivienda hacia el pasillo de las zonas comunes interiores) simplemente aplicaremos el mismo criterio de alineación. Sin embargo, en otras ocasiones, sí desearás que haya una pieza de umbral inferior. Aquí puedes aplicar dos criterios fundamentales, que deberás decidir personalmente:

- Localizar una familia de puerta que ya venga con el umbral incorporado.
- Crear manualmente un trozo de suelo que cumpla esa función y que incluso esté alineado con la puerta para seguirla en caso de que la desplaces por motivos de proyecto.

El progreso hasta ahora

En estos momentos, deberás invertir un poco de tiempo para modelar los suelos de las diferentes estancias y las distintas plantas. Aquí tienes una serie de imágenes que pueden servirte como guía para ver cuál podría ser el resultado en este proyecto.

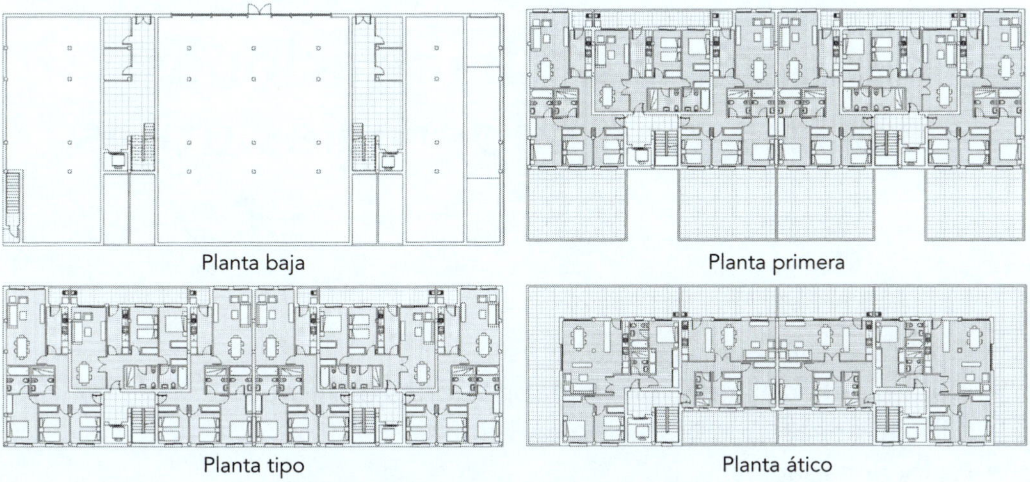

Figura 12.21. Plantas del edificio plurifamiliar.

13

Definición de habitaciones: trabajo con superficies útiles

En este capítulo aprenderás a:

- Colocar habitaciones y etiquetas.
- Controlar la delimitación de habitaciones en muros.
- Dibujar líneas de separación de habitación.
- Colocar espacios.
- Utilizar una tabla básica de habitaciones.
- Separar habitaciones por departamentos.

Colocar habitaciones en tu proyecto

Las habitaciones van a ser el instrumento más potente que utilicemos para identificar los distintos recintos de nuestro proyecto. No solo podremos nombrarlos y sacar superficies, sino que serán útiles para obtener otro tipo de información del modelo. Para colocar una habitación, desde una vista de planta de trabajo simplemente ve a Arquitectura>Habitación y asegúrate de que el botón de Etiquetar al colocar esté activado; de esta manera, no solamente colocarás una habitación, sino también su etiqueta.

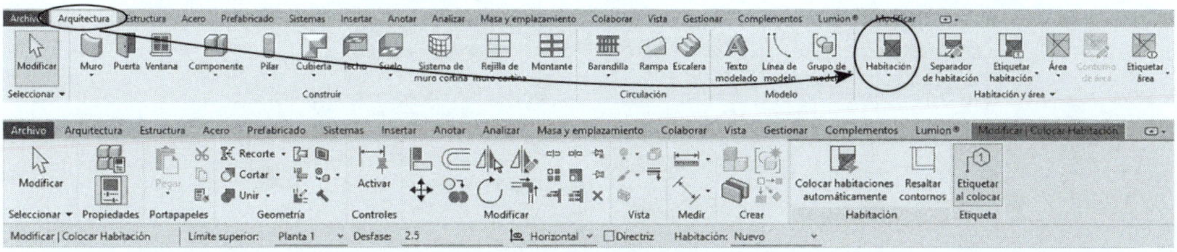

Figura 13.1. Etiquetar al colocar habitaciones.

Mientras estés colocando habitaciones, te resultará muy fácil reconocer tu progreso, puesto que las verás en un color azul claro, con una cruz o aspa en el punto donde hayas ido haciendo clic. Sin embargo, cuando termines de colocar una o varias habitaciones, tanto el color como la cruz de referencia desaparecen. Si vas a estar trabajando un tiempo con las habitaciones, puede ser interesante que actives esas ayudas de visualización de forma permanente, desde VV>Habitaciones>desplegar, y activa tanto Referencia como Relleno interior. Esto te ayudará a controlar si alguna habitación no se llegó a colocar o incluso si está cubriendo el área deseada.

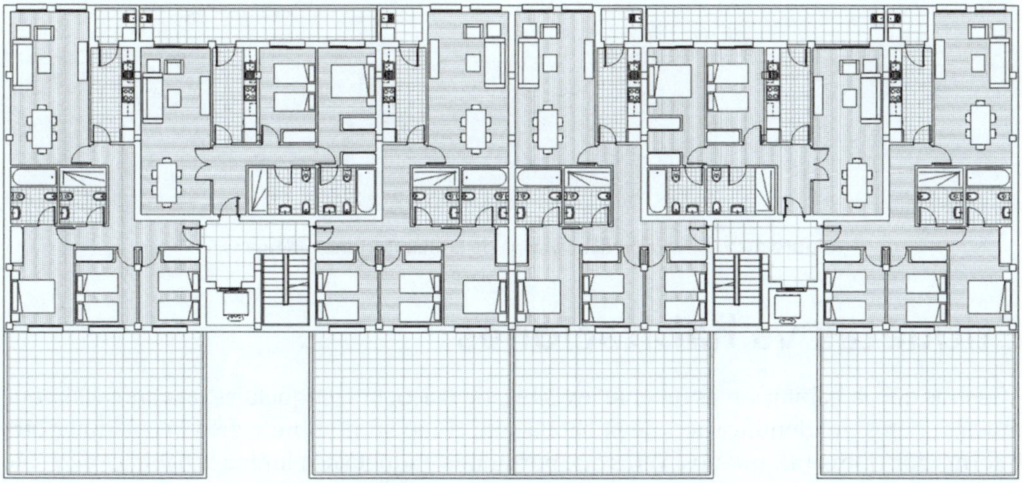

Figura 13.2. (Primera parte).

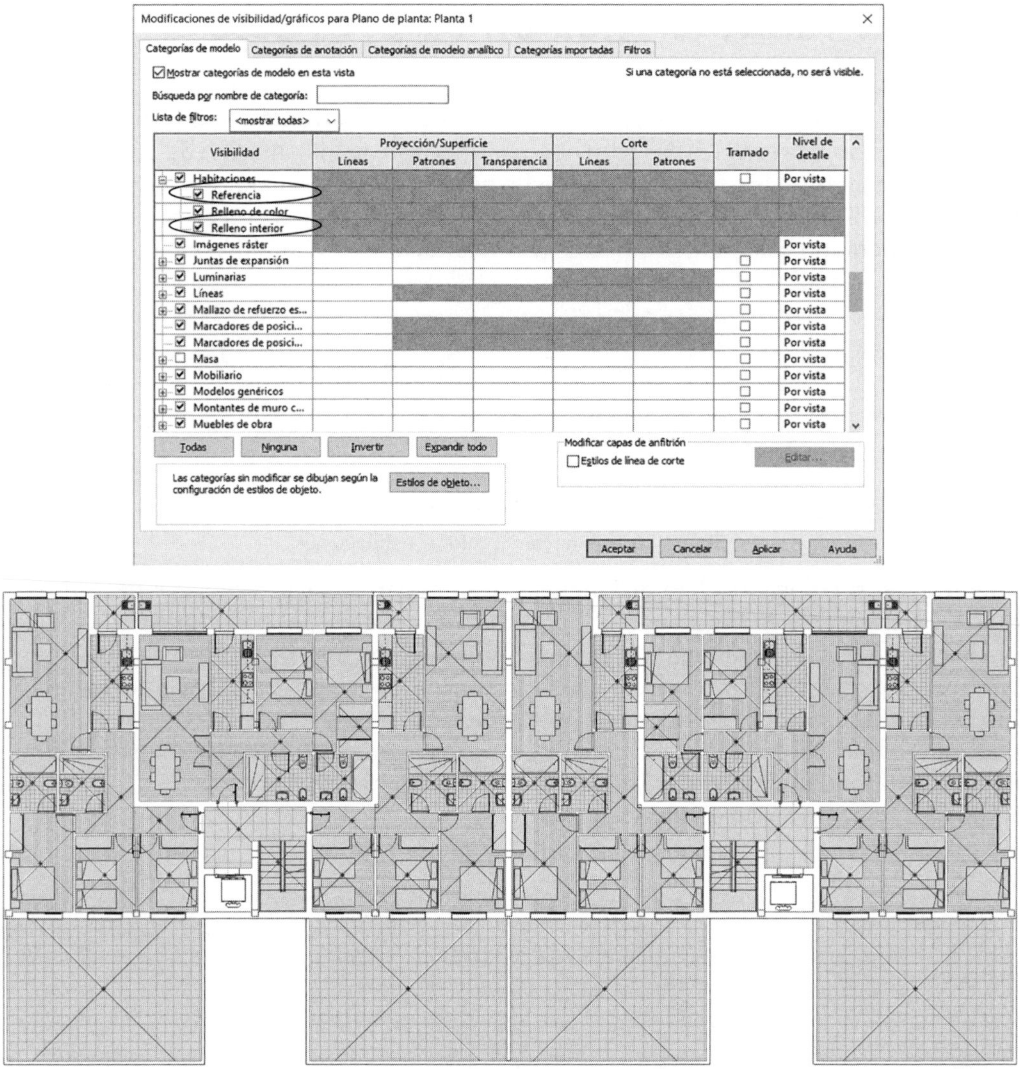

Figura 13.2. Mostrar relleno y aspa de las habitaciones en una vista.

Etiquetas vs habitaciones

Mientras que la habitación es un ente invisible, no físico, una etiqueta es una anotación que muestra datos de identificación de la habitación; como su nombre y área, o cualquier otra información que configuremos. Verás que borrar una etiqueta no elimina la habitación, y solo provoca un aviso en la pantalla indicando exactamente eso («has borrado la etiqueta, pero no la habitación»); esto es algo fácilmente solucionable volviendo a crear una etiqueta para esa habitación desde el icono de Etiquetar habitación. Para seleccionar la habitación en sí, que es el elemento realmente importante, tienes varios métodos:

- Acércate con el ratón a la etiqueta y, sin necesidad de clicar en ella, pulsa TAB una o varias veces (recuerda pulsar, pero no mantener) hasta que se resalte el aspa o la cruz; entonces, un clic con el botón izquierdo del ratón te confirmará la selección.
- Si no tienes etiqueta, puede ser algo más difícil; mover el ratón despacio por la habitación eventualmente encontrará la referencia, incluso apoyándote en TAB.
- La forma más rudimentaria sería hacer una ventana de selección que englobe toda la habitación (y el resto de elementos de modelo, no pasa nada) y hacer uso de la orden Filtro para desmarcar todo lo que no quieres. Confieso que yo soy realmente malo seleccionando habitaciones, y por eso muchas veces, en vistas de trabajo, recurro al método de activar las referencias desde VV que he mencionado antes.

Colocar habitaciones automáticamente

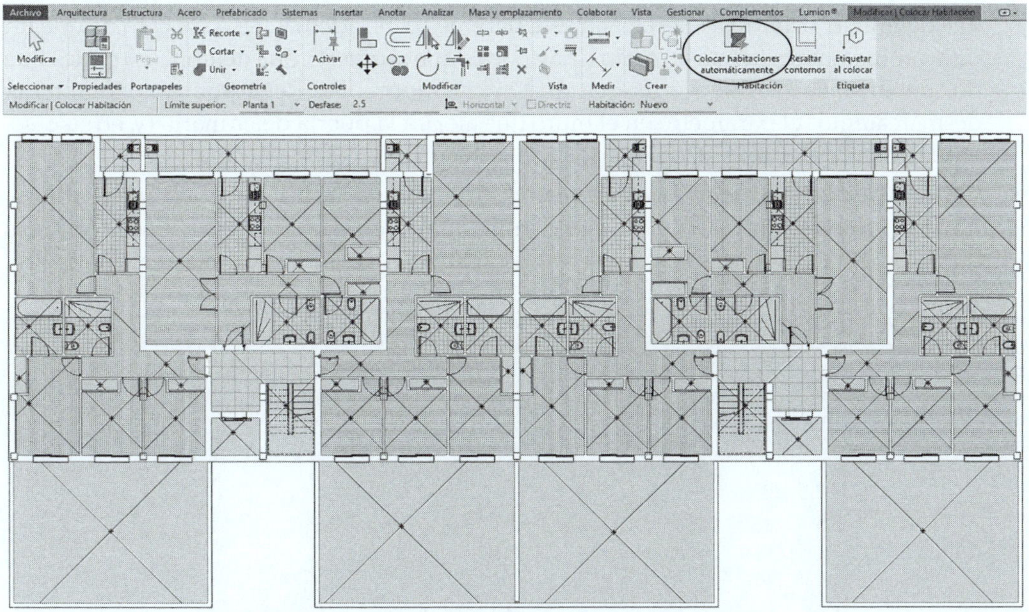

Figura 13.3. Habitaciones colocadas automáticamente.

En proyectos grandes, colocar todas y cada una de las habitaciones puede consumir una cantidad de tiempo considerable; así que una vez has pulsado el icono de Arquitectura>Habitación, Revit pone a tu disposición el icono Colocar habitaciones automáticamente. Sin embargo, los resultados no siempre son correctos, puesto que también creará habitaciones también dentro de los armarios, en el interior de los ascensores, o incluso en algunos patinillos de instalaciones que hubieras previsto. Además, no tiene forma de saber si quieres colocar una habitación en un balcón, o cómo separar estancias que no estén delimitadas por un muro y una puerta, como un recibidor y un pasillo. Si has hecho esta prueba, deshaz el comando que vamos a solucionar una parte.

Delimitación de habitación

Este es un parámetro de ejemplar que afecta a muros, suelos, techos y cubiertas y también a sólidos topográficos en Revit 2024 o posterior. Al usarlo dentro de los muros, permite activar o no que el muro actúe como cierre o elemento delimitador de la habitación colocada dentro. Vamos a poner dos casos en los que, probablemente, no nos interese que esté activada esta casilla:

- **Muros que separan armario y habitación.** Aunque necesitamos tener un espacio de almacenamiento en una estancia, no es estrictamente necesario que sea un armario empotrado, sino que podría ser un mueble. ¿Verdad que no sería justo decir que esa habitación es más pequeña por ese motivo? Así que harás bien en seleccionar los muros que delimitan armarios y desactivar este parámetro. Si, además, se da el caso de que un muro es más largo que un armario y hay partes que sí quieres que delimiten y partes que no, deberás hacer uso del comando Dividir elemento. Recuerda que solamente desmarcaremos el parámetro en el muro que alojará la puerta del armario (y, en su caso, en el lateral), pero no en el del fondo.
- **Cabinas de ducha o inodoros en un vestuario.** La superficie útil de ese vestuario es única, no sería razonable trocearla por cabinas individuales; en esta ocasión, de nuevo tendrías que seleccionar los muros que delimitan las diferentes cabinas y desmarcar el parámetro.

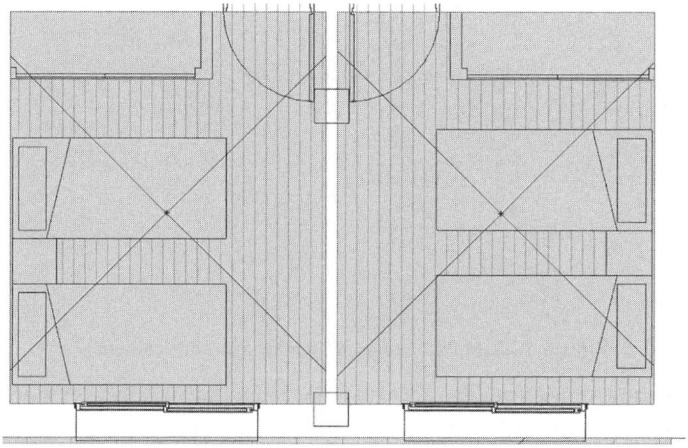

Figura 13.3. Muros que separan armario empotrado sin delimitar habitación.

En este momento, si vuelves a colocar todas las habitaciones de forma automática, habrás ganado mucho tiempo. Sin embargo, todavía quedarán cuestiones por resolver, como la separación entre una habitación principal y su vestidor, o el ejemplo mencionado antes de recibidor y pasillo o salón comedor. Para estos casos, Revit tiene previsto el uso del comando Separador de habitación: sirve para dibujar una partición virtual que hará que la habitación se frene en esa línea. Recuerda que no dividirá una habitación en dos, sino que delimitará la que ya tengas; así que es posible que debas añadir, manualmente, habitaciones en esas zonas que quieres tener diferenciadas. Además de los ejemplos que ya hemos visto, es posible que no quieras incluir el espacio de la escalera en el rellano o que en la planta ático también necesites separar el salón comedor de la zona de cocina; en cada proyecto habrá diferentes situaciones a resolver.

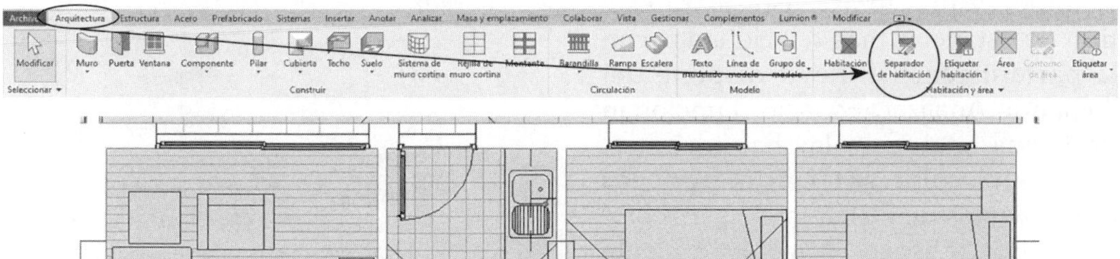

Figura 13.5. Separador de habitación para diferenciar el hall del pasillo.

TRUCO:

Si en algún momento eliminas una habitación, Revit te indicará con un mensaje que la habitación se ha eliminado, pero sigue estando en el proyecto. No te preocupes de momento, ya que enseguida llegaremos a ello.

El uso de espacios

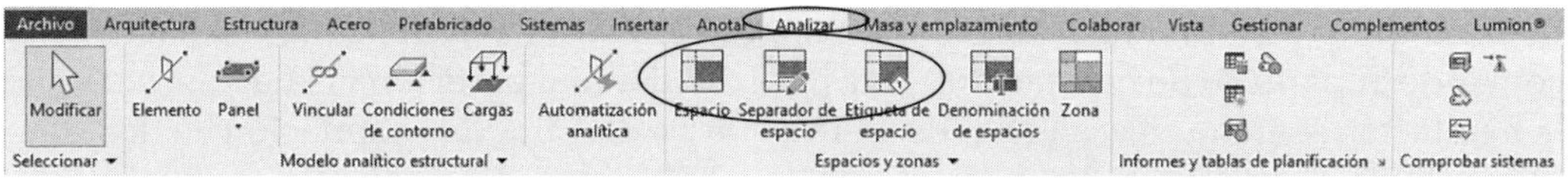

Hay estancias que debemos identificar y etiquetar, pero que no cuentan como superficie útil; un par de casos sencillos podrían ser patinillos de instalaciones, armarios de telecomunicaciones o, por ejemplo, el propio ascensor. Para este tipo de estancias más relacionadas con la parte ingenieril, Revit dispone del comando Analizar>Espacio. Funcionan de forma análoga a las habitaciones, aunque el color sea verde, pero las herramientas de Etiqueta de espacio y Separador de espacio son prácticamente iguales a las que ya hemos tratado.

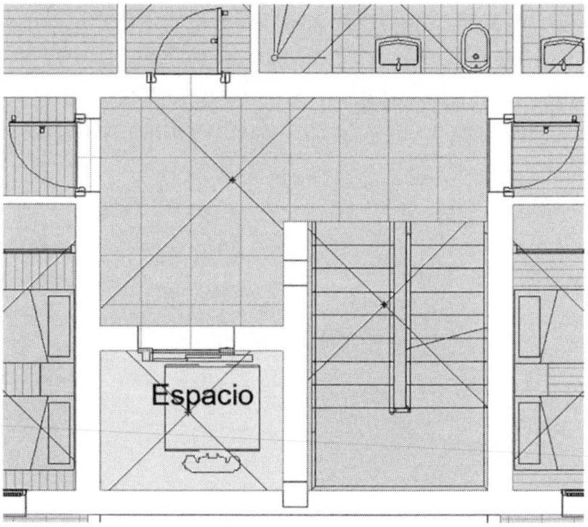

Figura 13.6. Espacio creado en el ascensor.

Tablas de planificación para controlar habitaciones

Si no quieres nombrar las habitaciones una a una, llega el momento de utilizar las tablas. Desde el Navegador de proyectos, localiza el apartado Tablas de planificación/Cantidades y, si pulsas en el icono + de la Plantilla arquitectónica, verás que ya está creada una tabla de Habitaciones. Por si acaso, voy a repasar los pasos para llegar a esta misma tabla desde cero, así que siéntete libre de Suprimir la tabla con la tecla DEL del teclado o con el botón secundario, Suprimir.

Si no fuera así, veamos una forma rápida de crear una tabla de planificación. Asumiendo que en este momento ya tengas nociones básicas de tablas, solamente tendrás que seguir los pasos (en capítulos posteriores trabajaremos con más profundidad la creación de tablas más avanzadas). Con el botón secundario del ratón, elige la primera opción: Nueva tabla de planificación/cantidades. También, si te gusta más, puedes crear nuevas tablas desde Vista>Tablas de planificación>Tabla de planificación/Cantidades o, por supuesto, creando desde KS un atajo para las tablas. El mío es TT.

Estos pasos rápidos explican cómo crear desde cero, sin entrar en explicaciones o detalles, una tabla básica de habitaciones:

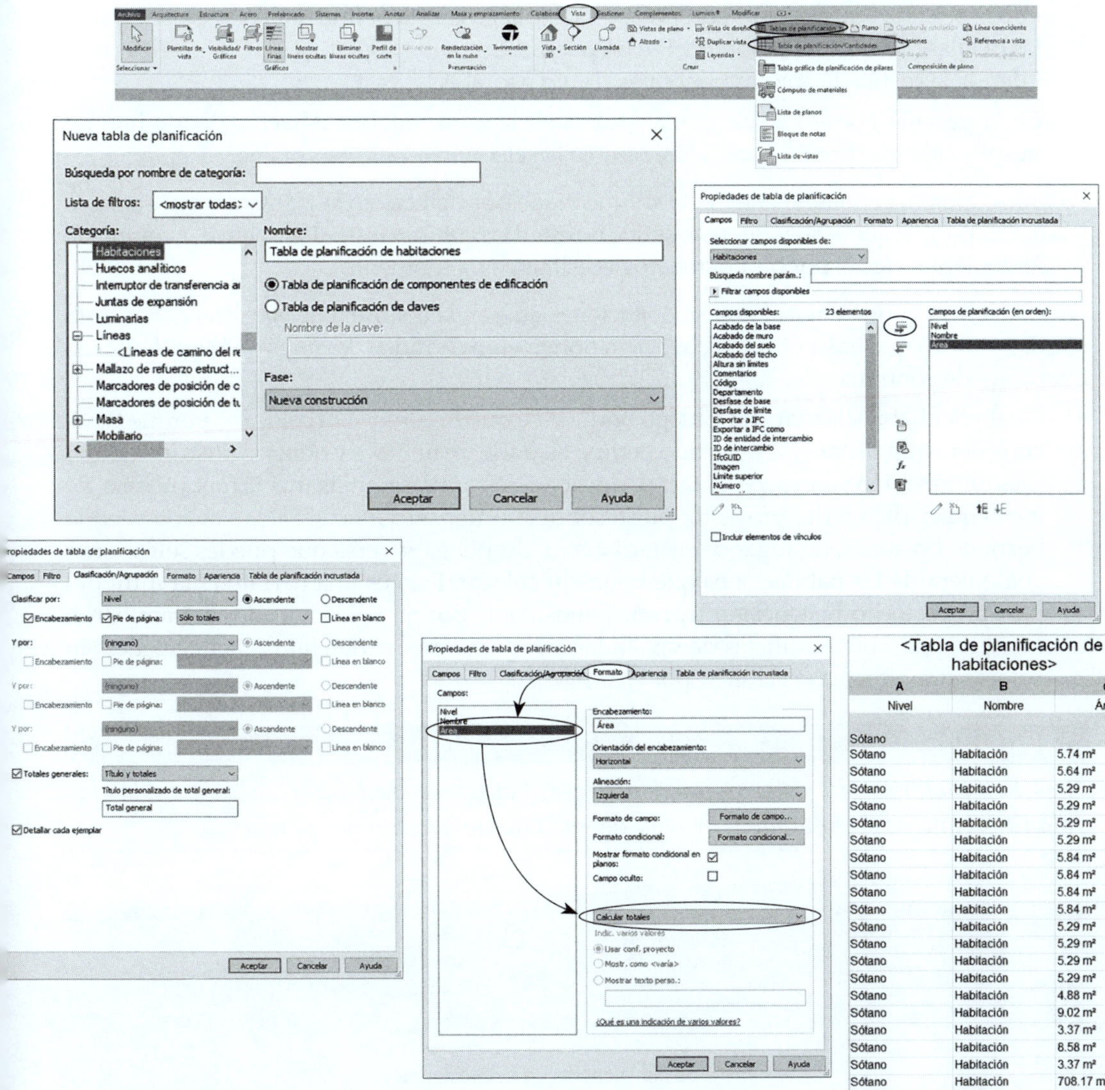

<Tabla de planificación de habitaciones>		
A	B	C
Nivel	Nombre	Área
Sótano		
Sótano	Habitación	5.74 m²
Sótano	Habitación	5.64 m²
Sótano	Habitación	5.29 m²
Sótano	Habitación	5.29 m²
Sótano	Habitación	5.29 m²
Sótano	Habitación	5.29 m²
Sótano	Habitación	5.84 m²
Sótano	Habitación	5.84 m²
Sótano	Habitación	5.84 m²
Sótano	Habitación	5.84 m²
Sótano	Habitación	5.29 m²
Sótano	Habitación	5.29 m²
Sótano	Habitación	5.29 m²
Sótano	Habitación	5.29 m²
Sótano	Habitación	4.88 m²
Sótano	Habitación	9.02 m²
Sótano	Habitación	3.37 m²
Sótano	Habitación	8.58 m²
Sótano	Habitación	3.37 m²
Sótano	Habitación	708.17 m²
Sótano	Habitación	7.86 m²
Sótano	Habitación	75.30 m²
Sótano	Habitación	3.71 m²
Sótano	Habitación	3.71 m²
Sótano	Habitación	3.32 m²
Sótano	Habitación	3.32 m²
Sótano	Habitación	3.35 m²
Sótano	Habitación	3.35 m²
Sótano	Habitación	3.49 m²
		921.84 m²

Figura 13.7. Crear tabla de planificación/cantidades de habitaciones.

1. Elige de la lista que hay en la columna de la izquierda la categoría Habitaciones; nunca dejes marcada la opción Multicategoría. Dale un nombre, aunque siempre puedes dejar el que viene por defecto, y acepta.
2. La lista que aparece a la izquierda se llama Campos disponibles; selecciona «Nivel», «Nombre» y «Área». Puedes añadirlos bien con doble clic o bien con el icono Añadir parámetro(s) que hay entre ambas columnas. Recuerda que «Área», al llevar tilde, estará al final de la lista.

3. Ve a la pestaña Clasificación/agrupación y despliega la lista para elegir «Nivel», activando las casillas de Encabezamiento y Pie de página: Solo totales, activa, también, en la parte inferior, la casilla de Totales generales: Título y totales.
4. En la pestaña Formato, selecciona Área y, en la parte inferior derecha, donde hay un desplegable que pone Sin cálculos, cambia la selección a Calcular totales y acepta.

La única diferencia notable entre la tabla que viene por defecto en la Plantilla arquitectónica y la que es posible que acabes de crear, es que no están las columnas de «Perímetro», «Volumen» y «Comentarios» (que, por otra parte, no necesitamos de momento).

Es posible, eso sí, que haya algunas habitaciones que, en la columna de Nivel, tengan puesto «Sin colocar»; o que haya otras en cuya área ponga «No cerrado». Veamos qué significa cada caso antes de continuar:

- Cualquier habitación creada y luego borrada se queda como «Sin colocar», porque Revit considera que, al haberse invertido tiempo en darle un nombre y quizá incluso introducir más información (como comentarios, o acabados), quieras reutilizarla. Si fuera el caso, ve a cualquier planta del proyecto, pulsa sobre la orden Arquitectura>Habitación y, en la barra de opciones, en lugar de elegir Nuevo, despliega y verás que puedes seleccionar cualquiera de las habitaciones que están sin colocar. Esto es una herramienta muy útil para proyectos con estancias muy recurrentes, como por ejemplo viviendas unifamiliares. No sería aplicable a edificios de viviendas porque se precisarían tantas habitaciones sin colocar como cocinas necesites, por ejemplo.

TRUCO:

Las habitaciones sin colocar pueden verse, ocultarse o aislarse en una tabla de planificación, seleccionando la opción deseada desde la cinta de opciones.

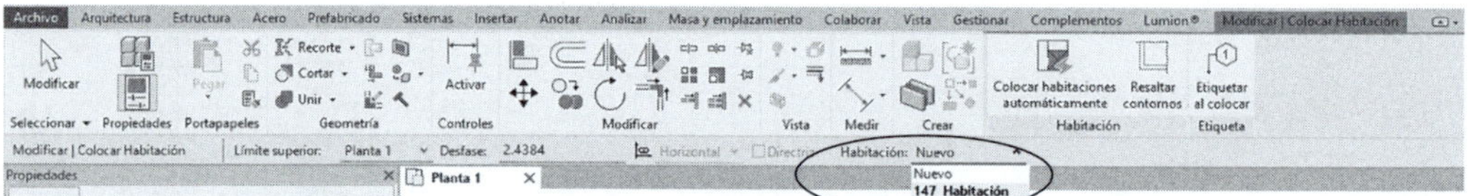

<Tabla de planificación de habitaciones>

A	B	C
Nivel	Nombre	Área
Sin colocar		
Sin colocar	Habitación	Sin colocar
		0.00 m²
Sótano		
Sótano	Habitación	5.74 m²
Sótano	Habitación	5.64 m²
Sótano	Habitación	5.29 m²
Sótano	Habitación	5.29 m²
Sótano	Habitación	5.29 m²

Figura 13.8. Habitaciones sin colocar.

Planta de cubiertas		
Planta de cubiertas	Habitación	No cerrado
		0.00 m²

- Cualquier habitación que no esté delimitada por muros o líneas de separación de habitación aparecerá sin una superficie definida, así que puede ser una buena táctica seleccionar la línea de esa habitación, cambiar a la pestaña de la planta correspondiente y detectar por dónde se «escapa» la superficie de la habitación.

TRUCO:

También puede ocurrir en habitaciones colocadas sobre una cubierta. Si ese es tu caso, debes seleccionar el nivel desde una vista de alzado y modificar el parámetro «Altura de cálculo» para que sea mayor que la cubierta y empiece a contar o dibujar la habitación desde ahí.

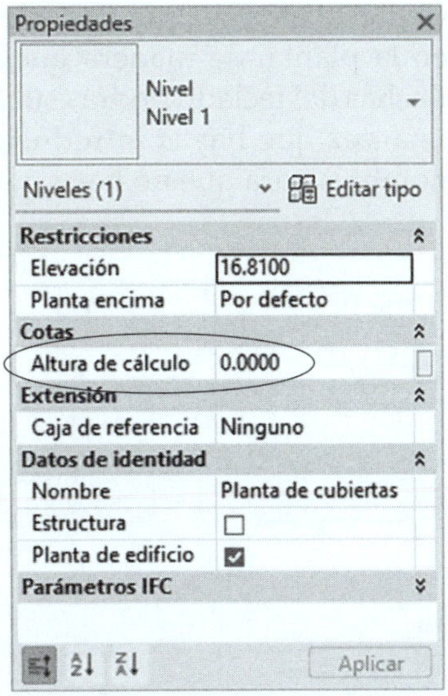

Figura 13.9. Habitaciones no cerradas.

Nombrar habitaciones: el método lento, el estándar y el rápido

El método lento para nombrar una habitación es, como te podrás imaginar, seleccionar cada etiqueta y hacer clic-clic antes de escribir el nombre de la estancia; también puedes seleccionar directamente la habitación y modificar el nombre desde la paleta de Propiedades; pero probablemente coincidirás conmigo en que este sistema es el menos eficiente de todos.

El método estándar consiste en tener un mosaico de ventanas (recuerda, WT o Vista>Vistas en mosaico) donde aparezca, a un lado, la tabla de planificación de habitaciones; y al otro lado, tantas pestañas como necesites con las plantas cuyas habitaciones quieras nombrar.

TRUCO:

Desde una tabla de planificación no funcionan los comandos abreviados de teclado, puesto que Revit interpreta que lo que estás intentando es escribir algo en una celda.

Con este método, puedes seleccionar cualquier celda de nombre y ver cómo se resalta en la planta, de manera que cambiarla resulta mucho más cómodo. Con las propias flechas del teclado podrás subir y bajar de nombre para escribirlos más rápido. Además, una vez que hayas introducido un nombre, Revit permite desplegarlo en la lista de nombres para que no haya que volver a escribirlo.

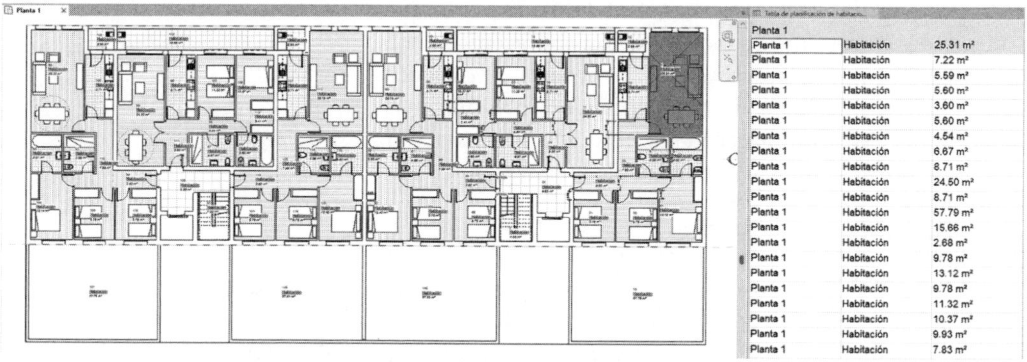

TRUCO:

Pulsando la combinación de teclas «Windows+V», puedes activar el historial de pegado, de manera que Windows recuerda, no solo tu último texto copiado, sino que podrás navegar entre todos los que tenías y seleccionar el que quieres pegar en ese momento. Esto no es útil solo para las tablas, ¡te recomiendo que lo incorpores a tu flujo normal de trabajo!

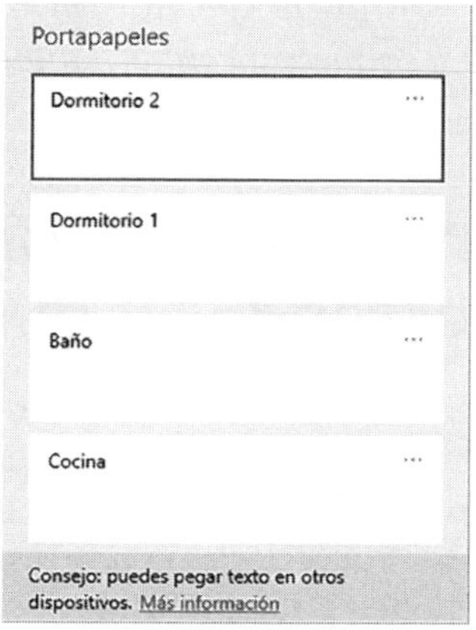

Figura 13.10. Nombrar habitaciones.

El método rápido es más avanzado. Se trata de crear una tabla de habitaciones especial: una tabla de claves que recoja los datos principales de una habitación (como su nombre, y más adelante también podemos añadir acabados u otras características). Vamos a ella desde Tablas de planificación/Cantidades>Botón secundario>Nueva tabla de planificación/Cantidades.

Debemos seleccionar la categoría Habitaciones y dar un nombre a la tabla; por ejemplo, «Claves de nombre de habitación». Además, es importante marcar la opción de Tabla de planificación de claves y dar un nombre a la clave; en este caso, te propongo algo sencillo cómo Código. Tras aceptar, solo añadiremos el campo de Nombre; ya tendremos tiempo de profundizar en este sistema.

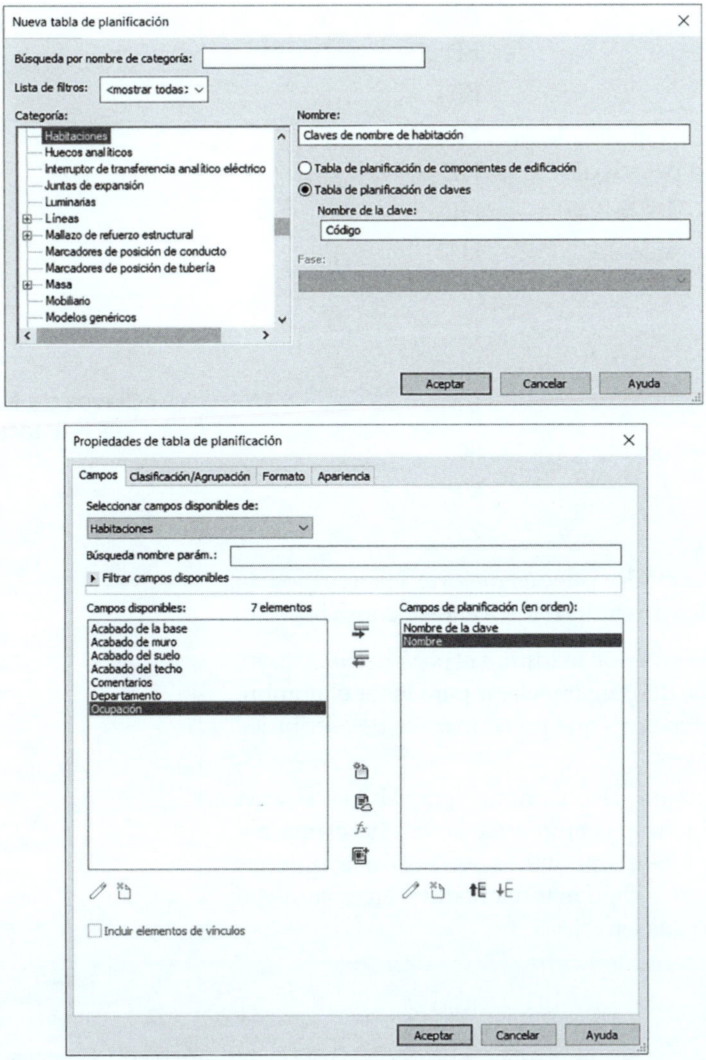

Figura 13.11. Crear tabla de códigos para habitaciones.

La tabla que aparece a continuación está totalmente en blanco; debemos ser nosotros quienes, mediante el icono de la cinta de opciones Insertar fila de datos, vayamos introduciendo nuevos códigos. El planteamiento es el siguiente: vamos a elegir un código rápido que identifique los nombres repetitivos de las estancias (Cocina, Galería, Salón comedor o Habitación principal, por ejemplo). Así nos evitaremos no solo tener que escribirlos, sino que se elimina la posibilidad de cometer algún error al teclear. Crearemos algunas de las siguientes filas de datos, y te propongo también una serie de códigos que puedes, por supuesto, adaptar a tu gusto:

- Aseo A
- Baño principal BP
- Baño 2 B2
- Cocina K
- Dormitorio principal HP
- Dormitorio doble HD
- Dormitorio sencillo HS
- Galería G
- Pasillo P
- Recibidor RC
- Rellano RR
- Salón comedor SC
- Vestidor VP
- Zaguán ZZ

Gracias a este método, puedes mejorar los tiempos de cualquiera de los dos anteriores. Veamos cómo hacerlo:

- Si en la tabla anterior añadimos el parámetro Código, solo hay que desplegar y elegir para tener el nombre escrito; no tenemos que preocuparnos de escribirlos ni una sola vez.
- Si en una planta seleccionamos una habitación y, en Propiedades, desplegamos y elegimos uno, el nombre se rellena; incluso podemos ser nosotros quienes escribamos el código manualmente ¡pero solamente serán una o dos letras!

<Claves de Nombre de habitación>

A	B
Nombre de la clave	Nombre
b	Baño
bp	Baño principal
d2	Dormitorio 2
d3	Dormitorio 3
dp	Dormitorio principal
e	Escalera
g	Galería
h	Hall
k	Cocina
ka	Cocina abierta
p	Pasillo
r	Rellano
sc	Salón comedor
t	Terraza
v	Vestidor
z	Zaguán

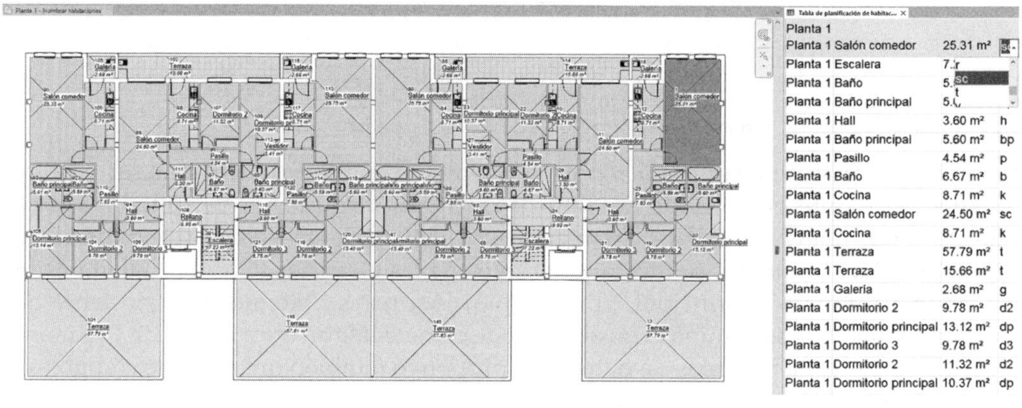

Figura 13.12. Aplicar códigos a las habitaciones.

TRUCO:

Si habitualmente utilizas tu teclado con minúsculas —yo lo hago así— quizá puedas considerar dejar los códigos también en minúsculas, para que resulte más natural escribirlos manualmente.

Departamentos

En un edificio residencial, los nombres de las estancias se repiten entre diferentes viviendas; de manera que, en estos momentos, ninguna tabla de planificación reflejará correctamente la superficie útil de cada una de las viviendas. Revit tiene previsto resolver esta cuestión mediante el campo Departamento. Veamos cómo utilizarlo:

- En una vista en planta, haz una ventana de selección que abarque todo el ámbito de una vivienda; no importa si se seleccionan más elementos.
- Puedes usar el comando Filtro de la cinta de opciones para dejar solamente las habitaciones.

TRUCO:

Desde la paleta Propiedades también puedes desplegar el texto que pone «Común» para elegir «Habitaciones»; la diferencia entre ambos métodos es que, con el filtro, solamente mantienes seleccionadas las habitaciones, mientras que con el otro solo modificas los parámetros de ejemplar comunes.

- Rellena el campo «Departamento» con valores como «Vivienda tipo 1».
- Repite la operación con el resto de las habitaciones.
- Utiliza un valor como «Zonas comunes» para rellanos, escalera o zaguanes, y «Locales comerciales», «Trasteros» o «Garaje» donde corresponda.

Con esta nueva información añadida, podemos mejorar nuestra tabla de planificación de habitaciones; entra en la tabla y, desde el apartado «Campos», añade el parámetro «Departamento». En la pestaña «Clasificación/Agrupación» de las propiedades de la tabla, debajo de «Nivel», añade un nuevo nivel de clasificación que sea «Departamento», con encabezado y pie de página con solo totales; verás que ahora tienes una información mucho mejor segmentada.

TRUCO:

Las columnas Nivel y Departamento deberían estar ocultas, para dejar más limpia la información; en las últimas versiones de Revit, no es posible seleccionar el encabezado de la primera columna y ocultarla, pero sí puedes hacerlo tocando una celda. También puedes ocultar —o volver a mostrar— cualquier columna desde la pestaña «Formato» de las propiedades de la tabla.

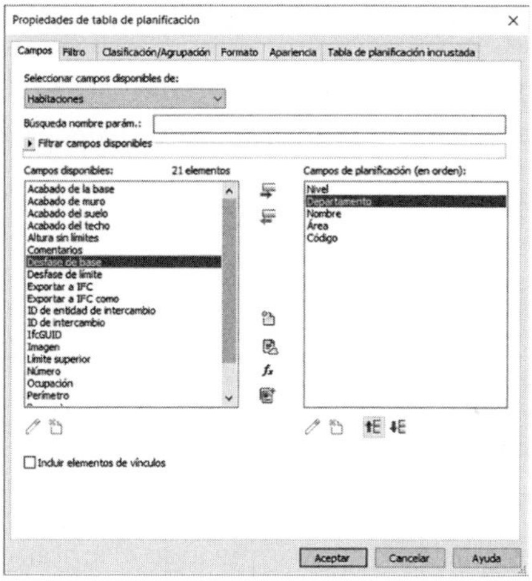

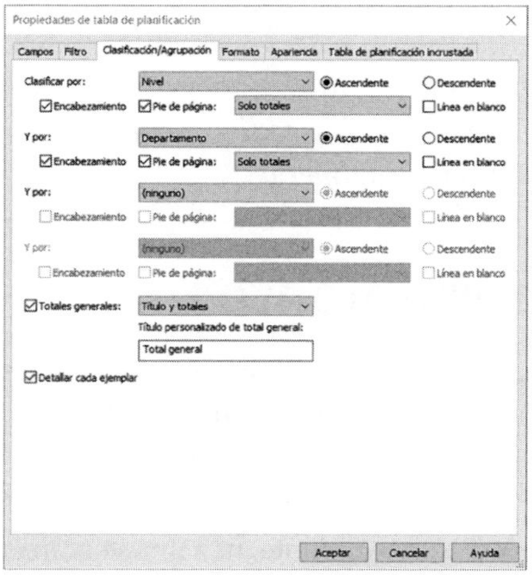

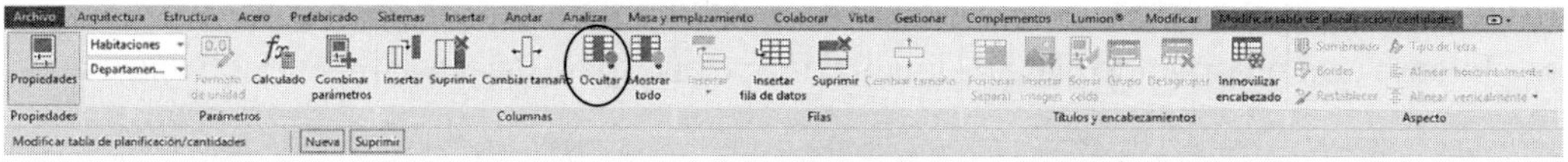

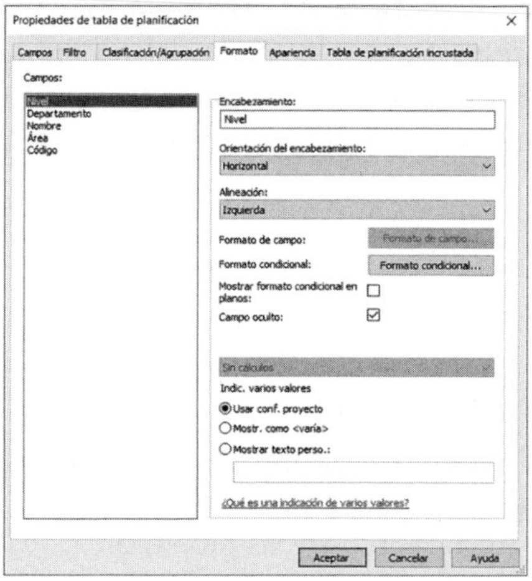

Planta 1		
Vivienda A-1		
Salón comedor	25.33 m²	sc
Baño	5.59 m²	b
Baño principal	5.61 m²	bp
Hall	3.60 m²	h
Cocina	8.71 m²	k
Terraza	57.79 m²	t
Galería	2.68 m²	g
Dormitorio 2	9.78 m²	d2
Dormitorio principal	13.14 m²	dp
Dormitorio 3	9.78 m²	d3
Pasillo	7.83 m²	p
	149.84 m²	
Vivienda A-2		
Salón comedor	25.75 m²	sc
Baño	5.59 m²	b
Baño principal	5.60 m²	bp
Hall	3.60 m²	h
Cocina	8.71 m²	k
Galería	2.68 m²	g
Dormitorio 2	9.78 m²	d2
Dormitorio principal	13.40 m²	dp
Dormitorio 3	9.78 m²	d3
Pasillo	7.98 m²	p
Terraza	57.83 m²	t
	150.69 m²	

Figura 13.13. Tabla de planificación/cantidades de habitaciones ordenada por Departamento.

Campos adicionales

En determinados proyectos, además de la información sobre el tipo de vivienda, se requieren campos adicionales como un número de puerta u otros datos. En el próximo capítulo se tratará el tema de áreas, que hace referencia a las viviendas completas; pero si fuera necesario generar nuevos campos para identificar las habitaciones, se pueden añadir rápidamente desde la pestaña Campos de las propiedades de la tabla, con el icono universal de la hoja en blanco que representa la creación de un nuevo elemento (Nuevo parámetro, en este caso) y establecer un nombre y un tipo de parámetro. El nombre se puede modificar más adelante, pero no así el tipo de parámetro, así que será importante indicar si es un parámetro de tipo texto que puede contener caracteres alfanuméricos (que es lo más habitual) o si, por el contrario, se necesita un parámetro de tipo entero (números, sin decimales).

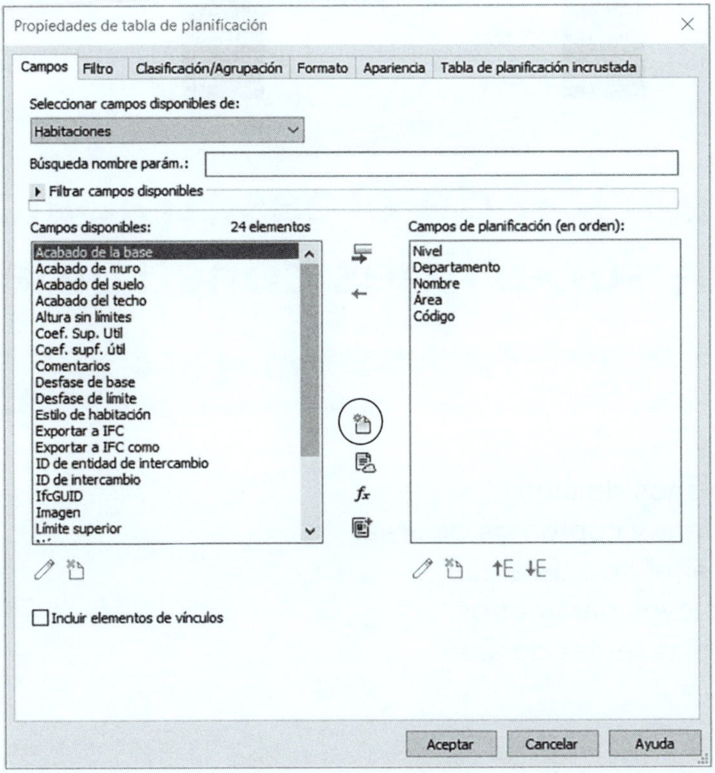

Figura 13.14. Crear nuevo parámetro en una tabla de planificación/cantidades.

Estos parámetros se generan dentro del propio proyecto, y pueden aparecer en tablas, pero no es posible etiquetarlos, a no ser que se utilicen parámetros compartidos, cuyo uso y recomendaciones trataremos más adelante.

14

Creación de áreas: trabajo con superficies construidas

En este capítulo aprenderás a:

- Crear planos de área.
- Crear áreas y contornos de área.
- Controlar el tipo de área.
- Crear nuevos parámetros.
- Manejar las reglas de área.

Áreas vs Habitaciones

Si en el capítulo anterior vimos cómo la categoría Habitación nos ayuda a cuantificar las superficies útiles de un edificio y la categoría Espacio podía utilizarse para documentar huecos o zonas que no son estrictamente superficie útil, ahora veremos cómo la categoría Área está directamente relacionada con la superficie construida de nuestro proyecto.

Hay dos diferencias principales entre Habitaciones o Espacios, y Áreas:

- El primer grupo se delimita automáticamente con muros, suelos, techos o cubiertas. Es decir, tanto habitaciones como espacios quedan vinculados a los recintos que las contienen. En el caso de las Áreas esto no ocurre, así que necesitamos definir expresamente nuestros contornos.
- Tanto Habitaciones como Espacios pueden colocarse en un plano general de planta, e incluso visualizarse en alzados o secciones; sin embargo, las Áreas necesitan un contexto específico: los llamados Planos de área.

Crear planos de área

En nuestro proyecto, vamos a comenzar a colocar áreas desde la planta 1. Para ello, desde Arquitectura>Área, veremos que el comando Área está en gris, puesto que nos encontramos en un plano de planta. Sin embargo, el siguiente comando Plano de área sí está activo y aparece una ventana en la que nos permite elegir el tipo de plano y las plantas cuyas vistas se crearán.

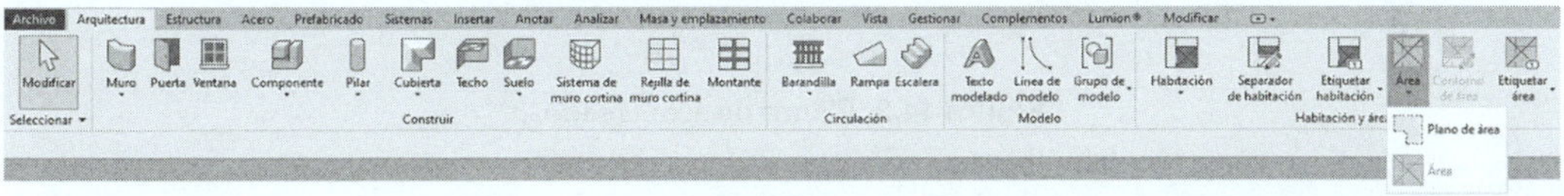

Como estamos pensando en las superficies construidas, antes de profundizar en los nuevos tipos de áreas, seleccionamos de la lista desplegable la opción de Área construida bruta, y marcamos todas las plantas donde nos interese: quizá en un proyecto no sea necesario incluir la planta de cimentación ni la planta de cubiertas, pero sí el resto. En este momento, Revit preguntará una vez por cada planta si deseamos que genere, automáticamente, unas líneas de contorno con los muros exteriores, y un área interior. Mi recomendación va a ser que siempre digas que no; pero si te interesa hacer una prueba en alguna planta, adelante con ello. Verás que Revit te decepciona, puesto que es incapaz de detectar qué muros son los que delimitan tu edificio eficazmente (si tienes cerramientos de parcela, o zonas exteriores, no va a interpretarlos correctamente).

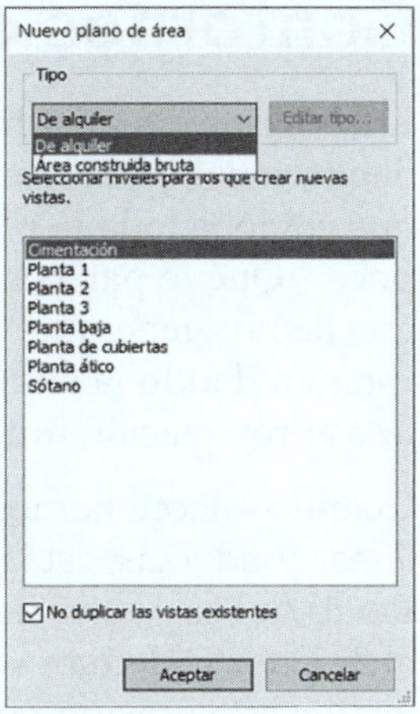

Figura 14.1. Planos de área.

A partir de este momento, Revit habrá generado una nueva familia de vistas en el Navegador de proyectos: Planos de área. Gráficamente son iguales que los planos de planta, pero verás que ahora sí puedes volver a Arquitectura>Área y elegir el comando Área. Es demasiado pronto para hacerlo, pues recuerda que las áreas solamente se delimitan con sus propios contornos y no con los muros o cualquier otro elemento: si desplazas el ratón por el proyecto, verás que siempre aparece como un elemento no cerrado, así que te recomiendo que canceles y empecemos por el principio.

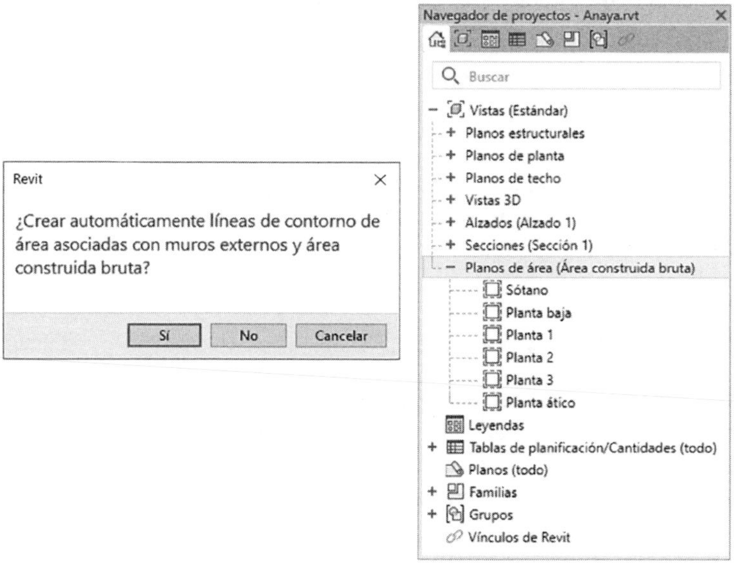

Figura 14.2. Planos de área creados.

Contornos de área

El contorno de área tiene un comportamiento similar a las líneas de delimitación de habitaciones o de espacios; así que probablemente estés pensando en realizar un contorno que englobe toda la planta de tu proyecto. Antes de hacer esto, vamos a reflexionar un poco. ¿Qué te parecería obtener la superficie construida de cada una de las viviendas que hemos generado? La suma de estas, más las zonas comunes correspondientes, nos estarían dando la superficie construida de cada planta o nivel. A mí me parece que es una aproximación mucho más interesante.

Cuando seleccionamos Contorno de área, la orden de dibujo por defecto es Seleccionar líneas y, además, está activado el icono (o la casilla de verificación, según tu versión de Revit) Aplicar reglas de área. Podemos utilizar ese comando de dibujo o ir, sin problemas, al de Línea. Además, vamos a desactivar, al menos de momento, las reglas de área; como ves, en esta ocasión nos estamos separando mucho del camino que Revit nos propone.

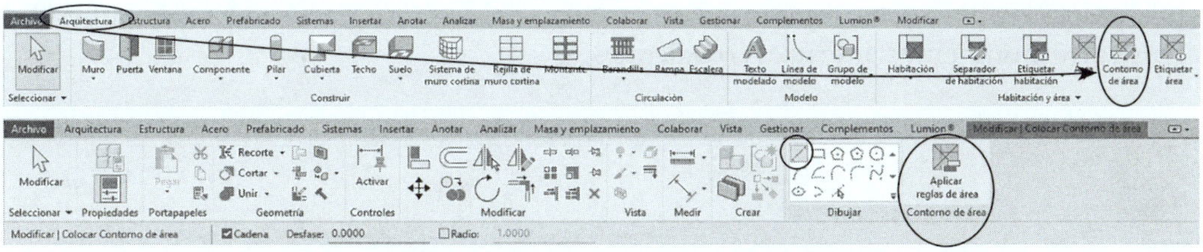

Figura 14.3. Crear contornos de área.

De la misma forma que lo harías en CAD, dibuja el contorno de líneas que necesitarías para calcular la superficie construida interior de cada vivienda en tu proyecto. Probablemente las reglas generales que seguirías no sean muy diferentes de estas:

- Los muros exteriores de cada vivienda los haremos tocando la cara exterior de los muros.
- Los muros medianeros entre viviendas diferentes, o entre vivienda y zonas comunes, se harán desde sus ejes.
- Los muros exteriores de terrazas y balcones también tendrán sus propios contornos de área colocados por la cara exterior.

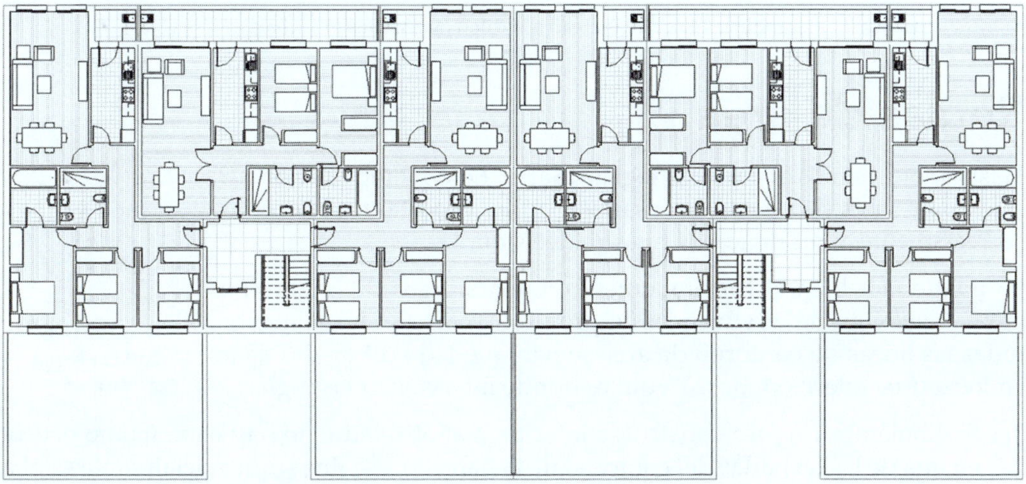

Figura 14.4. Contornos de área creados en Planta 1.

Cuando tengas las viviendas perfectamente delimitadas, es momento de utilizar, esta vez sí, el comando Área, y aplicarlo en cada uno de los recintos cerrados que hemos colocado. Asegúrate de que el icono de Etiquetar al colocar está activado, para poner etiquetas automáticamente en cada zona que coloques. La dualidad área-etiqueta es exactamente igual a la de habitación-etiqueta, así que no tendrás ninguna dificultad en esta parte.

En un plano de áreas construidas, Revit diferencia entre área exterior e interior. Esta propiedad se controla desde el parámetro de ejemplar Tipo de área que puedes modificar en la paleta Propiedades. Asegúrate de modificar correctamente esta propiedad en las áreas correspondientes a terrazas o balcones.

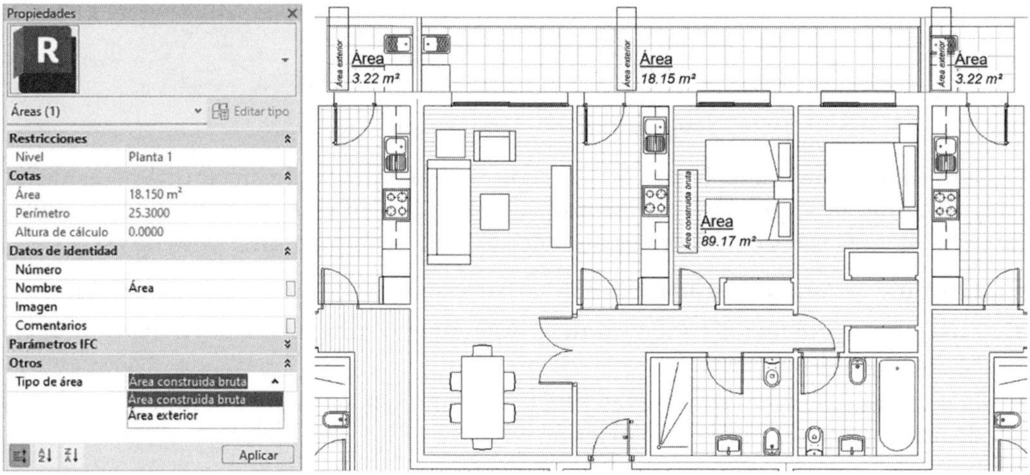

Figura 14.5. Áreas creadas y diferenciadas las exteriores.

Reglas de área

Figura 14.6. Aplicar reglas de área.

Hasta ahora, hemos evitado las reglas de área. Pero ¿cómo funcionan? Pues, para saber si nos interesa usarlas o no, es importante conocerlas correctamente antes de tomar nuestra decisión.

Para entender bien el funcionamiento, intentaremos delimitar con áreas y reglas una de las viviendas del proyecto. Verás que, inicialmente, todas las líneas de contorno de área se han quedado dibujadas a eje en los muros seleccionados. Y aquí es donde intervienen las reglas:

1. Si dibujamos un área construida interior y, al otro lado, no hay nada (como ocurre en una de las fachadas del contorno de la parcela), esa línea, que inicialmente estaba a eje de muro, se coloca automáticamente en la cara exterior. Este funcionamiento es correcto.
2. Si dibujamos un área construida interior y, al otro lado, hay un área exterior (como ocurre en las fachadas del lado de las terrazas), la línea de contorno se coloca de nuevo en la parte exterior. Ese funcionamiento también es correcto.
3. Un contorno de área que delimite dos áreas construidas interiores se quedará a eje de muro. Ese funcionamiento es, *a priori*, también correcto.
4. Un contorno de área que delimite un área exterior se mantendrá a eje de muro. Ese funcionamiento es incorrecto.

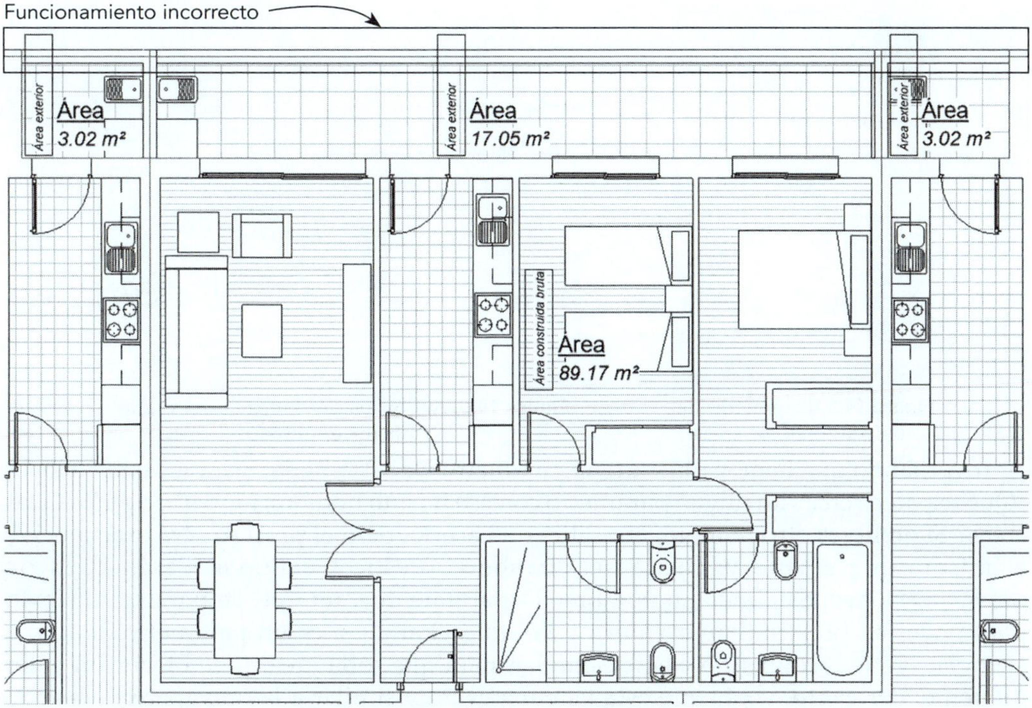

Figura 14.7. Funcionamiento reglas de áreas.

Personalmente no uso las reglas de área; creo que prefiero ser yo quien delimite conscientemente en cada caso por dónde quiero que se coloque el área y tener el control absoluto. Sin embargo, como has visto, pueden funcionar de manera bastante coherente.

Información de las áreas

Cuando hemos colocado todas las áreas en el proyecto, queda preguntarse qué información podemos añadir. El dato más obvio es el nombre, aunque también tenemos los campos de Imagen, Comentario y Número. Considero que esta información es insuficiente, puesto que no me ayuda a identificar a qué vivienda corresponde cada área.

TRUCO:

El campo «Número» es un valor de texto, tanto en áreas como en habitaciones o espacios; así que puedes escribir cualquier combinación alfanumérica que te resulte interesante. La única limitación que tendrás, en todas estas categorías, es que el valor no puede repetirse, pues se mostraría un mensaje de error o warning para indicar que los valores están duplicados, y es algo que debes corregir.

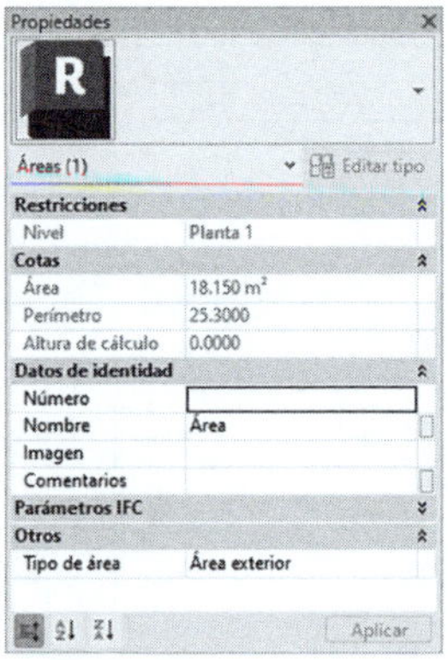

Figura 14.8. Parámetros de propiedades de las áreas.

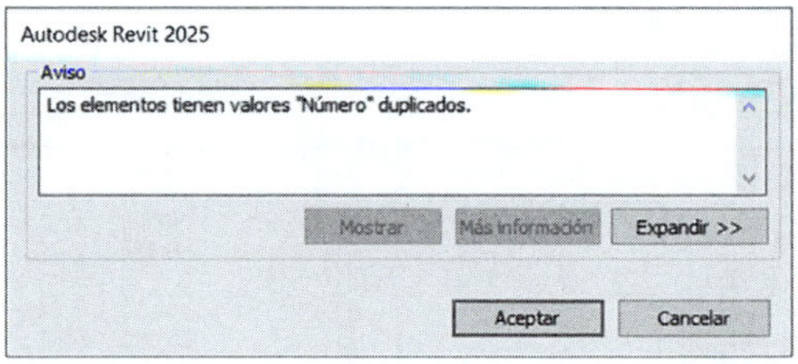

Figura 14.9. Aviso: Los elementos tienen valores «Número» duplicados.

Aprovechando que hemos utilizado el parámetro Departamento para las habitaciones ¿Qué te parece crear un nuevo parámetro con ese mismo nombre, pero que aplique a las áreas? Si prefieres otro nombre, eres libre de hacerlo, pero el proceso será exactamente el mismo que el que vamos a seguir ahora. Desde Gestionar>Parámetros de proyecto>Nuevo, elegimos un nombre «Departamento», un tipo de parámetro (Texto para poder escribir cualquier valor), y la indicación de si es un parámetro de tipo o ejemplar; yo te recomiendo elegir ejemplar, para que cada área pueda tener un valor diferente. Por cierto, verás que esta ventana es muy similar a la que aparecía cuando planteamos utilizar un parámetro adicional en las habitaciones; salvo que, en este caso, debemos elegir a qué categorías queremos que afecte. Como ya sabemos que Área, al llevar tilde, está en la parte inferior de la lista, puedes marcarlo y aceptar la ventana.

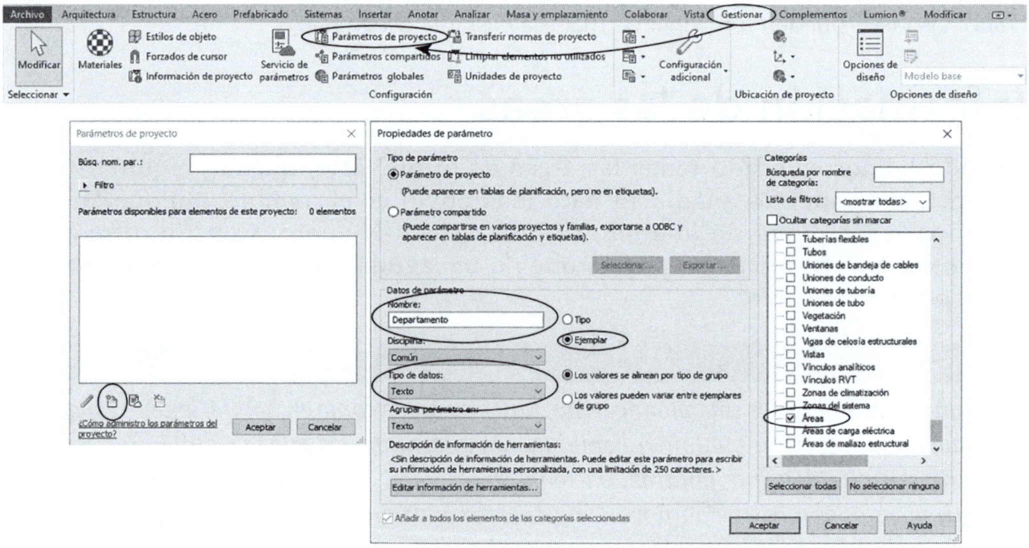

Figura 14.10. Crear nuevo parámetro de Áreas.

Esto nos va a facilitar mucho las cosas, puesto que ahora podemos poner valores muy sencillos al campo Nombre de cada área. Podremos usar ejemplos como:

- Interior, para la superficie interior general de la vivienda.
- Exterior cubierta, para balcones cubiertos o galerías.
- Exterior descubierta, para terrazas abiertas.

Esta casuística no está disponible en el parámetro de Tipo de área, donde solamente puedo elegir entre Área construida bruta y Área exterior. Así que creo que puede ser interesante tener un mayor grado de clasificación, y combinando Tipo de área con Nombre y Departamento, podremos agrupar toda la información relativa a una vivienda.

TRUCO:

Todavía es muy pronto para hacerlo en esta fase de proyecto, pero, ¿verdad que, muchas veces, un trastero o una plaza de garaje van asociados a una vivienda? Tener el campo «Departamento» nos permite mantener esa asociación, y añadir casos al parámetro «Nombre» como «Aparcamiento» o «Trastero», en su caso; también nos permitirá diferenciar por nombres las áreas de las zonas comunes.

TRUCO:

Si, en el capítulo anterior, encontraste útil poder activar las referencias y los rellenos de las habitaciones, prueba a hacer lo mismo con las categorías «Área» o «Espacio» cuando lo necesites; seguro que te ayuda a comprender si te has dejado alguna parte sin terminar.

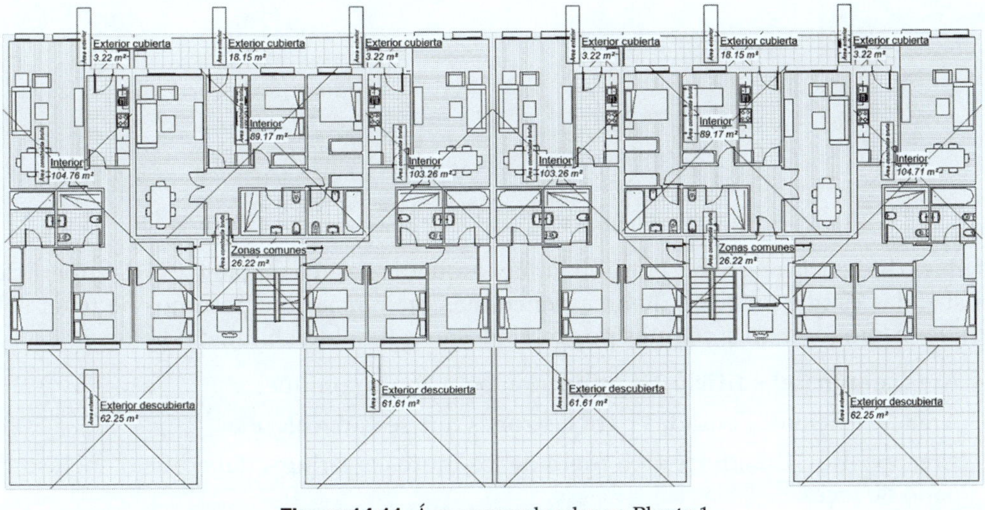

Figura 14.11. Áreas renombradas en Planta 1.

Otros tipos de área para tus proyectos

Desde Arquitectura>desplegando Habitación y área>Cálculos de área y volumen>Esquemas de área, puedes crear distintos esquemas de área para tu proyecto. El único esquema predefinido es el de Área construida bruta, pero puedes crear tantos esquemas diferentes como quieras para utilizar las áreas de forma diferente. Todos estos esquemas adicionales que puedas crear, como el esquema De alquiler, Autodesk los considera de «área rentable» y aunque están enfocados a alquiler de espacios, nosotros podemos utilizarlos no solo para gestionar espacios o zonas de un gran centro comercial, sino también para delimitar sectores de incendios o para cualquier uso adicional que puedas imaginar.

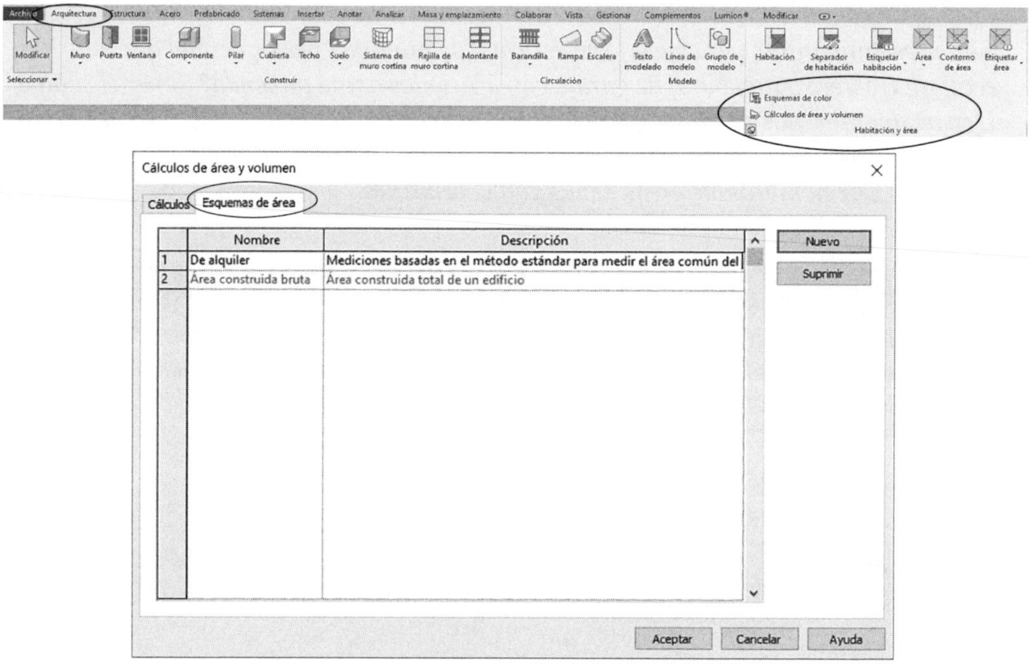

Figura 14.12. Esquemas de áreas.

La única diferencia reseñable entre cualquier esquema de área rentable y el de superficies construidas es que los tipos de área tienen más diferenciación: pasamos de tener solo Exterior e Interior a unas cuantas posibilidades más (también limitadas):

- **Área común del edificio.** Se utilizarían para zonas comunes.
- **Área de oficinas.** Pensadas para las zonas que se van a alquilar.
- **Área exterior.** Cualquier área fuera de los muros exteriores del edificio, incluso un patio de luces.

- **Área común del piso.** Autodesk la enfoca a las zonas de lavabos, cuartos de instalaciones o pasillos de uso común.
- **Penetración vertical máxima.** Pensadas para escaleras, ascensores o patinillos.
- **Área de almacenamiento.** Zonas de almacenamiento generales.

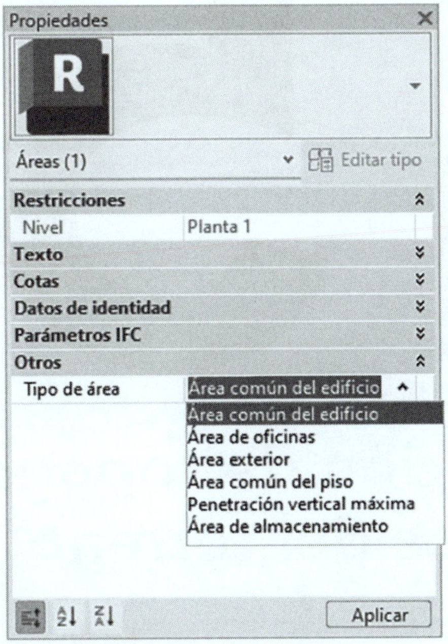

Figura 14.13. Tipos de área.

¿Necesitas aprender el funcionamiento que Revit ha pensado para estas áreas? Por supuesto que la respuesta es no. Por un lado, seguro que es insuficiente para muchos proyectos; y por otro, tenemos la libertad de crear parámetros nuevos, como «Departamento», para separar de la forma que más conveniente nos resulte. Estos tipos de área puedes dejarlos completamente sin uso y centrarte en desarrollar tu proyecto. Si, en cualquier caso, tienes más curiosidad acerca de cómo gestiona Revit estos tipos de área, puedes consultarlo en la ayuda del programa.

15

Colocación de topografía y vaciados del terreno

En este capítulo aprenderás a:

- Crear sólidos topográficos desde cero y desde importaciones CAD.
- Vaciar huecos para el edificio.
- Computar volúmenes de excavación y relleno.

La importancia de la topografía no es una constante

Ciertos proyectos se apoyan en el terreno, se adaptan a él; es difícil imaginar edificios como la Casa de la Cascada de Frank Lloyd Wright sin entrelazarse con el entorno. Sin embargo, otros tienen una relación mucho menos especial con él, como el Crown House de Mies Van Der Rohe o la Ville Savoye de Le Corbusier. En un entorno urbano sensiblemente plano, será interesante y necesario disponer de un entorno cercano, pero no va a cobrar mayor protagonismo del que cobraría en CAD: una línea normalmente horizontal en un alzado, marcando la cota de calle, pero sin interferir más en el proyecto. En este proyecto, vamos a suponer un terreno horizontal con alguna imprecisión, pero no vamos a darle mayor protagonismo.

Topografías vs sólidos topográficos

Hasta Revit 2023, los terrenos se llamaban topografías o, por su nombre en inglés, *toposurfaces*. Eran sábanas que podían albergar puntos interiores para darles forma, como mantas que cubren y protegen el mobiliario del polvo. En su versión de 2024, Revit sustituyó las topografías por los sólidos topográficos, o *toposolids* en inglés. Son una extensión de los suelos y, por tanto, todo lo que sepamos sobre cómo editar el contorno y los puntos interiores de un suelo será aplicable también a los sólidos topográficos.

A partir de Revit 2024 no es posible editar una topografía, pero sí seleccionarla, reconocerla como categoría y, con un botón específico que aparece contextualmente en la cinta de opciones, convertirla en un sólido topográfico.

Figura 15.1. Generar sólido topográfico.

En este proyecto nos centraremos en las versiones de Revit posteriores a la de 2023, de manera que el trabajo se generará mediante sólidos topográficos; prometo, no obstante, hacer menciones esporádicas a procedimientos análogos con las ya obsoletas topografías.

Generar un sólido topográfico desde una importación

Desde Masa y emplazamiento>Sólido topográfico>Crear desde importación, podemos elegir tanto un archivo CAD importado como un archivo CSV con un listado de puntos y Revit los convertirá en un sólido topográfico correcto. En el caso de un archivo CAD importado previamente, tendremos la posibilidad adicional de indicar de qué capas de CAD deben obtenerse los puntos necesarios; el único requisito de este archivo CAD es que las curvas de nivel estén en su cota real y no proyectadas en la cota cero.

TRUCO:

Como buena práctica, si el archivo CAD solo cumple la función de servir de esqueleto al sólido topográfico, habría que eliminarlo del proyecto una vez terminado su propósito.

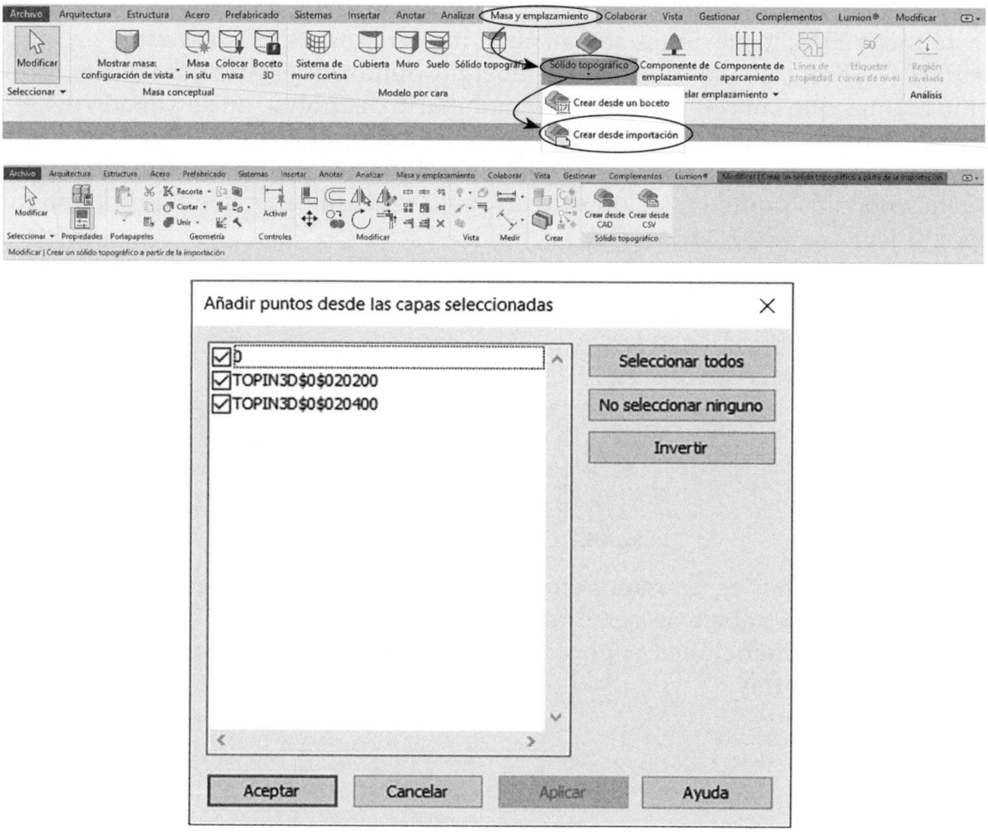

Figura 15.2. Crear sólido topográfico desde importación.

Generar un sólido topográfico desde un boceto

Hasta 2023, la generación de una topografía desde cero en Revit consistía en la colocación de tres o más puntos que daban forma al contorno de la topografía; cada uno de los cuales podía tener una elevación que se indicaba previamente, y que podía modificarse después.

Desde Revit 2024, el proceso es análogo a la creación de un suelo; se entra en el modo boceto y, eligiendo cualquiera de los comandos de dibujo, se genera un perímetro. Para este proyecto recomiendo simplificarlo al máximo y elegir, por ejemplo, un rectángulo de holgadas dimensiones con respecto a la parcela. En este momento hay varias diferencias con respecto al procedimiento antiguo:

- No existe una elevación para cada punto, sino que el sólido topográfico pertenece, como los suelos, a un nivel, con un desfase de altura que se escribe en la paleta Propiedades, de ejemplar.
- Igual que los suelos, un sólido topográfico puede estar compuesto de varias capas, generando una estratigrafía mucho más interesante que las obsoletas topografías, que solamente disponían de un material en sección y un material de superficie.
- Al tratarse, de nuevo, de un elemento multicapa, se puede establecer que una de las capas tenga un espesor variable, de manera que se pueden generar efectos como el del tipo «Pastizales – 1200 mm» que viene por defecto en la Plantilla arquitectónica, y cuya capa más profunda es variable, de modo que cualquier elevación o irregularidad en el terreno quede absorbida por las capas superiores (hierba y arena, respectivamente).

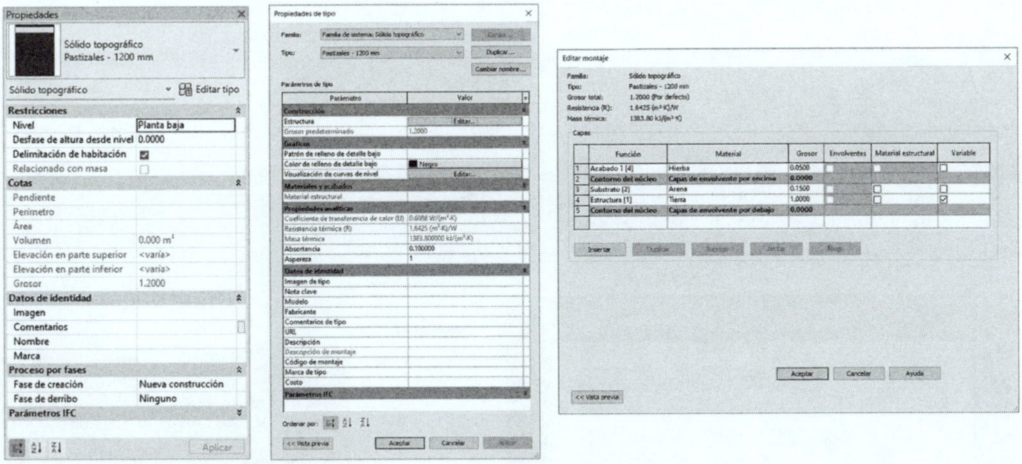

Figura 15.3. Parámetros de ejemplar y de tipo de un sólido topográfico.

TRUCO:

Dado que, habitualmente, la cota cero suele estar reservada al pavimento interior de la planta baja, y la calle suele estar un poco por debajo, te propongo que el desfase desde nivel del sólido topográfico que hayas elegido esté, por ejemplo, a -0,05 m. No te preocupes por su visibilidad y el rango de vista, pues Revit permite ver elementos como los suelos o los sólidos topográficos si están a menos de 1,2 m por debajo de su rango de vista.

¿Qué espesor de sólido topográfico necesito?

Hasta Revit 2023, haciendo clic en la flecha que abría las propiedades de Masa y emplazamiento, podías indicar la profundidad máxima a la que se vería seccionada la topografía. Desde Revit 2024, debes elegir un sólido topográfico cuyo espesor sea, al menos, un metro más que la profundidad del sótano o elementos de cimentación de tu proyecto, para una representación adecuada. Posteriormente matizaremos esto, pero es un buen punto de partida. Por tanto, si nuestro proyecto tiene un nivel de cimentación a -3,60 m, el sólido topográfico debería tener un canto de alrededor de 4,50 m. Al estar en un entorno urbano, te recomendaría duplicar el sólido topográfico «Camino – Asfalto 350mm» añadiendo una capa inferior a la de grava, con el material «Tierra» u otro similar, de 4,20 m de espesor.

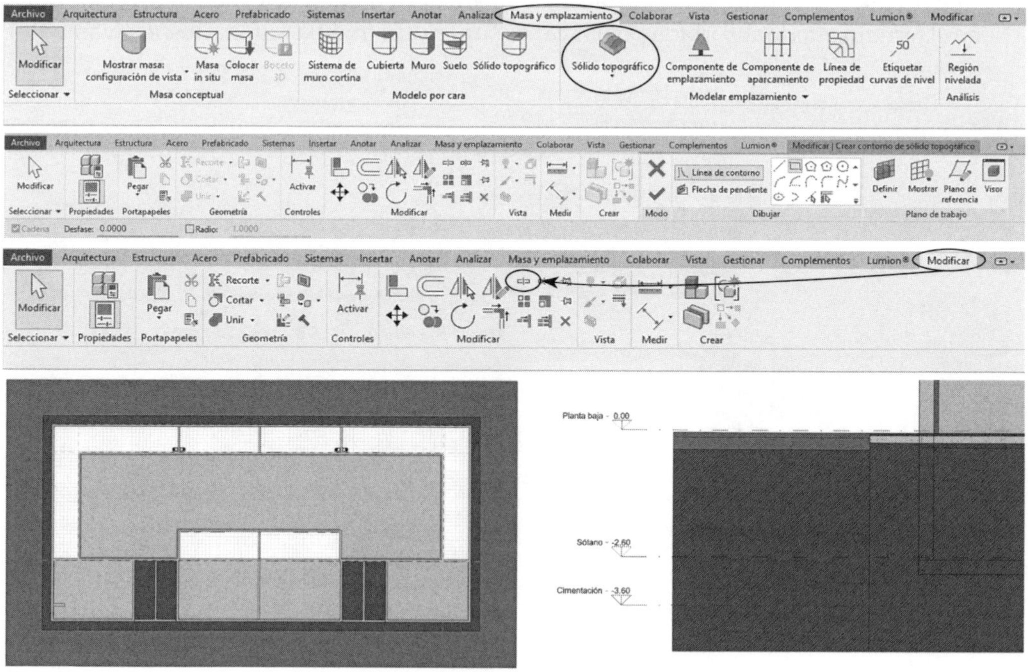

Figura 15.4. Sólidos topográficos modelados.

Crea tu sólido topográfico y, una vez realizado, utiliza la herramienta Dividir para crear dos partes; emplea como base la línea de propiedad de la parcela o el perímetro del proyecto (lo que te resulte más cómodo) con un desfase aproximado de un metro hacia fuera. De ese modo, tendrás dos sólidos: el exterior y el interior. Para el exterior, cambia el tipo al de asfalto original; pero deja el que has creado en la parte inferior. Si haces una sección que cruce la parcela, podrás ver la línea de ambos sólidos y si utilizas la herramienta Unir limpiarás esa unión.

Excavaciones en sólidos topográficos

Hasta Revit 2023 se utilizaban plataformas de construcción: una categoría de Revit que vaciaba de forma recta la topografía sobre la que estuviera. Era un método imperfecto pero sencillo.

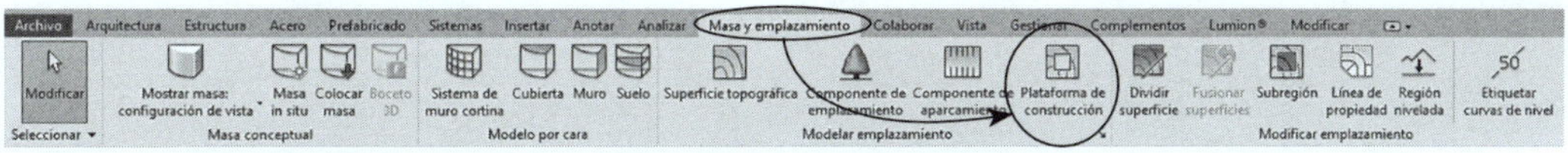

Figura 15.5. Plataforma de construcción en Revit 2023 y versiones anteriores.

En Revit 2024, para hacer un vaciado en un sólido topográfico, era necesario hacer una masa u otro modelado *in situ* vacío, utilizando la orden Cortar para eliminar esa parte. Este procedimiento, aunque puede resultar algo engorroso, daba la posibilidad de generar vaciados con talud, algo vetado en versiones anteriores.

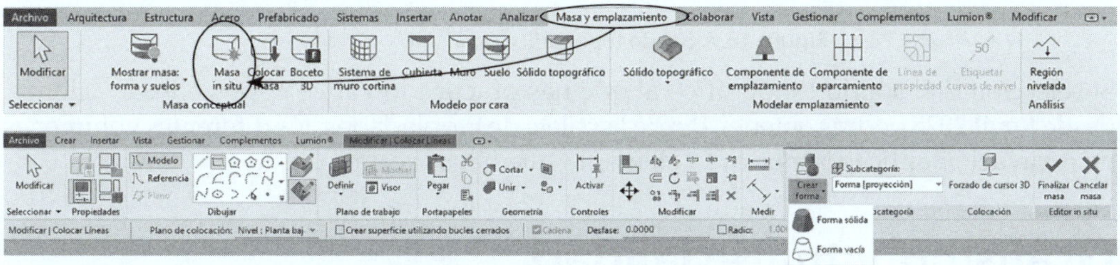

Figura 15.6. Modelado in situ vacío.

Desde Revit 2025 se hereda el comportamiento de la versión anterior, pero se añade algo muy interesante, al seleccionar un sólido topográfico, es posible localizar el comando Excavar desde la pestaña contextual de la cinta de opciones y entonces seleccionar el propio forjado o losa de sótano de nuestro proyecto para efectuar esa excavación recta.

Este procedimiento mejora muchísimo el de versiones anteriores, pero normalmente debe combinarse con el corte de los muros de contención de sótano, los pilares o las zapatas de cimentación. Para ello, solo es necesario recurrir a la orden Modificar>Cortar y tocar ambos elementos.

TRUCO:

Del mismo modo que el comando «Unir» tiene la opción de activar la casilla de verificación de «Unión múltiple» en la barra de opciones, donde la primera selección es el elemento que se unirá a todo y las siguientes, los elementos a unir, el comando «Cortar» se comporta de forma similar, donde al activar la casilla «Corte múltiple» puedes seleccionar primero el sólido topográfico y después cada uno de los muros, pilares estructurales o zapatas a cortar.

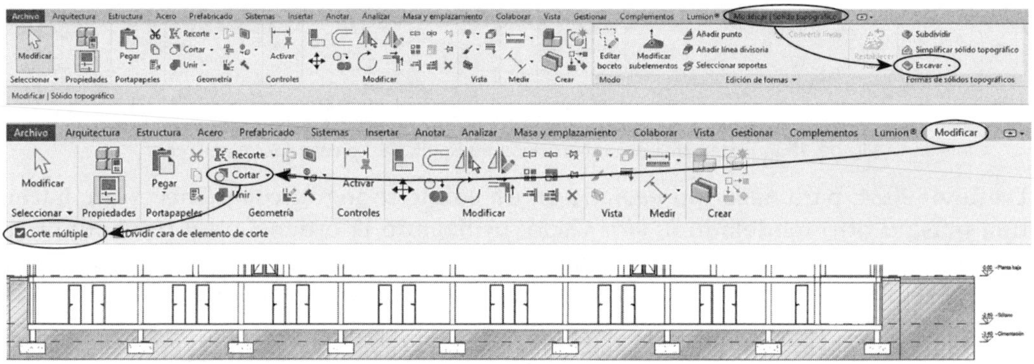

Figura 15.7. Sólido topográfico excavado y cortado.

Si seleccionas el sólido topográfico al que has practicado varios cortes o excavaciones, desde Revit 2025 podrás obtener, desde la paleta de Propiedades, los diferentes volúmenes de excavación aplicados por cada elemento que hayas cortado.

Grafismo y materialidad

Si en versiones anteriores (hasta Revit 2023) debíamos recurrir a las propiedades de Masa y emplazamiento, para indicar cuál era el material visible en sección, desde la aparición de los sólidos topográficos la cuestión es mucho más sencilla, puesto que simplemente debemos modificar el aspecto en superficie y sección de cada uno de los materiales que estemos empleando. De forma análoga a lo que se planteó durante la edición de los materiales de los pavimentos, te sugiero que utilices tonos suaves y no necesariamente negros para delimitar el sombreado; pero, por supuesto, esto es una elección completamente personal.

Si quisieras dotar a tu terreno de cierta irregularidad, no necesitas más que seleccionarlo desde una vista de planta o 3D y, desde la cinta de opciones, localizar el comando Modificar subelementos. Podrás modificar cualquiera de los puntos que definen tu sólido topográfico o, incluso, con el comando Añadir punto, crear nuevos puntos de referencia. Será importante, eso sí, que tengas en cuenta la Base de elevación de los puntos, para poder colocarlos sin obtener resultados no esperados. Aunque cada caso es diferente, yo me siento bastante cómodo con la opción Plano superior que está presente a partir de Revit 2025.

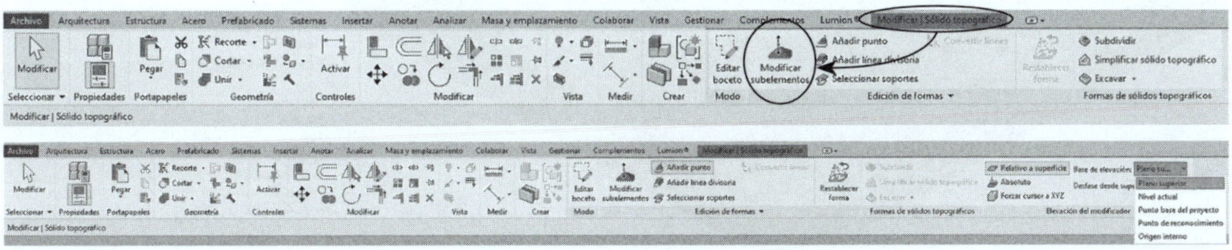

Figura 15.8. Añadir irregularidades al terreno.

Fases de proyecto y terreno

Si estás habituado a trabajar con fases de proyecto, encontrarás en este apartado una guía básica pero muy útil acerca de cómo aplicarlas a los sólidos topográficos. Déjame explicártela paso a paso de una forma muy esquemática.

- En la fase existente modela o importa el terreno original.
- Desde una vista de la fase Nueva construcción, ve a la Cinta de opciones>Masas y emplazamiento>Región nivelada>Crear una nueva topografía idéntica a la existente>selecciona el sólido topográfico original.
- Desde una vista de la fase existente nombra el sólido topográfico como «viejo», «original» o cualquier nombre similar; haz lo propio con el sólido topográfico nuevo.
- Modifica el nuevo sólido topográfico según las necesidades de tu proyecto: aplana la superficie, rellena donde sea necesario.
- En las propiedades de ejemplar del nuevo sólido topográfico tendrás los parámetros de Relleno, Corte y Corte/Relleno neto, que hacen referencia expresamente al volumen modificado del sólido nuevo con respecto al original.

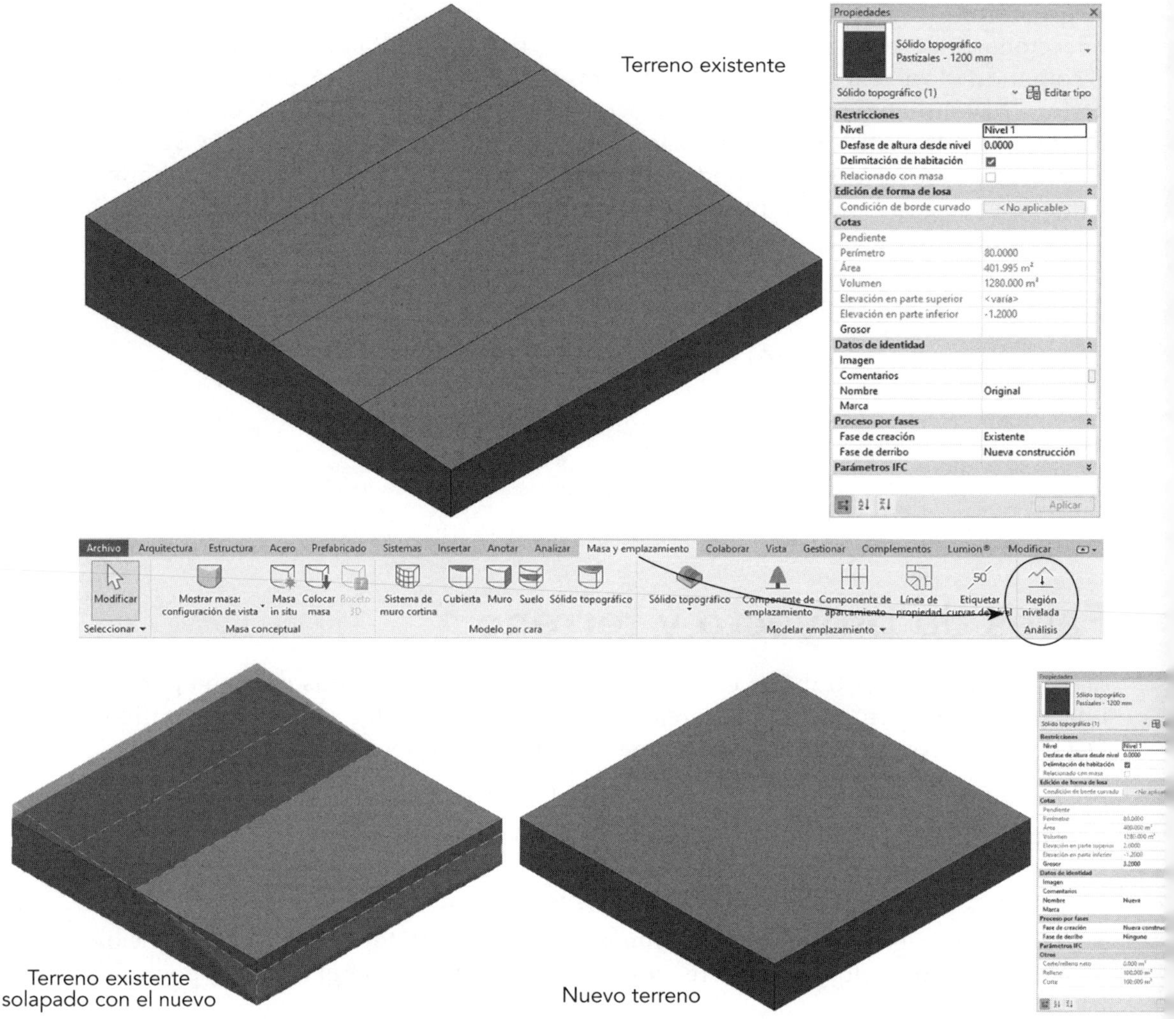

Figura 15.9. Terreno creado con Región nivelada.

Parte

3

Planos de un proyecto básico

16

Reflexiones: grupos para plantas tipo

En este capítulo aprenderás a:

- Estudiar las diferentes maneras de trabajar con elementos repetitivos.
- Crear grupos de vivienda o planta tipo.
- Utilizar vínculos para viviendas o plantas tipo.
- Excluir ejemplares de grupo.
- Relacionar elementos con grupo.

La gran pregunta: ¿qué o cuánto modelar mientras se proyecta?

Fíjate que, hasta ahora, a pesar de tener todo el sótano toda la planta baja, y todos los forjados y pilares, solamente teníamos modeladas dos viviendas de una sola planta: la vivienda en L de la esquina, que además recae a ambos lados, y la vivienda rectangular. Se ha planteado así porque, haciendo una simetría de la vivienda en L, tendríamos la media planta; y, con una segunda simetría, ya aparece la planta tipo completa que se repite en las plantas 2 y 3. Algo similar ocurre con las dos viviendas de la planta ático: una simetría desde el punto medio de la planta la revelaría completa.

TRUCO:

Muchas veces me refiero a orden «Reflejar – Seleccionar eje» o «Reflejar – Dibujar eje» como «Simetría», por extrapolación del comando de CAD. Confío en que sepas interpretarme.

Probablemente te preguntes por qué he hecho eso, si es algo habitual y si es el mejor enfoque. En este caso, es una cuestión básica de economía de modelado: no he tenido que colocar todos los pavimentos, mobiliarios, puertas ni habitaciones manualmente; tampoco ha sido necesario preocuparme por cambios o encajes que han ido surgiendo de forma natural durante el proceso de modelado y avance del proyecto. Es ahora, cuando tengo un encaje consolidado y decidido, cuando voy a efectuar estas operaciones.

Ahora viene, esta vez sí, la cuestión clave. ¿Qué caminos ofrece Revit y cuál utilizar? Déjame decirte que no tengo (y creo que no hay) una única respuesta. Dependerá, por lo menos, de estos factores:

- El tipo de proyecto.
- La cantidad de unidades repetidas (tanto a nivel de vivienda, como a nivel de planta tipo).
- La cantidad de variaciones sobre una misma unidad (es la misma vivienda, pero sin bañera y con un armario diferente).
- El número de miembros simultáneos del equipo trabajando.
- La experiencia en Revit a nivel de modelado, pero, sobre todo, de coordinación.

Como puedes ver, quizá he añadido más interrogantes que respuestas. En este capítulo trataré de abordar los diferentes enfoques; prepárate para una parte más técnica y teórica, pero igualmente necesaria; pues vamos a intentar estudiar cada caso con sus ventajas, sus limitaciones, advertencias específicas e incluso ejemplos de aplicación.

Figura 16.1. Distribución a realizar.

La opción fácil: un modelo único utilizando copias y simetrías

El sistema de mantener todo dentro de un mismo archivo es, inicialmente, la opción más sencilla y tiene muchas ventajas:

- **Curva de aprendizaje baja.** Solamente tienes que manejar la orden de Reflejar – Dibujar eje y los filtros o conjuntos de selección de forma básica.
- **Simplicidad de gestión.** No tienes que mantener varios archivos coordinados.

- **Consistencia de tablas.** Las tablas funcionan perfectamente dentro de un mismo modelo; no tendrás que revisar el campo Incluir elementos de archivos vinculados en cada una de las tablas que hagas.
- **Consistencia de habitaciones.** Están todas en el mismo modelo y responden a los mismos niveles: todo en orden.

  No obstante, al ser el procedimiento más sencillo de todos, tiene una serie de limitaciones que conviene tener en cuenta.

  - **Mantenimiento manual de cambios.** Cualquier modificación posterior a la creación del modelo completo depende totalmente de ti (por ejemplo, si cambia la ubicación de una mesa en un tipo de vivienda, deberás replicar ese cambio, a mano, en todos y cada uno de los tipos de vivienda de tu proyecto). Esto puede llevarnos al siguiente punto.
  - **Riesgo de descoordinación.** Cuando tengas muchas copias o muchos cambios, es factible pensar que algo quede desactualizado.
  - **Aumento del tamaño del modelo.** En un edificio muy grande no estaríamos usando ninguna herramienta de repetición de la información ni la geometría, y el modelo podría resentirse.
  - **Incremento proporcional del trabajo manual.**

Por todo esto, algunas advertencias o consideraciones importantes si decides que ese es tu camino, serían:

- **Cuidado con el uso de simetrías.** Hay elementos donde es importante la ubicación izquierda/derecha. Tanto las puertas abatibles, como los muebles de cocina o incluso aparatos sanitarios con conectores MEP de agua caliente y agua fría, obedecen a una lógica que, en el caso de una simetría puede alterarse y conviene revisar. No vas a poder evitarlo, pero sí saber detectarlo y corregirlo.
- **Copia conscientemente todo lo que es relevante.** Desde una vista de planta es posible que no veas los techos ni las tabicas, y desde una vista 3D no estarás seleccionando habitaciones. Combina ambas vistas para no olvidar nada.
- **Los elementos estructurales deben estar fuera de tus copias y simetrías.** La estructura está en un nivel de importancia superior; tanto pilares como forjados deberías modelarlos completos y obviarlos (bien con Filtros de selección, bien bloqueando elementos) cuando estés copiando o reflejando viviendas o plantas.
- **Evita duplicidad de elementos al copiar.** Revisa bien qué necesitas copiar o reflejar; es posible que el muro medianero no necesite ser copiado, porque se modela una única vez.
- **Evita elementos de comunicación vertical.** Ni barandillas que afecten a varios niveles, ni escaleras, ascensores o agujeros deben estar incluidos en tus selecciones; son elementos únicos en tu modelo. Como excepción, las puertas de ascensor que aparecen en cada planta sí pueden copiarse.

Con todas estas indicaciones, este proceso parece el adecuado para:

- Proyectos pequeños o con pocas repeticiones.
- Proyectos donde las plantas tienen pequeñas variaciones.

En definitiva, sería el método más apropiado para proyectos de viviendas unifamiliares o un plurifamiliar con dos plantas repetidas; o incluso alguna agrupación muy pequeña de adosados donde aplicar cambios manuales no suponga un gran incremento de carga.

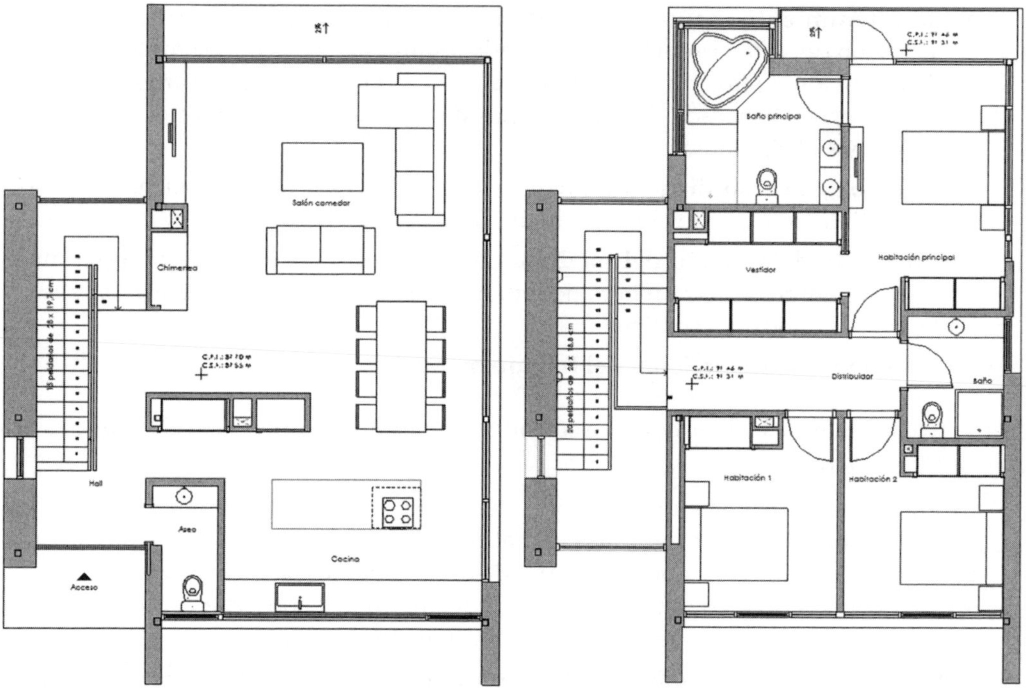

Figura 16.2. Distribución vivienda unifamiliar.

El primer nivel: hacer grupos para cada vivienda tipo.

Pensemos en un edificio plurifamiliar, donde cada vivienda o apartamento se repite varias veces en la planta, puede que incluso en diferentes posiciones. Además, pongámonos en la situación de que, en distintas plantas, pueda haber combinaciones diferentes de viviendas. En este caso, no sería una buena aproximación la copia manual de elementos, puesto que el trabajo requerido para actualizar cualquier pequeño cambio sería desproporcionado.

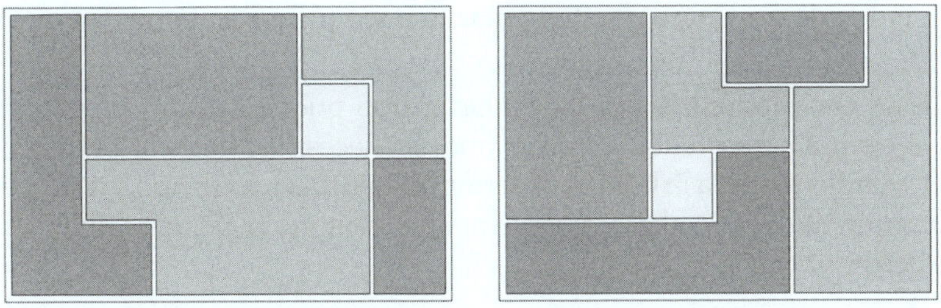

Figura 16.3. Distribución con combinaciones diferentes.

En esta situación, es un gran alivio crear un grupo para cada tipo de vivienda. Recuerda que el grupo lo harás seleccionando los elementos>Cinta de opciones>Modificar|Selección múltiple>Crear grupo. Si lo hacemos correctamente, te encontrarás ante estas ventajas:

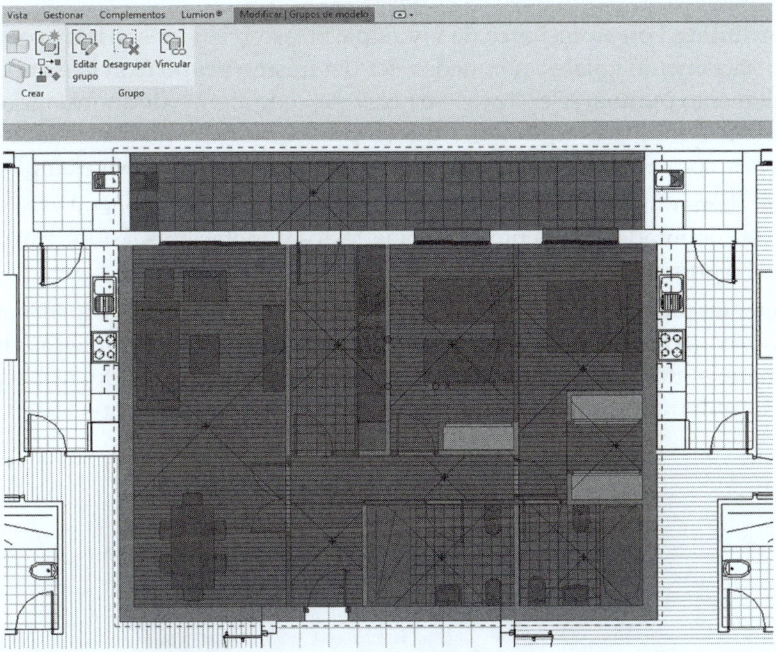

Figura 16.4. Vivienda tipo 1 creada como grupo.

- **Edición centralizada de la vivienda.** Cualquier cambio solamente deberás realizarlo una vez, y se propagará al resto de ejemplares del grupo.
- **Reducción del peso del archivo.** Aunque los grupos ocupan espacio, siempre será menos tener varias instancias generadas elemento a elemento.
- **Flexibilidad en la posición de la vivienda.** Si el tipo de vivienda debe ser rotado o reflejado, podrás hacerlo sin problemas; recuerda, eso sí, atender a las mismas advertencias en materia de simetría comentadas antes.

- **Los elementos de un grupo pueden enlazarse y/o unirse a elementos que estén fuera del grupo.**
- **Flexibilidad con elementos anidados.** Un grupo puede incluir elementos basados en muro (por ejemplo, una ventana o un lavabo) sin necesidad de incluir el muro o elemento anfitrión. Simplemente, a la hora de insertar un ejemplar del grupo, en esa posición debe existir un muro en el que alojar esos elementos, aunque ni siquiera deba ser del mismo tipo o espesor.

No obstante, hay algunas limitaciones con este modelo de trabajo:

- **Disminución de rendimiento al actualizar grupos complejos.** Para una vivienda tipo con muchos elementos e insertada muchas veces, la actualización y regeneración del grupo en todas sus instancias es algo lenta. Aunque, desde luego, será menos lenta que cambiar manualmente todas las instancias.
- **Poca flexibilidad en variaciones de vivienda.** Si las viviendas son muy parecidas, pero no son exactamente iguales, no pueden ser del mismo grupo (con la excepción de que algún elemento puntual se excluya —o no exista— de alguna de las instancias de grupo, que comentaremos más adelante). Aquí empezaríamos con nomenclaturas basadas en variaciones, como «Vivienda Tipo A1a» y «Vivienda Tipo A1b», por ejemplo.
- **Algunos elementos no pueden formar parte de un grupo.** En general, este proceso con grupos está orientado a elementos 3D; cotas, textos y anotaciones se reservan para grupos de detalle o grupos de detalle enlazados.
- **Las diferentes plantas deben tener la misma altura.** Un grupo con ejemplares en diferentes plantas no hará caso de las restricciones superiores, tengan o no parámetros globales, sino que tomará la altura desconectada. De hecho, esta limitación es extensible a cualquier intento de automatización (vivienda tipo o planta tipo, ya sean grupos o vínculos).

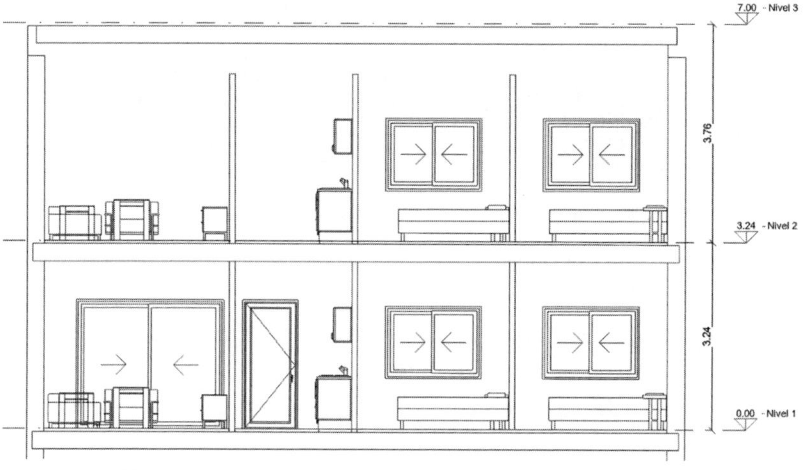

Figura 16.5. Grupo copiado a plantas con diferentes alturas.

Puede que estas dos limitaciones te parezcan muy básicas o poco relevantes y, en realidad, lo son. Sin embargo, este modelo de agrupación debe atender a muchas más consideraciones que pueden dificultar, o directamente no recomendar, su uso en ciertos casos:

- **Planifica cómo vas a identificar el número de vivienda.** Departamento es un campo o parámetro de ejemplar para habitaciones, que utilizamos para diferenciar entre tipos de viviendas y, por tanto, puede estar incluido dentro de un grupo. Sin embargo, el número de vivienda (que puede ser un requisito si el cliente es una promotora) deberá abordarse como un parámetro nuevo, de ejemplar, cuyo valor puede variar entre ejemplares de grupo.
- **Cuidado con los elementos compartidos.** No solo medianeras, sino también fachadas, deberán ser objeto de análisis para saber si se incluyen dentro del grupo o no; sobre todo, cuando un grupo se repite y además cambia su rotación en una planta. Algunas de las opciones habituales son:
    - Incluir todos los elementos (por ejemplo, tanto fachadas como medianeras) y utilizar la opción Excluir elemento del ejemplar de grupo para evitar elementos repetidos. Este método puede utilizarse de forma puntual.

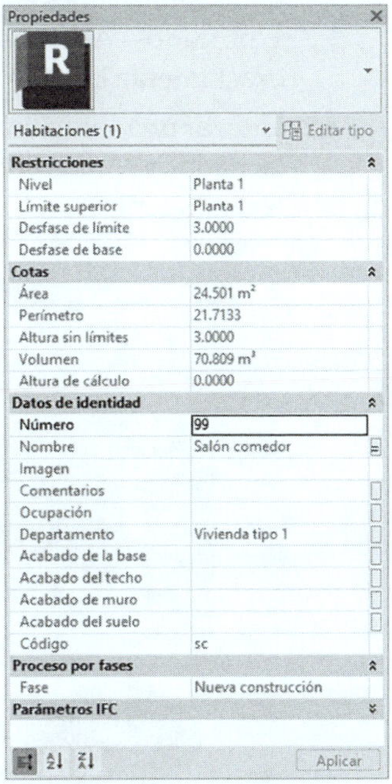

Figura 16.6. Parámetros de ejemplar de una habitación dentro de un grupo.

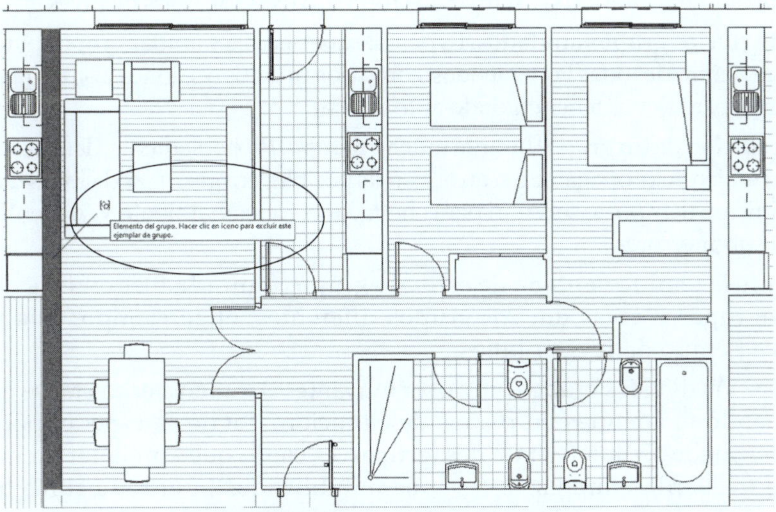

Figura 16.7. Excluir elemento del grupo.

- Excluir todos los muros perimetrales del grupo. Requiere un orden muy estricto y que todos los elementos perimetrales estén modelados de forma externa, para que tanto habitaciones como elementos basados en muro estén correctamente delimitados y ubicados. Además, que sepas que no es necesario que las habitaciones tengan exactamente la misma área en dos ejemplares del mismo grupo.
- Utilizar una solución híbrida, donde algunos muros sí se modelan fuera (por ejemplo, fachadas y/o medianeras) pero otros están dentro del grupo, como por ejemplo los revestimientos.

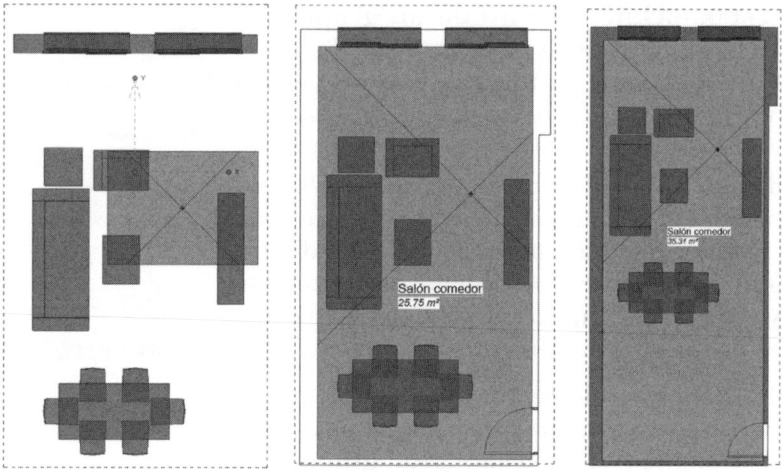

Figura 16.8. Ejemplo solución híbrida.

- **Elige muy bien el punto de inserción del grupo.** Cada caso es diferente, pero te recomiendo usar una esquina: interior, si excluyes los muros, o exterior, si los incluyes en el grupo.
- **Cuidado con los grupos anidados.** Es posible que necesites anidar grupos para elementos repetidos dentro de todas las viviendas, como dormitorios o salones. Esto es perfectamente manejable, pero debes tener cuidado ante errores.
- **Evita la edición de un grupo durante mucho tiempo.** Probablemente, demasiados cambios tarden también en propagarse o sean origen de posibles errores; haz ediciones más limitadas que, al mismo tiempo, te servirán para chequear el funcionamiento y/o identificar dónde pueden surgir errores.
- Si aparece la temida **ventana de error de grupo** (figura 16.9), donde te da la opción de desagrupar o crear nuevos grupos diferentes, elige siempre esta última: así estarás a tiempo de revisar fallos.
- La utilización de estos grupos puede ser muy interesante en ciertas etapas de proyecto, pero cuando te adentres en planos de ejecución, donde se esperan pocos o nulos cambios, puede ser interesante **desagrupar:** es cierto que aumentarás el tamaño del modelo (recuerda eliminar los grupos no utilizados), pero te habrás beneficiado durante todo el proceso de una gestión mucho más rápida.

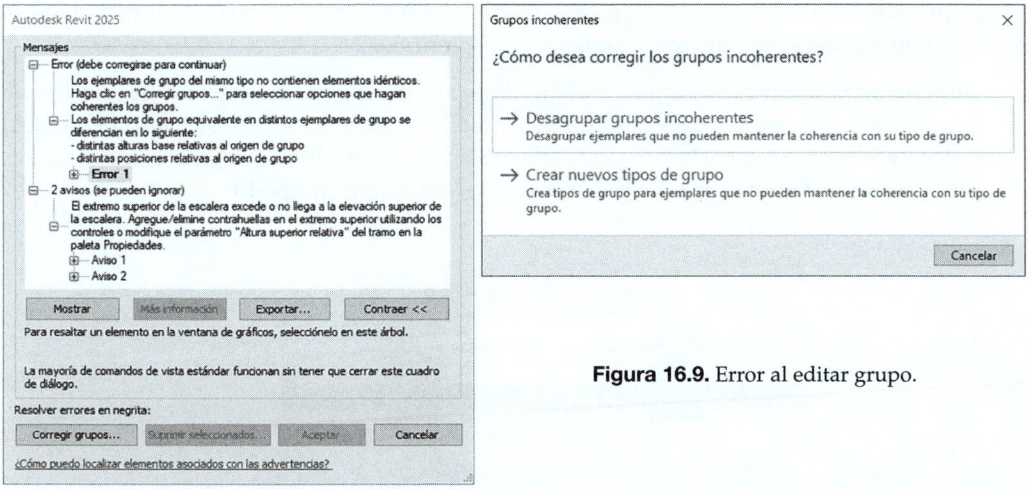

Figura 16.9. Error al editar grupo.

¿Cuándo deberías aplicar este método? Definitivamente, en proyectos medianos donde las viviendas tipo se repitan muchas veces, y en posiciones diferentes. Resultan muy útiles en viviendas modulares o apartamentos repetitivos.

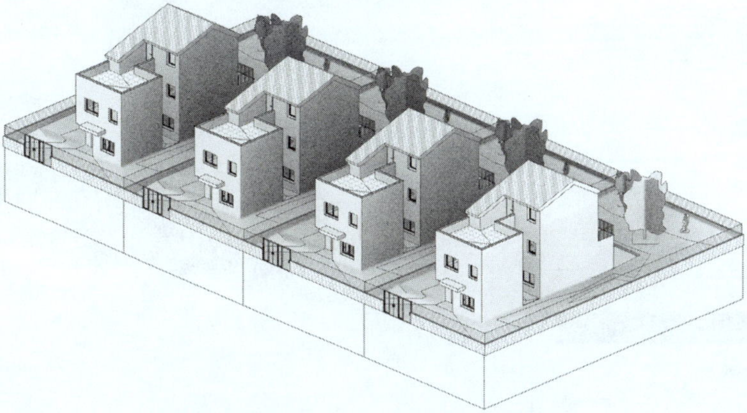

Figura 16.10. Proyecto de viviendas adosadas.

Segundo nivel de automatización: grupos en las plantas tipo

Piensa en un proyecto donde haya pocas tipologías de vivienda, que no justifiquen la creación y mantenimiento de grupos, pero que sí tenga varias plantas repetidas. En este caso, puedes beneficiarte de la utilización de grupos de toda la planta. Este método es el que he utilizado en el proyecto que estamos realizando, puesto que se cumplían todos los requisitos anteriores. Veamos cuáles son las ventajas:

- **Repetición vertical muy rápida.** Puedes copiar al portapapeles el grupo (recuerda que puedes hacerlo desde Ctrl+C y también desde la Cinta de opciones>Copiar al portapapeles) y después Pegar>Alineado con los niveles seleccionados, donde elegirás en qué plantas introduces las distintas instancias o ejemplares del grupo completo.

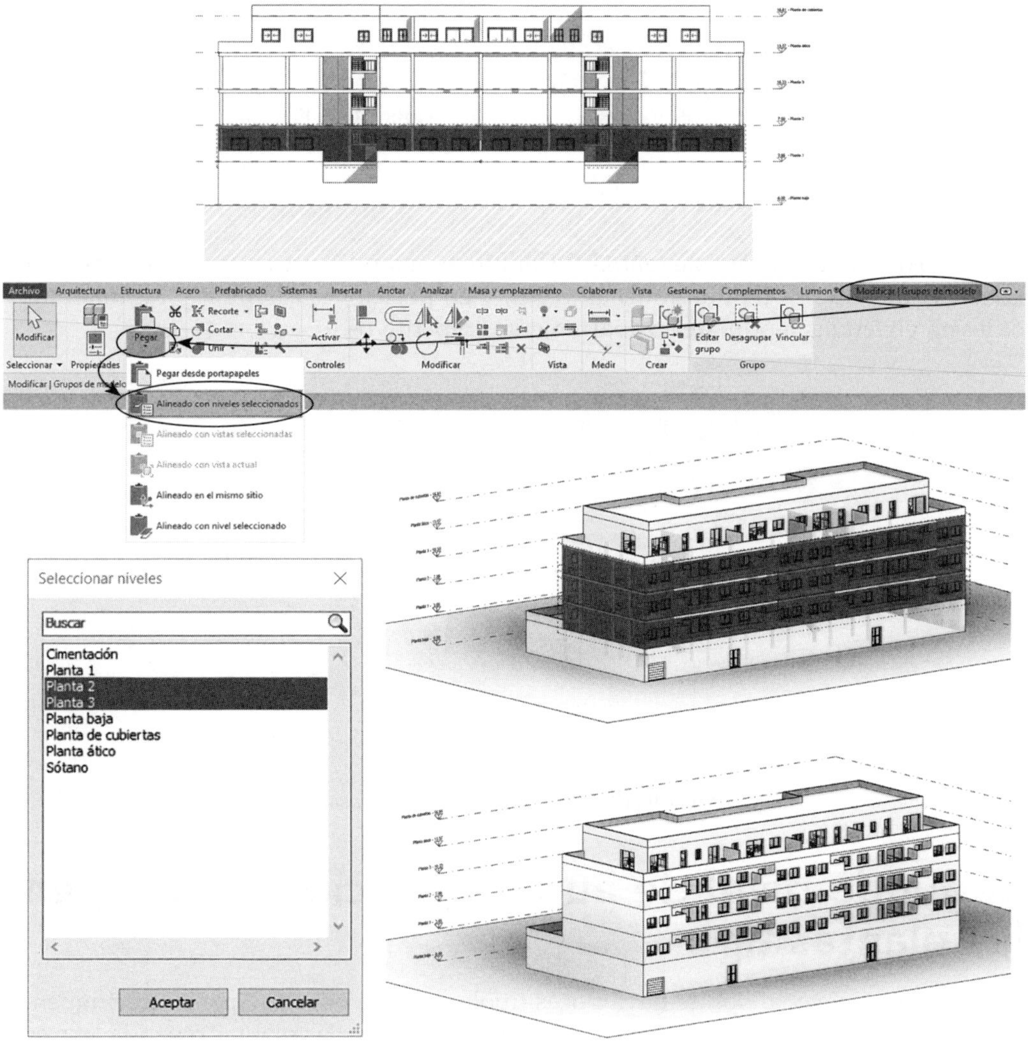

Figura 16.11. Grupo de planta tipo copiado en niveles seleccionados.

- **Coordinación interna.** Todos los elementos de la planta están bien coordinados; no tienes que preocuparte por medianeras ni fachadas, pues formarán parte del grupo completo.
- **Número reducido de grupos a gestionar.** Aunque tengas muchas plantas, habrá un único grupo repetido varias veces, pero no tendrás tantos ejemplares como si estuvieras trabajando con unidades habita-cionales.
- **Posibilidad de intercambiar fácilmente plantas tipo.** Si tienes dos combinaciones de plantas tipo que pueden intercambiarse entre sí, el selector de tipo te dará la opción de jugar entre tus diferentes opciones (figura 16.12).

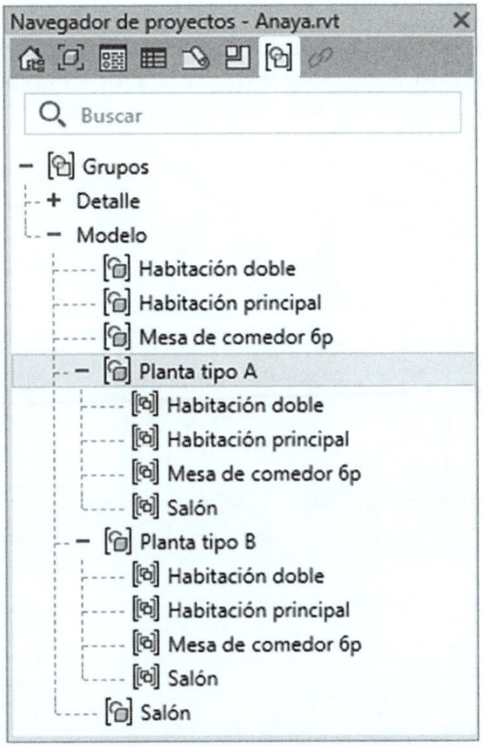

Figura 16.12. Grupo para Planta tipo A y Planta tipo B.

Las dos limitaciones principales de esta organización son las siguientes:

- No hay una reducción de carga de trabajo de modelado al generar la planta, respecto a hacerla manualmente.
- Menor flexibilidad entre plantas. Las variaciones menores entre plantas no se gestionan igual de bien desde aquí, pues tendrías que duplicar el grupo. Si llega el caso en el que tienes tres o cuatro variaciones diferentes del mismo grupo, con una o muy pocas repeticiones de cada uno, quizá no sea el método adecuado.

Este método, al ser una combinación de los anteriores (hay modelado manual con simetrías y también agrupaciones) no tiene consideraciones adicionales con respecto a los sistemas anteriores (minimizar el uso de grupos anidados y exclusión de estructura y elementos pasantes).

NOTA:

Utilizar grupos de viviendas tipo anidados dentro del grupo de la planta tipo es posible, pero bajo algunas circunstancias es poco recomendable, por la disminución de rendimiento y la posibilidad de errores en la edición de una planta, que afecten a nivel del grupo anidado de vivienda.

Este método, como hemos comentado antes, es el empleado en este proyecto. Para un total de 22 viviendas, con una planta simétrica y muy pocos tipos de vivienda diferentes, en un equipo de entre una y dos personas, ha sido la solución acordada. El proceso efectuado ha sido el siguiente:

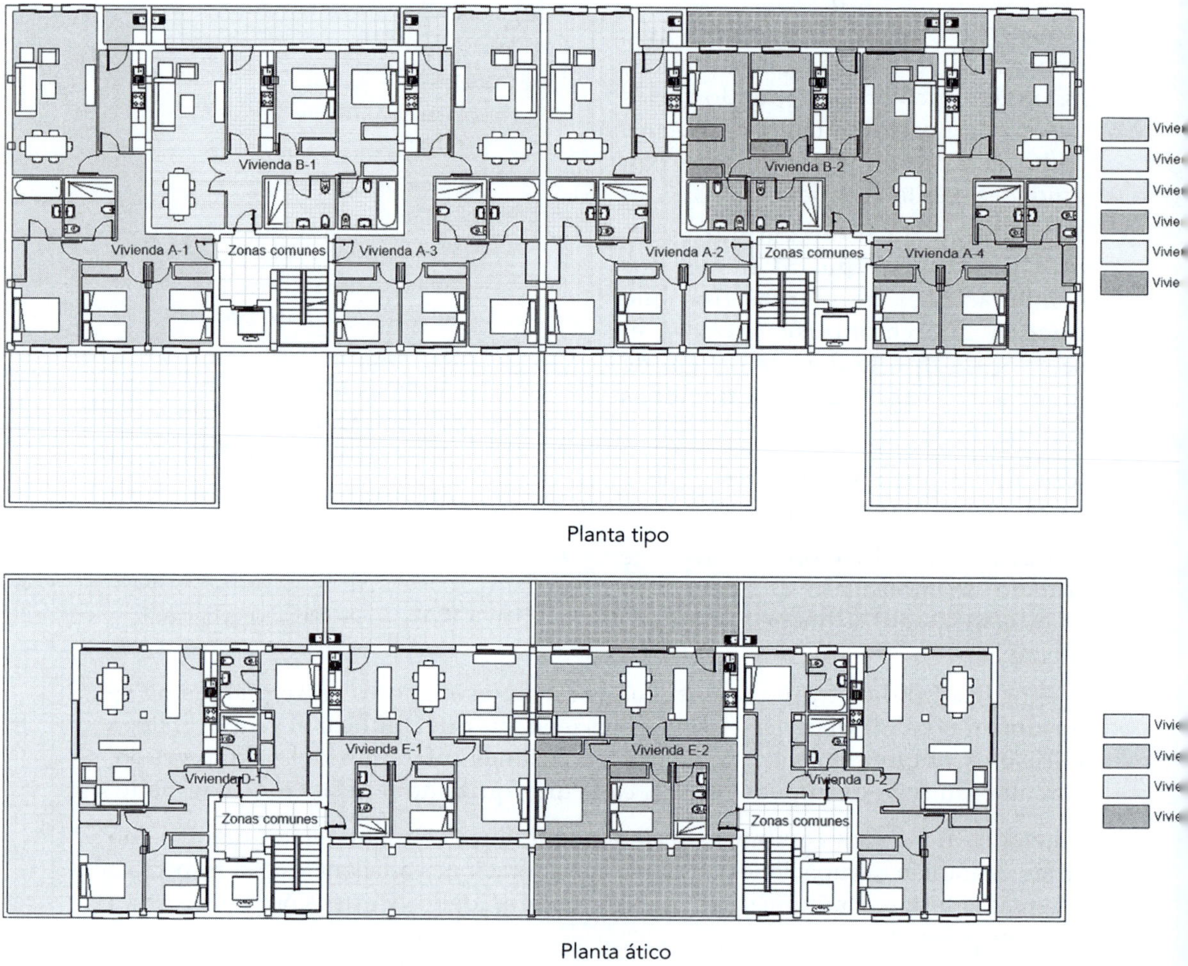

Figura 16.13. Esquema de color con los departamentos rellenados.

- Seleccionar con cuidado los elementos que deben copiarse: tanto desde una planta (para poder seleccionar habitaciones) como desde otro tipo de vistas, como 3D o planos de techo, para seleccionar techos y tabicas.

- Excluir los elementos que no deben copiarse o espejarse, como pilares, escaleras, barandillas entre plantas, agujeros o ascensores. Una posibilidad rápida es ocultar la categoría (por ejemplo, los pilares estructurales) o bien bloquear dichos elementos y desmarcar, en las ayudas de selección, la opción de seleccionar elementos bloqueados.
- Tener una nomenclatura para viviendas fácil de entender y/o recordar. En este proyecto he utilizado:
  - Viviendas A para la vivienda en L. En los campos de Departamento, A-1 es la esquina y A-2 la que llega al centro. En la segunda parte, serán A-3 y A-4.
  - Vivienda B para la vivienda rectangular. B-1 es la de la parte izquierda y B-2 será su simétrica.
  - Vivienda D para la esquina del ático. D-1 y D-2, según el lado de la planta.
  - Vivienda E para el centro del ático, con los mismos criterios, E-1 y E-2.
- Si hay elementos alojados en muros que no se copiarán, como sanitarios en medianeras, asegúrate de colocar en la nueva posición un ejemplar de esos mismos muros, ya sea mediante copia o simetría, para que cuando el conjunto de elementos se refleje (por ejemplo, la vivienda en L) o el grupo, en su caso, exista ese anfitrión.
- Una vez se tiene la planta completa, se ha hecho un grupo de esta, con todos los elementos, atendiendo a los criterios iniciales de selección y exclusión.
- Desde la Cinta de opciones>Copiar a portapapeles.
- Cuando la orden de Pegar se ha coloreado, se despliega para elegir Alinear con los niveles seleccionados y se copia el grupo a las plantas 2 y 3.
- En la planta ático se repiten los procesos de copia y simetría, pero sin hacer grupos.

TRUCO:

Antes de copiar un grupo entre plantas, ve a la vista 3D. Si la caja transparente que envuelve el grupo ocupa lo que esperas (la planta 1, en este caso), tiene buena pinta. Sin embargo, si esa caja es demasiado grande (abarca más plantas, por ejemplo), lo más seguro es que estés seleccionando algo que no debas (una escalera, un ascensor, un agujero) que hará que tu grupo no sea correcto. Revísalo, edita el grupo, encuentra tu intruso y elimínalo del grupo antes de continuar.

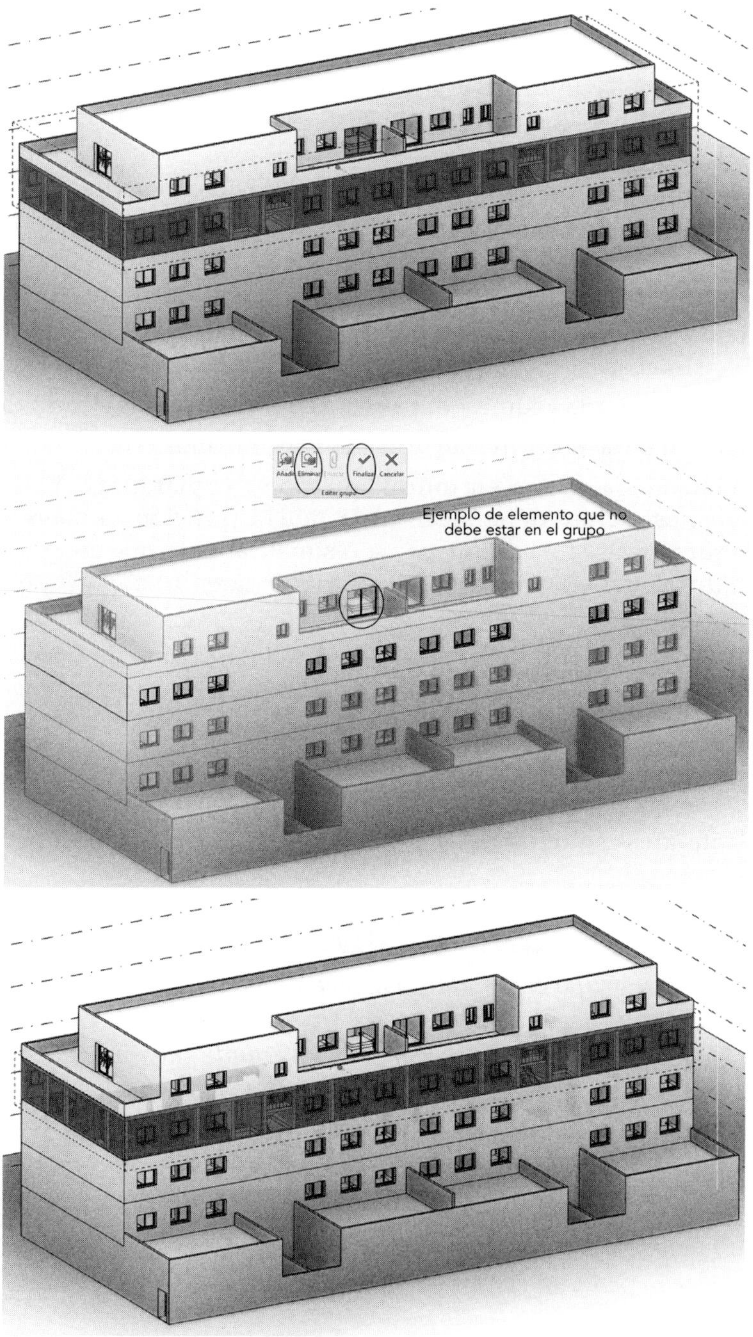

Figura 16.14. Ejemplo de eliminar un elemento que no debe estar en el grupo.

Trabajo coordinado: usar vínculos para viviendas o plantas tipo

Este procedimiento es más avanzado, pues requiere una coordinación entre diferentes modelos (e incluso diferentes equipos) o trasladar a todos ellos la información de manera coordinada: desde parámetros hasta tipos de elemento, nomenclaturas y demás. No obstante, ofrece unas ventajas muy interesantes.

- **Rendimiento del modelo.** Aligeramos el peso del archivo.
- **Trabajo en paralelo.** Una persona puede estar trabajando en el vínculo mientras otra documenta el proyecto completo.
- **Reutilización en múltiples proyectos.** En equipos acostumbrados a trabajar con determinadas unidades habitacionales, puede ser una herramienta interesante.

NOTA:

Un grupo también se puede guardar como archivo externo en cualquier momento; de manera que no dejes que el concepto «reutilizar» te incline hacia una solución sin haber revisado el resto de condicionantes.

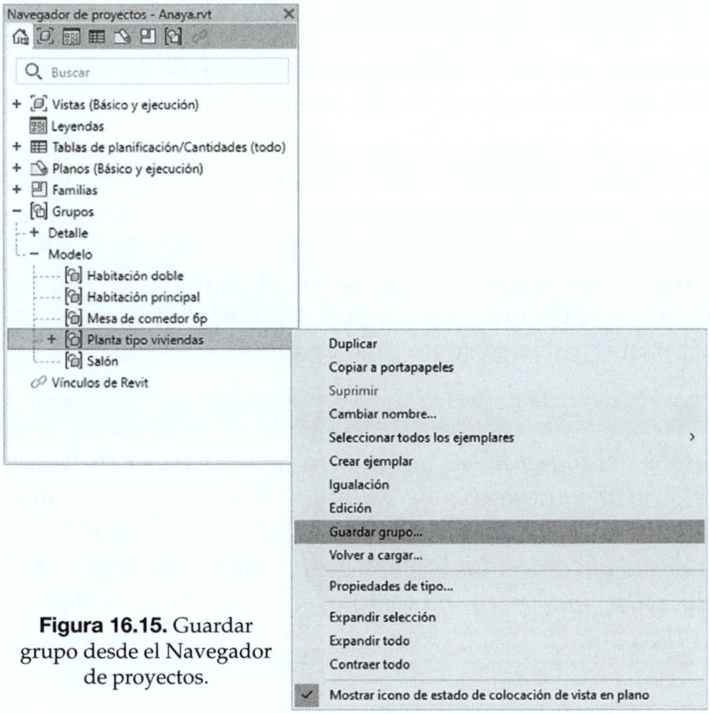

Figura 16.15. Guardar grupo desde el Navegador de proyectos.

- **Gestión de versiones y opciones.** Trabajar con vínculos facilita utilizar versiones diferentes de las viviendas o recargar unas por otras de una forma rápida, sin incrementar el peso del archivo.
- **Se eliminan los riesgos de desagrupado.** Los problemas habituales que aparecen al finalizar la edición de grupos desaparecen, al ser archivos externos.
- **Posibilidad de documentar los grupos de forma aislada.** Este procedimiento ya requiere una coordinación mucho más alta, pero también permite que cada archivo o vínculo tenga su propio conjunto de vistas y planos para documentación.

Probablemente, estas ventajas te estén gustando mucho. Y es normal; pero ahora toca comprobar si incluso con las limitaciones te compensa o si, por el contrario, prefieres quedarte un escalón por debajo:

- **Se incrementa la carga de gestión y coordinación.** Al tener que trabajar con varios modelos, el trabajo puro de modelado se reemplaza, en parte, por un trabajo de mantenimiento de archivos y versiones.
- **No es posible enlazar un muro a un forjado de otro vínculo.**

NOTA:

Puedes utilizar parámetros globales en el «Desfase superior» para evitar este problema en los tabiques.

- **No es posible realizar la unión entre elementos** (por ejemplo, forjado y cerramiento) si están en vínculos diferentes.

NOTA:

Quizá puedas utilizar máscaras en las secciones o igualar la apariencia en detalle bajo.

- **Si las habitaciones están realizadas en el vínculo,** cuando se enlacen no reconocen en qué nivel están en el nuevo archivo, solamente redirigen al nivel en el que fueron creadas en su archivo original.

NOTA:

Algunos equipos optan por hacer un modelo específico de habitaciones. En otros casos, he visto crear parámetros de ejemplar nuevos o jugar con el nombre de los ejemplares de vínculos para adaptar las tablas de planificación. Personalmente, no me gustan esas opciones. La tercera posibilidad sería hacer las habitaciones en el modelo anfitrión, pero estaríamos volviendo al trabajo manual que queríamos evitar.

- **No puedes trabajar en dos archivos a la vez.** Si abres el vínculo se descarga del modelo en el que estás trabajando.

NOTA:

Si tu ordenador tiene suficiente memoria RAM, puedes abrir dos veces el programa Revit y trabajar en cada instancia con un archivo diferente.

- **El listado de tablas debe estar más controlado.** Tienes que marcar específicamente la inclusión de elementos de vínculos, pues las tablas no los tienen activados por defecto.

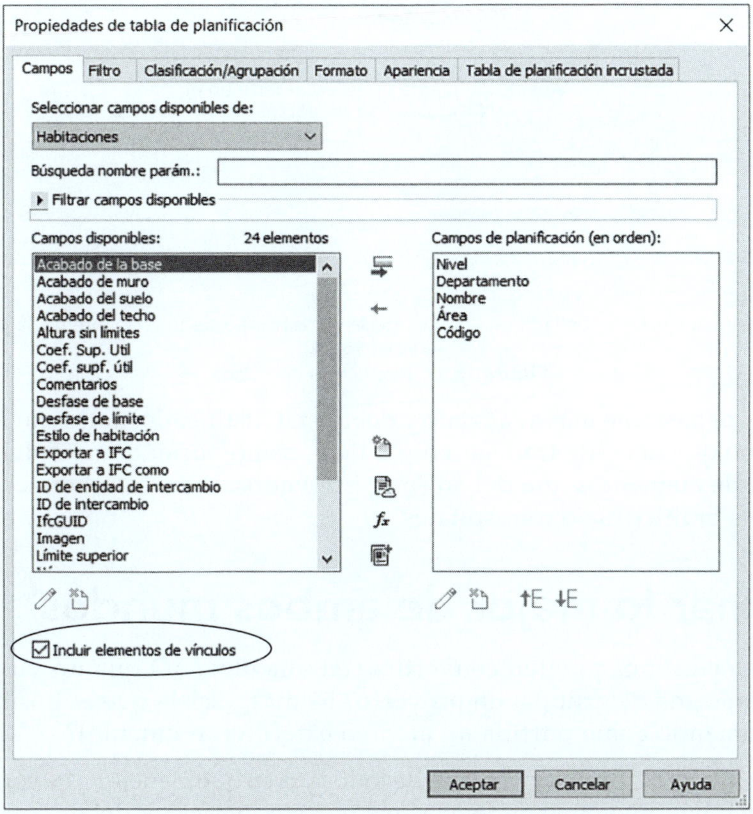

Figura 16.16. Incluir elementos de vínculos.

- **Vista subyacente no funciona con los vínculos.** Si en algún momento necesitas este apoyo de coordinación, no será posible mientras utilices vínculos.

- **En los vínculos no existe un equivalente a la opción de** Excluir del ejemplar de grupo. Esto requiere una planificación mayor a la hora de delimitar qué incluye cada vínculo.
- **Recuerda que los vínculos pueden estar configurados como** Enlace **o como** Solapamiento. En el caso de que utilizases vínculos para viviendas tipo y luego un vínculo para la planta tipo, deberás enlazarlas a la planta tipo para que se inserten en su posición.

Vínculo de planta tipo descargado en el Navegador de proyectos

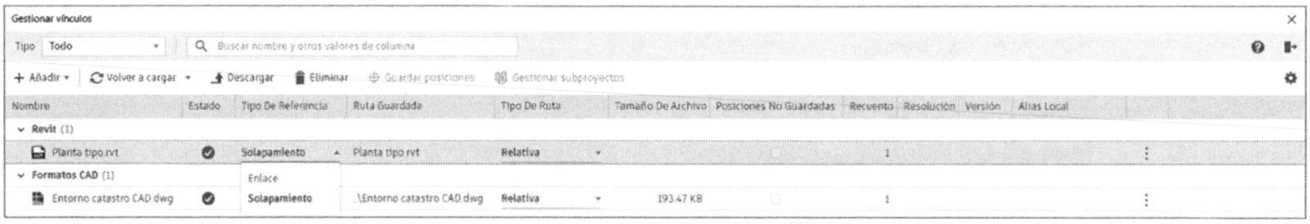

Ventana Gestionar vínculos con la planta tipo cargada y posibilidad de tipo de referencia por Enlace o Solapamiento

Figura 16.17. Planta tipo vinculada.

Este método es bastante más avanzado y debe estar justificado: tanto con la existencia de un equipo que necesite trabajar en paralelo, como por el tamaño del proyecto o la multitud de elementos que deban ser gestionados. Piensa en hoteles, complejos residenciales multiedificio u hospitales.

Combinar lo mejor de ambos mundos

¿Sabes que los grupos pueden convertirse en vínculos? ¿O que un vínculo puede enlazarse en forma de grupo a un proyecto? Es más, ¿sabes que es posible recargar un grupo tomando como partida un archivo externo (un vínculo)?

Este procedimiento es el más avanzado de todos y creo que el mejor. ¿La contrapartida? Te la digo ya: hay menos experiencia real en este método y debes hacerlo con un poco más de cuidado. Pero veámoslo con calma y por partes.

Guardar grupos

Desde el Navegador de proyectos, localiza tu grupo deseado y, con el botón secundario, haz clic en Guardar grupo. Crearás un archivo desde cero que tendrá solo el grupo que habías elegido. De hecho, esta no es la única manera de llegar hasta aquí. Desde Archivo>Guardar como>Biblioteca>Grupo llegarías a la misma ventana. En ella, puedes incluso desplegar para elegir qué grupo de modelo seleccionar. El nombre del grupo puede ser el que determine el nombre del archivo o puedes elegir el que quieras.

NOTA:

Si el grupo de modelo tiene un grupo de detalle vinculado, Revit ofrece la opción de activar la casilla para que estos grupos de detalle enlazados se conviertan en vistas.

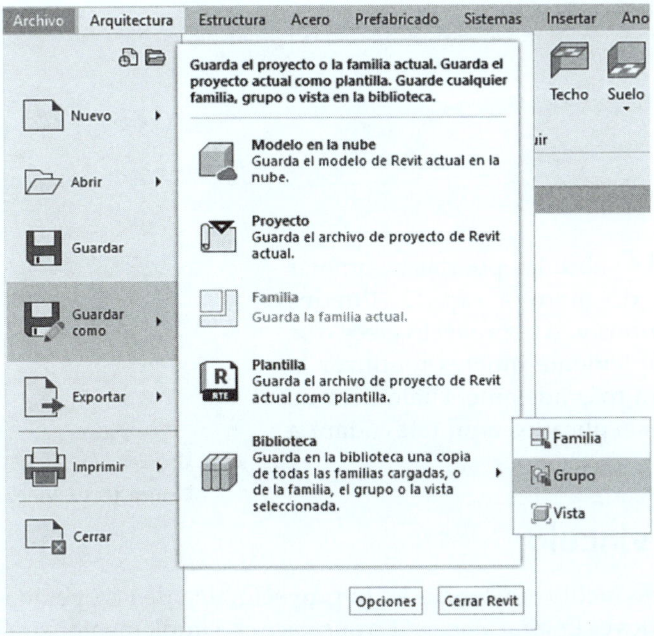

Figura 16.18. Guardar grupo desde la pestaña Archivo.

Con este método, te aseguras de la reutilización de grupos interesantes entre modelos y proyectos.

Convertir grupos en vínculos

Si seleccionas un ejemplar de un grupo, en la cinta de opciones tendrás no solo Editar grupo y Desagrupar, sino que también aparece Vincular. Esta última te brinda dos posibilidades:

- **Convertir el grupo en un archivo nuevo y vincular ese archivo.** Es la primera opción Reemplazar con un nuevo archivo de proyecto.
- **Sustituir tu grupo por un vínculo de un archivo a tu elección.** Es la segunda opción Reemplazar con un archivo de proyecto existente.

NOTA:

Cuando utilices este proceso, ten cuidado con las coordenadas: Revit utilizará la elevación relativa del ejemplar que estés utilizando para crear el archivo, y eso influirá a la hora de volver a insertarlo. Para un resultado óptimo, te recomiendo que lo hagas desde tu nivel con cota cero.

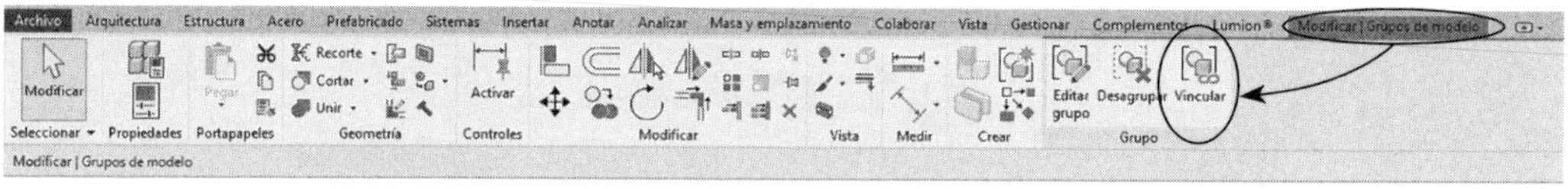

Esta posibilidad te abre las puertas a cambiar entre métodos de manera rápida. Puedes empezar con grupos y, si el proyecto crece o se complica, o simplemente quieres reutilizar la información para más adelante, cualquiera de los dos métodos explicados aquí te ayudará a conseguirlo.

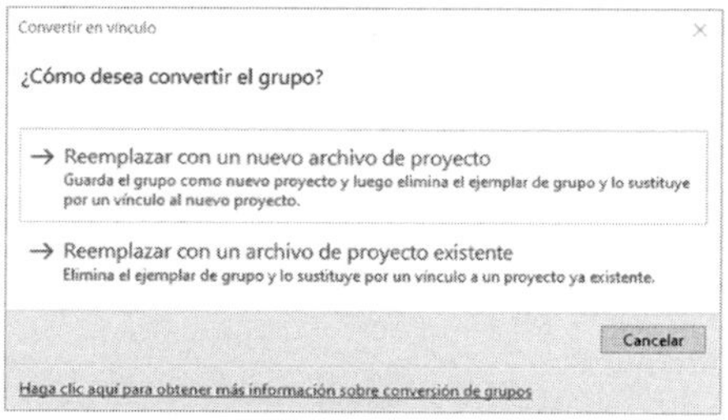

Figura 16.19. Vincular un grupo.

Enlazar un vínculo

Si seleccionas un vínculo que tengas en tu proyecto, una de las opciones disponibles en la cinta de opciones es Enlazar vínculo. Lo que hace es, simplemente, convertir ese vínculo en un grupo dentro de tu modelo. Te dará la opción de traer niveles, rejillas o detalles enlazados (úsalo con cuidado, normalmente te recomendaría desmarcar todas las opciones) y, aunque durante el proceso te indique algunas advertencias o errores (por ejemplo, que el archivo ocupa más de 10 MB o que hay elementos o tipos modificados con respecto a los de tu proyecto) no te preocupes: en el mismo aviso te dirá que se utilizará la configuración del proyecto en el que estás pegando elementos. Eso significa que, si alguien modificó un material en el archivo vinculado, a ti no te afectará.

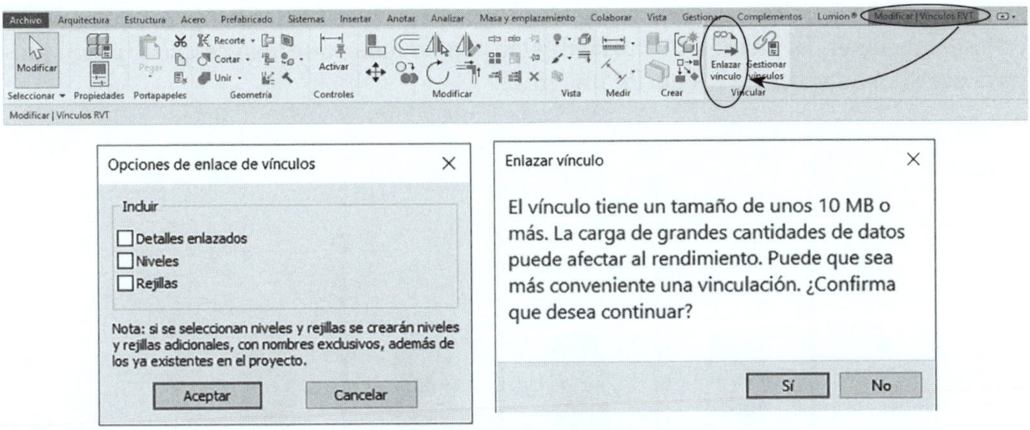

Figura 16.20. Enlazar vínculo.

Recargar un grupo

Desde el Navegador de proyectos selecciona un grupo; con el botón derecho tendrás la opción de Volver a cargar; esto actualizará tu grupo por el archivo que hayas elegido.

¿Te imaginas las posibilidades de este método? Puedes tener grupos inicialmente, guardarlos de forma externa cuando desees y después actualizarlos.

No solo esto, sino que una de las limitaciones principales que se derivan del trabajo con vínculos en plantas tipo se puede resolver: convierte el vínculo de la planta tipo en un grupo y ve actualizándolo cuando sea necesario. No perderás la información de las habitaciones y sus niveles, podrás unir y enlazar libremente y seguirás teniendo la posibilidad de coordinar la información con otros compañeros.

Exclusión de ejemplar en un grupo

Bajando un poco el nivel de complejidad y de gestión, estudiemos con algo más de detalle la exclusión. Este procedimiento es muy interesante cuando tienes elementos repetidos (por ejemplo, una cabina de inodoro en unos vestuarios, delimitada por dos muros laterales y una puerta frontal). Si la copias, probablemente estés duplicando siempre uno de los muros. Una práctica habitual es quitar uno de los muros del grupo, de forma que tienes una L de la cabina; al copiarse, consigues la configuración completa. Pero ¿qué pasa con la primera —o la última, según el caso— de las cabinas? El muro seguirá solapándose con la delimitación del vestuario. En este ejemplo tan sencillo (y en muchos otros, más complejos) no hace falta más que seleccionar el muro «sobrante» y seleccionar el icono que permite excluirlo.

En cualquier otra instancia, o ejemplar, de ese grupo, seguirá estando; pero no en ese, ni en las mediciones. Es un método tan fácil, y tan conveniente, que merece que lo practiques para usarlo más veces de las que te imaginas.

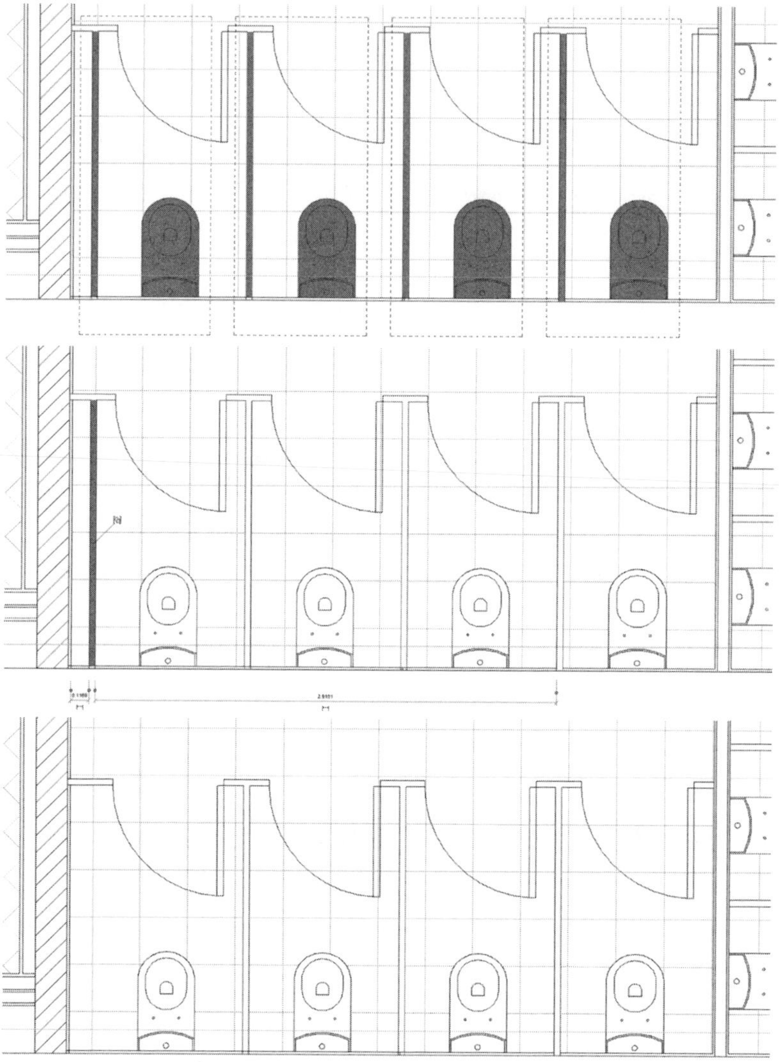

Figura 16.21. Excluir un panel fenólico del grupo.

Gestión de avisos y errores

En estos procesos (y en realidad, durante el uso habitual de Revit), es habitual que surjan errores y avisos. Los errores no te permiten avanzar hasta que des con la solución: que puede ser separar elementos, suprimirlos o directamente cancelar, por poner algunos ejemplos.

Sin embargo, los avisos sí que parecen prescindibles: puedes o no leerlos, pero no parece que necesites hacer nada. Incluso, a veces, no te dará tiempo a leerlos todos (hay un botón de Siguiente que no hay que olvidar) o los canceles antes de atenderlos. No te preocupes; pero es conveniente revisarlos, pues a veces proporcionan información útil.

Puedes recuperarlos en cualquier momento desde Gestionar>Comprobar avisos. También puedes tocar un elemento y, en la cinta de opciones, pulsar en Mostrar avisos relacionados.

Recuerda mantener tu proyecto tan limpio como sea posible de estos avisos (o *warnings*, en la versión en inglés) para que tu proyecto no solo tenga un mejor rendimiento y evites errores, sino incluso para cumplir con determinadas exigencias de BEP que limiten el número de avisos por modelo.

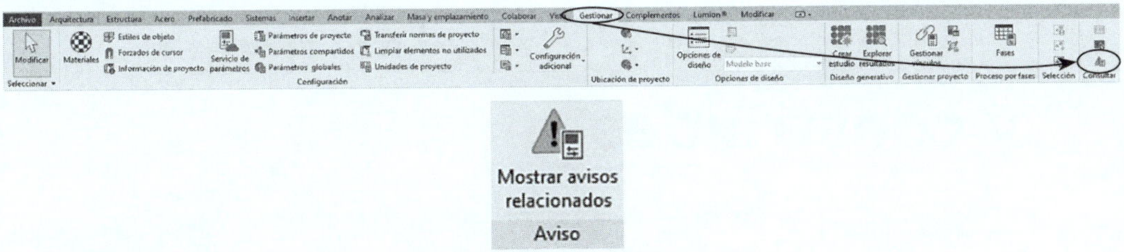

Figura 16.22. Avisos en Revit.

17

Tablas de superficies útiles y construidas

En este capítulo aprenderás a:

- Crear tablas de superficie útil desde cero.
- Importar tablas de otros modelos.
- Crear nuevos parámetros y valores calculados.
- Crear tablas de superficie construida.

Crear una tabla de superficies útiles desde cero

Aunque la plantilla arquitectónica cuenta con una «Tabla de planificación de habitaciones» básica, esta contiene campos que no nos interesan inicialmente (como Perímetro, Volumen o Comentarios) y, sin embargo, carece de otros campos que sí deseamos; como Departamento, por ejemplo. Así que partamos de cero. Para generar una tabla de planificación que muestre las superficies útiles, debemos ir al Navegador de proyectos>Tablas de planificación/Cantidades>botón secundario>Nueva tabla de planificación/Cantidades. También podemos llegar hasta ahí desde Vista>Tablas de planificación>Tabla de planificación/Cantidades. O, por supuesto, desde una abreviatura generada a tal efecto desde KS. La mía es TT.

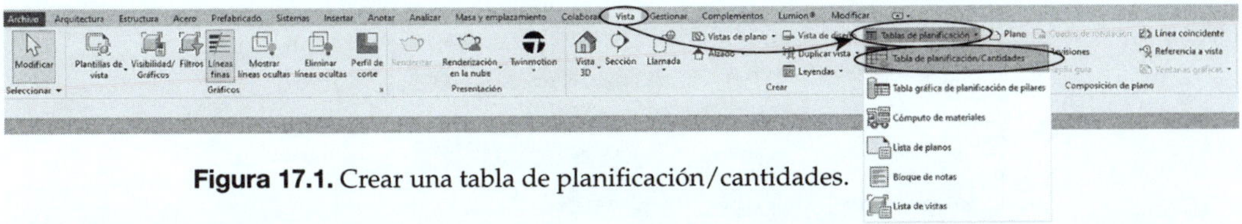

Figura 17.1. Crear una tabla de planificación/cantidades.

El aspecto más importante a la hora de generar una tabla es elegir correctamente la categoría y no mantener la opción Multicategoría que aparece por defecto. En nuestro caso, será una tabla de habitaciones que llamaré «Cuadro de superficies útiles» a la que añadiré los siguientes campos: Departamento, Nivel, Nombre, y Área; los he ordenado de forma alfabética para que te resulte más rápido encontrarlos (recuerda que Área, al llevar tilde, aparece al final del listado). De todas formas, si se te olvida algún parámetro, puedes añadirlo o eliminarlo volviendo a entrar en la pestaña de Campos.

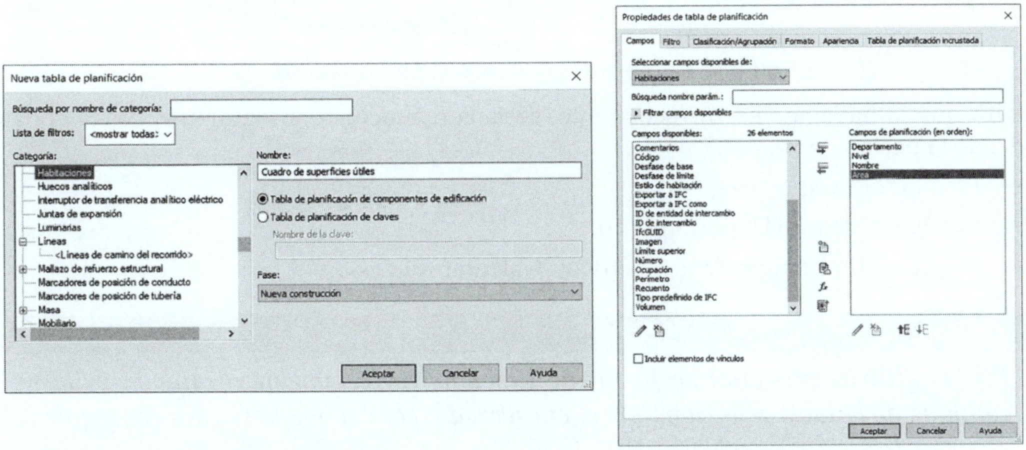

Figura 17.2. Seleccionar campos de la tabla de planificación/cantidades.

Lo importante para conseguir esta primera aproximación de nuestra tabla será manejar la pestaña de Clasificación/agrupación, donde te recomiendo utilizar la siguiente configuración:

- **Clasificar por nivel.** Activa Encabezamiento y Pie de página, solo totales.
- **Clasificar por departamento.** De nuevo activa Encabezamiento y Pie de página, solo totales.
- **Activar** los totales generales, con Título y totales.

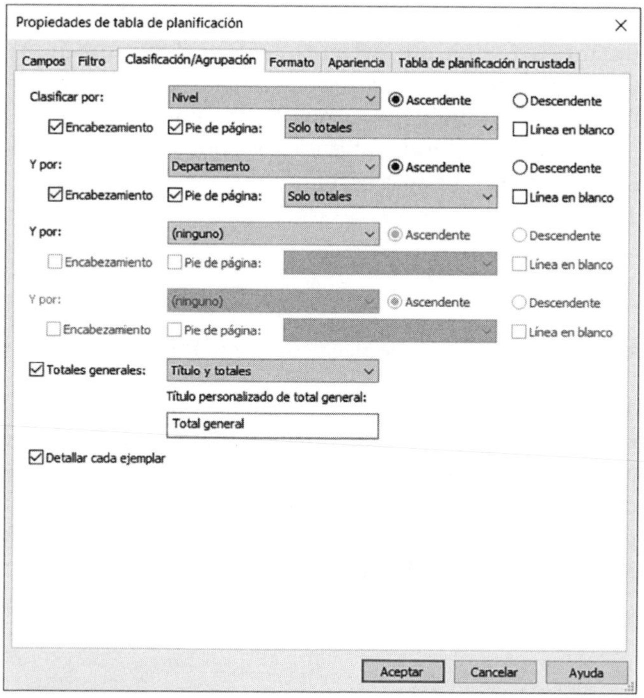

Figura 17.3. Pestaña de Clasificación/Agrupación ajustada.

Para que la tabla se vea correctamente, sería conveniente conseguir tres cosas, todas desde la pestaña Formato.

- Ocultar el campo Nivel.
- Ocultar el campo Departamento.
- Seleccionar el campo Área y activar «Calcular totales».

TRUCO:

En las últimas versiones de Revit, no funciona correctamente ocultar la primera columna de la tabla seleccionando el encabezado; pero sí que lo puedes conseguir si seleccionas una única celda.

TRUCO:

Recuerda que puedes utilizar «Ctrl+rueda de ratón» para hacer zoom en la tabla y también puedes conseguir lo mismo con «Ctrl+ +/-», y volver al 100 % con «Ctrl+0».

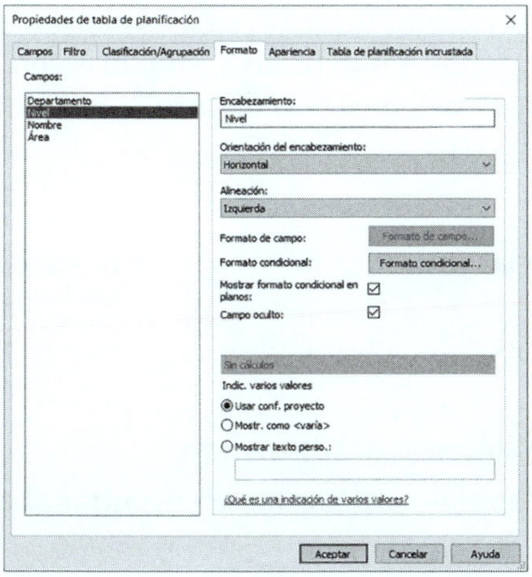

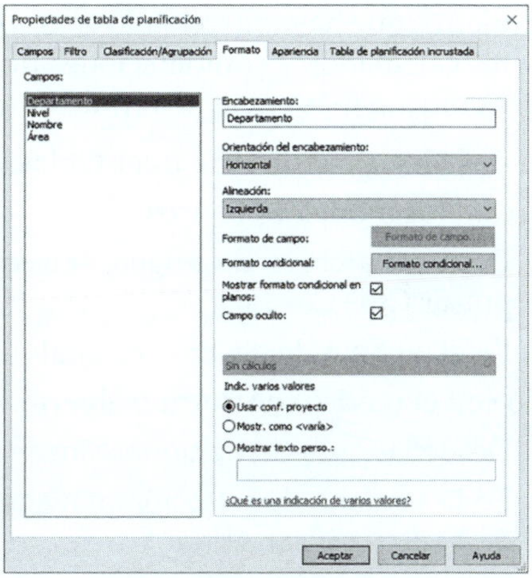

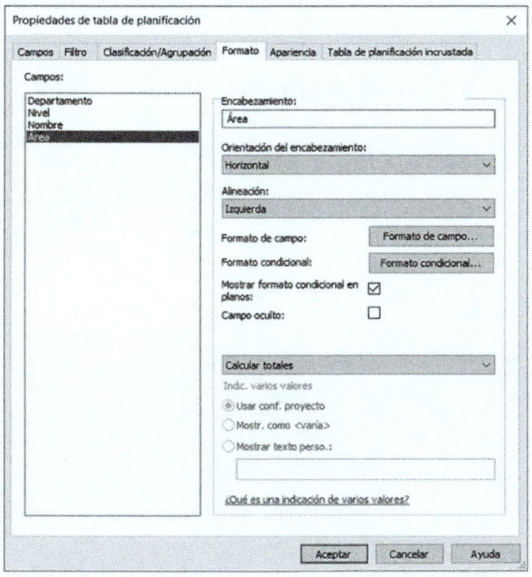

<Cuadro de superficies útiles>	
A	B
Nombre	Área
Sótano	
Aparcamiento	
Garaje	708.17 m²
Rampa	75.30 m²
	783.47 m²
Trasteros	
Trastero 1	5.74 m²
Trastero 2	5.64 m²
Trastero 3	5.29 m²
Trastero 4	5.29 m²
Trastero 5	5.29 m²
Trastero 6	5.29 m²
Trastero 7	5.84 m²
Trastero 8	5.84 m²
Trastero 9	5.84 m²
Trastero 10	5.84 m²
Trastero 11	5.29 m²
Trastero 12	5.29 m²
Trastero 13	5.29 m²
Trastero 14	5.29 m²
Trastero 15	4.88 m²
Trastero 21	3.37 m²
Trastero 17	3.37 m²
Trastero 24	3.71 m²
Trastero 23	3.71 m²
Trastero 22	3.32 m²
Trastero 20	3.32 m²
Trastero 19	3.35 m²
Trastero 18	3.35 m²
Trastero 16	3.49 m²
	112.92 m²

Figura 17.4. Resultado tabla de planificación/cantidades.

Reutilizar tablas de otros proyectos

Aunque generar una tabla de planificación desde cero puede llevar solamente un par de minutos, es mucho más eficiente reutilizar otras tablas ya hechas en otros modelos o proyectos. Esto refuerza la coordinación de formato y unidad gráfica y además traerá los parámetros que hayamos creado en otros proyectos y que se estén usando en la tabla, los valores calculados y combinaciones de campos. En definitiva, en tablas con mayor trabajo, es mucho más eficiente reutilizar otras existentes más desarrolladas.

Existen dos formas básicas de traer tablas desde archivos.

- Con ambos modelos abiertos.
  - Desde el archivo de origen, seleccionar todas las tablas que se desee copiar y pulsar Ctrl+C.
  - En el archivo de destino, en cualquier vista, pulsar Ctrl+V.
- Solo con el modelo de destino abierto.
  - Desde la Cinta de opciones>Insertar>Insertar desde archivo.
  - En la ventana de selección, navegar por las carpetas hasta encontrar el archivo deseado y pulsar Abrir.
  - En la ventana Insertar vistas, desplegar Vistas para elegir Mostrar solo tablas de planificación e informes.
  - Seleccionar todas las tablas deseadas y pulsar Aceptar.

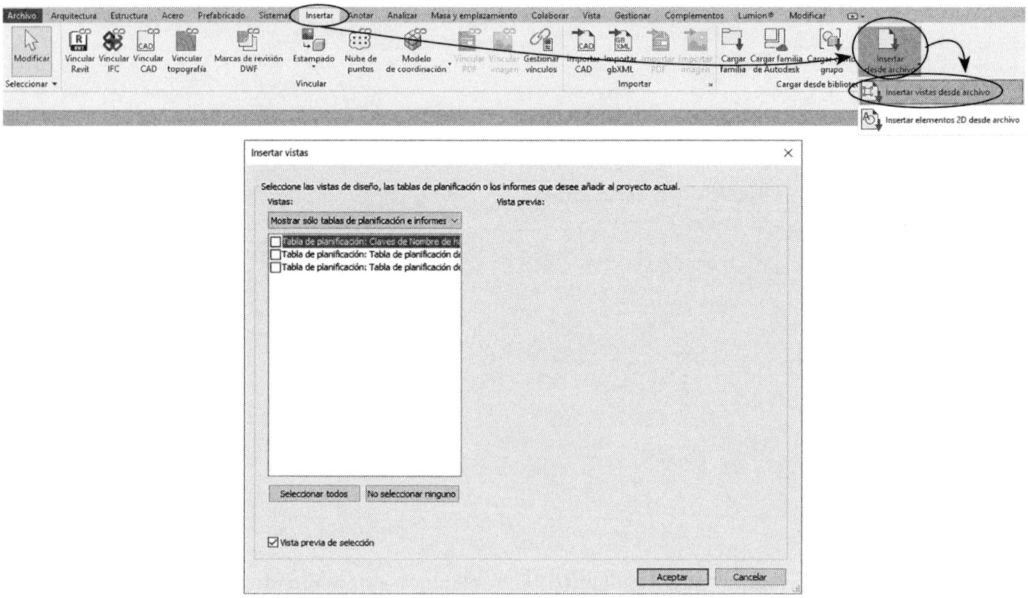

Figura 17.5. Insertar desde archivo una tabla de planificación/cantidades.

> **TRUCO:**
>
> *El apartado de «Vista previa» no está pensado para las tablas, así que no le prestes demasiada atención en este proceso.*

Coeficiente de computabilidad

Este parámetro no es nativo de Revit (y por tanto el nombre puede modificarse a conveniencia) y se usa en ciertas circunstancias para asignar un coeficiente de computabilidad a las distintas estancias. Por ejemplo, en muchas localidades, las estancias que se encuentran por debajo del plano de rasante no computan (0 %) a efectos del cálculo de metros cuadrados de techo o quizá los espacios abiertos exteriores pero cubiertos computen solamente al 50 %. Aunque, en general, los cálculos se realizan sobre superficies construidas, conviene recordar que, en algunas regiones, las llamadas Viviendas de Protección Oficial no pueden superar cierta superficie útil, de manera que este parámetro siempre tiene cierta utilidad.

Para crearlo, si no dispones de una tabla desde la que importarlo, puedes hacerlo de dos maneras:

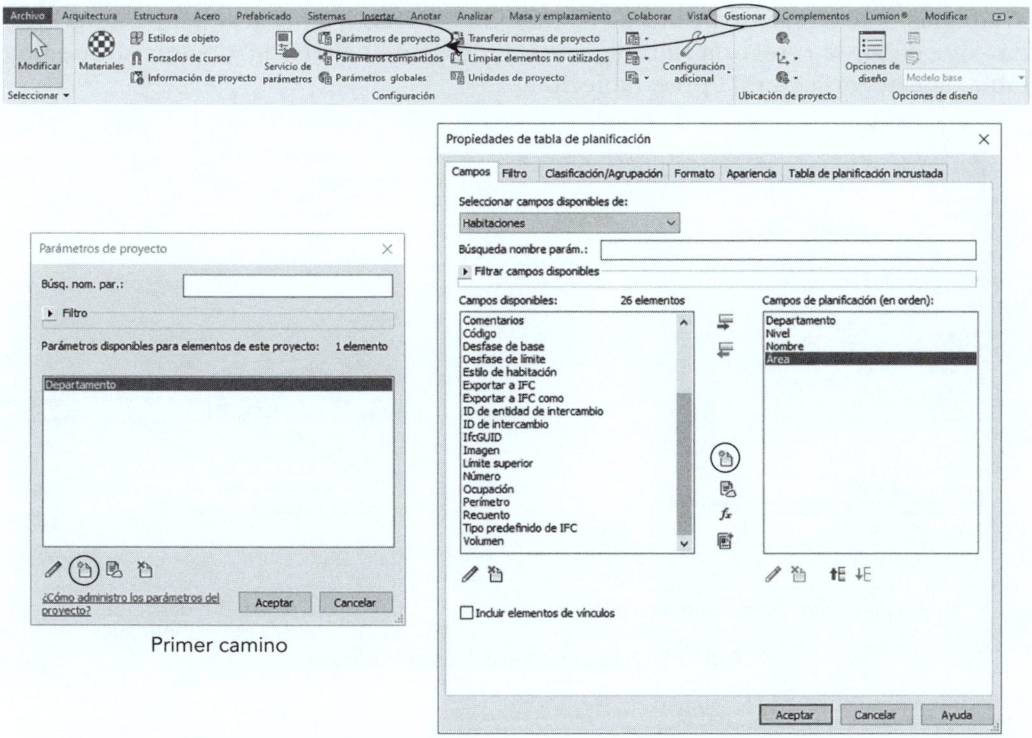

Primer camino

Segundo camino

Figura 17.6. Crear nuevo parámetro.

1. **La general.** Para crear cualquier parámetro en un proyecto, ve a Gestionar> Parámetros de proyecto>Nuevo parámetro.
2. **La específica.** Si estás dentro de una tabla, ve directamente al icono de Nuevo parámetro, reconocible por ser la típica hoja en blanco.

En ambos casos, deberás rellenar la siguiente información:

- **Nombre del parámetro.** No es importante y se puede modificar más adelante. Yo lo voy a mantener fácil: «Coef.».
- **Tipo de datos.** Fundamental no equivocarse, pues este valor no es modificable. En caso de error, hay que eliminar el parámetro y volverlo a crear. En este caso, sería un número, para poder multiplicarlo fácilmente por el área; un porcentaje no es más que un tipo de número.
- **Parámetro de tipo/ejemplar.** En este caso debe ser «Ejemplar», para poder asignar un valor a cada habitación.
- **Los valores se alinean por tipo de grupo.** Esto será interesante mantenerlo aquí, puesto que así todos los posibles grupos con una galería cubierta al 50 % de computabilidad heredarían el mismo valor.

Y, además, solo en el caso de utilizar el método general, en el apartado de Categorías, hay que elegir la categoría Habitaciones. En caso de haber llegado aquí desde una tabla, la categoría ya está preestablecida.

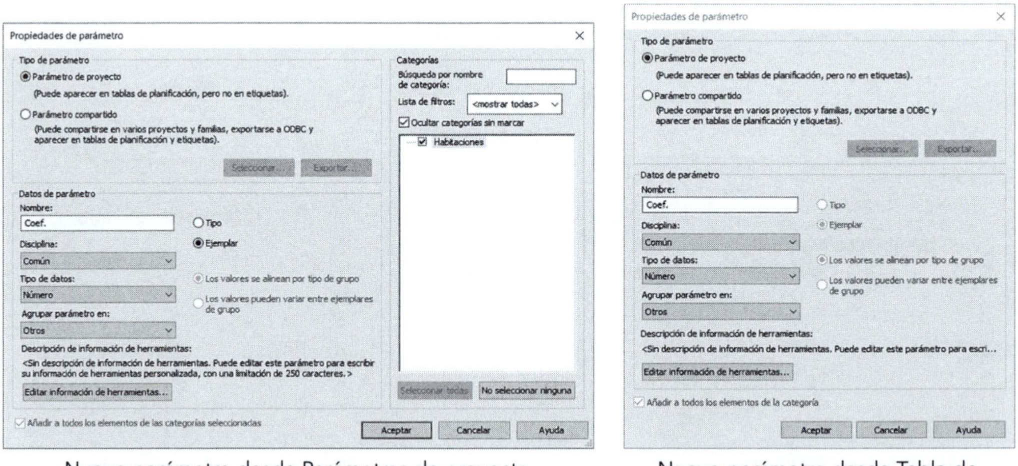

Nuevo parámetro desde Parámetros de proyecto

Nuevo parámetro desde Tabla de planificación/cantidades

Figura 17.7. Información del nuevo parámetro.

De forma opcional, puedes decidir en qué apartado de las habitaciones agrupas el parámetro que acabas de crear (para tipo texto, se agrupará en Texto, pero puedes cambiarlo libremente, sin más afección que el orden en el que se mostrará en la paleta de Propiedades). Del mismo modo, si quieres, puedes Editar información de herramientas, introduciendo hasta 250 caracteres. Servirán para ayudar a tu yo futuro o a otro miembro del equipo a recordar para qué servía ese parámetro, en el caso de que mantengas el cursor encima del nombre del parámetro en la paleta de Propiedades para que Revit te revele más información (parámetro de proyecto o compartido, tipo de datos y descripción).

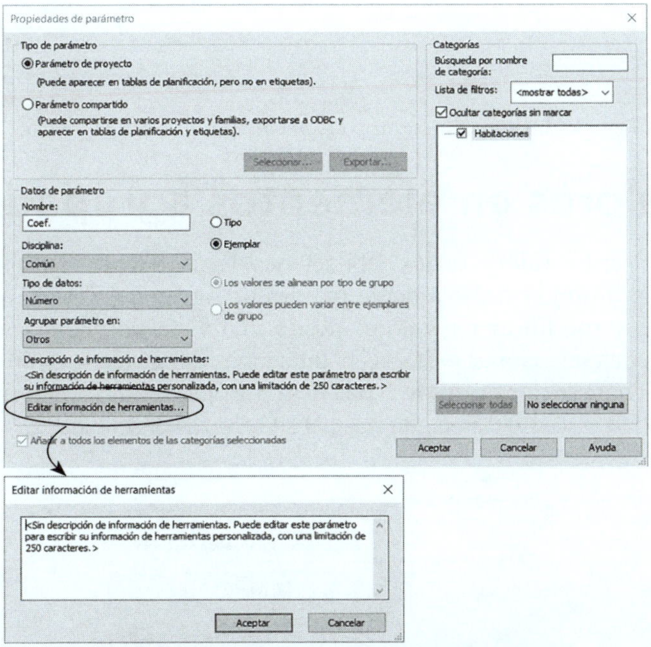

Figura 17.8. Editar información de herramientas.

Si quieres configurar correctamente el formato de este campo, para que sea un porcentaje, podrás hacerlo desde la tabla de planificación, en la pestaña de Formato; selecciona el parámetro, pulsa Formato de campo y, al desactivar Usar configuración por defecto en la ventana que aparece, podrás modificar el tipo de unidades y optar por Porcentaje, estableciendo el número de decimales (que te recomiendo dejar en 0 para este parámetro) y, opcionalmente, introduciendo el sufijo del símbolo porcentual.

TRUCO:

Recuerda que la configuración de símbolo porcentual en la tabla es solamente en la tabla; en las propiedades, 100 % sigue siendo 1, el 50 % sería 0,5 y así sucesivamente.

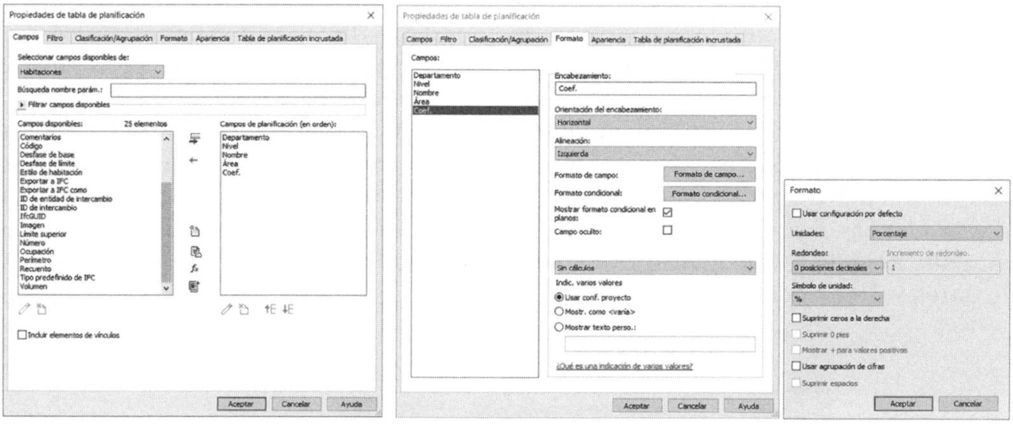

Figura 17.9. Cambiar formato del parámetro «Coef.» a porcentaje.

Editar valores en elementos agrupados

No podrás modificar los valores de las habitaciones desde la tabla, si estas pertenecen a un grupo, pues te saldrá un error; solamente puedes desagrupar (no te lo aconsejo) o editar primero el grupo y modificar los valores desde una vista de planta. Si quieres hacerlo rápidamente, puedes seleccionar todas las habitaciones del grupo apoyándote en los filtros de selección y rellenar ese campo desde la paleta de Propiedades. Normalmente, será el valor 1 de computabilidad, excepto 0,5 en galerías o 0 en terrazas descubiertas.

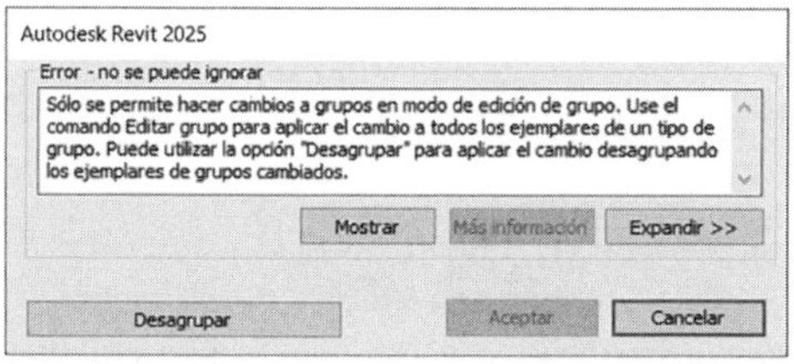

Figura 17.10. Error al editar el parámetro «Coef.» en habitaciones del grupo de la planta tipo.

Valor calculado

Para terminar con la utilidad del parámetro de coeficiente de computabilidad, debemos hacer que Revit calcule por nosotros el valor de superficie computable. Simplemente, desde la tabla, entra en la pestaña Campos y, con el icono universal de una fórmula, llamado Añadir valor calculado, crea el correspondiente siguiendo estos pasos:

- Introduce un nombre. Por ejemplo, «Área computable».
- En Tipo, asegúrate de que sea un Área. Recuerda que vas a multiplicar un área por un número, así que el resultado seguirá siendo un área. Si no lo haces así, te saldrá un mensaje de «Unidades incoherentes» al intentar Aceptar.

- Introduce la fórmula. Desde los puntos suspensivos, elige el campo Área, acepta, añade manualmente el asterisco como operador de multiplicación y vuelve a los puntos suspensivos para elegir el recién creado Coef.

NOTA:

Si quieres que la tabla calcule los totales de la nueva columna, deberás habilitar «Calcular totales» para esta columna desde la pestaña «Formato».

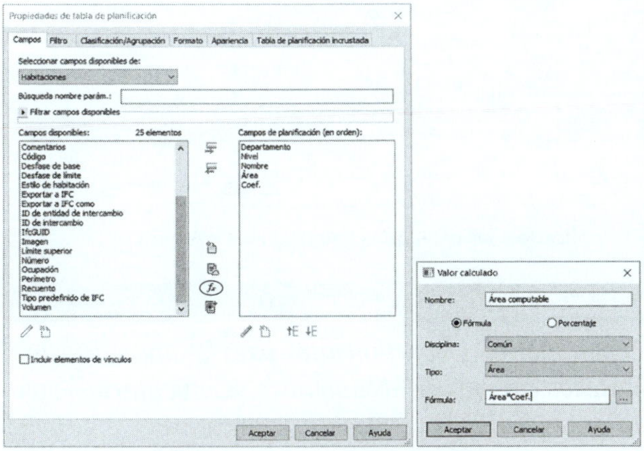

Figura 17.11. Crear valor calculado.

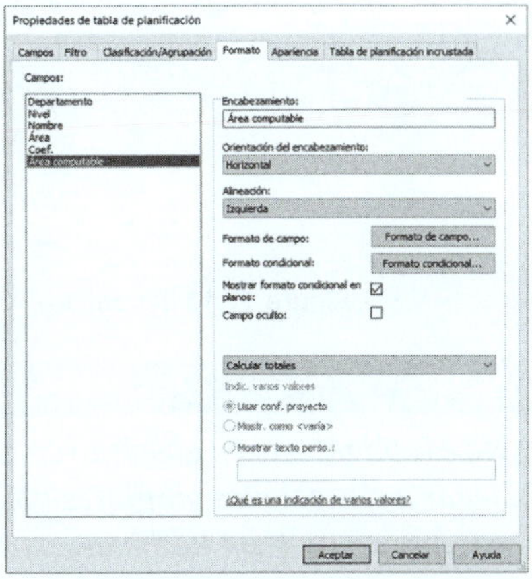

Figura 17.12. Área computable con calcular totales.

Tablas de superficies construidas

De forma análoga a la creación de tablas de habitaciones, debemos importar o crear nuestra tabla de superficies construidas, pero teniendo cuidado en que la categoría empleada sea Áreas (Área construida bruta), puesto que es la que habíamos utilizado en su momento para generar las áreas necesarias. Los campos que se deben añadir en este caso volverían a ser, en orden alfabético, Departamento, Nivel, Nombre y Área; y la clasificación sería la misma. Recuerda que el parámetro Departamento ya lo teníamos creado en un capítulo anterior (por si acaso, te recuerdo el proceso: Gestionar>Parámetros de proyecto>Nuevo parámetro, de texto, de ejemplar, y que afecte solamente a áreas).

Además, aprovechando que estamos refrescando la creación de parámetros de proyecto, ¿qué te parecería extender el ámbito de aplicación de nuestro parámetro «Coef.» también a las áreas? Para ello, selecciónalo y pulsa el icono Editar. En la ventana que aparece, ve al apartado de categorías y navega hasta el final para encontrar, y añadir, Áreas. De este modo, este mismo parámetro servirá para ambas, manteniendo la limpieza y sencillez de nuestro modelo.

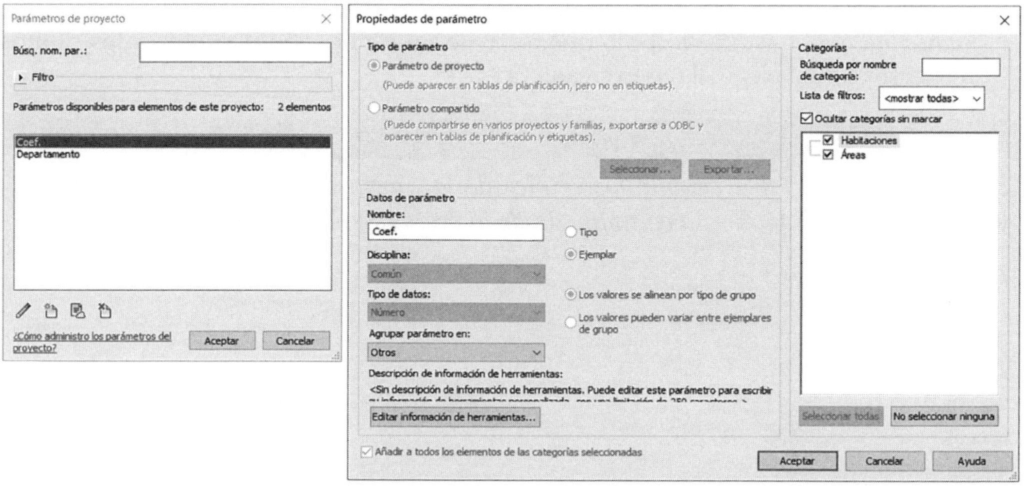

Figura 17.13. Parámetro «Coef.» aplicado a las categorías Habitaciones y Áreas.

NOTA:

No es obligatorio en absoluto crear el parámetro «Departamento» para las áreas. Puedes llegar a situaciones similares mediante los campos de «Número» o «Comentarios»; en este proyecto se ha hecho así para intentar unificar y simplificar procesos.

Ordenar por nombre o número

Revit ordenará las habitaciones y las áreas, en ausencia de otro factor, según el orden estricto de creación y esto puede resultar inapropiado en muchos casos. Por eso, te recomiendo que añadas un campo (y también un orden de clasificación) que te sirva de ayuda. Ese campo será diferente en función de la finalidad que persigas:

- De cara a un cliente final, es bastante fácil utilizar la clasificación por nombre alfabético, para que encuentre rápidamente la habitación que busca.
- Bajo un criterio más avanzado, es posible que necesitemos un orden muy específico. Por ejemplo, imagina que quieras ordenar las estancias de cada vivienda en el orden exacto en el que aparecen conforme se entra en ellas: recibidor, pasillo, habitación 1... y así sucesivamente. En este caso, necesitas añadir a la tabla (y configurar) el campo Número.

Planta 1		
Vivienda A-1		
001	Hall	3.60 m²
002	Pasillo	7.83 m²
003	Dormitorio 3	9.78 m²
004	Dormitorio 2	9.78 m²
005	Dormitorio principal	13.14 m²
006	Baño principal	5.61 m²
007	Baño	5.59 m²
008	Cocina	8.71 m²
009	Salón comedor	25.33 m²
010	Galeria	2.68 m²
		92.04 m²
Vivienda A-2		
101	Hall	3.60 m²
102	Pasillo	7.98 m²
103	Dormitorio 3	9.78 m²
104	Dormitorio 2	9.78 m²
105	Dormitorio principal	13.40 m²
106	Baño principal	5.60 m²
107	Baño	5.59 m²
108	Cocina	8.71 m²
109	Salón comedor	25.75 m²
110	Galeria	2.68 m²
		92.86 m²
Vivienda A-3		
111	Hall	3.60 m²
112	Pasillo	7.98 m²
113	Dormitorio 3	9.78 m²
114	Dormitorio 2	9.78 m²
115	Dormitorio principal	13.40 m²
116	Baño principal	5.60 m²
117	Baño	5.59 m²
118	Cocina	8.71 m²
119	Salón comedor	25.75 m²
120	Galeria	2.68 m²
		92.86 m²

Figura 17.14. Cuadro de superficies útiles ordenado y clasificado por parámetro «Número».

NOTA:

No dejes que el nombre del campo te lleve a equivocación. Aunque se llame «Número», es un parámetro de texto; y por tanto, podrías utilizar cualquier configuración alfanumérica que te interese. Desde «PB-01» hasta «PB-VivA-01»; el límite lo pones tú. Asegúrate, eso sí, de mantenerlo lo más sencillo y limpio posible.

Redondear valores

Como esto se ha tratado en muchos manuales, blogs y demás, no voy a insistir demasiado; simplemente recuerda que las áreas de Revit conservan, en su memoria interna, un número muy elevado de decimales, aunque no sean visibles; y que al sumar los valores siguen teniéndolos en cuenta. Esto puede llevar, en ocasiones, a que tres estancias de 3,33 m^2 sumen 10 m^2 y no 9,99 m^2 como podría parecer normal. La forma de arreglar esto es crear un nuevo valor calculado que hace las siguientes operaciones:

- Multiplica por 100 el valor del área (suponiendo que usemos dos decimales).
- Redondea el valor convirtiendo el área en un entero, perdiendo el resto de los decimales.
- Convierte el valor a área de nuevo, multiplicando el entero por 1 m^2.
- Divide el valor entre 100, para recuperar el tamaño original, pero esta vez dos decimales y nada más.

En resumen, el valor calculado que puedes usar sería algo así:

round(Área * 100) * 1 m² / 100

Apariencia de la tabla

Las tablas en Revit pueden ser mucho más atractivas o resolutivas de lo que parecen en un principio; solamente es necesario conocer los puntos que se deben tener en cuenta.

Acciones básicas desde la Cinta de opciones que afectan a una columna completa

- Crear un Sombreado para la columna.
- Cambiar el tipo de letra, el estilo y el color.
- Cambiar la alineación horizontal o vertical.
- Modificar la configuración de bordes de esa columna.
- Cambiar el tamaño o ancho de una columna concreta. Si seleccionas varias columnas e introduces un valor, se repartirá por igual entre el número de columnas seleccionadas.

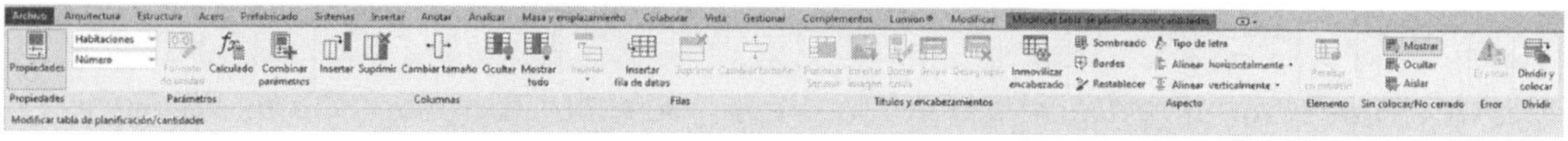

Figura 17.15. Modificar tabla de planificación/cantidades.

Acciones desde la pestaña Apariencia de las propiedades de tabla

- Crear líneas intermedias de rejilla o bordes de contorno en la tabla.
- Mostrar las filas en franjas de colores, tanto en la tabla como, opcionalmente, en los planos.
- Quitar (o mantener) una fila vacía entre los encabezados y los datos.
- Mostrar u ocultar título y/o encabezamiento.
- Predeterminar qué texto se usará para los títulos, los encabezamientos y las filas de datos. En este caso te recomiendo que tengas tres estilos de texto creados: yo los llamo «Tablas - título», «Tablas - encabezamiento» y «Tablas - datos».

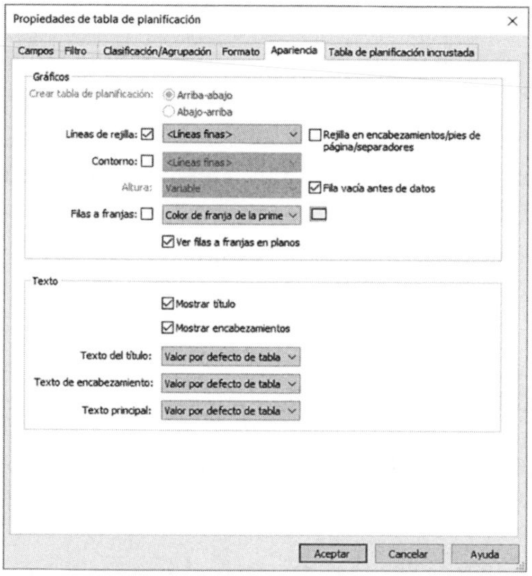

Figura 17.16. Pestaña Apariencia.

Encabezamientos y pies de página en negrita

Por cierto, ¿te gustaría tener los textos de los encabezamientos y pies de página en negrita, pero los de los datos no? Para ello, tienes un pequeño truco:

- Crea un estilo de texto para los datos de tabla que sea en negrita.
- Selecciona las columnas de datos y, desde Cinta de opciones>Tipo de letra, quita la negrita.

Verás que ha afectado a los datos, pero no a los encabezamientos ni pies de página.

Personalizar el título de la tabla

En Revit, no solo puedes cambiar la altura por defecto del título de la tabla (cosa que harás rápidamente si la seleccionas y pulsas el icono de Tamaño), sino que puedes añadir más información. Para ello, selecciona el título y ve a Cinta de opciones>Insertar>Encima/debajo de la selección.

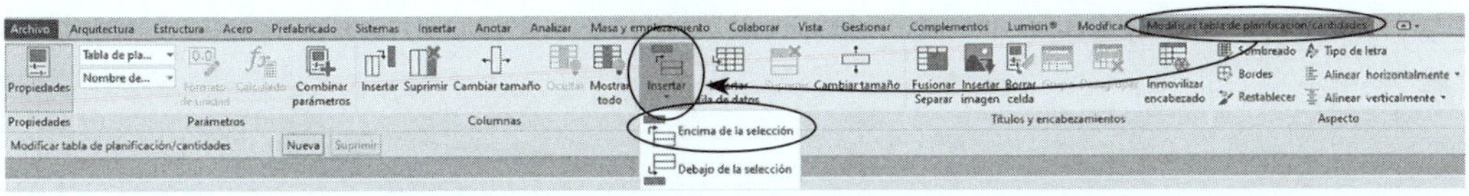

Figura 17.17. Insertar encima/debajo de la selección.

En este momento aparecerá una línea más de título (encima o debajo, según tu elección), separada en tantas celdas como columnas de datos tengas. Estas columnas puedes fusionarlas o separarlas libremente, tanto vertical como en horizontal, tantas veces como desees mediante los comandos homónimos de la Cinta de opciones.

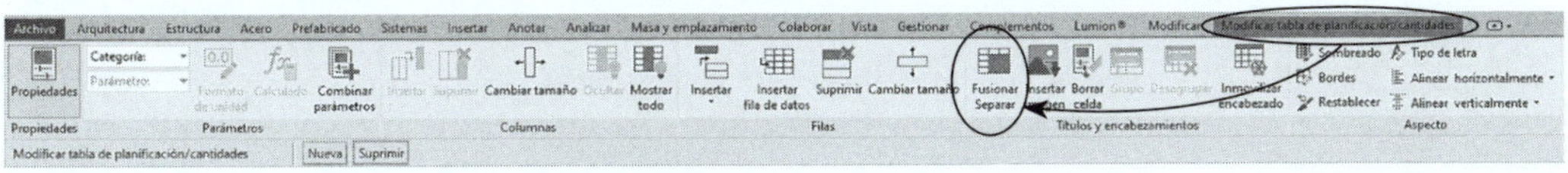

Figura 17.18. Fusionar/separar.

Además, puedes insertar una imagen en cualquiera de las celdas del título, lo que podría dar pie a usar tu propio logotipo en la tabla.

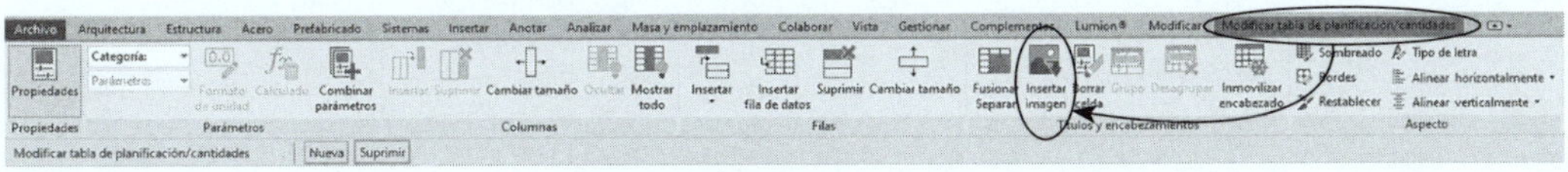

Figura 17.19. Insertar imagen.

Por último, cada celda del título puede tener un texto libre o bien estar relacionada con un parámetro de proyecto. Para conseguir esto último:

- Selecciona una de las celdas del título.
- En la Cinta de opciones, elige entre una de las dos categorías: Tabla de planificación (donde aparecerán los parámetros Fase y Nombre de vista) o Información de proyecto, donde podrás introducir datos como Número de proyecto u otros que desees.

- Si en cualquier momento quieres borrar la información de una de estas celdas, selecciónala y, en la cinta de opciones, busca el comando Borrar celda.

NOTA:

Con esta operación podrás desvincular el nombre de la tabla en el navegador del título que aparecerá en tus planos.

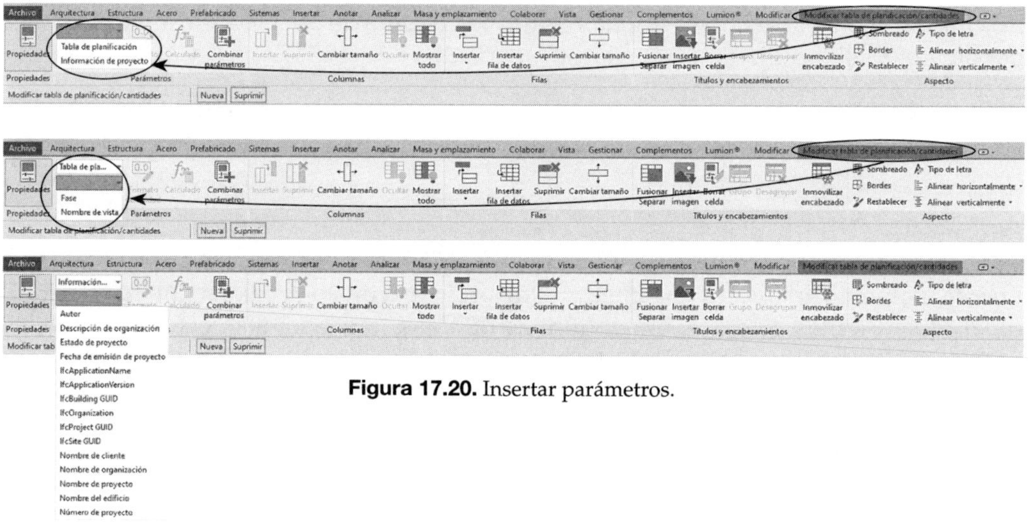

Figura 17.20. Insertar parámetros.

18

Organización del navegador y duplicado de vistas

En este capítulo aprenderás a:

- Organizar el navegador de proyectos de forma avanzada.
- Duplicar vistas.
- Duplicar tipos de plano.

Documentación de un proyecto: principios básicos

En un proyecto, independientemente de cuál sea el software que usemos para generarlo, debemos presentar una serie de planos (que, en España, vienen determinados en el Anejo I de la Parte I del Código Técnico de la Edificación). Cuando realizabas proyectos en CAD, probablemente fuiste evolucionando de esta forma:

- **La más primitiva.** Todo en un mismo archivo, copiando la planta las veces necesarias en espacio modelo, borrando la información que sobraba en cada copia, y colocando la información (texto, cotas, indicaciones) necesaria en cada una de las copias; incluso cada plano se hacía y maquetaba en el espacio modelo. (Sí, esa era la peor forma; los cambios no se actualizaban, o para imprimir todos los planos se hacía uno a uno, por ejemplo).
- **La individual estándar**. En un mismo archivo, pero con todas las capas superpuestas en la planta. Después, en las presentaciones de espacio papel, cada una correspondía a un plano y podías elegir qué capas quedaban visibles en cada plano. Esta opción era muchísimo mejor; la limitación era que no podía trabajar más de una persona de forma simultánea en el archivo.
- **La colaborativa.** Usando referencias externas para las plantas y un archivo para cada plano; permitía la colaboración entre diferentes personas dentro y fuera del equipo.

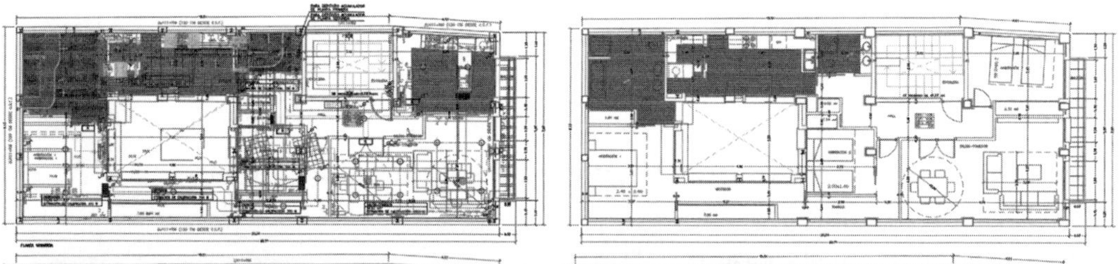

Figura 18.1. Visualización de capas en CAD.

En Revit no es posible trabajar de esa primera forma primitiva. BIM, por su propia definición, implica que cualquier cambio se actualiza. Por tanto, la manera de trabajar se parece (salvando las distancias) a la forma individual de CAD (cuando trabajamos en un único archivo) o a la colaborativa (si utilizamos vínculos).

Para hacer el paralelismo de cómo se trabajaba con CAD a cómo se trabaja ahora con Revit, necesitamos aclarar cierta terminología. Da lo mismo si en CAD alguien lo llamaba presentaciones, *layouts*, láminas, espacio papel o de cualquier otra forma... todos sabíamos que nos referíamos a los planos que se iban a imprimir, ¿verdad? Pues, en Revit, esas láminas que se van a imprimir, o esas presentaciones, se siguen llamando igual: planos.

Y los planos se componen de una o varias plantas; de combinaciones entre plantas y alzados o secciones; quizá incluyen alguna tabla de superficies; una leyenda de electricidad por aquí o de características del forjado por allá; incluso alguna imagen o detalle constructivo en ciertos planos. Nuestras láminas, nuestros planos, da igual en qué software los realicemos, son una parte (muy) importante de nuestro trabajo. No en vano son uno de los cinco apartados que debe contener un proyecto según el CTE, junto con la memoria, el pliego de condiciones, las mediciones y el presupuesto.

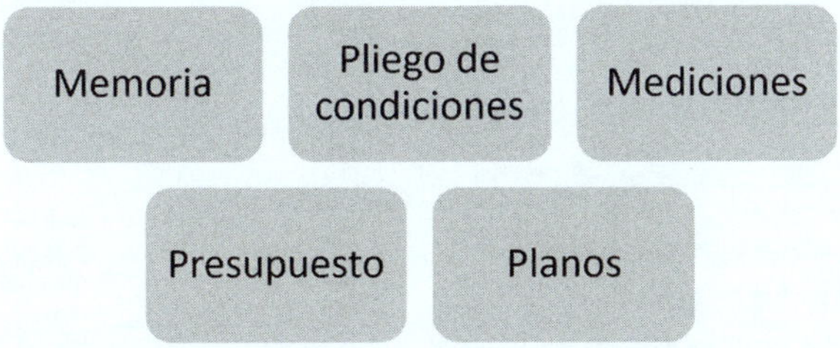

Figura 18.2. Documentos de un proyecto según el CTE.

¿Recuerdas qué nombre recibían en CAD cada una de esas ventanas que mostraban una planta o un alzado, en el espacio papel? Algunos recuerdan directamente el nombre de la orden necesaria para empezar a dibujar una (VMULT), pero las llamaban simplemente «ventanas gráficas». Cada ventana gráfica contenía la información deseada en ese momento: una configuración escogida de capas, colores, escala o nivel del edificio. Pues a esas ventanas gráficas, Revit las llama «vistas» y es ahí donde hemos ido trabajando hasta ahora; cada vista que hemos duplicado, cada sección que hemos hecho es una vista. Y, cuando llegue el momento, las compondremos y combinaremos en uno o varios planos a nuestro gusto. No te dejes confundir por el hecho de que, dentro de las vistas, tengas los «Planos de planta»; siguen siendo vistas.

NOTA:

En inglés, la diferenciación entre vista, plano de planta y plano de imprimir es mucho más clara que en español; pues vista es «view», plano de planta es «floorplan» y plano de imprimir es «sheet».

Duplicar o crear nuevas vistas, los caminos principales

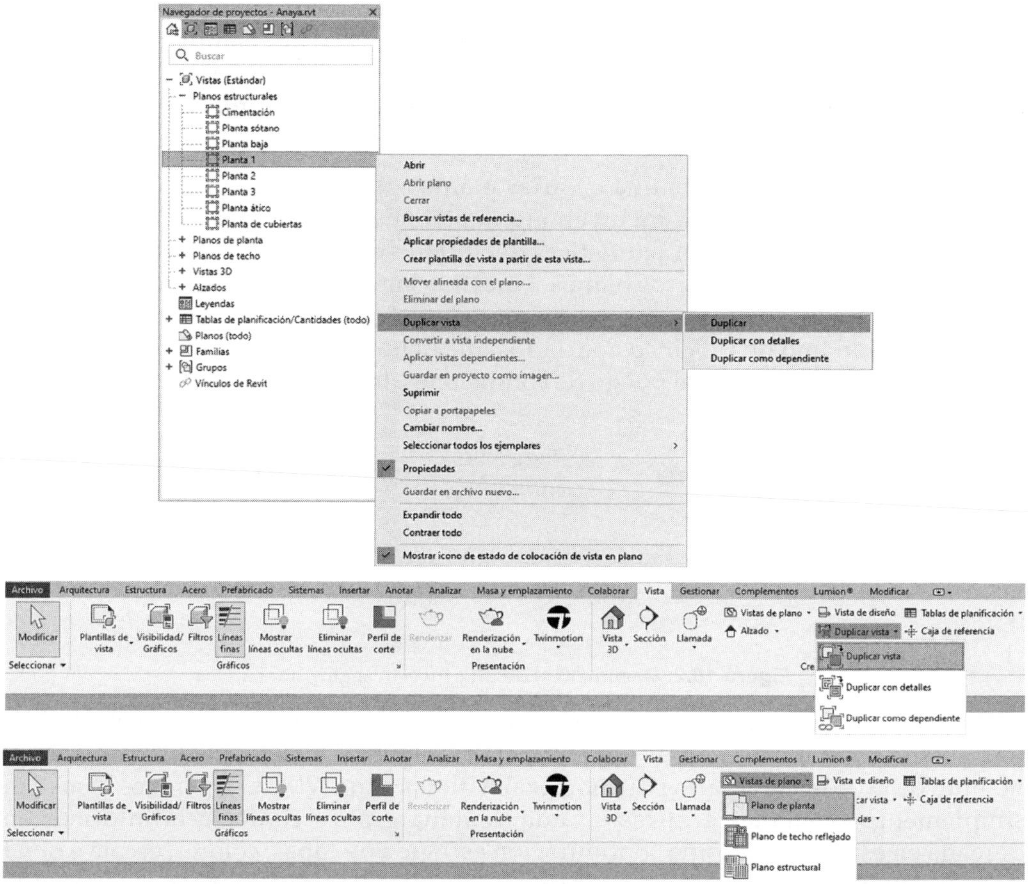

Figura 18.3. Crear nuevas vistas de plano de planta.

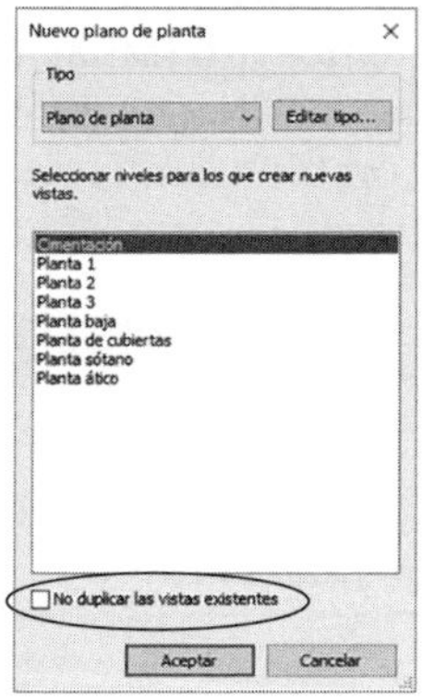

Siguiendo con toda la introducción previa, la conclusión a la que debemos llegar parece sencilla: debemos tener una vista para cada plano que necesitemos. O, siendo todavía más estrictos, una vista para cada ventana gráfica que se utilice (por ejemplo, si haces un plano de alzados, pero quieres tener un plano guía de la planta o «monito», eso será una vista adicional). Llevando esto a términos más coloquiales, podríamos decir que necesitaremos una vista de planta para cada plano que hay que hacer en el proyecto: una para distribución, otra para cotas y superficies, otra para revestimientos verticales... y así sucesivamente.

Si necesitas crear nuevas vistas a partir de los niveles de tu proyecto, tienes principalmente dos caminos:

- **Duplicar vistas.** Ya lo hemos tratado antes; es accesible tanto desde Navegador de proyectos>botón secundario en la vista>Duplicar>Duplicar vista, como desde Vista>Duplicar vista>Duplicar vista. Como va a ser no solo necesario, sino muy frecuente, desde KS puse mi propia abreviatura para duplicar vistas: DD.

NOTA:

Si utilizas «DD» (o cualquier otra abreviatura) solamente funciona si el cursor está situado sobre el área de dibujo y no encima del navegador de proyectos.

- **Crear vistas de planta.** Con este método puedes crear juegos completos de vistas para todos los niveles desde Vista>Vista de plano>Plano de planta; simplemente tendrás que desmarcar No duplicar las vistas existentes para que aparezcan y ya tendrás un conjunto adicional de vistas.

Crear nuevos tipos de plano

Vamos a profundizar un poco en el segundo método, pues tiene posibilidades interesantes. No sabría decirte si este proceso va a ser el indicado para ti; pero creo que sí es valioso que lo conozcas.

Si seleccionas cualquier vista de planta en el navegador de proyectos y observas la parte del Selector de tipos, verás que pone «Plano de planta».

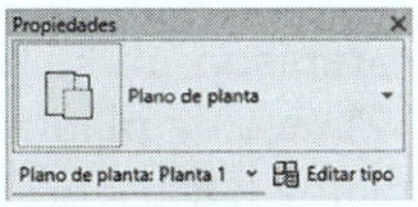

Figura 18.4. Plano de planta.

Y, como en cada elemento de Revit, tenemos la posibilidad de Editar tipo. Dentro de esta ventana no hay muchas posibilidades interesantes, pero quédate con dos claves:

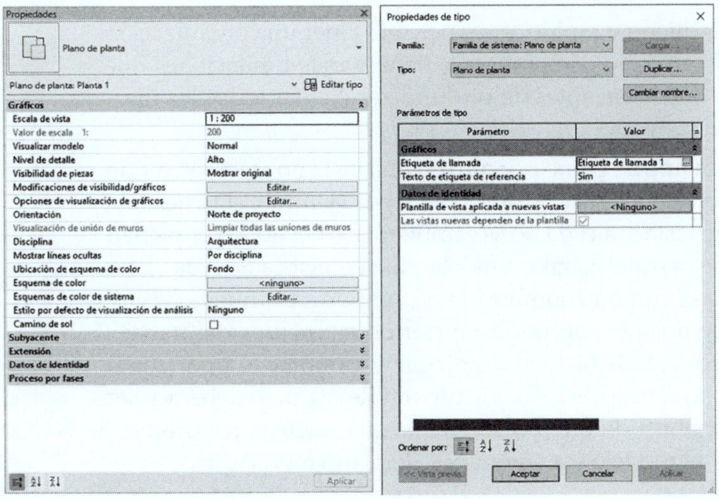

Figura 18.5. Propiedades de tipo.

- Es posible aplicar una Plantilla de vista por defecto a las nuevas vistas de un tipo de plano.
- Es facilísimo duplicar el tipo de planos.

Hagamos una prueba. Desde la ventana de las propiedades de tipo, duplica el tipo de plano tres veces, para crear los siguientes tipos:

- Distribución
- Cotas y superficies
- Revestimientos

Ahora, tras aceptar la orden, ve a Vistas>Vistas de plano>Plano de planta. En la ventana, verás que puedes desplegar los tipos de plano y aparecen cuatro posibilidades: el «Plano de planta original» y los tres que acabas de crear. Además, como del resto de tipos de plano todavía no habíamos creado vistas (excepto, quizá, la que estabas utilizando como base para Editar tipo), tienes todos los niveles disponibles sin necesidad de desmarcar No duplicar las vistas existentes. Te propongo que crees todos los niveles de esos tres tipos de vista (figura 18.6).

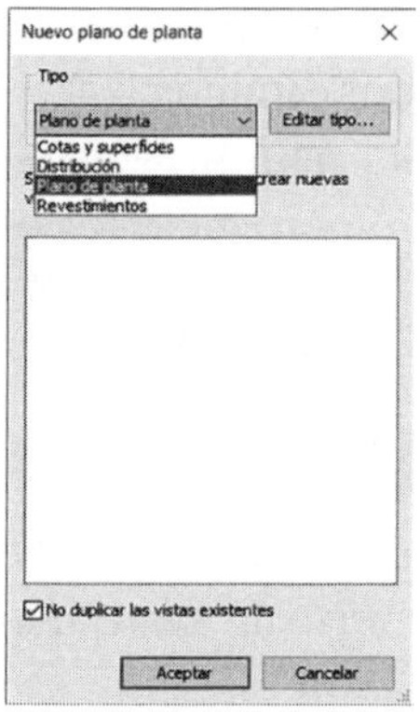

Figura 18.6. Tipos de planos de planta.

Al realizar esto, observarás que el Navegador de proyectos ha cambiado: ahora tienes unos planos de planta llamados simplemente «Planos de planta», pero además hay un juego llamado «Planos de planta (Distribución)», «Planos de planta (Cotas y superficies)», y así sucesivamente. ¿Qué te parece el proceso? Acabas de dar con una de las formas más avanzadas de crear juegos de vistas (figura 18.7).

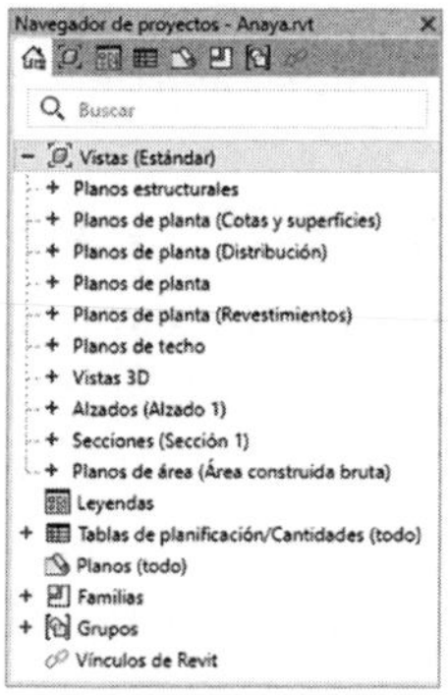

Figura 18.7. Navegador de proyecto con juegos de vistas.

Limitaciones y consideraciones importantes

Este método es bueno y rápido, pues permite tener una organización clara desde el principio; sin embargo, tiene varias limitaciones que debes conocer desde ya, antes de profundizar o crear todos los tipos de plano de un proyecto.

- Cambiar un tipo de plano por otro en una vista no afecta en modo alguno a las características de la vista: por ejemplo, si tienes una plantilla de vista aplicada no se cambiará. De hecho, la propiedad de tipo que permite asignar una plantilla de vista a nuevas vistas solo funciona, como su nombre indica, cuando creas nuevas vistas. Esto puede no solo confundir en ciertos momentos del trabajo, pues la acción más fácil es desplegar y cambiar el tipo (como hacemos con el resto de los elementos en Revit), pero debemos ser muy conscientes de que no servirá, y que además contribuye a «ensuciar» el modelo y a tener tipos de plano mezclados.

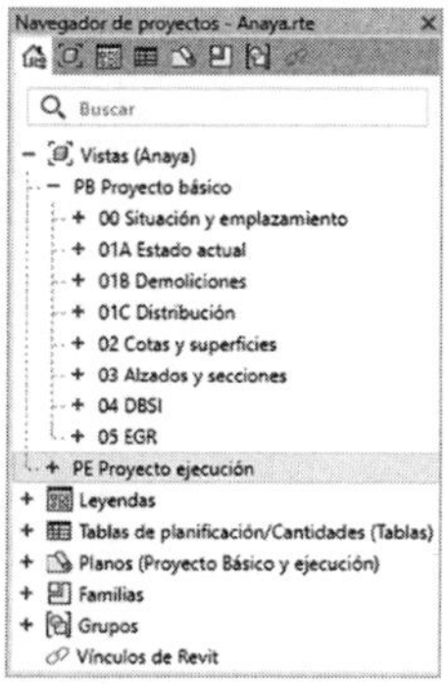

Figura 18.8. Navegador de proyecto con juegos de vistas de proyecto básico.

- Los tipos de plano siempre aparecerán en orden alfabético, así que conviene incluir un prefijo en el tipo de plano que refleje el orden que deseas en el proyecto. Por ejemplo, «01 Distribución», «02 Cotas y superficies» y así sucesivamente (figura 18.8.).
- No hay una forma nativa en Revit de cambiar el nombre de una vista según el tipo de plano; así que las vistas se irán llamando «Planta baja (1)» y «Planta baja (2)», según el número de vistas que generes.

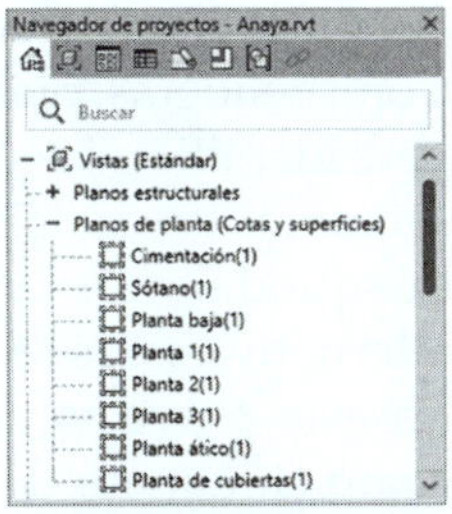

NOTA:

Cuando utilizas Duplicar vista, el nombre que obtienes es «Planta baja Copia 1»; si la duplicas de nuevo, tendrá el sufijo «Copia 2», pero si duplicas la copia, será «Planta baja Copia 1 Copia 1» (figura 18.9).

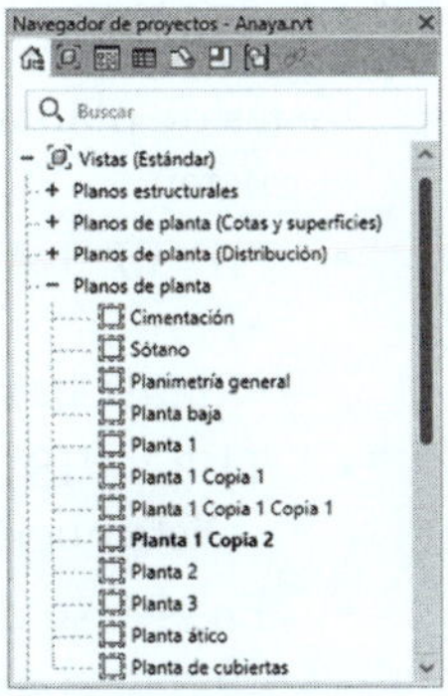

Figura 18.9. Nombres de las vistas en el navegador de proyecto.

Traer tipos de plano desde otros proyectos

Si tienes otros proyectos donde ya se ha hecho el trabajo de crear los diferentes tipos de planos, existe una manera de traer esa información al proyecto y no es mediante Gestionar>Transferir normas de proyecto, sino de esta manera:

- Debes tener ambos proyectos abiertos.
- En el proyecto «origen», activa la visualización de la región de recorte desde la barra de controles de vista.
- Selecciona la región de recorte y pulsa Ctrl+C.
- En el proyecto «destino», ve a la Cinta de opciones>Modificar>Pegar>Pegar alineado con la vista actual. No pulses solamente Ctrl+V porque no funcionará.

NOTA:

Este proceso copia el tipo de vista, y también los parámetros de ejemplar de vista de tu proyecto de origen.

Nomenclaturas de vista

Si haces una lista de cuántos tipos de planos diferentes tiene un proyecto completo, sin importar el número de plantas, verás que cantidad no es, en ningún caso, inferior a diez. Ahora sí, multiplica ese valor por el número de plantas y tendrás una idea estimada de cuántas vistas tiene tu proyecto (sin contar alzados, secciones ni planos guía). Comprenderás, pues, que es extremadamente importante seguir una nomenclatura clara para identificar las vistas. Eso es lo que vamos a hacer ahora: sentar las bases de esa nomenclatura. Probablemente, una búsqueda rápida en internet te muestre diferentes alternativas, desde las más sencillas a las más complejas. En este proyecto, teniendo en cuenta tanto la extensión como el número de participantes, te invito a optar por un método muy simplificado.

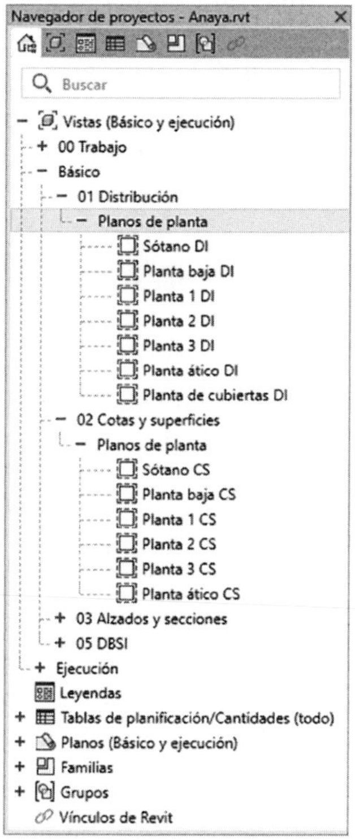

Figura 18.10. Nombres de las vistas renombradas en el navegador de proyecto.

- Vistas de planta. Te propongo dos variantes que quizá te gusten:
  - NIVEL LARGO + TIPO VISTA (por ejemplo, «Planta baja Distribución» o, más abreviado, «Planta baja DI»).
  - TIPO VISTA + NIVEL CORTO (por ejemplo, «Distribución PB»).
  - En el caso de vistas generales o de trabajo, puedes obviar el sufijo o, simplemente, añadir «WIP» o cualquier combinación con la que te sientas cómodo.
- Vista de techo. Simplemente añade el sufijo «T» o incluso «TECHO» a las vistas que necesites.
- Alzados y secciones. Probablemente sea suficiente con usar nombres sencillos, descriptivos, como «Alzado frontal» o «Sección 1»; si en tu proyecto hay decenas de estas vistas, quizá sí debas pensar una nomenclatura más estricta.

Organización avanzada del navegador de proyectos

Una nomenclatura correcta de las vistas no es suficiente para tener un modelo BIM ordenado y accesible; sería el equivalente a tener todos los archivos CAD de un proyecto en una misma carpeta, sin ningún tipo de organización adicional. Se necesita un plan mayor, y reorganizar el navegador de proyectos es una gran forma de conseguirlo.

Recuerda que, para acceder a la organización del navegador de proyectos, debes ir a la parte superior del navegador de proyectos, situar el cursor encima de «Vista (todo)» (o «Vista (estándar)», si lo cambiaste cuando lo explicamos en capítulo anteriores) y pulsar el botón secundario del ratón; o bien accede desde Vista>Interfaz de usuario>Organización del navegador (figura 18.11).

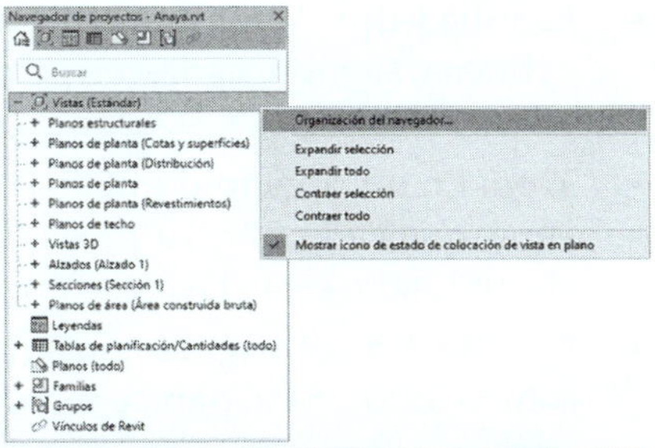

En la ventana de organización del navegador, podrás crear tantas organizaciones diferentes como desees. No podrás, sin embargo, renombrar o eliminar la que viene por defecto («todo» o *all*, si tienes Revit en inglés). Para comprender bien su funcionamiento, vamos a crear una nueva organización pulsando en el botón Nuevo y seleccionando un nombre: por ejemplo, «Básica».

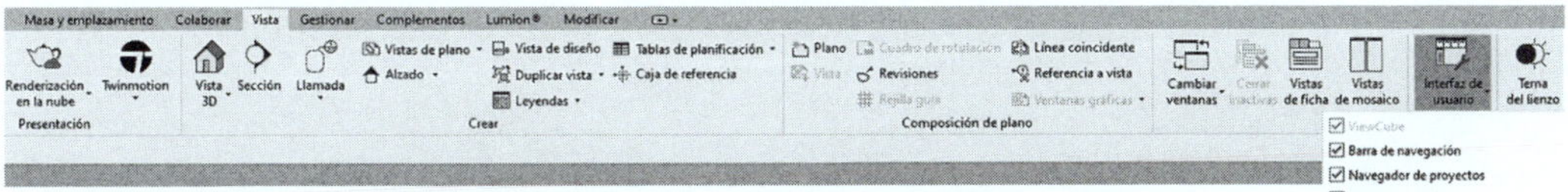

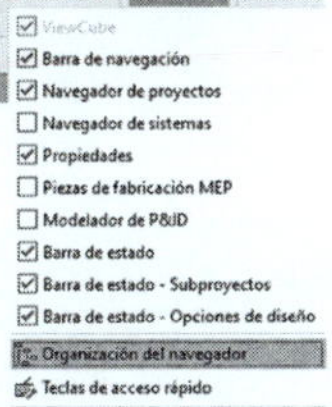

Figura 18.11. Organización del navegador.

Si tras Aceptar nos lleva, automáticamente a la ventana de filtrado, pulsa aceptar para volver a la ventana anterior, marca la casilla de nuestra nueva organización y, si quieres ver los cambios sin necesidad de salir de la ventana, pulsa Aplicar. Observarás que el navegador ha cambiado: tienes los alzados, luego dos diferentes planos de planta, secciones y demás.

TRUCO:

Si solo seleccionas la línea con la organización del navegador que deseas, pero no activas la casilla de verificación, no harás ningún cambio; es preciso marcar la casilla.

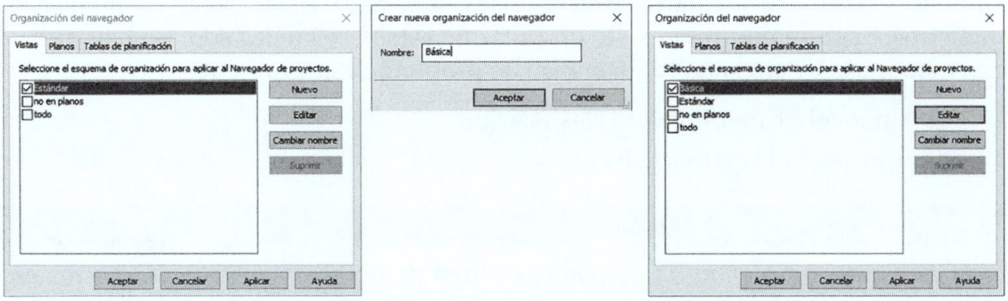

Figura 18.12. Nueva organización del navegador.

Como habrás imaginado, crear una nueva organización sin definirla no ha servido de nada; así que hagamos un par de pruebas para entender bien cómo funciona este sistema. Entra de nuevo a la organización del navegador y, esta vez, edita la que acabamos de crear. Aparecerá una ventana con dos pestañas: Filtrado (que no usaremos de momento) y Agrupación y clasificación (que será donde trabajaremos). Observa que es posible aplicar hasta seis niveles de clasificación. Quiero que pruebes varias, desplegando Agrupar por y eligiendo un parámetro de la lista:

- **Familia y tipo.** Verás que está muy ligada al uso de tipos diferentes de planos; aunque es buena, siempre aparecen primero los planos o vistas de planta y de techo, después vistas 3D, alzados y secciones, para acabar con los planos de área.
- **Tipo.** En un principio puede parecer muy interesante, pero si despliegas las vistas, verás que cada una va precedida por el nombre de la familia, lo que hace perder efectividad a esta clasificación.
- **Familia.** Esta configuración equivale, literalmente, a la que está por defecto en Revit como «todo». Si te parece bien, deja la organización básica con esta clasificación.

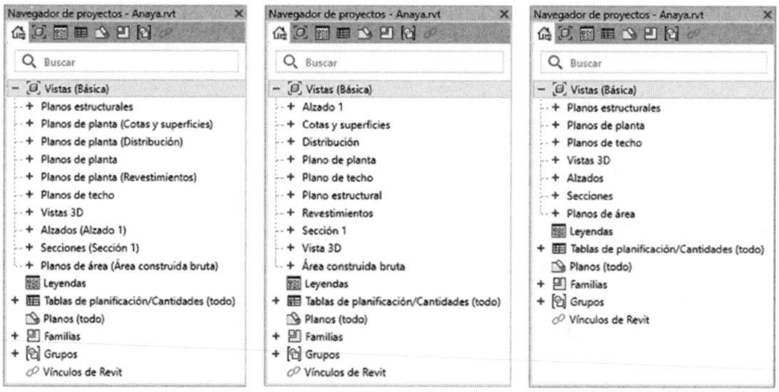

Figura 18.13. Nuevas organizaciones del navegador.

Parámetros de organización

Una vez hayas comprendido el funcionamiento de la organización de proyectos, te propongo hacerlo de forma definitiva. Para ello, necesitarás crear, al menos, dos parámetros. Si en tu empresa existe un BEP que establece cuáles son, no hay duda de cómo nombrarlos; pero si no fuera el caso, te propongo estos nombres:

- Grupo, para el primer nivel de clasificación.
- Subgrupo, para el segundo nivel.

NOTA:

Evita nombres como «familia de planos», «tipo de plano», «categoría» u otros que puedan llevar a confusión. Durante un tiempo estuve usando «Título 1» y «Título 2», pero creo que grupo y subgrupo representan mejor la intención.

Para crear los parámetros, recuerda que debes acudir a Gestionar>Parámetros de proyecto>Nuevo parámetro, y crearlos con las siguientes características:

- **Nombre.** Grupo y subgrupo, respectivamente; o cualquier otro nombre a tu elección.

- **Tipo de datos.** Texto. Recuerda que esto no se podrá cambiar una vez creado el parámetro: asegúrate de cambiarlo.
- **Categorías.** Debe afectar a vistas.
- **Ejemplar.** No solo porque queremos que afecte de forma individual a cada vista: es que no podrás crear «parámetros de tipo» para la categoría de vistas.

Opcionalmente, puedes modificar dónde agrupas los parámetros o editar el texto descriptivo; pero no es necesario.

Con esto, cada vista que selecciones en tu navegador de proyectos tendrá ahora dos parámetros en blanco. Antes de continuar al siguiente paso, me gustaría pedirte que selecciones algunas vistas y rellenes esos valores. Te propongo que lo hagas con:

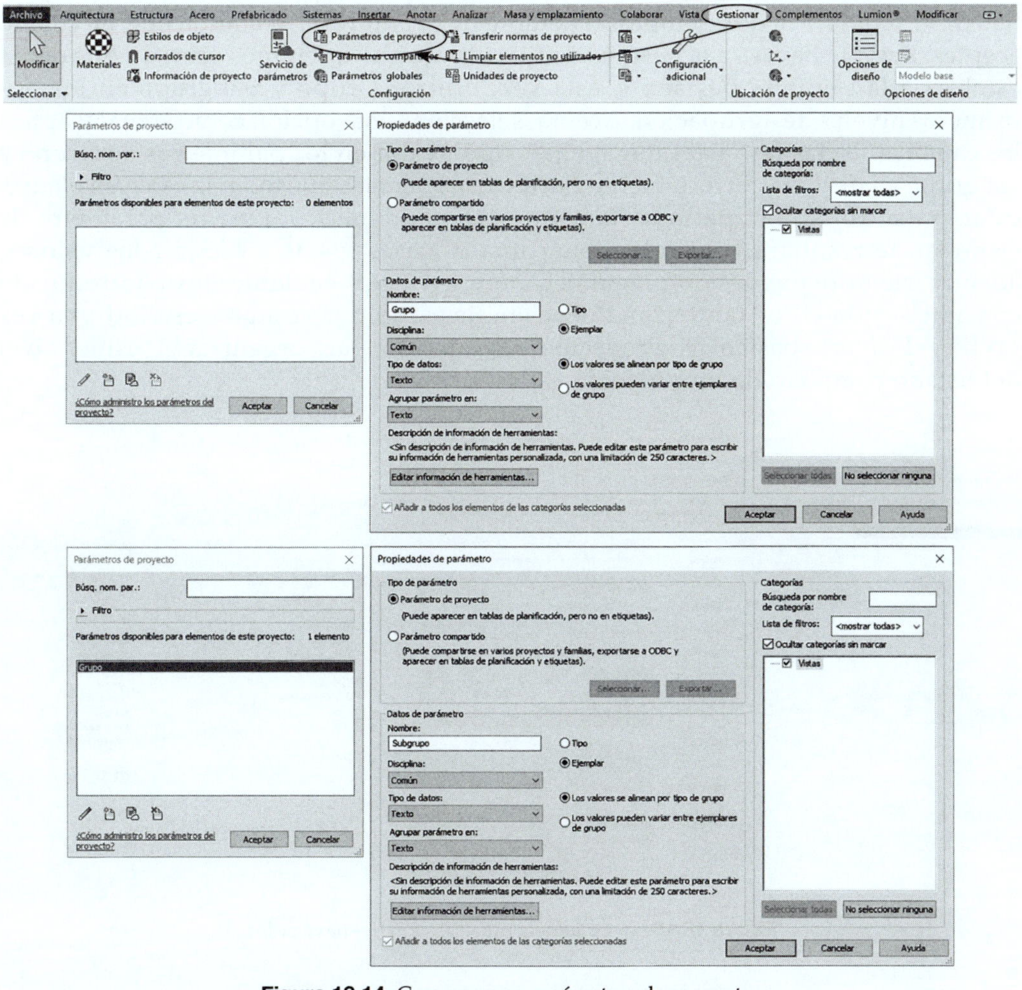

Figura 18.14. Crear nuevos parámetros de proyecto.

- Grupo «WIP» y subgrupo «WIP» para, al menos, una vista planta y una vista de techo de cada nivel. Lo ideal sería que pusieras esos valores en las vistas que renombraste antes con el sufijo WIP. Si quieres que las vistas de trabajo estén arriba en el navegador de proyectos, puedes usar el prefijo 00 o cualquier otro carácter especial que las ponga por delante.
- Grupo «Proyecto básico» y subgrupo «03 Alzados y secciones» para las vistas de alzados y secciones que tengas en el proyecto.

Organización definitiva para el proyecto

Ahora sí; estamos listos para crear nuestra nueva organización del navegador de proyectos. Entra en la ventana de organización y crea una nueva, que te sugiero llamar «Estándar» o, por ejemplo, el nombre de tu empresa. Recuerda que, en cuanto aceptes, Revit te llevará a la pestaña de filtrado, que no queremos usar; así que debes cambiar a la segunda pestaña y, esta vez, utilizar Grupo y Subgrupo en los dos primeros niveles de agrupación. Acepta, selecciona esta opción como actual y aplica los cambios. Todas las vistas que tengan algún valor en los parámetros de Grupo y subgrupo aparecerán correctamente clasificadas; pero las que todavía estén en blanco, estarán dentro de un apartado llamado «???». Por suerte, al ser un parámetro de ejemplar, te resultará fácil seleccionar una o varias vistas y escribir los valores; además, siempre puedes desplegar el campo y reelegir cualquier texto introducido con anterioridad. Por tanto ¡son buenas noticias! solo necesitarás escribir una vez «WIP», «Proyecto básico» y «Proyecto de ejecución», para organizar el primer nivel del listado completo de un proyecto.

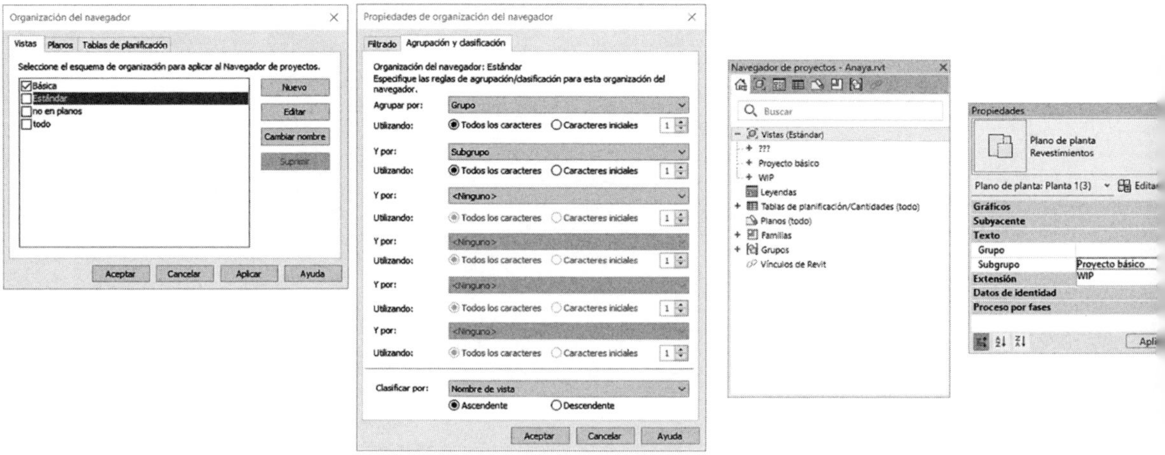

Figura 18.15. Pasos para la organización del navegador.

Evitar el prefijo «Plano de planta»

Sigamos mejorando nuestra clasificación: observa que, al desplegar los niveles, delante de cada vista aparece el prefijo «Plano de planta» o el que corresponda. Para evitar esto y dejar nuestra organización aún más precisa, edita la configuración y añade un tercer nivel de agrupación, que será «Familia». De esta manera, estarás separando los planos de planta de los planos de techo, de área y de los alzados o secciones. Puede que, al principio, te parezca un poco raro o innecesario; pero fíjate en los siguientes ejemplos:

- Dentro del subgrupo de «Alzados y secciones», tendrás automáticamente una clasificación que divida entre alzados, secciones, y no menos importante, planos de planta que puedes usar como planos guía.
- Dentro del subgrupo de «Revestimientos», podrás separar los planos de planta de los planos de techo.
- En el subgrupo de «Protección contra incendios», dentro del proyecto básico, habrás separado los planos de planta (para detección o evacuación, por ejemplo) de los planos de área (que utilizaremos para sectorización).

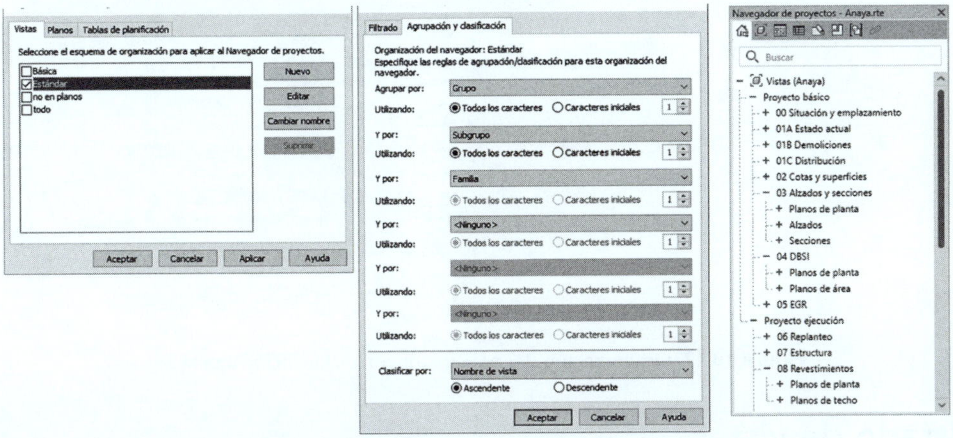

Figura 18.16. Organización del navegador ajustada.

Ordenar vistas por nombre o por nivel

Vuelve a la ventana de edición de las propiedades de organización del navegador de proyectos. Hasta ahora, hemos generado tres agrupaciones: Grupo, subgrupo y familia. Pero no hemos definido expresamente cómo se ordenan las vistas dentro de cada agrupación. Esto se configura desde la parte inferior de la ventana, en el apartado Clasificar por; verás que la configuración que viene por defecto es Nombre de vista, lo que hace que se ordenen de manera alfabética. Esto genera problemas y por eso ya en el capítulo 3 aprendimos cómo cambiarlo, ¿recuerdas? Vamos a dejarlo de la forma que creo que resulta más interesante: Nivel asociado.

Otras configuraciones

Esta agrupación no es la única que puedes considerar; como siempre en Revit, tienes tantos caminos como parámetros disponibles:

- Clasificar por plantillas de vista correctamente nombradas y numeradas funciona bien.
- El parámetro «Colección de planos» que incorpora Revit en sus últimas versiones es interesante para planos (aunque, de momento, en vistas no es operativo, pues solo funciona si la vista ya está agregada previamente a un plano).
- Número de vista no es un buen parámetro para organizar.
- Disciplina es la elección por defecto para proyectos MEP (aunque funcionará mucho mejor Grupo y subgrupo).

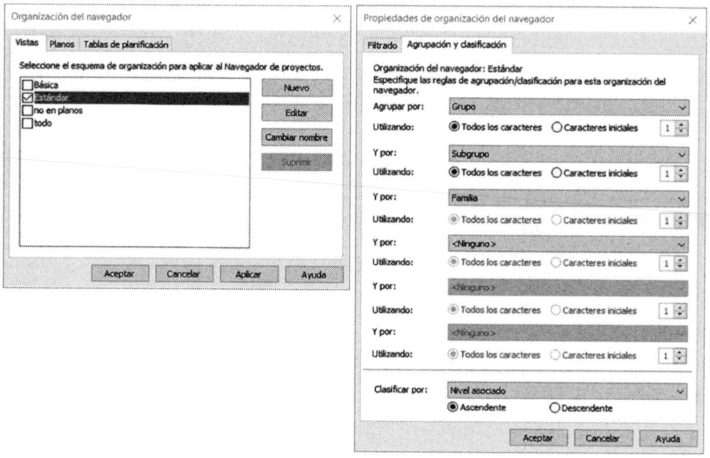

Figura 18.17. Organización del navegador con clasificación ajustada.

Filtrado de vistas

El filtrado de vistas te permitirá reducir las vistas que aparecen en el navegador de proyectos. Aunque resulta muy útil, es importante que recuerdes que hay un filtrado, así que el nombre de la clasificación del navegador debería incluir alguna referencia al filtrado. Por ejemplo, si quisieras ver solo las vistas correspondientes al grupo «WIP», puedes crear una nueva clasificación como la del proyecto Grupo>Subgrupo>Familia; clasificar por nivel asociado y, en la pestaña de filtrado, indica que Grupo debe ser igual a «WIP». Podrías llamar a esta organización del navegador «Estándar - WIP» o simplemente «WIP», por ejemplo.

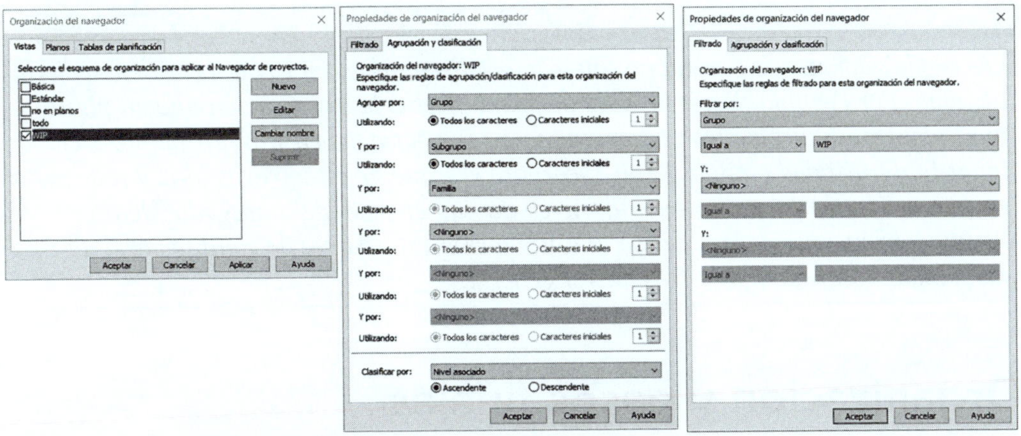

Figura 18.18. Organización del navegador solo con vistas de trabajo.

También podrás filtrar las vistas según otros parámetros, de aplicación mucho más específica como, por ejemplo:

- **Colección de planos, Tipo de plano o Plantilla de vista.** Pueden tener valor como clasificaciones de control, más que de organización.
- **Escala o Nivel de detalle.** De poca utilidad en general.
- **Disciplina.** Será de escasa utilidad en este proyecto; quizá mientras desarrolles proyectos MEP.
- **Fase o Filtro de fase.** También como clasificación de control.

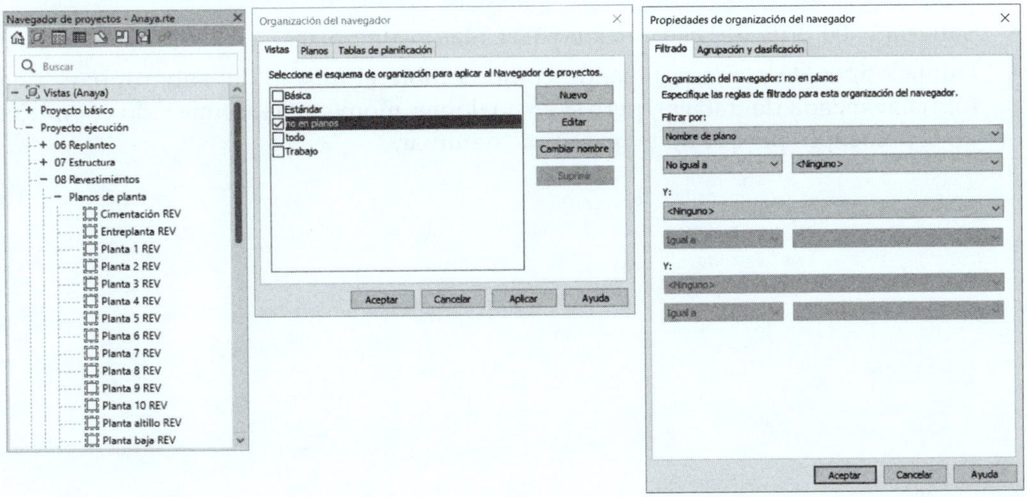

Figura 18.19. Filtrado de la organización del navegador e icono de estado de colocación de vista en plano.

NOTA:

Las organizaciones de control no son demasiado comunes en Revit, pero tienen cierta utilidad. Por ejemplo, Revit incluye de forma nativa la clasificación «no en planos», que solamente muestra las vistas que no están asociadas en ningún plano. Dejó de tener tanta utilidad cuando Revit incorporó el icono de estado de colocación de vista en planos (recuerda, botón secundario en cualquier vista del navegador de proyecto, última opción); pero antes de eso era una forma interesante de comprobar si alguna vista había escapado a nuestro control general.

Organización y pasos finales

Antes de comenzar el siguiente capítulo deberías tener creadas, nombradas y agrupadas todas las vistas de planta necesarias para distribución, y para cotas y superficies; tanto si simplemente duplicas y renombras las vistas, como si has creado tipos de plano específicos.

Como resumen, mi propuesta en cuanto a nomenclatura y organización para este proyecto es la siguiente:

- Nomenclatura. TIPO VISTA + NIVEL CORTO. «Distribución PB», por ejemplo.
- Organización del navegador. Estándar: Agrupar por Grupo+Subgrupo+Familia; clasificar por nivel asociado.
- Grupo. 00 WIP; Proyecto básico y Proyecto de ejecución.
- Subgrupo. 00 WIP; 01 Distribución y 02 Cotas y superficies.
- Duplica tipos de plano, utilizando como nombre el mismo del subgrupo; es una forma avanzada de trabajar, pero si en cualquier momento es demasiado complejo, no te preocupes porque no te impedirá continuar.

19

Generación de vistas de distribución y de cotas y superficies

En este capítulo aprenderás a:

- Crear plantillas de vista.
- Trabajar con esquemas de color.
- Ajustar el grafismo de las cotas.

Ajustar las propiedades de una vista

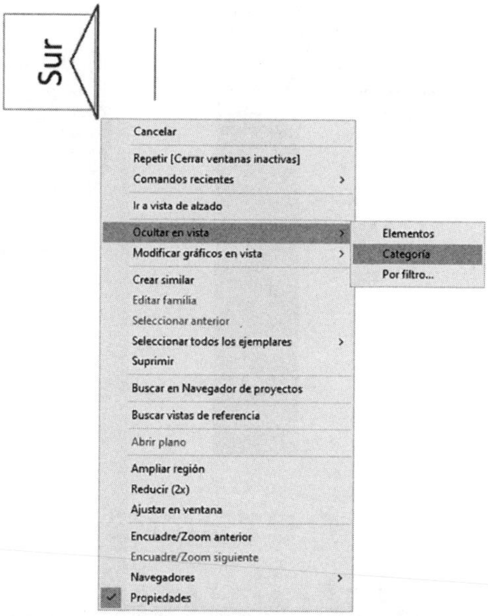

Las vistas de distribución son, probablemente, el corazón del proyecto; muestran de forma directa cómo se organiza la planta de nuestro edificio. Para ajustar el grafismo correctamente, te propongo empezar por la vista «Distribución P1».

Lo primero que suelo hacer es cambiar el modo de visualización a línea oculta (que utilizo por defecto para todas las vistas) y, después, oculto las categorías que no deseo ver en este plano. Resulta muy rápido seleccionar un elemento (o varios, si no te resulta confuso) y utilizar el atajo de teclado VH para ocultar la categoría. Recuerda que puedes hacerlo también con el botón secundario>Ocultar en vista>Ocultar categoría; o desde la Cinta de opciones>Ocultar>Ocultar categoría.

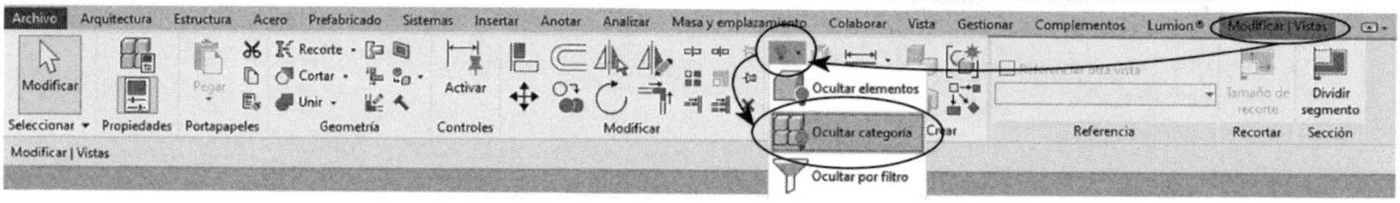

Figura 19.1. Ocultar categoría en vista.

Las categorías que voy a ocultar directamente son (figura 19.2):

- Alzados
- Secciones
- Rejillas
- Líneas de separación de habitación
- Planos de referencia
- Líneas de propiedad

A partir de este momento, el plano está mucho más limpio. Ajustemos la escala a 1:50 y entremos en VV para ajustar la configuración de visibilidad/Gráficos en diferentes categorías:

- En suelos, suavizar color de los patrones de sombreado en proyección o superficie: gris claro, color 9 (color 9 tradicional de AutoCAD).

- En muros, aclarar color de los patrones de sombreado en corte de los muros: gris oscuro (color 8 tradicional de AutoCAD)
- En mobiliario, muebles de obra y equipos especializados, cambiar el color de las líneas de proyección a gris, color 8.

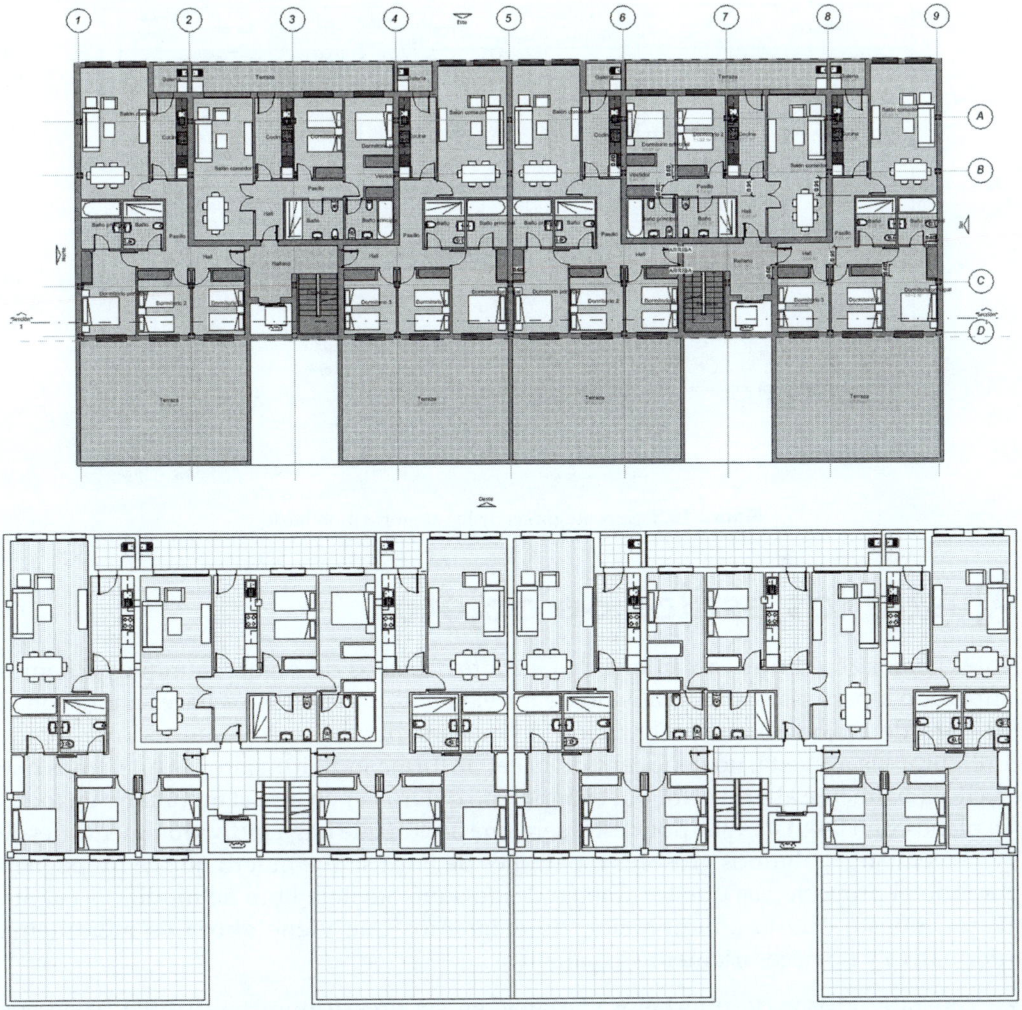

Figura 19.2. Planta 1 antes y después de realizar los ajustes.

TRUCO:

En mobiliario y otras categorías, existen diferentes subcategorías que también deberás modificar, desplegando la categoría principal, para cambiar sus valores; si no lo haces, es posible que no obtengas el efecto deseado.

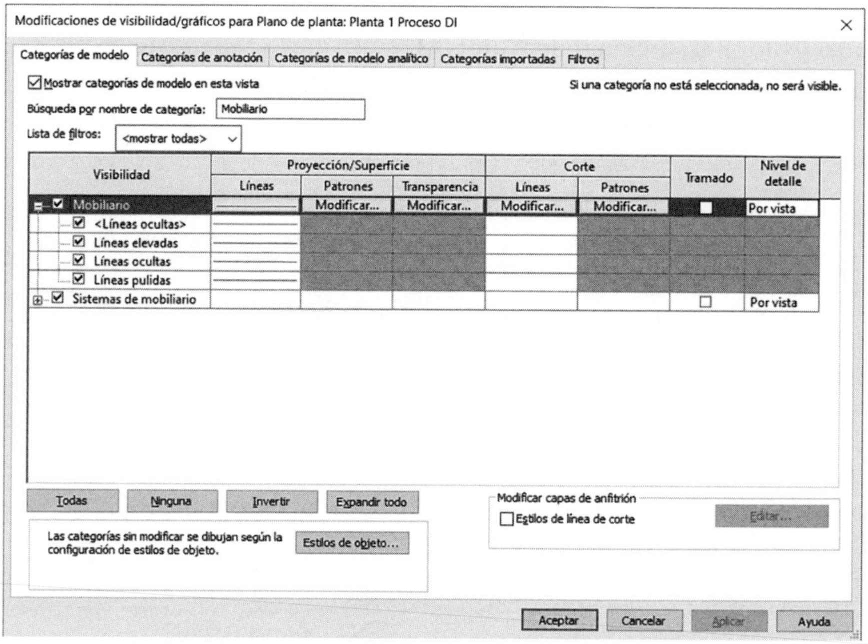

Figura 19.3. Subcategorías de la categoría mobiliario.

Ajustar los estilos de objeto

Antes hemos accedido a la ventana de Gestionar>Estilos de objeto, aunque no hemos empezado a personalizar el grafismo de los elementos; lo podemos hacer ahora con el fin claro de mejorar la representación de nuestro proyecto. Aunque todo se puede configurar vista a vista, no tiene sentido hacer de forma individual lo que queremos que afecte globalmente al proyecto. Por ejemplo, no quiero ver en gris el mobiliario en todos los planos y en las vistas 3D; por tanto, será una acción que haga individualmente desde VV. Sin embargo, algunos grosores o patrones de línea sí que quiero que se propaguen por todo el proyecto, así que los trabajo desde aquí. Siéntete libre de modificar cuanto gustes, puesto que la enumeración de elementos que viene ahora es meramente informativa y no necesariamente exhaustiva:

- Ajusta el grosor de puertas y ventanas en sección al mínimo posible (y de sus subcategorías).
- Define el patrón de línea de los elementos de proyección de escaleras y barandillas como el que ya generamos en su momento, «Trazo general».
- Ajusta el grosor de Suelos: en proyección a 1, en corte a 4.
- Despliega la categoría Muros y ajusta el grosor de la subcategoría de «Bordes comunes» a 1.

Todos estos cambios cobran sentido y mejoran sensiblemente la representación de nuestros planos bajo dos condiciones:

1. Que el grosor de líneas en pantalla sea visible; la forma más habitual (y también más rápida) de activarlo es desde la barra de herramientas de acceso rápido.
2. Que los grosores de línea los hayas ajustado para las escalas generales, tal como ya comentamos en capítulos previos.

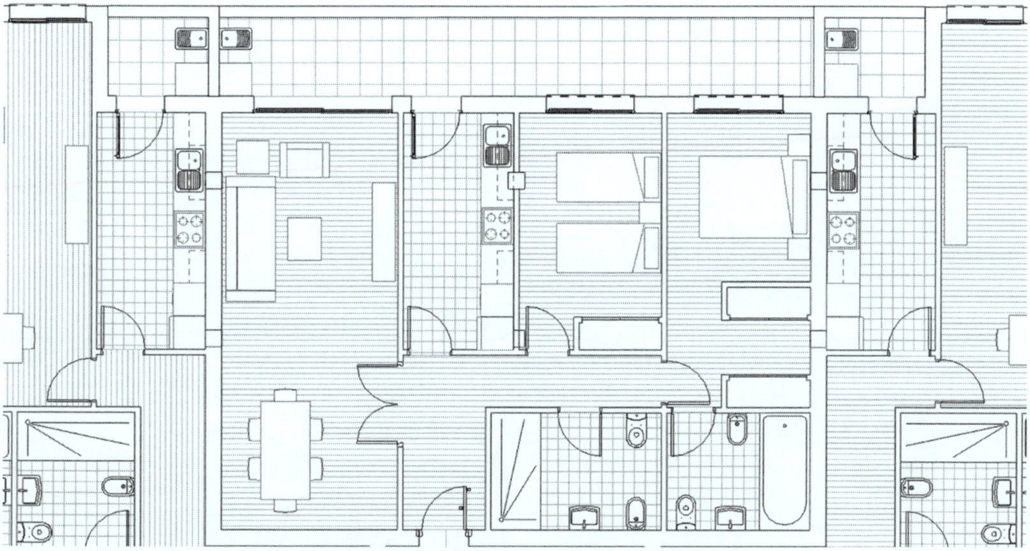

Figura 19.4. Grafismo en planta tras modificar estilos de objeto.

Crear un esquema de color básico

Normalmente, en las vistas de distribución me gusta resaltar las zonas húmedas; eso incluye cocinas, baños, aseos y galerías. Me gusta mucho el efecto que se genera con un sombreado azul claro en estas estancias; y Revit permite conseguirlo fácilmente con esquemas de color. Para ello, ve a la paleta de Propiedades>Esquema de color>Ninguno>Despliega Categorías>Habitaciones>Nombre.

NOTA:

Por defecto, dentro de los esquemas de color siempre está la categoría «Espacios»; recuerda desplegar y cambiar a «Habitaciones» si quieres poder seguir avanzando.

Este esquema es el más básico posible, pues asigna un color en función del nombre de la habitación. Aunque podrías desactivar la visibilidad de todas las habitaciones cuyo nombre no coincida con cocina, baño o galería, es un trabajo un tanto manual y poco agradecido; así que vamos a hacer un esquema más interesante.

Si no estás familiarizado con los esquemas de color, puedes dejar momentáneamente el esquema por nombre y Aceptar la ventana, para entender y visualizar su funcionamiento. Cuando estés listo, vuelve a entrar en Esquema de color.

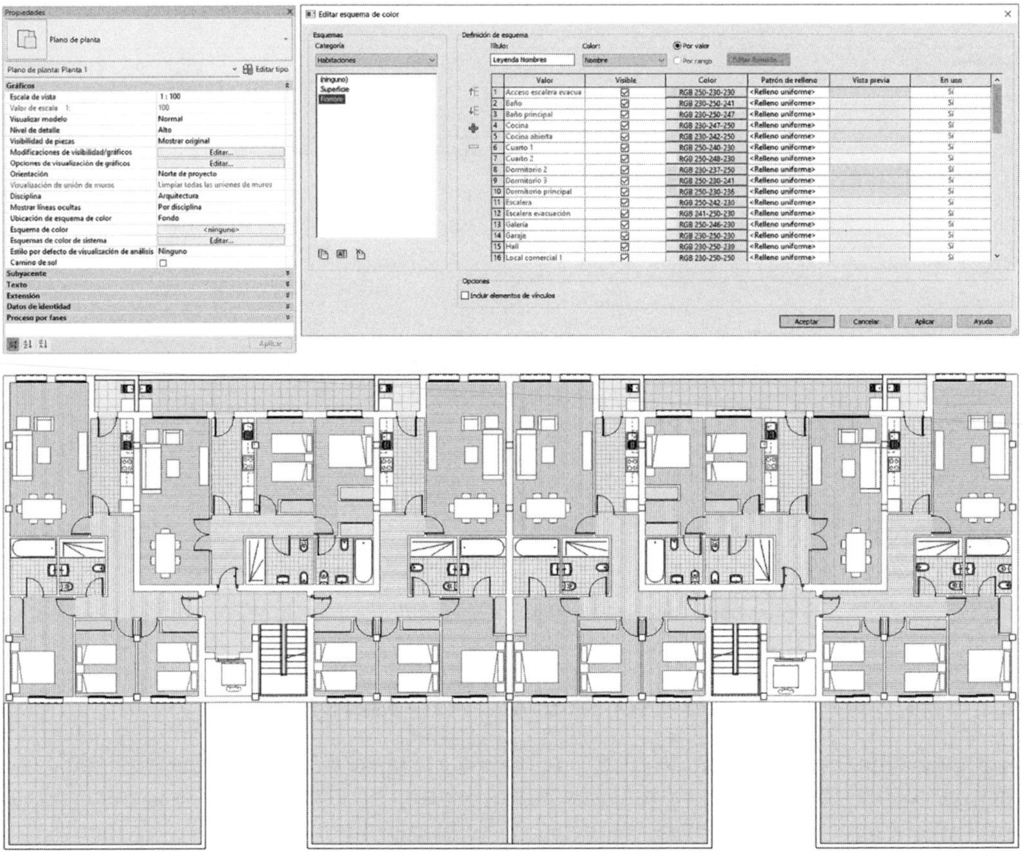

Figura 19.5. Esquema de color nombre de habitaciones.

Duplica el esquema de color (desde el icono Duplicar ubicado en la parte inferior izquierda) y nombra tu nuevo esquema como «Zonas húmedas» o similar. A continuación, despliega el campo Color en la parte central para cambiar el parámetro que condiciona el color, y elige Acabado del muro en lugar de Nombre. Es normal que salga un aviso indicando que los colores actuales no se conservan cuando cambias el parámetro, así que puedes aceptar sin problema. Verás que la lista está en blanco, ya que hasta ahora no hemos introducido ningún valor en el parámetro Acabado del muro de las habitaciones.

Una de las funcionalidades más útiles de los esquemas de color es que podemos anticipar los valores esperados: si hacemos clic en el icono verde de «+», añadimos manualmente uno o varios valores. Estos aparecerán después como sugerencias al desplegar el parámetro en la paleta Propiedades de cada habitación, facilitando su estandarización. Como el acabado de muro de las zonas húmedas será un revestimiento cerámico alicatado, puedes escribir el valor «ALI» a modo de abreviatura. Ajusta también el color de relleno que quieras aplicar a este valor (por ejemplo, un azul claro) para que sea fácilmente reconocible en el plano.

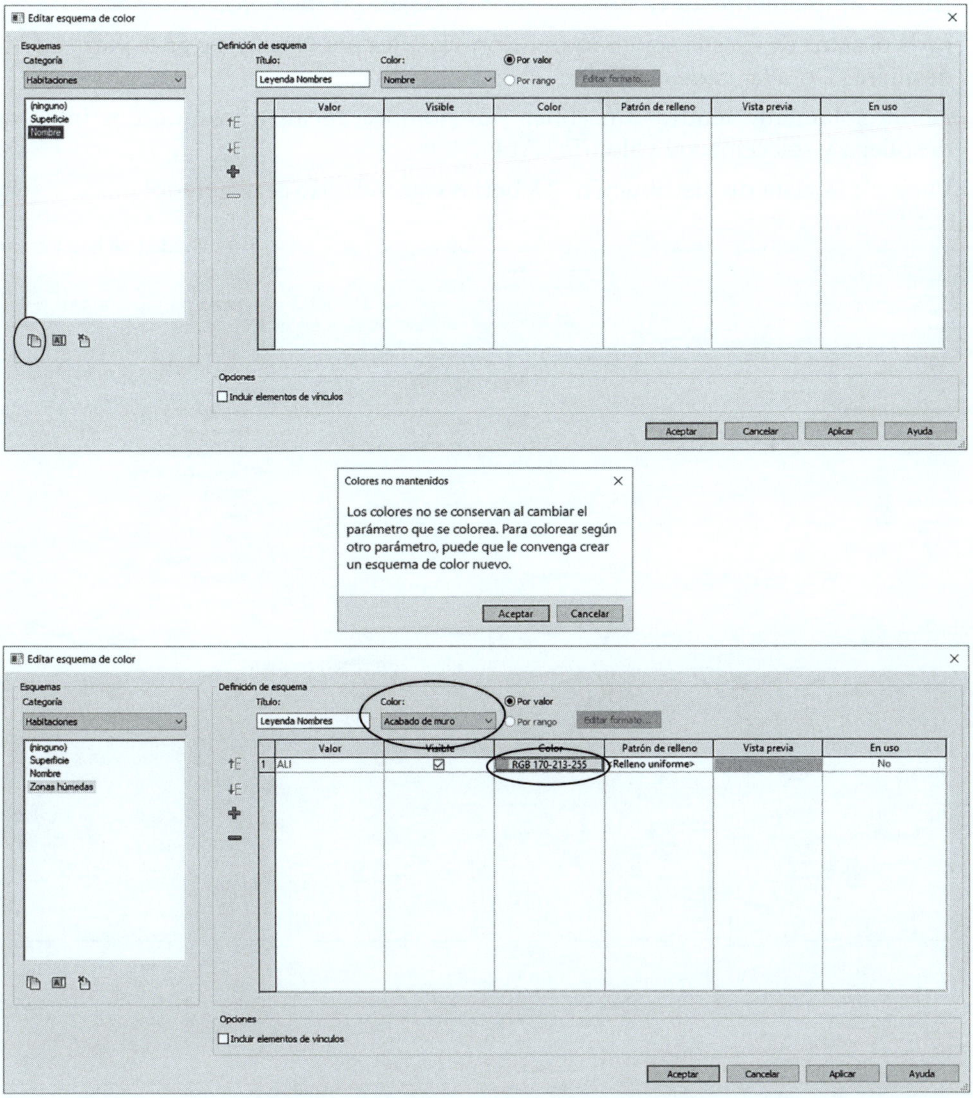

Figura 19.6. Esquema de color zonas húmedas.

No esperes ningún cambio en tu planta. Al fin y al cabo, aunque has creado y aplicado el esquema de color, todavía no hemos asignado a ninguna habitación el valor «ALI» dentro de Acabado de muro. Si quieres seleccionar manualmente las habitaciones y hacerlo, adelante; pero comprende que cuanto más grande sea el proyecto, más trabajo te costará. Antes de plantearte un método avanzado, te propongo un atajo muy rápido:

- Crea una nueva tabla de planificación de habitaciones; nómbrala de momento «Acabados de habitación».
- Añade simplemente los campos Nombre y Acabado de muro.
- En la pestaña de Clasificación/agrupación, clasifica por Nombre y, en la parte inferior, desmarca Detallar cada ejemplar.
- Ahora solamente tendrás una línea por nombre; localiza los que nos interesan, despliega y selecciona el valor de «ALI».
- Vuelve a la vista de distribución. ¡Deberías estar viendo el resultado!

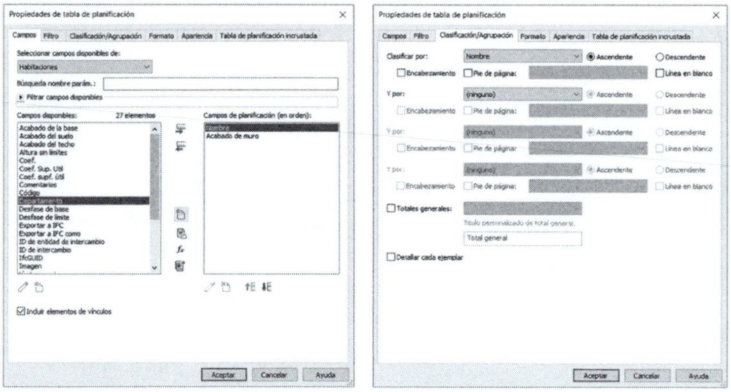

<Acabados de habitación>

A	B
Nombre	Acabado de muro
Baño	ALI
Baño principal	ALI
Cocina	ALI
Cocina abierta	ALI
Dormitorio 2	
Dormitorio 3	
Dormitorio principal	
Galería	ALI
Hall	
Pasillo	
Salón comedor	
Terraza	
Vestidor	

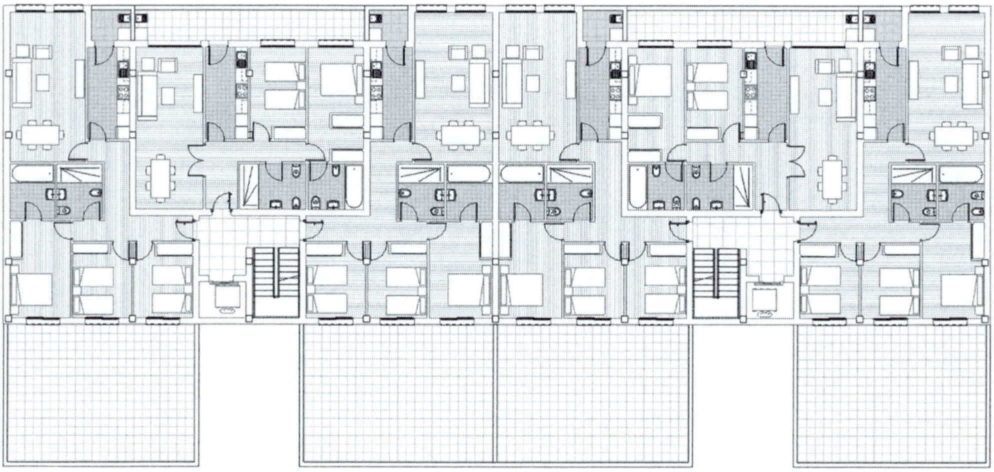

Figura 19.7. Crear tabla de planificación/cantidades de habitaciones para completar «ALI».

NOTA:

El esquema de color puede verse como «Fondo» o «Primer plano»; la diferencia principal es que se verá por encima de los objetos y sus máscaras; pero también por encima de los sombreados de muro en corte, a no ser que sean de tipo relleno sólido.

Crear plantilla de vista

Con esta personalización, estamos preparados para generar nuestra plantilla de vista. Recuerda que eso no será el 100 % de lo que necesites para generar tu plano, pues por supuesto que hay más elementos que añadir y anotar; pero todos ellos no se incluirán en la plantilla, así que ya podemos avanzar con ella. El proceso es muy sencillo; simplemente selecciona la vista en el Navegador de proyectos>botón secundario>Crear plantilla de vista a partir de esta vista.... Dale un nombre coherente con la nomenclatura usada hasta ahora (por ejemplo, «01 Distribución») y, en la ventana que aparece, elige qué parámetros se incluyen en la plantilla de vista. Normalmente, conviene dejarlos todos marcados; pero quizá puedas prescindir de la escala o del rango de vista. En este caso, puedes probar a mantenerlos todos activados.

Este proceso, la elección de cómo trabajar el grafismo o representación de tu documentación de proyecto, es crucial. Deberás hacerlo con todos los planos de un proyecto para ir configurando tu propio criterio.

Ahora necesitas conseguir dos cosas:

- Que todas las próximas vistas de distribución tengan esta plantilla de vista aplicada. Lo lograrás editando el tipo de plano y asignando la plantilla de vista a las nuevas vistas.
- Que las vistas existentes tengan la plantilla de vista aplicada. Selecciona todas las vistas de distribución y, desde la paleta de Propiedades>Plantilla de vista, elige la que acabas de crear.

NOTA:

Recuerda no hacerlo con «botón secundario>Aplicar propiedades de plantilla»; aunque el resultado pueda parecer el mismo, no existe vinculación: si la plantilla se modifica, los cambios no se actualizan.

Figura 19.8. Crear y asignar la plantilla de vista de distribución.

Elementos de anotación en un plano de distribución

Aunque uno de los puntos más importantes en un plano es cómo se representan los elementos de modelo (y eso se consigue con la plantilla de vista), no debes dejar de lado las anotaciones, los textos y las cotas que explican y completan la mera representación gráfica. Empecemos con ellos.

Anotar escaleras

Las escaleras tienen, normalmente, dos anotaciones principales. Una es la numeración de peldaños, que se coloca desde Anotar>Número de huellas, y se configura de forma muy sencilla, pues tiene pocas opciones disponibles y son todas de ejemplar. La otra son las flechas típicas de una escalera: el camino de escalera. Al ser también un elemento de anotación, no aparece de forma automática cuando creas una vista. Sin embargo, habrás visto que en ocasiones sí que se han creado «solos». Si dudas de cuándo sí se crean, aquí tienes la regla general: al crear una escalera, se colocan caminos de vista en cada vista existente. Pero, una vez duplicas la vista o, simplemente, creas nuevas, ahí no se colocan automáticamente. Así que, en este proyecto, tendremos que crearlos manualmente. Como creo que son necesarios en todas y cada una de las vistas, me aseguraré de crearlos en cada caso desde Anotar>Camino de escalera. Sin embargo, tengo un pequeño truco para ti, que espero sea útil a partir de ahora. Personalmente, me molestan mucho los textos «Arriba» que aparecen en los caminos; casi tanto como tener que desmarcar la casilla de texto «Arriba» en cada ejemplar. Así que, ¿por qué no dejarlos, pero evitar que se vean? Eso lo puedes conseguir editando la plantilla de vista. Si estás pensando que justo la acabas de crear, no te preocupes: es normal editarla, darse cuenta de que algo no está bien, modificarla, actualizarla; por eso es importante conocer el proceso.

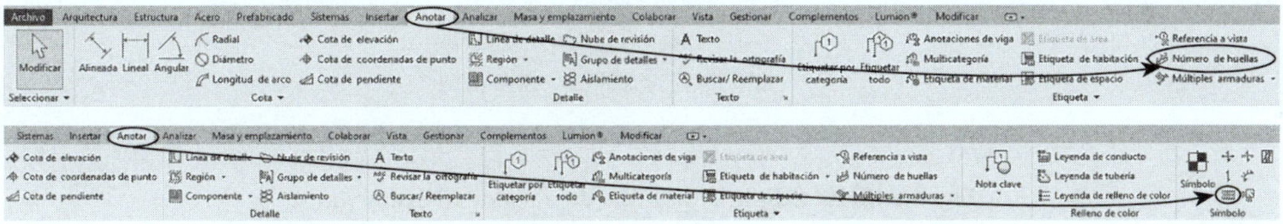

Figura 19.9. Documentar número de huellas y camino de escalera.

Editar plantillas de vista

Puedes editar la plantilla de vista de dos maneras muy sencillas:

- Desde Vista>Plantillas de vista>Gestionar plantillas de vista.
- Desde la paleta Propiedades>Plantilla de vista.

En ambos casos, llegarás a la plantilla de vista. Si estás buscando cómo modificar VV, lo encontrarás en la línea de «Modelo (modificaciones de v/g)» y las siguientes. En este caso, debemos ir a la pestaña «Categorías de anotación» y desplegar «Caminos de escalera», para desmarcar Texto arriba y Texto abajo.

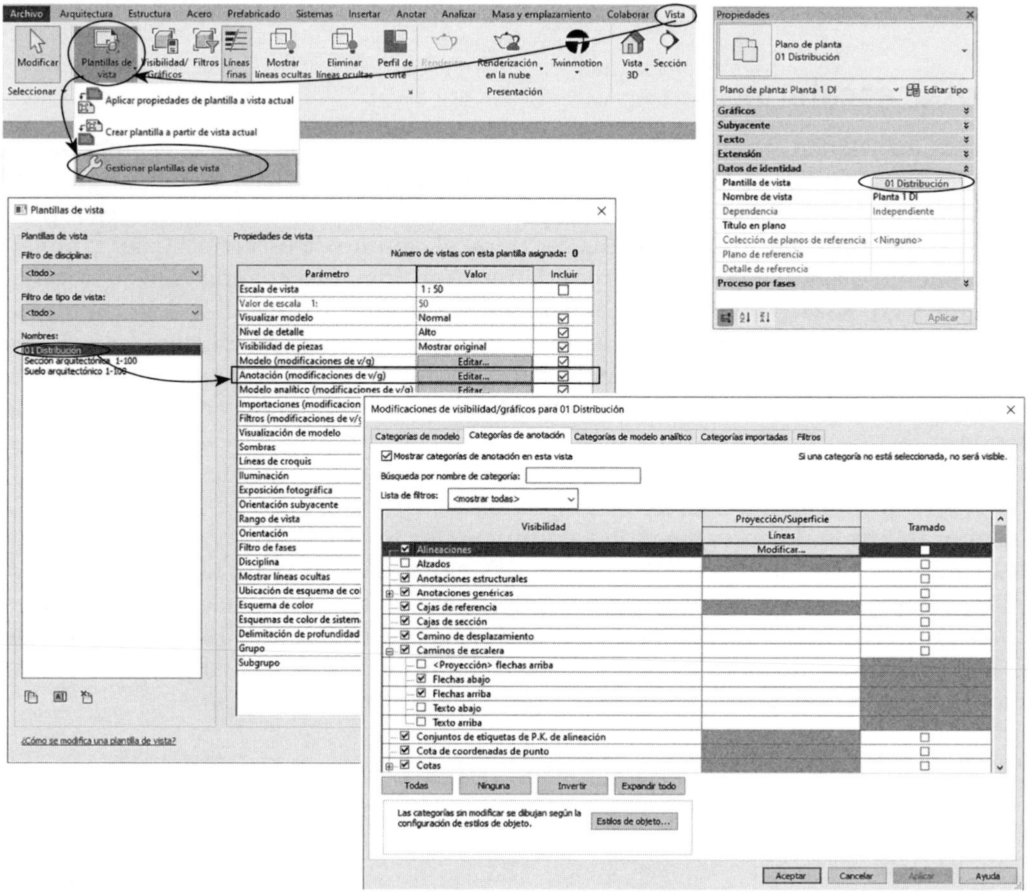

Figura 19.10. Editar la plantilla de vista de distribución.

Cualquier cambio que hagas en la plantilla de vista siguiendo estos pasos se actualizará en todas las vistas existentes que la tengan aplicada. Sin embargo, hay un método que no funciona. Y, precisamente por eso, tienes que saberlo. Si editas la configuración de una vista (por ejemplo, una que ya no tenga ninguna plantilla de vista aplicada) y, con el botón secundario en el nombre de la vista, creas una plantilla de vista con el mismo nombre, Revit te preguntará si la deseas actualizar. Al aceptar, lo hace; pero antes de eso, desvincula todas las vistas de esa plantilla. Dicho de otro modo, la plantilla sí se actualiza, pero las vistas no: es como si hubieras borrado la plantilla (y con ella, la vinculación a cualquier otra vista existente) y vuelto a crear una con ese mismo nombre.

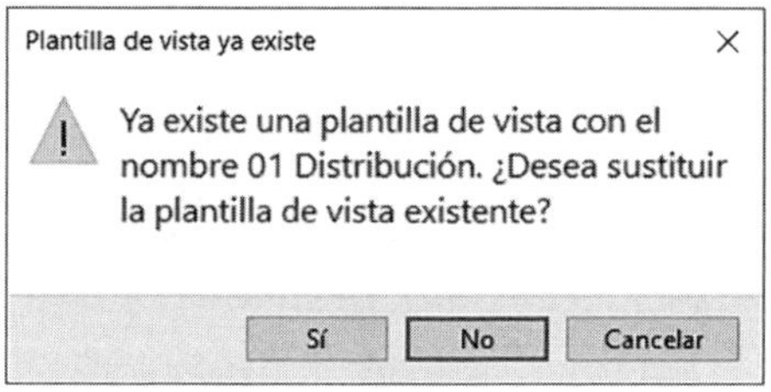

Figura 19.11. Aviso de sustituir la plantilla de vista existente.

Este proceso también borra la conexión de cualquier tipo de plano con la plantilla que estás actualizando; así que es un método que no te recomiendo en absoluto.

Etiquetar habitaciones

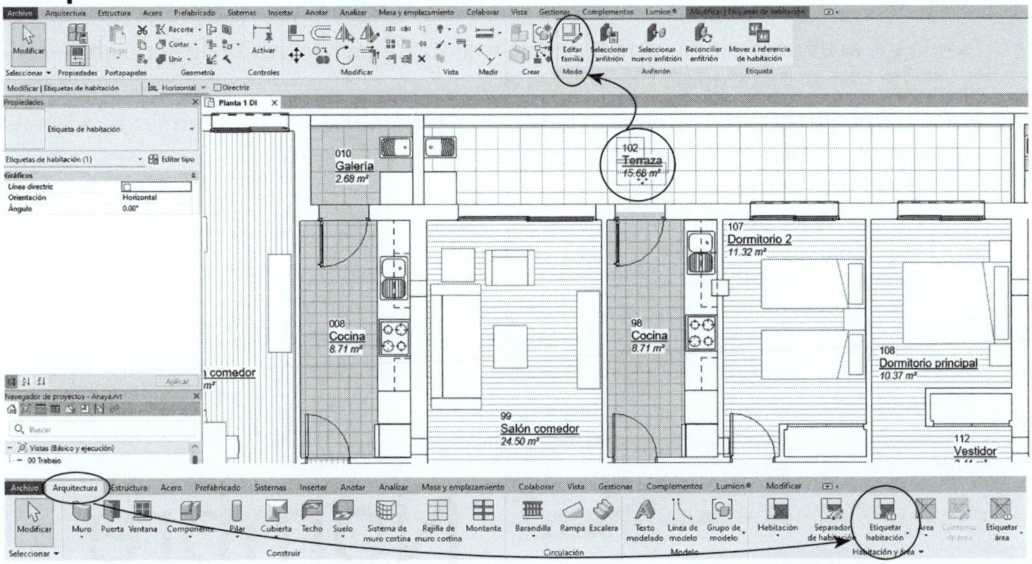

Creo que un plano de distribución debe tener, al menos, una referencia a los nombres de las estancias. No necesito que aparezca el área en ese plano, pero sí que queden identificadas. Esta es, simplemente, una elección personal; otros compañeros prefieren tener números que identifiquen las estancias y completar la información con una tabla en un lado del plano, así que, de nuevo, hay varios caminos. ¿Qué te parece si invertimos un poco de tiempo en hacer nuestra etiqueta paramétrica y más agradable estéticamente?

Primero, editemos la etiqueta. Puedes hacerlo de múltiples maneras:

- Localiza una vista con etiquetas de habitación y selecciónala.
- Desde Arquitectura>Etiquetar habitación, creas una etiqueta en esa vista.
- Desde Navegador de proyectos>Familias>Símbolo de anotación>Etiqueta de habitación.

En los dos casos, deberás editar la familia desde la Cinta de opciones, mientras que en el último lo harás mediante el menú emergente del botón secundario. Una vez dentro de la familia, te sugiero algunos *tips* para mejorar o adaptar la etiqueta, aunque puedes utilizar lo que prefieras.

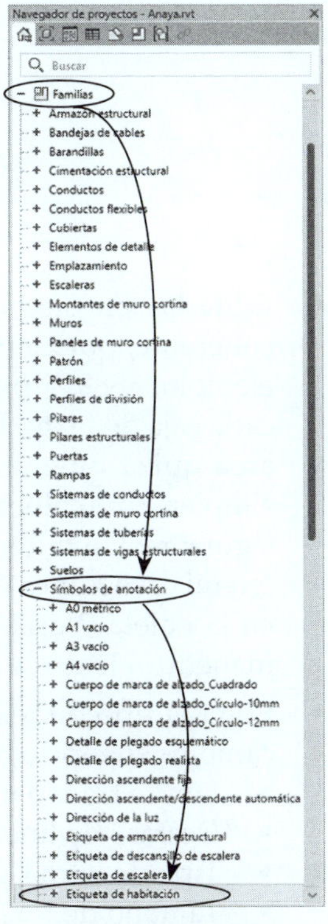

Figura 19.12. Editar etiqueta de habitación.

- Selecciona con una ventana de derecha a izquierda las tres líneas de texto de etiqueta (número, nombre y área) y cambia su alineación horizontal a «Centro».
- Desde VV, activa los planos de referencia y centra —en la medida de lo posible— las líneas de texto en la intersección de los dos planos.
- Edita el tipo de texto de etiqueta del número y renómbralo como «Número», además de hacer algunas operaciones adicionales:
  - Fondo transparente.
  - Activa «Mostrar borde».
  - Desfase de línea directriz/borde de 0,5mm.
  - Tipo de letra Calibri.

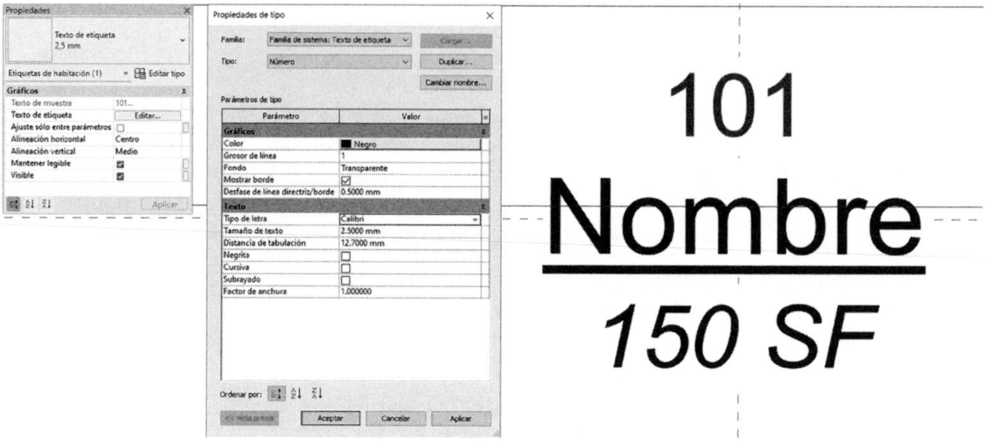

Figura 19.13. Propiedades del texto de etiqueta.

- Edita las propiedades de cada texto de etiqueta, poniendo un valor de muestra coherente; por ejemplo, en el número coloca el más largo que puedas pensar (por ejemplo, «888»), pues esto te dará la anchura máxima y te ayudará a dimensionar cada caja de texto. Para la habitación puedes usar «Nombre de habitación» y para el área quizá quieras usar «888,88 m²». Si el texto que usas es mayor que la caja, simplemente colocará una segunda línea, pero si no está bien pensado, tapará el valor siguiente. Un buen truco, si número y nombre no van a coincidir simultáneamente (en mi caso nunca estarán juntos), puede ser tocar el texto de etiqueta del nombre y, en la paleta Propiedades, cambiar la alineación vertical a «Parte inferior»; de esta manera, el texto se desborda hacia arriba, sin tapar el área.
- Edita el tipo de texto de etiqueta del nombre y renómbralo como «Nombre». Mis cambios sugeridos son:
  - Fondo transparente.
  - Desfase de línea directriz/borde de 0 mm.
  - Tipo de letra Calibri.
  - Tamaño de texto 2 mm.
  - Subrayado desmarcado.

- Edita el tipo de texto de etiqueta del área y renómbralo como «Área». Iguala los valores que hayas usado con el texto del nombre y, además, prueba a cambiar el color a gris medio.

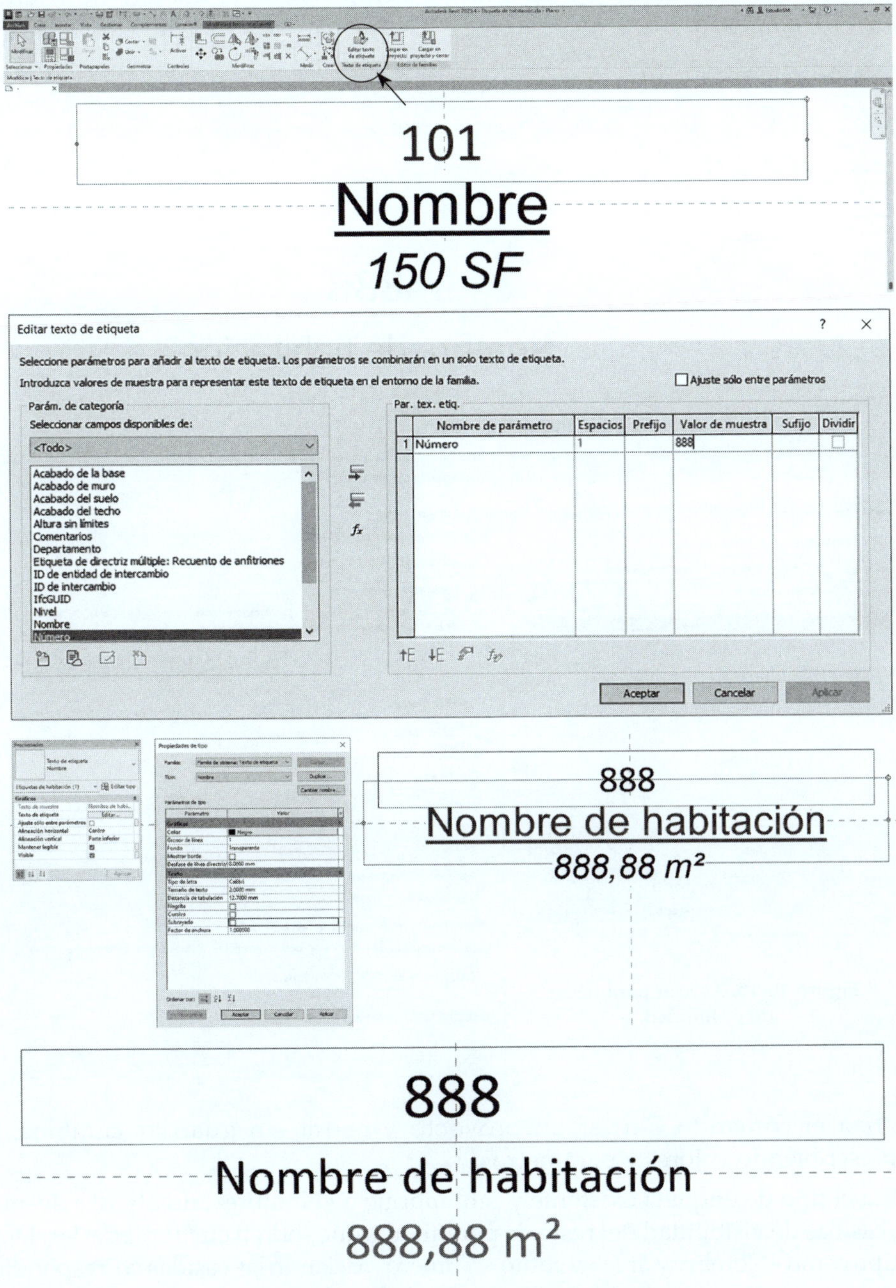

Figura 19.14. Etiqueta de habitación editada.

- Selecciona cada uno de los textos de etiqueta y, desde el botón de «Asociar parámetro de familia» del parámetro «Visible» dentro de la paleta Propiedades, crea un parámetro de visibilidad (de tipo, no de ejemplar) con el nombre de la etiqueta: Número, nombre y área.

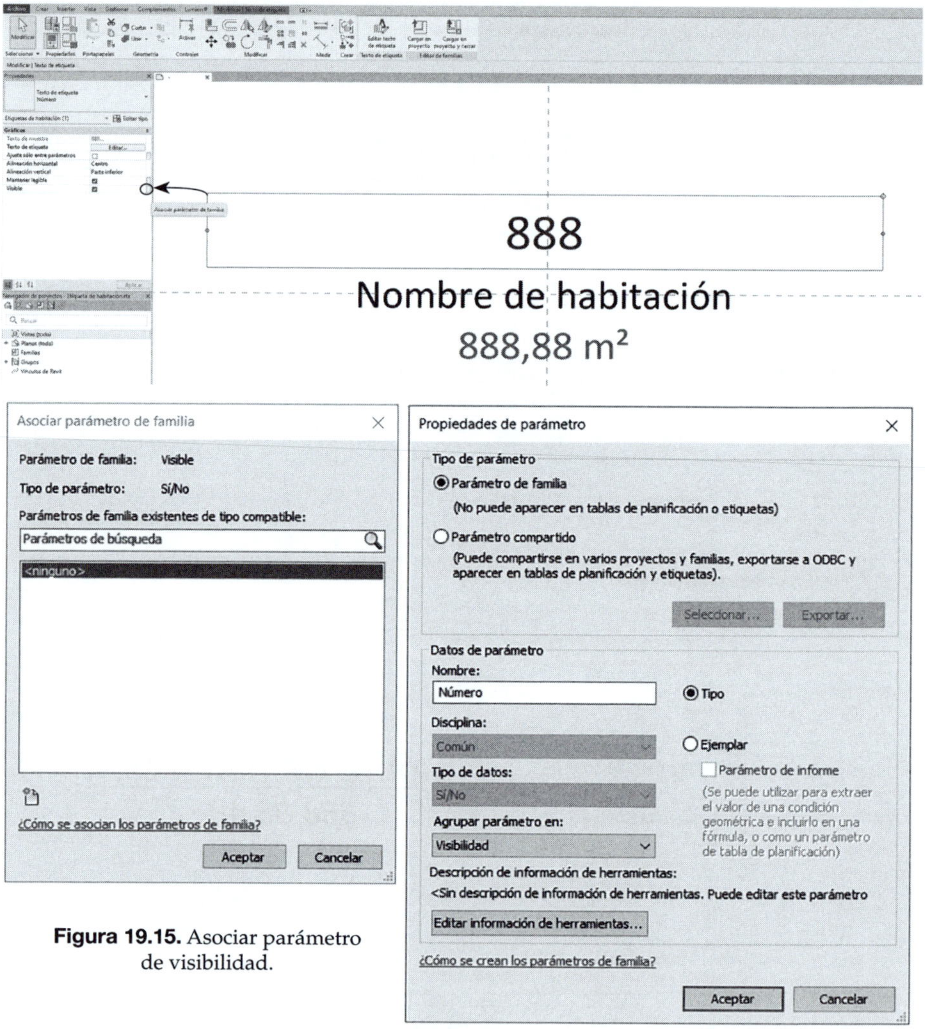

Figura 19.15. Asociar parámetro de visibilidad.

- Utiliza el comando Cargar en proyecto y cerrar sin guardar cambios, pero sobrescribiendo valores y parámetros.
- Edita el tipo de etiqueta existente y renómbralo a «Nombre», no olvides desmarcar las casillas de visibilidad del resto de parámetros que sobren en Propiedades. Duplica el tipo como «Nombre y área» y como «Número», dejando las casillas correspondientes en cada caso. Con esto, tendrás etiquetas para cada combinación que consideres.

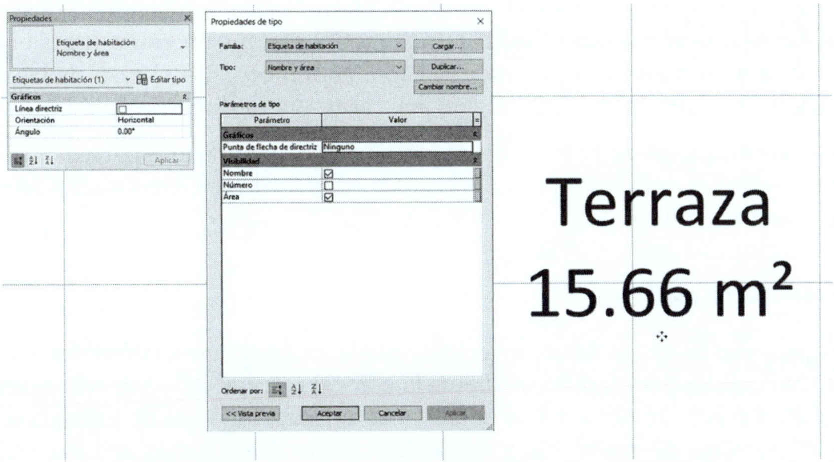

Figura 19.16. Tipo «Nombre y área» de la etiqueta de habitación.

Recuerda etiquetar todas las habitaciones en cada vista de distribución para finalizar. Las dos formas rápidas de llegar hasta aquí son:

- Arquitectura>Desplegar Etiquetar habitación>Etiquetar elementos no etiquetados.
- Anotar>Etiquetar todo.

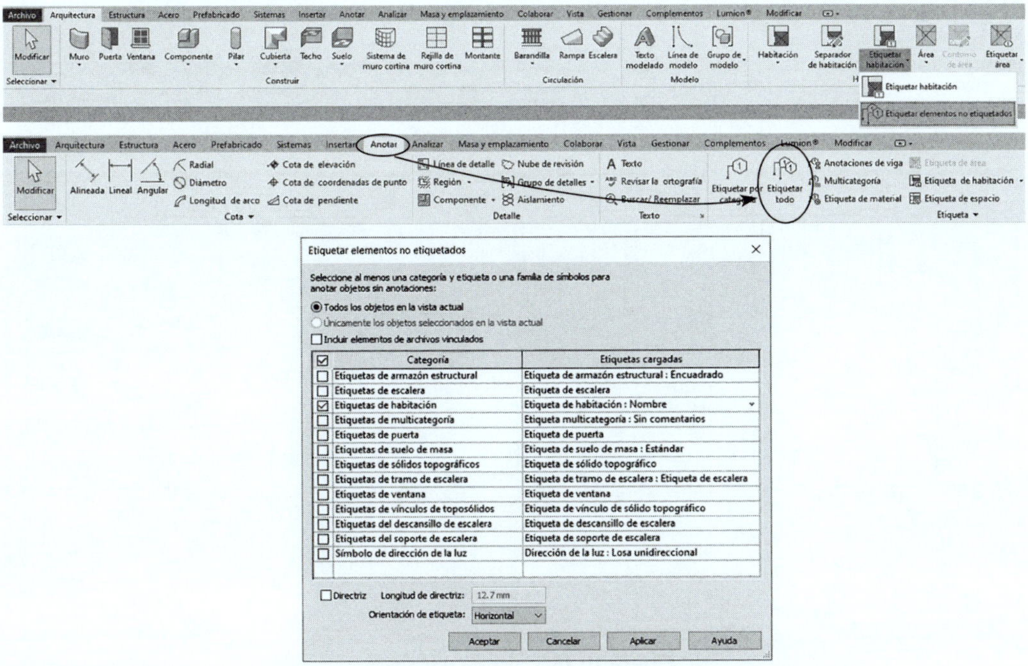

Figura 19.17. Asociar parámetro de visibilidad.

En la ventana que aparece, recuerda marcar «Etiquetas de habitación» y asegúrate de desplegar la parte derecha para elegir el tipo de etiqueta que necesitas (para el plano de distribución, a mí me gusta la que muestra solo el nombre). En el caso de las etiquetas de habitación, creo que es conveniente no activar ninguna directriz.

Además de las etiquetas de habitación, si previamente generaste espacios para el hueco de ascensor o similar, puedes repetir los pasos y etiquetarlos en estas vistas, para que las etiquetas sean coherentes.

Cajas de referencia

Si quieres que todas las vistas de tu proyecto tengan la misma extensión, facilitarás la creación de planos. No puedes conseguirlo mediante la edición manual del contorno de recorte, así que necesitas una caja de referencia. Puedes crearla desde una vista de trabajo en Cinta de opciones>Vista>Caja de referencia. Cambia su nombre ahora o más adelante en la paleta Propiedades y dibuja el rectángulo que englobe correctamente tu planta y deja los márgenes laterales que consideres suficientes para que los planos «respiren».

Es posible que haya una caja de referencia para las plantas sótano, baja y primera (que ocupan más cantidad de parcela) y que prefieras tener una segunda caja para las plantas 2, 3, ático y cubiertas. Una vez tengas una de ellas creada, simplemente cópiala con Ctrl+C y asegúrate de pegarla alineada en el mismo sitio (Cinta de opciones>Modificar>Desplegar Pegar>Alineado en el mismo sitio). Renombra tu caja y estírala a tu conveniencia.

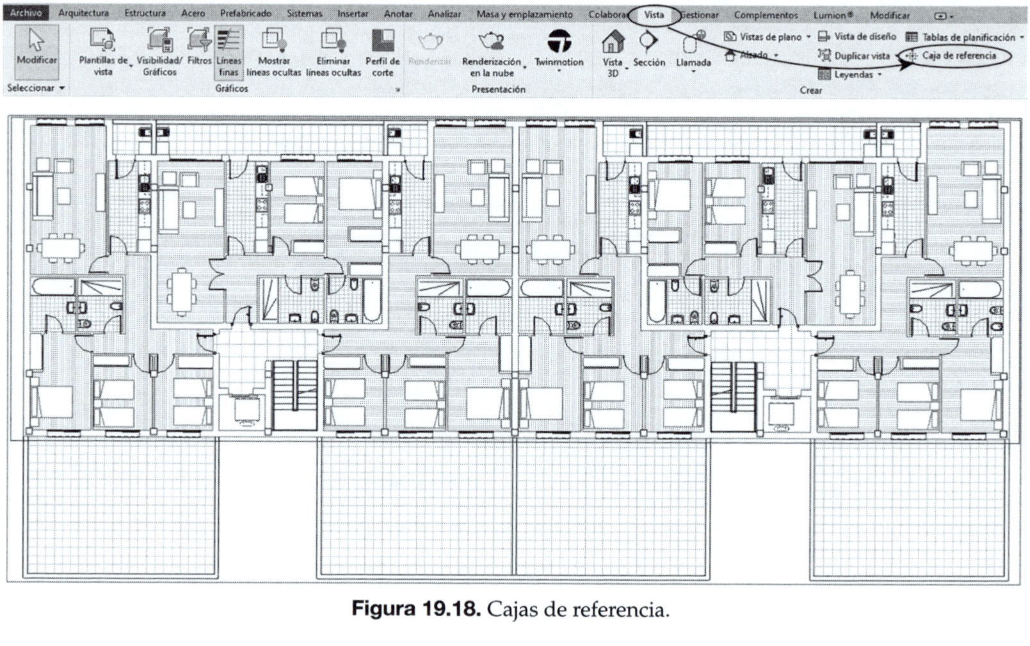

Figura 19.18. Cajas de referencia.

Asigna la caja de referencia a cada vista desde el campo Caja de referencia de la paleta Propiedades. Sin embargo, este método manual puede ser extremadamente lento. Para asignar de forma masiva las cajas de referencia a tus vistas, hay un método rapidísimo, que funciona mejor cuantas más vistas tengas ya creadas: crea una lista de vistas, utilizando el proceso habitual para crear una tabla, pero escogiendo la última opción, «Lista de vistas». Como campos, simplemente añade Nivel asociado y Caja de referencia, y clasifica por nivel asociado sin detallar cada ejemplar. Podrás, sin ningún esfuerzo, asignar las cajas de referencia a todas las plantas. Sin embargo, te recomiendo que las vistas de trabajo no tengan ninguna restricción; siempre puedes quitar la caja de referencia.

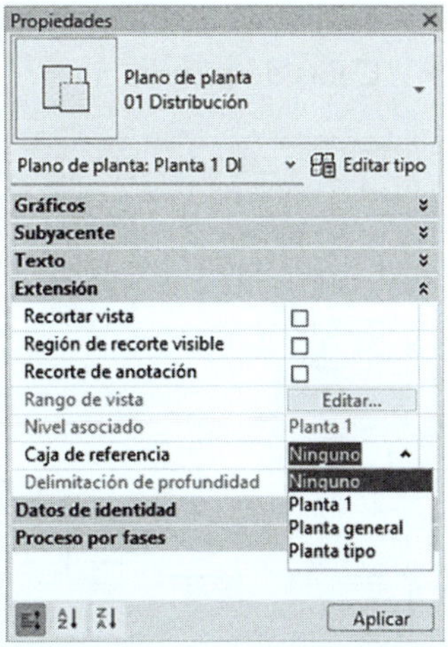

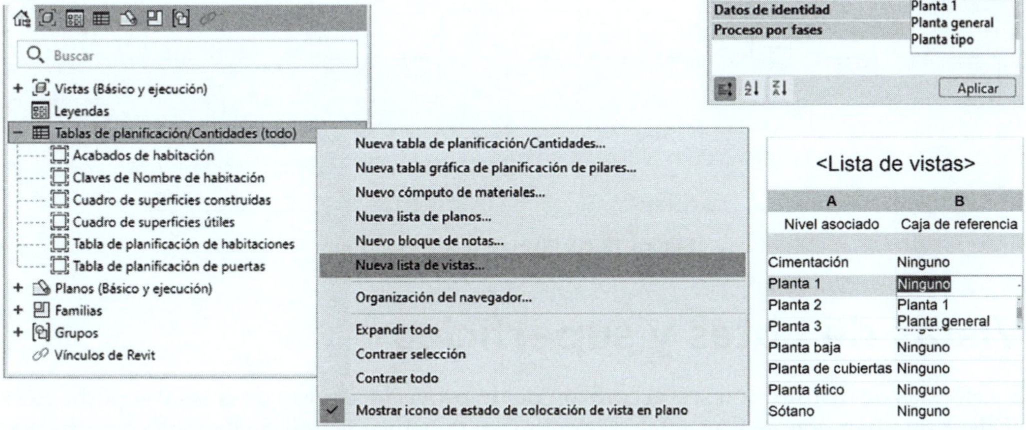

Figura 19.19. Asignar a las vistas la caja de referencia.

NOTA:

Con este método, las vistas no asociadas a un nivel (como alzados, secciones o vistas 3D) no se pueden controlar correctamente, pues estarán agrupadas en una primera línea vacía; no te preocupes, pues ya crearemos cajas de referencia específicas para los alzados cuando sea necesario.

Resumen de los elementos de anotación

Con todos estos ajustes, nuestras vistas de distribución estarán suficientemente completas. Recuerda que, además de las modificaciones gráficas de los elementos de modelo, nos hemos preocupado de añadir:

- Caminos de escalera
- Números de huella
- Etiquetas de habitación y espacio
- Cajas de referencia

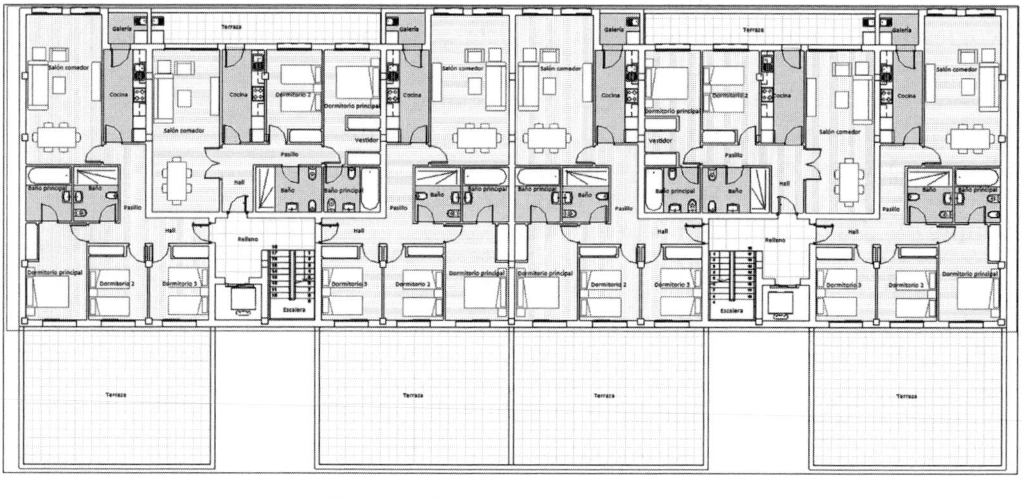

Figura 19.20. Planta 1 de distribución.

Vistas de cotas y superficies

Si las vistas de distribución son el corazón de un proyecto, la vista de cotas y superficies es el *check* que hay que revisar antes de continuar; debemos acudir a ella tanto para revisar dimensiones como para aportar información de cumplimiento de normativas. Una vez que tengas las distintas vistas de cotas y superficies creadas, sin plantilla aplicada, vamos a trabajar tanto el grafismo de los elementos de modelo como el de los elementos de anotación.

Configuración de la vista

En todas las vistas del proyecto utilizaré, de forma general, los mismos parámetros que he ido configurando en las vistas de distribución. Por ejemplo:

- Modo de sombreado de líneas ocultas.
- Escala de vista 1:50.

Otras propiedades, como el nivel de detalle, no seguirán una constante: en distribución o alzados será alto, pero en otros planos será mejor mantenerlo todo en nivel bajo, o incluso jugar con cada categoría.

Grafismo de elementos de modelo

Una vista de cotas y superficies no necesita mostrar la misma información que una vista de distribución y, por eso, normalmente se desactivan elementos que pueden distraer, como mobiliario, o que quizá dificulten la lectura de cotas, como los patrones de sombreado de los pavimentos. He aquí una lista no exhaustiva de los cambios que te propongo realizar.

- Empieza ocultando las mismas categorías de modelo que en las vistas de distribución. Aprovecha, también, para desactivar las categorías de anotación pertinentes, como alzados, planos de referencia y secciones; puedes dejar las rejillas, si lo consideras relevante para el proyecto.
- Oculta la categoría de mobiliario; pero no los aparatos sanitarios, ni los equipos especializados o muebles de obra; el concepto es que todo aquello que se puede mover fácilmente por el usuario final no esté representado, pero que los elementos fijos (muebles de obra, encimeras, aparatos sanitarios o máquinas de aire acondicionado o neveras) sí permanezcan visibles.
- Desde la ventana de VV, modifica algunas propiedades:
  - Aparatos sanitarios, muebles de obra y equipos especializados. Cambia el color de las líneas de proyección a gris medio.
  - Muros. Cambia el nivel de detalle de esta categoría a «Bajo» y, en el patrón de sombreado de corte, utiliza un relleno uniforme de un color gris claro.
  - Suelos. Desactiva la visibilidad de los patrones de sombreado en proyección o superficie.

Al finalizar estas modificaciones, estás preparado para crear, y aplicar, la plantilla de vista «02 Cotas y superficies», en todas las vistas que corresponda.

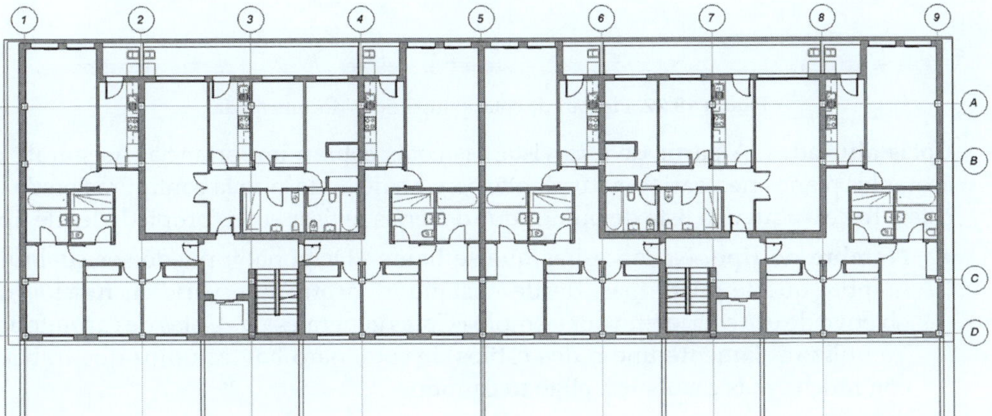

Figura 19.21. Planta 1 de cotas y superficies.

Elementos de anotación y cotas

En una vista de cotas, además de la plantilla de vista, las anotaciones son muy importantes; veamos qué anotaciones podemos añadir para completar la información de nuestras vistas.

- Etiquetas de habitación de nombre y área. Opcionalmente, etiquetas de espacio.
- Caminos de escalera. Si lo deseas y no carga demasiado el dibujo, también los números de huella.
- Figuras mínimas. Esta vista sí requiere de revisión de las figuras mínimas, así que puedes crearlas directamente o, si lo prefieres, copiarlas desde las vistas de trabajo y pegarlas alineadas con la vista actual. Probablemente lo hagas más rápido de la segunda manera, y podrás utilizar tanto Copiar como Reflejar si tienes que llevarlas a otra de las viviendas tipo.

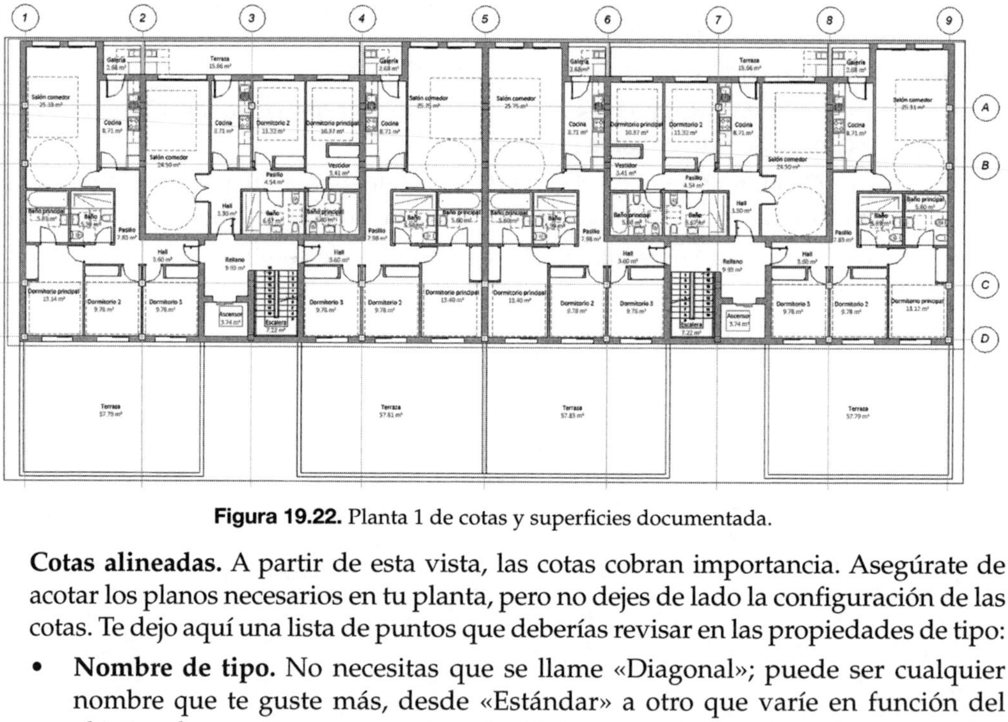

Figura 19.22. Planta 1 de cotas y superficies documentada.

- **Cotas alineadas.** A partir de esta vista, las cotas cobran importancia. Asegúrate de acotar los planos necesarios en tu planta, pero no dejes de lado la configuración de las cotas. Te dejo aquí una lista de puntos que deberías revisar en las propiedades de tipo:
  - **Nombre de tipo.** No necesitas que se llame «Diagonal»; puede ser cualquier nombre que te guste más, desde «Estándar» a otro que varíe en función del objetivo de esa cota, como por ejemplo «Cotas generales» o «Cotas de carpintería». Yo utilizo solamente uno o dos estilos de cota, pero hay estudios que trabajan con mucha más casuística: elige tu camino.
  - **Tipo de directriz.** Línea.
  - **Longitud del hombro** (aparece al seleccionar Línea). 1 mm.

- **Mostrar directriz al desplazarse.** Más allá de las líneas de cota (no quiero que, al mover el texto un poco, me salga la directriz).
- **Marca.** Diagonal; pero puedes configurar su tamaño a tu gusto desde Gestionar>Configuración adicional>Anotaciones>Puntas de flecha. Quizá quieras duplicarlas y tener un diagonal de 1mm y otra de 2mm, por ejemplo.
- **Control de línea de referencia.** A mí me gusta que esté fijo a la línea de cota, con una separación que coincida con la marca.
- **Longitud / extensión de la línea de referencia.** Si mi marca son 2mm, la longitud serán unos 3mm y la extensión será 1mm.
- **Tamaño de texto y tipo de letra.** Lo utilizo de forma coherente al texto; si las habitaciones tienen etiquetas con Calibri 2 mm, así serán también mis cotas.
- **Desfase de texto.** 0 mm.
- **Fondo de texto.** Transparente.

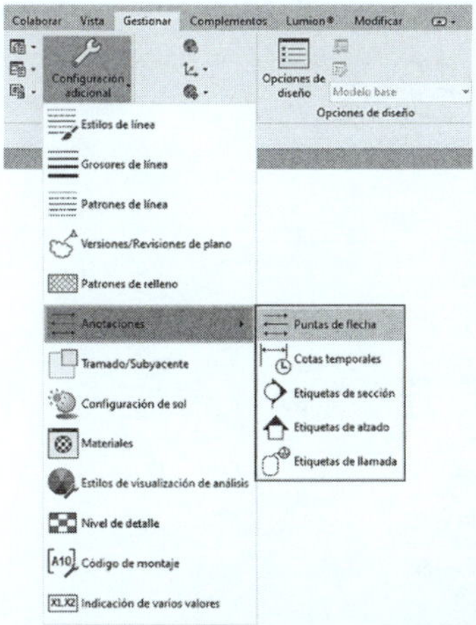

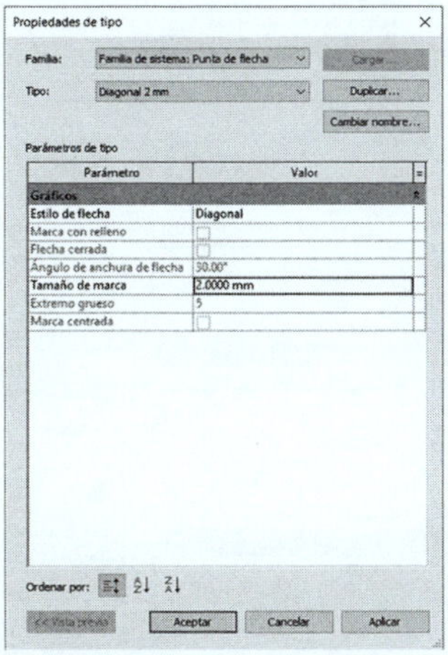

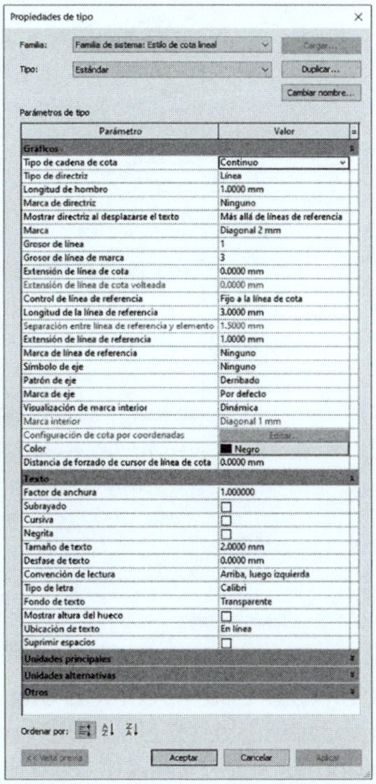

Figura 19.23. Edición de cota alineada.

- **Cotas de elevación.** En los planos de cotas (a veces también en los de distribución) me gusta poner cotas de elevación que muestren la altura del pavimento y la del forjado. Para eso, desde Anotar>Cota de elevación, suelo utilizar el tipo «Cruz (proyecto)», sin ninguna directriz, y con algunas modificaciones de tipo que quizá te gusten:
  - **Tamaño, tipo de letra y fondo de texto.** Misma configuración que las cotas alineadas.
  - **Desfase de texto desde directriz.** 0 mm.
  - **Desfase de texto desde símbolo.** 8 mm.

- **Formato de unidades.** Me gusta desmarcar las propiedades por defecto y activar el «+» para valores positivos.
- **Indicador superior.** Un código que represente la cota de pavimento terminado. Por ejemplo, «C.P.T.».
- **Indicador inferior.** Un código para la cota superior del forjado. Por ejemplo, «C.S.F.».

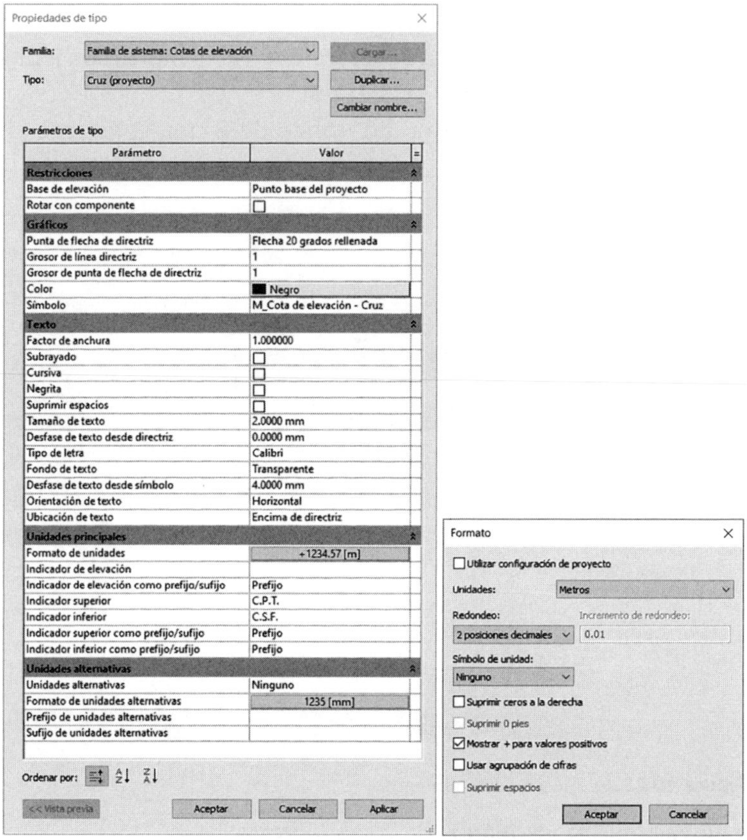

Figura 19.24. Edición de cota de elevación.

Con esto, podrás colocar una cota de elevación en algún punto relevante de cada planta (por ejemplo, en el pasillo común) y estará referenciado al punto base del proyecto. Si, además, seleccionas la cota de elevación y, en la paleta Propiedades, cambias el parámetro de Mostrar elevaciones de Elevación (seleccionada) real a Elevaciones superior e inferior, mostrará la cota superior e inferior del suelo. Como la parte superior del suelo es el piso terminado, y la parte inferior es la cota superior del forjado, tienes ambos datos colocados; o solo uno de ellos, si así lo deseas.

NOTA:

Este método requiere que prestes más atención o dupliques tipos de cota de elevación en función de la casuística que se presente. Por ejemplo, en un plano de replanteo estructural, lo que estarás tocando es el forjado; si quieres que aparezca el valor «C.S.F.», podrás hacerlo desde un tipo nuevo donde el indicador superior sea CSF, o bien, manteniendo la elevación seleccionada real, utilizar el «Prefijo de valor único/superior» de la paleta «Propiedades».

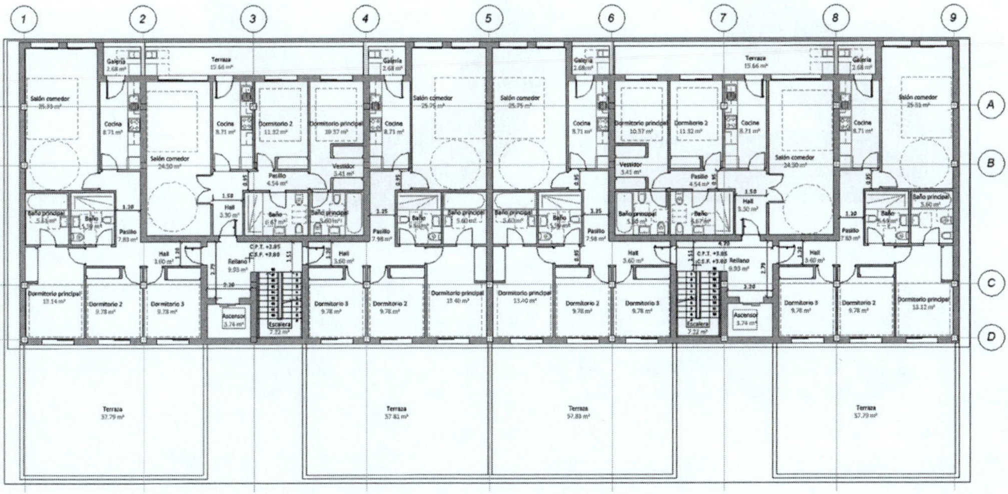

Figura 19.24. Planta 1 de cotas y superficies terminada.

20

Creación de alzados y secciones de proyecto

En este capítulo aprenderás a:

- Adaptar símbolos de alzado, sección y nivel.
- Aplicar estilos gráficos avanzados.
- Controlar la representación gráfica para documentación.

Personalizar datum: extremos de nivel, sección y alzado

Si no vives o trabajas en América, es probable que la representación simbólica de alzados, secciones y niveles no te guste demasiado, y puede que sea un elemento negativo en tu implantación BIM; así que vamos a aprender a personalizarlas a nuestro gusto.

Secciones

Empecemos por las secciones; es muy sensato duplicar el tipo de sección y darle un nuevo nombre (por ejemplo, «Sección estándar»), para que puedas utilizar tanto la original como la nueva. De hecho, te resultará muy interesante distinguir, más adelante, entre secciones de trabajo y secciones de proyecto, por ejemplo.

La apariencia de las secciones es común a todo el proyecto, por tanto, se configura desde Gestionar>Estilos de objeto>Categorías de anotación>Líneas de sección. Puedes cambiar el grosor a 1, el color a gris claro e incluso el patrón de línea al «Trazo general» o cualquier otro. Este pequeño cambio ya eleva la calidad de tu representación.

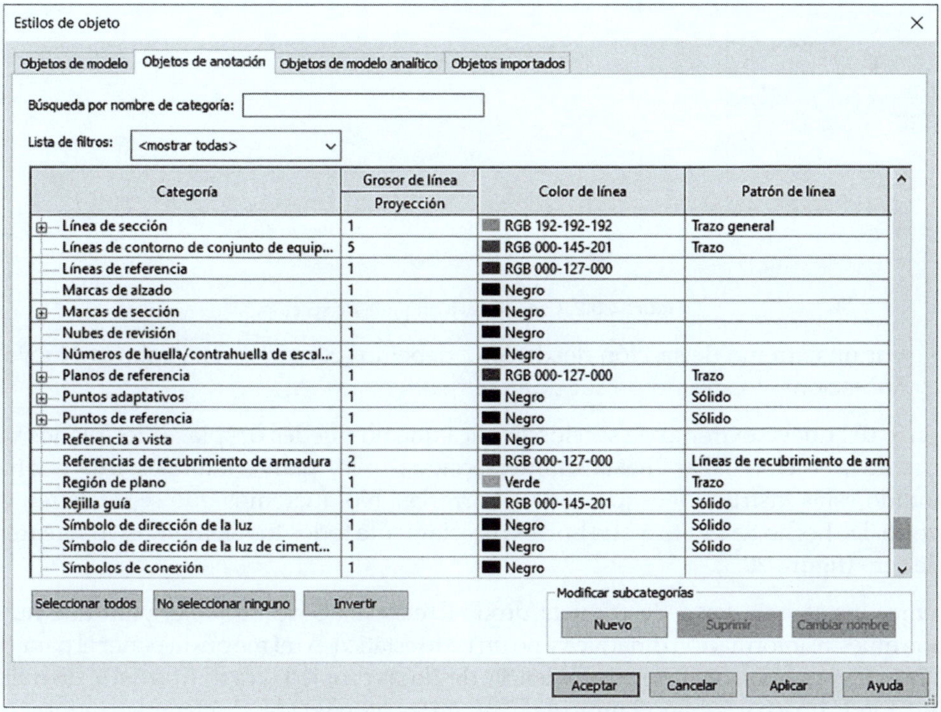

Figura 20.1. Edición líneas de sección.

Sin embargo, el cambio que más se va a percibir es la representación del extremo de la sección. Selecciona una Sección estándar>Editar tipo>Etiqueta de sección>Clic>Puntos suspensivos>Duplicar como «Estándar». Desde aquí podrás desplegar para elegir cuáles son los extremos inicial y final de sección; puedes jugar con el mismo símbolo, alternar entre símbolo y línea, no usar ninguno o cualquier otra combinación que imagines.

TRUCO:

Siempre puedes probar suerte con los extremos de sección incluidos en las familias descargables de Autodesk; recuerda probar desde la región Internacional o cambiando el idioma.

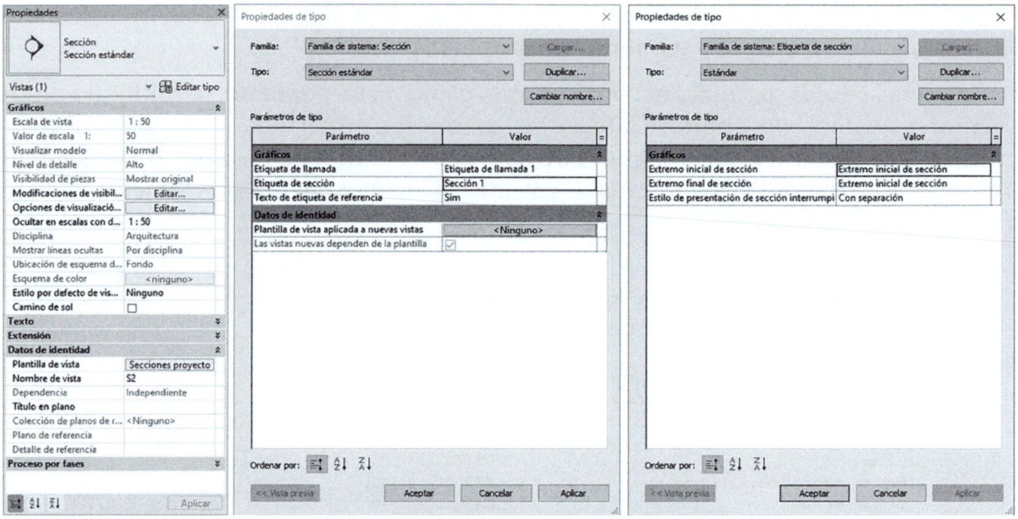

Figura 20.2. Crear nueva etiqueta de sección.

Para crear un extremo de sección desde cero, debemos comenzar en Archivo>Nuevo>Familia>Anotaciones>Extremo de sección métrico.

El lienzo del nuevo extremo de sección explica que no puedes desplazar los planos y que la línea de la sección llegará hasta su intersección con los planos laterales; una vez hayas entendido estas instrucciones ¡procede a borrarlas! No queremos que se muestren en el proyecto. De hecho, te invito a que borres directamente todos los elementos: los crearemos desde cero (figura 20.3).

Debemos insertar un texto de etiqueta desde Crear>Texto de etiqueta, para que nuestra sección muestre información dinámica y no un texto estático. A mí me gusta poner el parámetro Nombre de vista y personalizar su apariencia: desde las propiedades de tipo del texto utilizaré Calibri, fondo opaco y tamaño 2 mm; mientras, en las propiedades de ejemplar, me aseguraré de que las alineaciones vertical y horizontal sean medio y centro, respectivamente.

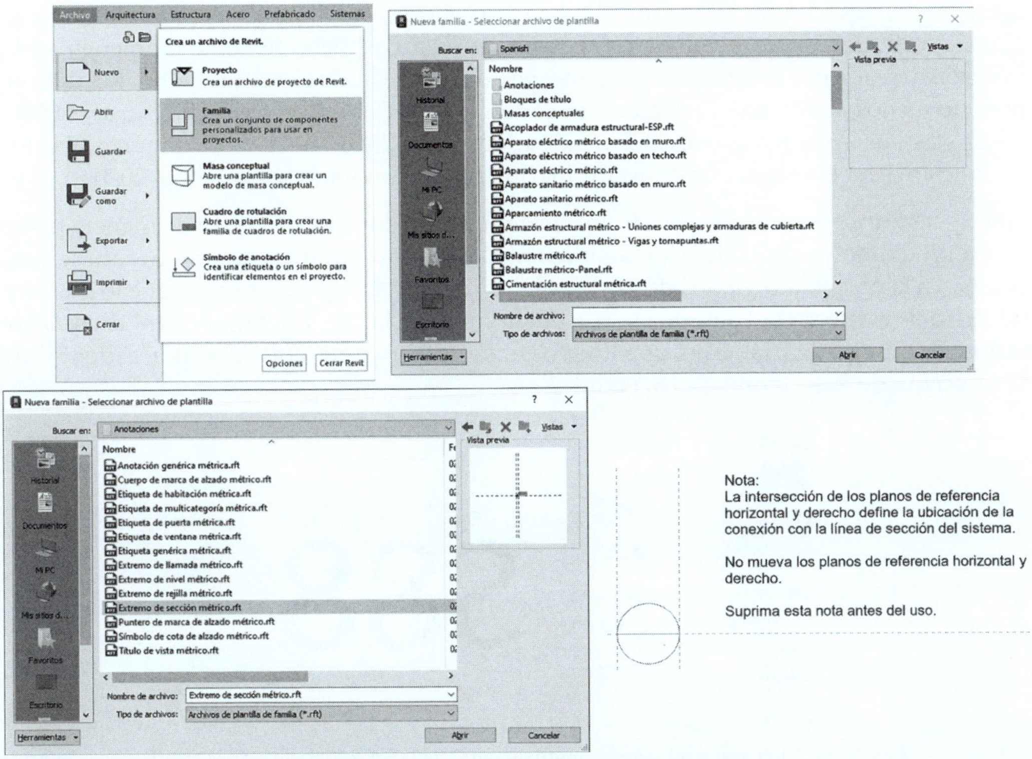

Figura 20.3. Inicio de familia de extremo de sección.

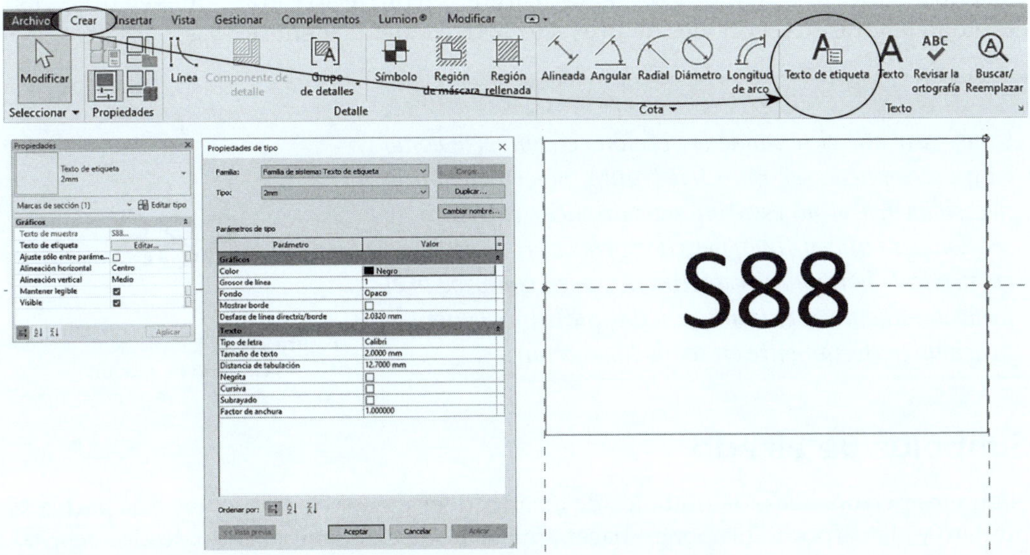

Figura 20.4. Texto de etiqueta editado.

Esto, combinado con la colocación del texto en el centro de la separación entre los dos planos verticales, es un pequeño truco, pues ayudará a que el texto se mantenga en la posición deseada por mí en todo momento, ya que rotará desde el punto central. Por último, pero no menos importante, establece un código para tus secciones: el mío va a ser «S01», «S02» y así sucesivamente; con esto en mente, desde la edición de texto de etiqueta, el valor de muestra será el más ancho de todos los que puedo escribir: «S88» (figura 20.4).

Ahora viene otro pequeño truco: dibuja un círculo que envuelva tu texto de manera justa; quizá un diámetro de 2,50 mm sea suficiente. Como no querrás que ese círculo se vea, desmarca la propiedad Visible desde la paleta Propiedades; pero ya sabes que lo que hay dentro del círculo será el ámbito de giro del nombre de la sección. Entonces podrás elegir si quieres dibujar un triángulo, una línea o cualquier otra figura que te ayude a identificar la dirección de la sección en proyecto.

Figura 20.5. Círculo para ver el ámbito del giro del texto solo dentro de la familia.

Cuando guardes tu extremo de sección, lo cargues en proyecto y lo apliques en tu sección estándar, tendrás tus secciones de proyecto perfectamente identificadas.

NOTA:

Conseguir que el texto de la sección se comporte como tú quieres puede ser muy frustrante. Sé crítico con la necesidad real y no escatimes en duplicar extremos de sección para inicial/final; pero haz pruebas con secciones en vertical, horizontal e inclinado, para comprobar el funciona-miento; el extremo sencillo que hemos generado funciona perfectamente en todos los escenarios.

Figura 20.6. Ejemplo de un nuevo extremo de sección.

Símbolos de alzado

Si quieres personalizar los símbolos de alzado, debes tener claro que hay dos partes: el puntero y el cuerpo. Te propongo hacer ambas desde cero, empezando desde Archivo> Nuevo>Familia>Anotaciones>Puntero de marca de alzado métrico.

Según las instrucciones de familia que te aparecerán en un texto, debes crear un puntero con líneas y orientarlo hacia arriba, lo que puedes hacer con facilidad, dibujando desde el origen una línea horizontal de 5 mm hacia la derecha y luego una línea en pendiente hasta intersecar con el plano vertical; una sencilla operación de simetría o Reflejar te dará el puntero completo. Solo falta crear un texto de etiqueta con el nombre de la vista y los parámetros de tipo habituales en cuanto a transparencia de fondo, tipo de letra y tamaño. Recuerda guardar la familia con un nombre como «Puntero estándar» o similar.

TRUCO:

Si usas como valor de muestra en el nombre de la vista un texto como «XXX» o similar, resultará muy sencillo centrar el texto con el plano vertical.

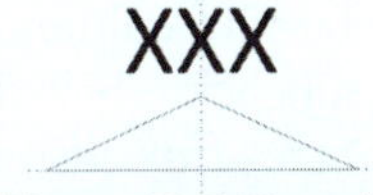

Figura 20.7. Ejemplo de un nuevo puntero de marca de alzado.

Nuestra segunda familia es el cuerpo, así que empezaremos desde Archivo>Nuevo>Familia>Anotaciones>Cuerpo de marca de alzado métrico. Revit nos avisa de que debemos generar una familia de punteros, así que borramos la anotación y, desde la ventana del puntero, pulsamos Cargar en proyecto y cerrar y elegimos el archivo de familia que acabamos de comenzar. Debes copiar y girar el puntero para tener uno en cada dirección, y todos centrados en los planos de referencia.

TRUCO:

Si no dibujas ninguna geometría en el cuerpo, resultará difícil seleccionarlo en el proyecto y añadir más vistas, así que puedes dibujar el cuadrado base con líneas invisibles antes de guardar la familia como «Alzado estándar» y cargarla en el proyecto.

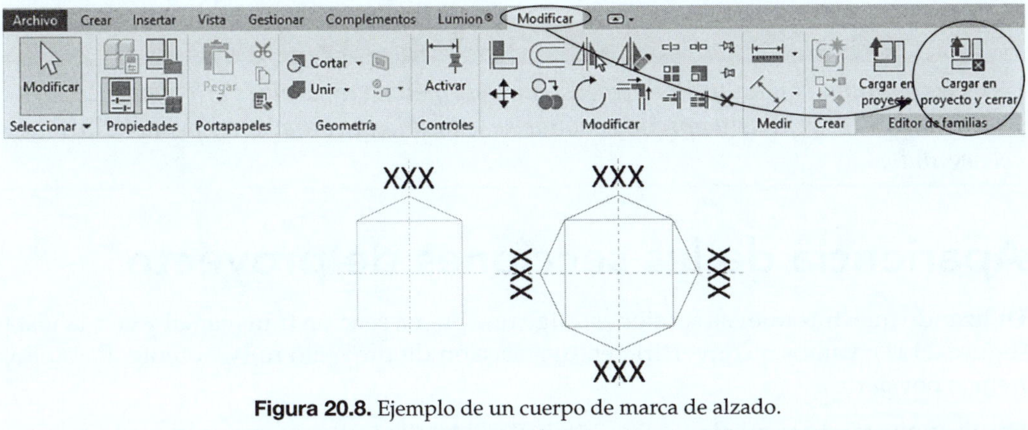

Figura 20.8. Ejemplo de un cuerpo de marca de alzado.

No necesitas crear nuevos alzados en el proyecto, simplemente selecciona el cuerpo de uno de los alzados existentes, pulsa SA para seleccionarlos todos y cambia el tipo de alzado.

Extremos de nivel

Desde Archivo>Nueva>Familia>Anotaciones>Extremo de nivel métrico, podemos generar un nivel muy sencillo pero funcional. Borra la nota y las líneas para insertar a continuación dos textos de etiqueta, uno con el campo Nombre y otro con el campo Elevación. Prueba a colocar ambos textos de etiqueta en los cuadrantes superior e inferior de la parte derecha de la familia, cuidando de ajustar siempre tamaño, tipo de letra y alineación. Si lo deseas, puede ser interesante dibujar una línea horizontal hacia la derecha o incluso cambiar color de los textos.

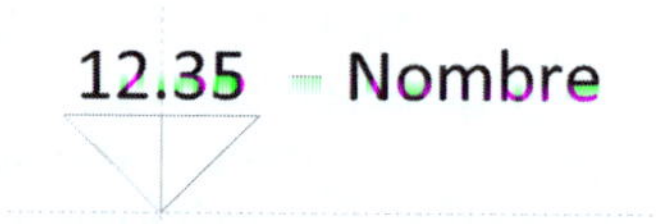

Figura 20.9. Ejemplo de un extremo de nivel.

Guarda la familia como «Nivel estándar» y Carga en proyecto y cerrar. Selecciona un nivel>Editar tipo>Duplicar. Puedes llamarlo «Nivel estándar» y elegir tu nueva familia de extremo de nivel en el campo Símbolo. Opcionalmente, modifica el grosor, color y estilo de línea del nivel (por ejemplo, mimetizando los valores que pusiste en las líneas de sección) y elige en qué extremos aparecerá por defecto; el extremo 1 es el primer clic y el extremo 2, el segundo.

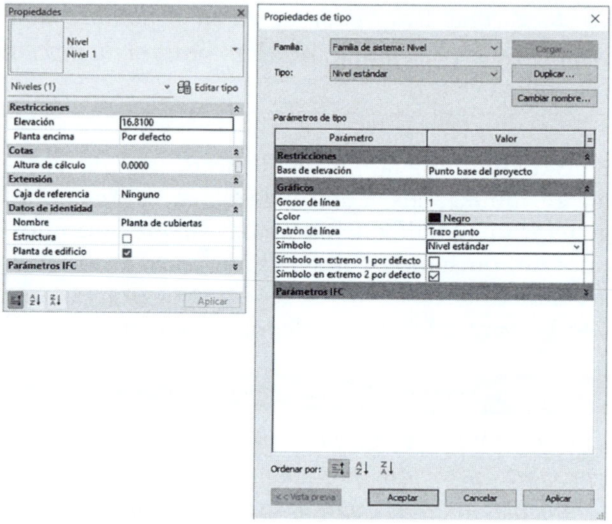

Figura 20.10. Crear nuevo tipo de nivel.

TRUCO:

Niveles y rejillas son muy similares, así que este método te servirá perfectamente para personalizar las rejillas y aprender dónde se coloca la burbuja: en el primer clic o en el segundo.

Apariencia de las secciones de proyecto

Utilizando nuestras nuevas secciones, elige una buena sección transversal y ve a la vista (figura 20.11); vamos a convertirla en una sección de proyecto muy potente. Para ello, iremos por partes.

Empieza ajustando la escala a 1:50 y el nivel de detalle a alto. Después, desactivaremos las categorías que no nos interesen. ¿Has probado a hacerlo directamente desde VV? Así no tendrás que seleccionarlas una a una. Mi lista no exhaustiva es:

- Rejillas
- Planos de referencia
- Secciones
- Niveles
- Líneas de separación de habitación

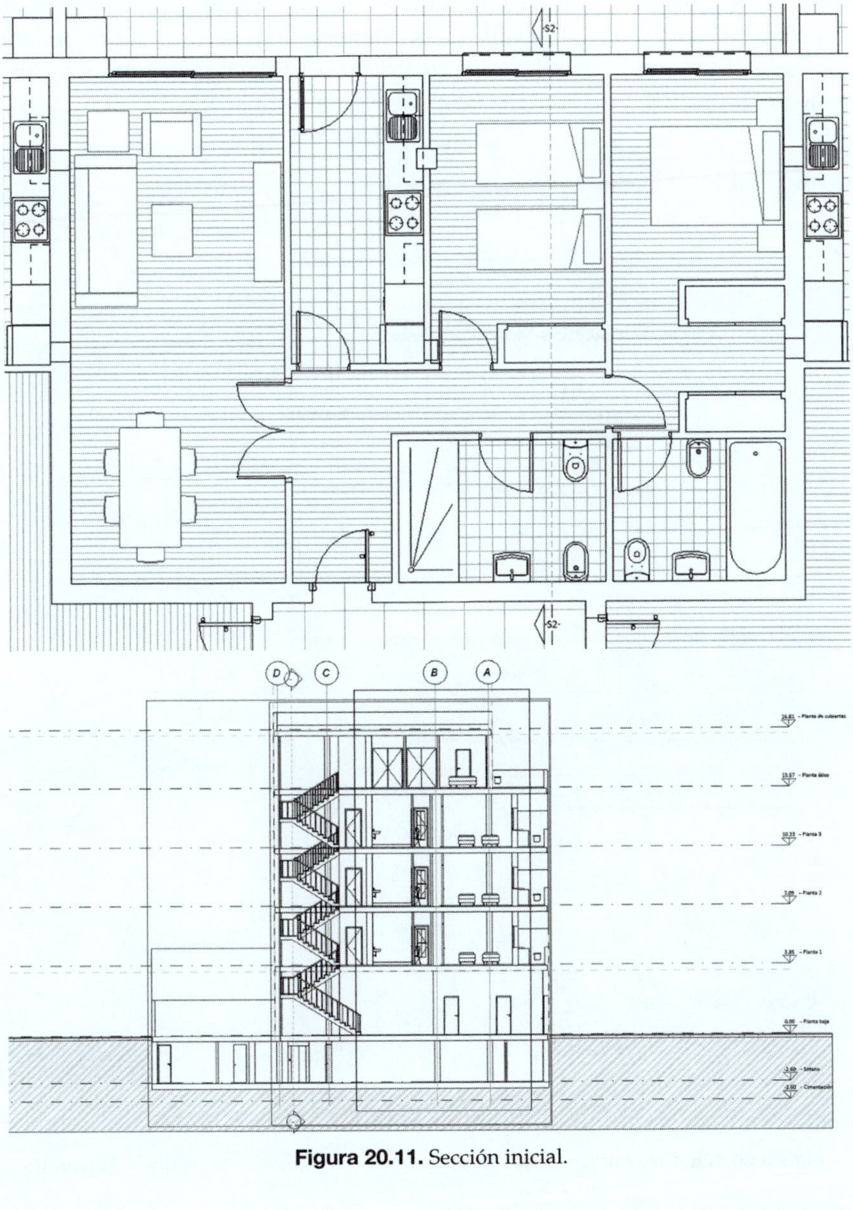

Figura 20.11. Sección inicial.

Una vez hayamos limpiado nuestra vista, hagamos que se vea mejor. ¿Qué te parecería si los suelos estructurales estuviesen sombreados? Inténtalo desde VV, pero el resultado no será definitivo: todos los suelos se verán sombreados, porque necesitamos un filtro. Para ello, una pequeña preparación: selecciona un forjado y, con SA, asegúrate de que los tienes todos marcados. Entonces, desde la paleta Propiedades, activa la casilla de verificación Estructura. Ahora ya hay un parámetro diferente entre forjados y pavimentos; y estamos en situación de crear un filtro. Desde Vista>Filtros, crea un filtro nuevo que se llame, por ejemplo, «Suelo no estructural» (figura 20.12); activa la casilla de la categoría Suelos y, en las propiedades de las reglas, despliega «(ninguno)» para loca-lizar Estructura. Despliega la parte inferior una vez más para elegir la condición es igual a y, en el desple-gable final, No.

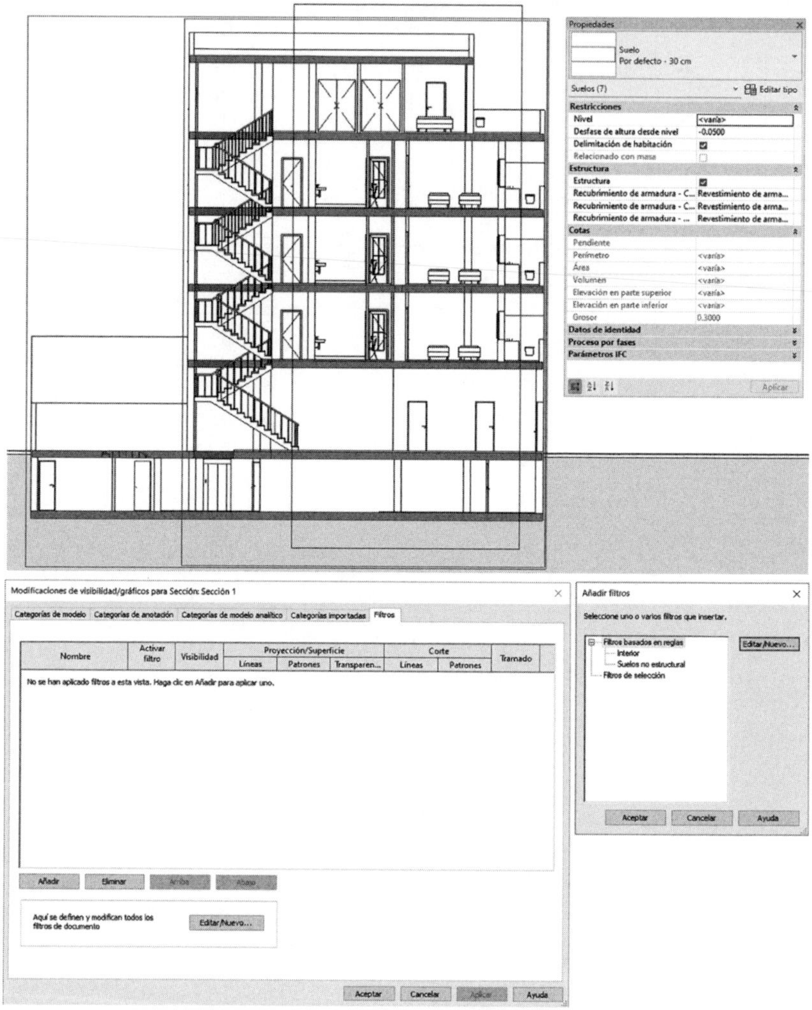

Figura 20.12a. Crear filtro «Suelo no estructural» (continúa en la página siguiente).

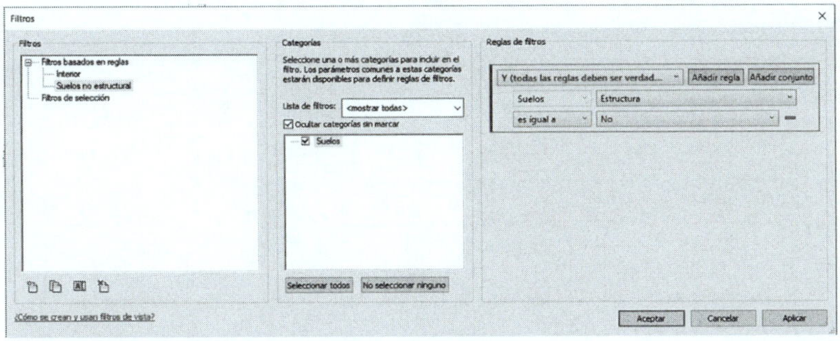

Figura 20.12b. Crear filtro «Suelo no estructural» (viene de la página anterior).

Para aplicar nuestro recién creado filtro, vayamos a VV y, dentro de ella, a la pestaña de Filtros. El botón Añadir permite incorporar filtros ya creados a nuestra vista, mientras que el botón de Editar/Nuevo nos llevaría a la ventana de Filtros anterior, para crear directamente más filtros desde aquí. En este caso, es suficiente con añadir nuestro filtro de «Suelo no estructural». Si quieres saber si el filtro funciona, te enseño el truco más fácil; desmarca la casilla de visibilidad y pulsa Aplicar; si desaparecen solamente los pavimentos, es correcto. Activa de nuevo la casilla y podrás establecer las modificaciones que afectarán solamente al subconjunto de suelos no estructurales; en mi caso, voy a modificar los patrones de corte para que no sean visibles.

NOTA:

Una sección es una vista perfecta para repasar si algún muro escapó a nuestros parámetros globales o a la función de Unir geometría. Si ves algo que no está bien, es el momento perfecto para arreglarlo.

Alzados: número, posición y nomenclatura

Si tu proyecto es una vivienda unifamiliar aislada, es probable que tenga cuatro alzados; pero si estás creando un bloque plurifamiliar entre medianeras, lo normal es que tengas un alzado principal o frontal, y un alzado posterior; por tanto, puedes —y debes— eliminar los alzados que no estés utilizando cuanto antes. También es una buena práctica prescindir de los títulos básicos de los alzados por defecto (Norte, Sur, Este y Oeste) y renombrarlos, siempre siguiendo un criterio, acorde a tu proyecto. En este caso no voy a complicarlo: los nombres van a ser «Alzado principal», «Alzado posterior» y, si lo deseas, «Alzado lateral 1». Con este método, combinado con el texto de etiqueta de los punteros de alzado, tendrás tus alzados nombrados en el puntero y serán fácilmente identificables.

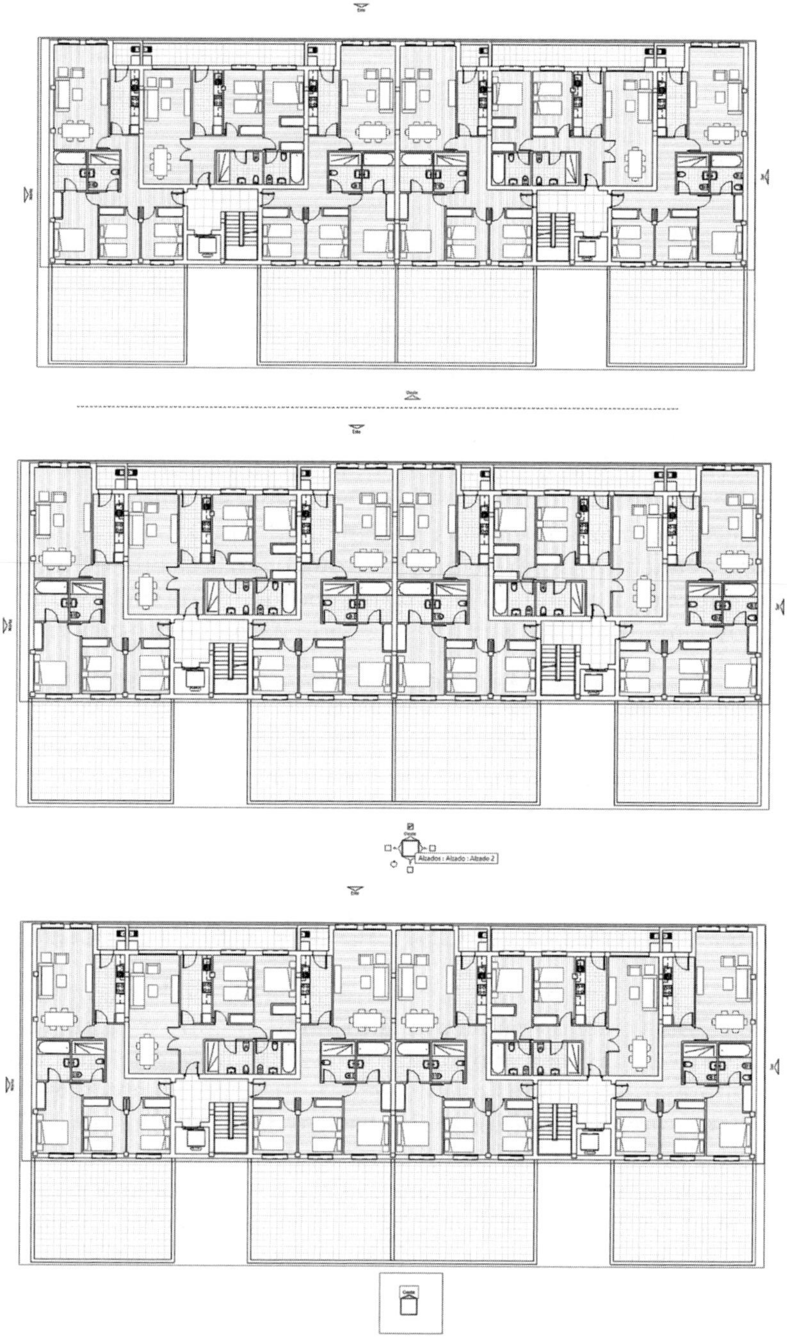

Figura 20.14. Formas de mover la posición de los alzados.

TRUCO:

Seguro que lo sabías, pero si desde una vista de planta haces doble clic en un puntero de alzado, Revit te lleva a esa vista.

Será importante ajustar la posición y plano de corte de los alzados. Si no lo has hecho ya, este es el momento, antes de definir nuestros alzados. Tienes tres formas de mover la posición de los alzados:

- *Seleccionar el puntero de alzado: al arrastrar la línea de corte que aparece, consigues mover el plano de corte a partir del cual se proyecta tu alzado.*
- *Seleccionar el cuerpo de alzado: sin pulsar nada, mueve el cursor por encima del alzado hasta resaltar el cuerpo de alzado y entonces selecciónalo. Al arrastrar el cuerpo de alzado, mueves la posición de la representación simbólica del alzado, pero no su plano de corte.*
- *Seleccionar cuerpo y puntero con una ventana: si ahora mueves el conjunto, estarás moviendo ambas cosas: plano de corte y representación.*

Grafismo de alzados

Los alzados en Revit pueden quedar verdaderamente bien, siempre que sigas una serie de pasos. Veamos aquí una aproximación a los puntos principales a tratar, tomando como punto de partida el alzado principal. La primera cosa que deberás plantearte es utilizar la orden de Modificar>Unir para eliminar las líneas entre los muros de diferentes plantas. Si no tienes instalado ningún *addin* que lo haga de forma automática, deberás invertir unos pocos minutos en esto. Recuerda que este proceso es solamente visual, no afecta a los elementos.

NOTA:

Si dos planos de muro no eliminan la arista entre ellos, puede que no tengan el mismo material o que no estén perfectamente alineados. Revisa ambas condiciones y, si toda falla, puedes hacer un parche puntual mediante la orden de «Modificar>Tipo de línea>Líneas invisibles» y aplicarla un par de veces (una por muro) para seguir adelante. Solo con esto, tu alzado ya habrá empezado a mejorar.

Modificación de categorías

De forma similar a las secciones, tendrás que ocultar algunas categorías. Sin embargo, en los alzados hay que afinar un poco más. Pon la escala en 1:50, nivel de detalle alto y el modo de visualización en líneas ocultas. Una vez que cumplimos con los parámetros básicos, veamos qué te propongo desde VV:

- Desactivar rejillas
- Desactivar líneas de habitación

- Desactivar secciones
- Desactivar planos de referencia
- Desplegar las categorías de puertas y ventanas, y localizar «Batiente de alzado». Suelen ser las líneas donde está dibujada la simbología de apertura. Aquí puedes elegir entre ocultar esta subcategoría o, si lo prefieres, cambiar la línea de proyección a un gris claro para mostrar la información sin que resulte demasiado llamativa; incluso puedes cambiar el patrón de línea a un trazo general. Es posible que esta operación debas hacerla también en los paneles de muro cortina, si tienes alguno.

En este caso no he desactivado los niveles, porque te voy a proponer una alternativa a ocultarlos. Es totalmente personal, pero espero que te guste: activa la región de recorte de la vista y delimita el proyecto a tu gusto.

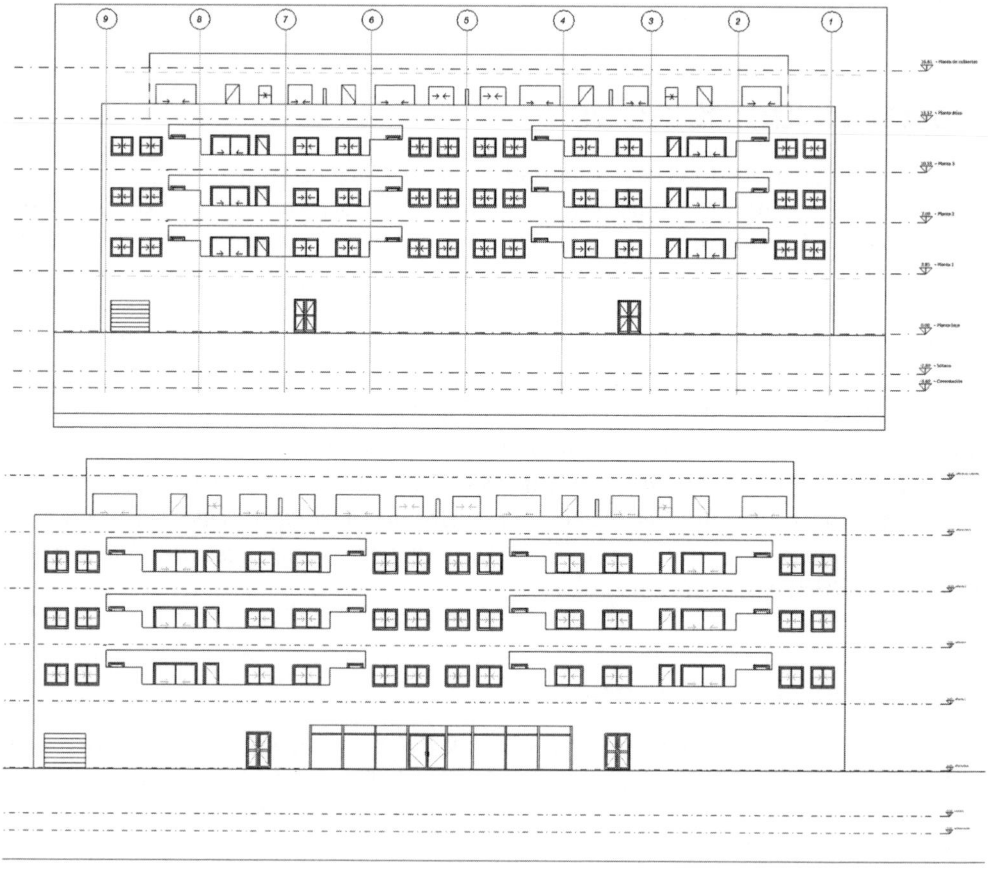

Figura 20.15. Alzado principal antes y después de las ediciones.

TRUCO:

Incluso puedes emplear una de las cajas de referencia creadas antes, ajustando las cotas verticales de inicio y final; o puedes crear cajas de referencia para alzados y secciones, y así unificas las dimensiones de las vistas.

Si ahora seleccionas cualquier nivel, verás que el extremo no tiene el punto hueco habitual para estirar, sino un punto más pequeño, y que junto a él hay un texto que pone «2D» en lugar de «3D». Significa que, si estiras la extensión del nivel en esta vista, los cambios serán solamente para ella. Escoge el extremo sin burbuja de nivel, asegúrate de que todos los extremos de ese lado están bloqueados y estira los niveles hasta el otro lado. Tendrás una referencia visual de los niveles sin mezclarse con el proyecto.

TRUCO:

Si quisieras propagarlos al resto de vistas (algo que no quieres en estos momentos), solo deberías localizar el comando «Propagar extensión» en la cinta de opciones.

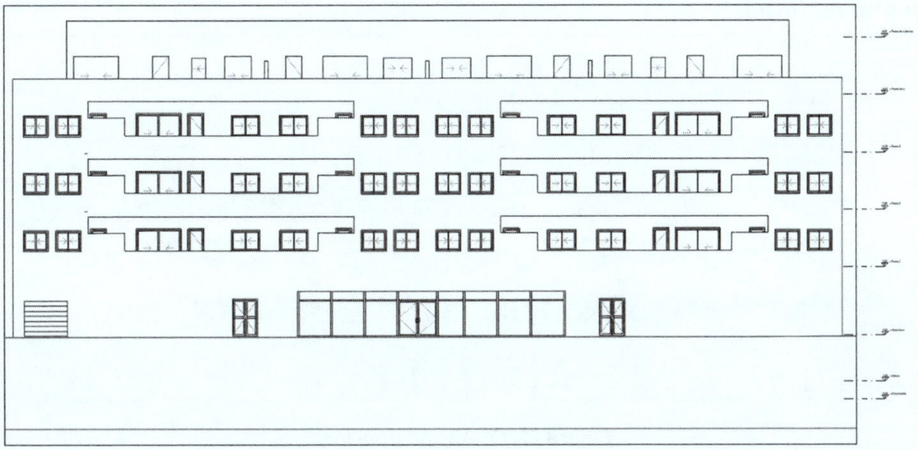

Figura 20.16. Alzado principal con niveles 2D a un lado.

Opciones de visualización de gráficos para alzados

Puedes conseguir unos alzados aún más potentes si aplicas algunos efectos adicionales:

- **Sombras arrojadas.** Aunque puedes encender y apagar las sombras desde el icono correspondiente en la barra inferior de controles de vista. Si quieres modificar la intensidad de esas sombras debes desplegar el cubo de Modos de visualización y seleccionar Opciones de visualización de gráficos, en el apartado de Sombras activa la casilla de proyección de sombras y, desde el apartado Iluminación, mueve el deslizador de Sombras entre 0 y 100 en función de la intensidad deseada de las sombras. A mí me gustan bastante claras, así que normalmente las coloco entre el 20 y el 30 %.

- **Fondo.** El fondo por defecto de Revit es blanco. No obstante, en el último apartado, Fondo, puedes elegir entre varias opciones. Te recomiendo seleccionar Degradado, poner en color blanco tanto el color del horizonte como el color de suelo y buscar un gris muy claro o un azul muy suave para el color del cielo. Prueba el resultado, te encantará; recuerda que solamente funciona bien si tienes la vista recortada.
- **Atenuación lejana.** Esto solo es interesante en algunos proyectos: si despliegas ese apartado y activas Mostrar profundidad podrás deslizar los indicadores de «Cerca» (la posición de tu corte de alzado) y «Lejos» (la delimitación final del alzado o, en su defecto, la geometría más lejana), para que se combinen con la cantidad de fundido (llamémosle aclarado) que tendrán las líneas en función de dicha profundidad. Con algo de práctica, conseguirás que los elementos retranqueados se vean más claros.

NOTA:

Cualesquiera de estas opciones convertirán este alzado en una imagen ráster al imprimir y no será vectorial.

Figura 20.17. Alzado principal.

Ajustes adicionales: tramado, relleno y delimitación

Además de los ajustes comentados, la orden de Modificar>Tipo de línea permite valorar manualmente las líneas: puedes hacer que cierto contorno tenga líneas más gruesas o que una parte se vea más clara. Incluso, si quisieras que toda la parte del ático se viera más suave sin perder la precisión vectorial de un alzado al uso, puedes seleccionar esos elementos con una ventana de derecha a izquierda>botón secundario del ratón>Modificar gráficos en vista>Por elemento>Activar tramado.

Figura 20.18. Alzado principal con ático tramado.

Como idea adicional, puedes configurar la representación del material de vidrio desde Gestionar>Materiales y poner un patrón de superficie de relleno uniforme con un color azulado o gris claro simulando vidrio. El proceso de regeneración al aceptar tardará unos segundos, pero todos tus vidrios estarán tintados y el efecto es muy bueno también.

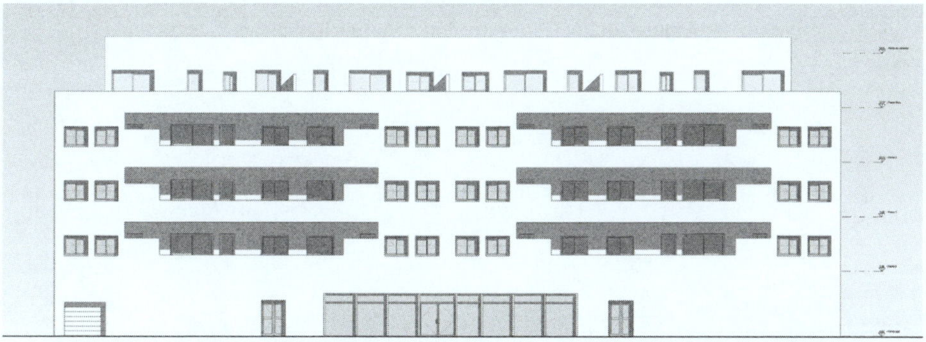

Figura 20.19. Alzado principal con vidrios de la carpintería sombreados en azul claro.

Por último, quisiera volver a una vista de planta y que selecciones el puntero del alzado con el que hemos estado trabajando. Las propiedades que aparecen en la paleta Propiedades corresponden a la vista de alzado, y entre ellas encontrarás el parámetro Delimitación lejana>Sin delimitación. Significa que el alzado es infinito; pero puedes cambiarlo fácilmente a, por ejemplo, Delimitación con línea. La imagen del propio comando de Revit ayuda bastante a entender el resultado. Cuando aceptes, en la paleta Propiedades se habrá desbloqueado el parámetro Desfase de delimitación lejana, pero si haces un poco de *zoom out* en la planta, seguro que localizarás los planos de inicio y fin del alzado. Así, podrás modificar tanto numérica como gráficamente la profundidad del alzado en tu vista.

NOTA:

Si habías aplicado una caja de referencia, el valor se restaura a la profundidad de la caja de referencia. Recuerda que siempre puedes quitar la vinculación de la vista con la caja de referencia para hacer más pruebas.

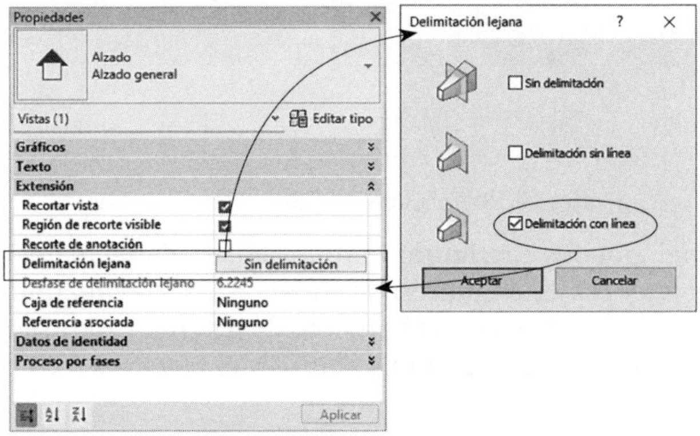

Figura 20.20. Configuración delimitación lejana.

21

Vistas de justificación de protección contraincendios

En este capítulo aprenderás a:

- Documentar planos de incendios.
- Controlar la representación gráfica para planos de incendios.
- Cambiar categoría a familias cargables.
- Crear familias de etiqueta para muros y habitaciones.
- Crear nuevas tablas de planificación para superficies de sectores de incendio y cálculo de ocupación.

Cómo enfocar un plano de protección contraincendios

De forma similar a como hiciste con las vistas de distribución y cotas, deberías tener las vistas de incendios creadas; ya sea duplicando un tipo de plano y creando vistas de los niveles o simplemente duplicando las vistas correspondientes. Dentro del grupo «Proyecto básico», agrúpalas en «04 Incendios». Como nomenclatura, puedes usar «Incendios planta baja» y así sucesivamente o algo similar.

Además, a la hora de justificar vistas de protección contra incendios, debemos tener en cuenta varios factores, en función de hasta dónde quieras llegar a nivel gráfico:

- Identificación de sectores de incendio (mediante un plano de área).
- Exigencia de incendios de cada muro/puerta (por etiqueta y/o por color).
- Qué muros delimitan sectores de incendio (por color).
- Recorridos de evacuación (mediante el camino del recorrido).
- Ubicación de elementos de extinción (colocando las familias correspondientes).
- Ubicación de iluminación de emergencia (insertando las familias correspondientes).
- Colocación de señalización (mediante anotaciones, elementos de detalle o similar).
- Ocupación en planta de cada estancia.

Como puedes ver, un plano de protección contra incendios suele llevar muchísima información. Vamos a repasar algunos de los puntos más fáciles para adentrarnos después en aquellos que requieren ir más despacio. Por ejemplo, tanto iluminación como extinción y señalización se hacen mediante familias específicas.

- Localiza qué familias deseas usar y cárgalas en el proyecto.
- Si el extintor es una familia de la categoría «equipos especializados», por ejemplo, quizá no quieras mostrar esa categoría en vistas como distribución o cotas; tendrás que editar la plantilla de vista correspondiente para desactivar su visualización.
- Sin embargo, imagina que el extintor fuese de la categoría «Mobiliario»; no podrías desactivar esa categoría completa del plano de distribución. Tendrás que estudiar la nomenclatura de las familias (por ejemplo, asumir que todas las familias de incendios tengan el prefijo «Incendios») o incluir una codificación en algún parámetro interno de los tipos (por ejemplo, el campo «Comentarios de tipo» o «Modelo» tiene el valor «incendios»); de esta forma, te resultará muy fácil crear y aplicar filtros de vista para utilizarlos en aquellas plantillas de vista donde no necesites, o no quieras, ver esas familias.
- Si quieres que la representación en planta de las familias de incendios sea una simbología, tendrás que crear una familia de elemento de detalle o de anotación e insertarla dentro de la familia del extintor, para que en planta se sustituya la representación directa del 3D por el símbolo elegido por ti.

NOTA:

Recuerda que si usas elementos de detalle tendrán un tamaño absoluto fijo (por ejemplo, el círculo del símbolo del extintor siempre medirá 30 cm, y por tanto ese símbolo se verá más grande o más pequeño según modifiques la escala de la vista); pero si utilizas elementos de anotación tendrán un tamaño relativo fijo (es decir, el tamaño de impresión del símbolo será siempre el mismo, lo que hará que en vistas con escalas muy lejanas como 1:500 el símbolo sea proporcionalmente gigante).

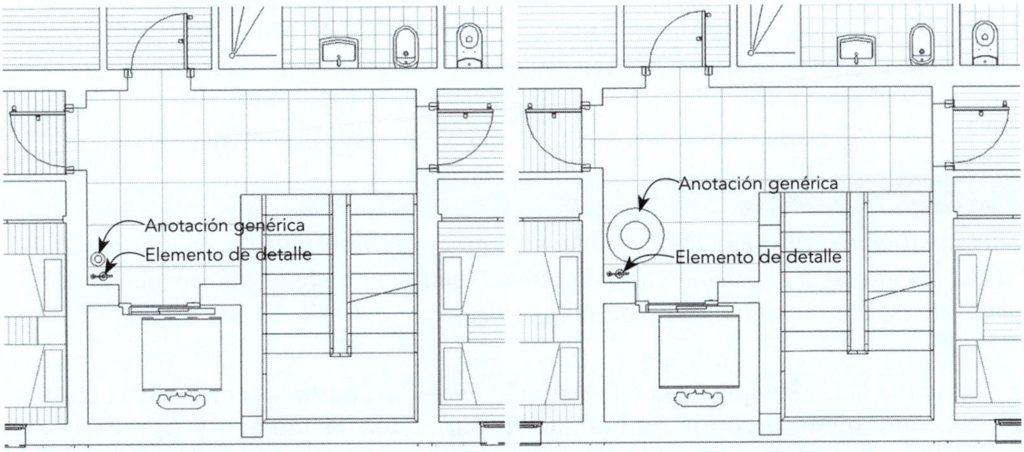

Figura 21.1. Símbolo extintor con elemento de detalle y anotación genérica.

- Las familias de luminarias de emergencias no se representarán en una vista de planta, puesto que todo aquello que esté por encima del plano de corte en el rango de vista no se proyecta; así que entra en Rango de vista y modifica la Parte superior para que esté por encima de las luminarias; después, cambia la disciplina de la vista a «Coordinación» para que se proyecten en tu plano.

Planos de sectorización de incendios

Este tipo de planos son planos de área. Como prácticamente todos los procesos que se necesitan para desarrollarlo ya se han tratado en capítulos anteriores, voy a hacer un listado ordenado pero rápido de los pasos necesarios:

- Primero debemos generar el esquema de área correspondiente; recuerda que puedes hacerlo desde Arquitectura>despliega Habitación y área>Cálculos de área y volumen>Pestaña Esquemas de área. Crea un esquema llamado «Sectorización de incendios» y, si quieres, introduce una descripción sencilla.

- Ahora tendrás que crear las vistas necesarias desde Vista>Vista de plano>Plano de área>Sectorización de incendios, y seleccionar los niveles relevantes, desmarcando cimentación y planta de cubiertas.
- Asegúrate de agrupar estas vistas dentro del grupo «Proyecto básico» y el subgrupo «04 Incendios» que habías escrito antes.
- Puedes nombrarlas como «Sectorización planta baja» y sucesivas.
- Desde Arquitectura, crea primero contornos de área y después áreas, para definir los diferentes sectores de incendios. Como planteamiento general rápido he nombrado los sectores como «S1» y siguientes, según el este criterio:
    - **S1.** Garaje y trasteros; sin contar los rellanos de acceso al ascensor.
    - **S2 y S3.** Cada portal (tanto viviendas como las zonas comunes, en todas las plantas).
    - **S4 a S6.** Cada uno de los locales comerciales en planta baja.

NOTA:

Personalmente, al crear los contornos de área, prefiero no utilizar las reglas de área; así que, con el mismo cuidado que cuando generaste los contornos para las superficies construidas, ve creando las líneas que delimitan cada sector.

- Etiqueta las áreas que has creado y, si lo necesitas, edita la familia de la etiqueta tal como hicimos con la de habitación para adecuar tamaño y tipo de letra o incluso controlar qué parámetros se visualizan.

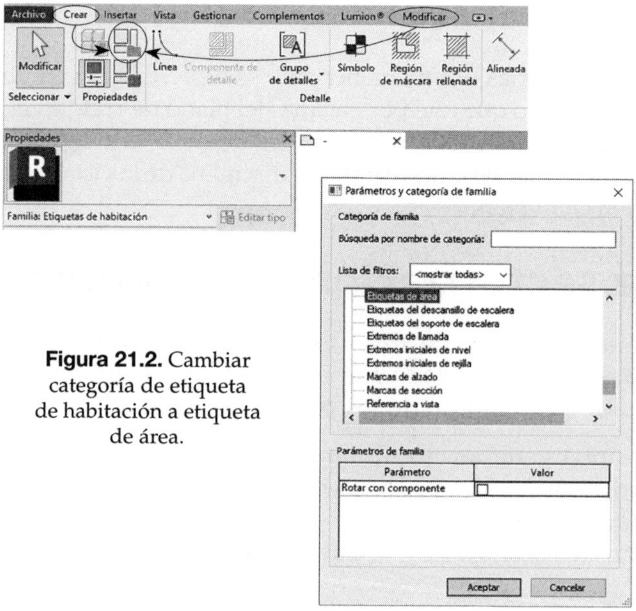

Figura 21.2. Cambiar categoría de etiqueta de habitación a etiqueta de área.

TRUCO:

Si editas la familia de etiqueta de habitación que ya tienes, puedes localizar en la «Cinta de opciones» el comando «Parámetros y categoría de familia» y cambiar la categoría a «Etiquetas de área». Guarda la familia con un nombre nuevo y cárgala en proyecto; como los nombres de los parámetros coinciden entre esas categorías, funcionará perfectamente.

- Crea un esquema de color, desde Propiedades>Esquema de color. Selecciona el «Esquema 1» y, si quieres, renómbralo al gusto como «Sectores» o algo similar. Haz que el parámetro que controla el color no sea el tipo de área, sino el nombre, y ajusta los colores si no te convence la combinación generada.

NOTA:

Si quisieras estandarizar los colores de los sectores de incendios, recuerda que puedes pulsar «+» y añadir los nombres. Por ejemplo, siguiendo con nuestra propuesta, podrías crear desde S7 hasta S10, y dejarlos predeterminados para más adelante en una plantilla de vista.

- Desactiva, con VV, todas las categorías que no aporten información adicional a tu proyecto, como las líneas de habitación, alzados, secciones, rejillas y demás.
- Al ser un plano informativo y no detallado, puedes aplicar una escala más lejana (como 1:200) y, por tanto, cambiar el nivel de detalle a bajo.
- Desde Anotar>Leyenda de relleno de color, puedes insertar en la vista una leyenda, configurable en tamaño y tipo de letra desde Editar tipo. Prueba a poner nuestro tipo de letra y tamaño habituales. También puedes cambiar las dimensiones de los recuadros a 5x5 o indicar (si quieres) que se vean todos los valores o solamente los visibles en la vista.

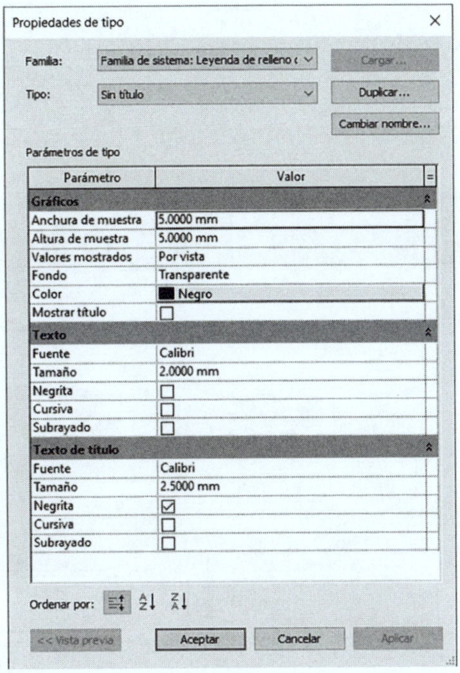

Figura 21.3. Editar tipo de leyenda de relleno de color.

Si has conseguido realizar todos estos pasos, deberías tener un resultado similar al de la figura 21.4.

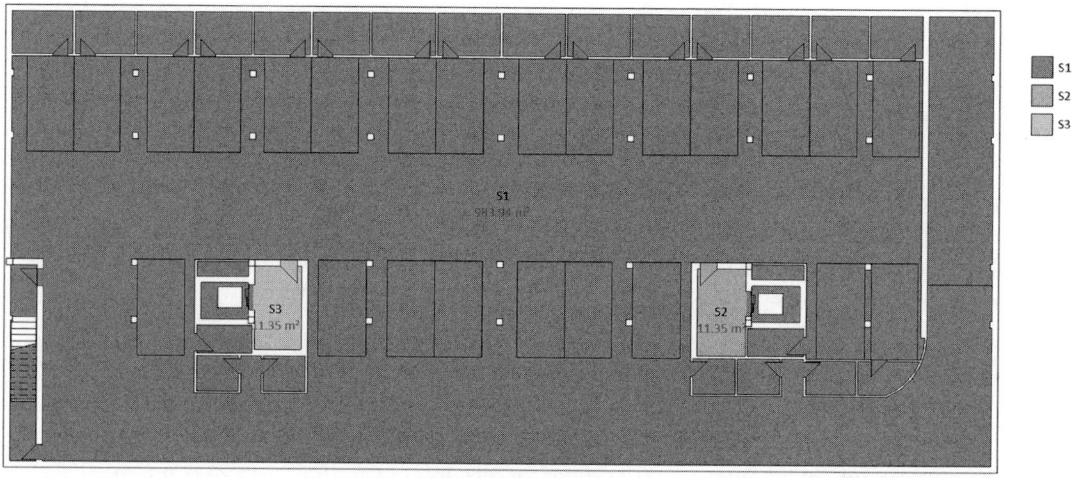

Planta sótano

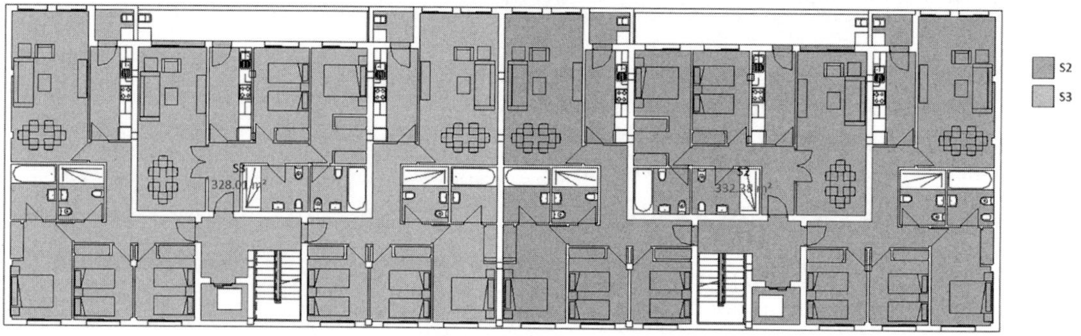

Planta 2

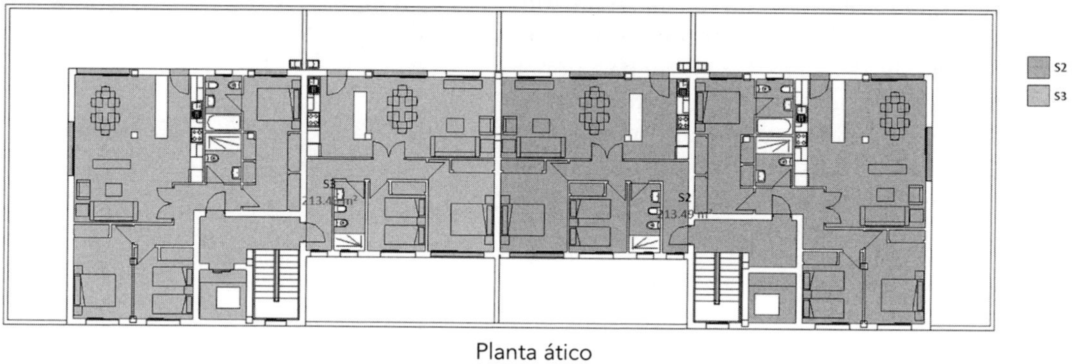

Planta ático

Figura 21.4. Sectores de incendio.

Muros que delimitan sectores de incendio

En los planos de sectorización, puede resultar apropiado marcar con un color diferente los muros que delimitan sectores de incendios. No existe en Revit, sin embargo, ningún parámetro pensado para este fin. Tienes, por tanto, varios caminos:

- Prescindir de la identificación de los muros que delimitan sector de incendios. Una postura muy respetable y probablemente muy extendida en planos de incendios.
- Dibujar, manualmente, una línea gruesa que delimite los sectores.
- Modificar el grafismo del estilo de línea de «Contorno de área» para que ellas mismas resalten la delimitación, tanto desde VV (para una vista concreta), como de forma predeterminada desde Gestionar>Configuración adicional>Estilos de línea.
- Seleccionar manualmente los muros que delimitan sector y cambiar el patrón de relleno y su color con el botón secundario>Modificar gráficos en vista>Por elemento.
- Utilizar el campo «Comentarios» o cualquier otro de ejemplar para hacer la indicación y después generar un filtro para aplicarlo a la vista y cambiar patrón de relleno y color desde el filtro.
- Crear un parámetro específico desde Gestionar>Parámetros de proyecto>Nuevo parámetro.

Si utilizas este último (y más avanzado) método, proporciona un nombre sencillo al parámetro, como «Delimita sector de incendios». Configúralo como parámetro ejemplar, hazlo con el tipo de datos «Sí/No» para que sea una casilla de verificación. No olvides indicar, a la derecha, que afecta a la categoría Muros y, si lo quisieras aprovechar también en vistas de sección, marca también la categoría Suelos.

Para los dos últimos métodos será necesario crear un nuevo filtro. Puedes denominarlo «Muros que delimitan sectores de incendios», asignarlo a los muros y establecer como criterio que el valor del parámetro «Delimita sector de incendios» sea igual a Sí.

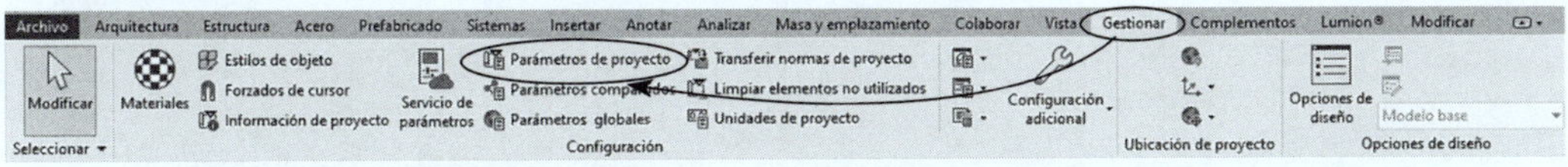

Figura 21.5a. Muros que delimitan sectores de incendio con grafismo destacado (continúa en la página siguiente)

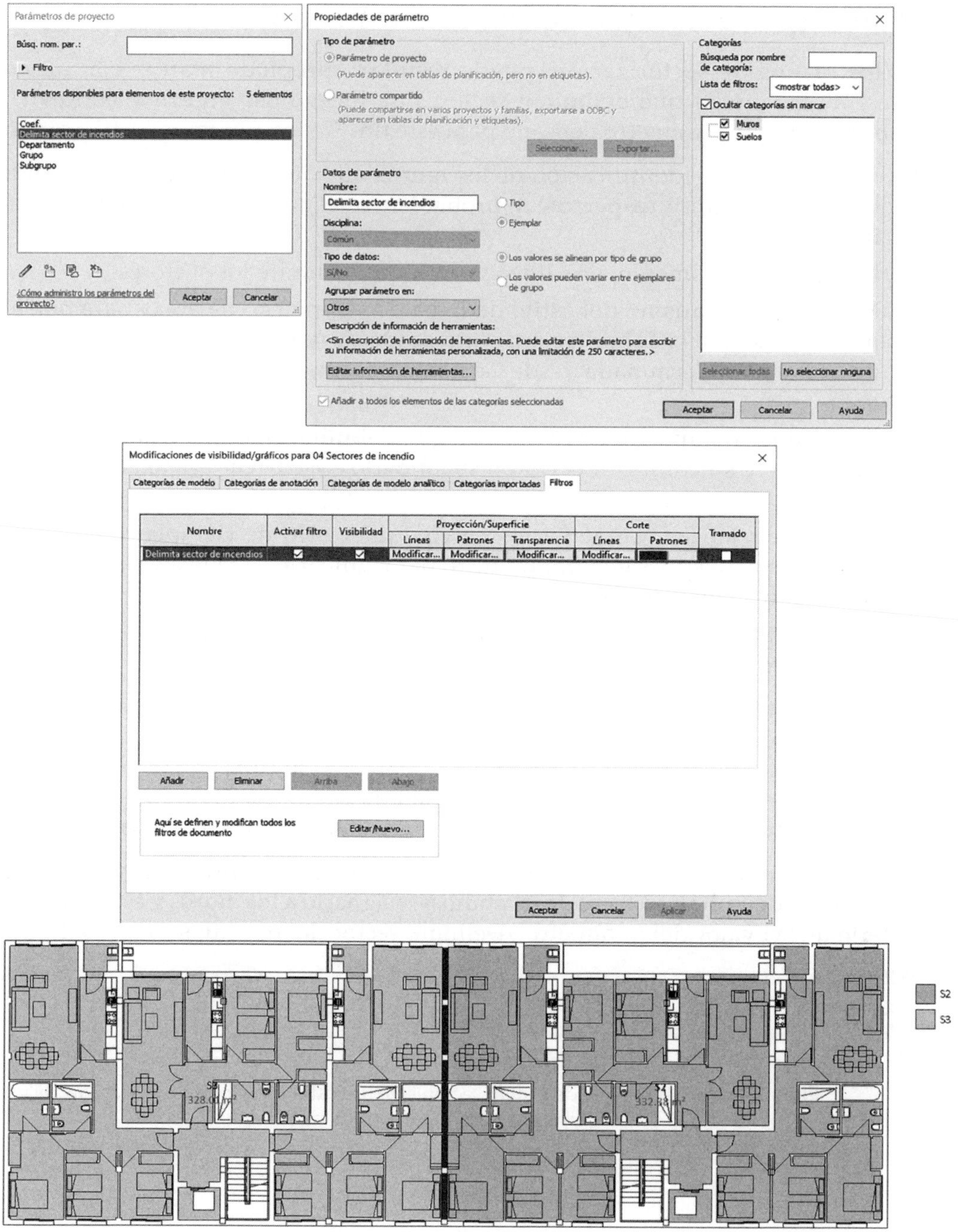

Figura 21.5b. Muros que delimitan sectores de incendio con grafismo destacado (viene de la página anterior).

Plano general de exigencia de resistencia a incendios

Para agilizar el proceso, vamos a suponer que, al margen del plano guía con los sectores, solamente necesitamos un plano de incendios general donde representar las luminarias de emergencia la ruta de evacuación, y la exigencia mínima de incendios que necesita justificar cada muro.

Revit tiene un parámetro de tipo para los muros llamado «Clasificación para incendios». Sin embargo, a mí no me gusta usarloVeamos por qué: hemos utilizado el muro básico de medianera para separar las viviendas en todo el proyecto y hay casos en los que ese muro separa dos viviendas del mismo sector de incendios, pero en otros casos separa viviendas de sectores diferentes. Intenta seguir mi razonamiento:

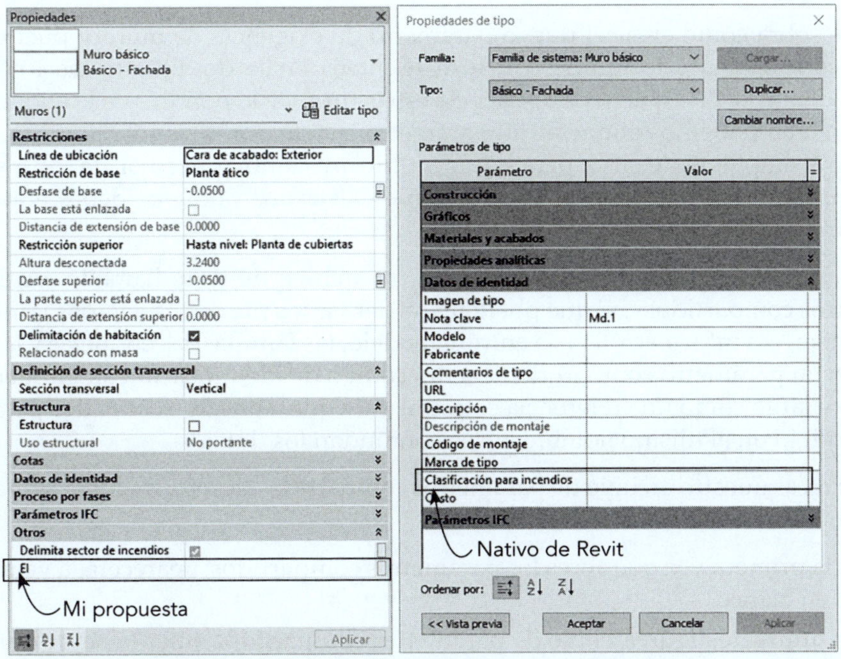

Figura 21.6. Parámetros para justificación de resistencia.

- Una composición de muro tiene una resistencia máxima definida e invariable. Según el Código Técnico en España, una medianera de ladrillo hueco enfoscada por ambas caras y con un espesor mayor que 11 cm resiste 120 minutos, lo que le da el código «EI-120» en España.
- La exigencia mínima para muros que delimitan viviendas entre sí es EI-60.

- La exigencia para muros que delimitan sectores de incendios es EI-60, EI-90 o EI-120, en función de la altura y sentido de evacuación (EI-60: evacuación descendente hasta 15 m; EI-90: hasta 30 m y EI-120: más de 30 m o evacuación ascendente).
- Por tanto, nuestra medianera cumple en todos los casos; pero solo necesita justificar EI-60 en las plantas superiores (si hubiese una planta más sería EI-90), y EI-120 en las medianeras del sótano.

En definitiva, un muro tiene una resistencia máxima, pero la exigencia mínima a justificar varía según la situación, lo cual sería un parámetro de ejemplar y no de tipo. Si mi razonamiento no te ha convencido, no te preocupes; puedes seguir usando el parámetro de tipo de «Clasificación para incendios». Pero si te alineas con mi postura, entonces debemos crear un parámetro de ejemplar para muros.

Parámetros compartidos

Sabes de sobra cómo crear el nuevo parámetro de exigencia de muro y puedes elegir entre hacerlo de texto, de número o incluso de entero. En los dos últimos casos no podrás escribir «EI» ni «REI» (que tiene resistencia estructural), y lo pondrás en la etiqueta. Pero espera, ¿cómo podemos etiquetar un parámetro creado por nosotros? Si quieres que el parámetro simplemente sirva para hacer un filtro y cambiar el color de los muros, no tienes que preocuparte; pero si necesitas que exista una etiqueta, debes emplear un parámetro compartido.

Un parámetro compartido está definido en un archivo de texto llamado «Archivo de parámetros compartidos», al que pueden acceder varios proyectos y varias familias. De esta manera, esa información viaja entre el modelo, las familias, las etiquetas y las tablas. Además, un parámetro compartido tiene un código de identificación alfanumérico que es único y largo como una referencia catastral para que, aunque existan dos parámetros compartidos con el mismo nombre, no se confundan los datos.

Vamos a crear nuestro archivo de parámetros compartidos desde Gestionar>Parámetros compartidos.

- Si es la primera vez que abres los parámetros compartidos, aparecerá la ventana con todo en blanco.
- Si ya utilizaste algún archivo de parámetros compartidos antes (y sigue estando en tu ordenador), Revit abrirá ese archivo de parámetros compartidos.
- Si ya usaste un archivo de parámetros compartidos, pero ya no está en la misma carpeta, Revit mostrará un mensaje de error para indicar que no lo encuentra.

En cualquiera de los tres casos, debes clicar el botón «Crear» para crear un nuevo archivo TXT. Te recomiendo que lo guardes en una carpeta bien definida, no en el escritorio de Windows, para evitar borrarlo por error. Yo lo voy a llamar, simplemente, «Parámetros compartidos», pero tú puedes usar el nombre que prefieras.

Ahora necesitas crear dos cosas: por un lado, un grupo de parámetros que sirva para juntar todos los de un mismo concepto (por ejemplo, podrías denominarlo «Parámetros de incendios», y generar otros para parámetros de carpintería, y así sucesivamente). Y, en segundo lugar, el parámetro en sí, al que también deberás darle nombre (te propongo «Exigencia mínima incendios») y un tipo de datos, que será de texto o número, a tu elección.

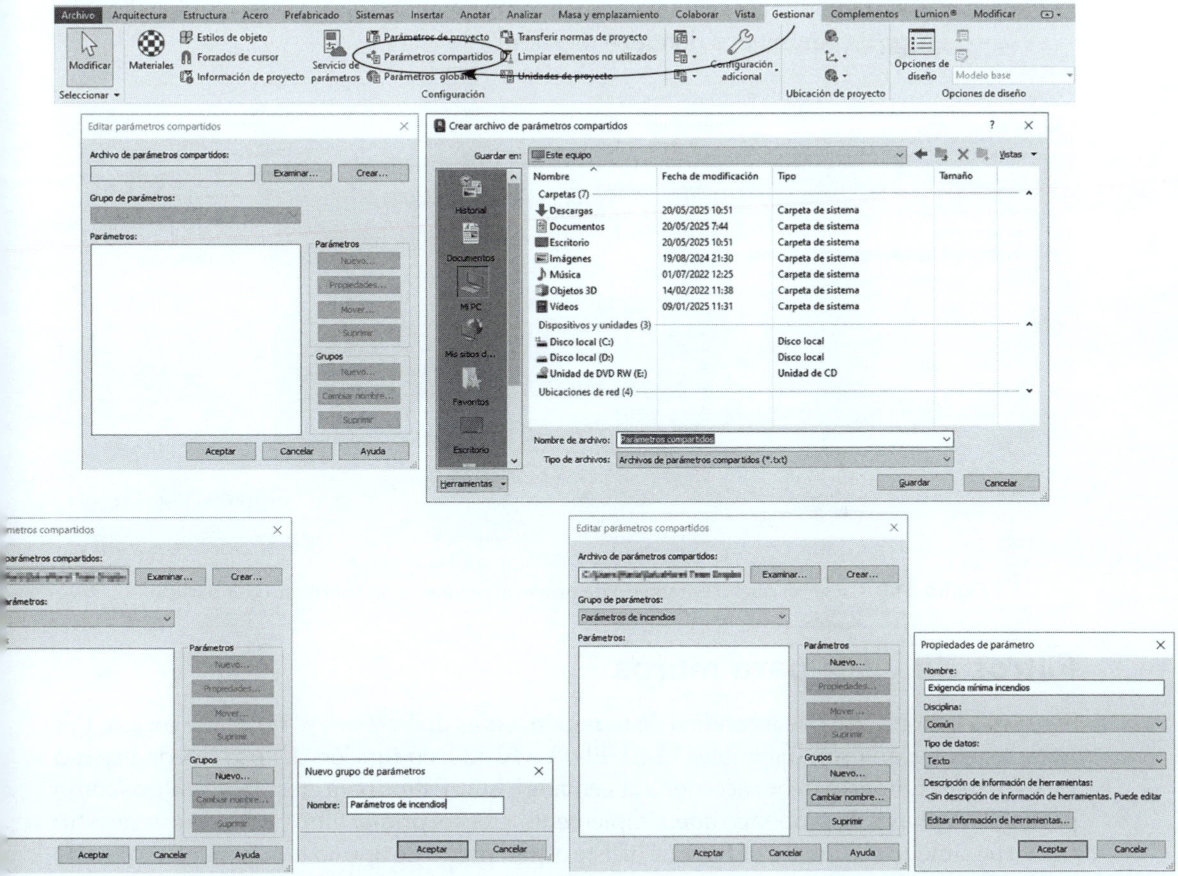

Figura 21.7. Crear parámetros compartidos.

Una vez creado tu archivo de parámetros compartidos con uno o más parámetros, puedes usarlo en tantos proyectos y familias como necesites. Además, a partir de este momento Revit usará, por defecto, este archivo de parámetros compartidos (si tuvieses más de uno, usa el botón de «Examinar» desde la ventana de parámetros compartidos para cambiar a otro archivo siempre que lo necesites.

Ahora necesito que recuerdes esto:

- Hemos creado un parámetro compartido en un archivo TXT externo, no en el proyecto.

- Ese archivo TXT puede tener muchísimos más parámetros compartidos de los que precisas en este proyecto.
- Si quieres añadir uno o más parámetros compartidos del TXT a tu proyecto, simplemente ve a Gestionar>Parámetros de proyecto>Nuevo>Parámetro compartido>Seleccionar y desde ahí selecciona el parámetro. Antes de cerrar la ventana de parámetros de proyecto, asigna a qué categorías afectará el parámetro (muros, en nuestro caso) y, opcionalmente, elige el grupo de parámetros donde se mostrará.

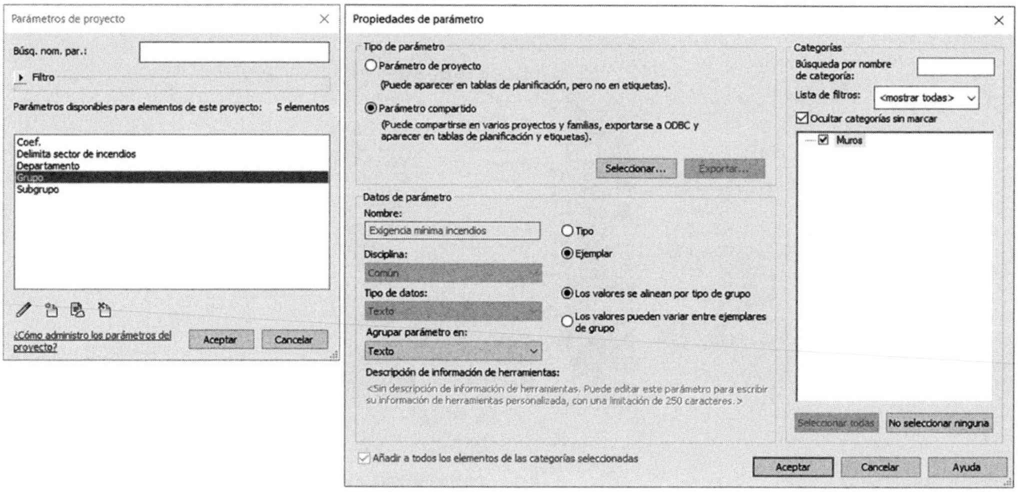

Figura 21.8. Crear un nuevo parámetro de proyecto mediante un parámetro compartido.

Filtros de vista para muros

Si repasas la normativa de incendios de tu región, verás qué valores es necesario incluir. Por ejemplo, en España son habituales EI-60, EI-90 y EI-120; en función del uso puede llegar a EI-180 o más. Entonces debes acceder a la ventana Vista>Filtros para crear tantos filtros como posibilidades haya. Te propongo que, simplemente, crees el primer filtro haciendo que nuestro nuevo parámetro sea igual a «EI-60» (si hiciste el parámetro de tipo texto) o a «60» (si lo hiciste de tipo número) y lo dupliques un par de veces hasta tenerlos todos.

Tras todo este trabajo, estamos listos para dejar nuestra vista personalizada. En la vista de «Incendios planta 1» sigue el proceso habitual de cambiar la escala de la vista a 1:50, modificar el nivel de detalle (para este tipo de vistas, creo que utilizaría el nivel de detalle bajo) y de ocultar las categorías que no necesites. La parte importante será, no obstante, aplicar los filtros de vista creados desde VV>Filtros>Añadir. Selecciona todos los filtros y decide cómo quieres resaltar cada uno; mi propuesta será, simplemente, modificar el patrón de sombreado de corte a un relleno uniforme con un color diferente en cada caso. De esta manera, cuando selecciones en tu proyecto los muros en cuestión y cambies el valor de resistencia a incendios en el campo correspondiente de la paleta Propiedades, se coloreará.

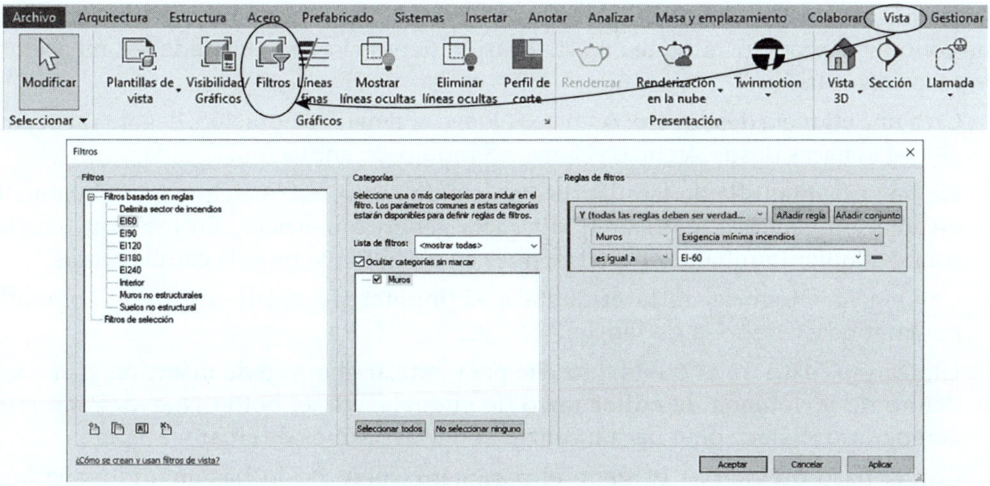

Figura 21.9. Filtros resistencias.

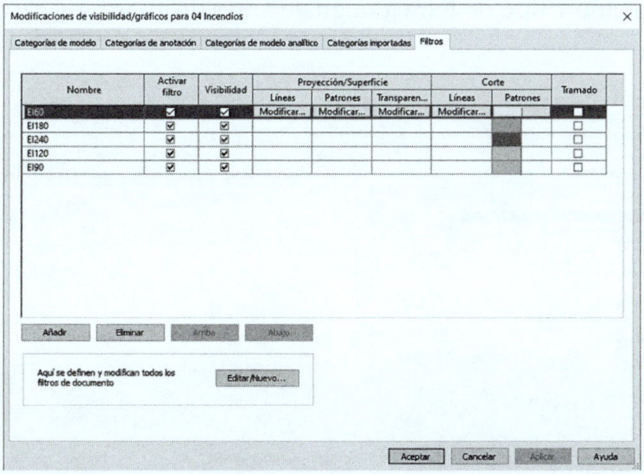

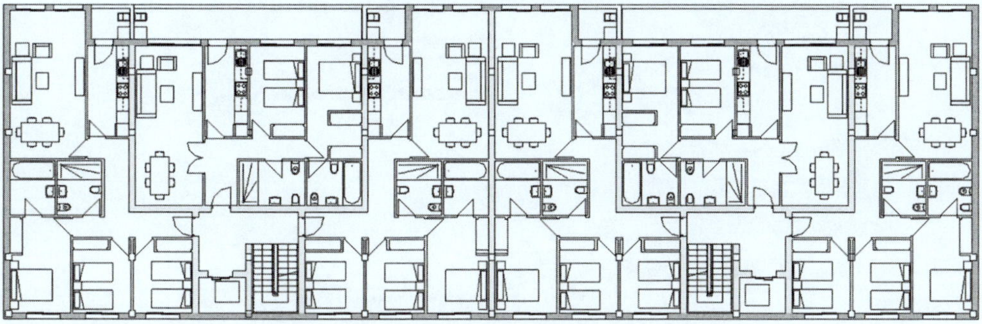

Figura 21.10. Planta 2 con filtros aplicados.

Si, además, deseas crear una etiqueta para mostrar el valor del parámetro —recuerda que conoces el proceso, aunque en esta ocasión tienes ciertas novedades—, repasemos los pasos necesarios:

- Crea una etiqueta desde cero: Archivo>Nuevo>Familia>Anotación; llegarás al mismo sitio si lo haces desde Archivo>Nuevo>Símbolo de anotación.
- No hay una plantilla de familia de etiqueta de muro, así que elige indistintamente «Anotación genérica métrica» o «Etiqueta genérica métrica». En realidad, puedes usar cualquier familia de etiquetas, pues en el siguiente paso la cambiaremos.
- Cambia la categoría de la etiqueta a «Etiquetas de muro» desde el comando Parámetros y categoría de familia.
- Utilizando Texto de etiqueta, haz clic para indicar el punto de inserción y, una vez dentro de la ventana de editar texto de etiqueta, usa el botón Nuevo>Parámetro compartido>Seleccionar para localizar el que acabamos de crear y aceptar.
- Con el paso previo has cargado el parámetro, pero no lo has añadido: añade el parámetro al texto de etiqueta y acepta.
- Configura tamaño y tipo de letra a tu gusto antes de guardar y cargar la etiqueta en el proyecto.

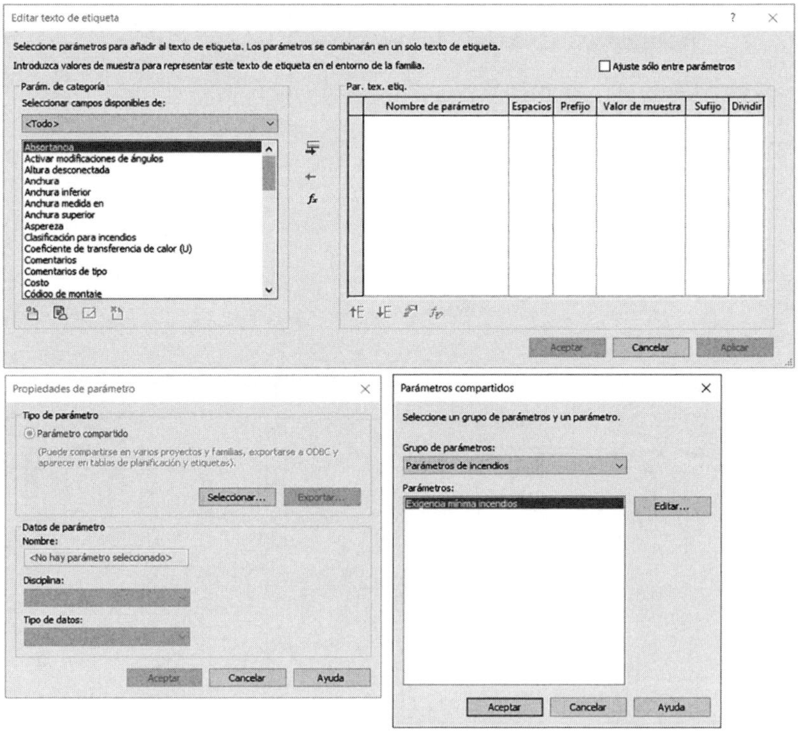

Figura 21.11. Añadir un parámetro compartido a una etiqueta.

Recorridos de evacuación

Crear recorridos de evacuación en Revit es muy sencillo, puesto que es una herramienta integrada en el programa; no necesitas dibujar líneas de detalle ni cargar familias creadas específicamente o utilizar otras categorías: ve a Analizar>Camino del recorrido y haz clic en dos partes de la planta: Revit buscará el camino que las une. Haz una prueba y revisa el resultado.

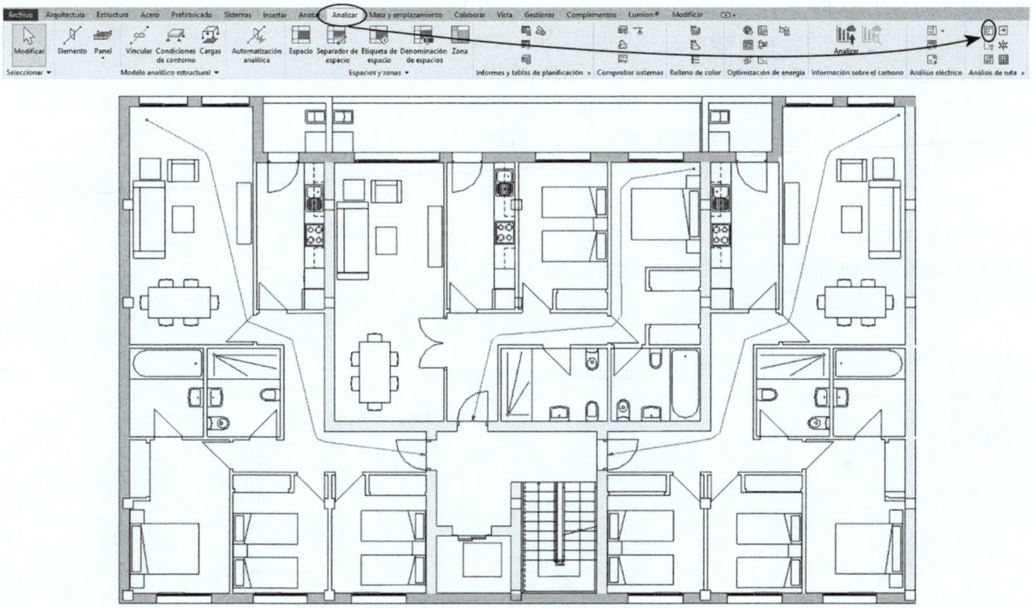

Figura 21.12. Caminos del recorrido.

Para utilizar bien los recorridos de evacuación, debes conocer por encima una serie de puntos:

- La anchura mínima entre elementos para permitir el paso está fijada en unos 60 cm, si Revit no encuentra un camino viable entre tus dos puntos mostrará una ventana de error como la de la figura 21.13.
- Desde la flecha inferior derecha en la parte de análisis de ruta de la cinta de opciones accedes a la configuración de análisis de ruta, donde puedes decidir qué categorías del modelo no obstruyen el camino (por ejemplo, puertas) y el rango de altura en que se tendrán en cuenta (figura 21.14).

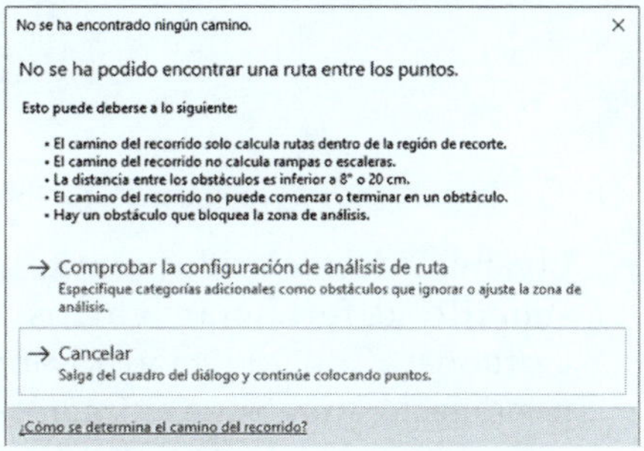

Figura 21.13. Aviso: No se ha podido encontrar una ruta entre los puntos.

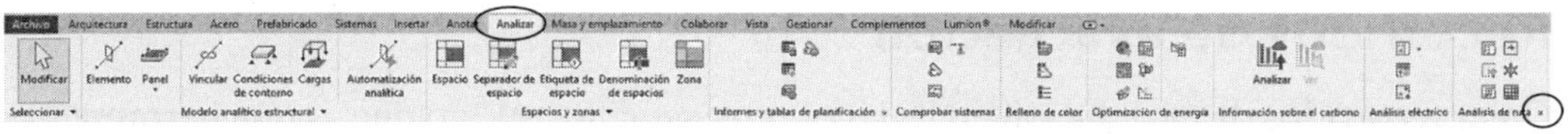

Figura 21.14. Configuración de análisis de ruta.

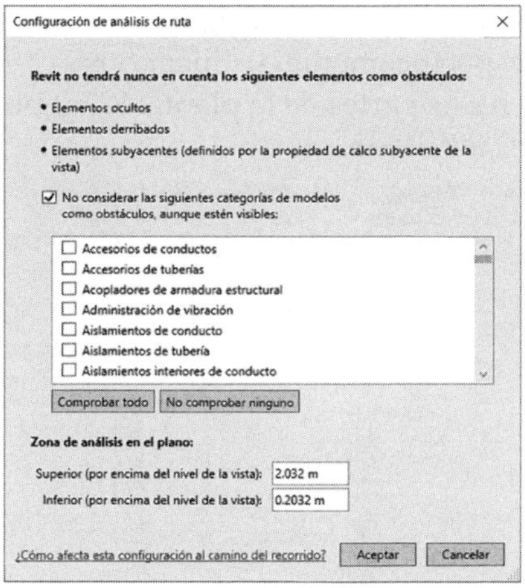

- Revit no tendrá en cuenta objetos ocultos ni objetos derribados.
- Si seleccionas un camino de análisis, en la paleta Propiedades verás datos útiles como longitud recorrida y tiempo empleado (aunque, de momento, no es posible cambiar la velocidad de movimiento). Estos datos son etiquetables, aunque es más habitual indicar solamente la distancia de evacuación. Por supuesto, recomiendo editar la familia de etiqueta para unificar tipo de letra y tamaño (figura 21.15).

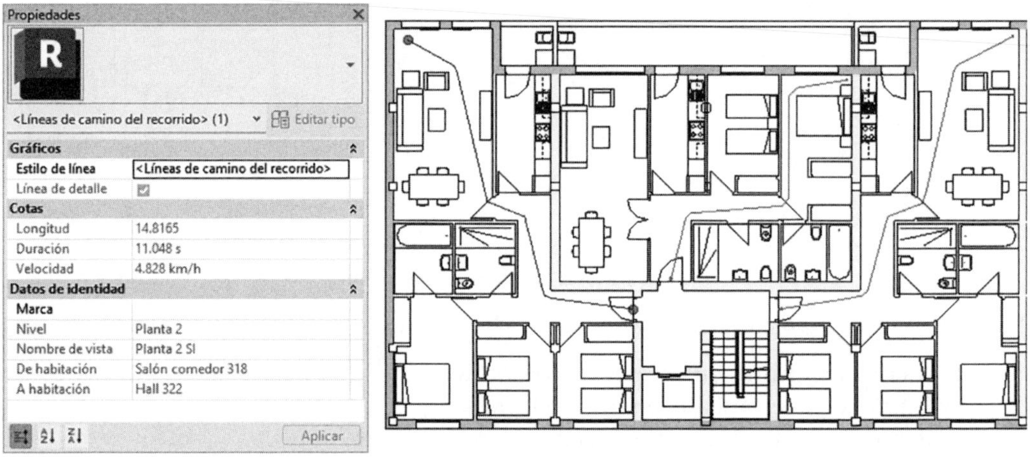

Figura 21.15. Propiedades del camino del recorrido.

- El camino del recorrido permite usar diferentes estilos de línea, de manera que resulte sencillo diferenciar varios, también es posible personalizarlos desde Gestionar>Configuración adicional>Estilos de línea; a mí no me gusta el color verde por defecto, y creo que es interesante probar con una línea de trazos y un grosor más pronunciado.
- Revit muestra el camino más corto, aunque no sea recto; siempre puedes seleccionar otro camino y usar Añadir punto de paso en la Cinta de opciones para crear líneas más rectas.

- Los puntos de inicio y final, así como los puntos de paso añadidos, se pueden arrastrar con facilidad, y Revit recalcula el camino automáticamente.

TRUCO:

Si te gusta representar los recorridos rectos, prueba a crear primero un recorrido con líneas de detalle; después, será muy sencillo arrastrar los puntos de paso a las intersecciones en las líneas. Por último, borra las líneas de detalle.

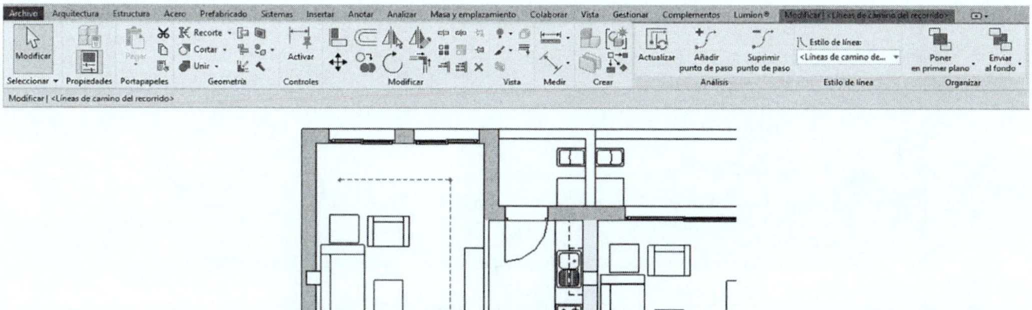

Figura 21.16. Recorrido recto.

- Si modificas el proyecto y eso afecta a los recorridos, debes seleccionarlos y pulsar el comando Actualizar en la Cinta de opciones.
- Los caminos del recorrido no pueden viajar entre diferentes plantas, por tanto, nuestros análisis habitualmente terminarán en el inicio o desembarco de una escalera, o en el exterior del edificio.

- Para este proyecto, escoge una planta tipo (por ejemplo, la planta 1) y dibuja el camino del recorrido entre la puerta de entrada de la vivienda más alejada y la escalera de planta. En la planta baja, necesitarás un camino de evacuación para cada local y otro en cada zaguán; y en la planta sótano, deberás hacerlo desde el trastero más alejado, hasta la salida de evacuación.

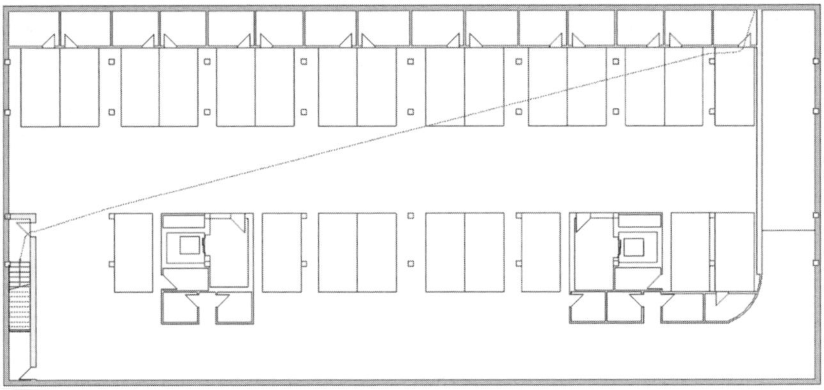

Planta sótano

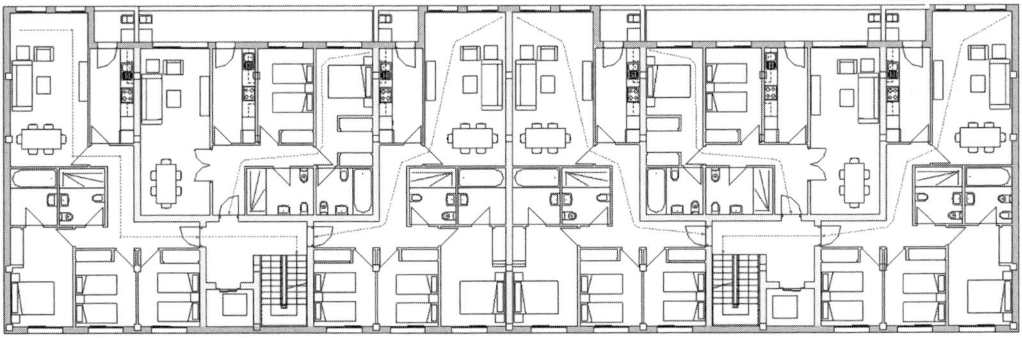

Planta tipo

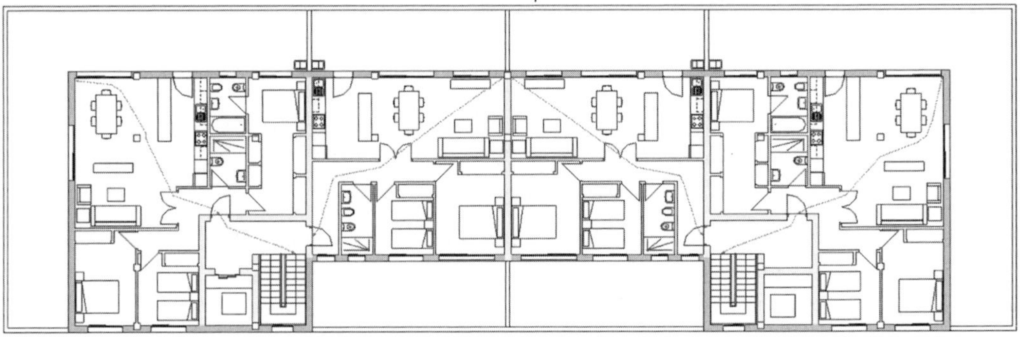

Planta ático

Figura 21.17. Recorridos indicados en las plantas.

Tablas de planificación para incendios

La ocupación de incendios es una medida (en m² por persona) que sirve para estimar cuántas personas, teóricamente, puede haber en una estancia según su uso. Las habitaciones en Revit tienen el parámetro «Ocupación», pero es un valor de texto, así que no nos sirve para sumar o calcular. El procedimiento que voy a mostrar es más avanzado, pero estoy seguro de que te va a interesar.

Tablas de planificación de claves

Crea una tabla de planificación de habitaciones, pero asegúrate de cambiarla a Tabla de planificación de claves; llama a la tabla «Densidades de ocupación» y ponle un nombre a la clave similar a «Uso del recinto», como se menciona en el propio Código Técnico.

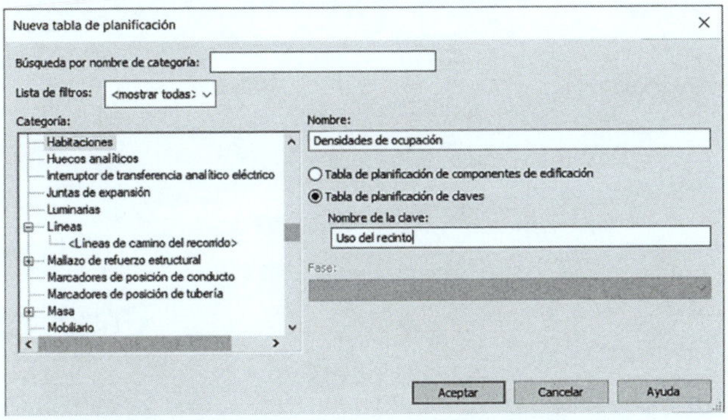

Figura 21.18. Nueva tabla de planificación de claves.

En la ventana de añadir campos necesitas un parámetro nuevo compartido (así podremos etiquetarlo después), como aún no lo hemos creado, tendrás que usar el botón Editar y crear uno de tipo Número que se puede llamar «Ocupación m²p». Una tabla de claves está vacía hasta que nosotros seleccionamos Insertar filas de datos desde la Cinta de opciones. A cada fila le asignaremos un nombre de recinto y una ocupación. Teniendo en cuenta los espacios de este proyecto y los valores que establece el Código Técnico, podemos incluir los usos indicados en la tabla 21.1:

Tabla 21.1. Ocupación m²/persona según el uso del recinto.

Uso del recinto	Ocupación m²/persona
Plantas de vivienda	20
Ocupación ocasional	0
Aparcamiento general	40
Establecimientos comerciales	2

Ahora necesitas tener una tabla de planificación de habitaciones estándar. Si quieres, puedes duplicar la que creaste para las superficies útiles y renombrarla como «Ocupación de incendios», borrando las columnas que no necesitemos (como la superficie computable, por ejemplo) y añadiendo los dos nuevos campos: «Uso del recinto» y «Ocupación m²p». Verás que el uso del recinto está puesto como «(ninguno)» y que, si lo despliegas y eliges un uso, automáticamente el campo de ocupación se modifica.

Solo nos queda hacer que Revit multiplique por nosotros; para ello, desde la pestaña Campos, crea una fórmula personalizada llamada «Ocupación real» de tipo número o entero, que tenga la siguiente forma:

Roundup(Área/Ocupación m²p/1m^2)

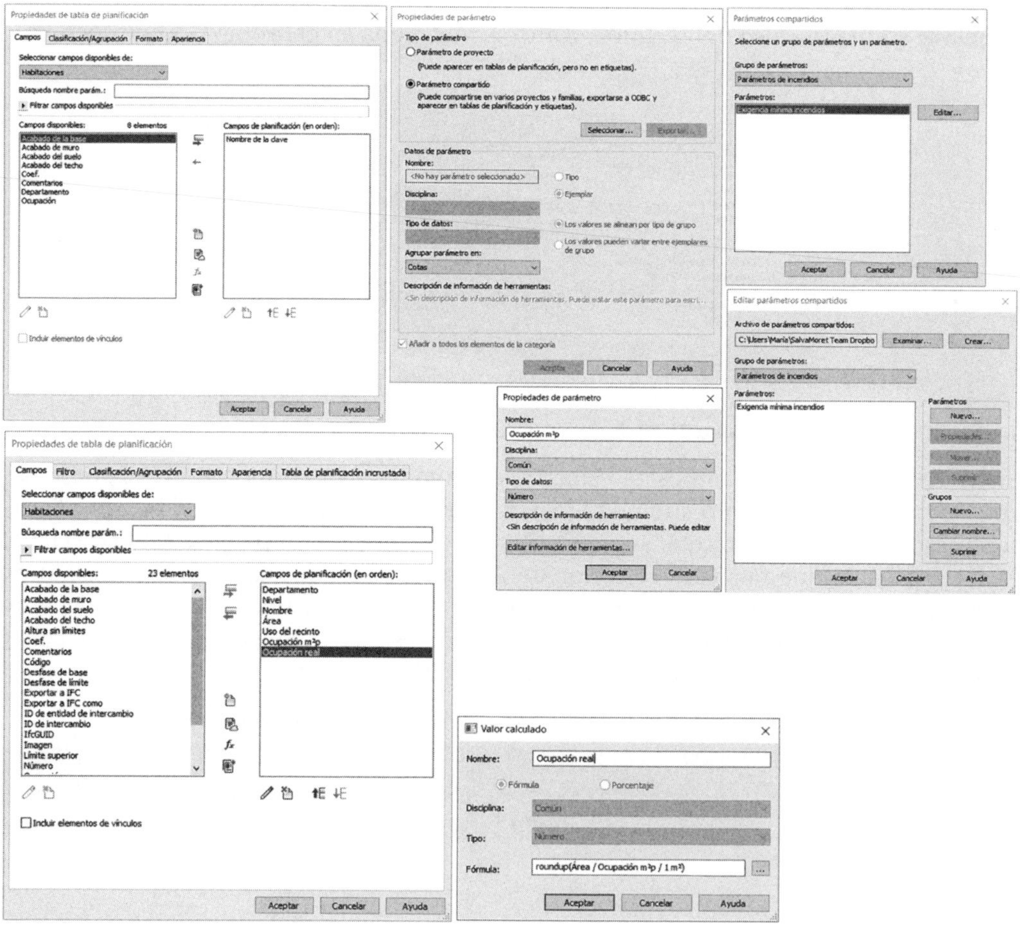

Figura 21.19. Crear tabla: Ocupación de incendios.

Veamos qué se consigue con esta fórmula:

- Al dividir el área por 1 m^2, se convierte en un número.
- Ese número se puede dividir por la ocupación por metro cuadrado que establece el código técnico.
- Como normalmente saldrán decimales, redondeamos al entero superior.

Si quieres, crear una etiqueta de habitación que muestre el nombre y la ocupación real de la estancia. Para conseguirlo, una vez estés dentro de la familia:

- Crea un texto de etiqueta.
- Desde la ventana de Editar texto de etiqueta, carga el parámetro compartido «Ocupación m^2p».
- Utiliza el botón de fórmula para repetir la misma fórmula de antes.

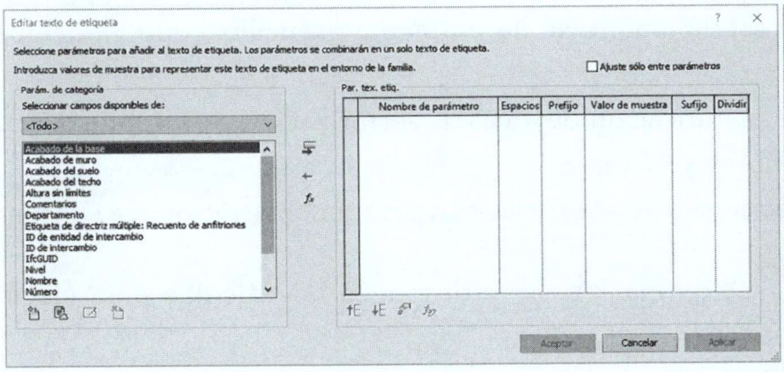

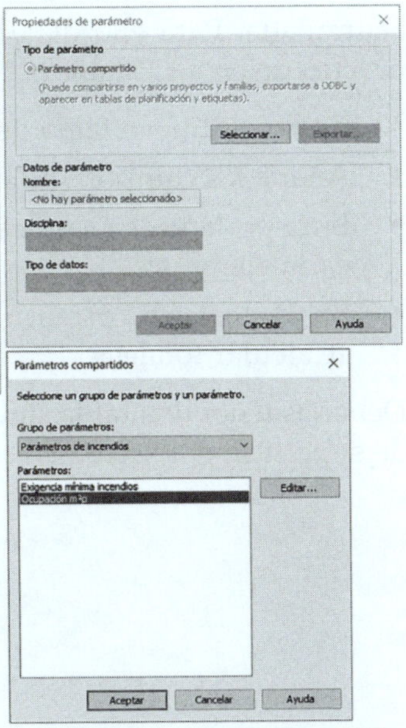

Figura 21.20. Crear etiqueta de ocupación real.

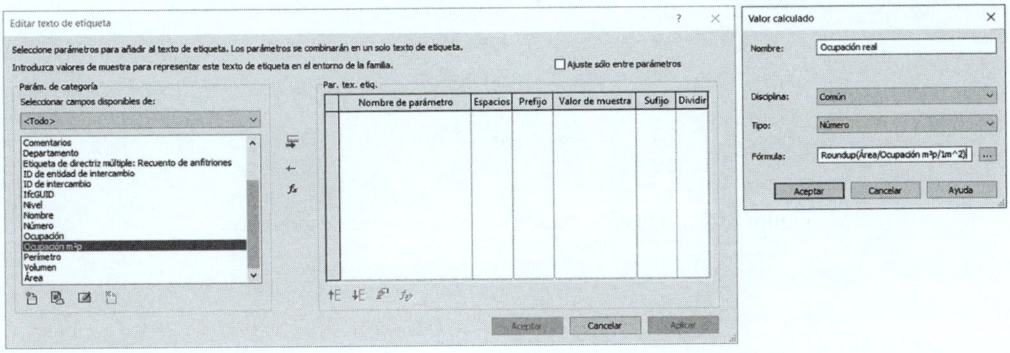

NOTA:

Con este método podrás calcular la ocupación de cada estancia. Sin embargo, Revit no tiene la capacidad de pensar de forma acumulativa cuánta gente hay en una vivienda ni cuál es la ocupación de un pasillo en función del número total de personas que llegan a él. Quizá, para estos valores que no responden a sumatorios que se puedan hacer internamente, resulte útil otro parámetro o, en su defecto, el parámetro nativo «Ocupación» de Revit.

Tablas de planificación de sectores de incendios

Del mismo modo que tenemos tablas de superficies útiles y construidas, podría ser necesario tener una tabla resumen con todos los sectores de incendios y su superficie acumulada. Para ello debes seguir una serie de pasos muy sencillos, que ya hemos practicado en otras tablas:

- Crea una nueva tabla de planificación de áreas de sectorización de incendios.
- Añade los campos «Nombre» y «Área».
- En la pestaña de Clasificación/agrupación, clasifica por nombre y desmarca Detallar cada ejemplar.
- En la pestaña Formato, selecciona «Área» y despliega los cálculos para elegir «Calcular totales».

Deberías tener una tabla similar a la de la figura 21.21, donde se representan los totales de superficie por sector.

<Sectores de incendio>

A	B
Nombre	Área
S1	1033.35 m²
S2	1294.11 m²
S3	1283.08 m²
S4	185.39 m²
S5	392.70 m²
S6	149.04 m²

Figura 21.21. Tablas de planificación de sectores de incendios.

22

Creación de los planos de un proyecto básico

En este capítulo aprenderás a:

- Personalizar la organización de planos.
- Pasos que se deben tener en cuenta para hacer tu propio cajetín.
- Incorporar la información del proyecto.
- Preparar un plano guía.
- Crear planos.
- Montar los planos de distribución, cotas y superficies, alzados, secciones y protección contraincendios.

Organización de planos

Crear un plano no tiene mayor complicación que localizar el apartado «Planos» en el Navegador de proyectos y, con el botón secundario, elegir Nuevo plano. También puedes ir a la Cinta de opciones>Vistas>Plano. En cualquier caso, tendrás que elegir un cajetín, bloque de título o cuadro de rotulación que enmarque tu plano. Si es el primero que creas, se generará con el número «A101» y el título «Sin nombre».

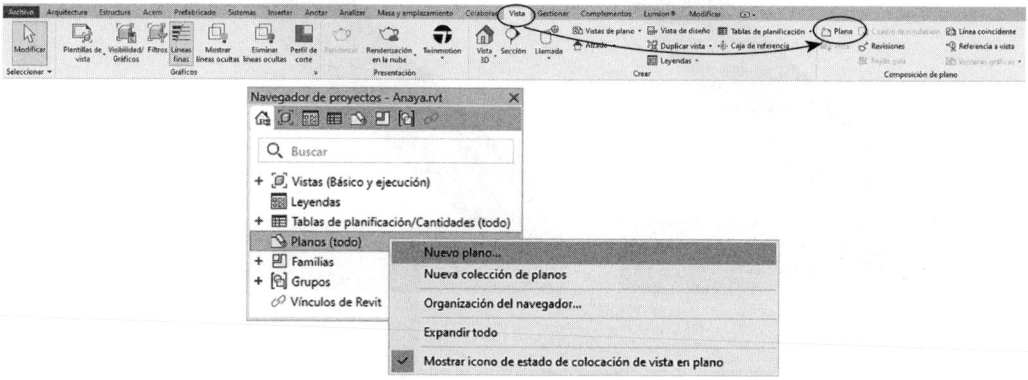

Figura 22.1. Crear nuevo plano.

Sin embargo, cuantos más planos crees, más se notará la diferencia entre la organización del navegador de nuestras vistas y la ausencia de organización de los planos. ¿Qué te parece si editamos los parámetros «Grupo» y «Subgrupo» para que afecten no solo a las vistas, sino también a los planos? Recuerda que deberás hacerlo desde Gestionar>Parámetros de proyecto>Seleccionas el parámetro>Editar parámetro y, en la lista de categorías, marcar también la casilla de «Planos».

CUIDADO:

Si deseas que estos parámetros aparezcan en cajetines, deben ser parámetros compartidos; en estos momentos Revit no permite pasar de parámetros de proyecto a parámetros compartidos, así que esa decisión debe tomarse desde un principio.

TRUCO:

Puedes utilizar los mismos parámetros para agrupar también las tablas de planificación; quizá con un solo nivel sea suficiente, así podrás dividirlas en tablas de superficies, de leyendas, de mediciones o de configuración.

Cuando hayas añadido la categoría «Planos» a los parámetros, tendrás que crear una organización del navegador para planos (y, opcionalmente, también para tablas, si te ha parecido interesante), donde los agrupes por «Grupo» y «Subgrupo», y los clasifiques por «Número de plano».

Colecciones de planos

Desde Revit 2025, con el botón secundario sobre el icono de planos en el Navegador de proyectos, puedes crear una nueva colección. Las colecciones son agrupaciones de planos, pero solamente de un nivel, ya que (al menos de momento) no existen «subcolecciones». Por tanto, puedes seguir varios caminos:

- No utilizar colecciones, sino seguir con «Grupo» y «Subgrupo». Elección necesaria si utilizas Revit 2024 o anteriores.
- Utilizar colecciones como primer nivel (en sustitución de «Grupo») y utilizar «Subgrupo» como segundo nivel.
- Usar solamente colecciones (en sustitución de «Subgrupo»); no se tendría la clasificación de primer nivel, pero puede ser suficiente en ciertos ámbitos de trabajo.

La ventaja de usar colecciones radica en que es un parámetro nativo de Revit; por tanto, podrás utilizarlo en la familia del cajetín para identificarla sin necesidad de crear un parámetro compartido. Si trabajas con Revit 2025 o superior, seguro que es una buena elección. Es importante que sepas que, al crear una colección, Revit siempre la mostrará como primer nivel de clasificación, sin importar si está mencionada o no en la organización del navegador.

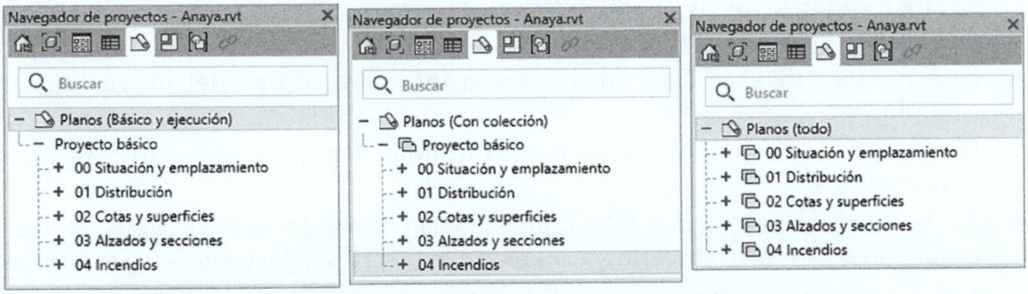

Figura 22.2. Organización de planos con colecciones.

Información de proyecto

Los parámetros generales de un proyecto se introducen, normalmente, desde Gestionar>Información de proyecto. Dentro de la ventana podrás introducir, entre otros, los siguientes valores, que serán muy útiles a la hora de rellenar la información en los cajetines de los planos:

- Estado de proyecto. Hace referencia al momento del proyecto en que estamos. Por ejemplo, Proyecto básico / Proyecto de ejecución / anteproyecto / concurso. En un proyecto, es interesante guardar una copia del archivo para cada estado de proyecto (o, mejor dicho, para cada entrega o hito de información). Por

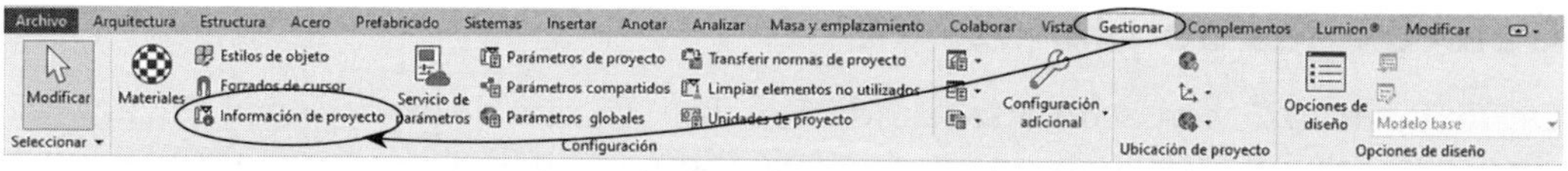

ejemplo, si se entrega el Proyecto básico en el Ayuntamiento, puedes guardar el archivo y seguir trabajando en otro donde ya cambies el estado de proyecto. Así tienes una trazabilidad de la evolución del modelo y puedes, en cualquier momento, volver a un estado anterior.

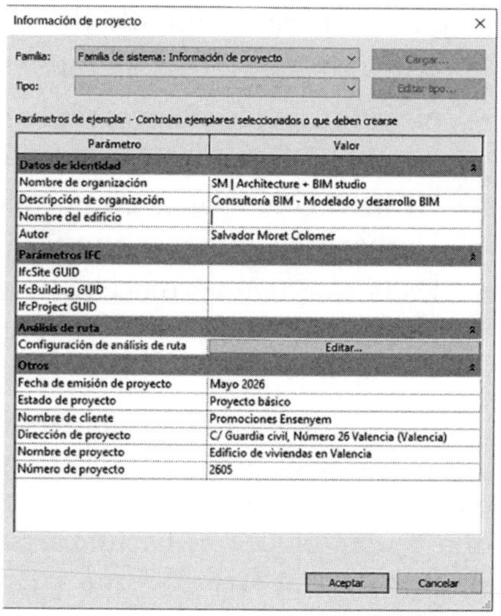

Figura 22.3. Información de proyecto.

- Fecha de emisión de proyecto. Yo utilizo solo el mes de entrega, no el día concreto. Por ejemplo, «Mayo 2026».
- Dirección de proyecto. Esta casilla es de líneas múltiples, así que para editarla debes hacer clic en el texto que dice «Introduzca dirección aquí» y después, en la casilla de puntos suspensivos.
- Nombre de proyecto / Nombre de cliente. El título que quieras dar a tu proyecto (por ejemplo, «Edificio de viviendas en Valencia», y el nombre del promotor: «Promociones Ensenyem».
- Número de proyecto. Será tu referencia interna o código del proyecto. Por ejemplo, 2605.
- Nombre del edificio. Solamente tendrá utilidad real si tu proyecto consta de varios edificios.
- Autor. Interesante en un despacho donde puedan firmar diferentes técnicos. En caso contrario, no hace falta rellenarlo, ya que en el cajetín sería simplemente un texto normal.
- Nombre de organización / Descripción de organización. Puedes utilizarlo a criterio.

Personalizar el cajetín o bloque de título

Revit presenta una serie de bloques de título para cada tamaño DIN normalizado. Puedes partir de ellos y modificarlos a tu gusto, puesto que no dejan de comportarse como etiquetas, donde los textos de etiqueta corresponden, simplemente, a los valores que se quieren modificar. Si lo deseas, puedes seguir estas pautas para editar tu propia familia de cajetín personalizado:

- Utiliza «Líneas invisibles» para márgenes en los planos en los que no quieras que se impriman, pero que deban estar presentes; también son muy útiles para reservar un espacio para el sello de visado en tu colegio profesional.

Figura 22.4. Líneas invisibles utilizadas para identificar márgenes y sello de visado.

- Recuerda que, si planeas mostrar la información de «Subgrupo» en los planos, deberás convertirlo en un parámetro compartido; aunque en este ejemplo no lo haré.
- Usa la información de proyecto y de plano que necesites para los textos de etiqueta; si necesitas identificar la información, utiliza textos normales. Por ejemplo, puedes poner un texto estándar que rece «Promotor» antes del texto de etiqueta de «Nombre de cliente».
- Inserta logotipos o firmas directamente en el cajetín, tanto si son imágenes como importaciones CAD.

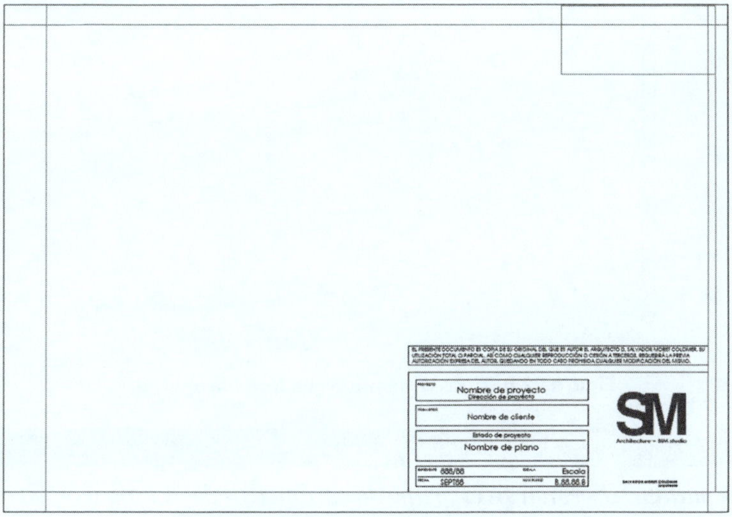

Figura 22.5. Ejemplo de cajetín.

- La escala del plano es un asunto que sigue sin resolverse completamente en Revit; si en un plano hay vistas con diferentes escalas, Revit muestra el valor «Como se indica»; desde Revit 2026, es posible modificar ese texto desde las propiedades de tipo del cajetín o cuadro de rotulación; pero eso no te servirá siempre. De momento, recomiendo utilizar uno de los siguientes métodos:
    - Crear un parámetro compartido llamado «Escala manual», en el grupo de parámetros que prefieras; quizá puedas agruparlo dentro de «Información» o con el nombre que quieras darle.
    - Reutilizar un parámetro que no se esté usando en los cajetines. Por ejemplo, hay una serie de parámetros que se heredan de flujos más estrictos de trabajo, como «Dibujado por», «Comprobado por», «Aprobado por» o «Diseñado por», que podrías usar con este fin.
    - Con cualquiera de los dos métodos, otorga un parámetro de visibilidad por ejemplar de tipo «Sí/No» a la escala real y al parámetro que has creado; por ejemplo, puedes llamarlos «Escala manual» y «Escala automática»; incluso, para hacerlo más cómodo, edita las propiedades de estos dos parámetros de visibilidad en el comando de Tipos de familia y haz que uno tenga una fórmula «not(nombre_parámetro)». Por ejemplo, si consideras que habitualmente utilizarás la escala automática, deja por defecto ese parámetro activado y, en el de escala manual, introduce la fórmula «not(Escala automática)».

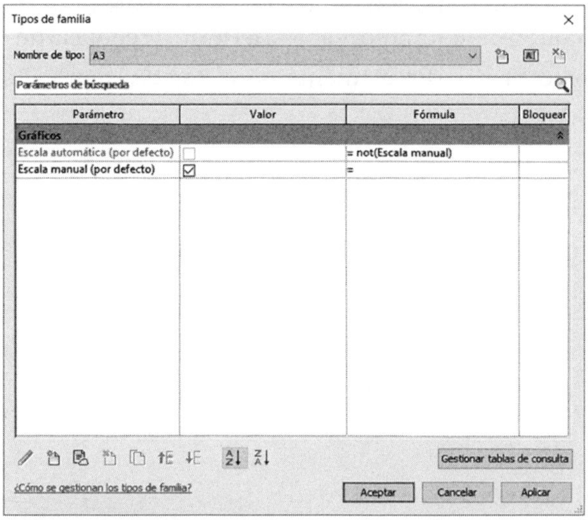

Figura 22.6. Tipos de familias con fórmula aplicada.

TRUCO:

Haz que esos parámetros estén en el grupo de parámetros de «Gráficos», ya que aparecen en la parte superior de la paleta Propiedades al seleccionar el cajetín.

Lista de planos

Cuando debes crear decenas de planos seguidos, tal vez sientas que estás perdiendo el tiempo; si no quieres crear los planos uno por uno, puedes hacerlo de una forma más rápida mediante las tablas de planificación. Esta tabla se genera desde Tablas>botón secundario>Nueva lista de planos. Una vez creada, añade los siguientes campos:

- Colección. Únicamente si deseas usarla (y solo a partir de Revit 2025).
- Grupo y subgrupo.
- Número de plano.
- Nombre de plano.
- Escala. Solo a partir de Revit 2026.
- Anchura y altura de plano. Útil si tienes cajetines de plano estirables; solamente a partir de Revit 2026.

A nivel de clasificación, recomiendo agrupar por «Grupo», «Subgrupo» y «Número de plano». No voy a utilizar colecciones en esta clasificación para hacer el contenido más accesible a todos los usuarios.

Una vez tengas la tabla, debes saber que la lista de planos tiene una particularidad con respecto al resto de tablas: permite insertar datos nuevos, como si fuera una tabla de planificación de claves; simplemente localiza, en la Cinta de opciones, el comando Insertar fila de datos y rellena los valores deseados (Nombre, Número de plano, incluso Grupo y Subgrupo).

Estos planos no se crean, sino que están preparados para crearlos; si los quieres añadir definitivamente a tu proyecto, ve al icono Planos>botón secundario>Nuevo plano. En la parte inferior de la ventana tendrás la lista de planos preparados, podrás seleccionar de golpe tantos como necesites y todos se crearán con el cajetín elegido en ese momento (figura 22.7).

Otros métodos para crear planos en lotes

Crear planos de uno en uno es una pérdida de tiempo y la verdad es que el atajo que te propongo de la lista de planos tampoco es una maravilla, por eso existen innumerables alternativas en forma de *addins* o complementos para hacerlo. Déjame contarte algunas:

- **Sheetgen.** Una de las herramientas del *addin* DiRootsOne, muy completa y funcional.
- **Batch Sheet Maker.** Incluida en el *addin* pyRevit.
- **Dynamo.** Importa un archivo de Excel con los parámetros básicos (número, nombre y tipo de cajetín) y utiliza el nodo «Sheet.ByNameNumberTitleBlock» para crear de forma masiva varios planos; puedes incluso añadir también la vista si el nodo que empleas es «Sheet.ByNameNumberTitleBlockAndView».

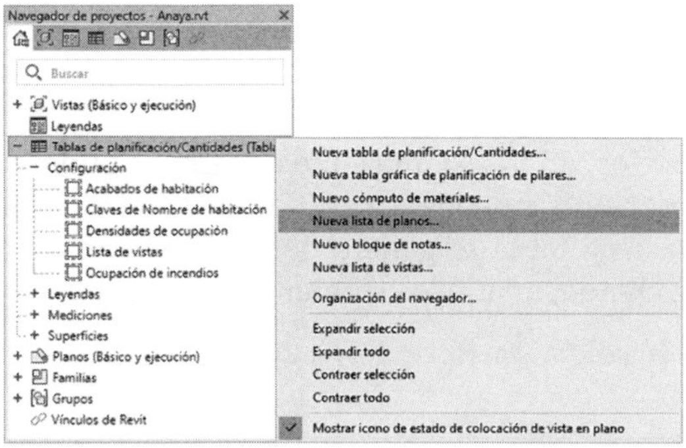

<Planos>

A	B
Número de plano	Nombre de plano
Proyecto básico	
00 Situación y emplazamiento	
B0001	Situación
B0002	Emplazamiento
B0003	Entorno parcela
01 Distribución	
B0101	Distribución Planta sótano
B0102	Distribución Planta baja
B0103	Distribución Planta tipo
B0104	Distribución Planta ático
02 Cotas y superficies	
B0201	Cotas y superficies Planta sótano
B0202	Cotas y superficies Planta baja
B0203	Cotas y superficies Planta tipo
B0204	Cotas y superficies Planta ático
03 Alzados y secciones	
B0301	Alzado 1
B0302	Alzado 2
B0303	Alzado 3
B0304	Sección 1
B0305	Sección 2
04 Incendios	
B0401	Incendios Planta sótano
B042	Incendios Planta baja
B0403	Incendios Planta tipo
B0404	Incendios Planta ático

<Lista de planos>

A	B	C	D
Grupo	Subgrupo	Número de plano	Nombre de plano
Proyecto básico			
00 Situación y emplazamiento			
Proyecto básico	00 Situación y emplazamiento	B0001	Situación
Proyecto básico	00 Situación y emplazamiento	B0002	Emplazamiento
Proyecto básico	00 Situación y emplazamiento	B0003	Entorno parcela
01 Distribución			
Proyecto básico	01 Distribución	B0101	Distribución Planta sótano
Proyecto básico	01 Distribución	B0102	Distribución Planta baja
Proyecto básico	01 Distribución	B0103	Distribución Planta tipo
Proyecto básico	01 Distribución	B0104	Distribución Planta ático
02 Cotas y superficies			
Proyecto básico	02 Cotas y superficies	B0201	Cotas y superficies Planta sótano
Proyecto básico	02 Cotas y superficies	B0202	Cotas y superficies Planta baja
Proyecto básico	02 Cotas y superficies	B0203	Cotas y superficies Planta tipo
Proyecto básico	02 Cotas y superficies	B0204	Cotas y superficies Planta ático
03 Alzados y secciones			
Proyecto básico	03 Alzados y secciones	B0301	Alzado 1
Proyecto básico	03 Alzados y secciones	B0302	Alzado 2
Proyecto básico	03 Alzados y secciones	B0303	Alzado 3
Proyecto básico	03 Alzados y secciones	B0304	Sección 1
Proyecto básico	03 Alzados y secciones	B0305	Sección 2
04 Incendios			
Proyecto básico	04 Incendios	B0401	Incendios Planta sótano
Proyecto básico	04 Incendios	B042	Incendios Planta baja
Proyecto básico	04 Incendios	B0403	Incendios Planta tipo
Proyecto básico	04 Incendios	B0404	Incendios Planta ático
Proyecto de ejecución			
05 Replanteo			
Proyecto de ejecución	05 Replanteo	B0501	Replanteo Planta sótano
Proyecto de ejecución	05 Replanteo	B0502	Replanteo Planta baja
Proyecto de ejecución	05 Replanteo	B0503	Replanteo Planta tipo
Proyecto de ejecución	05 Replanteo	B0504	Replanteo Planta ático

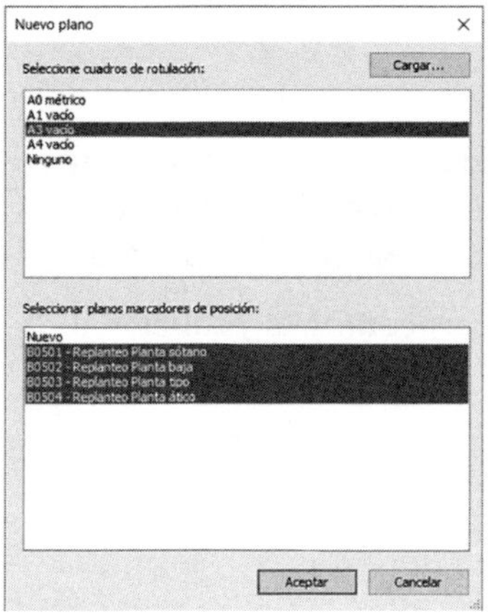

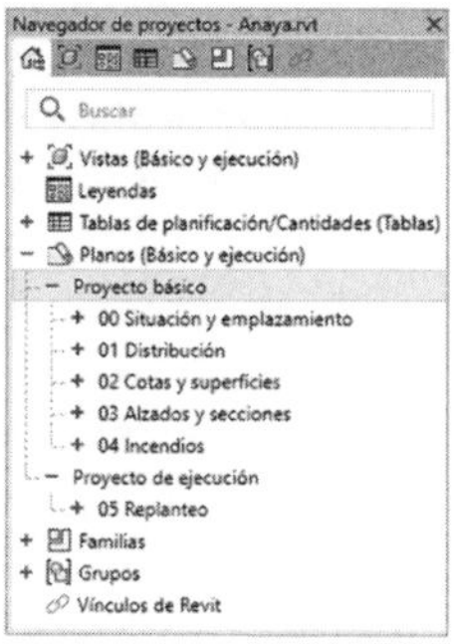

Figura 22.7. Crear planos partiendo de las filas de la tabla de planificación.

Añadir vistas a un plano

El método tradicional para añadir vistas a un plano es muy sencillo:

- Doble clic en el plano destino, para que sea la vista activa en la pantalla.
- Localiza la vista deseada en el Navegador de proyectos.
- Arrastra la vista hacia el plano y suelta el botón principal del ratón.
- Mueve la silueta hasta su posición definitiva.

Sin embargo, no es el único método. Desde Revit 2025 también puedes arrastrar la vista desde el Navegador de proyectos hasta el plano en el Navegador de proyectos. De ese modo, la vista activa cambiará al plano y podrás colocar la silueta en la posición definitiva.

NOTA:

Recuerda que una vista se mostrará en el plano exactamente como la hayas diseñado (elementos visibles, escala, estilo visual o región de recorte, entre otros) y que el plano se imprimirá exactamente como se muestra en plano. Por eso es tan importante controlar la visualización de las vistas desde el principio.

Planos que debemos crear para el «Proyecto básico»

En este proyecto, será necesario documentar una serie de planos mínima. Cada proyecto será diferente y dentro de un mismo proyecto hay muchas posibilidades distintas; pero déjame contarte los planos que quiero hacer y cómo los voy a nombrar.

Tabla 22.1. Planos de nuestro «Proyecto básico».

Grupo	Subgrupo	Número de plano	Nombre de plano
Proyecto básico	00 Situación y emplazamiento	B00.01	Situación y emplazamiento
Proyecto básico	00 Situación y emplazamiento	B00.02	Entorno de parcela
Proyecto básico	00 Situación y emplazamiento	B00.03	Ocupación y lindes
Proyecto básico	01 Distribución	B01.01	Distribución Planta sótano
Proyecto básico	01 Distribución	B01.02	Distribución Planta baja
Proyecto básico	01 Distribución	B01.03	Distribución Planta tipo
Proyecto básico	01 Distribución	B01.04	Distribución Planta ático
Proyecto básico	01 Distribución	B01.05	Distribución Planta de cubiertas
Proyecto básico	02 Cotas y superficies	B02.01	Cotas y superficies Planta sótano

Grupo	Subgrupo	Número de plano	Nombre de plano
Proyecto básico	02 Cotas y superficies	B02.01	Cotas y superficies Planta baja
Proyecto básico	02 Cotas y superficies	B02.01	Cotas y superficies Planta tipo
Proyecto básico	02 Cotas y superficies	B02.01	Cotas y superficies Planta ático
Proyecto básico	03 Alzados y secciones	B03.01	Alzados I - Frontal y lateral
Proyecto básico	03 Alzados y secciones	B03.02	Alzados II - Posterior y lateral
Proyecto básico	04 Incendios	B04.01	Incendios Planta sótano
Proyecto básico	04 Incendios	B04.01	Incendios Planta baja
Proyecto básico	04 Incendios	B04.01	Incendios Planta tipo
Proyecto básico	04 Incendios	B04.01	Incendios Planta ático

Los planos de situación y emplazamiento serán, simplemente, plantas orientadas al norte real con un CAD importado o vinculado desde catastro; en entorno de parcelas o lindes será una vista más cercana donde se pueden etiquetar las coordenadas de los extremos de parcela, acotar medidas principales o distancias a lindes y crear regiones de máscara que muestren la ocupación en planta del proyecto. Todas ellas son vistas sencillas que puedes desarrollar libremente.

Títulos de plano

Cada vez que arrastras una vista a un plano, se genera automáticamente un título de vista, que no es más que una etiqueta de la vista. Puedes editarla fácilmente desde el Navegador de proyectos>Familias>Símbolos de anotación>Titulo de vista. No obstante, llegarás más rápido si lo buscas con la casilla de buscar del propio navegador.

NOTA:

Por una pequeña errata, el nombre de esa familia en español no lleva tilde, de manera que si lo buscas asegúrate de no incluirla para que aparezca en los resultados.

Vamos a mejorar esta familia, puesto que habrá veces en las que quieras solamente el título y no la escala (te dejo a ti la parte de redistribución de los textos y cambio de tipo de letra o tamaño). Para parametrizar la visibilidad de la escala, selecciona ese texto de etiqueta y añade un parámetro «Sí/No» de tipo que puedes llamar simplemente «Escala» antes de cargar en proyecto y cerrar la familia.

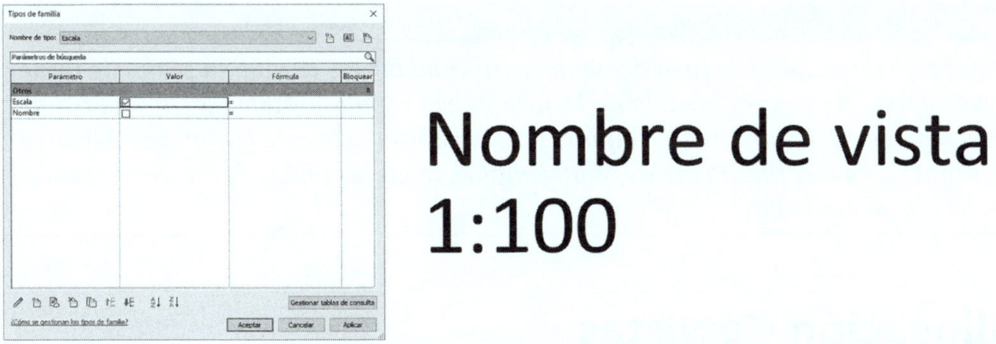

Figura 22.8. Familia «Titulo de vista» modificada.

Pretendo crear tres estilos de vistas en plano (Revit los llama Ventana gráfica): uno sin título, otro que tenga solamente el nombre y un tercero que sea el nombre y la escala de la vista. Para ello, en primer lugar, deberás crear dos tipos de esa familia; uno con nombre y escala y otro solo con el nombre. Utiliza nombres descriptivos que no den lugar a dudas (por ejemplo, simplemente «Nombre» y «Nombre y escala»). Es algo que puedes hacer desde el Navegador de proyectos o que podrías haber hecho desde dentro de la familia.

La segunda parte consiste en duplicar los tipos de ventana gráfica. Selecciona cualquier vista que hayas arrastrado a un plano y edita el tipo. Te propongo cambiar el nombre del tipo de esta ventana gráfica (que, por defecto, es «Sección 1») por otro que sea «Sin título»; en las propiedades de tipo, cambia el parámetro de Título a «Ninguno» o, si lo prefieres, el parámetro de Mostrar título a «No». Ahora duplica el tipo cambiando el parámetro del tipo de título por el de nombre, y repite la operación con el de nombre y escala.

Con este sencillo método, cada vez que arrastres una vista a un plano estará sin título (muy útil para planos guía, leyendas, vistas de carpintería o planos en los que hay una única vista), entonces, podrás simplemente desplegar el selector de tipo y elegir el que necesites.

Título de vista en plano

Por defecto, el título que aparece en el plano es el nombre de la vista en el Navegador de proyectos; pero esto difícilmente será aceptable en un proyecto (no queremos que el título de la vista de distribución de planta baja se llame «Distribución PB»), así que debemos desligar el nombre de la vista de su título. Para ello, no tienes más que mirar la paleta Propiedades de cada vista: hay un parámetro denominado Título en plano. Si está vacío, Revit tomará el nombre de la vista; pero si lo rellenas con cualquier otro valor, ese será el que muestre.

<Lista vistas>

A	B
Nivel asociado	Título en plano
Cimentación	Cimentación
Planta 1	Planta 1
Planta 2	Planta tipo
Planta 3	Planta tipo
Planta baja	Planta baja
Planta de cubiertas	Planta de cubiertas
Planta sótano	Planta sótano
Planta ático	Planta ático

Figura 22.9. Completar «Título en plano» desde tabla.

TRUCO:

Aprovecha una tabla de lista de vistas para cambiar los títulos en plano de forma más rápida. Si quieres hacerlo de la forma más rápida posible, agrupa por nivel asociado sin detallar cada ejemplar, y escribe una sola vez el nombre del nivel («Planta baja» o «Planta ático», por ejemplo); todas las vistas de ese nivel tendrán asociado ya ese valor.

Alineación de vistas

Cuando colocas vistas en un plano, parece que no hay una forma de alinearlas con precisión. Recuerda que Revit no permite las referencias a objetos generales de la vista, pero sí los siguientes elementos:

- Regiones de recorte.
- Rejillas.
- Planos de referencia.
- Niveles.
- Rejillas guía.

Por lo tanto, combinando un par de planos de referencia con una rejilla guía (Vistas>Rejilla guía) podrás alinear una vista y asegurarte de que la posición coincide entre varios planos. Personalmente, el nombre que suelo dar a las rejillas guía suele ser «TamañoPlano+PistaUso». Por ejemplo, «A3 planta general» o «Plano guía», eso me facilita saber cuál debo tener activo cada vez, ya que solamente se permite una rejilla guía simultáneamente.

NOTA:

Rejillas guía y planos de referencia no se ven al imprimir, así que no te preocupes mientras los alineas.

Al crear una rejilla guía, puedes tocar solamente los bordes y estirarlos, o moverla; desde la paleta Propiedades puedes cambiar el espaciado interno. Para mí, un buen método de trabajo es cambiar el espaciado a 100 mm y dejar solamente una intersección. Entonces, muevo la rejilla guía hasta la posición deseada (por ejemplo, la intersección de dos planos de referencia). De esta manera, cuando reutilizo la rejilla guía en otros planos, no me cuesta nada recordar adónde debo mover las vistas, pues solamente hay un cruce.

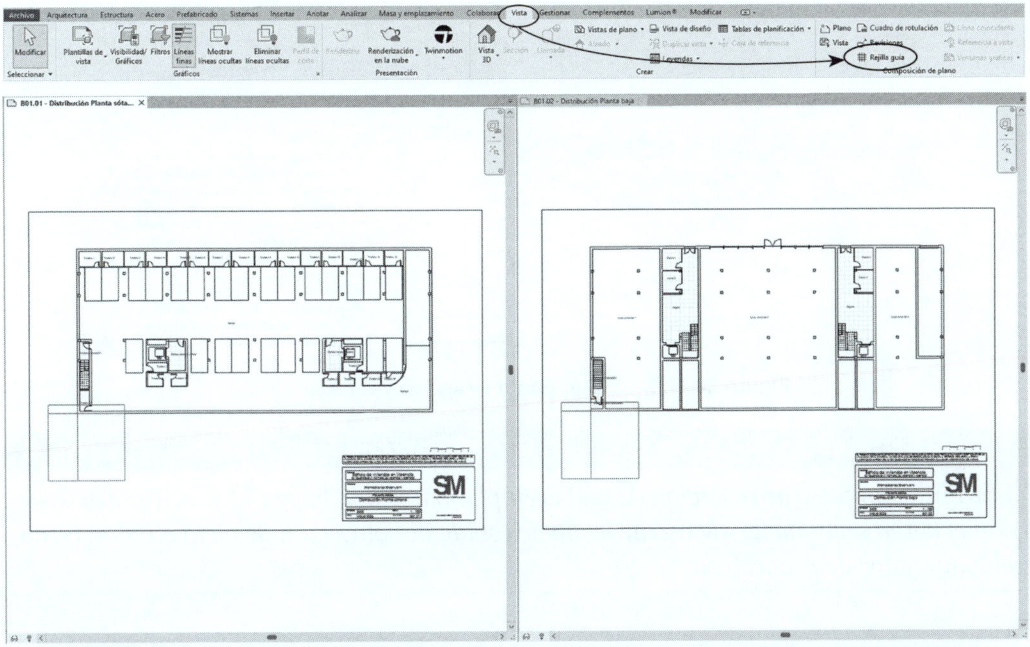

Figura 22.10. Plano de distribución de Planta sótano y Planta baja en misma posición con la rejilla guía.

TRUCO:

Desde la orden «Rejilla guía» en la «Cinta de opciones» solo es posible crear nuevas rejillas o elegir alguna de las existentes; pero si lo que deseas es desactivarla en un plano concreto, debes hacerlo desde la paleta Propiedades, localizando el parámetro de ejemplar de plano «Rejilla guía» y desplegándolo para seleccionar «Ninguno».

Intercambiar vista en plano

Desde Revit 2024 es posible seleccionar una ventana gráfica y, en la Cinta de opciones>Modificar | Ventanas gráficas>Colocación y vista, desplegar para elegir otra vista que sustituya a la que tienes, eligiendo además el punto de anclaje de la vista. Normalmente solo podías elegir entre Centro de ventana gráfica y Origen de la vista, pero desde Revit 2026 ya puedes elegir cualquier esquina, siempre que tengas una región de recorte o caja de referencia activa.

Si la vista que intentas cambiar ya se está usando en otro plano, te lo indicará entre paréntesis, y deberás aceptar un aviso que informa que esa vista se eliminará del plano original para insertarse aquí.

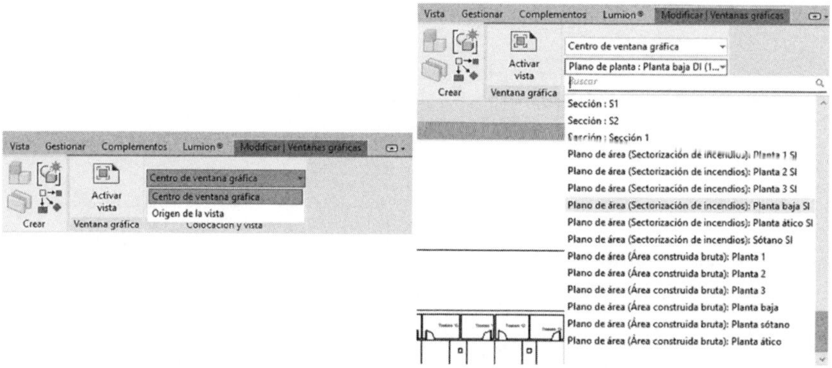

Figura 22.11. Modificar punto de anclaje y cambiar vista.

> **NOTA:**
>
> *Durante el proceso de inserción de vistas en planos, es una buena idea volver a activar con el botón secundario «Mostrar icono de estado de colocación de vista en plano», en el Navegador de proyectos.*

Posiciones guardadas de plano

Las posiciones guardadas de plano son una evolución del uso de las rejillas guía en Revit 2026, donde Revit apunta cuál es el punto de anclaje de la vista y su posición relativa, para aplicarlo en todas las vistas que queramos en diferentes planos. El punto de anclaje solo funcionará si la vista tiene activada la región de recorte y el funcionamiento para guardar posiciones o administrarlas es realmente sencillo desde la Cinta de opciones.

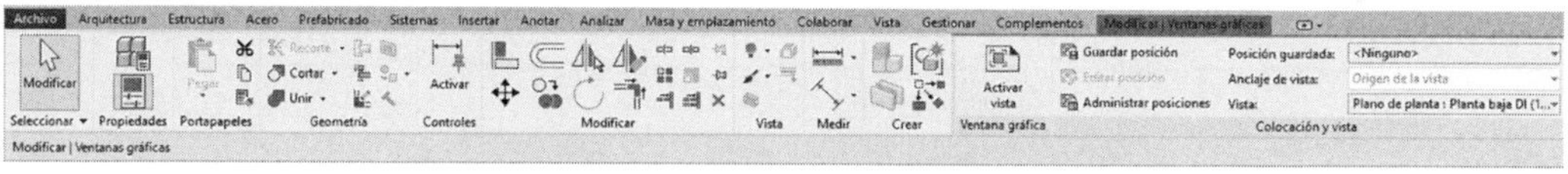

Figura 22.12. Guardar posición en Revit 2026.

Leyendas

Para colocar elementos como escalas gráficas de plano o explicación de las figuras mínimas de normativa, es interesante utilizar vistas de leyenda. Son vistas en blanco, desvinculadas de la geometría del modelo, que pueden contener anotaciones y otros elementos. Te propongo que tengas una escala gráfica para cada escala de proyecto y una para las figuras de normativa (si ya las creaste como grupos de detalle, puedes arrastrarlas a la leyenda con facilidad y completarlas con un texto).

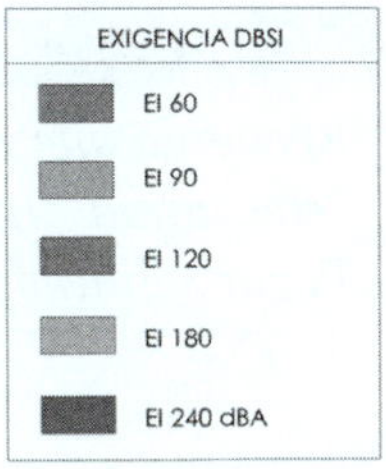

Figura 22.13. Ejemplos de leyendas de proyectos.

Aunque Revit plantea la leyenda de Norte como un símbolo de anotación, también lo puedes incorporar como leyenda, de manera que se gire de forma simultánea en todos los planos.

Composición de los planos

Para terminar de componer los planos del proyecto básico, puedes seguir estos pequeños consejos. Trabajar los planos será crucial para que tu proyecto luzca mucho más profesional.

Planos de distribución

Será suficiente con la planta (o plantas, en función de la escala y el tamaño de plano que utilices), la escala gráfica y el símbolo o leyenda del Norte. Quizá sea buena idea incorporar también la leyenda de las figuras mínimas de normativa.

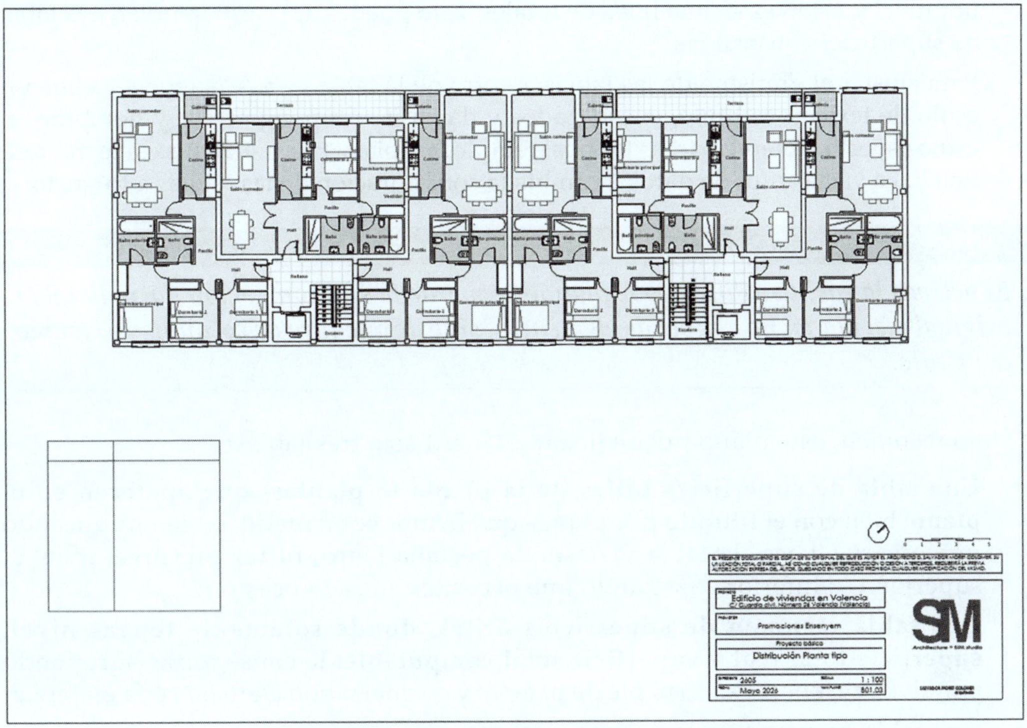

Figura 22.14. Plano de distribución de planta tipo.

NOTA:

Recuerda que no necesitas colocar manualmente las leyendas en cada plano: puedes seleccionar una y, desde la Cinta de opciones usar «Copiar al portapapeles y Pegar>alineado con vistas seleccionadas».

Planos de cotas y superficies

Además de la planta, el norte y la escala gráfica, necesitarás incorporar las tablas de superficies (tanto útiles como construidas) que ya desarrollamos. Por otro lado, en este punto debes hacer un trabajo adicional con las tablas, pues probablemente no quieras que aparezcan las habitaciones de todas las plantas. Déjame que te cuente mi método:

- Imagina una tabla que solamente tiene el encabezado y el total del nivel, pero no los totales generales, esa tabla puede servirte para diferentes planos si activas, en la pestaña Filtro, el parámetro Filtrar por plano.
- Sin embargo, esa tabla no debe tener totales generales, pues estropearía la magia. Para ello, duplica la tabla y ten una tabla resumen donde solamente haya una línea por nivel y, esta vez sí, una línea de totales. Esto puedes aplicarlo también a la tabla de superficies construidas.
- Para ajustar el grafismo de las tablas, dentro de la tabla ve a Apariencia y elige un estilo de texto para título, encabezados y datos. Te propongo crear y nombrar un estilo específicamente para esto (por ejemplo, «Tablas - título»). Revisa si te interesa una línea vacía antes de datos y cambia la configuración de las rejillas a tu gusto.

NOTA:

Si activas la casilla «Filtrar por plano» se pierde la sincronización entre la tabla original y el plano: no a nivel de elementos, sino de anchura de columnas o cambio del título.

Como resumen, este plano puede llegar a tener hasta tres tablas:

- **Una tabla de superficies útiles de la planta (o plantas) que aparecen en el plano:** bien con el filtrado por planos que hemos comentado, o bien duplicando una o varias veces la tabla y, desde la pestaña Filtro, filtrar por nivel igual a, superior a, o inferior a (según lo que necesites en cada ocasión).
- **Una tabla resumen de superficies útiles, donde solamente tengas nivel, superficie total real y superficie total computable:** la conseguirás agrupando por nivel, sin encabezado ni pie de página, y desmarcando Detallar cada ejemplar.
- **Una tabla resumen de superficies construidas.**

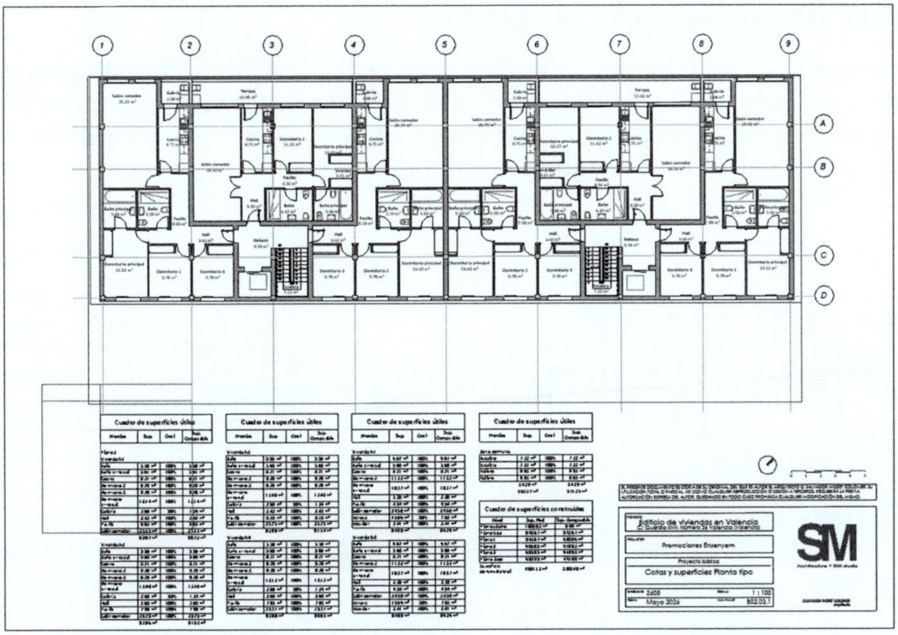

Plano de cotas y superficies con tabla de superficies útiles con filtro por plano

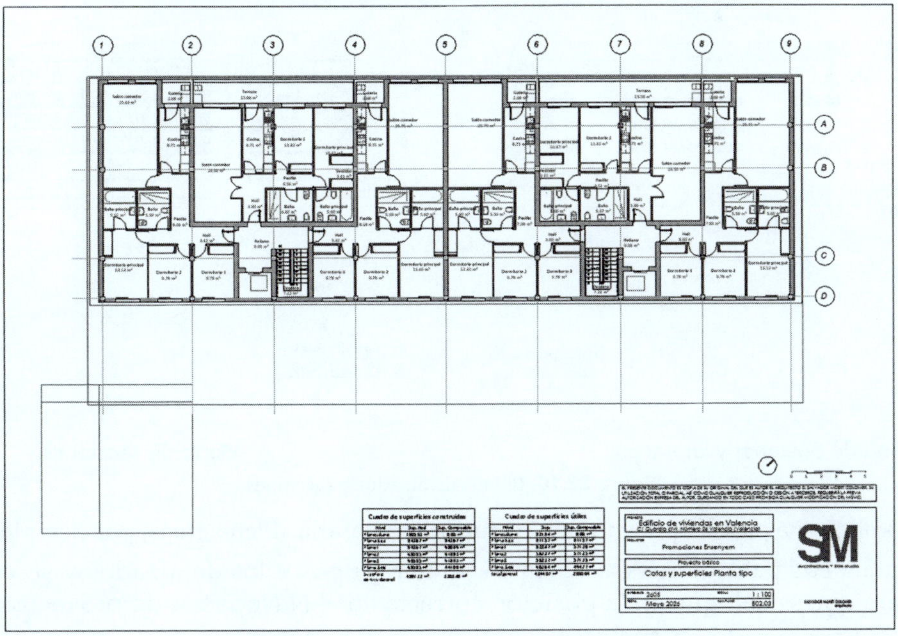

Plano de cotas y superficies con tablas resumen

Figura 22.15. Plano de cotas y superficies de planta tipo.

Planos de alzados y secciones.

Cada proyecto será diferente, pero probablemente necesites un par de planos para alzados y también uno o dos para secciones. Además de las vistas correspondientes y las escalas gráficas, la parte más interesante aquí será la creación de pequeños planos guía. Vamos a ello, porque esto conlleva trabajo de vistas:

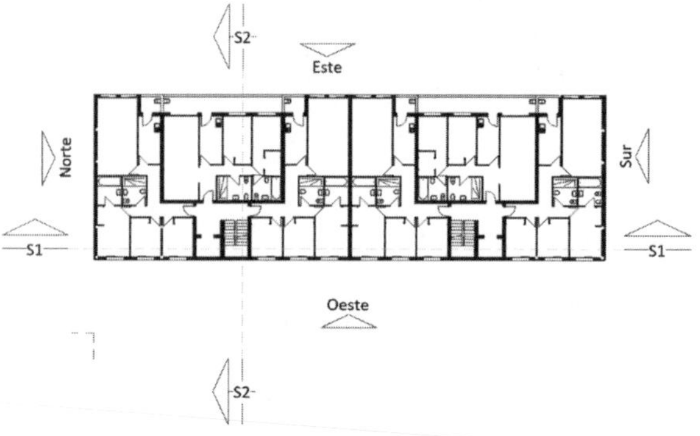

Vista de plano guía

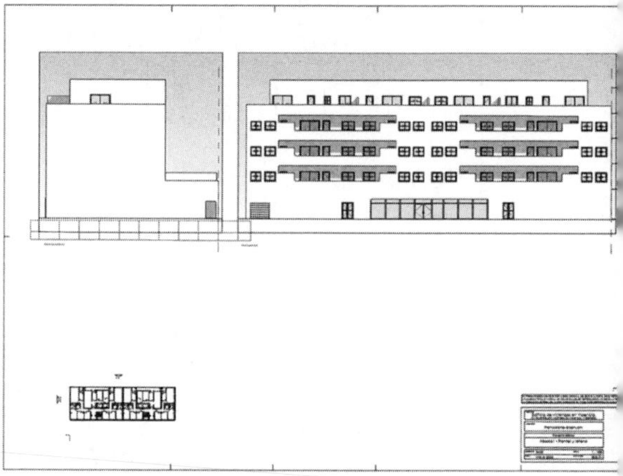

Plano de alzado principal y lateral Norte

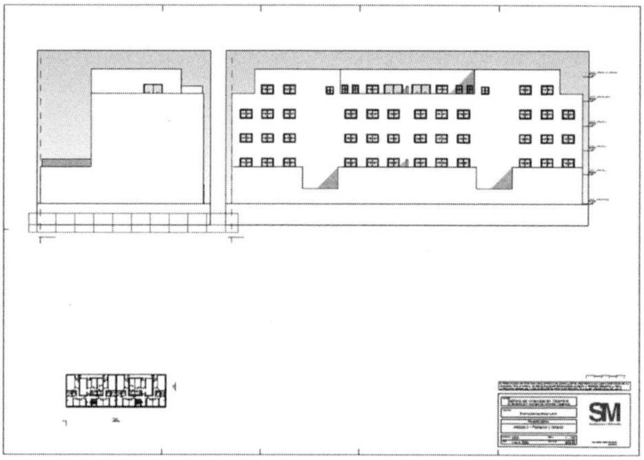

Plano de posterior y lateral Sur

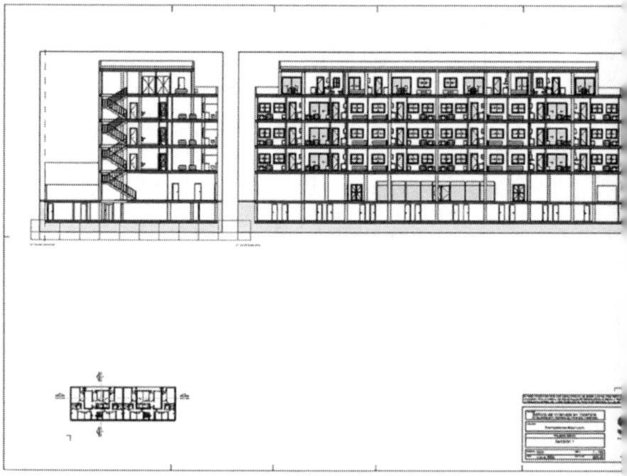

Plano de secciones.

Figura 22.16. Planos de alzados y secciones.

1. Localiza una planta tipo y duplícala; puedes nombrarla «Plano guía», por ejemplo.
2. Iguala sus parámetros de «Grupo» y «Subgrupo» a los de alzados y secciones para que se coloque en la posición correcta en el Navegador de proyectos.
3. Cambia la escala a 1:500, línea oculta y nivel de detalle bajo.
4. Asegúrate de que las secciones de proyecto son visibles (revisa el parámetro de ejemplar de las secciones de Ocultar en escalas con detalle más bajo que).

5. Ajusta la posición de los símbolos de alzado y sección para que estén correctamente colocados.
6. Desde VV, oculta todas las categorías que no aporten información (deja solamente muros, puertas, ventanas, escaleras y quizá aparatos sanitarios) y cambia el grafismo de corte de los muros a un patrón de relleno uniforme negro.
7. Si lo deseas, crea una plantilla de vista específica.
8. Duplica la vista como dependiente tantas veces como necesites, y asígnales el nombre del plano donde se colocarán. En cada dependiente, oculta los símbolos de alzados y secciones que no vayas a utilizar.

Planos de incendios

Este plano tendrá la vista de la planta y, adicionalmente, el plano de área de sectorización, a una escala inferior. Es recomendable una leyenda de los colores de muro y también, probablemente, una leyenda de relleno de color para el plano de área. Opcionalmente necesitarás una leyenda para los diferentes equipos de extinción y emergencia.

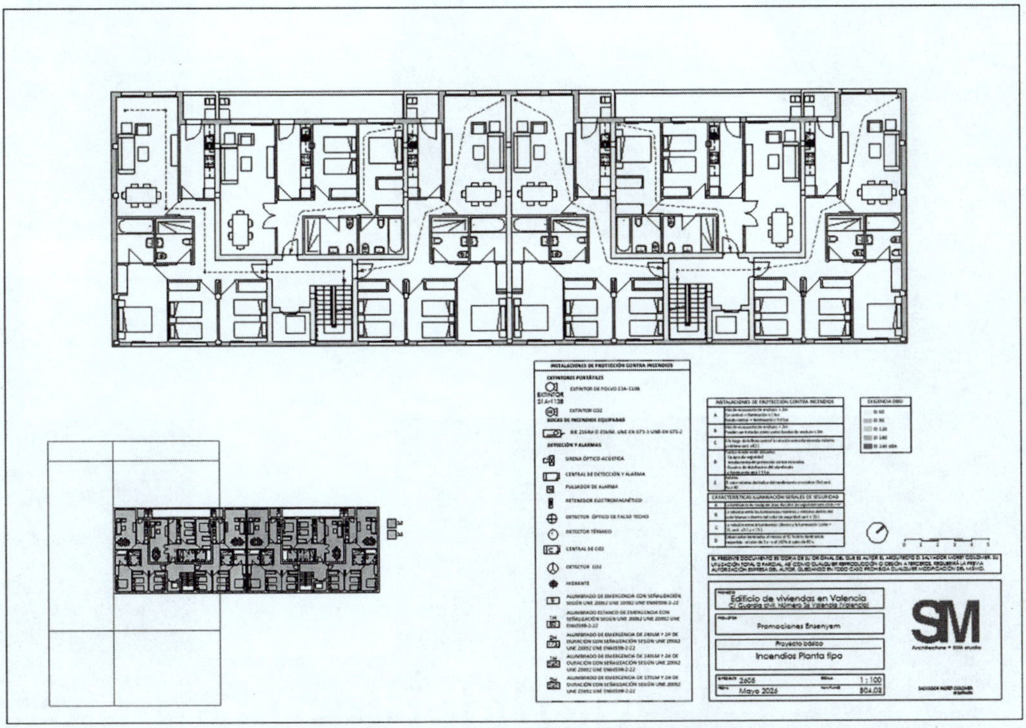

Figura 22.17. Plano de incendios de planta tipo.

Parte 4

Modelado para un proyecto de ejecución

23

Definición completa de muros en Revit

En este capítulo aprenderás a:

- Crear nuevos materiales.
- Duplicar muros y establecer sus capas.

Creación de materiales específicos

Si es tu primer proyecto en Revit, puedes intentar definir los muros completamente a partir de los materiales por defecto incluidos en la plantilla arquitectónica; pero teniendo en cuenta que es posible que no los encuentres todos y la conveniencia de mantener cierta coherencia en la nomenclatura de los materiales, vamos a repasar el proceso y a sentar las bases de cómo hacerlo. Lo primero será entrar al explorador de materiales de Revit, accesible desde Gestionar>Materiales. La primera vez que abras la ventana deberás ajustar algunas cuestiones básicas:

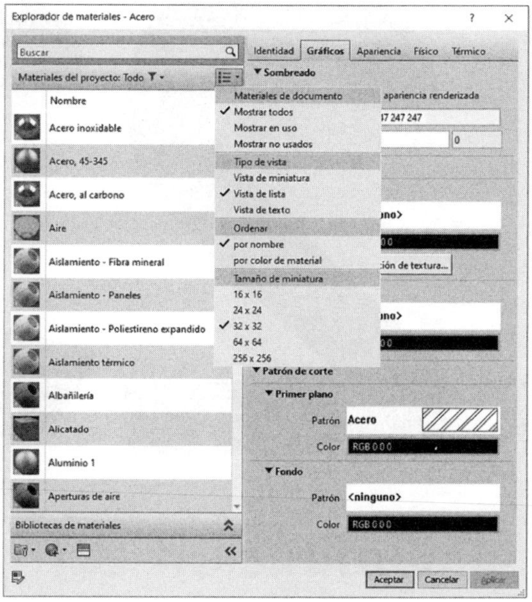

Figura 23.1. Ventana de materiales con la opción cambiar vista desplegada.

- El ancho de la ventana de materiales quizá sea un poco estrecho, estíralo sin miedo.
- En la parte inferior de la ventana puedes expandir o contraer las pestañas de datos de los materiales. Te recomiendo que estén desplegadas.
- Contrae el apartado «Biblioteca de materiales» para tener mejor visibilidad.
- Desde la parte superior de la ventana puedes cambiar la vista de los materiales y elegir entre miniatura, lista o texto; yo nunca uso la primera.
- Aunque uses la lista y no las miniaturas, puedes cambiar el tamaño de las miniaturas y esponjar un poco el espaciado para leer mayor comodidad.

Duplicar materiales existentes

El proceso general para crear un nuevo material desde el explorador de materiales es seleccionar el comando Crea y duplica materiales>Crear material nuevo. Después deberás seleccionarlo, con el botón secundario cambiar el nombre y, a partir de ahí, modificar toda la información. Sin embargo, el proceso más rápido y seguro es duplicar un material:

- Te aseguras de que ese nuevo material solamente se usará en los elementos que asignes. Por ejemplo, el material «Ladrillo hueco» se usa, en la plantilla arquitectónica, como ladrillo en muros de fachada, pero también como bovedilla en los forjados: si no nos damos cuenta de esto, las mediciones no serán precisas.
- Al duplicar un material se heredan todas sus propiedades: sus datos de información, su aspecto de renderizado, así como sus colores y patrones de sombreado. El proceso es tan

sencillo como seleccionar el material>botón secundario>Duplicar material y elementos>Cambiar el nombre. La tabla 23.1 recoge los materiales que inicialmente vamos a seleccionar para duplicar:

Tabla 23.1. Materiales duplicados para tipos de muro.

Material original	Nuevo material	Descripción
Ladrillo cerámico perforado	FP - LP12	Fábrica de ladrillo perforado de 12 cm.
Ladrillo de cerámica hueco doble	FP - LH11	Fábrica de ladrillo cerámico hueco triple de 11 cm.
Ladrillo de cerámica hueco doble	FP - LH7	Fábrica de ladrillo cerámico hueco doble de 7 cm.
Ladrillo de cerámica hueco simple	FP - LH4	Fábrica de ladrillo cerámico hueco simple de 4 cm.
Aislamiento térmico	AT - Poliuretano	Aislamiento térmico en fachada a base de poliuretano proyectado.
Enlucido - blanco	RV - Enlucido	Revestimiento vertical de enlucido con guarnecido.
Enlucido - blanco	RV - Enfoscado	Revestimiento vertical de enfoscado de mortero.
RS - cerámico	RV - Alicatado	Revestimiento vertical alicatado con piezas cerámicas.
Aire	FP - Cámara de aire	Cámara de aire.
Hormigón	ST - Hormigón muros	Hormigón estructural en muros.
Hormigón	ST - Hormigón pilares	Hormigón estructural en pilares.

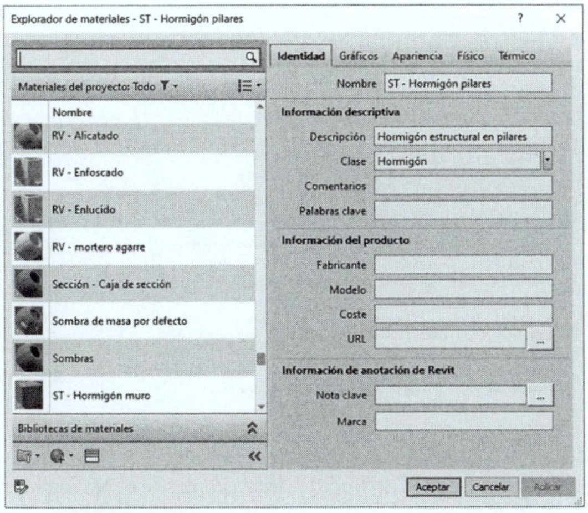

Figura 23.2. Ejemplo de materiales creados.

En este proyecto estoy proponiendo los prefijos «FP» para «Fachada y particiones», «AT» para «Aislamiento térmico», «RV» para «Revestimiento vertical» y «ST» para «Estructura»; pero, por supuesto, que puedes crear tu propia codificación.

NOTA:

Los prefijos para materiales no solo forman parte de una buena codificación y nomenclatura, sino que nos ayudarán mucho a ordenar y localizar los materiales; también recomiendo incluir un texto descriptivo o incorporar palabras clave, puesto que en la búsqueda de materiales Revit encuentra el fragmento de texto en cualquiera de los campos de información, no solo en el nombre.

Creación de muros con definición de capas

El siguiente paso tras definir los materiales necesarios es crear los nuevos muros que necesitamos. Si en el proceso detectamos que faltó algún material, volvemos al paso anterior y lo creamos en el momento. Partimos desde Arquitectura>Muro para ir editando los muros existentes. También puedes hacerlo desde Navegador de proyectos> Familias>Muros>Muro básico>(doble clic o botón secundario>Propiedades de tipo...).

Dentro de cada tipo de muro usaremos Estructura>Editar... para editar su composición o montaje. En cada caso necesitaremos Insertar más o menos capas, moverlas Arriba o Abajo, y modificar su Función, Prioridad, Grosor y Material.

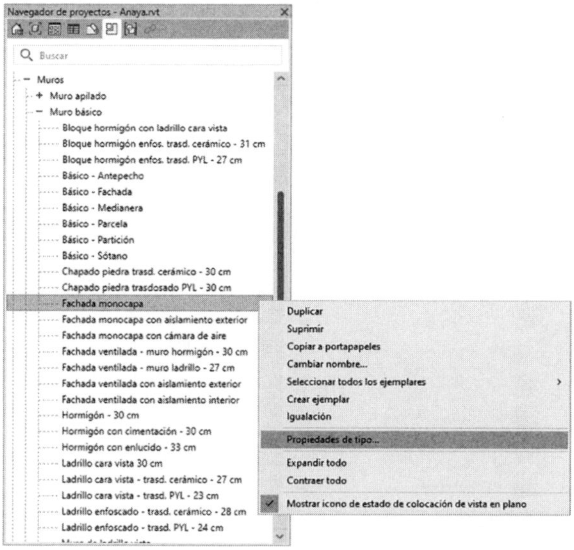

Figura 23.3. Editar propiedades de tipo de un muro desde el Navegador de proyectos.

Función y prioridad

Hasta Revit 2026, la Función de una capa estaba directamente relacionada con su prioridad al encontrarse con otros muros, para saber qué capa de muro frenaba y cuál seguía adelante.

El problema consistía en que no era un parámetro intuitivo y para su correcto funcionamiento, la mejor práctica era mantener todo lo que estuviera dentro del núcleo como «Estructura (1)» y dejar los revestimientos fuera del núcleo, con «Acabado 1 (4)». El núcleo siempre ha podido definirse como la parte del muro que no son revestimientos.

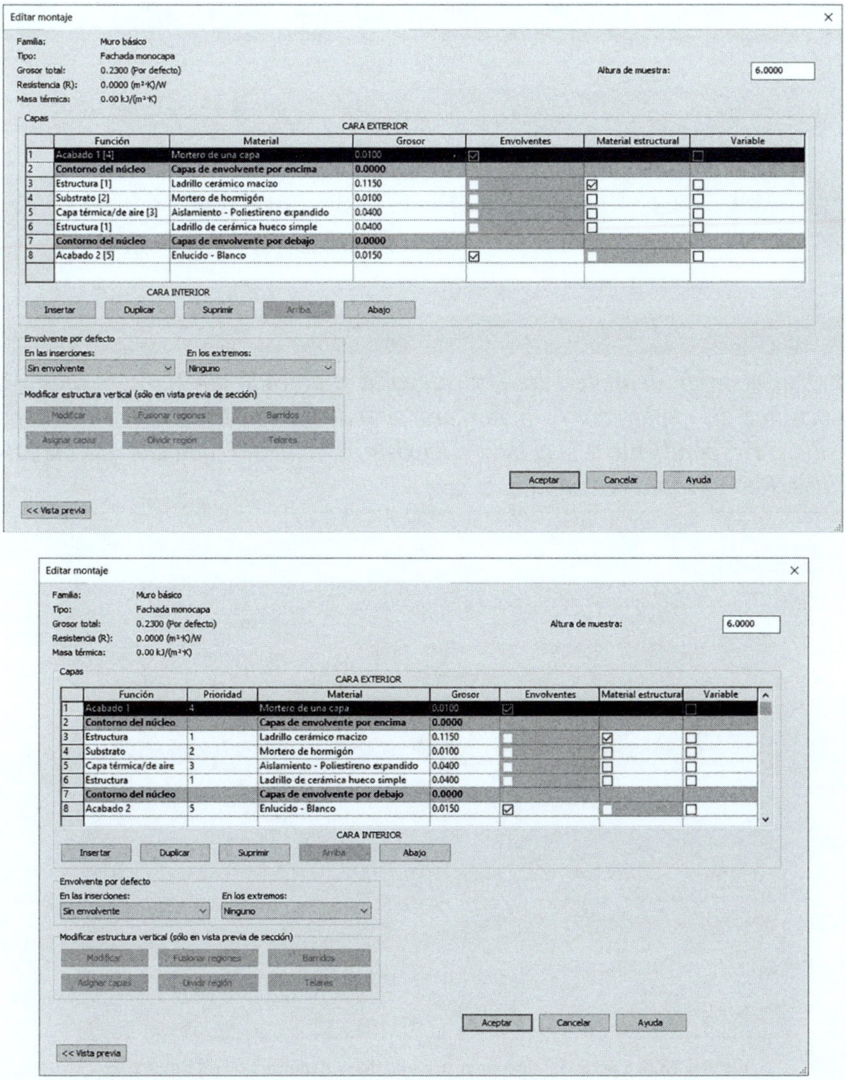

Figura 23.4. Capas del tipo de muro «Fachada monocapa» en Revit 2025 y 2026.

Sin embargo, en Revit 2026 se desdoblan los conceptos de Función y Prioridad, que pasan a tener un significado más literal: la prioridad pasa a ser un número del 1 al 6 y la función vuelve a su origen conceptual del uso o función real de la capa.

Muro de antepecho

Partimos del muro «Básico - Antepecho».

Tabla 23.2. Composición muro de antepecho.

Función	Prioridad	Material	Grosor
Acabado 1	4	RV - Enfoscado	0,015
Contorno del núcleo		Capas de envolvente por encima del núcleo	
Estructura	1	FP - LP12	0,12
Contorno del núcleo		Capas de envolvente por debajo del núcleo	
Acabado 1	4	RV - Enfoscado	0,015

NOTA:

Para cambiar el orden de materiales por categoría al deseado por ti, no es imprescindible abrir la ventana del explorador de materiales: si lo deseas, basta escribir el nombre exacto en la casilla correspondiente y, si el material existe, aunque no coincidan las mayúsculas o minúsculas, Revit lo dará por válido.

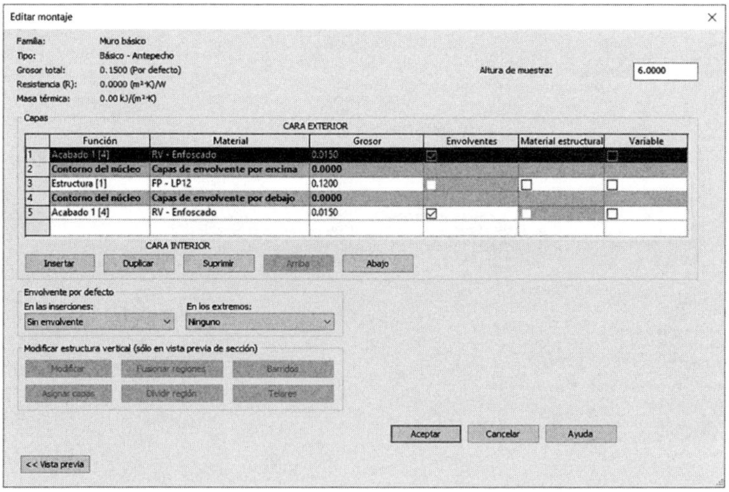

Figura 23.5. Capas del tipo de muro «Básico - Antepecho» en Revit 2025.

Muro de fachada

Partimos del muro «Básico - Fachada».

Tabla 23.3. Composición de muro de fachada.

Función	Prioridad	Material	Grosor
Acabado 1	4	RV - Enfoscado	0,015
Contorno del núcleo		Capas de envolvente por encima del núcleo	
Estructura	1	FP - LP12	0,12
Capa térmica/de aire	3	AT - Poliuretano	0,05
Capa térmica/de aire	3	FP - Cámara de aire	0,03
Estructura	1	FP - LH7	0,07
Contorno del núcleo		Capas de envolvente por debajo del núcleo	
Acabado 1	4	RV - Enfoscado	0,015

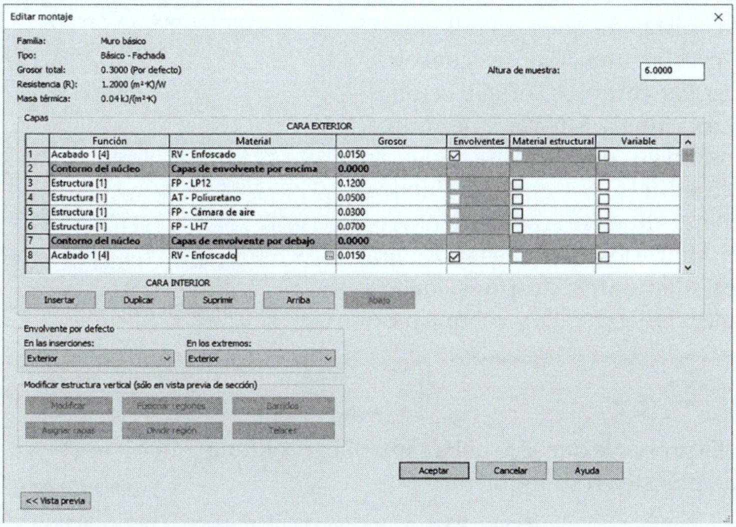

Figura 23.6. Capas del tipo de muro «Básico - Fachada» en Revit 2025.

NOTA:

Un material en Revit no lleva asociado un espesor, de manera que debes asegurarte de escribir el grosor correcto cuando eliges el nombre de material.

NOTA:

En versiones de Revit anteriores a 2026, utiliza la función «Estructura (1)» para todas las capas del interior del núcleo.

Errores en el cumplimiento de restricciones

Al modificar la composición de un muro, es normal que su grosor final cambie. Si habías aplicado alguna restricción en algún momento, puede que se vean afectadas por las nuevas dimensiones y Revit no sepa cómo ajustarlas, lo que da lugar a una ventana que avisa de un error que no se puede ignorar porque «No se cumplen las restricciones».

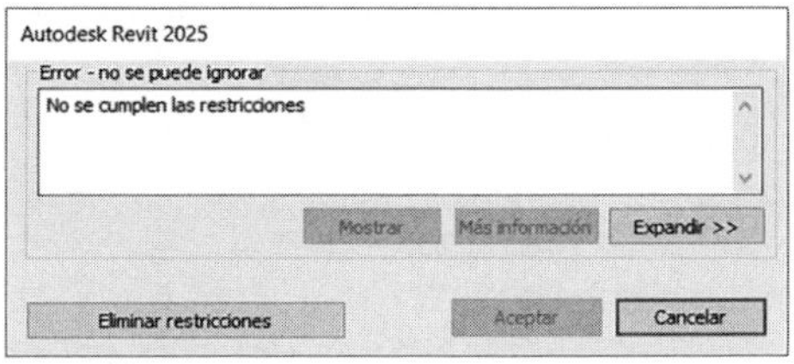

Figura 23.7. Aviso: No se cumplen las restricciones.

No te preocupes, lo más normal no es que sea tu proyecto el que falle, sino que el propio Revit no sepa, en algunos casos, cómo reajustar las medidas. Es importante que pierdas el miedo a la ventana de error, pues en ella encontrarás las pistas de qué está fallando y a qué debes prestar atención: no canceles, pues perderás los cambios, ni selecciones «Eliminar restricciones» sin ver qué muros están afectados. En vez de eso, pulsa Expandir y despliega los diferentes errores. Puedes pedirle a Revit que muestre esos elementos o, en su lugar, apuntarte los diferentes «ID» para localizar esos elementos después, desde Gestionar>Seleccionar por ID, y ver qué pasó en ese punto. Es probable que solo debas «reaplicar» alguna restricción que pusiste en su momento.

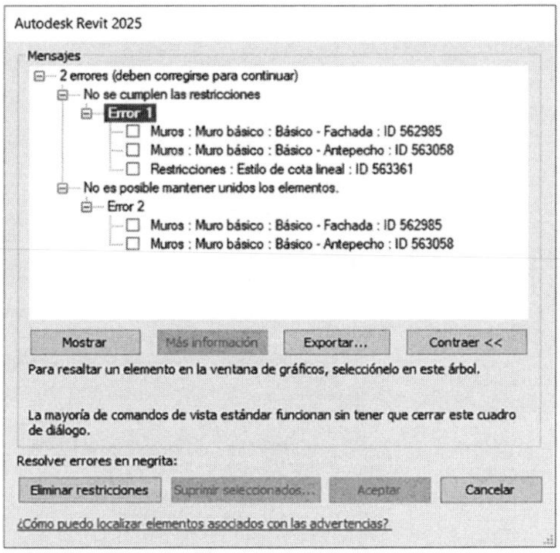

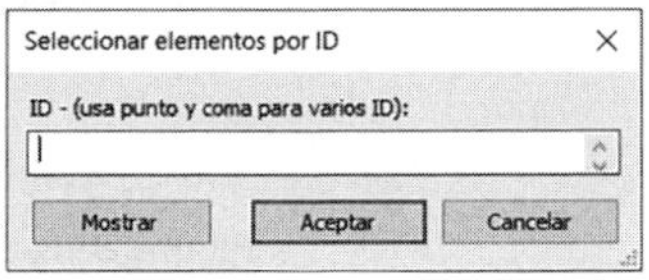

Figura 23.8. Aviso: Resolver errores.

Muro medianero

Partimos del muro «Básico - Medianera».

Tabla 23.4. Composición de muro medianero.

Función	Prioridad	Material	Grosor
Acabado 1	4	RV - Enlucido	0,015
Contorno del núcleo		Capas de envolvente por encima del núcleo	
Estructura	1	FP - LH11	0,11

Función	Prioridad	Material	Grosor
Capa térmica/de aire	3	AT - Poliuretano	0,05
Estructura	1	FP - LH11	0,11
Contorno del núcleo		Capas de envolvente por debajo del núcleo	
Acabado 1	4	RV - Enlucido	0,015

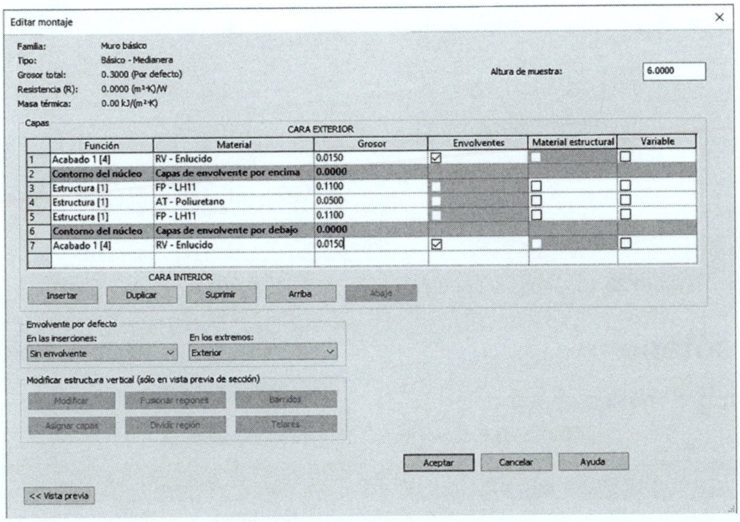

Figura 23.9. Capas del tipo de muro «Básico - Medianera» en Revit 2025.

Muro de partición

Partimos del muro «Básico - Partición».

Tabla 23.5. Composición de muro de partición.

Función	Prioridad	Material	Grosor
Acabado 1	4	RV - Enlucido	0,015
Contorno del núcleo		Capas de envolvente por encima del núcleo	
Estructura	1	FP - LH7	0,07
Contorno del núcleo		Capas de envolvente por debajo del núcleo	
Acabado 1	4	RV - Enlucido	0,015

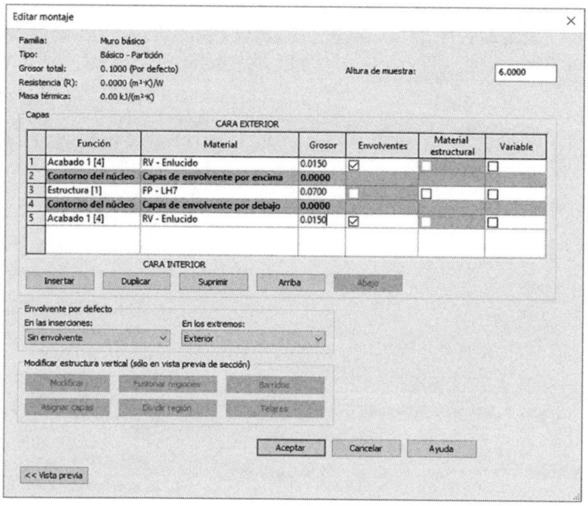

Figura 23.10. Capas del tipo de muro «Básico - Partición» en Revit 2025.

Muro de sótano

Partimos del muro «Básico - Sótano».

Tabla 23.6. Composición de muro de sótano.

Función	Prioridad	Material	Grosor
Contorno del núcleo		Capas de envolvente por encima del núcleo	
Estructura	1	ST - Hormigón muros	0,30
Contorno del núcleo		Capas de envolvente por debajo del núcleo	

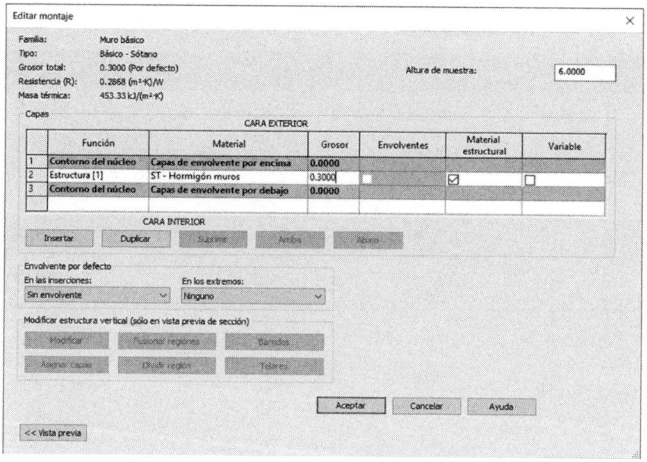

Figura 23.11. Capas del tipo de muro «Básico - Sótano» en Revit 2025.

Muro de parcela

Partimos del muro «Básico - Parcela».

Tabla 23.7. Composición de muro de parcela.

Función	Prioridad	Material	Grosor
Acabado 1	4	RV - Enfoscado	0,015
Contorno del núcleo		Capas de envolvente por encima del núcleo	
Estructura	1	FP - LP12	0,12
Contorno del núcleo		Capas de envolvente por debajo del núcleo	
Acabado 1	4	RV - Enfoscado	0,015

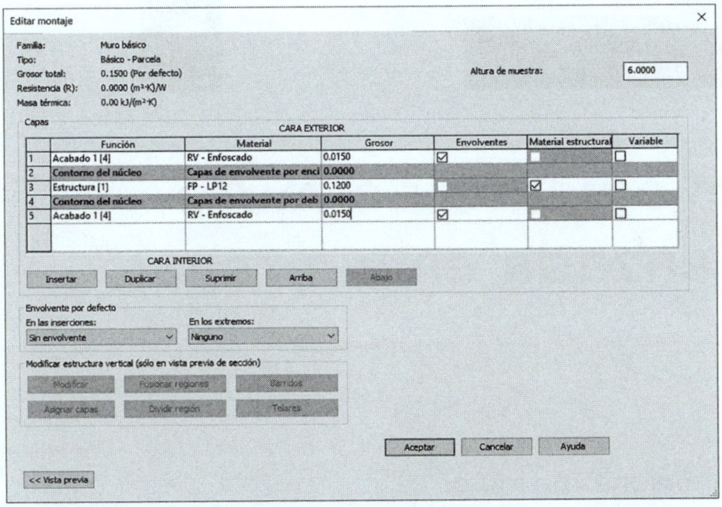

Figura 23.12. Capas del tipo de muro «Básico - Parcela» en Revit 2025.

24

Envolvente de muro avanzada en ventanas

En este capítulo aprenderás a:

- Arreglar uniones de muro.
- Modificar el muro para las envolventes con ventanas.
- Modificar las familias de ventanas.

Uniones de muro

A pesar de haber definido tus muros correctamente, la cantidad de casuística de uniones posibles hace que Revit no acierte el 100 % de las veces y es posible que algunas uniones no se muestren como esperas. Recuerda que existen cuatro métodos para arreglar las uniones de muro.

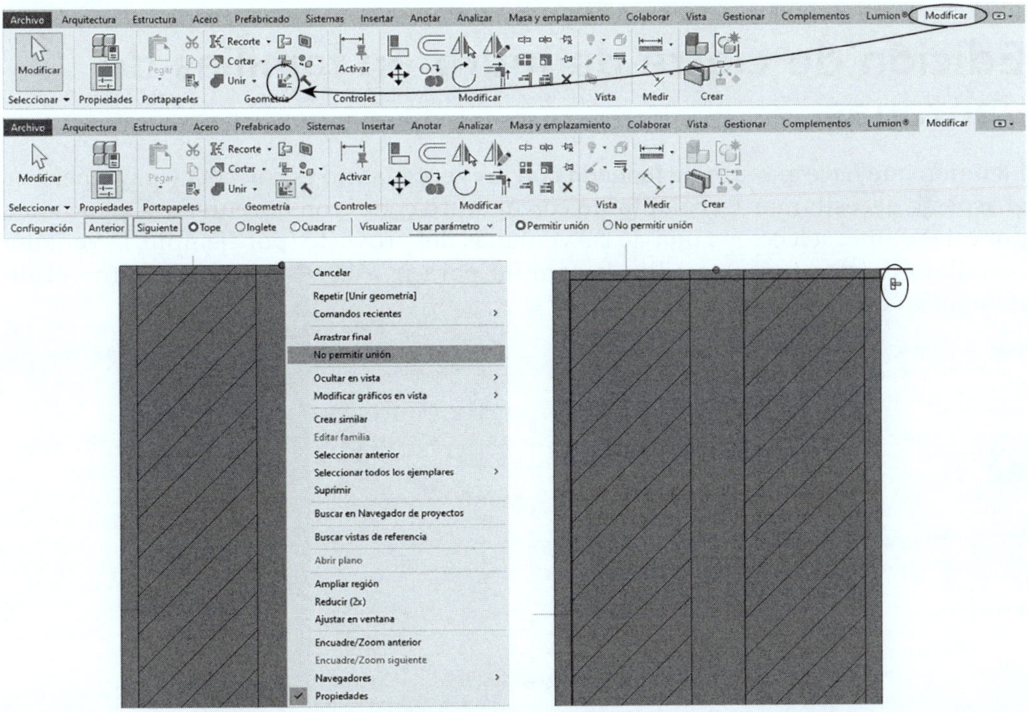

Figura 24.1. Comandos «Uniones de muro» y «No permitir unión».

- **El modo preventivo.** Asegúrate de que los muros estén bien definidos. Deja los revestimientos fuera del núcleo, con función (o prioridad) 4; y el resto de las capas dentro del núcleo, con función 1 («Estructura [1]», en versiones anteriores a Revit 2026) sin importar la función real que tenga esa capa o elemento.
- **El modo oficial.** Desde Modificar>Uniones de muro puedes hacer clic en una intersección de dos o más muros y, con los botones Anterior/Siguiente de la Cinta de opciones (o de la barra de opciones, si estás en una versión antigua de Revit), ir navegando entre las diferentes posibilidades. Hasta 50 combinaciones diferentes Revit no te avisará; si hay más, te invitará a seguir el tercer método.
- **El modo manual.** Selecciona un muro, estira el pinzamiento para sacarlo de la unión y vuelve a colocarlo; este procedimiento es mágico. Y también es mi método favorito.

- **El modo desesperado.** Si la unión de muros no funciona de ninguna de las maneras, no pierdas demasiado tiempo; toca el muro y localiza el icono de No permitir unión ubicado cerca del pinzamiento del extremo (en versiones antiguas de Revit tendrás que hacer clic con el botón secundario del ratón en el pinzamiento para poder escoger esa opción del menú contextual).

Edición de cierre de muro en familias de ventanas

La unión que hace el muro de fachada con las ventanas no es correcta y para mejorar el aspecto necesitamos trabajar tanto con el muro como con la ventana. Empecemos por esta última: selecciona una de las ventanas del proyecto (por ejemplo, la ventana corredera de dos hojas) y edita la familia para ir a la vista de planta (nivel de referencia) de la misma.

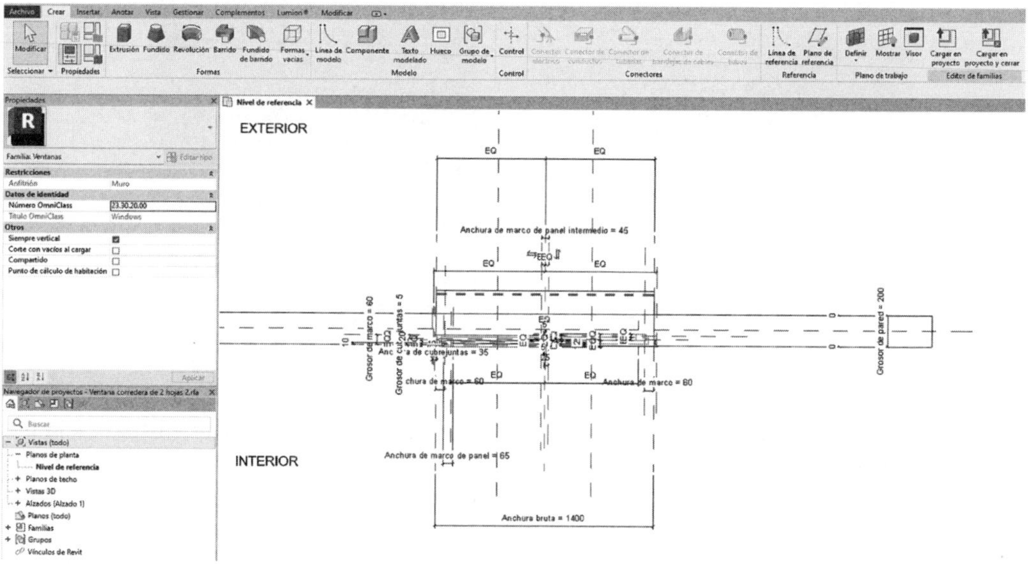

Figura 24.2. Plano de planta de la familia de «Ventana corredera de 2 hojas».

1. Crea un plano de referencia horizontal, separado de la ventana para que sea más fácil de controlar.
2. Edita el nombre de ese plano de referencia: por ejemplo, «Cierre de muro»; el nombre no es importante ya que servirá solamente para identificarlo.
3. Selecciona ese plano y activa, en la paleta Propiedades, la casilla Cierre de muro. Activar ese valor hará que, cuando Revit quiera girar las envolventes de muro hacia el interior de las ventanas, llegue hasta ese plano.

4. Crea una cota que conecte el plano vertical interior de la ventana con el plano de referencia recién creado.
5. Desde la Cinta de opciones, crea un nuevo parámetro de ejemplar que puedes llamar, por ejemplo, «Envolvente de muro».
6. Antes de darle un valor definitivo, vuelve a una vista de planta del proyecto y mide el espesor del muro de fachada desde el enlucido interior hasta el encuentro de la cámara de aire con la hoja interior de fachada. Según mis cálculos, deberían ser 8,5 cm.
7. Vuelve a la familia y establece ese valor en la cota: es verdad que es un parámetro de ejemplar que puedes modificar ¡pero si ya tienes el valor bien puesto es mucho mejor!
8. Carga en proyecto sobrescribiendo los parámetros.

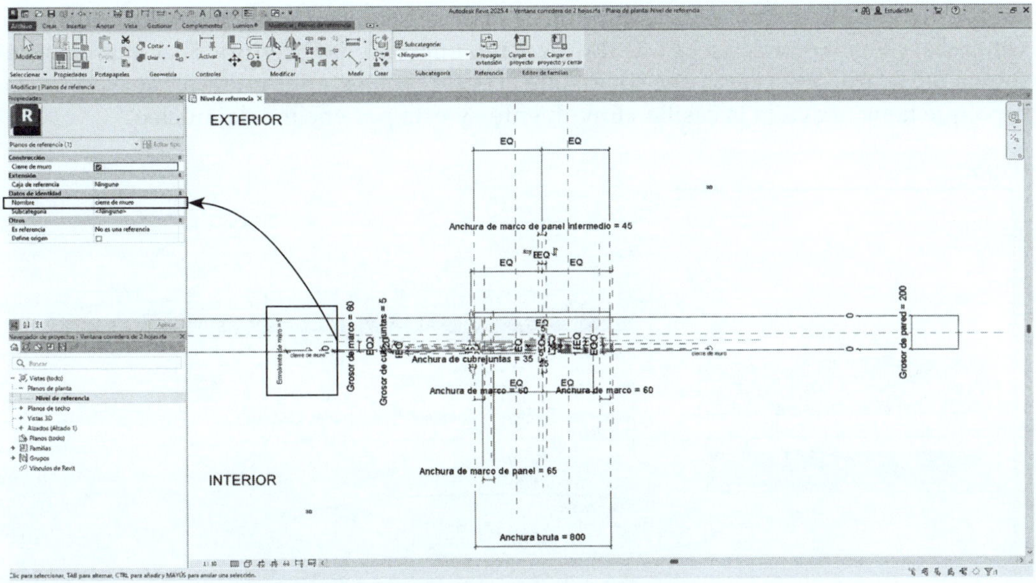

Figura 24.3. Plano de referencia y nuevo parámetro creados.

Revisión de líneas en familias

En muchas familias encontrarás líneas de detalle adicionales, de referencia, que tal vez no necesites; en el caso de la ventana corredera, es posible que quieras eliminar las líneas ocultas del vuelo del antepecho o modificar la máscara y la cruz del premarco de la ventana.

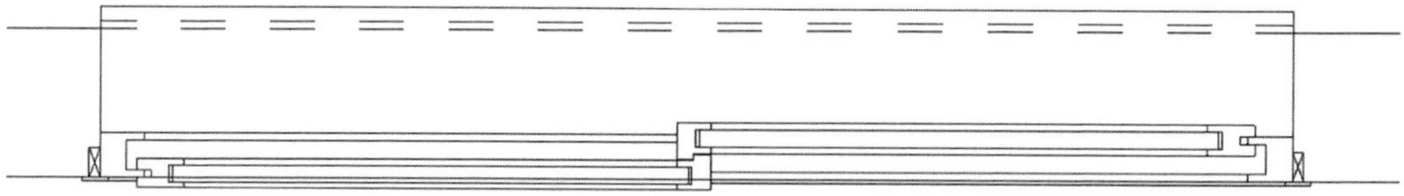

Figura 24.4. Ventana en planta con líneas ocultas del vuelo del antepecho.

Envolvente en muros

Selecciona el muro de fachada y, desde la edición de tipo, entra a editar su estructura o composición de montaje; podrás modificar la envolvente en inserciones (puertas y/o ventanas) y en extremos; asegúrate de que estén puestas en «Exterior». Si activas la vista previa del muro, observarás que solamente el enfoscado exterior gira, ya que es la única capa que tiene activada la casilla «Envolvente» y está por encima del núcleo.

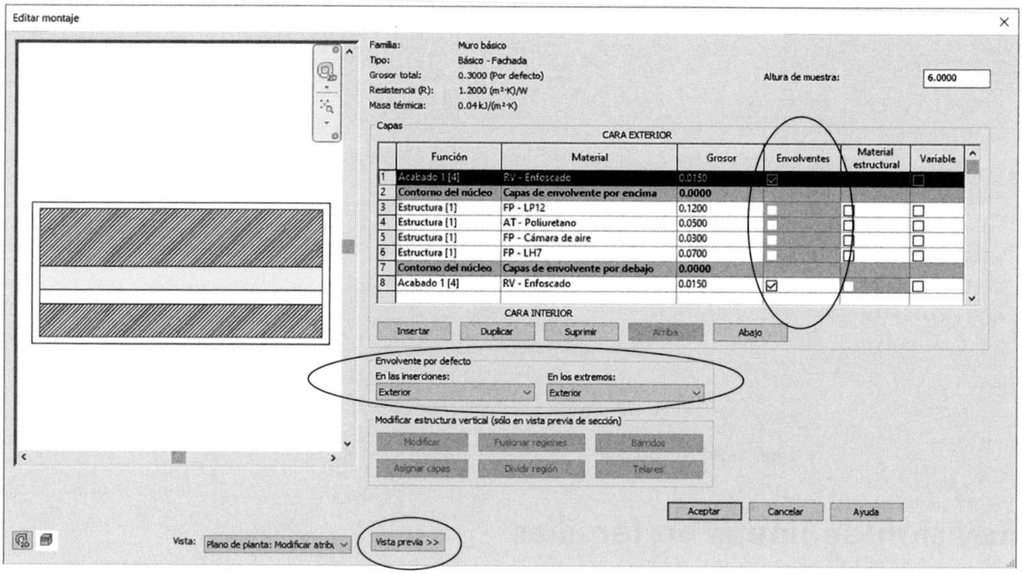

Figura 24.5. Estructura del tipo de muro «Básico - Fachada».

Si quieres modificar este comportamiento y conseguir que, por ejemplo, la hoja exterior de LP12 gire también, deberás romper la regla que nos habíamos autoimpuesto de mantener fuera del núcleo solamente los revestimientos, y mover esa capa hacia arriba. Si el parámetro de envolvente se activa, tendremos un comportamiento muy interesante.

Acepta los cambios y ve a la planta: tendrás un resultado mucho más profesional.

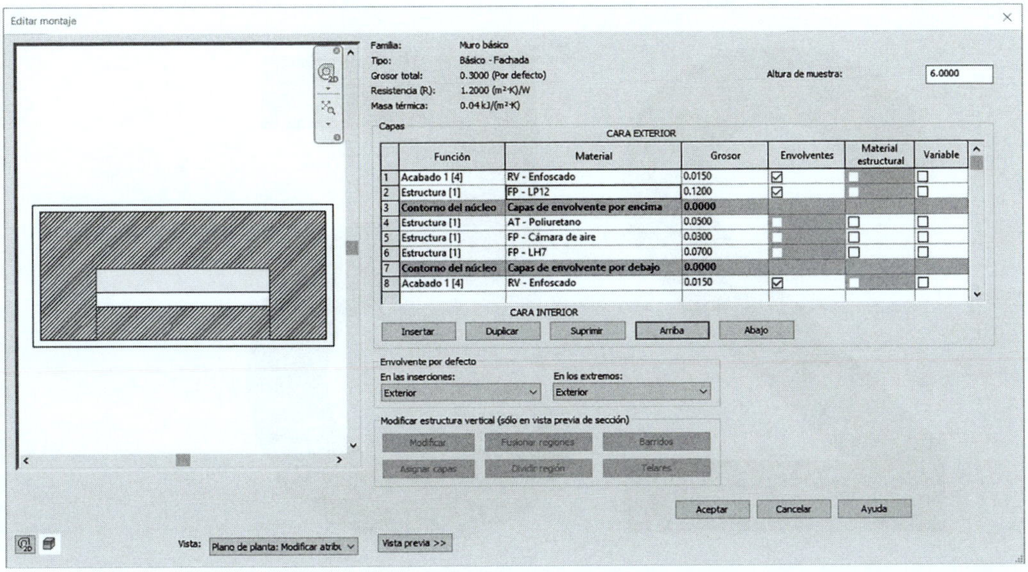

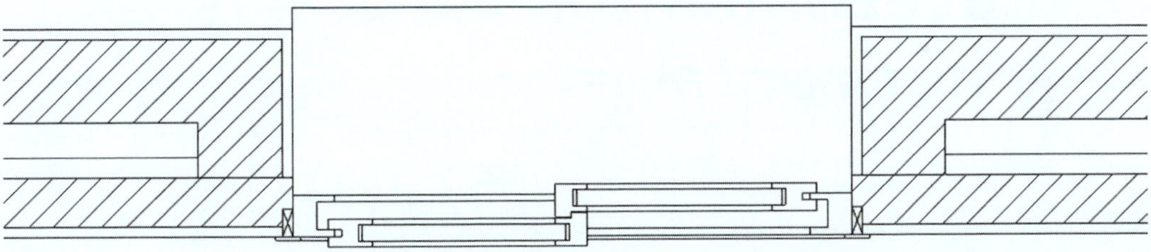

Figura 24.6. Resultado de mover fuera del núcleo la hoja exterior de LP12.

NOTA:

Tendrás que repetir este proceso en las diferentes familias de ventanas y puertas balconeras que tienes en el proyecto. Si quieres cambiar rápidamente todos sus valores de envolvente, puedes utilizar la orden de «Aislar categoría» en una vista en planta o 3D para seleccionarlas con una ventana; en el caso de las puertas, harías bien en revisar el parámetro «Función» para indicar cuáles son exteriores e interiores y quizá utilizar un filtro que deje solamente las que necesitas ver mientras ajustas el valor de envolvente.

25

Revestimientos verticales y horizontales

En este capítulo aprenderás a:

- Distinguir los diferentes enfoques de modelado de muros.
- Modelar techos y acotar su altura de colocación.
- Modificar parámetros globales.
- Modelar tabicas y forrados.

Diferencias de enfoque para trabajar con revestimientos

Probablemente ya hayas detectado que, en este proyecto, tenemos un mismo tipo de muro de fachada sin importar el revestimiento interior; ocurre lo mismo con medianeras y particiones. Esta generalización, que puede estar bien para un proyecto básico, quizá resulte insuficiente en ciertos casos de un proyecto de ejecución completo. Revit plantea varios métodos posibles para acometer esto.

Muro con revestimiento genérico

- Dibujar un único muro con un revestimiento genérico o único, es la opción más rápida.
- También es el método más limitado, pues no ofrece detalle ni diferenciación a nivel gráfico o proyectual.
- Para medir revestimientos verticales, debes utilizar parámetros de habitación como Acabado de muro para obtener la superficie vertical.
- No es una opción recomendable en general (tal vez para un anteproyecto donde no se tenga más información).

Duplicar tipos de muro según sus acabados

- El muro de fachada puede tener, a modo de ejemplo, dos revestimientos interiores: el general (enlucido) y el de las zonas húmedas (alicatado).
- Desdoblamos o duplicamos el muro de fachada en dos tipos: «Básico - Fachada /general» y «Básico - Fachada /húmedas» o también «Básico - Fachada /enl» y «Fachada /ali».
- La nomenclatura (y la composición, por supuesto) reflejan que es el mismo núcleo de muro, pero cambiando el revestimiento interior.
- Esta modalidad funciona razonablemente bien en promociones de vivienda sencillas, donde hay un número muy acotado de soluciones constructivas o de revestimientos y un muro puede separarse en dos o quizá tres variantes.
- A nivel operativo requiere usar la orden Partir para dividir los muros cuando hay cambio de material.
- Sí se representa a nivel gráfico, pero sin llegar a la precisión total, pues al ser los revestimientos parte del muro, no terminan en los falsos techos sino en el forjado y generan más metros cuadrados de material de los que se ejecutarán en realidad.

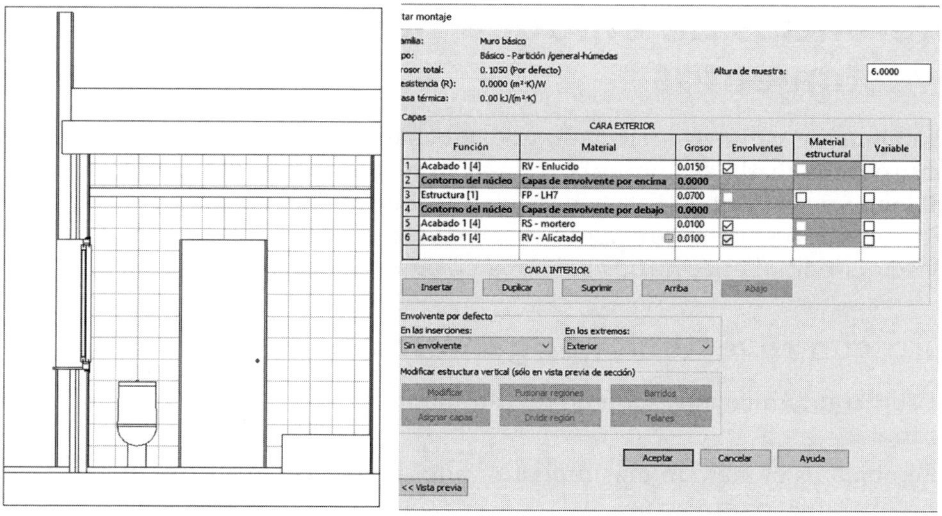

Figura 25.1. Ejemplo de tipo de muro con acabado interior incluido.

Hacer un muro diferente para el revestimiento interior

- Este proceso ha requerido, tradicionalmente, casi duplicar el tiempo de modelado, pues se hace tanto el muro general como los revestimientos.
- En proyectos donde se usan sistemas de placas de yeso laminado es muy ventajoso, puesto que no hay que redibujar muros excepto en las zonas húmedas. Si tu proyecto es así, creo que puedes beneficiarte mucho si utilizas este sistema.
- Al ser un muro independiente, es muy fácil darle la altura exacta del revestimiento e incluso vincularla con un parámetro global, arroja mediciones precisas y una representación gráfica mucho más exacta.
- Desde Revit 2026, es posible dibujar muros en el contorno de una habitación, con una altura definida y acelera mucho el proceso al convertirlo en una opción muy deseable cuando se requiere máxima precisión.
- En proyectos de residencial múltiple que se proyecten con sistema tradicional de ladrillo, será necesario evaluar la diferencia de trabajo entre duplicar tipos de muro o este sistema.
- Si ya has colocado aparatos sanitarios, tu muro de revestimiento pasará por encima; así que será necesario seleccionar los elementos basados en cara (lavabos e inodoros o muebles de cocina, por ejemplo) para Seleccionar nuevo anfitrión en el revestimiento y no en el muro trasero.
- Al dibujar un segundo muro, los huecos de puertas o ventanas no se traspasan automáticamente y resulta necesario utilizar Unir entre ambos muros para que eso ocurra.
- También es recomendable alinear y bloquear la posición entre muro base y revestimiento, para que cualquier cambio posterior sea coherente entre todos los elementos.

- En las versiones más recientes de Revit puedes, desde la Cinta de opciones, marcar tanto Unión automática como Unión y bloqueo automáticos al dibujar nuevos muros, para evitar tener que recurrir a este proceso.
- Estas mejoras evidencian que la tendencia entre los usuarios es hacer uso de este sistema.

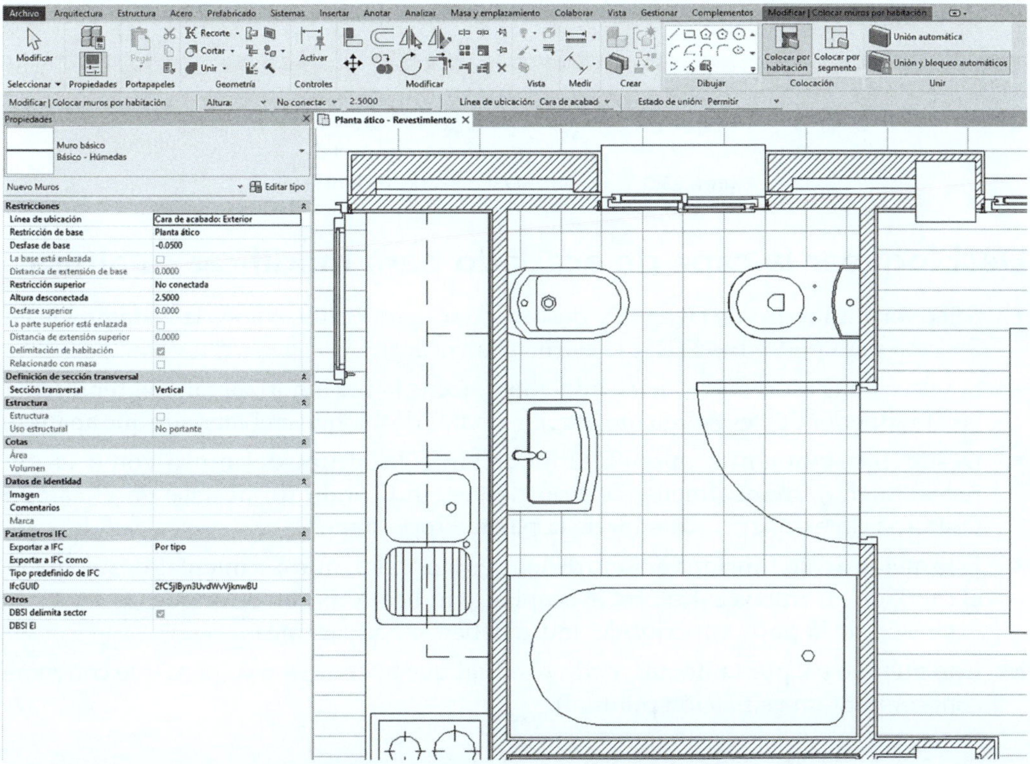

Figura 25.2. Comandos activos en Revit 2026.

Al margen de los métodos más usuales, existen una serie de procedimientos menos utilizados, residuales o alternativos, que también cumplen su función con matices. Veamos algunos de ellos.

Pintar muros

- Si hay unos pocos muros con un revestimiento diferente, puedes usar la herramienta Pintar para cambiar el material visible de ese muro.
- Ese material se añade a la medición, pero no sustituye al material de base.
- En una tabla de cómputo de materiales, podrás identificar qué materiales se usaron como pintura si añades el campo Material: Como pintura, y marcar Sí en aquellos que cumplan esta condición.

- Pintar toda la cara no resuelve con precisión el problema, así que previamente sería necesario partir el muro o, más fácil aún, Dividir cara; pero es un método completamente manual.
- Este sistema tiene sentido si en el proyecto se quieren diferenciar pinturas de colores diferentes o representar elementos más avanzados como cambios en la composición de la pared o del suelo.

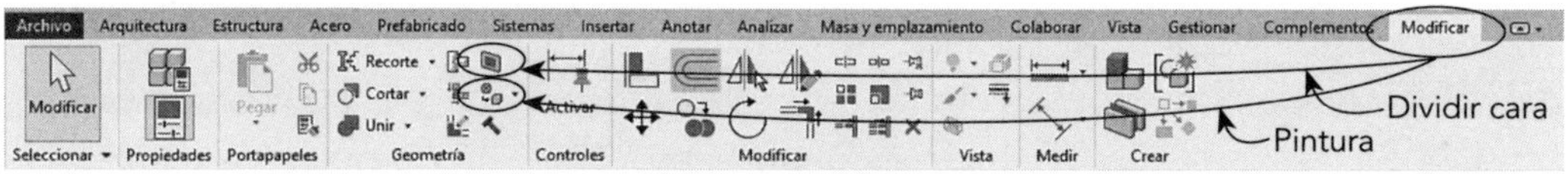

Figura 25.3. Comando «Dividir cara» y «Pintura».

Desbloquear la capa de acabado para modificar su altura

- Selecciona un muro de fachada y desde Editar tipo>Editar, coloca la vista previa en Sección para poder modificar la estructura vertical.
- Si seleccionas Modificar y, haciendo zoom, tocas la línea horizontal que representa la cara superior del revestimiento interior, podrás desbloquear el candado que aparece.
- Desde este momento, puedes cambiar tanto la altura del muro como la del revestimiento; manualmente o, si lo deseas, indicando un desfase en el campo Distancia de extensión superior de la paleta Propiedades.
- Este método solo funciona en uno de los dos lados del muro; si intentas desbloquear el candado en ambos extremos, al aceptar te indicará con un error que las capas de extensión de la parte superior del muro deben ser adyacentes.
- Este método es, por tanto, un modo residual que apenas se usa (pero que conviene conocer para una situación puntual).

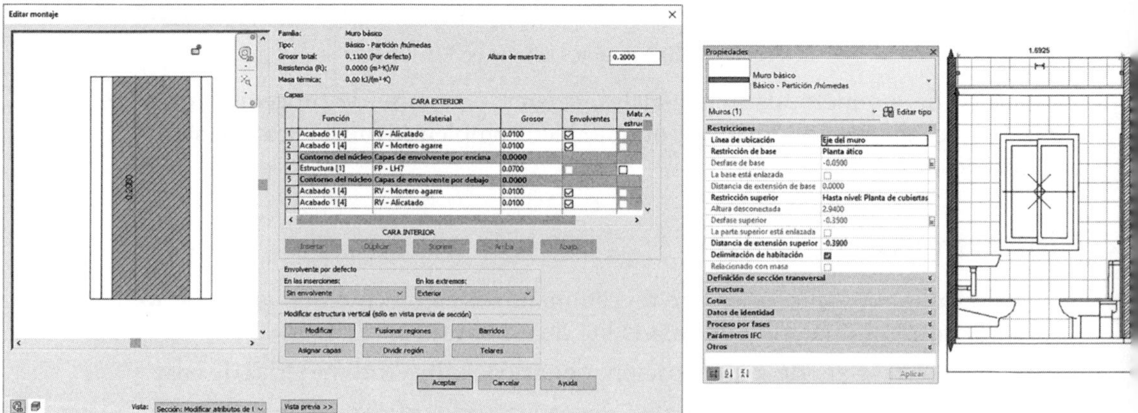

Figura 25.4. Ejemplo baño con muros cuya «Distancia de extensión superior» está modificada.

Utilizar piezas en los muros

- Si seleccionas un muro y activas la orden Crear piezas de la Cinta de opciones, tu muro pasará de ser un elemento único a estar conformado por piezas separadas.
- Desde la paleta Propiedades de vista, podrás elegir entre ver el muro original, las piezas o ambos elementos.
- Al seleccionar una pieza, puedes activar el parámetro Mostrar pinzamientos de forma en la paleta Propiedades y modificar la altura de cada capa por separado, e incluso excluirla si quieres, por ejemplo, ocultar la capa de la cámara de aire.
- Este método es muy laborioso, pues se hace muro a muro; y modifica o estropea las uniones de muro en plantas cuando se activa la visibilidad de piezas.

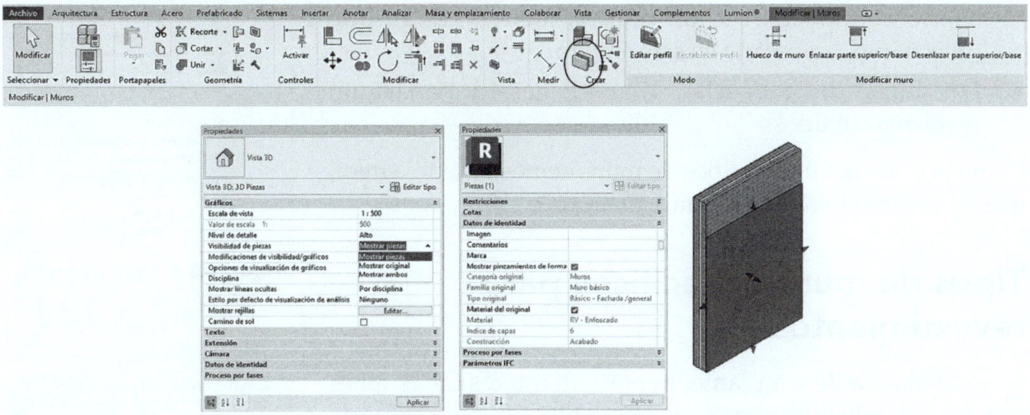

Figura 25.5. Crear piezas.

Duplicar tipos de muro para diferenciar revestimientos

Es posible, querido lector, que tú no estés trabajando en Revit 2026 en el momento de leer estas líneas, y que todavía quede algo de tiempo para que des ese salto; por tanto, me parece oportuno continuar este proyecto duplicando los tipos de muro según revestimientos; es decir, con uno de los sistemas más cómodos cuando:

- se trabaja con versiones anteriores.
- en proyectos que no requieren una gran diferenciación.
- y se construye con sistema tradicional de fábrica de ladrillo.

Para ello, te propongo los distintos tipos de muro y sus desdobles. Como el revestimiento que se estaba usando hasta ahora es el enlucido, sería el equivalente al general; y cuando se produzca el duplicado para zonas húmedas, se modificarán las capas. Puedes elegir entre tener una única capa de alicatado que recoja tanto la pieza como el mortero de colocación, o bien utilizar dos capas, una para cada material. En cualquier caso, el espesor total rondará los 2 cm.

NOTA:

Recuerda que las capas de revestimiento estarán fuera del núcleo y tendrán, por tanto, el mismo tratamiento que el otro revestimiento (normalmente, «Acabado 1» con función 4).

- El esquema general será NombreDeMuro /Situación.
- Básico - fachada se renombrará como «Básico - fachada / general» y se duplicará como «Básico - fachada /húmedas».
- Básico - medianero y Básico - partición, siguiendo el mismo esquema, se dividirán en tres subtipos: «general», «/zonas húmedas» y «/general-húmedas». Además, se añade un cuarto subtipo para cada uno: «/sótano», dado que utilizaremos enfoscado en este ámbito.
- Los muros de antepecho, sótano general y parcela no requieren subtipos.

Como puedes ver, de seis tipos de muro hemos pasado a trece, que sigue siendo un número muy manejable.

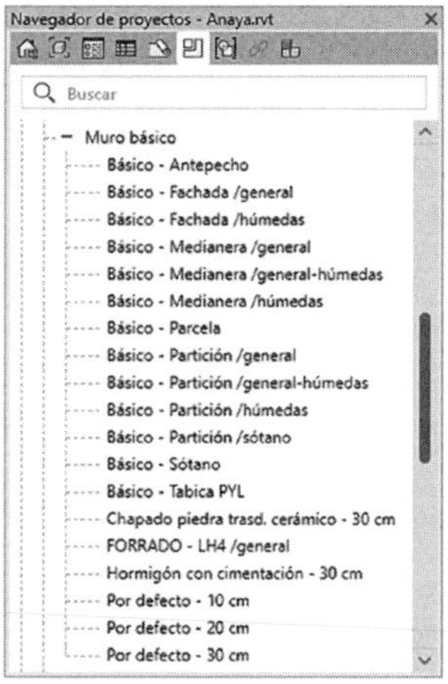

Figura 25.6. Tipos de muro.

Tipos de muro específicos para revestimientos

Si, a diferencia de mi planteamiento, te interesa más tener nuevos tipos de muro para revestimientos, déjame contarte el enfoque que puedes seguir.

- Edita los tipos de muro y elimina los revestimientos interiores. Por ejemplo, en el muro de fachada no necesitarás eliminar el enfoscado exterior, porque en principio sería continuo; algo parecido ocurre con los muros de antepecho, parcela y sótano.
- Crea un tipo de muro adicional para cada revestimiento: puedes nombrarlos como «Revestimiento - enlucido» o siguiendo el criterio que prefieras. Deberás contar con, al menos, enlucido, alicatado y enfoscado. Si en tu proyecto deseas, además, diferenciar entre distintos alicatados por estancias, puedes seguir duplicando el muro.
- Con este método habrás pasado a tener unos nueve o diez tipos de muro. Como puedes ver, la diferencia no es tanto el número de muros que hay en tu proyecto, sino la exactitud de la información que introduces y el tiempo de trabajo que empleas en ello.

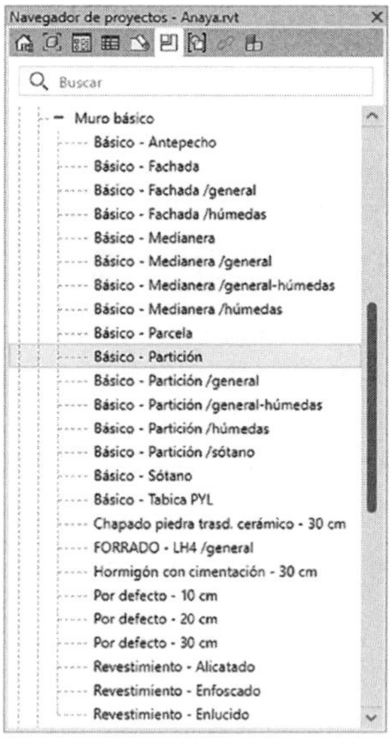

Figura 25.7. Tipos de muro por revestimientos creados.

Separar hoja exterior y hoja interior de muro de fachada

Una tendencia que también podrás observar en ciertos proyectos es la separación en dos muros de la hoja exterior y la hoja interior de una fachada del proyecto. Esto persigue maximizar las posibilidades de trabajo sin necesidad de multiplicar el número de tipos de muro creados. Veámoslo con un ejemplo.

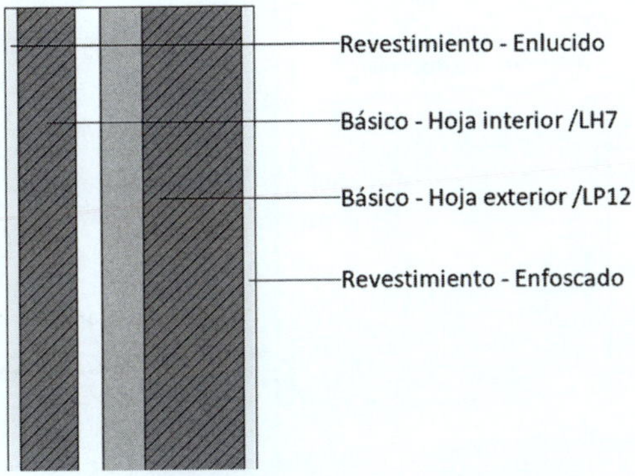

Figura 25.8. Muro de fachada modelado con cuatro muros.

- En tu despacho, se puede utilizar como hoja exterior indistintamente un muro de bloque de hormigón (llamémosle BH20) muros de ladrillo perforado (LP12), muros de ladrillo hueco triples (LH11) o ladrillos de termoarcilla de 14 cm (LTA14).
- En cuanto a la hoja interior de fachada, quizá contemples ladrillo hueco doble (LH7 o LH9), ladrillo perforado (LP12), placas de yeso laminado (PYL) u otras configuraciones.
- Si tuvieras que hacer todas las combinaciones posibles, tendrías cuatro combinaciones de hoja exterior con cuatro de hoja interior, lo que da lugar a 16 muros.
- Cada uno de esos muros tendría dos subtipos, uno para enlucido y otro para alicatado, con un total de 32 muros.
- En este caso, tal vez sean más operativos cuatro tipos de muro de hoja exterior, otros cuatro de muro de hoja interior, y los dos de revestimiento.
- En este escenario, se intenta equilibrar la cantidad de tipos de muro generadas con el trabajo que se invierte.
- Deberás valorar muy detenidamente si este método es el apropiado para ti, o debes optar por una solución más sencilla.

Proceso de trabajo para dividir muros

Si optas, como voy a hacer en este proyecto, por duplicar los tipos muros según sus revestimientos, tendrás que partirlos en los puntos en que cambie la función. Por ejemplo, un muro de fachada ya no será continuo si está cerrando un salón y después un baño o una cocina; deberás partirlo en dos. El proceso, detallado al máximo, es el siguiente:

- Utiliza la orden Modificar>Dividir elemento.
- Asegúrate de que la casilla de Suprimir segmento interno esté desactivada: no queremos eliminar trozos de muro.

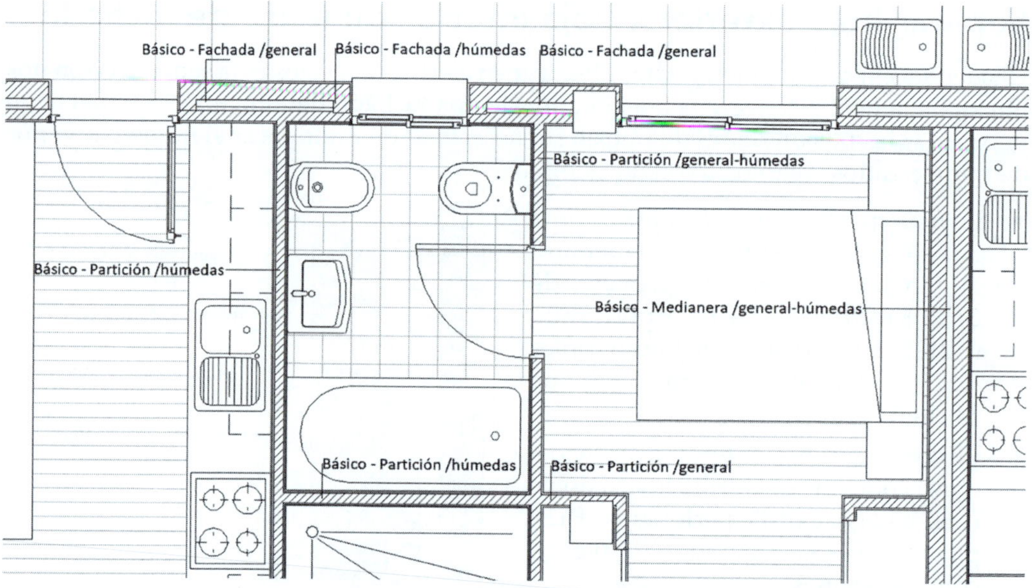

Figura 25.9. Ejemplo de muros divididos acabados.

- Acércate a la intersección de un muro que cambia de contexto (una partición que separa cocina y salón, pero que se prolonga para separar salón y pasillo; o una medianera que separa dos cocinas y después continúa para separar dos habitaciones).
- Mientras mueves el ratón por encima del muro, aunque no hagas ningún clic, verás la marca que indica por dónde se efectuará el corte y, al mismo tiempo, se resaltará la línea discontinua del eje del muro.
- Si no estás encima de una intersección, es probable que, además de estas dos referencias (marca y eje de muro) veas parte de una cota temporal azul.
- Cuando llegues a la intersección real, la cota temporal desaparecerá. Si en este momento es cuando haces clic para dividir el muro, no verás nada: será como hacer un corte limpio.
- No te preocupes si no haces el corte de esa forma; siempre puedes estirar y alargar o recortar los muros resultantes.
- Tras seleccionar el muro que vas a cambiar, pero antes de desplegar el selector de tipo para cambiarlo por otro, presta mucha atención a la línea de ubicación: si no quieres localizarla en la paleta Propiedades, puedes fijarte en la posición relativa de los pinzamientos del muro: su posición te dirá cuál es el punto del muro que se mantendrá fijo y, por tanto, hacia dónde crecerá.
- Esto es muy importante cuando sustituyes revestimientos de espesor diferente, para garantizar que el muro modifica su espesor hacia el lado correcto.

- Incluso aunque el espesor fuera el mismo (cambiar enfoscado por enlucido), es importante saber a qué lado queda el elemento modificado.
- Para facilitar esta labor, te recomiendo que utilices un criterio interno de jerarquía. En mi caso, por ejemplo, utilizo enfoscado >enlucido >alicatado. Entonces, cuando tengo una partición con dos acabados (por ejemplo, enlucido y alicatado), siempre pongo el alicatado en la parte interior. Pero ese es solo mi criterio y probablemente puedas desarrollar los tuyos propios.

Crear falsos techos

El proceso de crear falsos techos es muy sencillo; incluso podríamos decir que es mecánico. Cuento con que conoces las cuatro bases principales:

- Mejor crear techos en una vista de plano de techo, que en un plano de planta; pues verás el resultado (y si pones el modo sombreado mejor aún).
- Si quieres un único techo que cubra una estancia completa lo harás con Techo>Techo automático.
- Si necesitas varios techos en una misma estancia (porque hay un descuelgue para los conductos de aire acondicionado, por ejemplo), mejor desde Techo>Boceto de techo.
- Las tabicas de techo que conectan descuelgues son muros con un tipo llamado «Tabica FT» o similar.

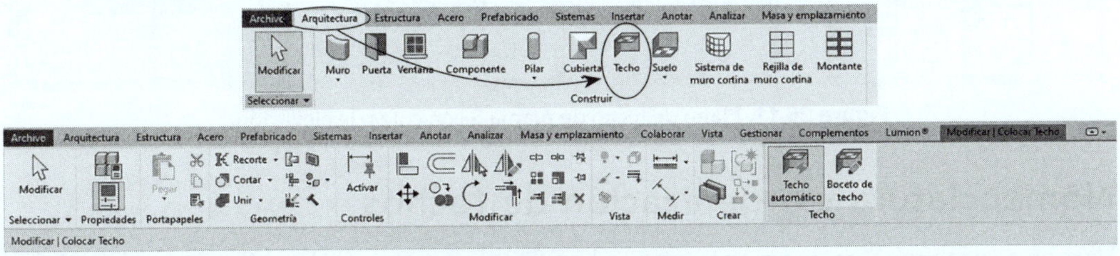

Figura 25.10. Comando «Techo».

Cotas de elevación relativas

En capítulos anteriores hemos aprendido a editar la cota de elevación «Cruz (proyecto)» con origen en nuestro punto base de proyecto; en este caso nos interesará tener una cota de elevación relativa (en la plantilla arquitectónica suele existir «Cruz (relativa)»). De esta manera, podremos modificar en todo momento cuál es el origen de elevación (por ejemplo, cuando estemos viendo los techos de la planta 3, podremos indicar que el origen es la propia planta 3). El objetivo de este ejercicio es doble: tanto poder ver la altura libre real de una planta antes de colocar los techos, como documentar la altura de los falsos techos después.

Ve a una vista de techo de la planta primera y, desde Cinta de opciones>Anotar>Cota de elevación, despliega el tipo de cota de elevación relativa y asegúrate de desmarcar, en la parte derecha de la Cinta de opciones (o en la barra de opciones, en función de tu versión de Revit) la casilla Directriz, pues no te hará falta; y de revisar cuál es la base relativa que está tomando. Si navegas con la cota de elevación, estarás viendo en tiempo real la elevación del forjado; deberían ser unos 2,89 m; margen suficiente para mantener nuestra altura libre en 2,50 m.

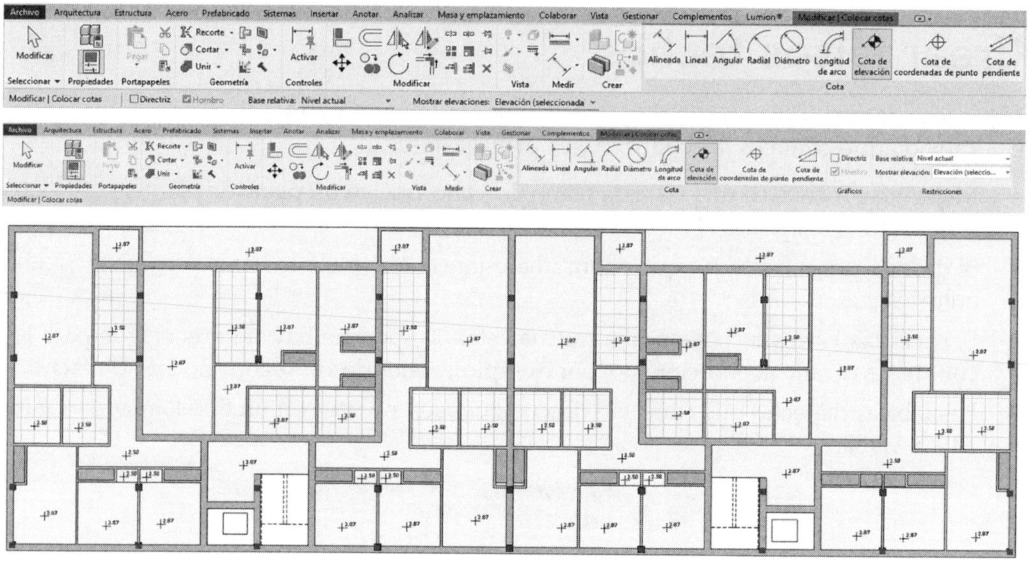

Figura 25.11. Plano de techo de planta 3 con cotas de elevación.

Nomenclatura y organización de techos

Vamos a tomarnos un momento para planificar nuestros techos. Seguro que existen muchas formas de clasificar los diferentes tipos de techos que necesitamos, pero déjame proponerte una.

- **Continuos.** Serán los techos de enfoscado o enlucido, que irán pegados bajo el forjado.
- **Lisos.** Techos habituales, de escayola o placa de yeso laminado.
- **Aislantes.** Techos con vermiculita proyectada o algún tipo de aislamiento; por ejemplo, en la separación del forjado de sótano con la planta baja.
- **Modulares.** Techos registrables.

Si sigues esta separación (o cualquier otra) la nomenclatura quedaría como Clasificación - Tipo. Por ejemplo, «Continuo - Enlucido» o «Liso - PYL normal».

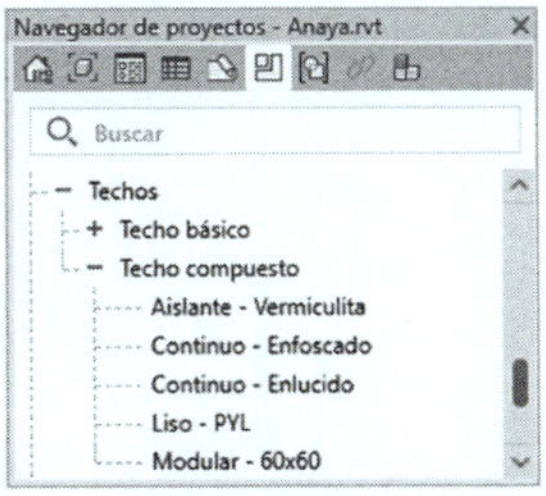

Figura 25.12. Ejemplos tipos de muro.

No necesitas crear todos los tipos desde cero, pues probablemente puedas renombrar o duplicar algunos de los existentes en la plantilla para adaptarlos. Otros, si no te sirven, puedes eliminarlos directamente desde el Navegador de proyectos. Además de la codificación del tipo de muro, recuerda lo que hicimos con los suelos: también es necesario crear y codificar correctamente los materiales. Mi prefijo para los materiales de techo sería «RT», siguiendo con la serie de RS para revestimientos de suelo o RV para revestimientos verticales; pero recuerda que debes encontrar el sistema que se ajuste más a ti. En resumen, los techos y materiales que deberías tener generados para continuar con el proyecto serían:

- Continuo - Enfoscado. 1,5 cm de material RT - Enfoscado.
- Continuo - Enlucido. 1,5 cm de material RT - Enlucido.
- Liso - PYL normal. 1,5 cm de material RT - PYL normal.
- Liso - PYL hidrófugo. 1,5 cm de material RT - PYL hidrófugo.
- Modular - 60x60. 1,5 cm de material RT - 60x60 cm. Coloca un patrón de modelo gris claro con esta dimensión.
- Aislante - vermiculita. 8 cm de material AT - vermiculita proyectada.

Colocación de techos

Antes de comenzar, recuerda que tenemos la planta convertida en grupo; hay que editarla antes de continuar. Creo que la forma más rápida de colocar los techos es hacerlo por tipos (o por estancias del mismo nombre) para no tener que ir cambiando de altura de techo desde el nivel cada vez. Entonces, vamos a planificar los tipos y alturas libres que usaremos en cada caso:

- **Pasillos.** Liso - PYL normal a 2,50 m.
- **Salón comedor.** Continuo - Enlucido, pegado bajo forjado.
- **Baños y cocinas.** Modular - 60x60, a 2,40 o 2,50 m.
- **Terrazas.** Continuo - Enfoscado, pegado bajo forjado.
- **Zonas comunes.** Continuo - Enlucido, pegado bajo forjado.
- **Habitaciones.** Continuo - Enlucido, salvo en las entradas de aire acondicionado donde tendremos que crear una parte de Liso - PYL normal.

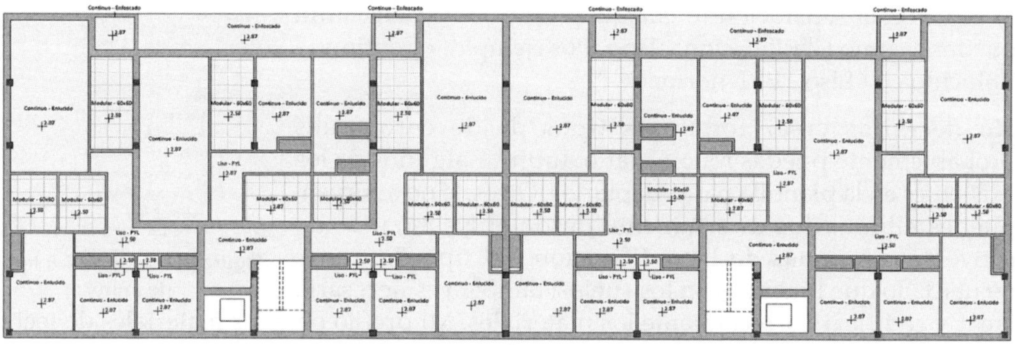

Figura 25.13. Techos colocados en planta 3.

Las habitaciones llevan más trabajo, pues los techos se colocarán por boceto; designa en cada una qué parte será la entrada de aire y qué parte tendrá el enlucido. Dibuja ambos techos por separado desde la planta de techos y después, dibuja un muro como tabica. No te molestes con las alturas. Ahora, utiliza una sección para comprobar alturas, alinear el enlucido con el forjado y bloquearlo, y modificar el inicio y final del muro. Esto último puedes hacerlo de tres maneras:

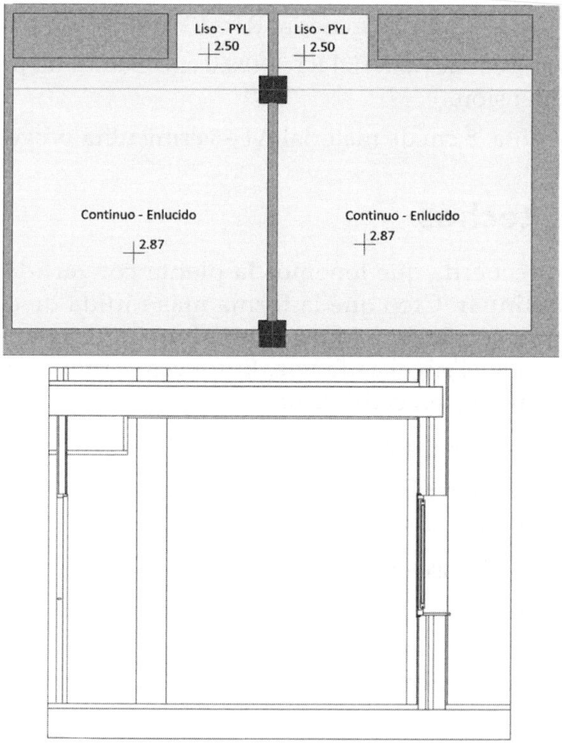

Figura 25.14. Tabica modelada en habitaciones.

- **Manualmente.** Estiras el muro y lo llevas a la cota necesaria. Si, además, bloqueas la alineación, se moverá con tus techos.
- **Enlazando la base y/o la parte superior.** Funciona perfectamente, pero recuerda que la altura desconectada del muro no refleja el valor real de altura, sino solo el que tenía el muro antes de enlazarlo... ojo con las mediciones posteriores.
- **Asignando parámetros globales** a los desfases superior y/o de base del muro.

Parámetros globales en falsos techos y tabicas

Si lo deseas, puedes crear parámetros globales para las alturas de los falsos techos; de esta forma, vinculas la elevación del techo a un parámetro global y, cuando lo modifiques, todos los techos de proyecto se ajustarán. Quizá no sea necesario para los techos que van pegados bajo forjado (pues simplemente con alinearlos y bloquearlos suele ser suficiente), pero puede ser una buena práctica para las estancias generales, las zonas húmedas y las zonas comunes.

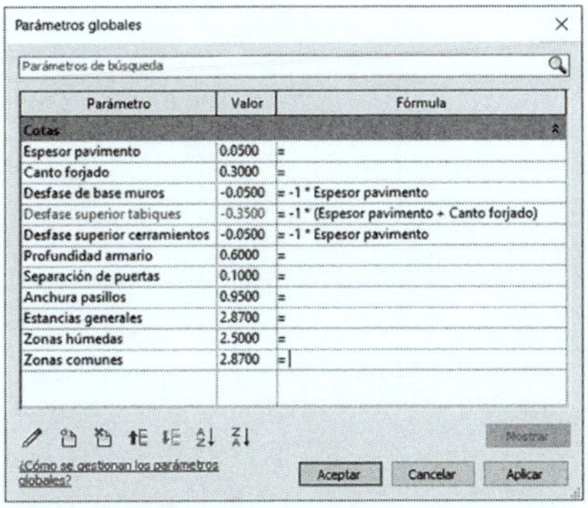

Figura 25.15. Parámetros globales para alturas techos.

Forrado de pilares

En el desarrollo de un proyecto de ejecución es necesario resolver encuentros más específicos, como el forrado de los pilares con muros. Existen dos caminos; el primero es la herramienta Pilar>Pilar arquitectónico. No la recomiendo excepto para casos muy particulares como pilastras concretas (por ejemplo, los machones de 1 pie de bloque de hormigón o ladrillo perforado que se colocan cada varios metros en un muro de parcela). En general, no es capaz de obtener un detallado completo de la unión porque depende de la composición del muro que interseque. Además, se miden con tablas distintas a las de muros y es posible que dé lugar a errores.

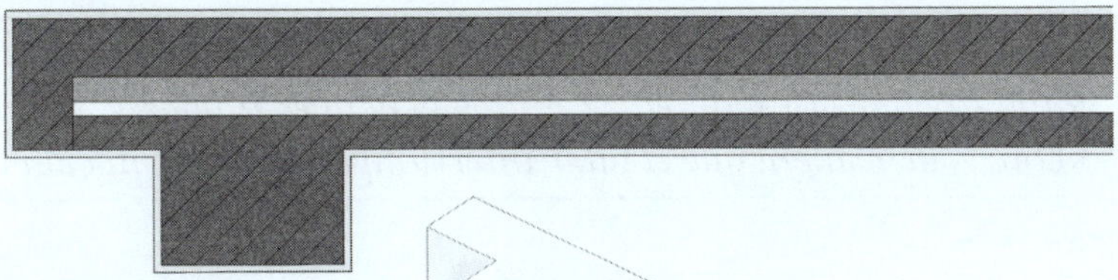

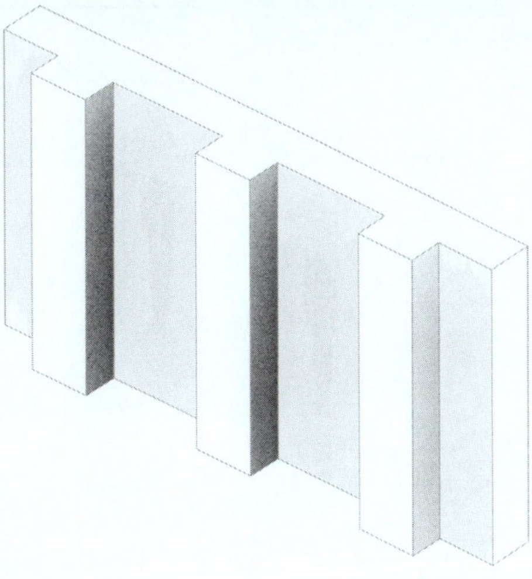

Figura 25.16. Ejemplo de machón en muro y muro de parcela con pilastras.

El camino general es, como habrás imaginado, generar nuevos tipos de muro para trasdosado o forrado. Tendremos dos tipos de muro, cuya composición no será ninguna sorpresa para ti:

- Forrado - LH4 /general.
- Forrado - LH4 /húmedos.

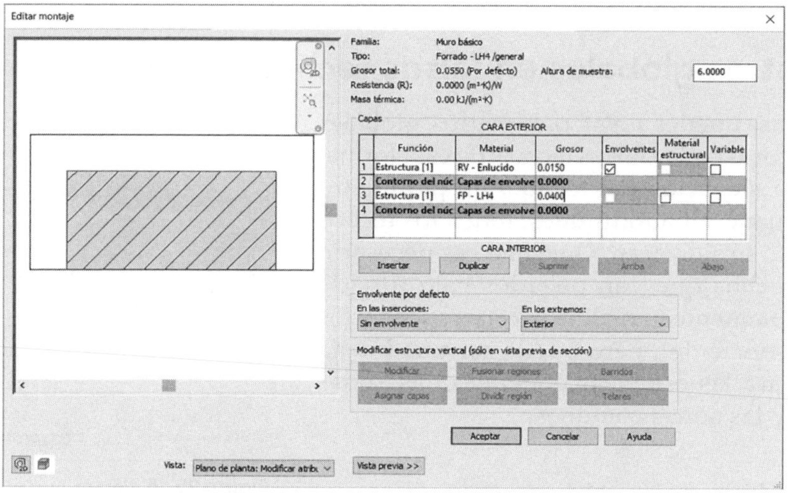

Figura 25.17. Composición muro «Forrado – LH4 /general».

NOTA:

Para arreglar la unión entre muros generales y pilares, deberás aplicar el comando «Unir», de manera que el pilar interrumpa la representación del muro.

26

Uso de suelos para modelar rampas de garaje

En este capítulo aprenderás a:

- Modelar rampas con orden Rampa.
- Modelar rampas con la orden Suelo.

Limitaciones de las rampas

Las rampas en Revit tienen una serie de limitaciones importantes, que hacen que no siempre sea recomendable su uso. Vamos a repasar las más importantes:

- No pueden tener varias capas ni varios materiales. Eso no las hace aptas para detallar elementos como una losa con un pavimento encima.
- Hasta versiones recientes de Revit, no es posible acotar su pendiente.
- No se seccionan con el plano de corte.
- Proyectan sombras falsas sobre el suelo.

Algunas de estas cuestiones son más importantes y otras menos, en función del proyecto y del uso de las rampas; cuando debas utilizarlas, hazlo; pero si necesitas algo más elaborado, tienes otras alternativas.

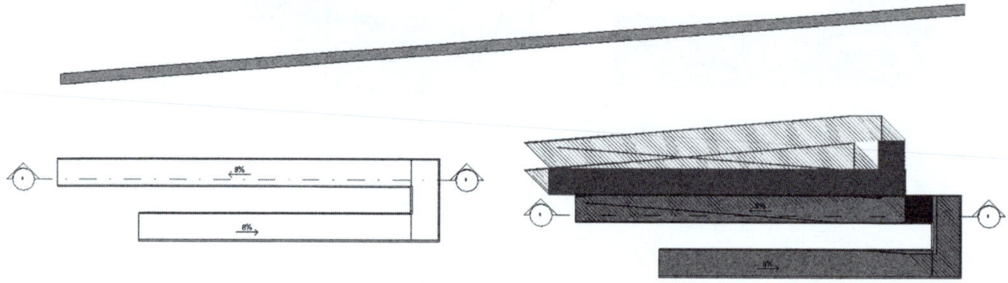

Figura 26.1. Limitaciones rampas.

Utilización de suelos

Para generar la rampa de acceso al garaje debemos tener en cuenta una serie de condicionantes técnicos:

- Pendiente máxima del 15 %.
- En el encuentro con la calle, un tramo de 5 metros al 5 % para meter el coche.

El proceso de dibujo es bastante sencillo; aunque es posible dibujar la rampa con un único suelo, puede crear confusión si existen tramos curvos, como en este caso; así que mi recomendación será que dibujes suelos separados:

- Un suelo para rellano inicial de 5 metros al 5 %.
- Un suelo para el primer tramo recto.
- Un suelo para el tramo curvo.

Recomiendo empezar la rampa desde la planta baja; dibuja un suelo por defecto y haz un boceto rectangular del ancho reservado de la rampa, con 5 metros de longitud. Una vez finalizado el boceto, ignora el posible error de Revit acerca de suelos duplicados. La parte interesante empieza ahora: con el suelo seleccionado, haz un cálculo rápido: 5 metros al 5 % de pendiente son 25 cm de desfase hacia abajo. Para aplicarlo al suelo, busca Modificar subelementos en la Cinta de opciones y toca la línea inferior para modificar su altura a -0,25 m (pues es más rápido tocar una línea que modificar la elevación de los dos puntos que la definen).

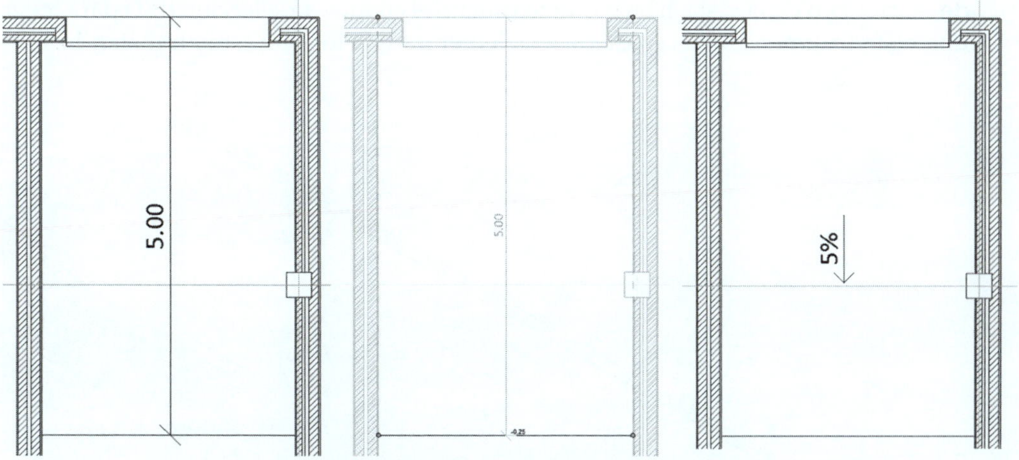

Figura 26.2. Modelado de primer tramo de rampa.

NOTA:

Seguro que en su momento dibujaste el forjado de planta baja sin cubrir la zona de la rampa. Si no es así, te recomiendo que edites ese contorno para eliminar la zona donde la rampa va bajando.

Desde una vista 3D o una caja de sección podrás comprobar cómo ha quedado nuestro primer tramo e incluso utilizar la orden de cota de elevación para confirmar que la cara superior de la rampa en la parte interna ya está en -0,25 m.

Para modelar nuestro próximo suelo, quiero contarte un plan de acción diferente; de esta manera, tendrás la posibilidad de utilizar indistintamente un método u otro en función del proyecto al que te enfrentes.

- En lugar de usar la edición de subelementos, vamos a modificar la propia pendiente del suelo para que sea del 15 %.
- Puedes utilizar regiones rellenadas para simular por dónde deberían circular los vehículos y, de esa manera, adaptar la profundidad de los trasteros y ajustar al máximo la posición de las plazas de aparcamiento antes de colocar la rampa definitiva.
- Este nuevo tramo abarcará desde el final del primer rellano hasta el inicio de la curva de la rampa.

- Puedes generar el suelo desde la planta baja y después cambiar su propiedad de nivel a la planta sótano o bien utilizar una rejilla o cualquier otra referencia para poder ver dónde debe empezar el suelo directamente desde la planta sótano.
- Será importante que ajustes el rango de vista para visualizar correctamente el suelo, ya que normalmente quedará por encima del plano de corte. No olvides apoyarte de secciones o de la vista 3D; yo utilizo mucho el cuadro de selección (BX) para tener una vista tridimensional rápida de los elementos con los que estoy trabajando.

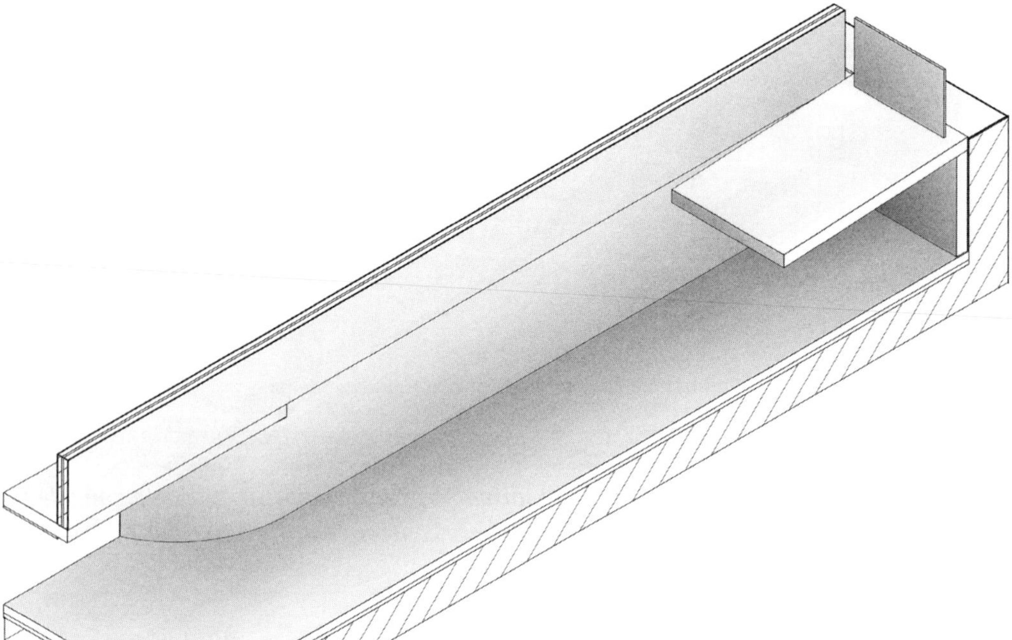

Figura 26.3. Cuadro de selección del primer tramo de rampa.

- Tendrás que seleccionar el suelo y colocarlo en planta baja con un desfase de 25 cm hacia abajo o, en la planta sótano, con el desfase positivo correspondiente.
- Si fueras a utilizar el método de modificar subelementos, como en el primer tramo, deberías medir la longitud del suelo para calcular la cantidad de bajada; unos 10 metros de suelo serían 1,75 m de desnivel.
- Si vas a modificar la inclinación con el método de «Flecha de pendiente», debes editar el suelo y entrar en modo boceto; localiza el comando Flecha de pendiente en la Cinta de opciones y dibuja una flecha de pendiente hacia abajo.

- En la paleta Propiedades puedes elegir entre especificar Pendiente o Altura en extremo final. Si eliges pendiente, debes saber que el 15 % son aproximadamente 8,53°. Si eliges la altura, tendrás que indicar el desfase en el extremo inicial o final.

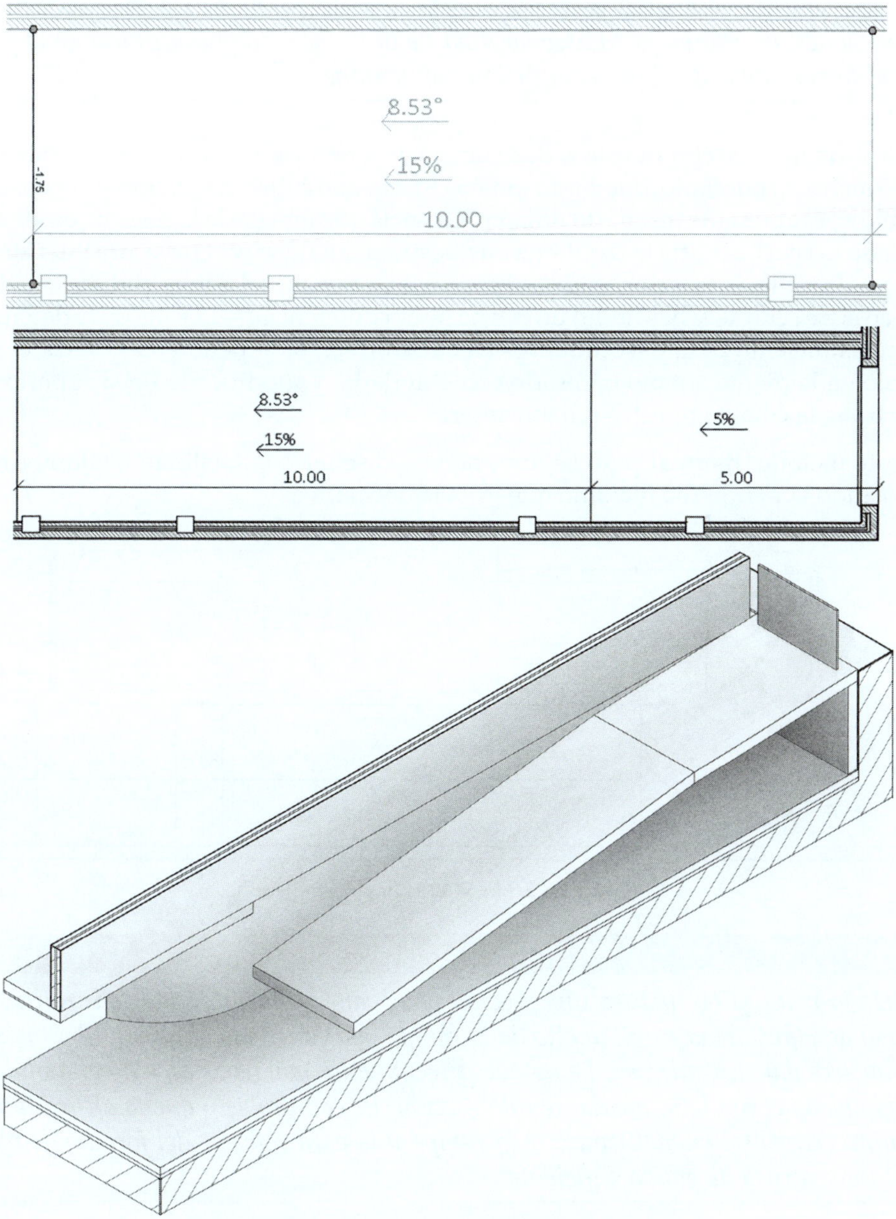

Figura 26.4. Modelado de segundo tramo de rampa.

NOTA:

Es muy probable que, en función de la versión de Revit que estés usando, cuando finalices el boceto, la inclinación del suelo sea justo al revés de lo que imaginabas, así que simplemente cambia el valor del desfase al otro campo. Esto viene porque, en traducciones anteriores, el «Extremo final de la flecha» no era la punta de la flecha sino el inicio, causa de alguna confusión momentánea.

En estos momentos, con nuestros dos suelos, deberíamos haber descendido alrededor de 1,75 metros y, por tanto, quedarán todavía 85 cm que cubrir con el tramo curvo. Dibuja un suelo que represente un cuarto de circunferencia que gira hacia la derecha en el sentido de bajada del coche (hacia la izquierda en nuestra planta) y cuya curvatura interior tenga 3 metros de radio; la exterior tendrá, al menos 3 metros más. La longitud de arco de este suelo en el eje central, si has hecho un cuarto de circunferencia, serán algo más de 7 metros, más que suficiente para descender los 85 cm a un 12 % de pendiente. Cierra el suelo, colócalo en la planta sótano enrasado con el forjado, y modifica la línea superior para llegar hasta la cota de nuestro rellano anterior.

Con este método, manual pero seguro, podrás diseñar con facilidad cualquier rampa controlando la pendiente máxima que exija la normativa.

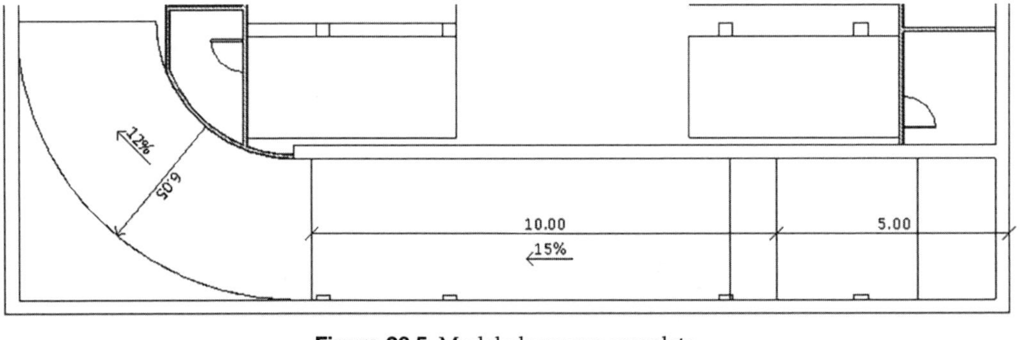

Figura 26.5. Modelado rampa completa.

NOTA:

Utiliza la vista 3D o incluso una sección para valorar hasta dónde debe retirarse el forjado de planta baja en el ámbito de la rampa, así controlas la altura libre máxima que quieres dar. En mi caso, he optado directamente por recortar todo el ámbito del forjado hasta el fondo y, mediante una sección, he comprobado que la altura libre en el punto crítico (el encuentro entre la rampa y la cara inferior del forjado de planta baja) tiene altura de gálibo suficiente.

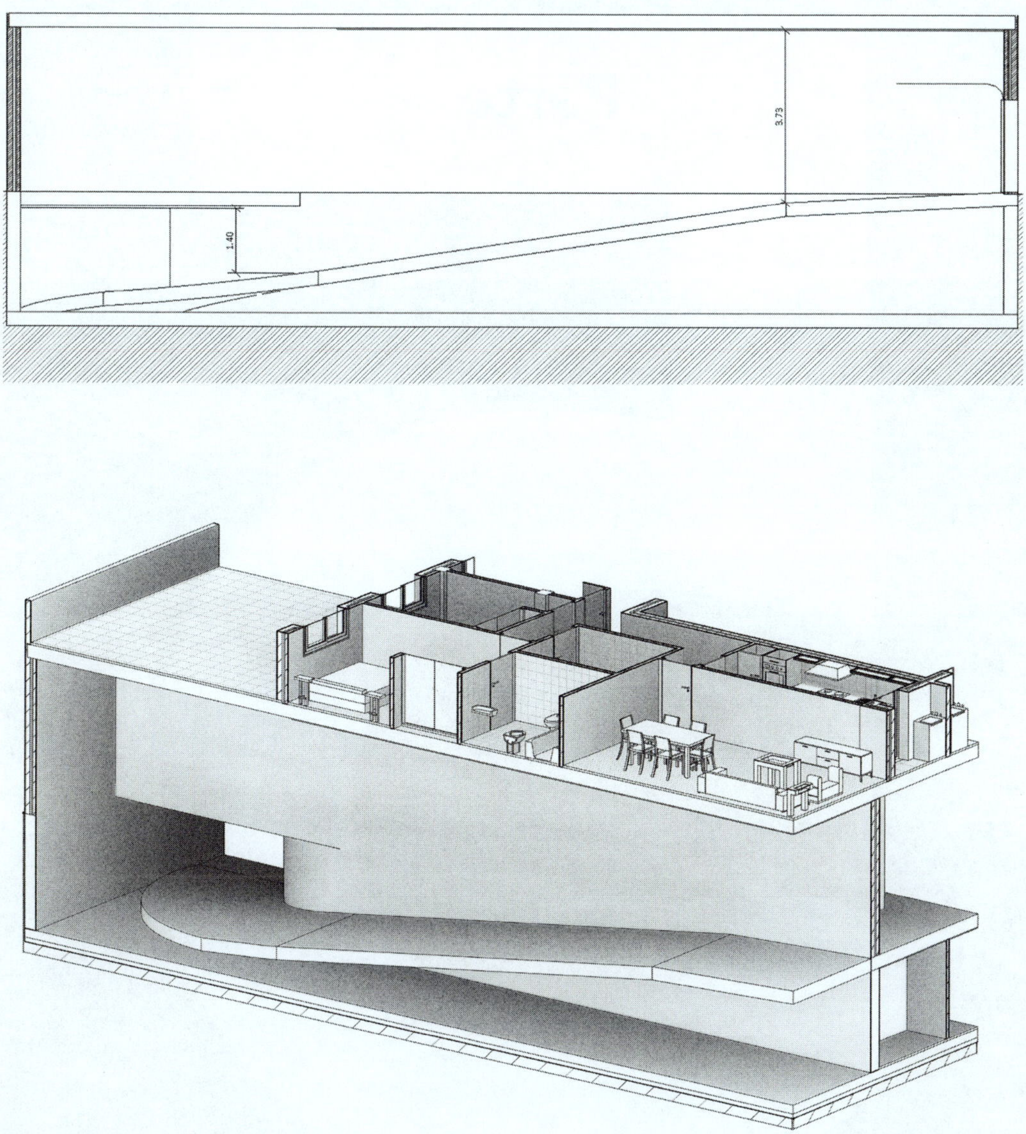

Figura 26.6. Altura libre sobre rampa.

Parte 5

Claves para la documentación de un proyecto de ejecución

27

Vistas de replanteo estructural

En este capítulo aprenderás a:

- Generar vistas de replanteo.
- Trabajar con líneas ocultas.
- Utilizar la marca de ubicación de pilar.

Preparación común a todas las vistas

Este bloque del libro se centra en ayudarte a desarrollar las vistas de un proyecto de ejecución que más complejidad tienen a nivel de Revit. Empezamos por los replanteos estructurales. Como primeros pasos, que son comunes a todos los tipos de vistas, te recomiendo que:

- Crees las vistas necesarias desde Vista>Vista de plano>Plano estructural o Plano de planta.
- Agrupes estas vistas dentro del grupo «Proyecto de ejecución» y el subgrupo «05 Replanteo».
- Las renombres como «Replanteo CIM» y sucesivas.
- Ocultes las categorías que no te interesen, como:
    - Alzados y secciones.
    - Cajas de referencia y planos de referencia.
    - Líneas de separación de habitación.

Si creaste las vistas desde Plano estructural, tienes vistas de una familia diferente, pero no cambia mucho más. Eso sí, el Rango de vista por defecto tiene unos límites diferentes, pensados para representar zapatas de cimentación y vigas. Como el rango de vista es algo que puedes cambiar en cualquier momento, no debe ser un problema elegir un tipo de plano u otro.

Ocultar las categorías sobrantes

En un plano de replanteo, las categorías fundamentales son los pilares estructurales, los suelos y las rejillas. El resto de las categorías no te harán falta, así que puedes ocultarlas rápidamente con un pequeño truco:

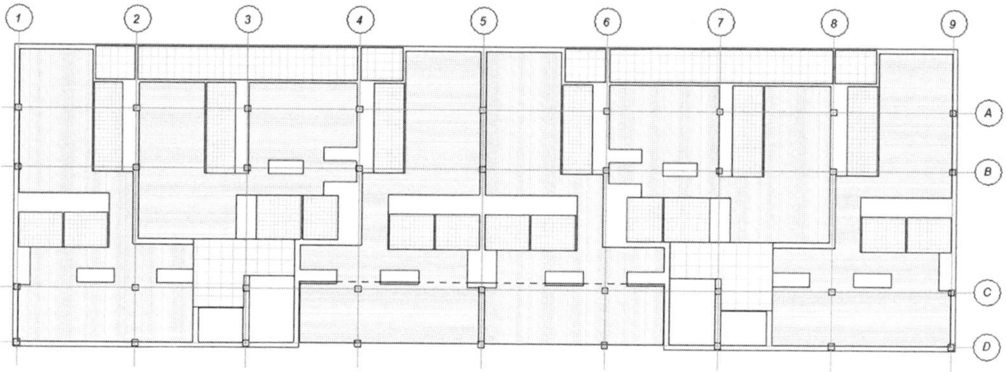

Figura 27.1. Plano estructural de replanteo de planta 2.

- Selecciona un elemento de cada una de esas tres categorías; ve a la barra de controles de vista>Ocultar/aislar temporalmente/Aislar categoría y después vuelve al mismo comando para Aplicar aislar/ocultar a la vista.
- Esto mismo funciona, aún más rápido, si utilizas IC como abreviatura para Aislar categoría; como no existe un atajo predefinido para Aplicar aislar/ocultar a la vista, puedes utilizar el icono o bien aprovechar para crearte uno propio.
- Desde VV, selecciona las dos categorías de modelo con Ctrl y pulsa Invertir para desactivar todas las demás; tendrás que hacer algo similar con las rejillas en la pestaña de categorías de anotación.

Filtrado de suelos no estructurales

Seguro que recuerdas que, en el capítulo 20, personalizamos la representación de los suelos no estructurales en sección. Este trabajo que hicimos en su momento se puede reutilizar aquí, pues necesitamos desactivar la visibilidad de los pavimentos; para eso, desde VV, en la pestaña Filtros, añade el filtro que en su momento llamamos «Suelo no estructural» y, simplemente, desmarca la casilla Visibilidad para que esos pavimentos se oculten. Si lo has hecho correctamente, solo estarás viendo el suelo de forjado.

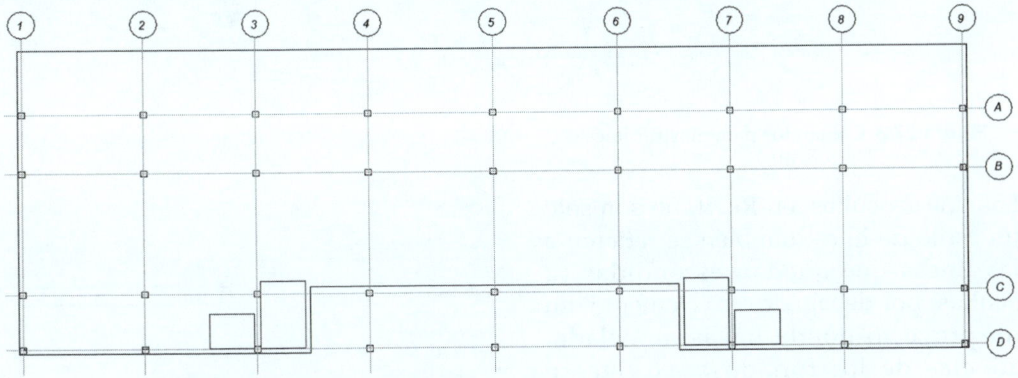

Figura 27.2. Plano estructural de replanteo de planta 2 con filtro aplicado.

Rango de vista y líneas ocultas

En una vista de Plano de planta, el Rango de vista por defecto tiene el Plano de corte a 1,20 m, y los parámetros de Parte inferior y Profundidad de vista a cero. Esto no impide visualizar los forjados, aunque estén por debajo de la parte inferior, pero sí que ocultará zapatas, pilares y vigas, así que deberás ajustarlo en consecuencia.

Sin embargo, en una vista de Plano estructural, estos valores por defecto cambian, están más adaptados a representar lo que ocurre en el entorno del forjado.

Tabla 27.1. Valores por defecto del rango de vista según el tipo de vista.

Parámetro	Plano de planta	Plano estructural
Parte superior	2,30 m	0,60 m
Plano de corte	1,20 m	0,30 m
Parte inferior	0,00 m	-1,20 m
Profundidad de vista	0,00 m	-1,80 m

TRUCO:

Un suelo, tanto si es estructural como si no, se seguirá viendo cuando esté por debajo de la parte inferior de la vista hasta una distancia de 1,2192 m (48 pulgadas).

Mostrar líneas ocultas en Revit

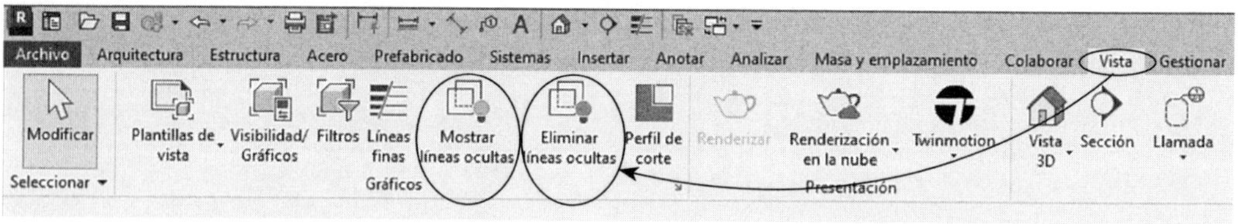

Figura 27.3. Comandos para mostrar líneas ocultas.

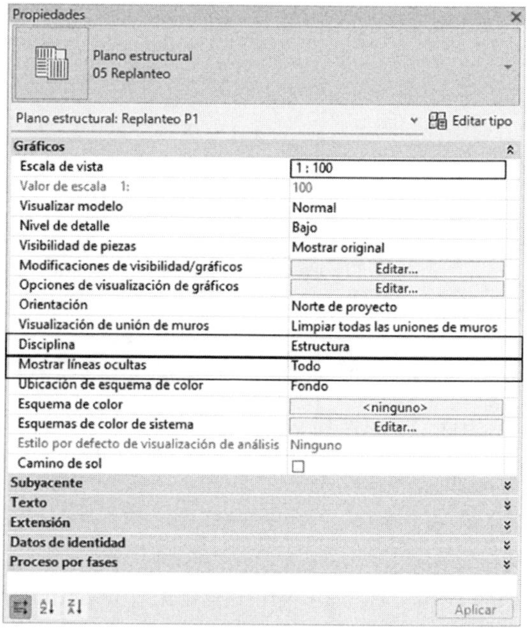

Las líneas ocultas, en Revit, no son solo un estilo de línea, también se refieren a las líneas que quedan escondidas (u ocultas) por debajo de otro elemento. En un proyecto donde hayas modelado, además de los forjados, las vigas o zunchos estructurales, puede ser muy interesante. La visibilidad de estas líneas se puede controlar de varias maneras:

- **Por disciplina.** Desde la paleta Propiedades de la vista, localiza el parámetro Disciplina y cámbialo a Estructura.
- **Por configuración.** Desde la paleta Propiedades de la vista, modifica el valor del parámetro Mostrar líneas ocultas>Todo.

- **Por elemento.** Ve a Vista>Mostrar líneas ocultas; después selecciona el elemento que deba dejar ver líneas ocultas (por ejemplo, el forjado) y, por último, el elemento que debe mostrarse a través del primero.

NOTA:

Este proceso se puede revertir con el comando localizado al lado del anterior «Eliminar líneas ocultas».

Documentación asociada a la vista

Un plano de replanteo debe indicar, de forma inequívoca, cuál es el contorno de forjado que se debe encofrar en la planta y para ello serán necesarias las cotas:

- Acota la distancia entre los extremos de forjado y la rejilla más próxima.
- En la primera planta donde se empieza el replanteo (normalmente suele ser en la planta de cimentación, donde arrancan los pilares) es conveniente acotar todas las rejillas entre sí.
- Una cota de elevación absoluta en cada planta (tomada desde el punto de base de proyecto) indicará la altura del forjado.

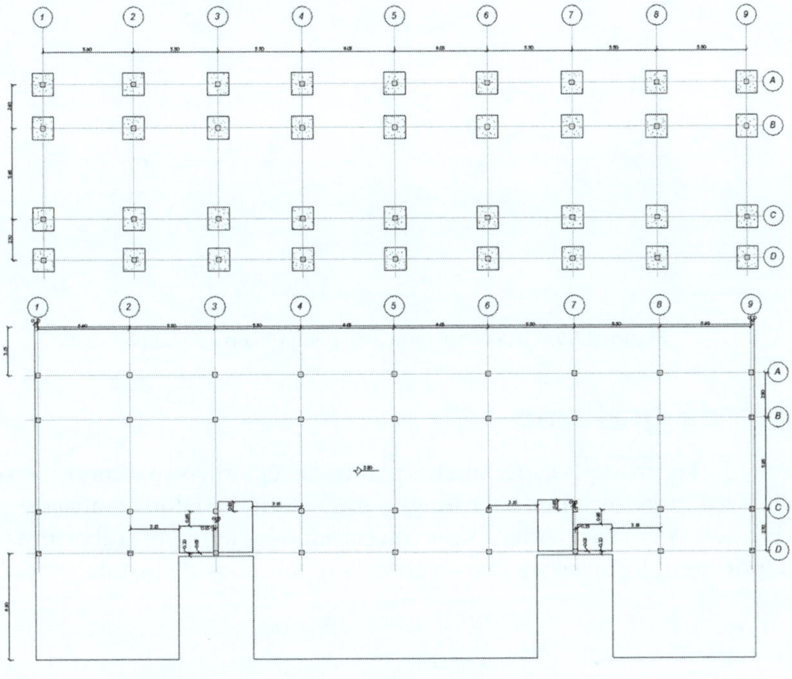

Figura 27.4. Vista de replanteo de cimentación y planta 1.

Además de las cotas, debes identificar los elementos que aparecen, por tanto, tus mejores aliadas seguirán siendo las etiquetas. Necesitarás varias:

- Nombre de tipo, para zapatas y armazón estructural (si, por ejemplo, lo nombras con las dimensiones). Además, la etiqueta de armazón estructural viene por defecto en la Plantilla arquitectónica, aunque seguro que querrás editar su tipo de letra y tamaño.
- Para pilares, puedes hacer una familia de anotación desde cero para usar la triple identificación:
  - Nombre de tipo (para mostrar las dimensiones del pilar, como, por ejemplo, «30x30 cm».
  - Marca (para indicar el número del pilar; «P01» y sucesivos).
  - Marca de ubicación de pilar (indica la intersección de rejillas más cercana y, en caso de excentricidad, la distancia a la que está).

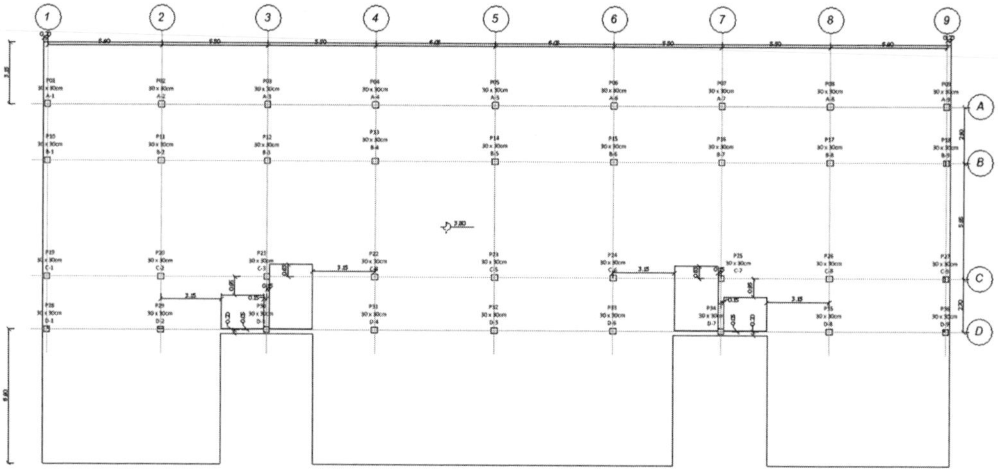

Figura 27.5. Vista de replanteo de planta 1 con etiquetas.

Propuesta de grafismo

Quizás puedas darles un toque especial a tus planos de replanteo añadiendo un sombreado de superficie a los forjados; puede ser un gris muy claro o cualquier otro color. Además del resultado estético ayudará a identificar con claridad los agujeros o aberturas que hayas proyectado (por ejemplo, en escaleras, ascensores o patinillos de instalaciones).

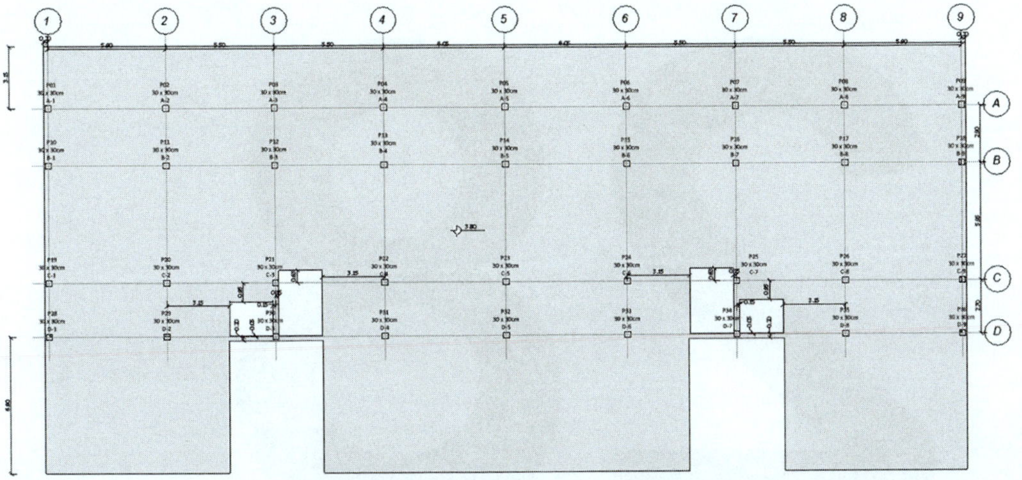

Figura 27.6. Vista de replanteo de planta 1.

28

Vistas de revestimientos

En este capítulo aprenderás a:

- Crear vistas de revestimientos según diferentes criterios.
- Trabajar con tablas de planificación de claves.
- Crear leyendas con componentes de leyenda.
- Crear tablas de cómputo de materiales.

Introducción

Las vistas o planos de revestimientos tienen vital importancia en la documentación de un proyecto de ejecución, pues proveen de información a los diferentes oficios sobre cómo se deben ejecutar las terminaciones o acabados de cada estancia, tanto de suelos como de paredes y techos. Los revestimientos de suelos y techos, si están correctamente modelados, resultan muy fáciles de documentar (y, normalmente, no hay demasiada variación en el pavimento de una estancia); donde puede existir un mayor abanico de posibilidades es en los muros. De hecho, tal como vimos en el capítulo 25, hay diferentes criterios a la hora de modelar los muros, y eso tendrá una repercusión directa en la manera en que podemos representar esta vista. Como pasos previos, recuerda crear las vistas necesarias, agruparlas en el subgrupo «06 Revestimientos» dentro del proyecto de ejecución, y ocultar las categorías que, de partida, no necesites visualizar (como secciones, alzados, líneas de separación de habitación o planos de referencia, entre otros).

Acabados de habitaciones

En el capítulo 19 aprendimos cómo asignar un valor al parámetro de habitación Acabado de muro, para después realizar un esquema de color que resaltase las estancias con acabado «ALI». Si has modelado muros con el revestimiento integrado, probablemente te interese profundizar en este método, pues es uno de los más rápidos y, aunque generalista, ofrece buenos resultados. Para ello, necesitarás crear una tabla de planificación de habitaciones donde incluyas los siguientes campos:

- Nivel
- Departamento
- Nombre
- Acabado de suelo
- Acabado de muro
- Acabado de techo

Además, esta tabla puedes agruparla por «Nivel», con un encabezado y línea en blanco, después por «Departamento», también con encabezado y línea en blanco, y finalmente por «Nombre». Puedes, incluso, ocultar los campos de «Nivel» y «Departamento» para tener un aspecto más limpio; debería quedar una tabla parecida a la de la figura 28.1.

Observarás que, en la planta primera, algunas de las habitaciones ya tienen el acabado de muro ALI colocado. Antes de colocar el resto, es buen momento para planificar los códigos de los diferentes acabados del proyecto. Por hacerte una propuesta muy sencilla, puedes empezar por:

<Acabados de habitación>			
A	B	C	D
Nombre	Acabado de muro	Acabado del suelo	Acabado del techo
Zonas comunes			
Escalera evacuación	ENF	PH	AIS
Rellano ascensor sótano	ENL	PT	FTL
Planta baja			
Locales comerciales			
Local comercial 1	ENL	PH	ENF
Local comercial 2	ENL	PH	ENF
Local comercial 3	ENL	PH	ENF
Zonas comunes			
Acceso escalera evacuación	ENF	PH	AIS
Cuarto 1	ENL	PT	FTL
Cuarto 2	ENL	PT	FTL
Escalera evacuación	ENF	PH	AIS
Zaguán	ENL	PT	FTL
Planta 1			
Vivienda A-1			
Baño	ALI	PG2	FTM
Baño principal	ALI	PG2	FTM
Cocina	ALI	PG1	FTH
Dormitorio 2	ENL	PM	ENL
Dormitorio 3	ENL	PM	ENL
Dormitorio principal	ENL	PM	ENL
Galería	ENF	PGE	ENF
Hall	ENL	PM	FTL
Pasillo	ENL	PM	FTL
Salón comedor	ENL	PM	FTL
Terraza	ENF	PGE	ENF

Figura 28.1. Tabla acabados de habitación.

- **Acabado de suelo:**
  - PT. Pavimento de terrazo, para las zonas comunes.
  - PM. Pavimento de madera laminada, para el interior de las viviendas en general.
  - PG1. Pavimento de gres porcelánico tipo 1, para cocinas y galerías.
  - PG2. Pavimento de gres porcelánico tipo 2, para baños y aseos.
  - PGE. Pavimento de gres exterior, para terrazas y balcones.
  - PH. Pavimento de hormigón, para garaje y trasteros.
- **Acabado del muro:**
  - ALI. Alicatado cerámico, para baños, aseos, cocinas y galerías.
  - ENL. Enlucido de yeso, como revestimiento general interior.
  - ENF. Enfoscado de mortero de cemento, para terrazas exteriores, trasteros y garaje.

- **Acabado de techo:**
  - ENL. Enlucido de yeso bajo forjado, para zonas sin falso techo, como dormitorios.
  - ENF. Enfoscado de mortero de cemento bajo forjado, para techos de terrazas exteriores y trasteros.
  - FTL. Falso techo liso de PYL normal, para zonas comunes y circulaciones interiores en viviendas.
  - FTH. Falso techo liso de PYL hidrófugo, para zonas húmedas en viviendas, como cocinas y galerías.
  - FTM. Falso techo modular, para techos registrables, como baños y aseos.
  - AIS. Aislamiento a base de vermiculita proyectada bajo el forjado del garaje.

Tablas de clave por estilos de habitación

De forma similar a como ya se planteó para los nombres de habitación, podemos utilizar una tabla de planificación de claves que incorpore la información de todos los acabados de forma directa y mucho más rápida que rellenando los campos manualmente. En este punto, tendríamos dos posibilidades.

La primera, es generar una tabla de planificación de claves nueva, que haga referencia solamente al conjunto de acabados (suelo, techo, muro) de cada estancia. Recuerda que lo haríamos desde Navegador de proyectos>botón secundario en tablas de planificación/cantidades>Nueva tabla de planificación/Cantidades y desde ahí elegimos primero la categoría «Habitaciones» y, en segundo lugar, marcamos la casilla adecuada para que sea una tabla de planificación de claves.

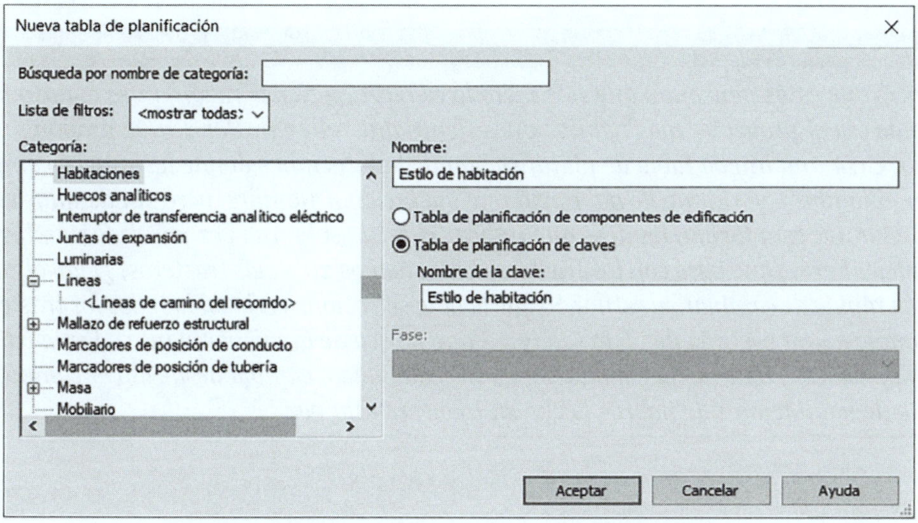

Figura 28.2. Tabla de claves de acabados de habitación.

Esta tabla puede llamarse, por ejemplo, «Estilo de habitación», y ese nombre puede ser, también, el de la clave. Los campos que habría que añadir son los de acabados de suelo, muro y techo. De esta manera, tendremos una tabla en la que podremos, desde Insertar fila de datos, ir añadiendo diferentes estilos de habitación y rellenando sus acabados. A modo de muestra, los diferentes estilos podrían ser:

<Estilos de habitación>

A	B	C	D
Nombre de la clave	Acabado del suelo	Acabado de muro	Acabado del techo
Baños y aseos	PG2	ALI	FTM
Cocinas y galerías	PG1	ALI	FTH
Dormitorios	PM	ENL	ENL
Estar y circulaciones	PM	ENL	FTL
Garaje	PH	ENF	AIS
Locales comerciales	PH	ENL	ENF
Terrazas y balcones	PGE	ENF	ENF
Trasteros	PH	ENF	ENF
Zonas comunes	PT	ENL	FTL

Figura 28.3. Tabla: Estilo de habitación.

- **Zonas comunes.** (PT para suelos, ENL para muros y FTL en techos).
- **Dormitorios**. (PM + ENL + ENL)
- **Estar y circulaciones.** (PM + ENL + FTL)
- **Baños y aseos.** (PG2 + ALI + FTM)
- **Cocinas y galerías.** (PG1 + ALI + FTH)
- **Terrazas y balcones.** (PGE + ENF + ENF)
- **Locales comerciales.** (PH + ENL + ENF)
- **Garaje.** (PH + ENF + AIS)
- **Trasteros.** (PH + ENF + ENF).

Con esta preparación, solamente necesitarías añadir el campo «Estilo de habitación» a cualquier tabla de habitaciones e ir rellenando sus valores (figura 28.4).

TRUCO:

Seguro que estás pensando que este método es largo, y tienes razón, pues cuanto más grande sea el proyecto, más habitaciones tienes que rellenar. Por eso, te propongo un atajo. Crea una nueva tabla de planificación de habitaciones donde los únicos campos sean «Nombre» y «Estilo de habitación». Clasifica por nombre, pero sin detallar cada ejemplar. De esta forma, tendrás que indicar el estilo solo una vez por cada nombre de estancia. Pero, ¿qué pasa con los trasteros? Si tenemos 20 o más trasteros, ¿Hay alguna forma rápida de cambiar su estilo? Sí que la hay; selecciona en la tabla todos los trasteros y cambia a una pestaña de vista (da igual que no sea de la misma planta). En la paleta «Propiedades», tendrás las habitaciones seleccionadas; cambia desde ahí el campo del estilo de habitación y lo habrás hecho en todas de una vez.

<Acabados de habitación - Por nombre>				
A	B	C	D	E
Nombre	Acabado de muro	Acabado del suelo	Acabado del techo	Estilo de habitación
Acceso escalera evacuación	ENF	PH	AIS	Garaje
Baño	ALI	PG2	FTM	Baños y aseos
Baño principal	ALI	PG2	FTM	Baños y aseos
Cocina	ALI	PG1	FTH	Cocinas y galerías
Cocina abierta	ALI	PG1	FTH	Cocinas y galerías
Cuarto 1	ENL	PT	FTL	Zonas comunes
Cuarto 2	ENL	PT	FTL	Zonas comunes
Dormitorio 2	ENL	PM	ENL	Dormitorios
Dormitorio 3	ENL	PM	ENL	Dormitorios
Dormitorio principal	ENL	PM	ENL	Dormitorios
Escalera	ENL	PT	FTL	Zonas comunes
Escalera evacuación	ENF	PH	AIS	Garaje
Galería	ENF	PGE	ENF	Terrazas y balcones
Garaje	ENF	PH	AIS	Garaje
Hall	ENL	PM	FTL	Estar y circulaciones
Local comercial 1	ENL	PH	ENF	Locales comerciales
Local comercial 2	ENL	PH	ENF	Locales comerciales
Local comercial 3	ENL	PH	ENF	Locales comerciales
Pasillo	ENL	PM	FTL	Estar y circulaciones
Rampa	ENF	PH	AIS	Garaje
Rellano	ENL	PT	FTL	Zonas comunes
Rellano ascensor sótano	ENL	PT	FTL	Zonas comunes
Salón comedor	ENL	PM	FTL	Estar y circulaciones
Terraza	ENF	PGE	ENF	Terrazas y balcones
Trastero 1	ENF	PH	ENF	Trasteros
Trastero 2	ENF	PH	ENF	Trasteros
Trastero 3	ENF	PH	ENF	Trasteros
Trastero 4	ENF	PH	ENF	Trasteros
Trastero 5	ENF	PH	ENF	Trasteros
Trastero 6	ENF	PH	ENF	Trasteros
Trastero 7	ENF	PH	ENF	Trasteros
Trastero 8	ENF	PH	ENF	Trasteros
Trastero 9	ENF	PH	ENF	Trasteros
Trastero 10	ENF	PH	ENF	Trasteros
Trastero 11	ENF	PH	ENF	Trasteros
Trastero 12	ENF	PH	ENF	Trasteros
Trastero 13	ENF	PH	ENF	Trasteros
Trastero 14	ENF	PH	ENF	Trasteros
Trastero 15	ENF	PH	ENF	Trasteros
Trastero 16	ENF	PH	ENF	Trasteros
Trastero 17	ENF	PH	ENF	Trasteros
Trastero 18	ENF	PH	ENF	Trasteros
Trastero 19	ENF	PH	ENF	Trasteros
Trastero 20	ENF	PH	ENF	Trasteros
Trastero 21	ENF	PH	ENF	Trasteros
Trastero 22	ENF	PH	ENF	Trasteros
Trastero 23	ENF	PH	ENF	Trasteros
Trastero 24	ENF	PH	ENF	Trasteros
Vestidor	ENL	PM	ENL	Dormitorios
Zaguán	ENL	PT	FTL	Zonas comunes

Figura 28.4. Tabla ordenada por nombre de habitación con «Estilo de habitación» asignado.

Tablas de clave por nombre de habitación

Es probable que te hayas dado cuenta de que un método muy rápido parece ser asignar los acabados por nombre de habitación. Si en algún momento ya hiciste la tabla de planificación de claves por nombre de estancia, puedes añadir a esa tabla las claves de acabados de suelo, muro y techo para asignarlos directamente.

NOTA:

No es posible asignar un mismo parámetro (como el acabado de muro o suelo, por ejemplo) a más de una tabla de planificación de claves, por tanto, deberás investigar cuál de los dos caminos se alinea más con tu forma de trabajar. En mi caso, normalmente prefiero usar el primer método: es decir, tener una tabla de estilos, independiente de los nombres de estancia; pero esto es solamente una apreciación personal.

Etiqueta de acabado de habitación

Del mismo modo que tenemos una etiqueta para nombre de estancia, para ocupación de incendios o para departamento, podemos tener una con uno o varios acabados de habitación. En un proyecto sencillo, con acabados muy directos, es probable que solamente necesites un plano para indicar los tres valores: suelo, muro y techo. Por tanto, una única etiqueta de habitación con los tres parámetros te podrá servir. Simplemente, recuerda estos consejos:

- Si utilizas un único texto de etiqueta, tendrás que usar Dividir al final de los dos primeros campos, para que aparezcan en líneas separadas.
- Si no quieres que los campos estén uno encima de otro, porque tu etiqueta de acabados es circular o triangular, simplemente inserta tantos textos de etiqueta diferentes como necesites.
- Si quieres que el texto de la etiqueta, al colocarla en tu proyecto, no se ensucie con el sombreado inferior del pavimento, o que se vea bien al evitar que el barrido de una puerta tape parcialmente alguna letra, utiliza una región de máscara y, si lo necesitas, también líneas de detalle que delimiten correctamente la etiqueta.

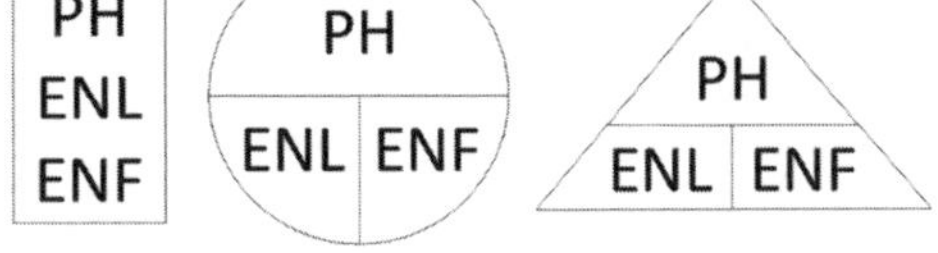

Figura 28.5. Ejemplos de etiquetas de acabado de habitación.

- Puedes poner prefijo para cada uno de los textos de etiqueta; pero si quieres conservarla lo más limpia posible, utiliza una leyenda que explique cómo se lee.

Leyenda de acabado de habitación

Puedes hacer una leyenda para etiquetas de forma muy sencilla, desde Vista>Leyenda>Nueva leyenda, elige un nombre y una escala (por ejemplo, «Leyenda acabados de habitación») y, en lugar de dibujar líneas y texto, arrastra la propia etiqueta desde el Navegador de proyectos>Familias>Símbolos de anotación>tu familia de etiqueta>tu tipo, y ya la tendrás colocada. Al ser un componente de leyenda no lo puedes editar, pero es un buen momento para comprobar la utilidad del texto de muestra que puedes editar dentro de las propiedades del texto de etiqueta en la propia familia.

Tablas de explicación de acabado de habitación

Puedes completar tu plano indicando la información de cada acabado y qué significa. Puedes hacerlo manualmente en una leyenda (con textos y líneas, de la misma forma que lo harías en CAD) o bien generar tres tablas de cómputo de materiales desde Tablas de planificación>botón secundario>Nuevo cómputo de materiales: una para la categoría de suelos, una para muros y la última para techos. Te propongo que uses el campo «Material: Marca» para la abreviatura y el campo «Material: Descripción» para la descripción del material o acabado. Añade también «Material: Nombre» porque te ayudará con el filtrado, para mostrar solamente aquellos materiales que comiencen por RS, RV o RT. Resumo aquí los pasos:

- Llama a la tabla «Leyenda - acabados de muro» o lo que aplique, para poder localizarla con facilidad después.
- Campos: «Material: Marca», Material: Descripción» y «Material: Nombre».
- Filtro: el campo «Material: Nombre» tiene la condición «empieza por» y el valor es «RV», o el prefijo que aplique en cada tabla.
- Clasificación/agrupación: Clasificar por «Material: Nombre» (o marca, como tú prefieras); desmarcando «Detallar cada ejemplar».
- Formato: Oculta el campo «Material: Nombre».
- Edita los textos de los encabezados para que pongan el código y la descripción con el texto que te interese.

TRUCO:

Si quieres disociar el nombre de la tabla en el Navegador de proyectos, del título que tendrá en el plano, simplemente coloca el cursor encima de esa celda y busca en la cinta de opciones>Borrar celda. A partir de ahí podrás escribir el título que quieras, independientemente del nombre de la tabla.

Leyenda - acabados muros	
Código	**Descripción**
ALI	Revestimiento vertical alicatado con piezas cerámicas
ENF	Revestimiento vertical de enfoscado de mortero de cemento
ENL	Revestimiento vertical de enlucido de yeso con guarnecido

Leyenda - acabados suelos	
Código	**Descripción**
PG1	Pavimento de gres porcelánico tipo 1
PG2	Pavimento de gres porcelánico tipo 2
PGE	Pavimento de gres exterior
PM	Pavimento de madera laminada
PT	Pavimento de terrazo

Leyenda - acabados techos	
Código	**Descripción**
ENF	Enfoscado de mortero de cemento bajo forjado
ENL	Enlucido de yeso bajo forjado
FTM	Falso techo modular
FTL	Falso techo liso de PYL normal

Figura 28.6. Tablas: «Leyenda - acabados».

Siguiendo estos pasos, puedes tener rápidamente unas tablas que se ajustan dinámicamente a tus proyectos y muestran solamente los acabados que estés empleando en ese momento.

Resultado con acabados por habitación

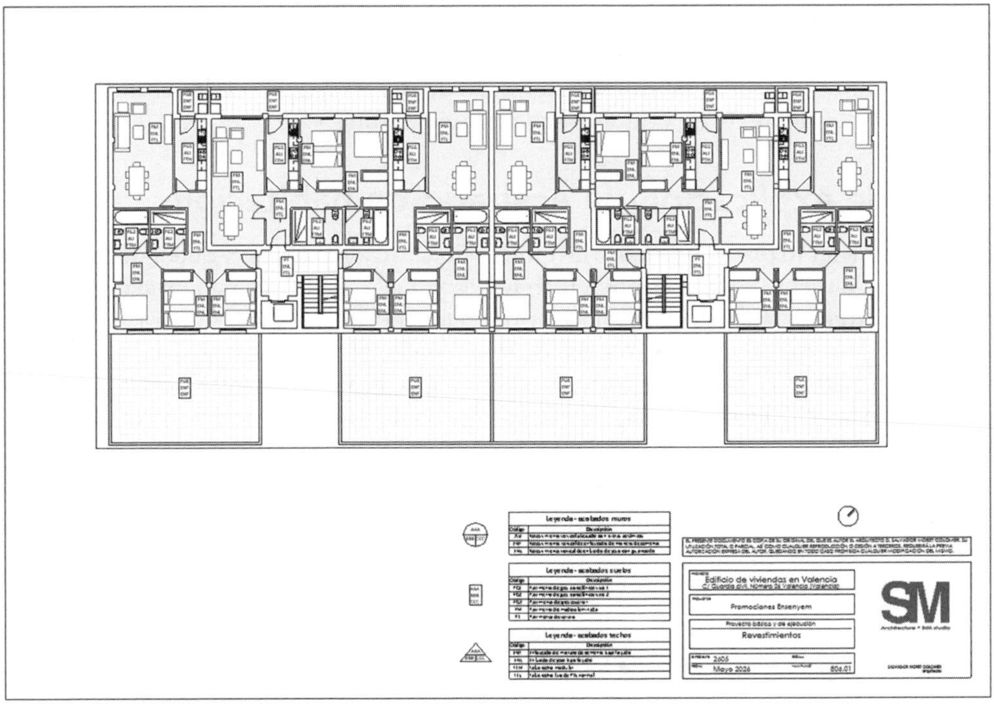

Figura 28.7. Plano de revestimientos de planta 1.

Este método, uno de los más rápidos y sencillos, ofrece un resultado generalista y apropiado para proyectos de promoción en los que no se detallan los revestimientos en profundidad.

En la vista, simplemente utiliza Anotar>Etiquetar todo y, una vez marcada la casilla Habitaciones, despliega en la parte derecha para seleccionar la etiqueta de acabados creada antes. En el plano, además de la vista, recuerda arrastrar la leyenda y las tablas de planificación para documentar todo el proyecto.

Revestimientos verticales con muros independientes

Si has optado por tener muros independientes para los revestimientos, ¡enhorabuena! No solo has elegido el proceso más detallado de modelado, sino quetambién obtendrás un resultado a la altura al generar los planos. Solamente necesitarás resaltar los diferentes revestimientos en planta y generar una leyenda que clarifique qué está mostrando el plano.

Filtrado por tipo de muro

El proceso en este caso consiste en crear tantos filtros como tipos de muro de revestimiento tengas. Vamos a simularlo con el revestimiento alicatado y el muro «RV Alicatado 1». Desde Vista>Filtros, crea un nuevo filtro que identifique perfectamente el muro; quizá usar el mismo nombre del tipo de muro es una buena opción. En la lista central de categorías, selecciona simplemente «Muros» y, en la parte derecha, donde se establecen los criterios de filtrado, no tienes más que desplegar para elegir «Nombre de tipo» «es igual a» «RV Alicatado1» (o el que aplique en cada caso). Repite esta operación con cada uno de los tipos de revestimiento; es ligeramente más rápido duplicar el filtro, seleccionar la copia, renombrarla y desplegar de nuevo la lista de tipos de muro para elegir el nuevo.

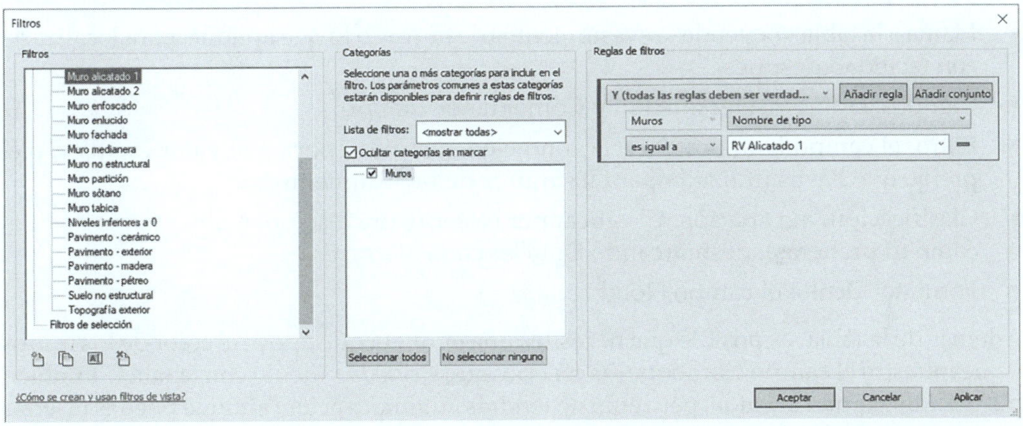

Figura 28.8. Ejemplos de filtros revestimientos verticales.

Ahora, desde VV, ve a la pestaña Filtros y añade el que hemos creado; por ejemplo, el de alicatado. Si quieres comprobar que el filtro selecciona correctamente el subconjunto de muros que quieres, desmarca Visibilidad y aplícalo. Si ha salido bien, estamos listos para hacer las modificaciones. Resulta tentador cambiar, simplemente, el patrón de relleno para corte, con un relleno uniforme y, pongamos, color verde. Sin embargo, si activas el grosor de las líneas, verás que no es, ni mucho menos, suficiente: el grosor de la línea de muro enmascara casi completamente el color elegido.

Mi propuesta está inspirada en la forma en que resolvíamos este tipo de planos en CAD. Normalmente, dibujando una polilínea de un buen grosor y un color llamativo siguiendo el perímetro de la estancia, quizá con una equidistancia pequeña del mismo. ¿Qué te parece si honramos ese método, pero en BIM? Para ello, no solo tienes que modificar el color del patrón de relleno de corte, también deberás modificar las líneas de corte para que tengan el mismo color y, muy importante, su grosor: juega con grosores más altos, como 5 o 7. Cuando apliques los cambios, ¡verás que tus revestimientos de alicatado destacan perfectamente!

Categorías de modelo | Categorías de anotación | Categorías de modelo analítico | Categorías importadas | Filtros | Vínculos de Revit

Nombre	Activar filtro	Visibilidad	Proyección/Superficie			Corte		Tramado
			Líneas	Patrones	Transparencia	Líneas	Patrones	
Muro alicatado 1	☑	☑						☐
Muro alicatado 2	☑	☑						☐
Muro enlucido	☑	☑						☐
Muro enfoscado	☑	☑	Modificar...	Modificar...	Modificar...			■

Figura 28.9. Ejemplos filtros de revestimientos verticales aplicados.

Completar la documentación de la vista

Podrás completar la información necesaria con una tabla de planificación de muros, de forma similar a como hicimos en la tabla de cómputo de materiales de muro. Simplemente a modo de guía, te indico los pasos principales:

- Llama a la tabla «Leyenda - revestimientos de muro» o lo que aplique, para localizarla con facilidad después.
- Campos: Nombre, Descripción y Comentarios de tipo.
- Filtro: el campo Nombre tiene la condición «empieza por» y el valor es «RV», o el prefijo que hayas utilizado para los muros de revestimiento.
- Clasificación/agrupación: Clasificar por Nombre (incluso por Comentarios de tipo, como tú prefieras); desmarcando Detallar cada ejemplar.
- Formato: Oculta el campo Nombre.

Además de la tabla, es posible que necesites una etiqueta que apoye el color de los muros y que muestre el campo Comentarios de tipo, que sirva de vínculo con la tabla. También puedes utilizar una leyenda, pero aquí no tendrás automatización: aunque puedas insertar un componente de leyenda del muro, no será posible aplicarle filtros (pues no es un muro como tal), así que necesitarás, esta vez sí, crear una línea o una región con el color deseado.

Revestimientos verticales	
Código	**Descripción**
ALI	Revestimiento vertical alicatado con piezas cerámicas
ENF	Revestimiento vertical de enfoscado de mortero de cemento
ENL	Revestimiento vertical de enlucido de yeso con guarnecido

Figura 28.10. Tabla de revestimientos verticales.

TRUCO:

No dupliques tipos de regiones rellenadas o de máscara en una vista de leyenda. Coloca una y, con el botón secundario>Modificar gráficos en vista>Por elemento, cambia el color y el patrón a tu gusto.

29

Criterios para planos de carpintería + leyendas

En este capítulo aprenderás a:

- Crear vistas de leyenda.
- Crear montajes y vistas de montaje.
- Crear tablas de carpintería.

Introducción a los planos de carpintería

Un plano de carpintería es aquel que combina toda la información necesaria para que sea posible identificar y fabricar las puertas, ventanas, armarios, barandillas y demás elementos de un proyecto. Por tanto, los elementos mínimos necesarios son:

- **Plantas de carpintería.** Son vistas de planta donde aparecen identificados todos los elementos mencionados, normalmente mediante etiquetas.
- **Referencias de carpintería.** Es una vista donde se muestra un alzado acotado de cada uno de los tipos de elementos de carpintería. Normalmente, utilizaremos vistas de leyenda.
- **Tablas de planificación.** Un listado completo de los elementos que se deben incluir.
- **Detalles.** Opcionalmente, se pueden incluir detalles de uniones de carpintería con otros elementos del proyecto; puedes hacerlo mediante vistas de diseño o leyendas y en ambas puedes importar o vincular un detalle CAD si lo necesitas.

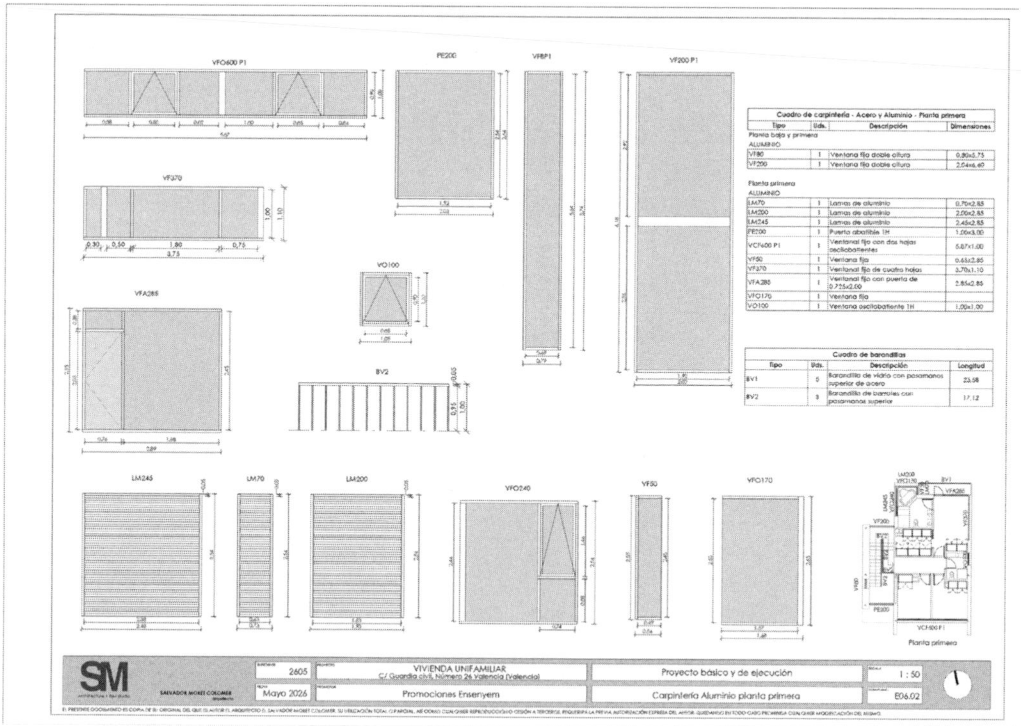

Figura 29.1. Ejemplo de plano de carpintería.

En un proyecto de dimensiones contenidas, es posible que un único plano de planta sea lo suficientemente claro para albergar todas las etiquetas necesarias. Sin embargo, en un gran proyecto será necesario hacer subdivisiones como, por ejemplo:

- Carpintería exterior e interior.
- Carpintería de madera, de aluminio o PVC y de hierro o cerrajería.
- Puertas, ventanas, armarios, barandillas.

No hay una subclasificación oficial para nadie, así que, si tu proyecto es muy grande, deberás encontrar la manera de dividirlo que para ti sea más cómoda o natural.

Configuración de vistas de planta

Tras haber creado las vistas, haberlas renombrado y agrupado correctamente dentro del Navegador de proyectos, llega el momento de ajustar su visibilidad. Como criterios básicos puedo ofrecerte una serie de sugerencias:

- Mantén el nivel de detalle al mínimo.
- Desactiva la visibilidad de sombreados de corte y superficie de todos los elementos.
- Oculta las categorías que no te aporten nada, como alzados, secciones, mobiliario o incluso habitaciones.
- Desde VV, puedes seleccionar todas las categorías y activar la casilla Tramado y después desmarcarla en las que sí que te interese resaltar (como puertas, ventanas o barandillas, por ejemplo).
- Ajusta la escala para que sea una vista de consulta o referencia: no necesitas 1:50, así que tal vez 1:300 sea suficiente.

Filtrado y diferenciación de elementos

Si tu proyecto es, como hemos comentado, demasiado grande como para albergar toda la información de carpintería en un único plano, quizá te sean útiles algunas de estas estrategias para llevar a cabo las separaciones.

- Si quieres diferenciar entre interior y exterior, no tendrás problema con las ventanas, que, *a priori*, son todas exteriores; con las puertas, verás que cada tipo tiene un parámetro llamado «Función» que puede utilizarse para separarlas en interior y exterior. Combinando esto con un filtro que seleccione y mantenga tramadas las puertas en función de si son exteriores o interiores, tendrás esta primera clasificación resuelta.
- Si quieres separar por material, tendrás que indagar un poco más antes de aplicar los filtros; pues no existe un parámetro nativo para puertas y ventanas con el que trabajar. Esto significa que puedes reutilizar alguno de los parámetros de tipo que no estés usando (por ejemplo, «Modelo»), o bien puedes crear uno nuevo que afecte a puertas y ventanas para introducir tú esa información. La parte negativa de crear un parámetro es que deberás asegurarte de introducir esa información en cada nuevo tipo de puertas o ventanas que utilices.

Sea cual sea el camino que desarrolles, deberías tener una vista de planta sencilla en muy poco tiempo.

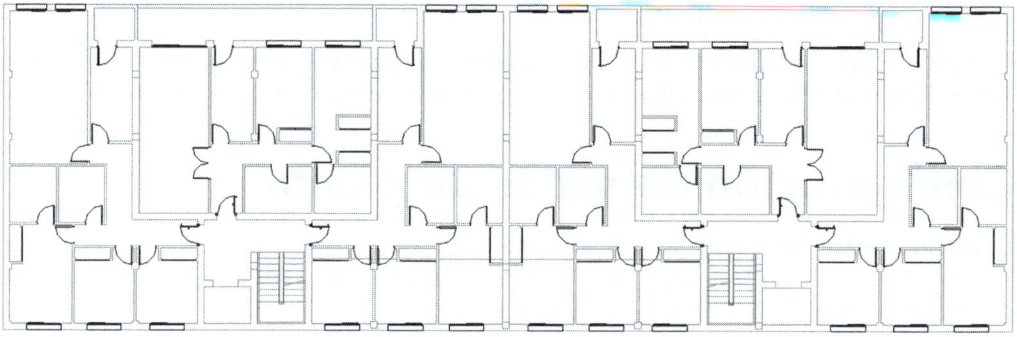

Figura 29.2. Ejemplo de vista plano de planta de carpintería planta 2.

Etiquetado de elementos

Aunque las etiquetas por defecto para puertas y ventanas de Autodesk se centran en las dimensiones, a mí me gusta más utilizar una que haga referencia a un código. Por ejemplo, podríamos pensar en «P1», «P2», «V1» y así sucesivamente. Para eso, te recomiendo utilizar el campo de Marca de tipo. No debería resultar difícil crear una nueva etiqueta para puertas y otra para ventanas con ese campo, o bien editar las que vienen por defecto para cambiar el texto de etiqueta. Solamente dos observaciones:

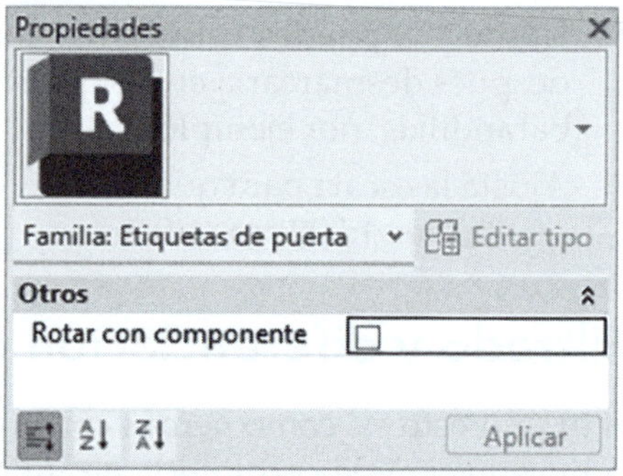

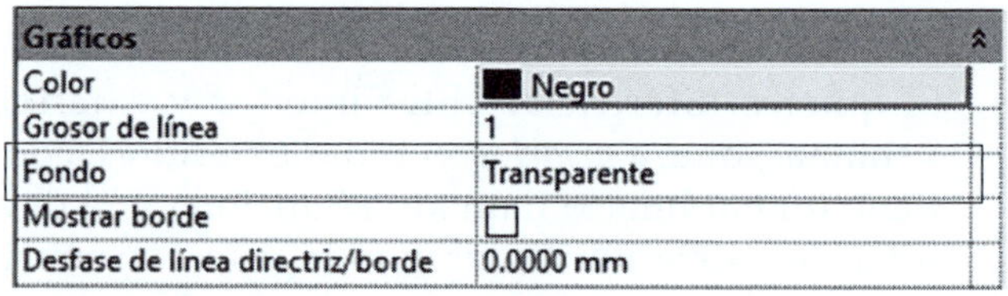

Figura 29.3. Desactivar/activar Rotar, con componente y fondo transparente.

- En un plano global con los códigos de carpintería no necesitas que la etiqueta gire con la puerta; así que prueba a dejar desactivada la propiedad de Rotar con componente.
- En las propiedades de texto, desactiva el fondo opaco para evitar que la etiqueta tape mucha parte del proyecto.

Una vez que tengas tu etiqueta, solamente faltará ir a Anotar>Etiquetar todo, marcar las categorías de puertas y ventanas, asegurándote de que la etiqueta que se va a incluir es la que deseas y desactivando la directriz si quieres que la etiqueta esté centrada en la puerta o en la ventana.

TRUCO:

Si quieres que la etiqueta quede un poco separada, pero no te gusta la directriz, puedes anotar todo con una directriz pequeña (por ejemplo 3 o 5 mm, en función de la escala) y, después, selecciona todas las etiquetas de esa vista para entonces desmarcar la casilla «Directriz».

Tablas de carpintería

Necesitarás una tabla diferente para puertas, ventanas y barandillas: resultará demasiado complejo tener una única tabla multicategoría que abarque las tres, así que mi recomendación es que generes una tabla que contenga, al menos, la siguiente información:

- Marca de tipo
- Recuento
- Descripción

Durante el proceso de confección de la tabla, añade el parámetro de Familia y tipo y clasifica según este parámetro (sin detallar cada ejemplar). Esto sin duda te ayudará a escribir la descripción y a rellenar una marca de tipo personalizada. Cuando ya lo tengas, puedes eliminar (u ocultar, como prefieras) el campo de Familia y tipo.

En el caso de la tabla de barandillas, además de poner una Marca de tipo sencilla (por ejemplo, «B1», «B2» y sucesivas), quizá sea interesante añadir la longitud de las barandillas. Puedes optar por mantener o no el recuento, pero sí que deberás ir a Formato>Longitud>Calcular totales, para que te aparezcan las longitudes totales de cada tipo.

<Leyenda - barandillas>

A	B	C
Código	Longitud	Altura de barandilla
B1	136.42	0.90

Figura 29.4. Ejemplo de tabla de barandillas.

Para las tablas de puertas y ventanas, aunque partimos de la misma configuración básica, puedes mejorar mucho la tabla. Veamos algunas posibilidades:

- Desde la pestaña de Campos, puedes añadir un campo combinado que se llame «Dimensiones» y agrupe los parámetros de Anchura y Altura en uno solo, con un separador a tu elección. Si, además, deseas personalizar las unidades y precisión (por ejemplo, te interesa en centímetros con un decimal y no en metros con dos decimales), debes añadir esos dos campos, dejarlos ocultos para que no aparezcan y, desde la pestaña Formato, modificar su Formato de campo (figura 29.5).
- Es una práctica común separar las puertas interiores de las exteriores; si te gusta ese concepto, añade el campo Función y clasifica a partir de él, con encabezamiento, línea en blanco y ocultando el campo.
- Puedes añadir los parámetros (de tipo o de ejemplar) que quieras que aparezcan en la tabla. Por ejemplo, indicar cuáles de las puertas llevan pestillo o cerradura (parámetro de ejemplar) o qué ventanas tienen cajón de persiana (parámetro de tipo). En ambos casos, estos serían parámetros de estilo booleano o «Sí/No».

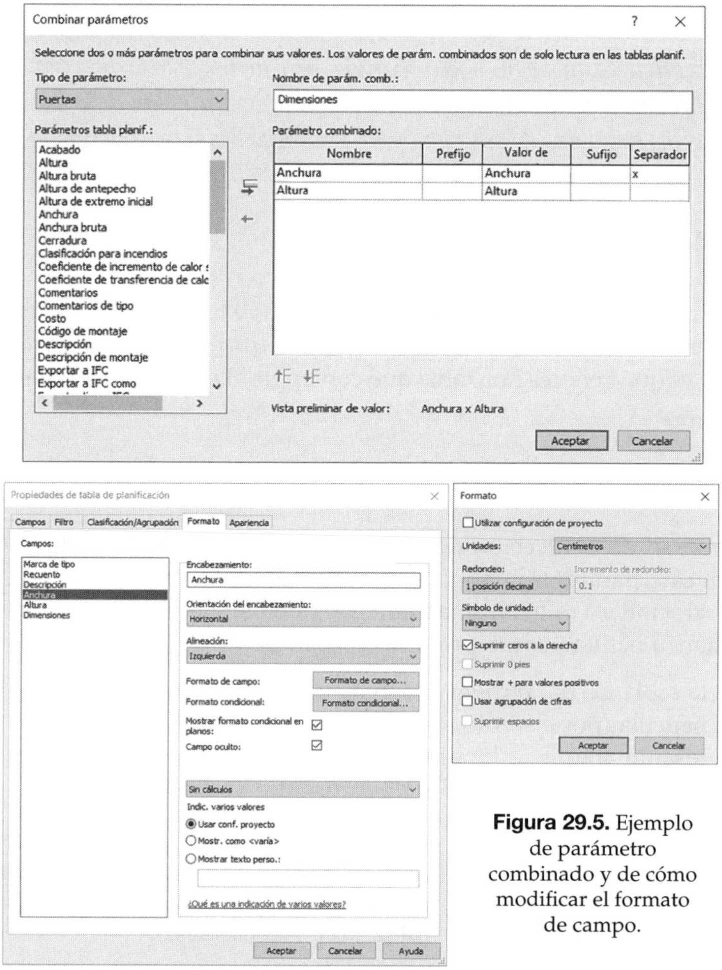

Figura 29.5. Ejemplo de parámetro combinado y de cómo modificar el formato de campo.

- También puede resultar interesante indicar la composición de vidrio. Aquí debes evaluar si quieres utilizar un parámetro de tipo o de ejemplar (este último resulta útil si diferencias el vidrio en función de la orientación); y también si prefieres emplear alguno de los parámetros nativos de Revit que no estén rellenados (por ejemplo, Fabricante, aunque después cambies el texto del encabezado de la tabla) o si te resulta mejor crear un parámetro desde cero.

TRUCO:

Siempre que utilices un parámetro para discriminar entre ejemplares (como en el caso entre pestillo o cerradura) necesitarás clasificar también por ese parámetro. Planifica con cabeza, puesto que las tablas en Revit solo permiten, de momento, cuatro niveles de clasificación.

Cuando hayas completado la tabla, revisa los nombres de los encabezamientos y edítalos a tu gusto: al fin y al cabo, será el texto que aparezca en tus planos finales. Algunas sugerencias personales son sustituir «Marca de tipo» por «Código» y «Recuento» por «Uds.». Si utilizaste «Fabricante», también lo cambiaría por «Vidrio».

Leyenda - puertas con características									
Código	Uds.	Descripción	Dimensiones	Características					
				Vidrio	Pomo	Manivela	Cerradura	Persiana
Exterior									
PA210	1	Puerta abatible de vidrio de 2 hojas	212.5 x 195 cm	4/16/4				
PB90	22	Puerta balconera practicable de 1 hoja	90 x 220 cm	4/16/4				
PB150	2	Puerta balconera corredera de 2 hojas	150 x 220 cm	4/16/4				
PB250	14	Puerta balconera corredera de 2 hojas	250 x 220 cm	4/16/4		•	•	•
PE90	22	Puerta de entrada abatible de 1 hoja	90 x 210 cm	-	•	•	•	
PE140	2	Puerta de entrada practicable de 2 hojas	140 x 210 cm	-				
PG240	1	Puerta de garaje	243.5 x 198.1 cm	-				
Interior									
AR90	4	Puerta de armario de 2 hojas	90 x 220 cm	-				
AR140	18	Puerta de armario de 2 hojas	140 x 220 cm	-				
AR150	4	Puerta de armario de 2 hojas	150 x 220 cm	-				
AR160	42	Puerta de armario de 2 hojas	160 x 220 cm	-				
AR180	2	Puerta de armario de 2 hojas	180 x 220 cm	-				
PA70	22	Puerta abatible de 1 hoja	70 x 210 cm	-				
PA80	140	Puerta abatible de 1 hoja	80 x 210 cm	-				
PA145	10	Puerta abatible de 2 hojas con ventana	145 x 210 cm	-		•		

Figura 29.6. Ejemplo de tabla de puertas con características.

Leyendas de carpintería

Uno de los métodos más sencillos y directos para mostrar las referencias de carpintería en Revit es usar las leyendas. No es perfecto ni está completamente automatizado, pero es un punto de partida magnífico. Simplemente ve al Navegador de proyecto>Leyendas>botón secundario>Nueva leyenda e introduce un nombre como, por ejemplo, «Cuadro de carpintería»; como escala estándar para este tipo de vistas te recomiendo 1:50.

Desde ahí, debes añadir componentes de leyenda. Hay dos métodos oficiales para ello:

- Desde el Navegador de proyectos>Familias, localizas el tipo de puerta o ventana que quieres colocar y lo arrastras hacia la vista de leyenda.
- Anotar>desplegar Componente>Componente de leyenda y, en la barra de opciones, especificas la familia y la vista.

El primer método tiene, a mi modo de ver, ventajas sobre el segundo, puesto que ya elijo directamente la familia y el tipo de una forma más directa. En ambos casos, una vez colocada, puedes cambiar tanto familia y tipo, como la vista (plano de planta, alzados frontal y posterior, e incluso en ciertas categorías como mobiliario, también las elevaciones o alzados laterales).

Una vez colocada una puerta, puedes copiarla varias veces hacia un lado para, después, cambiar familia o tipo e ir añadiendo el resto de las puertas o ventanas. Este método, además de no ser automático, tiene la desventaja de que mostrará todas las familias y tipos que haya en tu proyecto, estén en uso o no; así que deberás ser prudente a la hora de colocarlas.

Cada puerta o ventana puede acotarse e, incluso, si dibujas una línea desde Anotar>Línea de detalle que haga las veces de línea de pavimento, podrás colocar las ventanas a la altura que desees y entonces, acotar también la altura de antepecho.

Tu leyenda no estará completa si no colocas textos que indiquen la marca de tipo de tu carpintería. Te parecerá una locura, pero de momento Revit no permite etiquetar dentro de una leyenda, así que los textos deben ser manuales.

TRUCO:

Existen complementos externos a Revit que permiten no solo etiquetar en vistas de leyenda, sino también colocar automáticamente un ejemplar de cada tipo; puedes probar la extensión pyCillizer dentro de pyRevit o utilizar el addin «TagLegends for Revit» de BIM Learning.

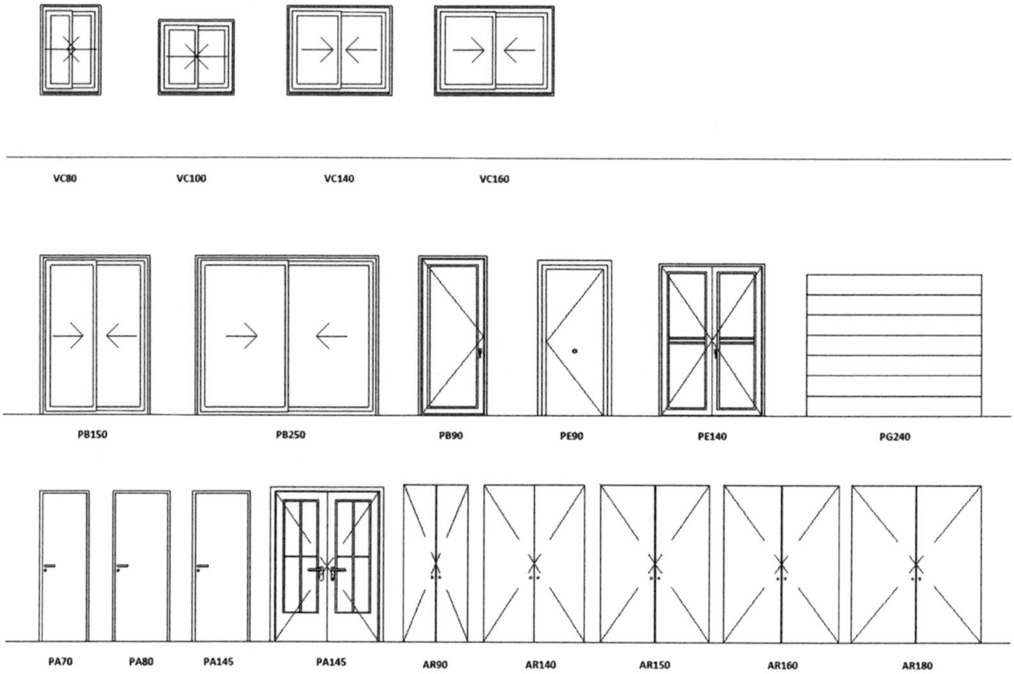

Figura 29.7. Leyenda de cuadro de carpintería.

Carpinterías especiales

Si utilizas frentes de vidrio especiales en tu proyecto, lo más habitual es que uses muros cortina. Sin embargo, ¿cómo puedes contabilizar estas carpinterías? La primera posibilidad es hacer una tabla de muros que filtre específicamente no solo la familia de muros cortina, sino también el tipo o tipos de muro cortina utilizados para frentes de vidrio (pues quizá estés empleando muros cortina para otras funciones). Esa tabla debería tener las siguientes características:

- Marca. Aquí podrás colocar el código que quieres aplicar al frente acristalado, renómbralo como «Código».
- Recuento. Si tienes varios frentes de muro cortina iguales, puedes llamarlo «Uds.».
- Comentarios. Si lo renombras como «Descripción», será perfecto para la descripción del ventanal que estás representando.
- Longitud y altura desconectada. ocultos y formando un campo combinado llamado «Dimensiones», con las medidas en cm.

NOTA:

El parámetro de ejemplar «Marca» es único; por tanto, Revit te dará una advertencia si varios muros cortina tienen el mismo código.

Este sistema funciona muy bien si utilizas muros cortina para hacer mamparas de vidrio o de oficina, siempre que mantengas suficiente orden con los nombres de tipo creados. No obstante, si sigues leyendo, verás que hay mecanismos más avanzados para lograrlo.

Leyenda - carpinterías especiales

Código	Uds.	Descripción	Dimensiones
AR98	1	Puerta de armario de 1 hoja	97.5 x 225 cm
AR260	1	Puerta de armario de 5 hojas	260 x 225 cm
AR270	1	Puerta de armario de 5 hojas	270 x 220 cm
AR290	1	Puerta de armario de 5 hojas	290 x 225 cm
AR295	1	Puerta de armario de 5 hojas	295 x 225 cm
PB160	1	Puerta balconera corredera de 2 hojas	160 x 210 cm
PB220	1	Puerta balconera corredera de 2 hojas	220 x 240 cm
PB240	1	Puerta balconera corredera de 3 hojas	240 x 240 cm
PB245	1	Puerta balconera corredera de 3 hojas	242 x 80 cm
VA100	1	Ventana abatible de 1 hoja	100 x 130 cm
VA120	1	Ventana abatible de 1 hoja	120 x 130 cm
VA130	1	Ventana abatible de 1 hoja	130 x 130 cm
VA160	1	Ventana abatible de 2 hojas	160 x 130 cm
VA215	1	Ventana abatible de 2 hojas	218 x 715 cm
VA220	1	Ventana abatible de 3 hojas	220 x 130 cm
VA240	1	Ventana abatible de 2 hojas	240 x 130 cm
VF115	1	Ventana fija de 3 hojas	114.5 x 240 cm
VF285	1	Ventana fija de 3 hojas	285 x 240 cm
VO100	1	Ventana oscilobatiente de 1 hoja	100 x 130 cm
VO130	1	Ventana oscilobatiente de 1 hoja	131 x 240 cm
VO240	1	Ventana oscilobatiente de 2 hojas	240 x 80 cm

Figura 29.8. Ejemplo de tabla de carpinterías especiales.

Trabajo con montajes

Es posible que el método fácil de hacer una tabla de muros cortina no sea tu mejor opción si hay varios frentes acristalados iguales repetidos o incluso si tienes frentes en esquina que quieres documentar como uno solo. En ese caso, te recomiendo que explores la opción de hacer montajes. Un montaje es, simplemente, una agrupación de elementos diferentes que puede tener sus propios planos y tablas. Para hacerlo, hay que seguir una serie de pasos muy concretos, que no te resultarán complejos. Si en la planta baja, donde están los locales comerciales, quieres poner unos escaparates, sería buena idea utilizar este método.

1. En una vista (normalmente será en planta, alzado o incluso 3D), selecciona tu muro cortina.
2. Con el comando BX, haz una caja de sección automática en la vista 3D. Si ya lo seleccionaste desde un alzado o vista 3D, puedes saltarte este paso.
3. Aísla temporalmente el muro cortina para evitar tocar otros elementos. Puedes hacerlo rápidamente escribiendo HI o bien seleccionando el muro cortina>Barra de controles de vista>Desplegar ocultar/aislar temporalmente>Aislar elemento.
4. Con una ventana de selección, asegúrate de seleccionar todos los componentes de tu muro cortina (paneles, montantes y demás). Si algún panel es de la categoría Puertas, tendrás que añadirlo manualmente a la selección con Ctrl.
5. Selecciona Cinta de opciones>Crear montaje.
6. Aparecerá un mensaje de aviso, indicando que Revit no puede crear montajes de las rejillas o del propio elemento muro; simplemente acepta, pues a nosotros solo nos interesa el conjunto de paneles, montantes (y, en su caso, puertas).
7. Ponle un nombre a tu montaje. Te propongo que sea el código que quieres usar para ese frente de vidrio; imagina que es «FV01».
8. Elige la categoría de montaje a la que quieres que pertenezca tu montaje. Te recomiendo que elijas la categoría de «Paneles de muro cortina».
9. Restablece la visibilidad aislar/ocultar temporalmente, ya sea escribiendo HR o desde la barra de controles de vista, y desactiva la caja de sección en la vista 3D.

De esta manera, tendrás un montaje para tu frente de vidrio. Además, si tienes un frente «exactamente» igual en otra parte del proyecto, cuando intentes hacerlo siguiendo los mismos pasos, Revit debería reconocerlo y ponerle el mismo nombre.

NOTA:

Es posible que el muro cortina no mida exactamente lo mismo, que hayas hecho una simetría o volteo o que haya algún cambio que tú no percibas, pero Revit sí. En ese caso, el montaje no se podrá llamar igual. Si quieres hacer la prueba con puertas o ventanas, verás que no importa que el muro anfitrión cambie de espesor, pero sí que afecta el haber hecho, en algún momento, un volteo con la barra espaciadora.

Una vez que tienes uno o varios montajes, debes saber cómo documentarlos; tanto gráficamente como mediante tablas y etiquetas. Sabes perfectamente cómo hacer una nueva etiqueta, pero de categoría montajes; en el apartado de tablas, puedes crear tablas de planificación de montajes, y filtrarlos por categoría. Los campos que podrías usar para obtener una tabla suficientemente detallada serían:

- Tipo. Si has utilizado el nombre de tipo como código, este campo es perfecto.
- Marca de tipo. De forma alternativa, puedes usar este campo para indicar el código.
- Recuento.

- Descripción.
- Fabricante. Si optaste por utilizar este campo para indicar la composición de vidrios, puedes seguir haciéndolo aquí.

NOTA:

En Revit no se almacenan las dimensiones de un montaje, de manera que tendrás que pensar en algún parámetro para indicar sus medidas; puedes probar con «Modelo» o con «Comentarios de tipo».

Leyenda - montajes				
Código	**Uds.**	**Descripción**	**Dimensiones**	**Vidrio**
FV01	1	Puerta de entrada abatible de 2 hojas con fijos laterales	1500 x 250 cm	4/16/4

Figura 29.9. Ejemplo de tabla de montaje.

Con respecto a la representación gráfica, busca el apartado «Montajes» en la parte inferior del Navegador de proyectos; ahí aparecerán todos los montajes realizados y, con el botón secundario, podrás ver en el menú contextual el comando Crear vistas de montaje.

Te recomiendo que pruebes la vista frontal y, si lo deseas, también la de plano. Recuerda cambiar la escala a 1:50, para que esté alineada con la escala del resto de carpinterías y leyendas.

Una vez en la vista de montaje, no solo puedes acotar, también es posible etiquetar el montaje y tener la marca de tipo o el parámetro que quieras. Cada una de esas vistas deberá añadirse al plano final de tu proyecto.

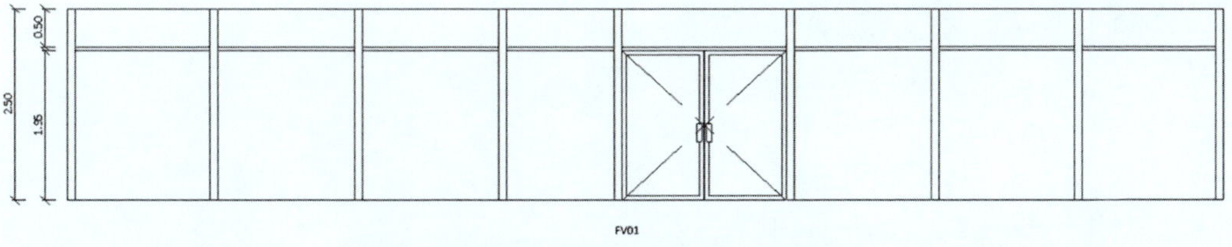

Figura 29.10. Alzado de montaje etiquetado.

NOTA:

Al hacer un montaje, debes tener presente que la tabla de planificación del elemento original no se modifica; es decir, si tenías cinco puertas y haces montaje de una o varias de ellas, en la tabla seguirás teniendo cinco puertas. Por eso, es importante planificar bien estas tablas para evitar duplicidad de conteo de elementos.

Montaje final de plano de carpintería

El plano de carpintería se generará combinando toda la información generada hasta ahora. Por un lado, tendremos una o varias plantas con las etiquetas correspondientes. Por otro, las tablas de planificación para puertas, ventanas, barandillas e incluso montajes. Y, por último, las leyendas y vistas de montaje que muestran las referencias de carpintería. En un proyecto muy grande, habrá planos donde únicamente se representen las plantas y otros para los alzados o referencias de carpintería.

TRUCO:

Al hacer tablas diferentes para cada categoría, es posible que no tengan el mismo tamaño. Si las quieres apilar y conseguir un aspecto unificado, sigue estos pasos:

- Elige una tabla en el plano y ajusta el ancho de sus columnas.
- Con doble clic, ve a la tabla.
- Toca la letra de cada columna y utiliza Cambiar tamaño para poner un valor redondeado.
- Ve al resto de tablas y utiliza esos valores en las columnas correspondientes.

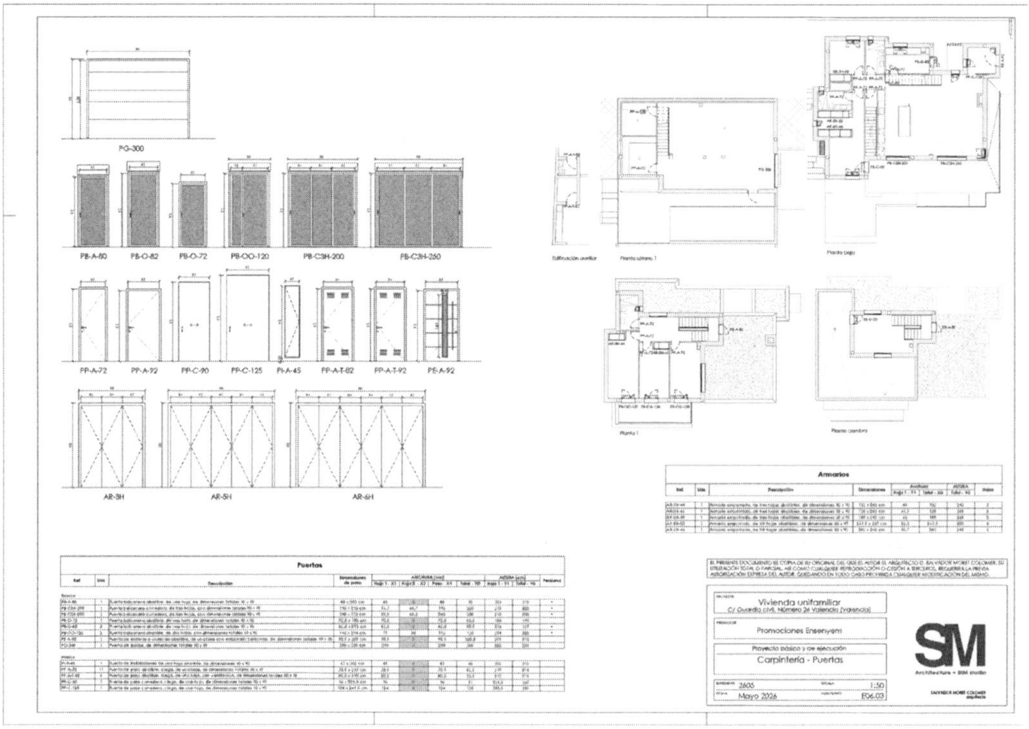

Figura 29.11. Ejemplo de carpintería terminado.

Otros criterios para hacer planos de carpinterías

Una de las mejores —y peores— cosas que tiene Revit es que no hay una única manera de hacer las cosas. Por eso, muchas personas han llegado a soluciones diferentes para abordar los planos de carpintería al encontrarse con que las leyendas no permiten etiquetar. Menciono algunos para que, al menos, los conozcas; eres libre de explorarlos en profundidad si crees que se alinean mejor con el tipo de proyectos que haces habitualmente.

- Secciones individuales para cada tipo de puerta/ventana. Personalmente lo veo muy trabajoso.
- Crear una fase posterior al proyecto (por ejemplo, después de «Nueva construcción», se puede crear la fase «Carpinterías»), donde colocar un muro y, en él, un ejemplar de cada tipo de puerta o ventana. Una sección en esa fase nos da el alzado y, desde ahí, es posible etiquetar; al estar en una fase posterior, no desvirtúa las mediciones. Sin embargo, personalmente creo que ensucia el modelo.
- Vincular un archivo externo con el muro y las carpinterías, mapeándolo a la fase «Carpinterías»; ensucia menos el modelo y, al exportarlo, no se envía esa información.

Como puedes ver, alternativas hay muchas. Te propongo que dediques un tiempo a probar y decidir cuál te gusta más; pero mi consejo inicial es que utilices las leyendas con alguno de los *plugins* mencionados.

30

Detalles constructivos

En este capítulo aprenderás a:

- Generar vistas de detalle, editar su profundidad y recortarlas.
- Hacer líneas de detalle, aislamientos, regiones de máscara y rellenadas.
- Usar componentes de detalle y componentes de detalle repetidos.
- Escribir textos con directrices y caracteres especiales.
- Etiquetar materiales.
- Emplear los recortes de anotación y las vistas de diseño.

Vistas de detalle

Para generar vistas de detalle, necesitarás una sección de partida. Puedes generar una vista de sección significativa del proyecto y colocarla en el grupo «Proyecto de ejecución» y en el subgrupo «09 Detalles constructivos». A partir de ahí, debes ir a Vista>Llamada y generar un rectángulo para cada detalle que quieras hacer, con la precaución de que, en el selector de tipo, marque Vista de detalle 1 y no Sección 1, de esa manera será una vista del tipo Vistas de detalle dentro del Navegador de proyectos (en la que tendrás que escribir correctamente los parámetros Grupo y Subgrupo, como venimos haciendo hasta ahora).

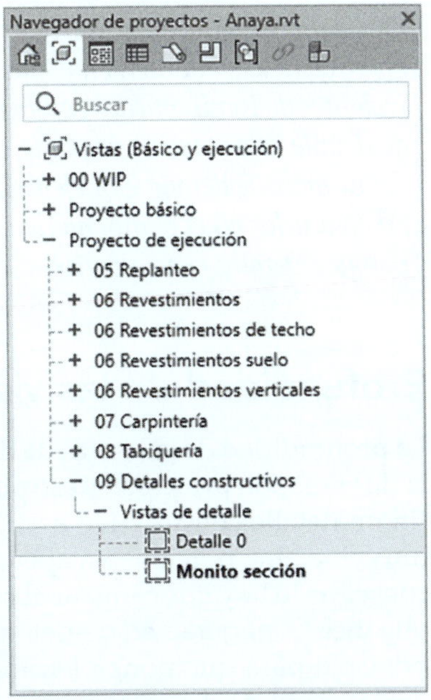

Figura 30.1. Vistas de detalle creadas en el Navegador de proyectos.

Dentro de cada una de estas vistas, comprobaremos que la región de recorte equivale al rectángulo inicial que hemos dibujado y que están de forma automática enlazados: al modificar uno, varía el otro. También es momento de establecer nivel de detalle alto, escala 1:20 (por ejemplo) y modo de visualización de líneas ocultas.

Es posible que no te guste el aspecto de las líneas de contorno del detalle, el radio de curvatura de las esquinas o el símbolo del detalle. En ese caso, permíteme guiarte de forma rápida por los puntos donde puedes personalizar todo esto:

- **Radio del contorno de detalle.** Selecciona el contorno>Propiedades>Editar tipo>Etiqueta de llamada>Puntos suspensivos>Radio de esquina.
- **Extremo de llamada.** Es el símbolo de detalle, sigue el mismo camino que en el punto anterior, pero en la ventana final despliega en «Extremo de llamada» y selecciona ninguno. También puedes crear o editar la familia de la etiqueta con ese nombre (como ya hemos hecho con otras etiquetas de vista) y entonces seleccionarla.
- **Estilo de línea del contorno de llamada.** Lo encontrarás dentro de Estilos de objeto>Objetos de anotación>Contorno de llamada.

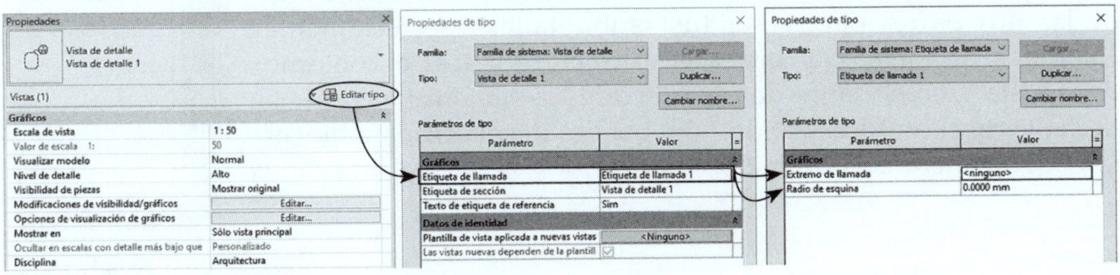

Figura 30.2. Personalizar llamada.

NOTA:

La etiqueta de llamada puede editarse, pero en los textos de etiqueta disponibles no podrás mostrar el nombre del título de la vista. En cambio, sí encontrarás el número de detalle (que hace referencia al orden en el que se colocan las vistas en los planos). En las versiones más recientes de Revit, puedes cambiar manualmente el número de detalle (una vez está la vista de detalle colocada en un plano). Además, quizá puedas probar a poner un prefijo delante del número de detalle (por ejemplo «D») para que, en la sección guía, se vean D1, D2 y D3. Al colocarlos en el plano, no tienes más que cambiar el «Título de vista en plano» para que ponga «Detalle 1» y sucesivos.

Profundidad de las vistas de detalle

La profundidad de las vistas de detalle es, por defecto, la misma que la de la sección principal, y eso por lo general no es lo que queremos. En un detalle constructivo es más habitual representar una rodaja muy fina, una porción con apenas profundidad de la sección. Para conseguirlo hay que cambiar el parámetro de la paleta Propiedades que dice Configuración de delimitación lejana: Igual que en la vista principal para que ponga Independiente, y entonces modificar el valor numérico del campo superior Desfase de delimitación lejano a, por ejemplo, 50 cm o 1 m.

Recortar una vista de detalle

Si la vista de detalle escogida abarca varios niveles o plantas, es más que probable que no quepa en un formato estándar por ser demasiado grande. La solución tradicional en CAD era recortar la vista para quitar las partes repetitivas o sin interés constructivo; en Revit es posible hacer lo mismo. Para ello, selecciona el contorno de la vista y localiza, en el punto medio de cada lado, un símbolo de discontinuidad; clica en uno de los símbolos para dividir el detalle en dos y, con los pinzamientos de bola azul, podrás mover el ámbito de las dos partes para tener tus «subdetalles» perfectamente colocados. Si, además, quieres acercarlos entre sí, toca el contorno de la vista y, en el centro de cada una de las ventanas, verás una flecha vertical con dos sentidos que puedes desplazar para mover la vista sin alterar su contenido.

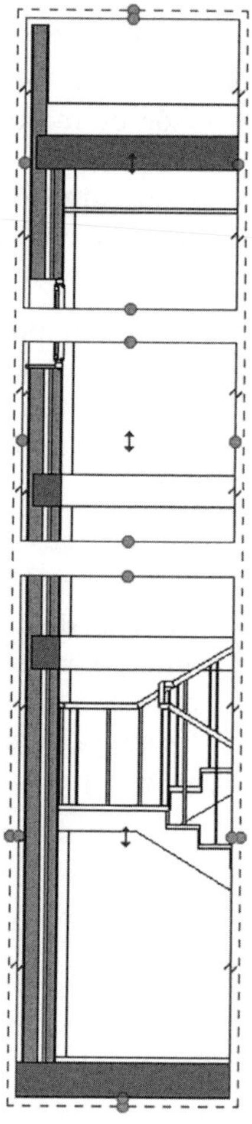

Figura 30.3. Recortar una vista de detalle.

Herramientas para documentar un detalle constructivo

A lo largo del libro hemos ido utilizando numerosas herramientas para fines diferentes. Aquí resumo cuáles pueden serte de utilidad en la documentación y mejora de detalles constructivos:

- **Líneas de detalle con estilos de línea personalizados.** Por ejemplo, puedes añadir información puntual en el detalle, como una línea de impermeabilización.
- **Regiones rellenadas y regiones de máscara.** Puedes usarlas para añadir más datos o contexto al modelo, como simular el contorno de un rodapié o un dintel prefabricado en una ventana.
- **Líneas de aislamiento.** Desde Anotar>Aislamiento podrás dibujar este tipo de detalles sin esfuerzo; es un detalle basado en línea que permite cambiar la línea de ubicación, la anchura del aislamiento y la densidad de la malla con el parámetro Relación de curvatura.

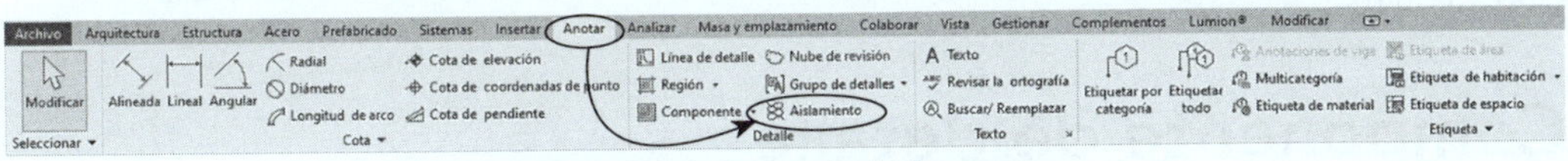

Figura 30.4. Comando Aislamiento.

- **Comando** Tipo de línea. Con él podrás ocultar líneas o cambiarlas a cualquier otro estilo de línea del proyecto.
- **Componentes de detalle.** Son familias 2D que te ayudan a completar la información del detalle constructivo, como ladrillos, sumideros, tejas o dinteles.

NOTA:

Todos los elementos anteriores son elementos de detalle; recuerda que puedes establecer un orden de impresión. Para ello selecciona un elemento de detalle y podrás «Poner en primer plano» o «Enviar al fondo», por ejemplo, aunque un elemento de detalle 2D siempre aparecerá por encima del modelo 3D.

Componentes de detalle

Para insertar bloques de construcción en 2D (como un ladrillo hueco o una vigueta) utilizamos la orden Componentes de detalle, desde Anotar>desplegar Componente>Componente de detalle o la secuencia de comandos Cinta de opciones>Cargar familia>Elementos de detalle. Estos detalles están a escala real —igual que nuestro dibujo de Revit—, de manera que no nos preocuparemos nunca por la escala: se insertarán correctamente.

Son muy útiles para insertar un sumidero de cubierta o un falso techo (más detallado que las meras dos líneas que definen el nuestro), un perfil de ventana o incluso un ladrillo hueco para representar toda la fachada con él (figura 30.5).

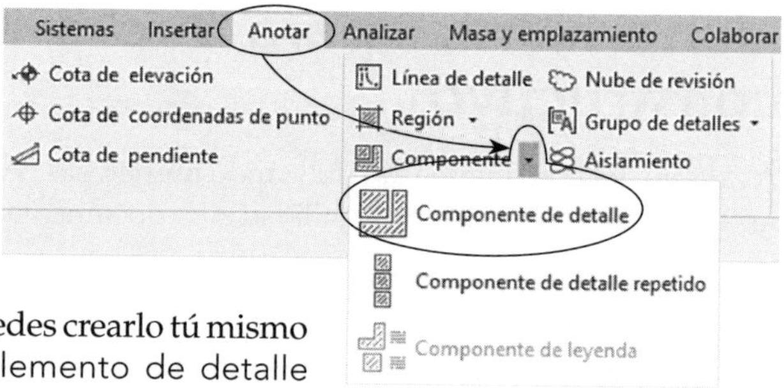

Figura 30.5. Componente de detalle.

Si el detalle que necesitas no está, puedes crearlo tú mismo desde Archivo>Nuevo>Familia>Elemento de detalle métrico. Dentro de esta ventana dibujarás en milímetros y podrás hacer uso de todas las técnicas aprendidas hasta ahora (como regiones de máscara o rellenadas), e incluso insertar líneas desde CAD. Al terminar, solamente tienes que guardar la familia de detalle y cargarla en el proyecto (figura 30.6).

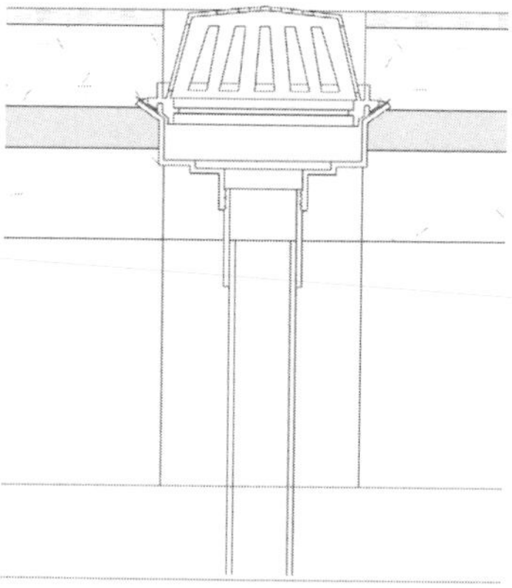

Figura 30.6. Ejemplo de componente de detalle.

Componente de detalle repetido

Si hemos generado un componente de detalle susceptible de ser repetido muchas veces (como, por ejemplo, un ladrillo hueco que queremos que ocupe toda la fachada o una combinación de vigueta más bovedilla que debe recorrer todo el forjado), en Anotar>desplegando Componente de detalle>Componente de detalle repetido, tenemos la solución.

Esta orden funciona del mismo modo que las líneas de aislamiento, pero generando detalles repetidos a partir de los nuestros. Las opciones de tipo (que podemos duplicar para crear todos los que necesitemos) constan de:

- **Detalle.** Elemento de detalle base para repetir.
- **Rotación de detalle.** Define la orientación: Ninguno, 90° izquierda o 90° derecha.
- **Diseño** (reglas de colocación).

Rellenar espacio disponible (seguidos uno detrás de otro; el que utilizaremos para ladrillo más junta).

Distancia fija (cada X cm).

Espaciado máximo (reparte los detalles para que la distancia entre ellos sea menor de X cm; por ejemplo, para los tirantes de un falso techo).

Número fijo (reparte X detalles en la línea que dibujemos).

- **Interior.** Si está marcado, el último detalle repetido aparece solo si la línea lo alberga entero. Si no está marcado, Revit inserta el siguiente elemento repetido tan pronto como sobre un poco de línea.

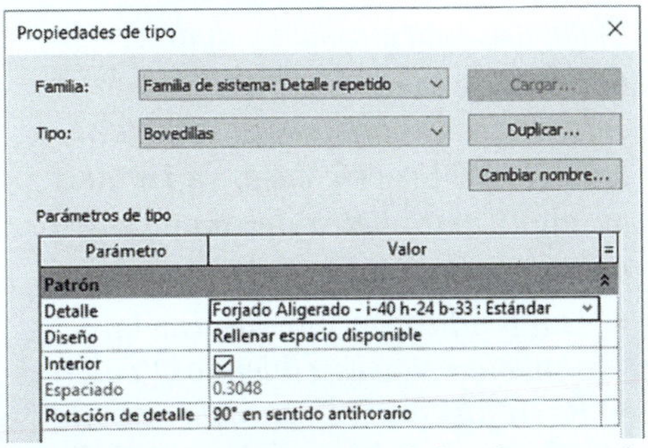

Figura 30.7. Propiedades tipo de los elementos de detalle repetidos.

Con esta orden rellenamos, muy fácilmente, cualquier ámbito del plano que de otra manera sería una tarea muy larga y tediosa:

- Frente de forjado con vigueta, bovedilla e incluso la parrilla de armado superior.
- Ladrillos de diferentes métricas.
- Tirantes de los falsos techos.

Etiquetas y anotaciones

Existen múltiples métodos para anotar, etiquetar y, en definitiva, documentar elementos en Revit. No es algo exclusivo de los detalles constructivos, porque puede hacerse en cualquier vista; revisa algunas de estas alternativas para encontrar cuáles se alinean mejor con los flujos de trabajo de tus proyectos.

Etiquetas de material

Sirven para añadir información, relativa al nombre o descripción de materiales, a nuestros detalles (por ejemplo, de las capas de un muro). En la plantilla por defecto encontrarás una etiqueta de material que puedes editar a tu gusto para que presente el campo deseado del material (nombre – descripción – marca) y así generar detalles perfectamente documentados.

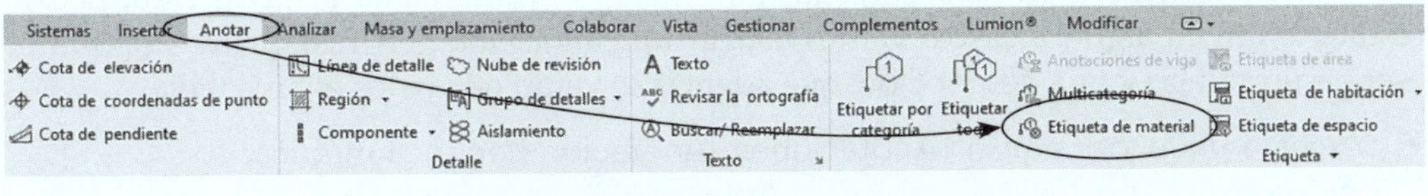

Figura 30.8. Etiqueta de material.

Si editas la etiqueta de material desde Editar familia en la Cinta de opciones, verás que hay unas líneas dibujadas en el origen: tienen la función de conseguir que la directriz y el hombro sean horizontales. Si no quieres verlas, las seleccionas y desmarcas Visible en la paleta Propiedades.

NOTA:

Si colocas una etiqueta y aparece con un símbolo «?» es porque el valor no está introducido en el elemento etiquetado. En este caso, se trataría de algún parámetro del material, y podemos introducirlo de tres maneras:

- *Haciendo clic-pausa-clic en el símbolo «?» y escribiendo el valor.*
- *Rellenando el campo desde «Gestionar>Materiales>Pestaña Identidad».*
- *Haciendo una tabla de cómputo de materiales y los campos correspondientes (material – nombre, material – descripción o material – marca, entre otros).*

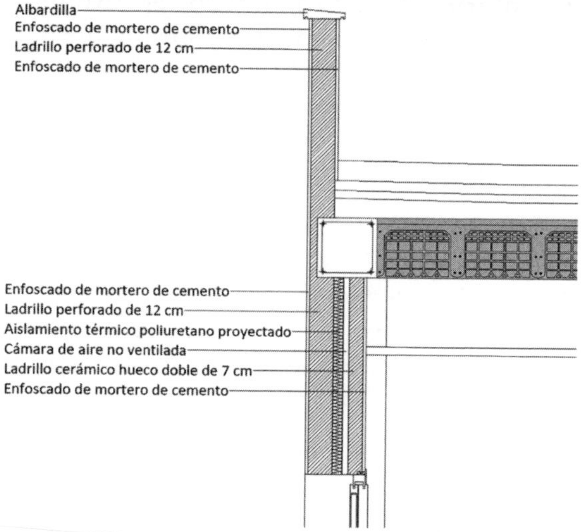

Figura 30.9. Detalle con etiquetas de material.

Textos y etiquetas

Mediante la orden Anotar>Texto generamos textos para cualquier tipo de anotación manual que se deba añadir. Por ejemplo, si hemos dibujado un rodapié o la línea de malla de fibra de vidrio, una opción es describirlo mediante un texto. Lo malo de este método es que es completamente manual y no contiene nada de información; si prefieres un proceso más BIM para introducir muchos textos, puedes generar una etiqueta para elementos de detalle que responda al campo Comentarios, por ejemplo.

Etiquetas mediante anotaciones genéricas

Las anotaciones genéricas no son etiquetas. Sin embargo, déjame contarte un truco que podría resultarte útil en algunos casos. Vamos a crear una anotación genérica que nos permitirá escribir un código y una descripción, que además se verán reflejados en una tabla.

- Archivo>Nuevo>Familia>Anotaciones>Anotación genérica métrica.
- Crear>Texto de etiqueta: haz clic cerca del origen para colocarlo y, desde la ventana que aparece, pulsa en el icono «Nuevo». Aquí creamos un parámetro de ejemplar, con el tipo de datos de texto y el nombre «Código». Al aceptar, añade el parámetro a la parte derecha de la ventana, cambia el valor de muestra a «XXX» y acepta.

- La tecla Esc detiene la creación de textos de etiqueta y, si te apetece, ahora puedes terminar de organizar el aspecto: centra mejor el texto y, muy recomendable, añade una región de máscara para enmarcarlo.
- Desde Crear>Tipos de familia>Nuevo parámetro, crea otro parámetro, también de ejemplar y de texto, con el nombre «Descripción».
- Guarda con el nombre «Anotación etiqueta» o similar, y pulsa Cargar en proyecto y cerrar.

Cuando quieras colocar un ejemplar de esta anotación, ve a Anotar>Símbolo y, tras seleccionarlo desde el selector de tipos de la paleta Propiedades, colócalo una o varias veces en una vista. Por ejemplo, en un detalle o en cualquier vista. Tendrás que hacer clic en la región de máscara y entonces sobre el interrogante para escribir el código. Puedes usar el código que quieras: desde 1, 2, 3, hasta G1 o cualquier combinación. Verás que, en la paleta Propiedades, tienes los parámetros de «Código» y «Descripción».

NOTA:

Si seleccionas la anotación colocada, verás que puedes añadir directrices desde la cinta de opciones.

Ahora puedes generar una tabla donde muestre cada ejemplar colocado:

- Ve al Navegador de proyectos>Tablas>Botón secundario>Nuevo bloque de notas.
- Selecciona la familia «Anotación etiqueta» (o el nombre que hayas utilizado) y ponle un nombre a la tabla, como por ejemplo «Etiquetas manuales».
- Elige los campos «Código» y «Descripción».

En esta tabla puedes tener una relación de tus anotaciones manuales con sus códigos y la descripción que quieras. Verás que también es posible añadir el recuento de aquellas que tengan, por ejemplo, el mismo código; seguro que se te ocurren varios usos que darle.

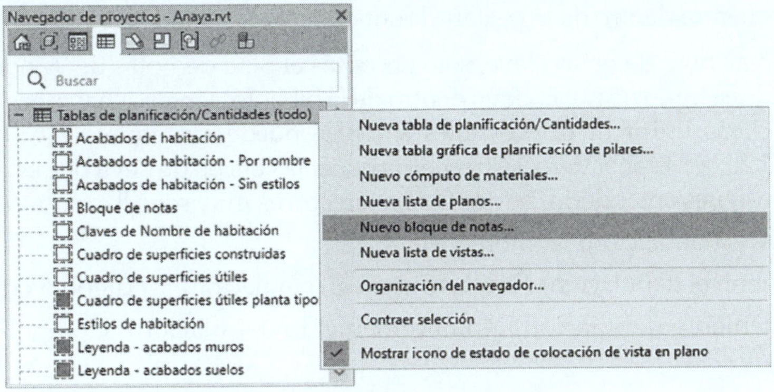

Figura 30.10. Crear nuevo bloque de notas.

Notas clave y códigos de montaje

Una de las formas más conocidas para etiquetar elementos que tengan un código y una descripción transversal entre nuestros proyectos es la creación de notas clave. Su ventaja principal es que los textos se cargan desde un archivo externo y eso facilita su utilización entre proyectos; su desventaja, que la edición del archivo de notas clave es ciertamente engorrosa. Pero vamos por partes:

- Anotar>Notas clave>Configuración de creación de notas clave. Debería aparecer una ventana que muestra la ubicación del archivo por defecto de notas clave de Revit. Desde ahí puedes examinar tu ordenador para elegir, si lo tienes, otro archivo diferente; pero verás que no es más que un archivo de texto.

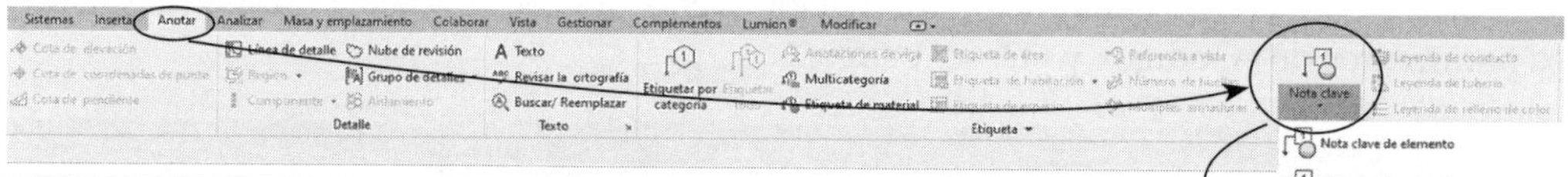

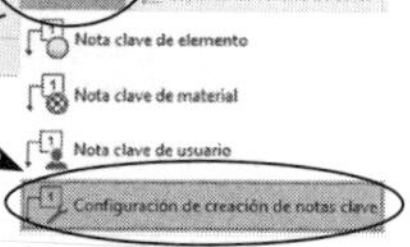

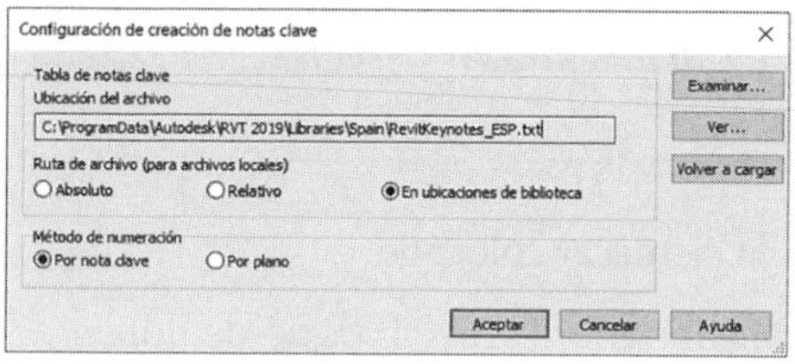

Figura 30.11. Notas clave.

- Anotar>Notas clave>Nota clave de elemento. Para crear una nota clave con su directriz.
- El código de la nota clave se puede editar de dos maneras:

Desde las propiedades de tipo de cualquier elemento, en el campo Nota clave y el botón de puntos suspensivos.

Haciendo doble clic en el texto de la etiqueta de notas clave.

- Anotar>Notas clave>Nota clave de usuario. Para añadir una nota clave que no esté vinculada al parámetro del elemento, sino elegida por nosotros.
- Anotar>Notas clave>Nota clave de material. Hace referencia al parámetro de nota clave que se encuentra dentro de la pestaña Identidad de los materiales.

Para editar un archivo de notas clave, solo necesitas el Bloc de notas de Windows; además, en el archivo de ejemplo de notas clave dentro de la biblioteca inglesa hay unas instrucciones más o menos claras. Ese archivo, «Keynotes_sample», puede encontrarse en C:\Programdata\Autodesk\RVT 202x\Libraries\English (recuerda poner la versión de Revit que estés utilizando). Pero, si no consigues entenderlo, he aquí unas directrices muy sencillas para configurarlo:

- CódigoNivel (tabulación) NombreNivel
- CódigoSubnivel (tabulación) NombreSubnivel (tabulación) *CódigoNivel
- CódigoElemento (tabulación) NombreElemento (tabulación) *CódigoSubnivel

Por ejemplo:

- 01 Muros
- 01.01 Exteriores 01

- 01.01.1 Básico - Fachada 01.01
- 01.01.2 Básico - Sótano 01.01
- 01.01.3 Básico - Antepecho 01.01
- 01.01.4 Básico - Parcela 01.01
- 01.02 Interiores 01
- 01.02.1 Básico - Partición 01.02
- 01.02.2. Básico - Medianera 01.02

Ese archivo se guardaría como «Notas claves Anaya.txt», por ejemplo, y se podría utilizar en cualquier proyecto.

NOTA:

Si la carpeta donde está el archivo de notas clave no es una ubicación predeterminada de biblioteca (se pueden configurar desde «Archivo>Opciones»), Revit te lo hará saber con un aviso que no tiene más relevancia.

Las notas clave pueden visualizarse desde una tabla de notas clave, que se genera desde Leyendas>Nueva leyenda de nota clave; y contienen la información del valor (código) y la descripción. Como matiz importante, la lista que aparece es la de todas las notas clave que se hayan etiquetado en el proyecto, no de los elementos que sí tengan el parámetro rellenado.

Los códigos de montaje funcionan de forma similar, pero se configuran desde Gestionar>Configuración adicional>Códigos de montaje. Por lo demás, el archivo TXT sigue las mismas directrices y en las propiedades de tipo puedes ver tanto el código como la descripción. Sin embargo, no hay una tabla específica para códigos de montaje.

Recorte de anotación

Al recortar una vista con recorte, es posible que algunos textos o etiquetas sobresalgan de la zona de dibujo. Podemos controlar si deseamos que esos textos se vean o no, activando en la paleta Propiedades>casilla Recorte de anotación.

El recorte de anotación es una región complementaria, recorta exclusivamente elementos de anotación:

- No mostrará anotaciones de los elementos de modelo ocultos.
- No mostrará anotaciones que intersequen con la región de recorte de anotación.
- Solo se mostrarán anotaciones que estén completamente dentro de dicha región.

Se puede establecer numéricamente el tamaño de la región de recorte y de la región de recorte de anotación con la orden Tamaño de recorte en la Cinta de opciones al tener la región seleccionada.

Vistas de diseño

Es posible que tengas una biblioteca de detalles tipo en formato CAD; bien sea de los tipos de cubierta más usuales, de la documentación de un fabricante de placas de cartón yeso o detalles de carpintería con un nivel de definición perfecto. ¿Qué hacer con estos detalles? Desde luego, aprovéchalos.

Para detalles que no estén relacionados con el modelo 3D (como los de tipo de encuentros de placas de cartón yeso) podemos ir a Vista>Vista de diseño. Dentro de estas vistas hay un espacio en blanco para dibujar (o insertar) lo que deseemos.

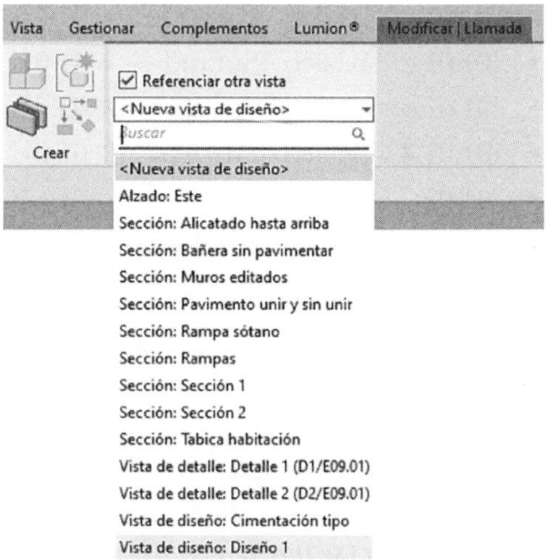

Figura 30.12. Referenciar otra vista.

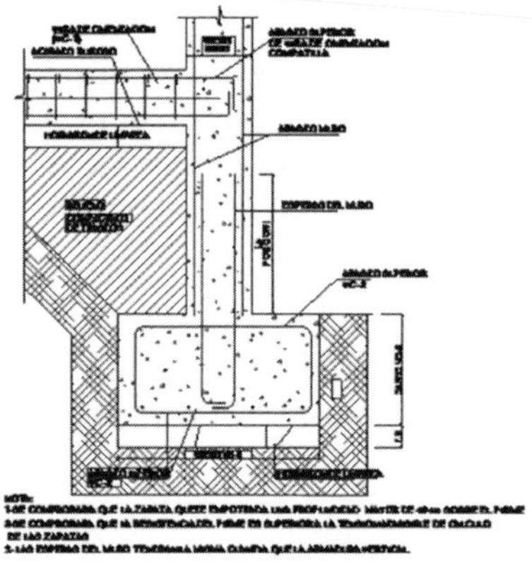

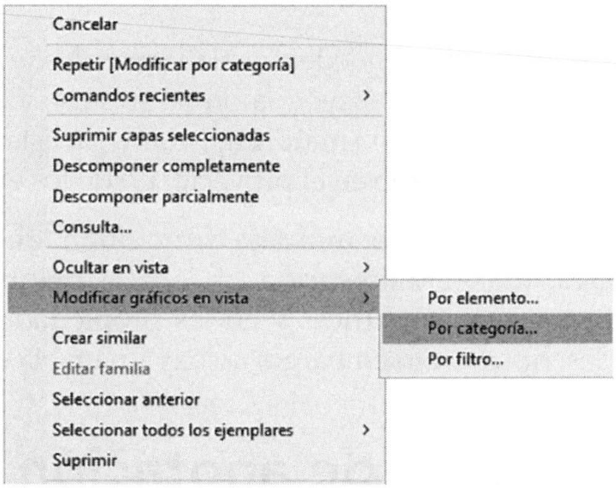

Incluso si nuestros detalles tipo se corresponden con exactitud con partes del modelo 3D, podemos hacer una vista de detalle nueva que, en vez de ir a una vista de detalle «real», haga referencia a la vista de diseño que nos interese: cuando estés creando una vista de detalle, busca en la Cinta de opciones la casilla para Referenciar otra vista, y podrás elegir entre crear una nueva vista de diseño o dirigirla hacia una de las vistas de diseño ya existentes (incluso hacia un alzado o sección paralelos a la vista actual).

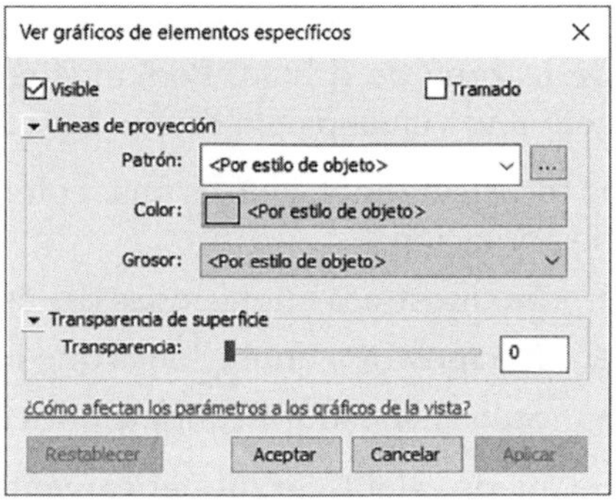

Figura 30.13. Modificar gráficos en vista por elemento.

Se pueden insertar vistas de diseño de otros dibujos, con la orden Insertar>Insertar desde archivo. Si importamos un detalle constructivo desde CAD, es posible que no nos interesen tanto los colores de las capas como los grosores de impresión. Al importar estos detalles, podremos marcar la interpretación de colores como Blanco y negro y, además, desde el botón de flecha de la configuración de importación de grosores de línea de CAD, podremos establecer el grosor de cada color (figura 30.13).

TRUCO:

Es posible que se muestre un error cuando intentes guardar la configuración de importación de grosores de línea que has editado. Si es el caso, no te preocupes y guarda el archivo en una carpeta en la que sí tengas permisos de escritura (como la propia carpeta del proyecto, por ejemplo).

Conclusiones de detalles constructivos

Revit pone a tu disposición una serie de herramientas para documentar los detalles. No son perfectas, puesto que en ciertos casos dependen de etiquetado o detallado manual, pero evitan la necesidad de volver a CAD para plantear un detalle. No obstante, si tuvieras que hacerlo, está bien ¡no pasa nada! Probablemente tengas muchos detalles en CAD que puedas seguir utilizando en tu trabajo profesional. Déjame recomendarte, eso sí, que cuando tengas que hacer uno nuevo, le des una oportunidad a utilizar elementos de detalle individuales o repetidos para aprovechar al máximo la información ya introducida en BIM. A modo de resumen:

- Con unas secciones guía y vistas de detalle podrás mejorar cualquier parte del proyecto.
- Utilizando líneas, regiones de máscara o rellenadas, aislamientos y componentes de detalle completarás la apariencia del detalle.
- Los componentes de detalle repetidos son un gran aliado para la colocación en masa de elementos seriados, de la misma forma que la orden Aislamiento.
- Usando etiquetas de elemento, material, notas clave o códigos de montaje (e incluso, puntualmente, textos) añadirás la información textual que necesite cualquier detalle.
- Si el detalle solamente va a colocarse una vez en el proyecto, puedes utilizar vistas de diseño.
- Si vas a emplear un detalle de forma recurrente en varios planos del mismo proyecto, entonces usa vistas de leyenda, ya que sí pueden incorporarse a varios planos.
- Importa detalles CAD que no aporten valor ni definición específica a tu proyecto, pero que deban estar ahí (como las ya comentadas uniones de placas de cartón yeso).
- Las vistas de detalle pueden crearse desde alzados y secciones, pero también desde plantas, para ampliar y documentar una zona concreta.

31

Tablas de mediciones de proyecto

En este capítulo aprenderás a:

- Organizar las tablas de planificación en tu navegador de proyectos.
- Crear tablas de mediciones.

Tipos de tablas en Revit

Revit ofrece una serie de tablas diferenciadas entre sí, que sirven a diferentes propósitos:

- **Tabla de planificación/Cantidades.** Son las más habituales y sirven para recuentos de elementos. Como subcategoría, están las tablas de planificación de claves, que hemos utilizado para aplicar estilos a categorías como habitaciones.
- **Tabla gráfica de planificación de pilares.** Muestra una tabla en modo alzado con los diferentes pilares de nuestro proyecto, agrupados o no por rejillas y/o tipo. En España no se suele representar de esta manera, así que no la hemos desarrollado. No obstante, siéntete libre de explorarla y, si se adapta a tus necesidades, úsala sin restricciones.
- **Tabla de cómputo de materiales.** Nos resultará útil para cuantificar materiales dentro de un mismo elemento; por ejemplo, en el caso de las capas de un muro, suelo, techo o cubierta.
- **Lista de planos / Lista de vistas.** Estos dos tipos de tabla ofrecen un listado de planos o vistas del proyecto, con sus características principales.
- **Bloque de notas.** Si se usan anotaciones genéricas en el proyecto, se pueden contabilizar e incluso mostrar los valores.
- **Leyenda de notas clave.** Aunque oficialmente es una leyenda, lo cierto es que visual y operativamente es una tabla que recoge las diferentes notas clave que se hayan anotado en el proyecto.
- **Tabla de planificación de paneles.** Específica para la categoría de equipos eléctricos (cuadros o paneles eléctricos), está más relacionada con MEP y circuitos.
- **Informes de pérdida de presión de conductos / tuberías.** También vinculadas a un modelado MEP completo, son útiles en ingeniería para extraer información del trazado realizado y las condiciones de presión.

Sin embargo, estas tablas son las «oficiales». En un proyecto real, quizá convenga más agruparlas según otros grandes grupos. Para conseguir esto tienes dos posibilidades:

- **La rápida.** Clasificar el navegador de proyectos de tablas según las primeras letras del nombre de la vista y poner un prefijo que las identifique. Por ejemplo, «SUP» para las tablas de superficies, «MED» para las de mediciones, «LEY» para las de leyendas, y así sucesivamente.
- **La buena.** Utilizar el parámetro —que ya creamos en su momento— de Grupo para que afecte también a las tablas de planificación, y hacer que el navegador se clasifique según ese parámetro. Así no necesitamos poner un prefijo delante de ningún nombre, sino rellenar el valor correspondiente.

Mi propuesta es que utilices, si es posible, el segundo método. Y, por seguir con la propuesta, aquí hay una clasificación funcional de las tablas, que creo que resume de forma razonable el uso de cada una:

- **Configuración.** Aquí tienen cabida las tablas de claves, por ejemplo, la de ocupación de incendios, o las tablas de clave de habitación para nombres y para revestimientos.
- **Mediciones.** Todas aquellas tablas cuya función principal sea extraer cómputos y mediciones deberían estar aquí.
- **Leyendas.** Si hemos generado leyendas para muros, suelos, techos u otras categorías, éste sería su sitio.
- **Carpintería.** Todas las tablas de puertas, ventanas, barandillas y montajes.
- **Superficies.** Tablas de superficies útiles y construidas.
- **Normativa.** Si vas a utilizar tablas para justificación de diversas normativas (como el Código Técnico en España, por ejemplo) puedes ponerlas aquí. Las de incendios, y quizá otras que puedas necesitar, tendrían cabida en este apartado. Si finalmente solo justificas mediante tablas el apartado de incendios, puedes renombrarla como «Incendios» o «DBSI», por ejemplo.
- **WIP.** Probablemente necesites tablas de puertas, de habitaciones o de más elementos que sean solamente para rellenar información.
- **Vistas y planos.** Este apartado tiene tantas posibilidades como técnicos estáis leyendo esto, las listas de planos y vistas pueden estar aquí, pero también en «WIP» o en «Leyendas». Ubícalas donde mejor te parezca.

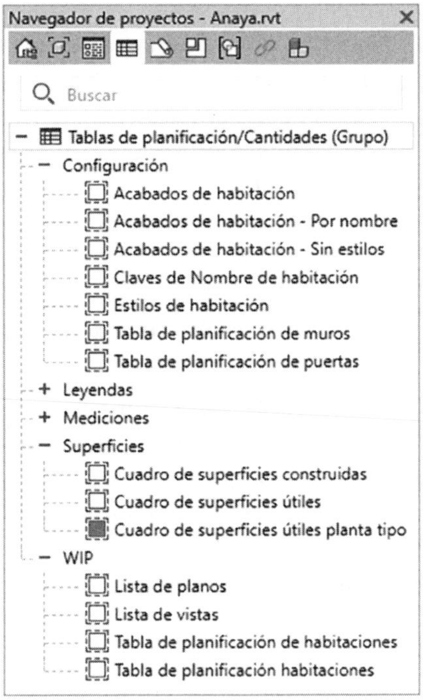

Figura 31.1. Tablas de planificación/ Cantidades ordenadas en el Navegador de proyectos.

Como puedes ver, la lista es tan abierta como quieras; pero el resultado son unas tablas bien clasificadas que no te resultará complicado encontrar más adelante.

Tablas para mediciones

A lo largo del libro —y del proyecto— hemos aprendido a generar diferentes tipos de tablas, tanto de superficies, como de claves, de carpintería, de notas clave, notas de texto e incluso listas de vistas. Sin embargo, las tablas para mediciones son muy importantes si no dispones de un *addin* que vincule tu modelo BIM con tu software de mediciones favorito. En este capítulo crearemos tablas para mediciones que se expresan de las siguientes maneras:

- **Por conteo.** Mediciones por unidad, como las que hicimos con los planos de carpintería, y que también son aplicables a mobiliario, para un proyecto de interiorismo, o a componentes de electricidad, dentro del ámbito MEP.

- **Lineales.** Mediciones de longitud. Para barandillas, rodapiés, tuberías o vigas metálicas, por ejemplo.
- **Superficiales.** Mediciones por área. Además de las habitaciones, que ya se trataron anteriormente, nos interesarán suelos, techos y cubiertas, por ejemplo. También serán muy importantes las mediciones de las capas de muros.
- **Por volumen.** Serán las necesarias para zapatas de cimentación o vigas de hormigón, por ejemplo. También entrarían aquí, pero en un apartado especial, las tablas de excavación de tierras.

Con cada una de estas tablas, te resultará muy fácil extraer la información de cualquier otra categoría que necesites.

La clave para hacer tablas de medición

Prácticamente cualquier tabla de mediciones se puede hacer, de forma básica, con tan solo tres parámetros:

- Identificador de elemento
- Discriminador
- Medición que hay que recopilar

Y se configuran, normalmente, de la siguiente forma:

- Clasificación/agrupación por identificador. Con encabezamiento y pie de página con totales. Ese campo estará oculto.
- Segunda clasificación por discriminador. Sin encabezamiento ni pie de página.
- Sin detallar cada ejemplar.
- En Formato, se oculta el campo Identificador, y se calculan totales de la medición a recopilar.

Por supuesto, después se puede añadir más información, pero lo más elemental ya estaría resuelto. Veámoslo con una serie de ejemplos.

Tablas de conteo

Probemos con una tabla especial, que puede ser la tabla de mobiliario. En proyectos de nueva construcción de arquitectura o ingeniería tiene poco o nulo peso, pero en proyectos de interiorismo sí que es fundamental.

- Identificador. Familia.Discriminador. Tipo.
- Medición. Recuento.
- Parámetros opcionales:
  - Marca de tipo, si la tenemos codificada.
  - Habitación: Nombre si queremos relacionar nuestro mobiliario con las estancias en las que se encuentra.
  - Descripción.

- ¿Recuerdas cómo hicimos la tabla de carpintería para puertas? El identificador sería Marca de tipo, o bien Familia y tipo, la medición es Recuento. ¿Cuál sería el discriminador? Podría haber sido cualquiera de los parámetros adicionales que pusimos en su momento: el que separaba función interior de exterior, o el parámetro de tipo de vidrio (figura 31.2).

Mobiliario	
Familia y tipo	**Uds.**
Dormitorio 2	
Cama: Individual - 90 x 190 cm	44
Mesita de noche: 40 x 40 cm	22
Dormitorio 3	
Cama: Individual - 90 x 190 cm	24
Mesita de noche: 40 x 40 cm	12
Dormitorio principal	
Cama: Matrimonio - 150 x 200 cm	24
Mesita de noche: 40 x 40 cm	48
Salón comedor	
Cómoda 4 puertas: 1800 x 400 x 400 mm	22
Mesa de café: 0610 x 0610 x 0610 mm	22
Mesa de café: 0787 x 0711 x 0610 mm	22
Mesa de madera: 1800 x 910mm	22
Silla de diseño: Silla de diseño	22
Silla de madera: Silla	132
Sofá 3 plazas: 230 x 92 cm	22

Figura 31.2. Ejemplo de tabla de conteo de mobiliario.

Tablas de medición lineal

En arquitectura, la medición lineal está reservada a pocas unidades; pero veamos como ejemplo una tabla muy utilizada en MEP: la de tuberías o conductos, pues ambas se pueden resolver con esta misma tabla.

- Identificador. Tipo.
- Discriminador. Tamaño.
- Medición. Longitud.
- Parámetros opcionales:
  - Tipo o clasificación de sistema.
  - Material, si has hecho tabla de tuberías.
  - Comentarios, si los has usado para separar, en el caso de tuberías, montantes de colectores o bajantes.

Tuberías	
Tamaño	**Longitud**
Agua caliente sanitaria	
Cobre	
ø20 mm	356.04 m
ø40 mm	363.04 m
Agua fría sanitaria	
Cobre	
ø20 mm	424.36 m
ø40 mm	613.51 m
Sanitario	
Cloruro de polivinilo - Rígido	
ø90 mm	169.02 m
Cobre	
ø200 mm	132.47 m

Figura 31.3. Ejemplo de tabla de medición lineal de tuberías.

Otra tabla de medición lineal podría ser la longitud de los vierteaguas de las ventanas. En este caso, hagamos algo un poco más elaborado. Prepara una tabla de ventanas:

- Identificador. Familia y tipo.
- Medición. Anchura.

En esta tabla no es necesario ningún discriminador; nuestro trabajo va a ir por otra línea. Asegúrate de que clasificas por Familia y tipo, sin detallar cada ejemplar.

- Renombra el encabezamiento de Anchura por «Anchura unitaria».
- Desde Campos, crea un parámetro calculado de tipo longitud que sea el valor de anchura, y ponle de nombre «Anchura total».
- Desde Formato, activa el cálculo de totales para este nuevo parámetro.

Verás que tu tabla tiene una información doble; por un lado, las anchuras unitarias y, por otro, las acumuladas según el número de ventanas.

Puedes generar más campos calculados para conseguir, también, las áreas unitarias y totales de metros cuadrados de vidrio o, incluso, modificar la fórmula de anchura para añadir los 5 cm a cada lado que tiene normalmente el vierteaguas con respecto a la anchura de la ventana.

Ventanas y vierteguas				
Familia y tipo	**Anchura unitaria**	**Anchura total**	**Anchura vierteaguas**	**Anchura viertaguas total**
Ventana corredera de 2 hojas: 80 x 120	0.80	4.80	0.90	5.40
Ventana corredera de 2 hojas: 100 x 100	1.00	2.00	1.10	2.20
Ventana corredera de 2 hojas: 140 x 120	1.40	33.60	1.50	36.00
Ventana corredera de 2 hojas: 160 x 120	1.60	89.60	1.70	95.20

Figura 31.4. Ejemplo de tabla de medición lineal de ventanas y vierteaguas.

Tabla de superficies

Para elementos superficiales horizontales utilizaremos inicialmente la misma tabla, es perfectamente válida para suelos, techos o cubiertas (figura 31.5):

- Identificador. Tipo.
- Discriminador. Nivel.
- Medición. Área.
- Parámetros opcionales:
  - Marca de tipo.
  - Estructura, para discriminar tablas de forjados y de pavimentos.
  - Desfase de altura desde nivel, si es de suelos.

Pavimentos			
Marca de tipo	**Nivel**	**Área**	**Desfase de altura desde nivel**
Pavimento - cocinas			
PG1	Planta 1	38.83 m²	0.00
PG1	Planta 2	38.83 m²	0.00
PG1	Planta 3	38.83 m²	0.00
		116.49 m²	
Pavimento - exterior			
PGE	Planta baja	3.94 m²	0.00
PGE	Planta 1	289.44 m²	0.00
PGE	Planta 2	49.01 m²	0.00
PGE	Planta 3	49.01 m²	0.00
PGE	Planta ático	266.03 m²	0.00
		657.44 m²	
Pavimento - húmedo			
PG2	Planta 1	47.14 m²	0.00
PG2	Planta 2	47.14 m²	0.00
PG2	Planta 3	47.14 m²	0.00
PG2	Planta ático	18.88 m²	0.00
		160.30 m²	

Figura 31.5. Ejemplo de tabla de superficies de pavimentos.

Tabla de volumen

Para mostrar cómo medir el volumen, podemos utilizar una tabla de cimentación estructural.

- Identificador. Familia.
- Discriminador. Tipo.
- Medición. Volumen.
- Parámetros opcionales:
  - Longitud. Si son vigas de cimentación, debería ser Longitud de corte.
  - Anchura.
  - Grosor de cimentación.
  - Recuento, pues puede ser útil para contabilizar zapatas aisladas.
  - Área, como valor para el hormigón de limpieza.

Cimentación estructural					
Tipo	Volumen	Grosor de cimentación	Recuento	Área	Canto vertical
Zapata-Rectangular					
140x140x60	1.26 m³	0.60	36	2.10 m²	60.0 cm

Figura 31.6. Ejemplo de tabla de volumen de cimentación estructural.

A la hora de hacer una tabla de volumen para armazón estructural, será muy importante filtrar correctamente las vigas: bien por Familia (vigas riostras frente a vigas metálicas, por ejemplo) o simplemente por Tipo. Recuerda que, en este caso, el discriminador marcará la diferencia entre medir bien o no.

En general, está claro que una tabla más detallada ofrece una mejor información y más completa. El objetivo de este listado es eliminar ese miedo inicial al papel en blanco; una vez tienes una tabla que funciona, resulta más fácil añadirle más datos.

Tablas de cómputos de materiales

¿Cómo podrías medir los metros cuadrados de enlucido de un muro que tenga una capa de ladrillo enlucida a ambos lados? ¿Cómo medir todos los metros cuadrados de aislamiento si tenemos diferentes tipos de muro con el mismo aislamiento en proyecto?

La respuesta a esta y otras preguntas es la tabla de cómputo de materiales, así que vamos a crear una para la categoría muros, llamada «Fábricas y aislamientos».

- Identificador. Material: Nombre.
- Medición. Material: Área.

Lo más importante para combinar tablas de medición por material con tablas de medición superficiales es tener la certeza de que no estamos acumulando mediciones. Por esto, te recomiendo tomar las siguientes precauciones:

Fábrica y aislamientos	
Restricción de base	Material: Área
AT - Poliuretano	
Sótano	93.29 m²
Planta baja	905.89 m²
Planta 1	599.33 m²
Planta 2	606.25 m²
Planta 3	597.46 m²
Planta ático	410.28 m²
	3212.50 m²
FP - LH4	
Planta ático	7.17 m²
	7.17 m²
FP - LH7	
Sótano	259.37 m²
Planta baja	627.77 m²
Planta 1	920.62 m²
Planta 2	922.84 m²
Planta 3	920.84 m²
Planta ático	586.27 m²
	4237.71 m²

Figura 31.7. Ejemplo de tabla «Fábricas y aislamientos».

- Si has modelado los revestimientos verticales con muros independiente, puedes medirla indistintamente desde los cómputos, o hacer una tabla de planificación de muros que filtre solamente los muros con el prefijo «RV», «Revestimiento» o el que hayas usado.
- Si hay revestimientos que no están modelados mediante un muro independiente (por ejemplo, quizá el enfoscado exterior), mide ese material mediante la tabla de cómputos.

- Si tienes muros de placas de yeso laminados, no los midas por cómputo de material sino por tipo de muro, ya que las partidas suelen ser de muro completo; tanto si son autoportantes como si son trasdosados.

Tablas de excavación

En las versiones de Revit anteriores a 2024, la excavación se podía medir con tablas de planificación de topografías.

- Identificador. Nombre de la topografía; era necesario nombrar también las partes verticales que eran resultado de aplicar plataformas.
- Discriminador. Fase de creación / Fase de derribo.
- Medición. Corte, Relleno y/o Corte/relleno neto.

Con Revit 2024 aparecen los sólidos topográficos y, a partir de Revit 2025, podemos seleccionar un sólido topográfico y, en las propiedades de ejemplar, ver qué elementos están excavando parte de su volumen, lo que hace muy cómoda su cuantificación.

Con estas nuevas versiones, se producen unos pequeños cambios, pero muy significativos. Suponiendo que siempre haya excavaciones, los separaremos entre sólidos topográficos con excavaciones, pero que no se han modificado respecto a la topografía original, y los que sí que han sufrido variaciones (como terraplenados en el terreno o cambios en la orografía).

- Sólidos topográficos que no han sufrido cambios:
    - El parámetro que mide la excavación de los elementos es Volumen total de excavación.
- Sólidos topográficos que sí han sufrido cambios y se han modelado correctamente (hay un sólido en la fase existente, se ha usado Región nivelada en la fase de Nueva construcción, y se ha modificado ese nuevo sólido topográfico):
    - El parámetro Relleno indicará la cantidad de tierra que se ha debido aportar para el estado final, contando las excavaciones de suelos.
    - El parámetro Corte indicará la cantidad de tierra que se ha eliminado, contando también la de las excavaciones de suelos.
    - El parámetro Corte/Relleno neto es la diferencia entre los dos anteriores.
    - El parámetro Volumen total de excavación solamente computa las excavaciones.

Excavación						
Nombre	**Fase de creación**	**Fase de derribo**	**Corte**	**Corte/relleno neto**	**Relleno**	**Volumen total de excavación**
Acera	Existente	Ninguno				
Existente	Existente	Nueva construcción				
Nueva	Nueva construcción	Ninguno	2883.35 m^3	-689.46 m^3	2193.88 m^3	2935.86 m^3

Figura 31.8. Ejemplo de tabla de excavación con versiones superiores a Revit 2024.

Conclusión y cierre

Si echamos la vista atrás, veremos que en este libro hemos recorrido, juntos, un largo camino desarrollando desde cero un proyecto de edificación. Desde criterios generales de modelado hasta la generación de los planos de ejecución que más dificultad revisten, pasando por modelado básico, avanzado y etiquetado, hemos cubierto cada aspecto de un proyecto profesional. Sin embargo, también hay que mirar hacia adelante: por una cuestión no solo de espacio, sino también para evitar un exceso de saturación, existen también algunas cosas que no hemos tratado, pero que indico aquí porque creo que pueden ser tus próximos pasos en esta aventura sin fin que supone proyectar con metodología BIM.

- El modelado de instalaciones se puede hacer en archivos independientes, que se insertarán como vínculos en el proyecto principal. Normalmente, esta parte del proyecto suele ser autoría de una ingeniería especializada; aunque en proyectos de menor envergadura el mismo técnico proyectista puede abarcar todo el proyecto y decidir separarlo (como mejor opción), o mantenerlo integrado (aceptable, quizá, en viviendas unifamiliares).
- En proyectos más grandes, donde varios técnicos colaboran en tiempo real, será necesario trabajar con modelos centrales y subproyectos, tanto coordinados de forma local como incluso en la nube.
- La generación de familias específicas, tanto en aspecto tridimensional, como en lo referente a plantas y simbología, puede ser importante cuando las familias disponibles no se adapten a lo que necesitas.
- En los proyectos grandes, la coordinación interdisciplinar será imprescindible, con software especializado en detección de interferencias como, por ejemplo, Navisworks.
- La automatización de trabajos repetitivos se puede conseguir mediante programación visual con Dynamo.
- Si tu proyecto forma parte de un entorno urbano más grande, no te recomiendo Revit para ese modelado. Deberías acudir a otros programas como Autodesk Civil 3D o Infraworks.
- En el desarrollo de todos los proyectos surgen cambios o alternativas de diseño que deben evaluarse: tendrías que profundizar en las Opciones de diseño con Revit.
- La interoperabilidad de tu modelo BIM con otros agentes o programas debería estar garantizada por encima del software propietario como Revit; para ello hay que saber mapear correctamente un proyecto para el esquema IFC.
- Un modelo 3D es una detalladísima maqueta que invita a ser renderizada. Si se encuentra dentro de tu ámbito de trabajo (o de tus inquietudes), prueba con programas de renderizado que se vinculan con el modelo BIM, como Lumion, Twinmotion o D5.

Para mí, ha sido un placer acompañarte hasta aquí. Ojalá este libro te haya servido para entender mejor la forma de abordar un proyecto real en Revit, con criterio técnico y una metodología clara. Me encantará ver cómo lo aplicas: si en algún momento compartes tus avances, tu experiencia o algún resultado en redes, estaré encantado de que me menciones, para que otras personas también puedan descubrirlo.

Nos seguimos leyendo. Y, quién sabe, quizá también formando.

Índice alfabético

A

abrir, 155
acabado de, 274, 276, 371, 401-403, 406-407
activar tramado, 309
adquirir coordenadas, 31
agrupar y asociar, 44, 242
agujeros, 217
aislamiento, 355, 380, 403, 427, 442
aislar categoría, 157, 369
alinear, 34, 45, 57, 61, 83, 98, 118, 128
  con los niveles seleccionados, 68, 156
  un patrón, 172-174
añadir punto, 211, 326
añadir valor calculado, 246
altura desconectada, 153, 160, 220, 383, 419
alzado, 31-34, 55, 111-112, 260, 264, 298-299, 303-309, 342, 350-351
análisis de ruta, 325
anfitrión, 372, 420
aparcamiento, 78-87, 101
área(s), 37, 51, 179, 193, 195-203, 240, 246-249
  exterior, 202
armazón estructural, 136, 398
atajos de teclado, 67, 97
atenuación lejana, 308

B

barandillas, 412-415, 438-439
barra de controles de vista, 93, 157, 259
bloque de título, 334, 336
bloquear, 83, 85, 176
buscar, 145

C

cadena, 128
caja de referencia, 286-287
caja de sección, 387, 420
calcular totales, 186, 240, 247, 332
cálculos de área y volumen, 202, 313
camino de escalera, 121-122, 279
camino del recorrido, 312, 325-328
cargar
  contenido de Autodesk, 71
  familia, 71, 78, 113, 117, 138, 427
  en proyecto y cerrar, 84, 284, 299, 342, 431
cimentación estructural, 70-73, 441
clasificación / agrupación, 186, 191, 239-240, 276, 332, 407, 410, 439
cómputo de materiales, 373, 407, 410, 430, 437, 442
contorno
  de área, 196, 198, 317
  de la vista, 426
copiar, 48, 66, 68-69, 81, 84, 118-119, 122, 156, 217, 224, 227, 242, 290, 348
cortar, 209-210
corte, 210-211, 443
cota alineada, 57, 88, 129, 291
crear
  desde importación, 206
  piezas, 375
  plantilla de vista, 277
  similar, 44, 84, 97, 128
  un grupo, 146
curvas de nivel, 206

D

delimitación
    de habitación, 182
    lejana, 309
desagrupar, 61, 85, 234
desfase, 125, 128
detalle repetido, 428-429
dividir, 209, 406
    cara, 374
    elemento, 172, 182, 377
duplicar
    como dependiente, 93
    vistas, 257

E

editar familia, 429
editar tipo, 31, 54-55, 94, 96, 120, 163-164, 257-258, 296, 300, 315, 374, 425
elevación, 27, 300
enlazar, 153, 160, 234
envolvente, 358-363, 367-368
escala, 267, 288, 300, 305, 350, 421, 425
esquema de color, 226, 273-277, 315
esquemas de área, 202, 313
estilo de línea, 107-108, 317
estilos de habitación, 403-404
estilos de objeto, 40, 79, 106-107, 272-273, 295, 425
etiquetar
    al colocar, 179, 197
    habitación, 181, 281, 285
    todo, 285, 408, 414
excavar, 209
excluir del ejemplar de grupo, 232

F

filtro, 66, 85, 119, 160, 181, 191, 302-303, 322, 348, 395, 407, 409-410
filtro de selección, 217
flechas de pendiente, 388
fórmula, 159, 330-331, 338
función, 139, 356-357, 369, 413, 415

G

grosores de línea, 108
grupo
    de detalle, 109-110
    de detalle enlazado, 148-149
    de modelo, 146, 233
guardar, 83, 134, 229, 233

H

habitación, 98, 179-193, 195, 221, 239, 244-246, 273-276, 401-408

I

información de proyecto, 251, 335-336
insertar, 26, 71, 78, 113, 117, 133, 138, 251
    desde archivo, 242, 435

L

leyenda, 346-347, 407, 417-418, 433
leyenda de relleno de color, 315
limpiar elementos no utilizados, 79, 145
línea(s)
    de ubicación, 95, 97
    de detalle, 34, 108, 418
    de propiedad, 37
    en proyección, 200, 371

M

materiales, 165, 168, 309, 354-355, 430
matriz, 44-47, 56-57, 69, 85
medir, 57, 88
modelado in situ, 209
modificar subelementos, 211, 387-388
mostrar masa, 51
mover, 46, 61, 85, 89, 97, 126, 174, 176
muro, 54, 84, 97, 128, 354-363

N

navegador de proyectos, 42, 44, 79, 92-93, 109-110, 134, 147, 184, 196, 233, 235, 239, 257-258, 277, 281, 334-335, 341-343, 350, 356, 381, 403, 407, 413, 417, 421, 425, 431
nivel, 44, 69, 185, 247
no permitir unión, 366
norte de proyecto, 32-33
norte real, 33
nuevo, 48, 80, 106, 186, 200, 261, 296, 298-299, 322, 324, 428, 430

O

obtener contenido de Autodesk, 71, 133
ocultar
    en escalas con detalle más bajo que, 350
    en vista, 270
opciones, 67, 73, 80, 138, 433
organización del navegador, 48, 260

P

paleta de propiedades, 68, 81, 110, 124, 142, 158, 187, 207, 210, 245-246, 273, 277, 302
parámetros globales, 158
pegar, 68, 118, 227
  alineado con la vista, 68, 122, 259
  alineado con niveles seleccionados, 68, 119, 156, 224, 348
  alineado en el mismo sitio, 68, 286
pilar
  arquitectónico, 64, 383
  estructural, 64
pintar, 373
plano
  de área, 195, 314
  de referencia, 40, 81
plantilla de vista, 258, 277-279
puerta, 139

R

rango de vista, 73, 208, 313, 394-395
recortar/extender a esquina, 97, 125, 128, 151-152, 171
recorte de anotación, 433
reflejar, 98, 155, 168, 215-216, 290, 299
región
  de máscara, 141
  rellenada, 41, 87, 98
rejilla, 54
rejilla guía, 344-345
rotar, 34, 147, 174

S

seleccionar todos los ejemplares, 61, 66-67, 85, 122, 158
separador de habitación, 183
sólido topográfico, 206
sombras, 307-308
suelos, 139, 156, 272, 302, 317
suprimir, 79, 87, 184, 377

T

tabla de planificación/Cantidades, 184, 188, 239, 251, 329, 403
techo, 379
teclas de acceso rápido, 34, 67
texto, 200, 245, 430
texto de etiqueta, 83, 296, 394
tipo de línea, 305, 308
título de vista, 342, 426
tramado, 413
transferir normas, 70, 259

U

unidades de importación, 26
unidades incoherentes, 246
uniones de muro, 365
unir, 153-154, 209-210, 303, 305, 372, 384
uso estructural, 139

V

ventana, 140
vincular, 26, 234
visibilidad/gráficos, 28, 36, 78
vista de plano, 47, 70, 257, 314, 394